CPLD 數位電路設計使用 MAX+plus II 應用篇

廖裕評、陸瑞強　編著

全華科技圖書股份有限公司　印行

Altera International Limited
2102 Tower 6
The Gateway, Harbour City
9 Canton Road, Tsimshatsui
Kowloon, Hong Kong
Tel : (852) 2945-7000
Fax : (852) 2487-2620

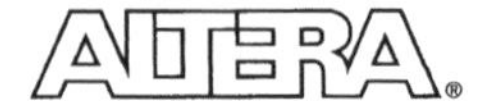

May 14, 2001

Ms. Yu-Pin Liao
Ching Yun Institute of Technology
229 Chien-Hsin Road
Jung-Li
Taiwan

Dear Ms. Liao,

This is to acknowledge that you can extract the contents (including text and charts) from our Max+Plus II Version 10.0 CD to be used in your text book.

Yours sincerely,
Altera International Ltd.

Louie Leung
Marketing Director
Asia Pacific

序言

本書撰寫的動機在於將前一本拙作『CPLD 數位電路設計－使用 Max+plus II 入門篇』中所介紹的各種基本範例及功能加以研究、應用並發展。全書的主旨主要係在討論一種簡易之中央處理器(CPU)，內容由淺入深、循序漸進，在市面上無類似之書籍可相比擬。不僅適合積體電路設計之初學者，設計工程師同樣可藉由本書瞭解大型電路之設計流程、規劃及技巧。

本書主要探討內容如下：第一章為硬體電路描述語言簡介與程式之安裝說明；第二章為基本單元之設計；第三章為暫存器與記憶體之設計；從第四章至第六章則為本書之主體—中央處理器的研究與設計，首先在第四章中係微處理器資料處理管線結構，第五章係微處理器控制系統，第六章則為簡易之中央處理器的合成；而在最後之第七章則利用該中央處理器撰寫指令以控制燈號閃爍，以及其它的應用範例，並簡單說明波形編輯(Waveform Editor)電路之原則與注意事項。

由於以高階的硬體電路描述語言設計數位電路已成為設計工程師必需的要求，但與傳統邏輯圖設計的方式比較起來，以硬體電路描述語言設計數位電路較為抽象。學生需要與邏輯圖設計方式相對照才容易進入狀況。因此在本書中的範例都先以圖形方式設計數位電路，再以 VHDL 及 Verilog HDL 兩種硬體電路描述語言設計。每個範例都有詳細的操作方式與解說，希望能夠幫助學生克服寫程式的恐懼。

本書介紹 ALTERA 公司推出的 MAX+plus II10.0 學生版軟體，並介紹 ALTERA 公司推出的數位電路實驗板。燒錄程式範例亦針對此套實驗板進行硬體設定，但受限於篇幅僅介紹幾個燒錄例，各範例皆在本書所附光碟片中可以找到。小弟大膽出書希望各位先進與讀者給予意見與指導，使得本書能有更豐富的內容。感謝本書另一作者陸瑞強先生的幫忙，使本書能如期完成。

廖裕評　于 2001

編輯部序

「系統編輯」是我們的編輯方針，我們所提供給您的，絕不只是一本書，而是關於這門學問的所有知識，它們由淺入深，循序漸進。

筆者在前一本書「CPLD 數位電路設計－使用 MAX+plusII 入門篇」中敘述 MAX+plusII 軟體之使用方式，並介紹數種數位電路之設計方法與模擬驗證。本書(應用篇)將更進一步分別以圖形編輯法、VHDL 編輯法以及 Verilog HDL 編輯法介紹數位系統之應用，包括簡易 CPU 之設計等。本書適合大專電子科「數位系統實習」、「數位系統設計」課程使用。

同時，爲了使您能有系統且循序漸進研習相關方面的叢書，我們以流程圖方式，列出各有關圖書的閱讀順序，以減少您研習此門學問的摸索時間，並能對這門學問有完整的知識。若您在這方面有任何問題，歡迎來函連繫，我們將竭誠爲您服務。

相關叢書介紹

書號：03949007
書名：DSP/CPLD 控制技術及應用(TMS320C54X 系列)－實用篇(附學習光碟片)
編著：林容益
20K/832 頁/690 元

書號：03685007
書名：數位邏輯電路設計與模擬－使用 AHDL/VHDL (附教學光碟片)
編著：李宜達
20K/576 頁/450 元

書號：03622
書名：高速數位電路設計暨雜訊防制技術
編著：謝金明
20K/368 頁/350 元

書號：03498
書名：XILINX FPGA/CPLD 數位邏輯設計實習
編譯：張耀文.徐國程.薛文皓.謝孟桓.張育菁
20K/480 頁/400 元

書號：03822007
書名：基本電子電路的分析與測量－使用 Multisim (附展示及範例光碟片)
編著：陳雲潮
20K/320 頁/320 元

書號：03445017
書名：數位邏輯實作與系統設計 DIY 手冊－理論、實務、CAD (修訂版)(附範例光碟片)
編著：沈鴻哲.金明浩
16K/568 頁/550 元

書號：03465
書名：數位電路
編譯：李傳亮
20K/208 頁/200 元

◎上列書價若有變動，請以最新定價為準。

流程圖

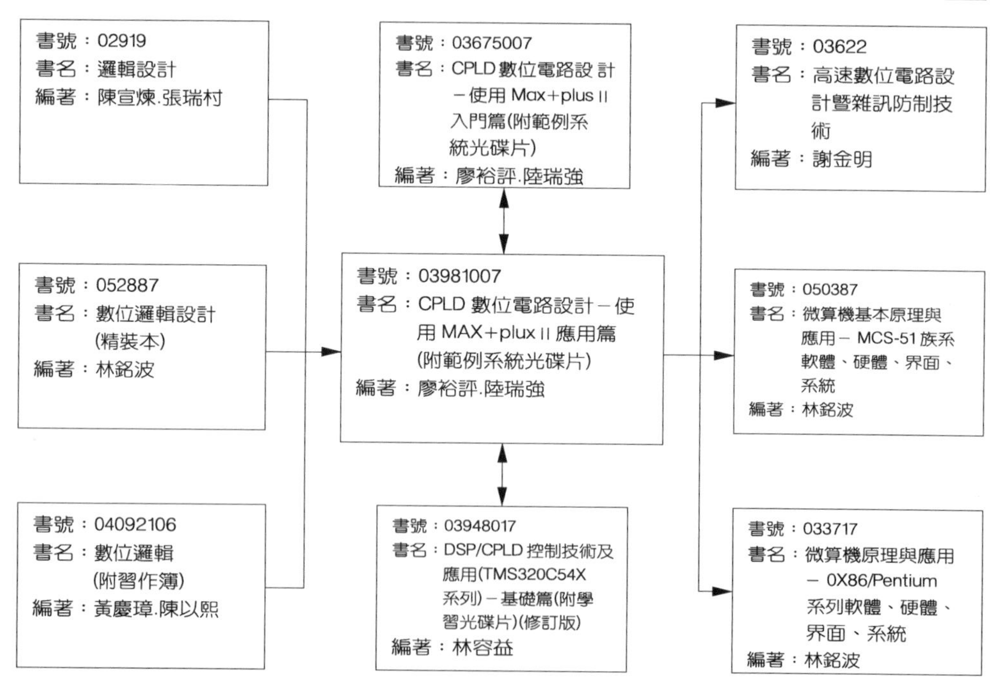

書號：02919
書名：邏輯設計
編著：陳宣煉.張瑞村
書號：052887
書名：數位邏輯設計(精裝本)
編著：林銘波
書號：04092106
書名：數位邏輯(附習作簿)
編著：黃慶璋.陳以熙
書號：03675007
書名：CPLD 數位電路設計－使用 Max+plus II 入門篇(附範例系統光碟片)
編著：廖裕評.陸瑞強
書號：03981007
書名：CPLD 數位電路設計－使用 MAX+plux II 應用篇(附範例系統光碟片)
編著：廖裕評.陸瑞強
書號：03948017
書名：DSP/CPLD 控制技術及應用(TMS320C54X 系列)－基礎篇(附學習光碟片)(修訂版)
編著：林容益
書號：03622
書名：高速數位電路設計暨雜訊防制技術
編著：謝金明
書號：050387
書名：微算機基本原理與應用－MCS-51 族系軟體、硬體、界面、系統
編著：林銘波
書號：033717
書名：微算機原理與應用－0X86/Pentium 系列軟體、硬體、界面、系統
編著：林銘波

目 錄

第 3 章 暫存器與記憶體設計範例

第 5 章　微處理器控制系統設計範例....................5-1

1

簡　介

筆者在前一本書「CPLD 數位電路設計-使用 MAX+plus II 入門篇」中敘述了 Altera 公司發行的 MAX+plus II 軟體之使用方式，並介紹數種數位電路之設計方法與模擬驗證。本書則將進一步地分別以圖形編輯法、VHDL 編輯法以及 Verilog HDL 編輯法介紹數位系統之應用，包括簡易 CPU 之設計等。

硬體描述語言(Hardware Description Language)為一種描述硬體邏輯電路之語言，在現代數位系統設計上已扮演重要的角色，其中 VHDL(Very High Speed Integrated Circuit)與 Verilog HDL 為兩大主流。VHDL 發展於 80 年代初期，一直到 1987 年其版本被修正為 IEEE(國際電子電機工程師協會)之標準 IEEE 1076-1987，並在 1993 年修訂有 IEEE 1076-1993 標準。目前不論是各種電腦輔助設計工具、FPGA(Field Programmable Gate Array)設計工具與 ASIC(Application Specific Integrated Circuit)設計工具均將 VHDL 納入當作標準之輸入與輸出介面，儼然已成為工業之標準語言。而 Verilog HDL 在 1980 年初發展，而後由 Cadence 設計系統將 Verilog HDL 標準推廣，且在 1995 成為 IEEE 1364 標準。由於 Verilog HDL 之語法類似 C 語言與 Pascal 語言，易於熟練上述兩種語言者學習，如今亦成為工業標準硬體描述語言。由於 MAX+plus II 軟體已將 VHDL 與 Verilog HDL 整合於其內，使用者可使用任何標準文字編輯軟體編輯該二者，再由 MAX+plus II 組譯器進行組譯，並產生輸出檔以進行模擬、時序分析與元件燒錄。

但由於 MAX+plus II 只支援 IEEE 標準中的部份語法，因此對於 VHDL 中 MAX+plus II 軟體所支援的部份，可參照 Help → VHDL → MAX+plus II VHDL Support 的說明；而 Verilog HDL 中 MAX+plus II 軟體所支援的部份，則可參照 Help → Verilog HDL → MAX+plus II Verilog HDL Support 的說明。本書亦將此兩部份分別整理在附錄 A 中。

1-1　VHDL 簡介

- 實體：實體(Entities)為 VHDL 之電路設計單元，可對應到傳統圖畫式之電路符號，描述了對於外界的輸出入介面，除了電路名稱外，也指明有輸出入埠之名字、方向與型態。

- 架構：架構(Architectures)為 VHDL 之電路設計內容描述處，可對應到傳統圖畫式之電路圖內容，一個架構必須伴隨在 Entity 之後，並有架構名稱，架構內容描述著該設計單體之電路行為。一個 Entity 可有伴隨有多個 Architecture，以架構名稱作區別。但在 MAX+plus II 一個 Entity 只支援一個 Architecture。

- 物件：在 VHDL 中的物件(Object)包含了訊號(Signal)、變數(Variables)與常數(Constant)，其中訊號代表連接各組件之間之連接線；變數只用來作暫時儲存數值之用，且只能在 Process 中被宣告與使用。常數為一特定之值。在 VHDL 中，變數(Variables)只能被宣告和使用在 Process 中與副程式中，VHDL 變數的宣告在變數宣告區，而變數的指定是以變數指定描述語法(Variable Assignment Statement)來改變變數值，變數值之指定會讓變數作立即之改變。訊號(Signal)是用來作為各單元之間的動態資料傳遞之方法，可以被宣告在 Entity 宣告區、Architecture 宣告區和 Package 宣告區。VHDL 訊號的指定是以訊號指定描述語法(Signal Assignment Statement)來改變訊號值，訊號之指定會讓訊號在一些延遲後才會改變，與變數之立即改變不同。物件宣告與指定描述整理如表 1-1 所示。

表 1-1 物件宣告與指定描述

項　　目	語　　法
訊號宣告	Signal 訊號名 : 訊號型態 := 初值 ;
	Signal B : std_logic;
訊號指定描述語法	訊號名 <= 表示式;
	B <= ‘0’;
變數宣告	Vriable 變數名 : 變數型態 := 初值 ;
	Variable A : integer;
變數指定描述語法	變數名 := 表示式;
	A := 26;
常數宣告	Constant 常數名: 常數型態 := 常數值;
	Constant width : integer := 8;

- 訊號與變數：變數值之指定會讓變數作立即之改變，訊號之指定會讓訊號在一些延遲後才會改變，與變數之立即改變不同。這可以圖 1-1 與圖 1-2 之範例來說明下列範例說明。當 Clk 正緣變化時，Di 值傳給 temp(3)，temp(3)之值傳遞給 temp(2)，temp(2)之值傳遞給 temp(1)，temp(1)之值傳遞給 temp(0)。在圖 1-1 中 temp 宣告爲訊號(SIGNAL)，故 Di 值傳給 temp(3)後並不會使 temp(3)立即改變值，故在正緣觸發時 temp(3)所傳遞給 temp(2)之值不是此次正緣 Di 值傳給 temp(3)之值，接下來道理亦相同。

```
signal_v.vhd - Text Editor
LIBRARY ieee;
USE ieee.std_logic_1164.all;
ENTITY signal_v IS
    PORT(Di, Clk     : IN    STD_LOGIC;
         Q3, Q2, Q1, Q0 : OUT    STD_LOGIC
         );
END signal_v ;
ARCHITECTURE a OF signal_v IS
SIGNAL tmp       : STD_LOGIC_VECTOR(3 DOWNTO 0);
 BEGIN
   PROCESS (Clk)
    BEGIN
    IF (Clk'Event AND Clk='1') THEN
        tmp(3) <= Di;
        FOR I IN 1 To 3 LOOP
            tmp(3-I) <= tmp(4-I);
        END LOOP;
    END IF;
   END PROCESS;
   Q3 <= tmp(3); Q2 <= tmp(2);
   Q1 <= tmp(1); Q0 <= tmp(0);
END a;
Line 23   Col 1   INS
```

圖 1-1　訊號指定範例

在圖 1-2 中 temp 宣告爲變數(VARIABLE)，故 Di 值傳給 temp(3)後使 temp(3)立即改變值，故在正緣觸發時 temp(3)所傳遞給 temp(2)之值是此次正緣 Di 值傳給 temp(3)之值，接下來道理亦相同。

variable_v.vhd - Text Editor

```
LIBRARY ieee;
USE ieee.std_logic_1164.all;
ENTITY variable_v IS
    PORT(Di, Clk      : IN     STD_LOGIC;
         Q3, Q2, Q1, Q0 : OUT    STD_LOGIC
         );
END variable_v ;
ARCHITECTURE a OF variable_v IS
BEGIN
  PROCESS (Clk)
   VARIABLE tmp         : STD_LOGIC_VECTOR(3 DOWNTO 0);
    BEGIN
     IF (Clk'Event AND Clk='1') THEN
        tmp(3) := Di;
        FOR I IN 1 To 3 LOOP
            tmp(3-I) := tmp(4-I);
        END LOOP;
     END IF;
     Q3 <= tmp(3); Q2 <= tmp(2);
     Q1 <= tmp(1); Q0 <= tmp(0);
 END PROCESS;
END a;
```

Line 27 Col 1 INS

圖 1-2　變數指定範例

圖 1-3 之為圖 1-1 程式之模擬結果。由圖 1-3 看到，Di 值在正 Clk 正緣時傳給 Q3，由於有些延遲反應，使在同一個 Clk 正緣時，Q3 傳給 Q2 之值是變化之前之儲存值，即移位暫存器。

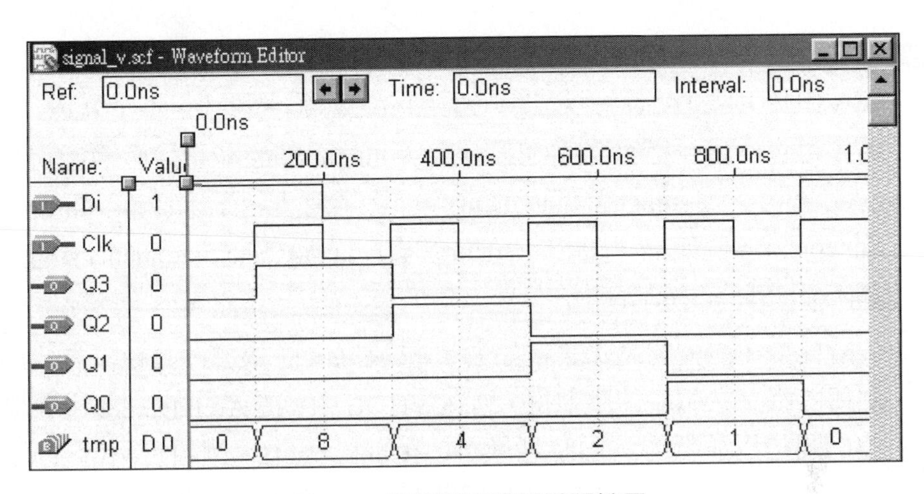

圖 1-3　訊號指定範例模擬結果

圖 1-4 之爲圖 1-2 程式之模擬結果。由圖 1-3 看到，Di 值在正 Clk 正緣時傳給 Q3，由於馬上改變並傳給 Q2，使在同一個 Clk 正緣時，Di 傳給 Q3、Q2、Q1 與 Q0。

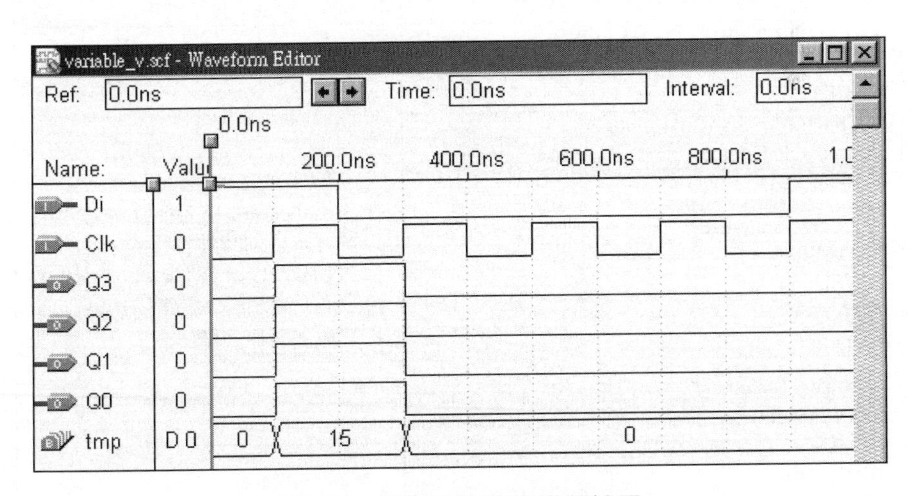

圖 1-4　變數指定範例模擬結果

- 循序行為：循序行為之描述，其執行方式依照程式撰寫之順序執行，在 VHDL 中循序行為之描述必須在 Process 描述區中，在 Process 描述區中可包括訊號指定描述(Signal Assignment Statement)、變數指定描述(Variable Assignment Statement)、程序呼叫描述(Procedure Call Statement)、假如描述(If Statement)、事件描述(Case Statement)與迴圈描述(Loop Statement)等語法。
- 同時性：在典型的高階語言如 C 語言或 Pascal 語言，其執行方式為依照程式撰寫之順序依序執行，但在 VHDL 中，在 Architecture 中各描區塊之間是以並行方式同時性執行的(Concurrent)，例如有兩個 Process 描述區，則兩 Process 之放置位置對調後結果不變。在 Architecture 中同時性的訊號指定(Concurrent Signal Assignment)語法，在程式中不是依照程式撰寫之順序執行，而是當該行右邊指定式中變數或訊號發生變化時執行該行程式，整理如表 1-2 所示。

表 1-2　VHDL 之同時性

同時性範例	說明
ARCHITECTURE a OF exam IS SIGNAL C, D, E, F, G, H : STD_LOGIC; BEGIN -- Concurrent Signal Assignment D <= C OR E; C <= E AND F; -- Process Statement1 PROCESS(C) BEGIN 循序描述; END -- Process Statement2 PROCESS(D) BEGIN 循序描述; END	在 Architecture 中各描區塊之間是以並行方式同時性執行的，各區塊位置對調後執行結果相同。但在 Process 描述區中循序描述區則與程式放置順序有關。

END a;	

- 合成：VHDL 撰寫之程式可以用來合成(Synthesize)ASIC 與 FPGA 元件。合成是一種自動將高階之敘述轉換成邏輯閘層次(Gate Level)的方法，現今之合成工具爲將 RTL(Register Transfer Level)描述轉成邏輯閘層次之接線(Gate Level Netlists)，其中有各邏輯區塊中連線的情況。
- 暫存器轉移層次描述：VHDL 暫存器轉移層次描述(Register Transfer Level Description)爲一種說明電路中暫存器與其之間的組合邏輯方式，其暫存器描述可以用組件引入之方式或以介面特性描述的方式。而組合邏輯之描述可以利用邏輯方程式、循序控制描述(Case 與 IF 等)、副程式、或同時性描述方式。
- 識別字：識別字(Indentifier)爲使用者自訂之名稱，在 VHDL 中其命名規則爲 32 個字以內的長度，使用英文字母從“A”到“Z”或“a”到“z”阿拉伯數字“0”到“9”或是底線符號“_”，例如：abc、d1、a_123b、a_123_b 均可。但不能以數字開頭或底線符號“_”開頭，也不能以符號“_”結束，亦不能連續使用底線符號“_ _”，也不能與 VHDL 關鍵字(keyword)相同。VHDL 之識別字其大小寫是有沒有分別的。
- 關鍵字：當以 VHDL 撰寫時，有一些字是被保留的稱爲關鍵字(keyword)，注意 VHDL 中大小寫是不分的，將 VHDL 關鍵字整理如表 1-3。

表 1-3　VHDL 關鍵字

VHDL 關鍵字				
abs	access	after	alias	all
and	architecture	array	assert	attribute
begin	block	body	buffer	bus
case	component	constant	disconnect	downto
else	elsif	end	entity	exit
file	for	function	generate	generic
group	guarded	if	impure	in
inertial	inout	is	label	library
linkage	literal	loop	map	mod
nand	new	next	nor	not
null	of	on	open	or
others	out	package	port	postponed
procedure	process	pure	range	record
register	reject	rem	report	return
rol	ror	select	severity	shared
signal	sla	sll	sra	srl
subtype	then	to	transport	type
unaffected	units	until	use	variable
wait	when	while	with	xor
xnor				

- 註解：VHDL 註解(Comments)必須以〝--〞為開始，持續到一行的結束，如表 1-4 所示。

表 1-4 VHDL 註解

VHDL 註解範例	說 明
-- VHDL Comments -- This is a example	單行註解

1-2 Verilog HDL 簡介

- 電晶體層次：Verilog HDL 之電晶體層次(Transister Level)或開關層次(Switch Level)爲描述當開關之電晶體所組合出之電路，可用的元件有 MOS Switches、Bidirectional Pass Switches、CMOS Switches、pullup 與 pulldown Sources。
- 邏輯閘層次：Verilog HDL 之邏輯閘層次(Gate Level)爲描述基本邏輯閘所組合出之電路，可用的基本邏輯閘有 and、nand、nor、or、xor 、xnor、buf 、not、bufif1 、bufif0、notif1 與 notif0 等。
- 資料處理層次：Verilog HDL 之資料處理層次(Dataflow level)爲描述資料之傳遞情形與控制訊號之記述方式，連續指定(Continuous Assignment)爲最重要的語法。
- 行爲模型：Verilog HDL 之行爲模型(Behavior Model)語法與 C 語言很像，包括 Always Constructs、Initial Constructs、Blocking Procedural Assignments、Non-blocking Procedural Assignments、Null Statements、Conditional Statements(If-Else Statements)、 Case Statements、Looping Statements、Event Controls 等。
- 識別字：識別字(Indentifier)爲使用者自訂之名稱，在 Verilog HDL 中其命名規則爲 32 個字以內的長度，使用英文字母從“A”到“Z”，“a”到“z”阿拉伯數字“0”到“9”，錢符號“$”或是底線符號“_”之組合，例如：abc、d1、a_123b、a_123_b 均可。但不能以數字開頭或錢符號“$”開頭，也不能與 Verilog HDL 關鍵字相同。Verilog HDL 之識別字其大小寫是有分別的。

- 關鍵字：當以 Verilog HDL 撰寫時，有一些字是被保留的稱爲關鍵字(keyword)，注意 Verilog HDL 中大小寫是有分別的，將 Verilog HDL 關鍵字整理如表 1-5 所示。

表 1-5　Verilog HDL 關鍵字

Verilog HDL 關鍵字				
always	and	assign	attribute	begin
buf	bufif0	bufif1	case	casex
casez	cmos	deassign	default	defparam
disable	edge	else	end	endattribute
endcase	endfunction	endmodule	endprimitive	endspecify
endtable	endtask	event	for	force
forever	fork	function	highz0	highz1
if	initial	inout	input	integer
join	large	macromodule	medium	module
nand	negedge	nmos	nor	not
notif0	notif1	or	output	parameter
pmos	posedge	primitive	pull0	pull1
pulldown	pullup	rcmos	real	realtime

表 1-5　(續)

reg	release	repeat	rnmos	rpmos
rtran	rtranif0	rtranif1	scalared	signed
small	specify	specparam	strength	strong0
strong1	supply0	supply1	table	task
time	tran	tranif0	tranif1	tri
tri0	tri1	triand	trior	trireg
unsigned	vectored	wait	wand	weak0
weak1	while	wire	wor	xnor
xor				

● 註解：Verilog HDL 註解有兩種，一種爲以〝//〞開頭，持續到一行結尾。另一種爲以〝/* 〞爲開頭〝*/〞爲結尾，如表 1-6 所示。

表 1-6　Verilog HDL 註解

Verilog HDL 註解範例	說　明
//Verilog HDL Comments	單行註解
/* This is a example, Verilog HDL Comments */	區塊註解

1-3 附贈 MAX+plusII 10.0 版光碟安裝說明

本書附有 MAX+plusII 10.0 版光碟，其安裝說明如下。

- 將光碟片放在光碟機中，若安裝程式沒有自動執行，則要按「開始」之「執行」處之瀏覽按鈕，出現如圖 1-5 之對話框，接著選取 Autorun，按開啓舊檔按鈕，回執行對話框按確定按鈕。

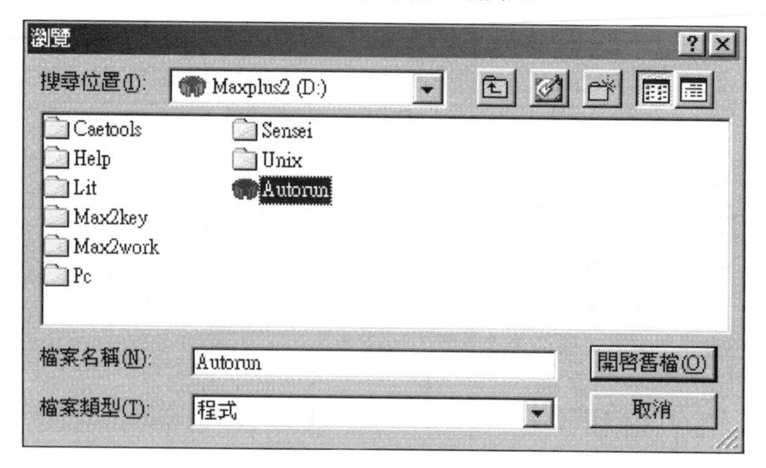

圖 1-5 瀏覽對話框

- 安裝程式畫面如圖 1-6 所示，安裝內容有數種選擇，整理如表 1-7 所示。

表 1-7　安裝內容說明

安裝選項	說　　　明
Full/Custom/Flexlm Sever	Full install 將建立三個目錄：/maxplus2(執行程式目錄)、/max2work(範例目錄)與/max2key(Access Key 說明目錄)。
BASELINE/E+MAX	一個 PC 版的 MAX+PLUS II 發展系統，為支援 MAX 3000A、 MAX 7000、 MAX 7000E、 MAX 7000S、MAX 7000A、MAX 7000AE 與 MAX 7000B 元件設計的完整開發系統。
Programmer only	僅安裝程式之燒錄功能，會建立/maxplus2 目錄。
Access Key Guidelines	MAX+PLUS II ACCESS Key Guidelines 對於利用目前具領導性的 EDA 工具，結合 MAX+PLUS II 軟體如何創造、組譯與模擬所設計的電路提供完全的指導。

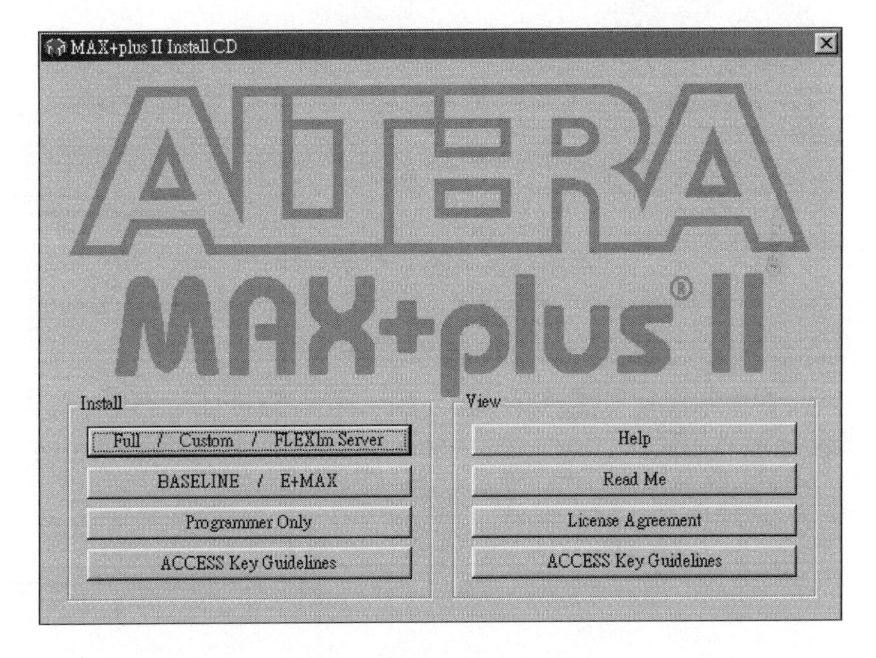

圖 1-6 安裝程式畫面

- MAX+plus II 程式放置路徑，若有舊版本同時存在硬碟中，建議更改路徑至其他目錄下，例如 c:\altera10\maxplus2，如圖 1-7 所示。

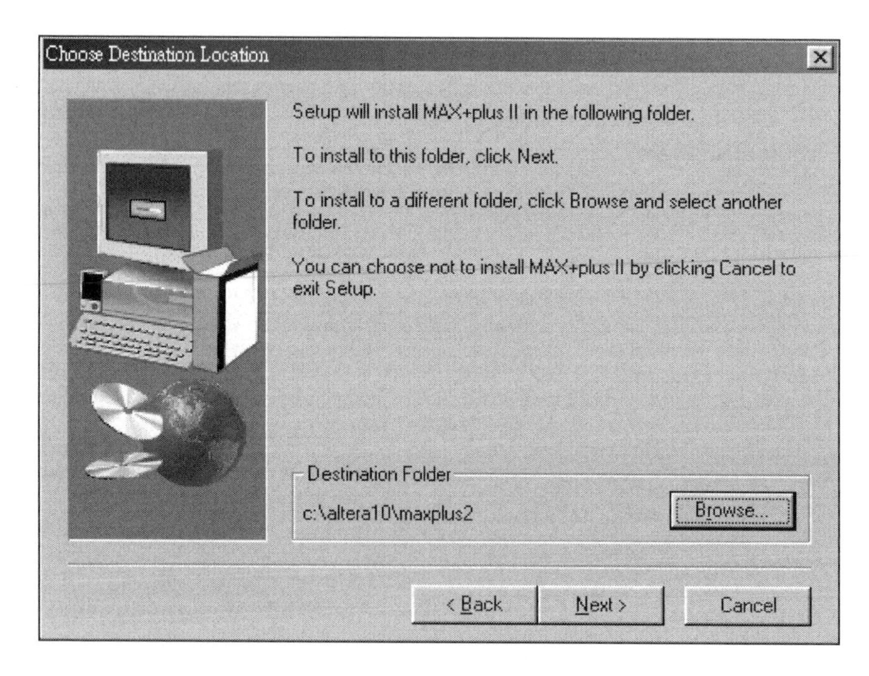

圖 1-7　更改程式安裝路徑

- MAX+plus II 工作目錄放置路徑，若有舊版本同時存在硬碟中，建議更改路徑至其他目錄下，例如 c:\altera10\max2work，如圖 1-8 所示。

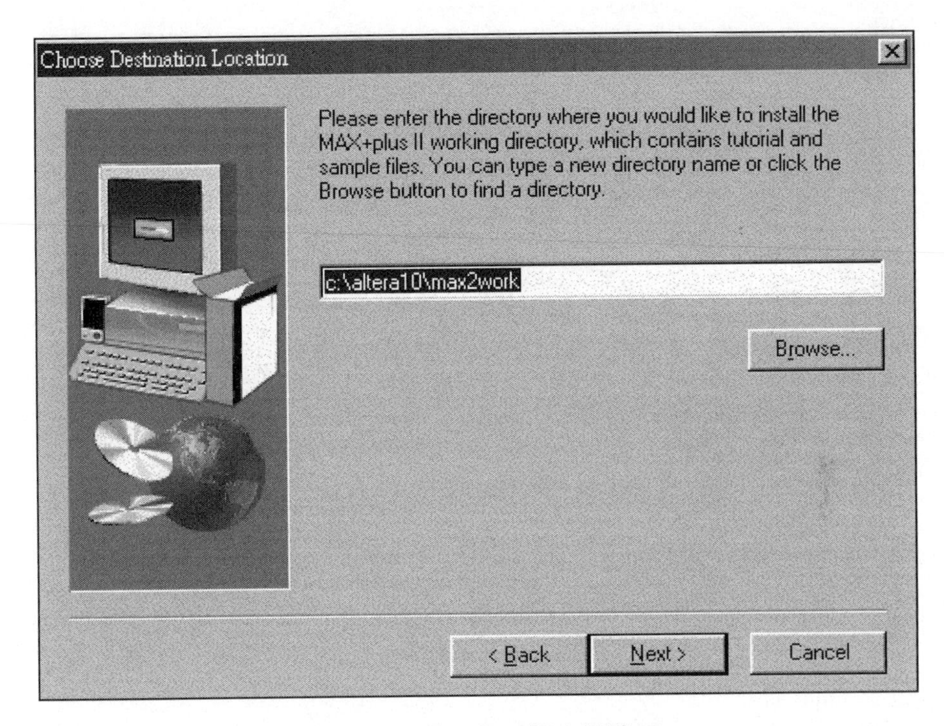

圖 1-8　更改工作目錄安裝路徑

- MAX+plus II ACCESS Key Guidelines 放置路徑，若有舊版本同時存在硬碟中，建議更改路徑至其他目錄下，例如 c:\altera10\max2key，如圖 1-9 所示。

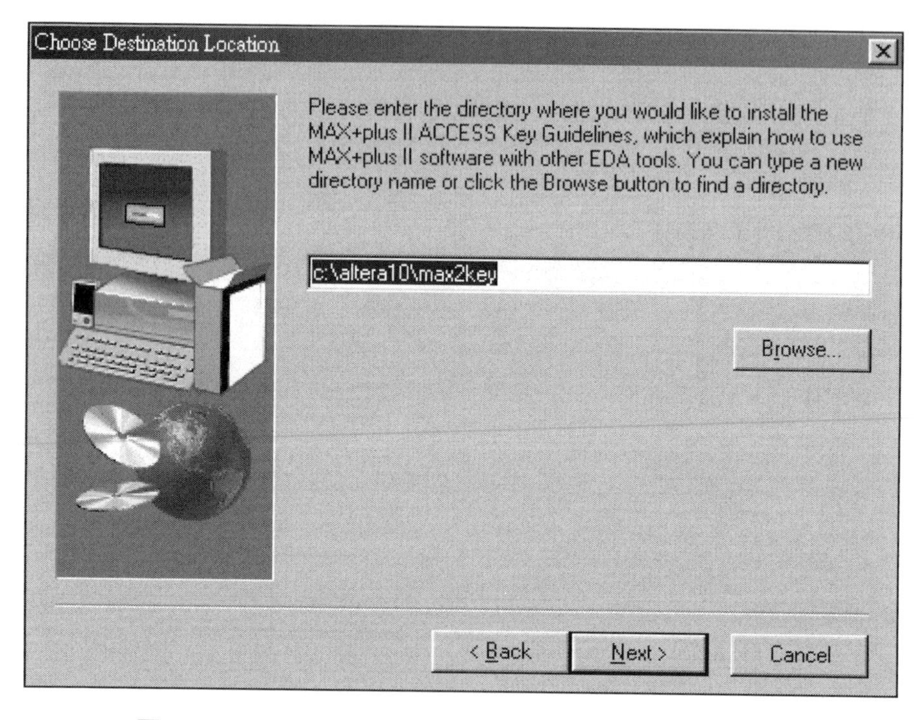

圖 1-9　MAX+plus II ACCESS Key Guidelines 放置路徑

- 依序安裝好後，執行 MAX+plus II 程式(max2win.exe)。
- 選取視窗選單 Options → License Setup 出現 License Setup 對話框如圖 1-10 所示。按 System Info 鈕，會出現電腦硬碟號碼如圖 1-11 所示。

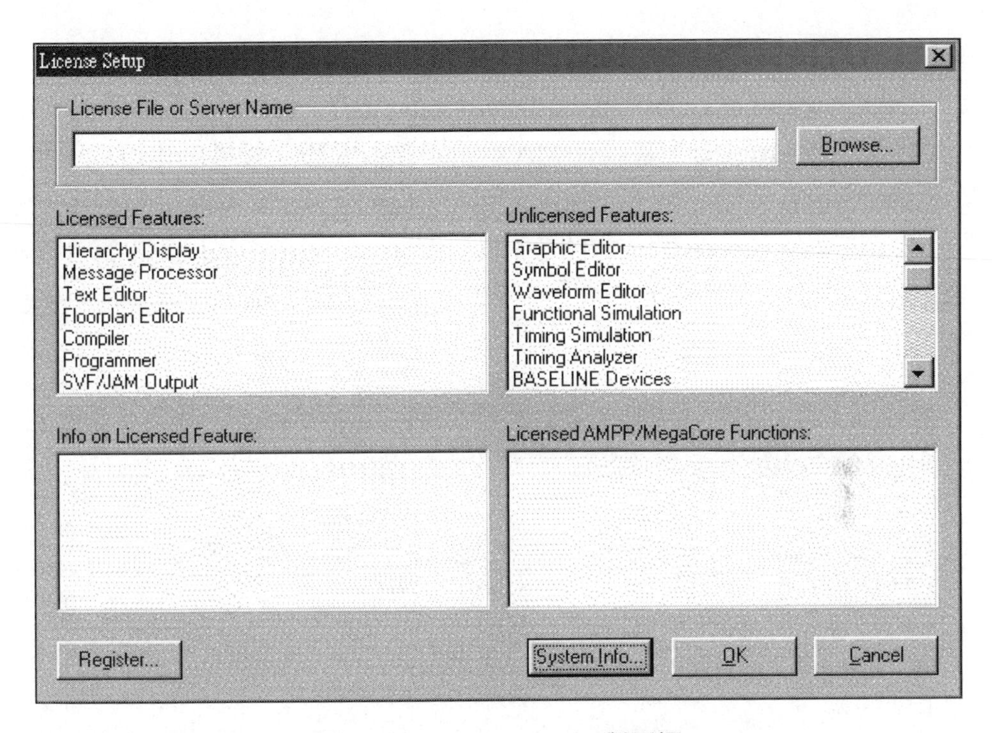

圖 1-10　License Setup 對話框

System Information

Network Interface Card (NIC) ID:　ffffffff0000

C: drive serial number:　3D5E11F9

Software Guard ID:

OK

圖 1-11　電腦資訊

- 根據電腦硬碟號碼，上網 http://www.altera.com/support/licensing/lic-university.html 註冊即可獲得授權檔 license.dat。若已有 MAX+plus II 9.23 版之授權碼也可以用在 MAX+plus II 10.0 版上如圖 1-8 所示，MAX+plus II 9.23 版之授權碼取的請參照「CPLD 數位電路設計-使用 MAX+plus II 入門篇」第一章敘述。

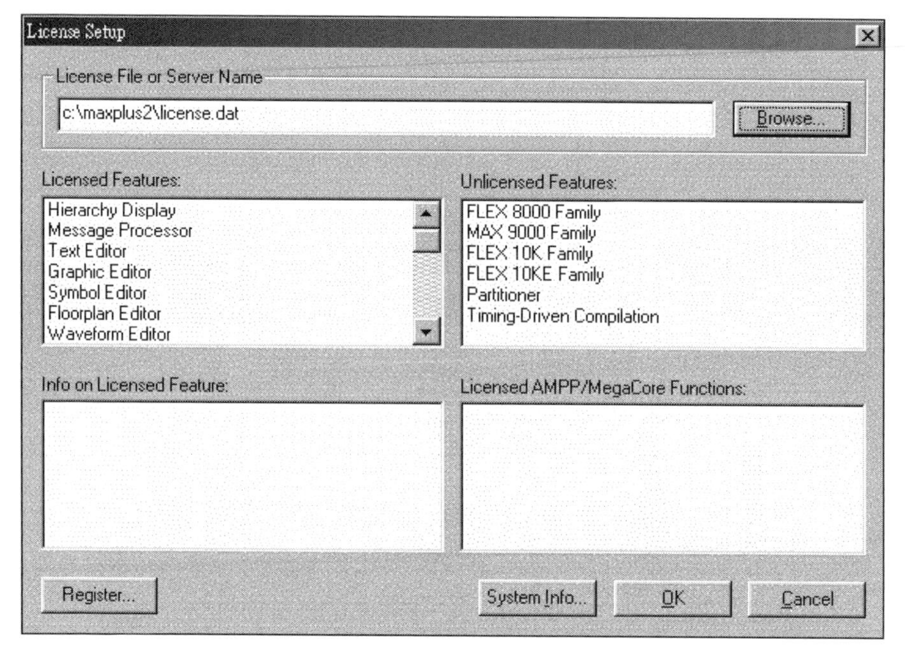

圖 1-12　授權檔 license.dat 設定

- MAX+PLUS II 10.0 版支援數種新元件，包括 ACEX 1K, MAX7000AE、MAX 7000B 元件族，並包括只能燒錄之 APEX 20K 和

APEX 20KE 元件族。可參考 MAX+PLUS II 10.0 版視窗選單 Help → New Features in This Release 之 New Device Support。

- MAX+PLUS II EDIF、VHDL 與 Verilog HDL I/O 可與下列電腦設計自動化(Electronic Design Automation)廠家的檔案相容:

-- Cadence 97A
- Exemplar Leonardo Spectrum 2000.1b
- Innoveda (formerly Viewlogic) Workview Office 7.54
- Mentor Graphics C.2
- Model Technology ModelSim EE 5.4c for UNIX workstations and ModelSim PE 5.4c for PCs
- Motive 5.1.6
- Synopsys Design Compiler/FPGA Compiler 99.05
- Synopsys FPGA Compiler II 3.5
- Synopsys FPGA Compiler II Altera Edition 3.5
- Synopsys FPGA Express 3.5
- Synopsys PrimeTime 1998.02-PT2.1
- Synplicity Synplify 6.1

本書將分別使用圖形編輯方式、VHDL 編輯方式與 Verilog HDL 編輯方式設計數位系統，在本書中所利用到的 VHDL 語法與 Verilog HDL 語法，將在每個範例後詳細說明，或者讀者可在附錄 A 查詢到各語法所對應到的本書之範例與說明處。

File Edit Templates Assign Utilities Options Window Help
cpu_vl.v - Text Editor
MAX+plusII
CPLD
inout [7:0]
input clk;
output
output
wire
wire
wire
wire

2 基本單元設計範例

2-1 基本邏輯運算

數位邏輯電路的基本函數有緩衝器(Buffer)、反相閘(NOT)、及閘(AND)、或閘(OR)等。其輸入端可能僅有一個或是有兩個以上的輸入端，作邏輯運算後輸出。並分別以圖形編輯、VHDL 編輯、Verilog HDL 編輯三種方式設計。詳細介紹如下。

- 布林方程式：logic_out = $A \cdot B + \overline{C}$
- 腳位：

  輸入線 3 條： A、B、C

  輸出線 1 條：logic_out
- 眞值表：眞值表如表 2-1 所示。

表 2-1　電路眞值表

輸　入　線			輸　出　線
A	B	C	logic_out
0	0	0	1
0	0	1	0
0	1	0	1
0	1	1	0
1	0	0	1
1	0	1	0
1	1	0	1
1	1	1	1

2-1-1　電路圖編輯基本邏輯運算

基本邏輯運算之電路圖編輯結果如圖 2-1 所示。此電路名稱為〝logic_g〞，此電路由一個〝and2〞基本邏輯閘、一個〝or2〞基本邏輯閘、一個〝not〞基本邏輯閘組成。另外還有三個〝input〞基本元件與一個〝output〞基本元件，並分別更名為 A、B、C 與 logic_out。

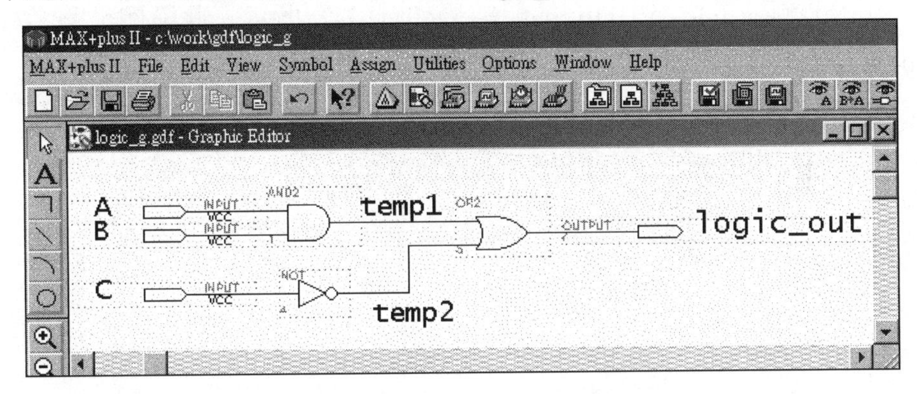

圖 2-1　電路圖基本邏輯運算

如圖 2-1 所示，A 與 B 為〝and2〞閘的兩個輸入，〝and2〞閘的輸出線取名叫 temp1，C 為〝not〞閘之輸入，〝not〞閘輸出取名為 temp2，〝or2〞閘兩輸入端分別為 temp1 與 temp2，〝or2〞閘之輸出線為 logic_out。

2-1-1-1　說明

- 基本邏輯閘：數位電路之基本元件(Primitive)例如 and2、or2、not、vcc、gnd、input、output 等，皆放在「\maxplus2\max2lib\prim」目錄下。屬於圖形編輯用的基本元件有：CARRY、OPNDRN、CASCADE、EXP、SOFT、GLOBAL、LCELL、TRI、WIRE、DFF、DFFE、SRFF、SRFFE、JKFF、JKFFE、LATCH、TFF、TFFE、BIDIR、BIDIRC、INPUT、INPUTC、OUTPUT、OUTPUTC、AND、NOR、BAND、BNAND、NAND、NOT、

OR、BNOR、VCC 、GND、BOR、XNOR、XOR 、CONSTANT、PARAM、Title Block，關於基本邏輯函數之腳位與眞值表可參考視窗選單 Help → Primitives 的說明。

2-1-2 VHDL 編輯基本邏輯運算

基本邏輯運算之 VHDL 編輯結果如圖 2-2 所示。此範例電路名稱爲〝logic_v〞。

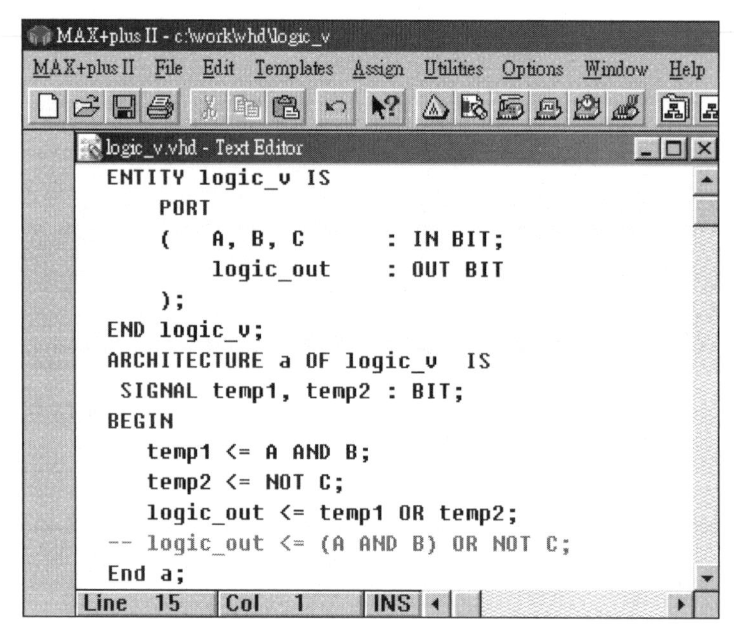

圖 2-2 VHDL 編輯基本邏輯運算

如圖 2-2 所示，輸入埠 A、B 與 C 型態爲 BIT，輸出埠 logic_out 型態爲 BIT。此電路架構名稱爲 a，架構宣告區中宣告了兩個訊號 temp1 與 temp2，型態爲 BIT。此電路架構內容爲，輸出訊號 logic_out 接收輸入訊號的邏輯運算結果：一位元輸入訊號 A 與 B 作“及”運算後再與一位元輸入訊號 C 的反相作“或”運算。其中 A 與 B 作“及”運算的結果指定給 temp1，C 的反相結果指定給 temp2，temp1 與 temp2 作“或”運算之結果指定給輸出 logic_out。註解處爲另一種寫法。

2-1-2-1　說明

- ENTITY 完整結構：實體(Entities)爲 VHDL 之電路設計單元，可對應到傳統圖畫式之電路符號，描述了對於外界的輸出入介面，除了電路名稱外，也指明有輸出入埠之名字、方向與型態。VHDL 之 ENTITY 完整結構如表 2-2 所示，分三大部分，分別爲 Entity Headers 部分、ENTITY 宣告部分與 ENTITY 描述部分。注意電路名稱在 ENTITY 之後。

表 2-2　VHDL 之 ENTITY 完整結構

```
ENTITY   電路名稱   IS
      Generic (      );             --參數設定
      Port   (       );             --輸出入腳位設定
ENTITY 宣告部分
BEGIN
ENTITY 描述部分
END 電路名稱   ;
```

- Entity Headers 區：VHDL 之 Entity Headers 區包含兩部分，參數設定(Generic)與輸出入腳位設定(Port)。參數設定語法如表 2-3 所示。輸出入腳位設定語法如表 2-4 所示，有輸入(IN)、輸出(OUT)、輸出入(INOUT)三種。

表 2-3 VHDL 之參數設定語法

```
GENERIC(    參數名 : string :=  預設值;
            參數名: integer:=  預設值);
```

表 2-4 VHDL 之輸出入腳位設定語法

```
PORT(
    輸入腳位名 1, 輸入腳位名 2 : IN    STD_LOGIC;
    輸入腳位名 3, 輸入腳位名 4   : IN  BIT;
    輸入向量名 1 :  IN     STD_LOGIC_VECTOR(高 downto 低);
    雙向腳位名 1 :  INOUT   STD_LOGIC;
    輸出腳位名 1, 輸出腳位名 2 : OUT BIT_VECTOR(高 downto 低)
        );
```

- ENTITY 宣告部分：VHDL 之 ENTITY 宣告部分(Entity Declarative Parts)可以有型態宣告、訊號宣告或常數宣告等，詳見表 2-5 所示。

表 2-5 VHDL 之 ENTITY 宣告部分

ENTITY 宣告部分	
<Subprogram Body>	副程式主體
<Type Declaration>	型態宣告
<Subtype Declaration>	副型態宣告
<Constant Declaration>	常數宣告
<Signal Declaration>	訊號宣告
<Shared Variable Declaration>	變數宣告
<File Declaration>	檔案宣告
	別名宣告

表 2-5　(續)

<Alias Declaration>	屬性宣告
<Attribute Declaration>	屬性詳細內容
<Attribute Specification>	分離詳細內容
<Disconnection Specification>	使用子句
<Use Clause>	群組樣本宣告
<Group Template Declaration>	群組宣告
<Group Declaration>	

- ENTITY 描述部分：VHDL 之 ENTITY 描述部分(Entity Statement Parts)，可以有同時性聲明描述或被動過程描述等，詳見表 2-6 所示。所謂被動的過程描述即在 Process 描述區不能有任何訊號(Signal)指定描述。聲明描述爲以布林表示式眞假決定顯示文字之語法，而同時性的聲明描述(Concurrent Assertion Statement)即多條聲明描述存在時，執行程式之順序爲並行的執行。

表 2-6　VHDL 之 ENTITY 描述部分

ENTITY 描述部分	
<Concurrent Assertion Statement>	同時性聲明描述
<Passive Process Statement>	被動過程描述

表 2-6 (續)

範　　例
ENTITY test IS PORT(　A, B : IN　integer; 　　C　: OUT integer　); BEGIN ASSERT (A > 256)　-- 判斷 A 是否大於 256 　REPORT "A out of range"　-- 判斷爲假顯示文字訊息 　SEVERITY ERROR ;　-- 嚴重性爲 ERROR
ASSERT (B > 256)　-- 判斷 B 是否大於 256 　REPORT "B out of range"　-- 斷爲假顯示文字訊息 　SEVERITY WARNING ;　-- 嚴重性爲 WARNING END test; ARCHITECTURE a OF test IS BEGIN 　C <= A + B; END a;

- ARCHITECTURE 主體：架構(Architectures)爲 VHDL 之電路設計內容描述處，可對應到傳統圖畫式之電路圖內容，一個架構必須伴隨在 Entity 之後，並有架構名稱，架構內榮描述著該設計單體之電路行爲。一個 Entity 可有伴隨有多個 Architecture，以架構名稱作區別。但在 MAX+plus II 一個 Entity 只支援一個 Architecture。VHDL 之 ARCHITECTURE 主體(Architecture Bodies)必須存在單體 ENTITY 之下，其亦包括宣告部分與描述部分，如表 2-7 所示。

表 2-7　VHDL 之 ARCHITECTURE 主體

ARCHITECTURE　架構識別名稱　OF　電路名稱　IS Architecture 宣告部分 BEGIN Architecture 描述部分 END　[ARCHITECTURE]　[　架構識別名稱　]　;
註：[ ]符號代表可以省略部分。

- ARCHITECTURE 宣告部分：VHDL 之 ARCHITECTURE 宣告部分與 ENTITY 宣告部分相同，可參考此小節之表 2-5 所示。
- ARCHITECTURE 描述部分：VHDL 之 ARCHITECTURE 描述部分(Architecture Statement Parts)可以區塊描述、過程描述或同時性訊號指定等，整理有如表 2-8 所示。

表 2-8　ARCHITECTURE 描述部分

ARCHITECTURE 描述部分	
<Block Statement>	區塊描述
<Process Statement>	過程描述
<Concurrent Procedure Call Statement>	同時性程序呼叫描述
<Concurrent Signal Assignment Statement>	同時性訊號指定
<Component Instantiation Statement>	組件插入描述
<Generate Statement>	產生描述
<Concurrent Assertion Statement>	同時性確認描述

- 訊號宣告：訊號(Signal)爲 VHDL 之物件(Object)之一，另外還有變數(Variable)與常數(Constant)物件。訊號物件爲各電路間傳遞溝通管道。

訊號宣告 (Signal Declarations) 可以在 ENTITY 宣告區或 ARCHITECTURE 宣告區或在 PACKAGE 宣告區。宣告在 PACKAGE 宣告區之訊號爲 Global 訊號，可供不同 ENTITY 使用。訊號宣告範例整理如表 2-9 所示。

表 2-9 VHDL 之訊號宣告

SIGNAL 訊號名稱: 資料型態;
PACKAGE example IS SIGNAL A_signal : BIT; -- 訊號宣告 END example; USE work.example.ALL; ENTITY ex1 IS PORT ( ); SIGNAL B_signal : BOOLEAN; -- 訊號宣告 END ex1; ARCHITECTURE a OF ex1 IS SIGNAL C_signal : BIT_VECTOR(4 downto 0); -- 訊號宣告 BEGIN END a;

- 資料型別：VHDL 中有整數型別(Integer Type)、實數型別(Real Type)、列舉型別(Enumerated Type)、物理型別(Physical Type)、陣列型別(Array Type)與紀錄型別(Record Type)。
- 列舉型別：VHDL 中之列舉型別(Enumerated Type)可由設計者列舉單一字母之字元或識別名成一自訂型態。識別名例如 green，meal 等。單

一字母之字元例如'0'，'1'，'X'等。列舉型別之列舉值中，第一個位置編號為 0，第二個位置編號為 1，以此類推。

表 2-10　VHDL 之列舉型別

TYPE 列舉型別名 IS (識別字, '字元', '字元', ...);
TYPE BIT is ('0', '1'); TYPE BOOLEAN is (FALSE, TRUE); TYPE color IS (green, red, blue);
注意：識別名之規則請看第一章 1-2 小節之說明。

- 已定列舉型別：VHDL 中提供 BIT 已定列舉型別(Predefined Enumeration Types)，已定義在〝STANDARD〞標準套件中，可在「\maxplus2\vhdl93(87)\std\standard.vhd」中找到。VHDL 之列舉型別如表 2-10 所示。BIT 型別列舉值有'0'與'1'兩種。BOOLEAN 型別列舉值有 FALSE 與 TRUE 兩種。宣告為 BIT 型態之變數其給值只能有'0'與'1'兩種。宣告為 BOOLEAN 型態之變數其給值只能有 FALSE 與 TRUE 兩種。BIT 型態之'0'可以看成邏輯上的低準位，'1'看成邏輯上的高準位。
- 邏輯運算子：VHDL 語法之邏輯運算子(Logical Operators)有 AND、OR、XOR、NAND、NOR、NOT，注意 VHDL 之大小寫是不分的。其符號定義與使用之方式整理如表 2-11 所示，其中 A 與 B 必須為同位元長度且相同資料型別。其中運算之優先順序為 NOT>AND=OR=NAND=NOR=XOR，故有時要利用括弧來決定運算次序，如此節範例〝logic_v〞之註解所示。

表 2-11　VHDL 之邏輯運算子

邏輯運算子	範　　例	說　　明
NOT	NOT '0'	對'0'作〝反〞運算，結果爲'1'。
AND	A AND B	A 與 B 作〝及〞運算，注意 A 與 B 必須爲同位元長度。
NAND	"00" NAND "10"	"00" 與"10"作〝反及〞運算，結果爲"11"。
XOR	"1100" XOR "1010"	"1100"與"1010"作〝互斥或〞運算，結果爲"0110"。
OR	A OR B	A 與 B 作〝或〞運算，注意 A 與 B 必須爲同位元長度。
NOR	"000" NOR "110"	"000"與"110"作〝反或〞運算，結果爲"001"。

- 訊號指定：訊號指定描述(Signal Assignment Statements)爲 VHDL 最基本的行爲模型，其語法如表 2-12 所示，若 A 與 C 宣告爲 Signal，則用訊號指定方式給予值，訊號指定符號爲〝<=〞。電路之輸出埠亦皆以訊號指定之方式給予值。

表 2-12　VHDL 之訊號指定描述

訊號指定描述	
訊號名稱 <= 表示式;	
A <= B;	A 得到 B 的值。注意 A 與 B 之資料型態要相同。
C <= 　A AND B;	C 得到 A 與 B 作〝及〞運算之值。注意 C 與 A 和 B 之寬度必須相同，且資料型態要相同。
D(3 downto 2) <= A(1 downto 0) AND B(1 downto 0);	A 與 B 其中兩個位元作〝及〞運算後指定給 D 的其中兩個位元。
A <= FUN(m, n);	函數 FUN 傳回值指定給 A，注意函數 FUN 傳回訊號之資料型態必須與 A 相同。

- 同時性訊號指定：同時性(Concurrent)敘述即執行程式之順序爲並行處理，與程式排列順序無關。以範例〝logic_v〞爲例，架構描述爲三行同時性訊號指定(Concurrent Signal Assignment Statements)語法，次序對調亦不會改變原結果，如表 2-13 所示。等號右邊訊號之值改變時，才會執行該行程式。與各行程式排列次序無關。例如，當 temp1 或 temp2 值發生變化才會再執行〝OR〞運算這行程式，指定值給 logic_out。當 A 或 B 值發生變化才會再執行〝AND〞運算這行程式，指定值給 temp1。當 C 值發生變化才會再執行〝NOT〞運算這行程式，指定值給 temp2。

表 2-13　VHDL 之同時性訊號指定

```
ARCHITECTURE a OF logic_v    IS
 SIGNAL temp1, temp2 : STD_LOGIC;
BEGIN
        logic_out <= temp1 OR temp2;
        temp1 <= A AND B;
        temp2 <= NOT C;
End a;
```

2-1-3　Verilog HDL 編輯基本邏輯運算

<方法一>以 Verilog HDL 之邏輯閘層次設計基本邏輯運算，編輯結果如圖 2-3 所示。此模組名稱爲〝logic_vl〞。

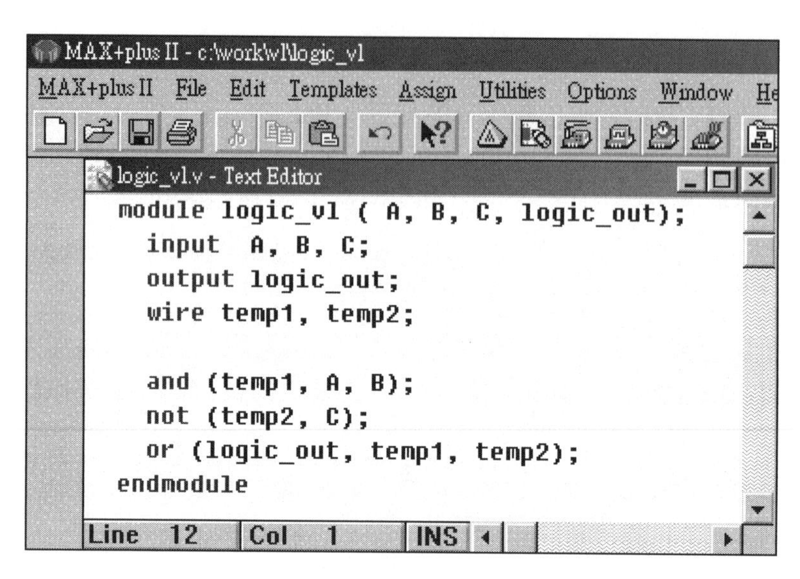

圖 2-3 Verilog HDL 編輯基本邏輯運算

如圖 2-3 所示，輸入埠 A、B 與 C 爲一位元，資料型態爲內定之 wire 型態，輸出埠 logic_out 爲一位元，資料型態皆爲內定之 wire 型態。內接線 temp1 與 temp2 資料型態宣告爲一位元 wire 型態。A 與 B 爲〝及閘〞輸入線，temp1 爲〝及閘〞輸出線；C 爲〝反閘〞之輸入線，tenp2 爲〝反閘〞之輸出線；temp1 與 temp2 爲〝或閘〞之輸入線，logic_out 爲〝或閘〞之輸出線，logic_out 爲最後輸出埠。

<方法二>以 Verilog HDL 之資料處理層次設計基本邏輯運算，編輯結果如圖 2-4 所示。此範例模組名稱爲〝logic1_vl〞。

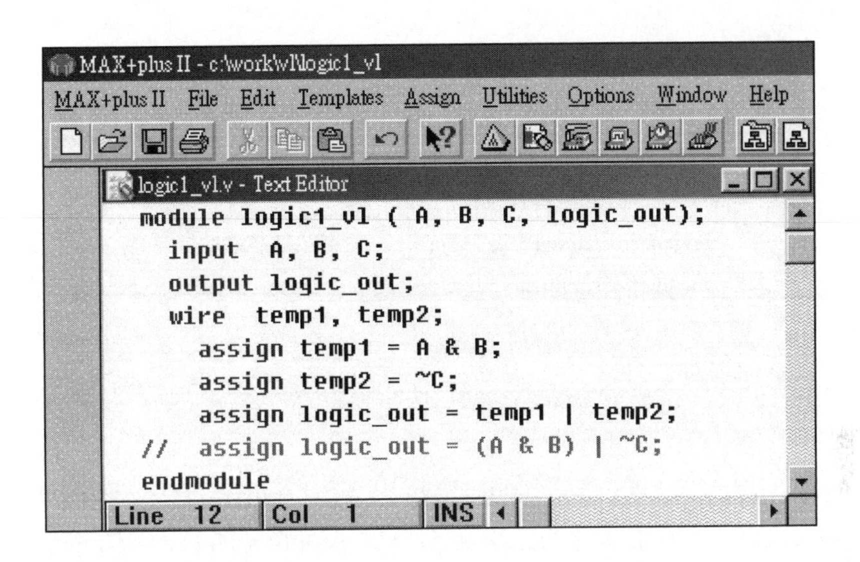

圖 2-4　Verilog HDL 編輯基本邏輯運算

如圖 2-4 所示，輸入埠 A、B 與 C 為一位元，資料型態為內定之 wire 型態，輸出埠 logic_out 為一位元，資料型態皆為內定之 wire 型態。內接線 temp1 與 temp2 資料型態宣告為一位元 wire 型態，A 與 B 作〝及〞運算之結果指定給 temp1；C 作〝反〞運算之結果指定給 temp2；temp1 與 temp2 作〝或〞運算指定給 logic_out， logic_out 為最後輸出埠。註解處為另一種寫法。

2-1-3-1　說明

- 模組：模組(module)為 Verilog HDL 語法中之基本設計單元，其結構整理如表 2-14 所示。一個 Verilog HDL 設計模組亦可以引入其他的模組。模組的內容可以用結構性語法(Structural features)與行為性語法(Behavioral features)進行描述。注意 Verilog HDL 之大小寫是不同的。

表 2-14　Verilog HDL 語法之模組(module) 結構

```
module 模組名稱 ( 輸入腳位名, 輸出腳位名, 輸出入腳位名);
  // Port Declaration (輸出入腳位宣告)
  // Wire Declaration (導線宣告)
  // Integer Declaration (整數宣告)
  // Concurent Assignment (同時性指定)
  // Always Statement (Always 陳述)
endmodule
```

- 輸出入埠宣告：Verilog HDL 之輸出入埠 (port) 宣告，整理如表 2-15 所示。注意 Verilog HDL 之大小寫是不同的。所有保留字皆爲小寫。有輸入(input)、輸出(output)、輸出入(inout)三種。

表 2-15　Verilog HDL 之輸出入埠

```
Input   輸入埠名稱;
Input   [6:0] 輸入埠名稱;       //多位元宣告
Output  輸出埠名稱;
Inout   輸出入埠名稱;
```

- 接線型態：Verilog HDL 之各種變數型態中，有接線(wire)型態與暫存器(reg)型態兩種，是屬於硬體上的線路描述型態。其中變數是以結構性語法指定值時要宣告爲 wire 型態，若變數是以行爲性語法指定值時要宣告爲 reg 型態。若將腳位宣告爲輸入與輸出時，其資料型態內定爲 wire，整理如表 2-16 所示。其他內接線若宣告成 wire 型態，若沒指定範圍則內定爲一位元。

表 2-16　Verilog HDL 語法之接線型態宣告

Verilog HDL 接線型態宣告	說　　明
input A, B,C; output logic_out; wire　temp1, temp2; reg temp3, temp4;	只將腳位宣告爲輸入與輸出時，其資料型態內定爲 wire，故 A、B、C 與 logic_out 之資料型態爲 wire，內接線 temp1 與 temp2 之資料型態爲 wire，皆爲一位元；temp3 與 temp4 之資料型態爲 reg，皆爲一位元。

- 數值位準：對於一個位元之值，Verilog HDL 提供 0、1、x (或 X)、z (或 Z)，四種數值位準(Value level)，整理如表 2-17 所示。0 與 1 分別代表邏輯上的低準位與高準位。而 z 代表高阻抗，即接線不接任何邏輯閘或沒被指定值時視其爲高阻抗狀態。x 代表不確定狀態，一訊號線接收到兩種以上之指定值，則會呈現不確定之狀態。

表 2-17　Verilog HDL 之四種數值位準

一個位元之數值位準	狀　　態
1’b1	高準位或眞
1’b0	低準位或假
1’bx 或 1’bX	不確定
1’bz 或 1’bZ	高阻抗

- 基本邏輯閘：Verilog HDL 提供了數種基本邏輯閘(Primitive Gates)，可分成 and/or 類與 buf/not 類，and/or 類之閘有一個純量輸出與多個純量輸入，且輸出爲括弧中參數之第一項，其餘項爲輸入。buf/not 類有一純量輸入和多個純量輸出。Verilog HDL 提供了數種基本邏輯閘包括

and、 nand、or、nor、xor、xnor、not、buf，引用基本邏輯閘方式是屬於 Verlog HDL 之結構性語法(Structural features)，與另一種 Verilog HDL 之行爲性語法(Behavioral features)是不同的。在 Verilog HDL 中可以利用插入邏輯閘之方式，引用基本邏輯閘，整理如表 2-18 所示。這些基本邏輯閘之輸出訊號，必須是一位元之 wire 型態，而基本邏輯閘之輸入訊號之型態，則可宣告爲 wire 型態或 reg 型態。引用基本邏輯閘時，其中引入名稱可省略，且輸出訊號在括弧中之最左邊之位置。若一輸入項有兩位元以上時，只有最小位元會被拿來運算。若有引用兩個以上之邏輯函數，其引入名稱不可重複。

表 2-18　Verilog HDL 之基本邏輯函數

邏　輯　函　數	說　明
邏輯函數　引入名稱　(輸出訊號, 輸入訊號, 輸入訊號, ..); 邏輯函數　(輸出訊號, 輸入訊號, 輸入訊號, ..);	輸入項可小於或等於 12 個，輸出只有一項，在括弧之最左邊之位置。 此類邏輯函數包括 and、 nand、or、nor、xor 與 xnor。
and　a1 (c, a, b, f, h); and (d, a, b); nand (u, a, b); or　o1(y, a, 1'b0); or (h, a, 1); nor n2 (k, 8, 4'b1100);	若有引用兩個以上之邏輯函數，其引入名稱不可重複。若一輸入項有兩位元以上時，只有最小位元會被拿來運算。
邏輯函數 引入名稱 (輸出訊號, 輸出訊號, 輸入訊號); 邏輯函數 (輸出訊號, 輸出訊號, 輸入訊號);	輸入項只能有一項，在括弧之最右邊之位置。輸出項可不只一項，此類邏輯函數包括 not 與 buf。
not q1 (temp2, C); not (y, g); buf b1 (p, g);	若有引用兩個以上之邏輯函數，其引入名稱不可重複。若一輸入項有兩位元以上時，只有最小位元會被拿來運算。

- 結構性語法：Verlog HDL 之結構性語法(Structural features)，程式之先後順序對調不會影響輸出結果。例如範例〝logic_vl〞中各個基本閘之

順序對調，如表 2-19 所示，結果會相同。又如範例〝logic1_vl〞中，各個連續指定語法的次序對調，不會改變原輸出結果。

表 2-19　Verilog HDL 之結構性語法

```
module logic_vl ( A, B, C, logic_out);
  input    A, B, C;
  output logic_out;
  wire temp1, temp2;
    or (logic_out, temp1, temp2);
    not (temp2, C);
    and (temp1, A, B);
endmodule
```

- 位元運算子：Verilog HDL 語法之位元運算子(Bit-Wise Operators)有反運算(~)、及運算(&)、或運算(|)、互斥或運算(^)、反互斥或運算(~^或^~)，整理如表 2-20 所示。A 與 B 之位元長度不用相同，傳回數字位元長度與最長的運算元相同。長度較短的運算元會自動在高位元補 0。

表 2-20　Verilog HDL 語法之位元運算子

位元運算子	範例	說　　明	例　　如
~	~A	對每一位元作 NOT 運算	~3'b011 結果爲 3'b100
&	A & B	對相對應的位元作 AND 運算	4'b0011 & 2'b01 結果爲 4'b0001
|	A | B	對相對應的位元作 OR 運算	2'b01 | 3'b011 結果爲 3'b011
^	A ^ B	對相對應的位元作 XOR 運算	3'b011 ^ 2'b01 結果爲 3'b010
^~ 或 ~^	A ~^ B 或 A ^~ B	對相對應的位元作 XNOR 運算	2'b01 ~^ 5'b11011 結果爲 5'b00101

- 連續指定：Verilog HDL 提供連續指定(Continuous Assignment)語法，用來指定值給接線，可用連續指定語法來描述組合邏輯，語法如表 2-21 所示。連續指定等號左邊變數一定要為 wire 之資料型態，連續指定將等號右邊的運算之值指給等號左邊之接線，組譯器會創造簡單的邏輯閘與接線，當等號右邊的任何輸入發生改變時，連續指定敘述會再重新計算過。持續指定描述可分為兩部份，一是目標接線部份，一是運算式部份。運算式部份可用的運算子有算數運算子、關係運算子、邏輯運算子、比較運算子、相等運算子、位元運算子、簡化運算子、移位運算子、條件運算子與連結運算子等。

表 2-21　Verilog HDL 語法之連續指定語法

連續指定語法	範　　例	說　　明
assign 接線名 = 運算式;	wire a, b, c; assign c = a & b ;	a, b 與 c 之資料型態為一位元 wire，a 與 b 作〝及〞運算指定給 c。運用了位元運算子。
	wire co, s; reg a, b, ci; assign {co, s} = a + b + ci;	a 加上 b 加上 ci 之運算指定給 co 與 s 連結成之接線。運用了算數運算子與連結運算子。
	wire y, s1, s0, d3, d2, d1, d0; assign y = s1 ? (s0 ? d3 : d2) : (s0 ? d1 : d0);	判斷 s1 是否為 1，若為真則傳回(s0 ? d3 : d2)，s0 若為 1 則傳回 d3，s0 若為 0 則傳回 d2。判斷 s1 是否為 1，若為假則傳回(s0 ? d1 : d0)，s0 若為 1 則傳回 d1，s0 若為 0 則傳回 d0。運用條件運算子。

- Verilog HDL 與 VHDL 比較：此小節主要針對 Verilog HDL 與 VHDL 之邏輯運算電路設計語法作比較。在 Verilog HDL 中 and、or、xor、nand、nor、abs、not 等保留字為基本邏輯閘，引用時是與插入模組方式相同，為結構性語法如表 2-18 之說明。Verilog HDL 中有位元運算子(Bit-Wise Operators)：反運算(~)、及運算(&)、或運算(|)、互斥或運算(^)、反互

斥或運算(~^或^~)如表 2-20 所示，與 VHDL 中之邏輯運算子(Logical Operators)用法相類似。VHDL 之邏輯運算子 and、or、xor、nand、nor、abs 與 not 用法整理如表 2-11 所示。但在 Verilog HDL 中做位元運算之兩運算元的寬度不一定要相同，而在 VHDL 中做邏輯運算之兩運算元的寬度一定要相同。

2-1-4　模擬基本邏輯運算

基本邏輯運算之模擬結果如圖 2-5 所示。

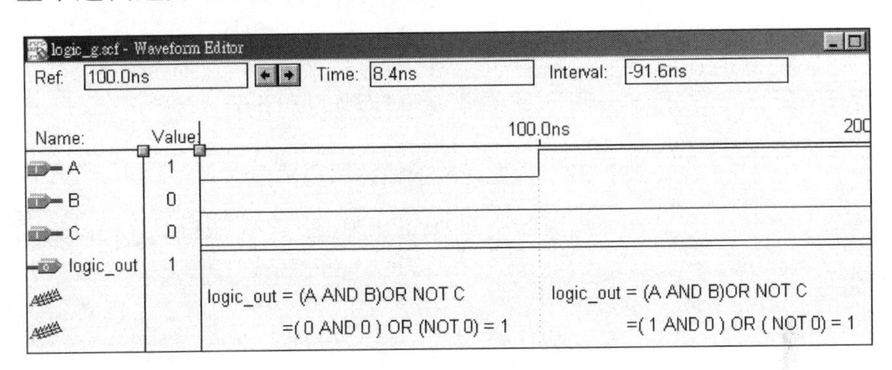

圖 2-5　基本邏輯運算之模擬結果

- 第一區：輸入 A = 0，B = 0，C = 0，故(A AND B) OR NOT C 等於 1，故輸出 logic_out 等於 1。
- 第二區：輸入 A = 1，B = 0，C = 0，故(A AND B) OR NOT C 等於 1，故輸出 logic_out 等於 1。

2-2　八位元及邏輯運算

本範例介紹八位元資料作邏輯運算之電路，詳細介紹如下。

- 腳位：

  輸入線 16 條： A7 A6 A5 A4 A3 A2 A1 A0、
  B7 B6 B5 B4 B3 B2 B1 B0

  輸出線 8 條：O7 O6 O5 O4 O3 O2 O1 O0

- 布林方程式：O = A·B
- 眞值表：八位元及邏輯運算眞值表如表 2-22 所示。

表 2-22　八位元及邏輯運算真值表

輸入線		輸出線
A[7..0]	B[7..0]	O[7..0]
A7 A6 A5 A4 A3 A2 A1 A0	B7 B6 B5 B4 B3 B2 B1 B0	O7=A7·B7 O6=A6·B6 O5=A5·B5 O4=A4·B4 O3=A3·B3 O2=A2·B2 O1=A1·B1 O0=A0·B0

2-2-1　電路圖編輯八位元及邏輯運算

八位元及邏輯運算之電路圖編輯結果如圖 2-6 所示。此範例電路名稱為〝and8_g〞，此電路由一個〝and2〞基本邏輯閘組成。另外還有兩個〝input〞基本元件與一個〝output〞基本元件，並分別更名為 A[7..0]、B[7..0]與 O[7..0]。

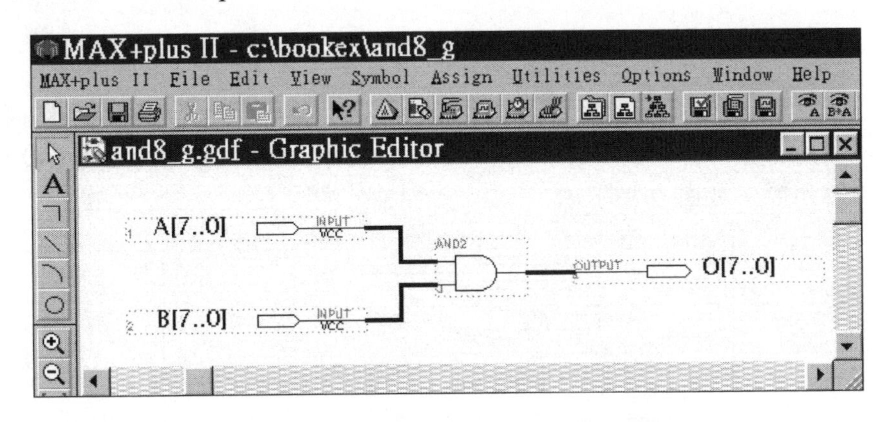

圖 2-6　電路圖編輯八位元及邏輯運算

如圖 2-6 所示，A[7..0]與 B[7..0]分別接到〝and2〞邏輯閘之兩個輸入，O[7..0]則接到〝and2〞邏輯閘之輸出。其間之接線為 bus。

2-2-1-1　說明

- 邏輯陣列：基本邏輯陣列(Primitive Arrays)是利用單一個邏輯閘代表多個相同的邏輯閘， 創造邏輯陣列之方法如下：

(方法一)如果一個邏輯閘所有的接腳都接到相同 n 個寬度的巴士(bus)線，則視同產生 n 個邏輯閘，其中巴士線的每一個節點(node)都各自連至一個邏輯閘上。例如作及閘運算如圖 2-7 所示。

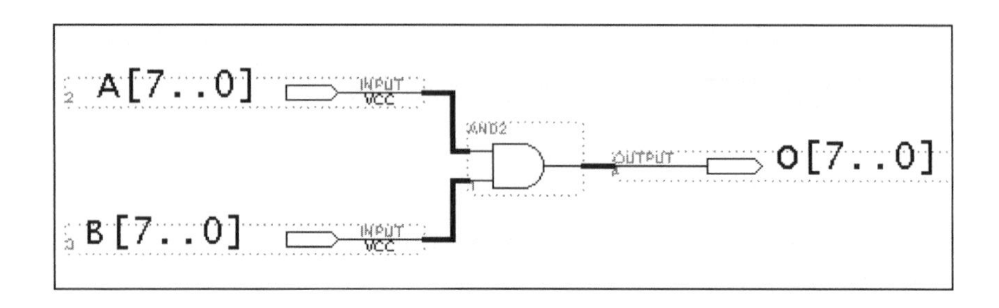

圖 2-7　邏輯陣列方法一

其效果等效於八個及邏輯閘，分別作 O7=A7‧B7、O6=A6‧B6、O5=A5‧B5、O4=A4‧B4、O3=A3‧B3、O2=A2‧B2、O1=A1‧B1、O0=A0‧B0，這八個及運算，如圖 2-8 所示。

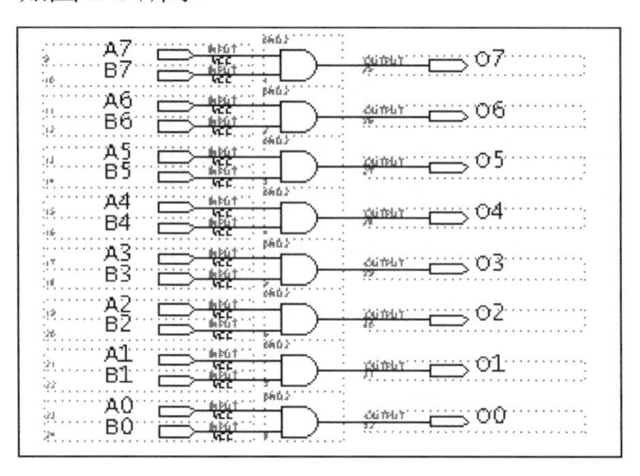

圖 2-8　圖 2-7 邏輯陣列之等效之電路圖

(方法二)如果一個邏輯閘的其中一些輸入腳接到 n 個寬度的巴士線，而另一些接到單一節點，則如同產生 n 個邏輯閘，每一個邏輯閘的一些輸入腳接到巴士線的每一個節點，而 n 個邏輯閘的另一些輸入腳依舊接到單一節點。例如作及閘運算如圖 2-9 所示。

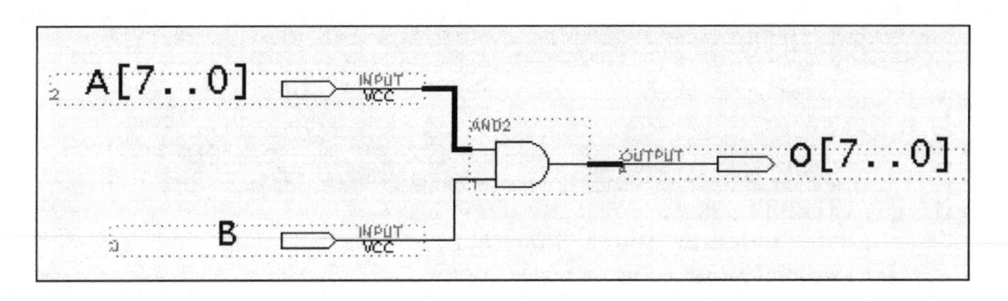

圖 2-9　邏輯陣列方法二

其效果等效於八個及邏輯閘，分別作 O7=A7‧B、O6=A6‧B、O5=A5‧B、O4=A4‧B、O3=A3‧B、O2=A2‧B、O1=A1‧B、O0=A0‧B，這八個及運算，如圖 2-9 所示。

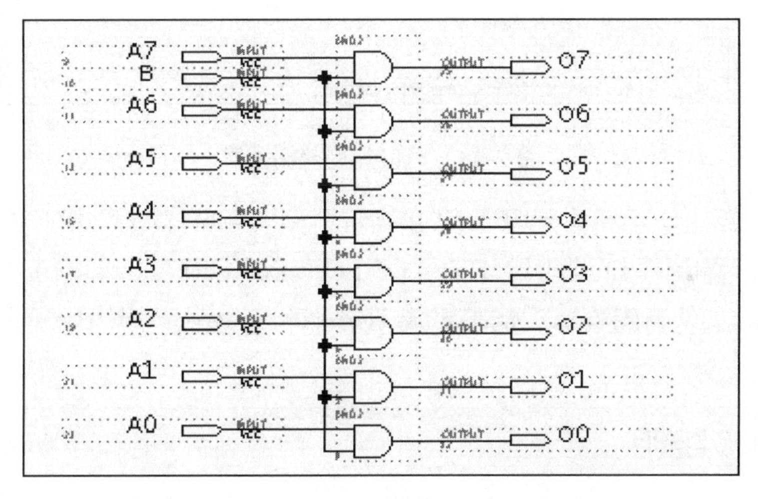

圖 2-10　圖 2-9 邏輯陣列之等效之電路圖

2-2-2　VHDL 編輯八位元及邏輯運算

八位元及邏輯運算之 VHDL 編輯結果如圖 2-11 所示。此範例電路名稱爲〝and8_v〞。

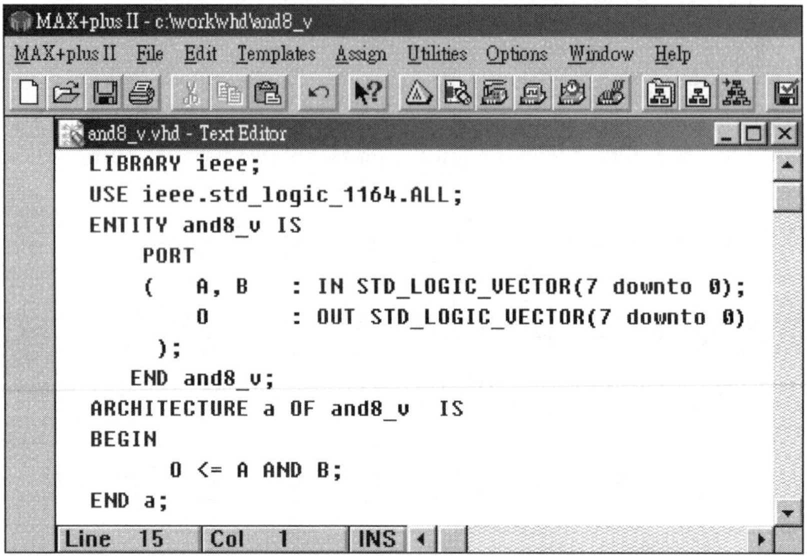

MAX+plus II - c:\work\vhd\and8_v

MAX+plus II File Edit Templates Assign Utilities Options Window Help

and8_v.vhd - Text Editor

```
LIBRARY ieee;
USE ieee.std_logic_1164.ALL;
ENTITY and8_v IS
    PORT
    (   A, B    : IN STD_LOGIC_VECTOR(7 downto 0);
        O       : OUT STD_LOGIC_VECTOR(7 downto 0)
     );
   END and8_v;
ARCHITECTURE a OF and8_v  IS
BEGIN
       O <= A AND B;
END a;
```

Line 15 Col 1 INS

圖 2-11　八位元及邏輯運算

如圖 2-11 所示，輸入埠 A 與 B 其資料型態爲 STD_LOGIC_VECTOR(7 downto 0)，輸出埠 O 型態爲 STD_LOGI C_VECTOR(7 downto 0)。此電路架構名稱爲 a，架構內容爲：輸出訊號 O 接收輸入訊號 A 與 B 作“及”運算的結果。

2-2-2-1　說明

- 陣列型態：VHDL 之陣列型態(Array Type)爲將相同型態之組成集合在一起的物件，可分爲一維陣列與多維陣列，而陣列中的每一個成分則可利用陣列索引取得。陣列型態有分兩種，分別是有限定的陣列型態(Constrained Array Type)與無限定的陣列型態(Unconstrained Array Type)，整理如表 2-23 所示。在標準套件中已具有預先定義的陣列型態(Predefined Array Type) BIT_VECTOR 型態，可在「\maxplus2\vhdl93(87)\std\standard.vhd」檔案下找到其定義。本範例所使用之資料型態

STD_LOGIC_VECTOR，為 IEEE1164 系統所定義的陣列型態，係一種無限定的陣列型態，為 STD_LOGIC 型態的集合，其係以自然數作為索引。表 2-23 中 NATURAL 是 VHDL 預先定義的整數型態(Predefined Integer Types)，在標準套件中已定義，而 RANGE <>則代表範圍無限定。而(NATURAL RANGE <>)之意義則表示陣列之索引方式以自然數作索引，但陣列長度沒定義。但在使用無限定的陣列型態時，還是會加上索引限定，例如 STD_LOGIC_VECTOR (31 to 0)。有關 STD_LOGIC_VECTOR 資料型態，已在套件 std_logic_1164 中宣告，可在「\maxplus2\vhdl93(87)\ieee\std1164.vhd」檔案下找到。

表 2-23　VHDL 語法之陣列型態

無限定的陣列型態	TYPE 陣列型態名 IS ARRAY (整數型別 RANGE <>) OF 型態名;
	TYPE std_logic_vector IS ARRAY (NATURAL RANGE <>) OF std_logic; type BIT_VECTOR is array (NATURAL range <>) of BIT; TYPE std_logic _2D IS ARRAY (NATURAL RANGE <>, NATURAL RANGE <>) of STD_LOGIC;
	SIGNAL A : STD_LOGIC_VECTOR (0 to 31); SIGNAL B : BIT_VECTOR (31 downto 1); SIGNAL C : STD_LOGIC_2D (2 to 5, 3 downto 0);
有限定的陣列型態	TYPE 陣列型態名 IS ARRAY (整數 DOWNTO 整數) OF 型態名;
	TYPE A4 IS ARRAY (3 downto 0) OF std_logic; TYPE B4_8 IS ARRAY (0 to 3, 7 downto 0) OF std_logic;
	SIGNAL A : A4; SIGNAL B : B4_8;

- 索引限定：VHDL 之陣列型態是由多個同樣型態的份子組合在一起，像一個單一物件。陣列中的每一個成分，可利用陣列索引取得。陣列型態也可以看成多位元之資料型態，必需有索引給每一個位元。有限定的陣列型態其索引方式稱為索引限定(Index Constraints)或不離散範

圍(Discrete Ranges)。索引限定方式有兩種，一種為遞增式索引(to)，一種為遞減式索引(downto)。索引限定(0 to 7) 表示此陣列型態有 0、1、2、3、4、5、6、7 八個索引，分別指到陣列的八個元素。而索引限定(7 downto 0) 則表示此陣列型態有 7、6、5、4、3、2、1、0 八個索引，分別指到陣列的八個元素。一維陣列型態舉例如表 2-24 所示。

表 2-24　VHDL 之一維陣列型態索引

一維陣列型態宣告	TYPE A4 IS ARRAY (3 downto 0) of std_logic; TYPE B4 IS ARRAY (0 to 3) of std_logic;
訊　號　宣　告	SIGNAL D: A4; SIGNAL F: B4; SIGNAL G: STD_LOGIC_VECTOR (3 downto 1);
單一成分索引	D(3)，D(2)　，D(1)　，D(0) F(0)，F(1)　，F(2)　，F(3) G(3)，G(2)　，G(1)
多成分索引	D(3 downto 2)　，D(2 downto 0)　，D(1 downto 0)等。 F(0 to 2)　，F(0 to 1)　，F(1 to 2)　，F(2 to 3) 等。 G(3 downto 2)　，G(2 downto 1)　，G(3 downto 1)。

- 位元串字：當 VHDL 宣告成陣列型態之變數時，一般而言，其值的給定是以集聚(Aggregates)定值。對於 BIT_VECTOR 型別之變數，則可用位元串字(Bit String Literals)給值，位元串字有二進制(B)、八進制(O)、及十六進制(X)，整理如表 2-25 所示。

表 2-25　VHDL 之位元串字

SIGNAL G, F, A : BIT_VECTOR (7 downto 0); SIGNAL K　: BIT_VECTOR (0 to 3);	
F <= B"1100_0001"; F(7 downto 0) <= B"11000001";	二進制位元串，由左至右對應之到陣列索引為，F(7)、F(6)、F(5)、F(4)、F(3)、F(2)、F(1)、F(0)。
K <= B"1101"; K(0 to 3) <= B"11_01";	二進制位元串給值，由左至右對應之到陣列索引為，K(0)　、K(1)、K(2)、K(3)。

表 2-25　(續)

G <= O"377";	八進制位元串。
A <= X"F_F";	十六進制位元串。
注意：可利用底線〝_〞增加可讀性。	

- 字串字：VHDL 之位元串字(Bit String Literals)只能用在 BIT_VECTOR 型別上，對於使用者自訂的陣列型態(包括 STD_LOGIC_VECTOR 型別)，則用字串字(String Literals)給值，整理如表 2-26 所示。

表 2-26　VHDL 之字串字

SIGNAL F : STD_LOGIC_VECTOR (3 downto 0); SIGNAL K : STD_LOGIC_VECTOR (0 to 7);	
F <= "1101"; F <= "ZZZZ";	字元串字給值，由左至右對應之到陣列索引爲，F(3)、F(2)、F(1)、F(0)。
K <= "1Z01000Z";	字元串字給值，由左至右對應之到陣列索引爲，K(0)　、K(1)、K(2)、K(3)　、K(4)　、K(5)、K(6)、K(7)。
注意：Z 必須爲大寫，爲高組抗狀態。	

- 集合：VHDL 之任一陣列型別之變數，其值的給定可以陣列集合(Array Aggregates)表示。陣列成分以陣列索引對應，整理如表 2-27 所示。

表 2-27　VHDL 之陣列集合

SIGNAL F : STD_LOGIC_VECTOR (3 downto 0); SIGNAL K : STD_LOGIC_VECTOR (0 to 3);	
F <= ('1', '0', '1', '1'); F(3 downto 0) <= ('1', '0', '1', '1');	陣列集合給值，陣列成分 F(3) 等於'1'，F(2) 等於'0'，F(1) 等於'1'，F(0) 等於'1'。
K<= ('1', '0', '1', '1'); K(0 to 3) <= ('1', '0', '1', '1');	陣列集合給值，陣列成分 K(0) 等於'1'，K(1) 等於'0'，K(2) 等於'1'，K(3) 等於'1'。

● 陣列型別訊號指定：範例〝and8_v〞中以宣告八位元陣列型別訊號 STD_LOGIC_VECTOR (7 downto 0)，多位元訊號指定之對應方式，可利用陣列索引方式對應，若未標出索引範圍，則代表宣告時之索引範圍，如表 2-28 所示。

表 2-28　VHDL 之陣列型別訊號指定

SIGNAL O, A, B : STD_LOGIC_VECTOR (7 downto 0); SIGNAL G, K : STD_LOGIC_VECTOR (0 to 3);	
O <= A AND B; O (7 downto 0) <= A (7 downto 0) AND B (7 downto 0);	O(7) 等於 A(7) AND B(7) ， O(6) 等於 A(6) AND B(6) ， O(5) 等於 A(5) AND B(5) ， O(4) 等於 A(4) AND B(4) ， O(3) 等於 A(3) AND B(3) ， O(2) 等於 A(2) AND B(2) ， O(1) 等於 A(1) AND B(1) ， O(0) 等於 A(0) AND B(0) 。
O(3 downto 2) <= A(2 downto 1);	O(3) 等於 A(2)，O(2)等於 A(1)。
O(7 downto 6) <= G(0 to 1) AND K(2 to 3);	O(7) 等於 G(0) AND K(2) ，O(6)等於 G(1) AND K(3)。
O(1 downto 0) <= "10";	O(1) 等於'1'，O(0) 等於'0'。
G(0 to 1) <= "10";	G(0) 等於'1'，G(1) 等於'0'。

● 邏輯運算子：VHDL 語法之邏輯運算子(Logical Operators)有 AND(and)、OR(or)、XOR(xor)、NAND(nand)、NOR(nor)、NOT(not)，其符號定義與使用之方式，請見 2-1-2-1 小節之表 2-11 所示。

2-2-3　Verilog HDL 編輯八位元及邏輯運算

八位元及邏輯運算之 Verilog HDL 編輯結果如圖 2-12 所示。此範例模組名稱為〝and8_vl〞。

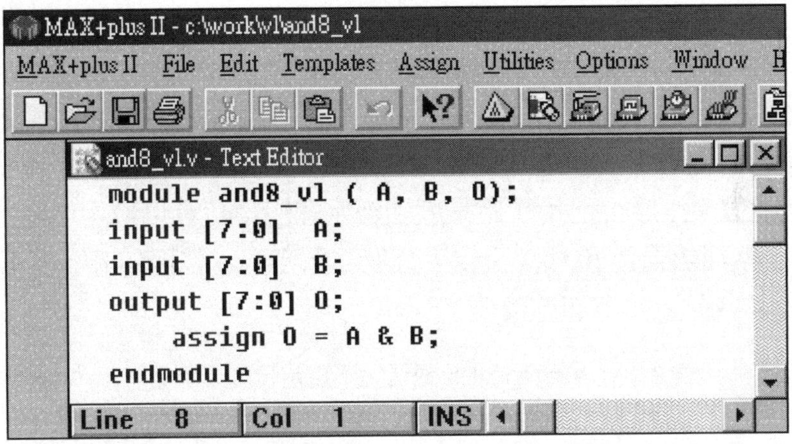
MAX+plus II - c:\work\vl\and8_vl
MAX+plus II　File　Edit　Templates　Assign　Utilities　Options　Window
and8_vl.v - Text Editor
module and8_vl (A, B, O);
input [7:0] A;
input [7:0] B;
output [7:0] O;
assign O = A & B;
endmodule
Line 8　Col 1　INS

圖 2-12　Verilog HDL 編輯八位元及邏輯運算

如圖 2-12 所示，輸入埠 A 與 B 為八位元向量，資料型態為內定之 wire 型態，輸出埠 O 為八位元向量，資料型態皆為內定之 wire 型態。模組內容為八位元向量 A 與 B 作〝及〞運算後指定給八位元向量 O。

2-2-3-1　說明

- 向量：Verilog HDL 之向量(Vector)表示可以代表多位元之接線或暫存器。若無定義長度則為一個位元，整理如表 2-29 所示。接線向量和暫存器向量被當成是不帶符號之數處理。其成分可以位元選擇(Bit select)與部分選擇(Part select)方式表示。

表 2-29　Verilog HDL 語法之向量表示

向　　量	最高位元	最低位元	位元選擇	部分選擇
[3:0] A	A[3]	A[0]	A[3]，A[2]，A[1]，A[0]	A[2:1]，A[3:2]
[0:3] B	B[0]	B[3]	B[0]，B[1]，B[2]　，B[3]	B[2:3]，B[1:2]

- 數字表示：Verilog　HDL　之數字表示可以有規定長度與不規定長度兩種。並可利用十進制('D 或'd)、八進制('O 或'o)、二進制('B 或'b)、十六進制('H 或'h)表示，不規定長度之數字在組譯時會以最大之位元數去表示，整理如表 2-30 所示，規定長度之數字表示整理如表 2-31 所示。可利用底線〝_〞增加可讀性。

表 2-30　Verilog HDL 語法之不規定長度之數字表示

不規定長度之數字	說　　明
2 或 'd2 或'D2	爲 32 位元之十進位數字 (00000000000000000000000000000010)
'o3712 或'O3712	爲 32 位元之八進位數字
'b000_111 或' B000111	爲 32 位元之二進位數字
'h3fcaF 或'H3fcaF	爲 32 位元之十六進位數字

表 2-31　Verilog HDL 語法之規定長度之數字表示

規定長度之數字	說　　　明
3'd7 或 3'D7	為 3 位元之十進位數字 (111)
12'o3712 或 12'O3712	為 12 位元之八進位數字 (011111001010)
8'b000x_1zz0 或 3' B000x_1zz0	為 8 位元之二進位數字 (000x1zz0)
4'hF 或 4'Hf	為 4 位元之十六進位數字 (1111)
4'hz 或 4'HZ	(zzzz)
4'bX 或 4'Bx	(xxxx)
4'hAF	為 4 位元之十六進位數字，雖然數字有八個位元，但只會取到最小的四位元。 (1111)

- 連續指定：Verilog HDL 提供連續指定(Continuous Assignment)語法，用來指定值給接線，可用連續指定語法來描述組合邏輯。連續指定等號左邊變數一定要為 wire 之資料型態，連續指定將等號右邊的運算之值指給等號左邊之接線，組譯器會創造簡單的邏輯閘與接線，當等號右邊的任何輸入發生改變時，連續指定敘述會再重新計算過。等號兩邊之位元長度不相同時，不足會補 0，過長會忽略，如表 2-32 所示。亦可見表 2-21 之說明。

表 2-32　Verilog HDL 語法之連續指定語法

連續指定語法	範　　例	說　　明
assign 接線名 = 值;	wire a, b; wire [2:0] c; assign c = a & b ;	a 與 b 之資料型態爲一位元 wire，c 爲三位元之 wire，c 之接收 a & b 之值。由於 a 與 b 只有一位元，c 之高位元自動會補 0。
	wire [2:0] a, b; wire c; assign c = a & b ;	c 接收 a & b 之值，但由於 c 只有一位元，故只取運算結果之最低位元部分。

- 位元運算子：Verilog HDL 語法之位元運算子(Bit-Wise Operators)有反運算(~)、及運算(&)、或運算(|)、互斥或運算(^)、反互斥或運算(~^或^~)，整理如表 2-20 所示。
- 邏輯運算子：Verilog HDL 語法之邏輯運算子(Logical Operators)有邏輯上的 NOT、 邏輯上的 OR 與邏輯上的 AND，其定義與使用之方式整理如表 2-33 所示，其中 A 與 B 可以爲變數或運算式。邏輯運算結果會傳回一個位元的值，其中 1 爲眞，0 爲假，x 爲不確定。若運算元不爲 0 則視爲邏輯 1，運算元爲 0 則視爲邏輯 0，運算元若包含 x 或 z 則運算後得到 x。

表 2-33　Verilog HDL 語法之邏輯運算子

運算子符號	範　例	說　　明	例　　如
!	!A	作 NOT 運算	!(0) 結果爲 1 !(3) 結果爲 0 !(2>5) 結果爲 1
&&	A && B	作 AND 運算	3 && 1 結果爲 1 0 && 9 結果爲 0 (2<5) && 0　結果爲 0
||	A || B	作 OR 運算	3 || 1 結果爲 1 0 || 9 結果爲 0 (2<5) || 0　結果爲 1

- 簡化運算子：Verilog HDL 語法之簡化運算子(Reduction Operators) 為對單一運算元所有的位元作邏輯運算，有及運算、反及運算、或運算、反或運算、互斥或運算、反互斥或運算，整理如表 2-34 所示。

表 2-34　Verilog HDL 語法之簡化運算子

簡化運算子	範例	說　明	例　如
&	&A	對 A 所有的位元互相作 AND 運算	&3'b011 結果為 1'b0
~&	~&A	對 A 所有的位元互相作 NAND 運算	~&3'b011 結果為 1'b1
|	|A	對 A 所有的位元互相作 OR 運算	|3'b011 結果為 1'b1
~|	~|A	對 A 所有的位元互相作 NOR 運算	~|3'b011 結果為 1'b0
^	^A	對 A 所有的位元互相作 XOR 運算	^3'b011 結果為 1'b0
^~ 或 ~^	~^A 或 ^~A	對 A 所有的位元互相作 XNOR 運算	~^3'b011 結果為 1'b1

- Verilog HDL 與 VHDL 比較：此小節主要針對 VHDL 與 Verilog HDL 之多位元訊號電路設計作比較。在 Verilog HDL 中是以向量來表示多位元訊號，如表 2-29 所示。在 VHDL 中可以陣列型態來表示多位元訊號，如表 2-23 所示。另外 Verilog HDL 中的邏輯運算子(Logical Operators) 與簡化運算子(Reduction Operators)，其用法對應不到 VHDL 中的運算子。

2-2-4　模擬八位元及邏輯運算

八位元及邏輯運算之模擬結果如圖 2-13 所示。

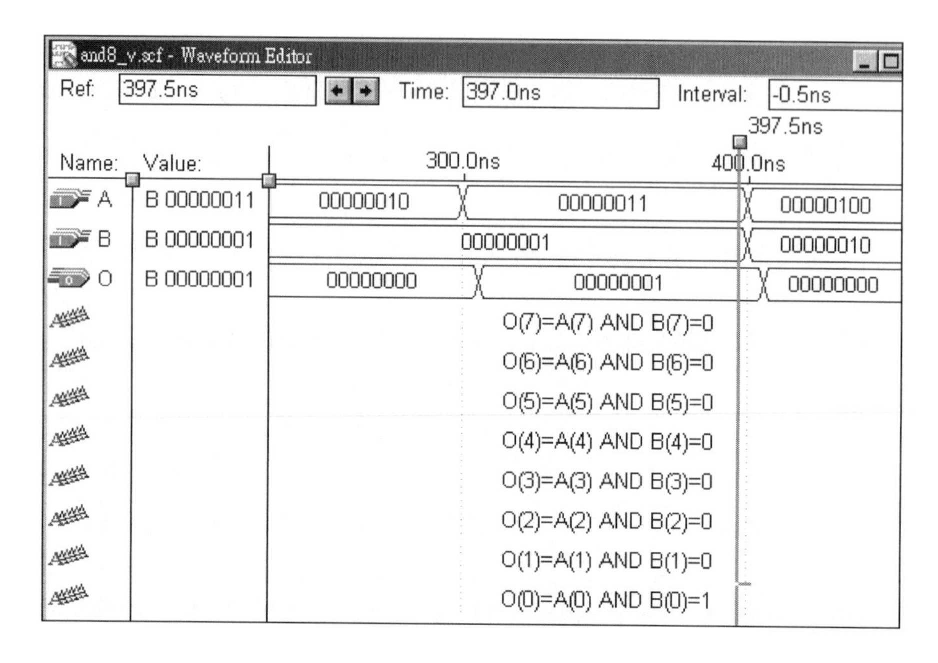

圖 2-13　八位元及邏輯運算模擬

- 第一區：輸入 A = B00000010，B = B00000001，故 A AND B 等於 B00000000，故輸出 O 等於 B00000000。
- 第二區：輸入 A = B00000011，B = B00000001，故 A AND B 等於 B00000001，故輸出 O 等於 B00000001。

2-3　八位元加法器

本範例介紹八位元資料作加法之電路設計，詳細說明如下。

- 腳位：

  資料線 16 條：A7 A6 A5 A4 A3 A2 A1 A0、
  B7 B6 B5 B4 B3 B2 B1 B0

輸出線 9 條：S7 S6 S5 S4 S3 S2 S1 S0、Co

- 眞值表：八位元加法器之眞值表如表 2-35 所示。

表 2-35　四位元加法器真值表

輸　入　線		輸 出 線	
A[7..0]	B[7..0]	S[7..0]	Co
A	B	A+B	進位

2-3-1　電路圖編輯八位元加法器

八位元加法器之電路圖編輯結果如圖 2-14 所示。此電路名稱爲〝add8_g〞，此電路由一個參數式函數〝lpm_add_sub〞組成設定參數 lpm_direction 爲"add"，lpm_width 爲 8，並設定使用 dataa[]、datab[]、result[]與 cout。另外還有兩個〝input〞基本元件與兩個〝output〞基本元件，並分別更名爲 A[7..0]、B[7..0]、S[7..0]與 Co。

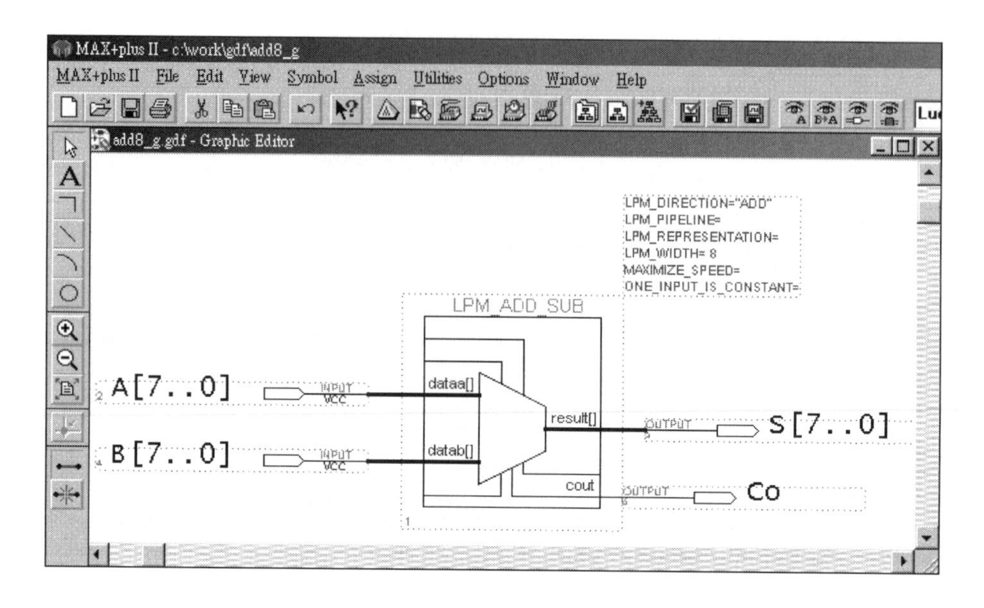

圖 2-14　電路圖編輯八位元加法器

如圖 2-14 所示，將輸入 A[7..0]與 B[7..0]分別接至參數式函數〝lpm_add_sub〞之 dataa[]與 datab[]腳位，將 S[7..0]與 Co 分別接至參數式函數〝lpm_add_sub〞之 result[]與 cout 腳位。另外可利用八個全加器串連成八位元加法器之做法可以參考「入門篇」之第 4-3 小節之說明。

2-3-1-1　說明

- 參數式元件：MAX+plus II 參數式函數是一些在功能上較具有彈性的函數，這些函數本身含有一些可調整的參數以適應不同的應用場合，例如〝lpm_or〞、〝lpm_ram_io〞，這些函數皆放在「\maxplus2\max2lib\mega_lpm」的子目錄下。關於參數式函數可參考選單 Help Megafunctions/LPM 之說明。其中本範例所運用的參數式元件〝lpm_add_sub〞，其參數設定方式與腳位選取之設定畫面如圖 2-15 所示。其中所用到的各個參數與腳位之意義整理在表 2-36 所示。(編輯選取 lpm_add_sub，選取工作列選單 Symbol → Edit Ports/ Parameters，即出現畫面如圖 2-15 所示。)

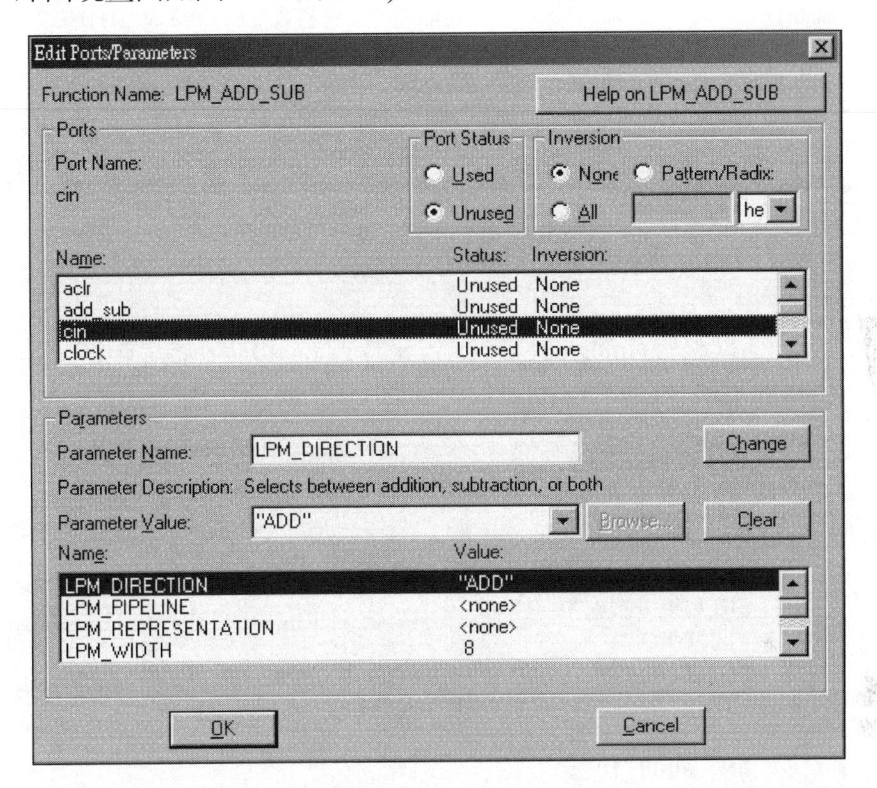

圖 2-15　電路圖編輯參數式元件 lpm_add_sub 之設定畫面

表 2-36　使用參數式元件 lpm_add_sub 設計加法器之設定

參數或腳位	型　態	值或狀態	說　明
LPM_WIDTH	整數 (integer)	8	dataa[]、datab[]與 result[]的資料寬度，此範例設定為 8
LPM_DIRECTION	字串(string)	" add "	設定為加法
dataa[]	輸入	used	資料寬度為 LPM_WIDTH 寬

表 2-36 (續)

datab[]	輸入	used	資料寬度爲 LPM_WIDTH 寬
result[]	輸出	used	dataa[]+ datab[]之結果輸出，資料寬度爲 LPM_WIDTH 寬
Cout	輸出	used	作加法時，最高位元的溢位輸出，當 dataa+datab>2^(width-1)-1 時 Cout= 1。

2-3-2 VHDL 編輯八位元加法器

<方法一>以整數(Integer)型態宣告來作八位元加法器之範例如圖 2-16 所示。此範例電路名稱爲〝add8_1v〞。

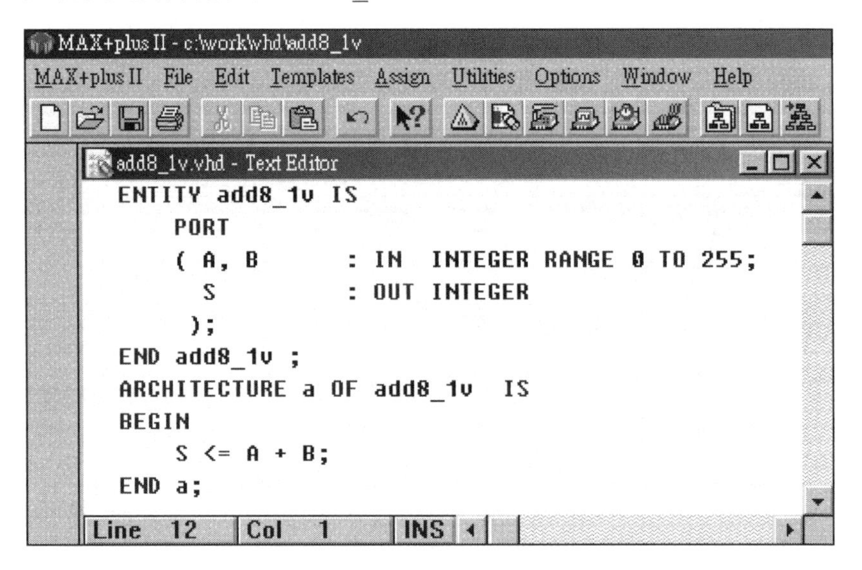

圖 2-16 VHDL 編輯加法器

如圖 2-16 所示，輸入埠 A 與 B 其資料型態爲 INTEGER 範圍爲 0 到 255，輸出埠 S 型態爲 INTEGER。此電路架構名稱爲 a，架構內容爲：輸出訊號 S 接收 A 與 B 作“加”運算的結果。

<方法二>以 IEEE 之標準 1164 宣告方式作計算之範例如圖 2-17 所示。此範例電路名稱為〝add8_v〞。

MAX+plus II - c:\work\vhd\add8_v

MAX+plus II File Edit Templates Assign Utilities Options Window Help

add8_v.vhd - Text Editor

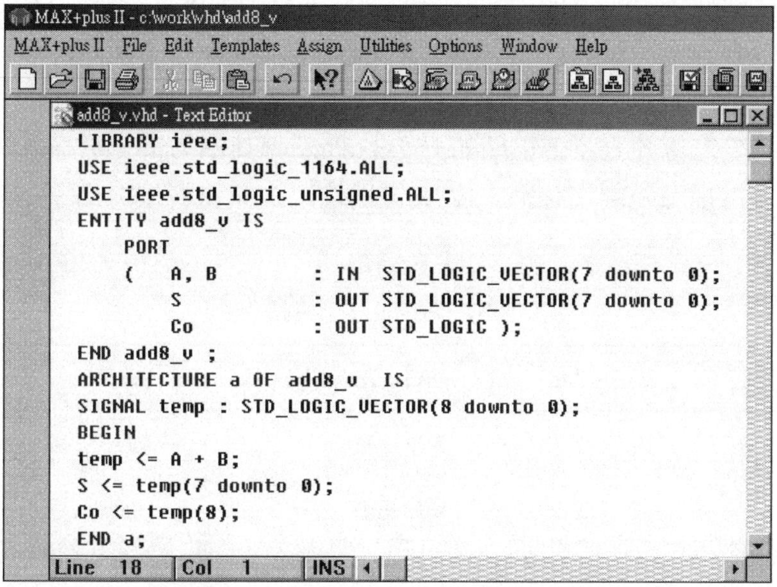

```
LIBRARY ieee;
USE ieee.std_logic_1164.ALL;
USE ieee.std_logic_unsigned.ALL;
ENTITY add8_v IS
    PORT
    (   A, B          : IN  STD_LOGIC_VECTOR(7 downto 0);
        S             : OUT STD_LOGIC_VECTOR(7 downto 0);
        Co            : OUT STD_LOGIC );
END add8_v ;
ARCHITECTURE a OF add8_v  IS
SIGNAL temp : STD_LOGIC_VECTOR(8 downto 0);
BEGIN
temp <= A + B;
S <= temp(7 downto 0);
Co <= temp(8);
END a;
```

Line 18 Col 1 INS

圖 2-17　VHDL 編輯八位元加法器

如圖 2-17 所示，輸入埠 A 與 B 其資料型態為 STD_LOGIC_VECTOR(7 downto 0)，輸出埠 S 型態為 STD_LOGIC_VECTOR(7 downto 0) ，輸出埠 Co 型態為 STD_LOGIC。此電路架構名稱為 a，架構宣告區中宣告了一訊號 temp 其資料型態為 STD_LOGIC_VECTOR(8 downto 0)，此電路架構內容為，九位元訊號 temp 接收輸入訊號的算數運算結果：八位元輸入訊號 A 與八位元輸入訊號 B 作“加”運算。輸出訊號 S 接收 temp 訊號的低八位元部分 temp(7 downto 0)，輸出訊號 Co 接收 temp 訊號的最高位元部分 temp(8)。

2-3-2-1　說明

● 整數型別：VHDL 之整數型別(Integer Types)就像數學上的整數。所有一般定義的數學運算功能，像加、減、乘、除等，都可以作用在 VHDL 之整數型別上。VHDL 之整數型別宣告有兩種， 一種爲不指定範圍之整數宣告，一種爲指定範圍之整數宣告，宣告爲不指定範圍之整數其執行結果會以三十二位元表示，指定範圍之整數(INTEGER)宣告則可以較少之位元表示，整理如表 2-37 所示。其中 A 宣告爲輸出，其資料型態爲指定範圍之整數。B 宣告爲輸出，其資料型態爲不指定範圍之整數。

表 2-37　VHDL 之整數型別

A　　: OUT INTEGER range -5 to 5;			
式子	A <= -2;	模擬結果	1110
式子	A <= 2;	模擬結果	0001
B　　: OUT INTEGER;			
式子	B <= 2147483647;	模擬結果	01111111111111111111111111111111
式子	B <= -1073741824;	模擬結果	11000000000000000000000000000000
式子	B <= -2;	模擬結果	11111111111111111111111111111110

● 含基底之整數：VHDL 之整數表示可以含基底字(Based Literals)表示成含基底之整數(Based Integer)，若沒有基底則爲十進位字(Decimal Literals)，VHDL 之整數表示整理在表 2-38 所示。

表 2-38　VHDL 之整數表示

整數	說明
16#FF#	含基底之整數，16 進位數字
8#707#	含基底之整數，8 進位數字
2#1110_0011_1100# 或 2#111000111100#	含基底之整數，2 進位數字 (符號〝_〞爲增加可讀性之用)
40	十進位數字，四十
10_000	十進位數字，一萬
3E5	十進位數字，3 乘十的五次方

- 運算子：VHDL 之運算子有邏輯運算子(Logical Operators)、關係運算子(Relational Operators)、加運算子(Adding Operators)、乘運算子(Multiplying Operators)、符號運算子(Sign Operators) 與移位運算子(Shift Operators)整理下。
- 邏輯運算子：VHDL 之邏輯運算子(Logical Operators)有 AND、OR、NOR、NOT、XOR 與 NAND 整理在 2-1-2 節之表 2-11 所示。
- 關係運算子：VHDL 之關係運算子(Relational Operators)有<、>、>=、<=、=與/=，語法整理如表 2-65 所示。
- 加運算子：VHDL 之邏輯運算子加運算子(Adding Operators)有+、-與&，語法整理如表 2-39 所示。

表 2-39 VHDL 之加運算子

運算	定　義	範　例	說　明
+	加法運算	A+ B	A 與 B 作加運算
-	減法運算	A - B	A 與 B 作減運算
&	連結運算	'0'&"11110"	'0'與"11110"連結成為"011110"
		"11110"&'1'	"11110"與'1'連結成為"111101"

- 乘運算子：VHDL 之乘運算子(Multiplying Operators)有*、/、MOD 與 REM，適用於整數型別，語法整理如表 2-40 所示。

表 2-40 VHDL 之乘運算子

運算	定　義	範　例	說　明
*	乘法	A * B	整數 A 與 B 相乘
/	除法	A / (2**4)	整數 A 除上 2 的四次方。注意除法右邊之運算元必須要為 2 的次方。
MOD	取模數	MAX+plus II 不支援	
REM	取餘數	MAX+plus II 不支援	

- 符號運算子：VHDL 之符號運算子(Sign Operators) 有+(正)與-(負)兩種，但在 MAX+plus II 不支援。
- 移位運算子：VHDL 之移位運算子(Shift Operators)有 ROL(向左旋轉)、ROR(向右旋轉)、SLL(向左移)、SRL(向右移)、SLA(有號數左移)與 SRA(有號數左移) 。但 MAX+plus II 不支援。

- 整數型別運算：VHDL 之整數型別(Integer types)就像數學上的整數。所有一般定義的數學運算功能，像加、減、乘、除等，都可以作用在 VHDL 之整數型別上。運算方式如表 2-41 之範例所示。

表 2-41　VHDL 之整數型別運算

```
ENTITY add8_1v IS
      PORT
      (       A, B            : IN    INTEGER RANGE 0 TO 255;
              ADD, SUB, MUL, DIV                 : OUT INTEGER          );
END add8_1v ;
ARCHITECTURE a OF add8_1v    IS
BEGIN
ADD <= A + B;
SUB <= A - B;
MUL <= A * B;
DIV <= A / (2**4) + B/2;
END a;
```

- 加法函數：VHDL 之算數運算子可以作用在整數型別之運算元上，但如果使用 IEEE1164 系統時，作加運算必須注意到其運算元之型態，如範例 add8_v，其中運算元之資料型態爲 STD_LOGIC_VECTOR，此型別資料在作加法時，必須是轉換成無號數(UNSIGNED)或有號數(SIGNED)相加，此範例之加運算是引用〝std_logic_unsigned〞套件內的〝+〞函數。其函數運算是將資料轉換成無號數(UNSIGNED)相加。此套件在「\maxplus2\vhdl93(87)\ieee\unsigned.vhd」中，套件〝std_logic_unsigned〞宣告區 (Package Declarations) 中有關加法函數之部分如表 2-42 所示。加法函數之內容在套件〝std_logic_unsigned〞主體區(Package Body)中，可在「\maxplus2\vhdl93(87)\ieee\ unsignb.vhd」

中查看。引用套件〝std_logic_unsigned〞可進行〝加〞運算之運算元型別整理在表 2-43。注意其中沒有 STD_LOGIC 與 STD_LOGIC 型別相加之加法函數，而整數型別之運算則不用引用套件。

表 2-42　VHDL 套件 std_logic_unsigned 之加法函數

```
Package std_logic_unsigned is
function "+"(L: STD_LOGIC_VECTOR; R: STD_LOGIC_VECTOR) return STD_LOGIC_VECTOR;
function "+"(L: STD_LOGIC_VECTOR; R: INTEGER) return STD_LOGIC_VECTOR;
function "+"(L: INTEGER; R: STD_LOGIC_VECTOR) return STD_LOGIC_VECTOR;
function "+"(L: STD_LOGIC_VECTOR; R: STD_LOGIC) return STD_LOGIC_VECTOR;
function "+"(L: STD_LOGIC; R: STD_LOGIC_VECTOR) return STD_LOGIC_VECTOR;
end std_logic_unsigned;
```

表 2-43　VHDL 運用 std_logic_unsigned 套件可進行加運算之運算元型別

左邊運算元型別	右邊運算元型別	傳 回 型 別
STD_LOGIC_VECTOR	STD_LOGIC_VECTOR	STD_LOGIC_VECTOR
STD_LOGIC_VECTOR	INTEGER	STD_LOGIC_VECTOR
INTEGER	STD_LOGIC_VECTOR	STD_LOGIC_VECTOR
STD_LOGIC_VECTOR	STD_LOGIC	STD_LOGIC_VECTOR
STD_LOGIC	STD_LOGIC_VECTOR	STD_LOGIC_VECTOR

- 帶符號與不帶符號：帶符號(SIGNED)與不帶符號(UNSIGNED)型別，定義在套件〝std_logic_arith〞中，可在「\maxplus2\vhdl93(87)\ieee\arith.vhd」中查看或如表 2-43 所示。UNSIGNED 型別代表不帶符號的數值，可以是正數或零。MAX+PLUS II 組譯器將每個 UNSIGNED 型別當成一個二進位數，最左邊的位元爲 MSB。SIGNED 型別代表有符號的數值，可以是正數，零或負數。MAX+PLUS II 組譯器將每個 SIGNED 型別當成一個二的補數二進位數，最左邊的位元指出是否此值是正或是負，範例整理如表 2-45 所示。

表 2-44　VHDL 之帶符號與不帶符號型別定義

```
type UNSIGNED is array (NATURAL range <>) of STD_LOGIC;
type SIGNED is array (NATURAL range <>) of STD_LOGIC;
```

表 2-45　VHDL 帶符號與不帶符號數值範例

表　　示	說　　明
UNSIGNED'("0110")	+6
UNSIGNED'("1010")	+10
SIGNED'("0110")	+6
SIGNED'("1010")	-6

- 溢載：VHDL 中有溢載 (Overloading)特性，例如加法〝+〞爲溢載運算子(Overloading Operators)。當有兩個以上的函數有相同的函數名稱，其差別只在於參數型態不同，則當應用此函數時，會根據所代入之參數值，對應到有相同參數型態的函數。例如，此範例中 A 與 B 資料型態爲 std_logic_vector，則作加法時用到的加法函數爲如表 2-46 所示。

其中加〝+〞函數宣告放置於〝std_logic_unsigned〞套件宣告區(Package Declaration)，〝std_logic_unsigned〞套件主體區(Package Body)內則有完整之函數內容。

表 2-46　本範例利用到的加法函數

```
package std_logic_unsigned is
function "+"(L: STD_LOGIC_VECTOR; R: STD_LOGIC_VECTOR) return
STD_LOGIC_VECTOR;
end std_logic_unsigned;
package body std_logic_unsigned is
function "+"(L: STD_LOGIC_VECTOR; R: STD_LOGIC_VECTOR) return
STD_LOGIC_VECTOR is
   constant length: INTEGER := maximum(L'length, R'length);
   variable result   : STD_LOGIC_VECTOR (length-1 downto 0);
   begin
         result   := UNSIGNED(L) + UNSIGNED(R);
         return    std_logic_vector(result);
   end;
end std_logic_unsigned;
```

2-3-3　Verilog　HDL 編輯八位元加法器

Verilog　HDL 編輯八位元加法器之結果如圖 2-18 所示。此範例模組名稱爲〝add8_vl〞。

MAX+plus II - c:\work\vl\add8_vl

MAX+plus II　File　Edit　Templates　Assign　Utilities　Options　Windo

add8_vl.v - Text Editor

```
module add8_vl (A, B, S, Co);
input   [7:0] A;
input   [7:0] B;
output  [7:0] S;
output  Co;
  assign {Co, S} = A + B ;
endmodule
```

Line 10　Col 1　INS

圖 2-18　Verilog　HDL 編輯八位元加法器

如圖 2-18 所示，輸入埠 A 與 B 爲八位元之向量，資料型態爲內定之 wire 型態，輸出埠 S 爲八位元之向量，資料型態皆爲內定之 wire 型態，輸出埠 Co 爲一位元之向量，資料型態皆爲內定之 wire 型態。此電路內容爲，將 Co 與八位元 S 連結成九位元向量，其中把 Co 當成最高位元，並接收八位元輸入 A 與八位元輸入訊號 B 作“加”運算的結果。

2-3-3-1　說明

- 運算子：Verilog HDL 之運算子有二元算數運算子(Arithmetic Operators)、一元算數運算子、關係運算子(Relational Operators)、邏輯運算子(Logical Operators)、相等運算子(Equality Operators)、位元運算子(Bit-Wise Operators)、簡化運算子(Reduction Operators)、移位運算子(Shift Operators)、條件運算子(Conditional Operators)與連結運算子(Concatenations)。

- 二元算術運算子：Verilog HDL 之二元算術運算子(Arithmetic Operators)語法如表 2-47 所示。其中運算元 A 與 B 可爲常數、整數、實數、導線、暫存器、向量等。

表 2-47　Verilog HDL 之二元算術運算子

Verilog HDL 算術運算子	範例	說　明	例　如
+	A + B	作加法運算	4'b1011+4'b0001 結果爲 4'b1110
-	A - B	作減法運算	4'b1011-4'b0001 結果爲 4'b1010
*	A * B	作乘法運算	4*5 結果爲 20
/ (MAX+plus II 不支援)	A / B	作除法運算	-20 / 5 結果爲 –4
% (MAX+plus II 不支援)	A % B	取餘數運算	5 % 2 結果爲 1

- 一元算數運算子：Verilog HDL 之一元算數運算子有正號與負號兩種，其優先順序較二元算數運算子高，語法如表 2-48 所示。

表 2-48　Verilog HDL 之一元算術運算子

Verilog HDL 一元算術運算子	範　例	說　明	例　如
+	+B	帶正號	+6
-	-B	帶負號	-6

- 連結運算子：Verilog HDL 之連結運算子(Concatenations)可將不同的運算元連結成一運算元，語法如表 2-49 所示。

表 2-49　Verilog HDL 之連結運算子

連結運算子	範　例	說　　明	例　　如
{ }	{A, B, C}	將 A，B，C 三運算元結成一運算元	{1'b0, 4'b1111, 2'b01} 結果爲 7'b0111101

- 移位運算子：Verilog HDL 之移位運算子(Shift Operators)有>>(右移)與<<(左移)，語法如表 2-50 所示。

表 2-50　Verilog HDL 之移位運算子

語　　法	說　　明
A >> 1	A 之二進位值向右移一位元
A << 2	A 之二進位值向左移兩位元
4'b1110 << 1	4'b1110 向左移一位元最低位元補 0，會得到 4'b1100
4'b1110 >> 2	4'b1110 向右移兩位元最高兩位元補 0，會得到 4'b0011

- 向量：Verilog HDL 之向量表示可以代表多位元之訊號。若無定義長度則爲一個位元，詳見 2-2-3-1 小節的表 2-29 所示。
- 連續指定：本範例運用 Verilog HDL 之連續指定(Continuous Assignments)語法，將 A 與 B 將加之結果連續指定給{Co, S}，當等號右邊的任何輸入發生改變時，連續指定敘述會再重新計算過。詳見 2-1-3-1 小節的表 2-21 所示。
- Verilog HDL 與 VHDL 比較：此小節主要針對 Verilog HDL 與 VHDL 之加法電路設計作比較。Verilog HDL 本身支援各種資料型態常數、整數、實數、導線、暫存器、向量之加法。VHDL 本身支援整數之加法計算，若為自訂型態之資料作加法時，必須使用另外的加法函數，例如使用 IEEE1164 系統。

2-3-4 模擬八位元加法器

八位元加法器之模擬結果如圖 2-19 所示。

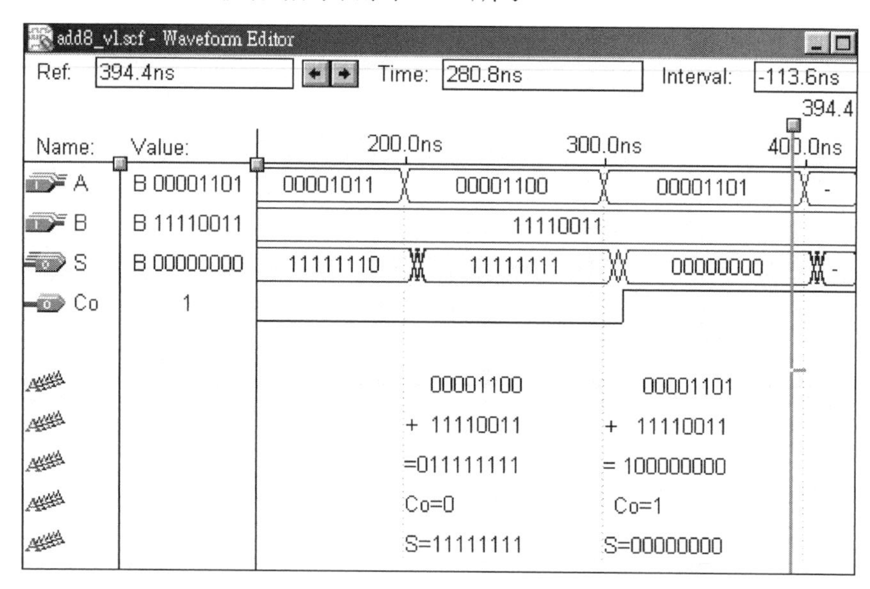

圖 2-19　模擬八位元加法器

- 第一區：輸入 A = B00001011，B = B11110011，故 A + B 等於 B11111110，故輸出和 S 等於 B11111110，輸出進位 Co 等於 0。
- 第二區：輸入 A = B00001100，B = B00001101，故 A + B 等於 B11111111，故輸出和 S 等於 B11111111，輸出進位 Co 等於 0。
- 第三區：輸入 A = B00001100，B = B00001101，故 A + B 等於 B100000000，故輸出和 S 等於 B00000000，輸出進位 Co 等於 1。

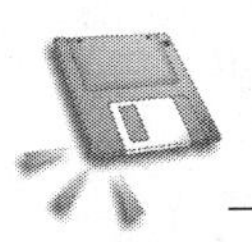

2-4　八位元減法器

本範例介紹八位元資料作減法之電路設計，詳細說明如下。

- 腳位：

　　資料線 16 條：A7 A6 A5 A4 A3 A2 A1 A0、
　　　　　　　　B7 B6 B5 B4 B3 B2 B1 B0

　　輸出線 9 條：S7 S6 S5 S4 S3 S2 S1 S0、Co

- 眞值表：八位元減法器眞值表如表 2-51 所示。

表 2-51　八位元減法器真值表

輸　入　線		輸　　出　　線	
A[7..0]	B[7..0]	S[7..0]	Co
A	B	A - B	借位 (A > B 時，Co 等於 0； A < B 時，Co 等於 1。)

2-4-1　電路圖編輯八位元減法器

八位元減法器之電路圖編輯結果如圖 2-20 所示。此電路名稱爲 sub8_g，此電路由一個參數式函數〝lpm_add_sub〞與一個〝not〞基本閘組成。另外還有兩個〝input〞基本元件與兩個〝output〞基本元件，並分別更名爲 A[7..0]、B[7..0]、S[7..0]與 Co。要先設定參數式函數〝lpm_add_sub〞之參數，本範例設定參數 lpm_direction 爲"sub"，lpm_width 爲 8，並設定使用 dataa[]、datab[]、result[]與 cout。

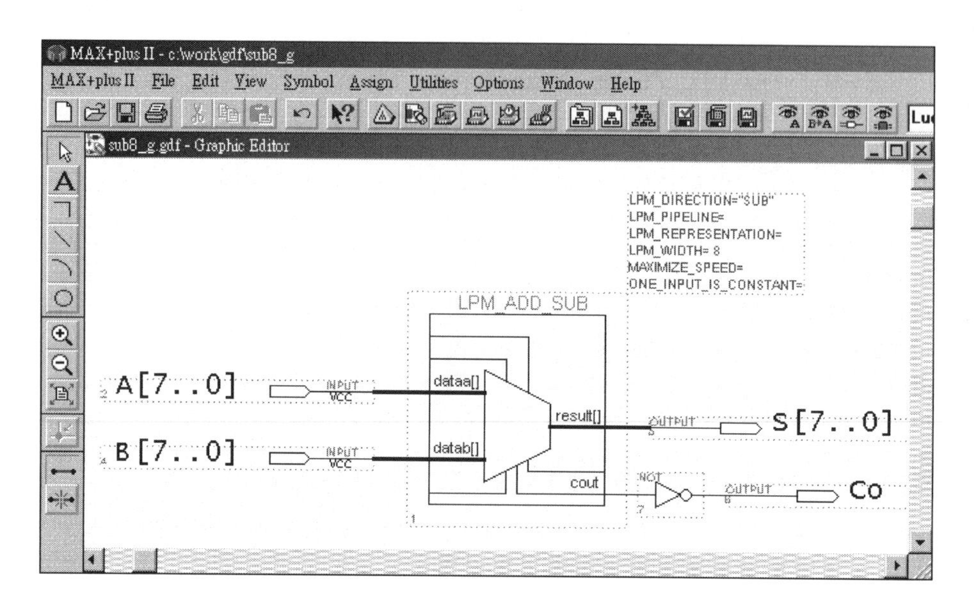

圖 2-20　八位元減法器之電路圖編輯結果

如圖 2-20 所示，將輸入 A[7..0]與 B[7..0]分別接至參數式函數〝lpm_add_sub〞之 dataa[]與 datab[]腳位，將 S[7..0]接至參數式函數〝lpm_add_sub〞之 result[]；將一反相器接至參數式函數〝lpm_add_sub〞之 cout 腳位，反相器之輸出再接至電路輸出埠 Co。(由於參數式函數〝lpm_add_sub〞本身在 dataa 減 datab 小於 0 時，cout 會等於 0，此狀況與本範例眞值表相反，故需將數式函數〝lpm_add_sub〞之借位輸出結果反相作爲本範例電路之借位輸出。)

2-4-1-1　說明

- 參數式元件：MAX+plus II 參數式函數是一些在功能上較具有彈性的函數，這些函數本身含有一些可調整的參數以適應不同的應用場合，例如〝lpm_or〞、〝lpm_ram_io〞，這些函數皆放在「\maxplus2\max2lib\mega_lpm」的子目錄下。關於參數式函數可參考選單 Help Megafunctions/LPM 之說明。其中本範例所運用的參數式元件〝lpm_add_sub〞，其參數設定方式與腳位選取之設定畫面如圖 2-21 所示。其中所用到的各個參數與腳位之意義整理在表 2-51 所示。(編輯選取 lpm_add_sub，選取工作列選單 Symbol → Edit Ports/Parameters，即出現畫面如圖 2-21 所示。)

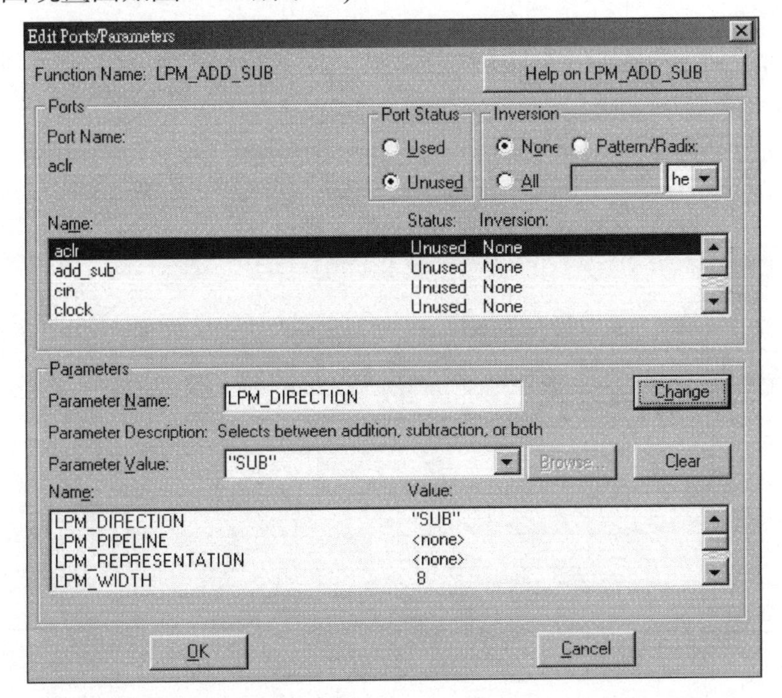

圖 2-21　電路圖編輯參數式元件 lpm_add_sub 之設定畫面

所用到的參數式元件 lpm_add_sub 之參數與腳位之意義整理在表 2-52 所示。

表 2-52 使用參數式元件 lpm_add_sub 設計減法器之設定

參數或腳位	型 態	值	說 明
LPM_WIDTH	整數 (integer)	8	dataa[]、datab[]與 result[]的資料寬度，此範例設定爲 8
LPM_DIRECTION	字串(string)	" SUB "	設定爲減法
dataa[ ]	輸入		資料寬度爲 LPM_WIDTH 寬
datab[ ]	輸入		資料寬度爲 LPM_WIDTH 寬
result[]	輸出		dataa[]- datab[]之結果輸出，資料寬度爲 LPM_WIDTH 寬
Cout	輸出		作減法時，最高位元的借位輸出，當 dataa<datab 時 Cout=0。

2-4-2 VHDL 編輯八位元減法器

<方法一>運用減法函數編輯八位元減法器之結果如圖 2-22 所示。此範例電路名稱爲〝sub8_v〞。

MAX+plus II - c:\work\vhd\sub8_v

MAX+plus II File Edit Templates Assign Utilities Options Window Help

sub8_v.vhd - Text Editor

```
LIBRARY ieee;
USE ieee.std_logic_1164.ALL;
USE ieee.std_logic_unsigned.ALL;
ENTITY sub8_v IS
    PORT
    (   A, B         : IN  STD_LOGIC_VECTOR(7 downto 0);
        S            : OUT STD_LOGIC_VECTOR(7 downto 0);
        Co           : OUT STD_LOGIC );
END sub8_v ;
ARCHITECTURE a OF sub8_v  IS
SIGNAL temp : STD_LOGIC_VECTOR(8 downto 0);
BEGIN
temp <= A - B;
S <= temp(7 downto 0);
Co <= temp(8);
END a;
```

Line 18 Col 1 INS

圖 2-22　VHDL 編輯八位元減法器

如圖 2-22 所示，輸入埠 A 與 B 其資料型態爲 STD_LOGIC_VECTOR(7 downto 0)，輸出埠 S 型態爲 STD_LOGIC_VECTOR(7 downto 0) ，輸出埠 Co 型態爲 STD_LOGIC。此電路架構名稱爲 a，架構宣告區中宣告了一訊號 temp 其資料型態爲 STD_LOGIC_VECTOR(8 downto 0)，此電路架構內容爲，九位元訊號 temp 接收輸入訊號的算數運算結果：八位元輸入訊號 A 與八位元輸入訊號 B 作“減”運算。輸出訊號 S 接收 temp 訊號的低八位元部分 temp(7 downto 0)，輸出訊號 Co 接收 temp 訊號的最高位元部分 temp(8)。

<方法二>利用 Altera 提供的參數式函數〝lpm_add_sub〞，VHDL 編輯結果如圖 2-23 所示。此範例電路名稱爲〝sub8_1v〞。

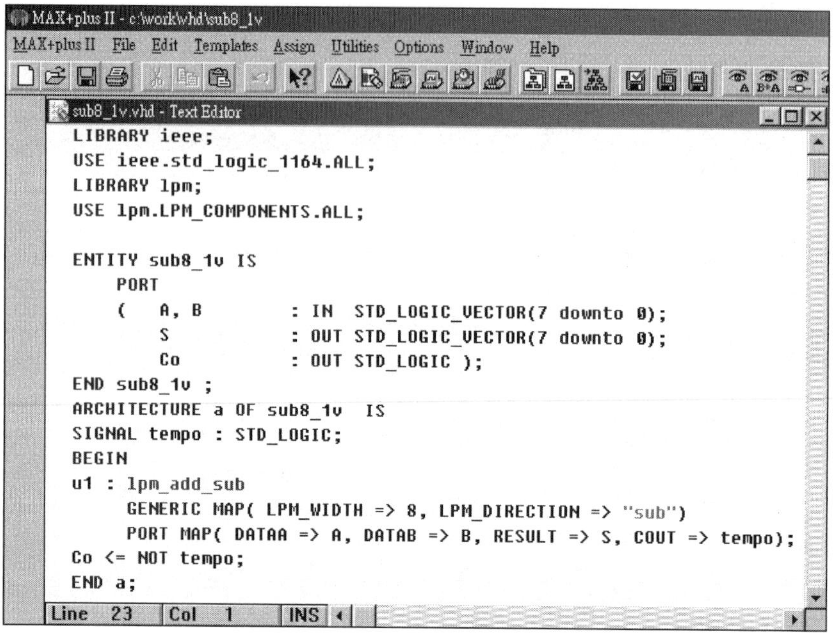

```
MAX+plus II - c:\work\vhd\sub8_1v
MAX+plus II  File  Edit  Templates  Assign  Utilities  Options  Window  Help
sub8_1v.vhd - Text Editor
LIBRARY ieee;
USE ieee.std_logic_1164.ALL;
LIBRARY lpm;
USE lpm.LPM_COMPONENTS.ALL;

ENTITY sub8_1v IS
    PORT
    (   A, B        : IN  STD_LOGIC_VECTOR(7 downto 0);
        S           : OUT STD_LOGIC_VECTOR(7 downto 0);
        Co          : OUT STD_LOGIC );
END sub8_1v ;
ARCHITECTURE a OF sub8_1v  IS
SIGNAL tempo : STD_LOGIC;
BEGIN
u1 : lpm_add_sub
     GENERIC MAP( LPM_WIDTH => 8, LPM_DIRECTION => "sub")
     PORT MAP( DATAA => A, DATAB => B, RESULT => S, COUT => tempo);
Co <= NOT tempo;
END a;
Line  23   Col   1   INS
```

圖 2-23　VHDL 編輯八位元減法器

如圖 2-23 所示，輸入埠 A 與 B 其資料型態為 STD_LOGIC_VECTOR(7 downto 0)，輸出埠 S 型態為 STD_LOGIC_VECTOR(7 downto 0) ，輸出埠 Co 型態為 STD_LOGIC。架構名稱為 a，架構宣告區中宣告了一訊號 tempo 其資料型態為 STD_LOGIC，此電路架構內容為，使用參數式函數〝lpm_add_sub〞設計減法器，其中參數式函數〝lpm_add_sub〞之參數 lpm_width 之值設定為 8，參數 lpm_direction 之值設定為"sub"，參數式函數〝lpm_add_sub〞資料輸入腳位 DATAA 以 A 帶入，參數式函數之資料輸入腳位 DATAB 以 B 帶入，參數式函數之資料輸出腳位 RESULT 以 S 帶入，參數式函數〝lpm_add_sub〞之借位輸出腳位 COUT 以 tempo 帶入。再將 tepmo 反相之結果傳給輸出 Co。(由於參數式函數〝lpm_add_sub〞本身在 DATAA 減 DATAB 小於 0 時，COUT 會等於 0，此狀況與本範例真值表相反，故需將數式函數〝lpm_add_sub〞之借位輸出結果反相作為本範例電路之藉位輸出。)

2-4-2-1　說明

- 減法函數：VHDL 之算數運算子可以作用在整數型別之運算元上，如 2-3-2-1 之說明。但如果使用 IEEE1164 系統時，作減運算必須注意到其運算元之型態，如範例〝sub8_v〞，其中運算元之資料型態為 STD_LOGIC_VECTOR，此型別資料在作減法時，必須是轉換成無號數(UNSIGNED)或有號數(SIGNED)相減，此範例之減運算是引用〝std_logic_unsigned〞套件內的〝-〞函數。其函數運算是將資料轉換成無號數 (UNSIGNED) 相減。此套件在「\maxplus2\vhdl93(87)\ieee\unsigned.vhd」中，套件〝std_logic_unsigned〞宣告區 (Package Declarations) 中有關減法函數之部分如表 2-53 所示。減法函數之內容在套件〝std_logic_unsigned〞主體區(Package Body)中，可在「\maxplus2\vhdl93(87)\ieee\unsignb.vhd」中查看。引用套件〝std_logic_unsigned〞可進行〝減〞運算之運算元型別與 2-3-2-1 之表 2-42 相同。注意其中沒有 STD_LOGIC 與 STD_LOGIC 型別相減之減法函數，而整數型別之運算則不用引用套件。

表 2-53　VHDL 之減法函數

```
package std_logic_unsigned is
function "-"(L: STD_LOGIC_VECTOR; R: STD_LOGIC_VECTOR) return STD_LOGIC_VECTOR;
    function "-"(L: STD_LOGIC_VECTOR; R: INTEGER) return STD_LOGIC_VECTOR;
    function "-"(L: INTEGER; R: STD_LOGIC_VECTOR) return STD_LOGIC_VECTOR;
    function "-"(L: STD_LOGIC_VECTOR; R: STD_LOGIC) return STD_LOGIC_VECTOR;
    function "-"(L: STD_LOGIC; R: STD_LOGIC_VECTOR) return STD_LOGIC_VECTOR;
  end std_logic_unsigned;
```

- 溢載：VHDL 中有溢載(Overloading)特性，例如減法"-"爲溢載運算子(Overloading Operators)。當有兩個以上的函數有相同的函數名稱，其差別只在於參數型態不同，則當應用此函數時，會根據所代入之參數值，對應到有相同參數型態的函數。例如，此範例中 A 與 B 資料型態爲 std_logic_vector，則作減法時用到的減法函數爲如表 2-54 所示 。其中減〝-〞函數宣告放置於〝std_logic_unsigned〞套件宣告區(Package Declaration)，〝std_logic_unsigned〞套件主體區(Package Body)內則有完整之函數內容。

表 2-54 本範例利用到的減法函數

```
package std_logic_unsigned is
function "-"(L: STD_LOGIC_VECTOR; R: STD_LOGIC_VECTOR) return STD_LOGIC_VECTOR;
end std_logic_unsigned;
package body std_logic_unsigned is
function "-"(L: STD_LOGIC_VECTOR; R: STD_LOGIC_VECTOR) return STD_LOGIC_VECTOR is
        constant length: INTEGER := maximum(L'length, R'length);
        variable result   : STD_LOGIC_VECTOR (length-1 downto 0);
    begin
        result   := UNSIGNED(L) - UNSIGNED(R);
        return    std_logic_vector(result);
    end;
end std_logic_unsigned;
```

- 參數函數：在 VHDL 的編輯環境下，可使用 Altera 提供的參數式組件。有關參數式模組之函數可參考 Help → Megafunctions/LPM 之說明。本小節範例〝sub8_v〞中利用到參數式組件〝lpm_add_sub〞。此組件宣告(Component Declarations)已在套件「LPM_COMPONENTS」中宣告，可在「c:\maxplus2\vhdl93(87)\lpm\lpm_pack.vhd」中找到如表 2-55 所示。〝lpm_add_sub〞之參數與腳位之說明請參考表 2-52 所示。

表 2-55　VHDL 之 lpm_add_sub 參數式組件宣告

```
component LPM_ADD_SUB
        generic (LPM_WIDTH: positive;
                LPM_REPRESENTATION: string := "SIGNED";
                LPM_DIRECTION: string := UNUSED;
         LPM_PIPELINE : integer := 0;
                LPM_TYPE: string := L_ADD_SUB;
         LPM_HINT : string := UNUSED);
        port (   DATAA: in std_logic_vector(LPM_WIDTH-1 downto 0);
                DATAB: in std_logic_vector(LPM_WIDTH-1 downto 0);
         ACLR : in std_logic := '0';
         CLKEN : in std_logic := '0';
         CLOCK : in std_logic := '0';
         CIN: in std_logic := '0';
                ADD_SUB: in std_logic := '1';
                RESULT: out std_logic_vector(LPM_WIDTH-1 downto 0);
                COUT: out std_logic;
                OVERFLOW: out std_logic);
end component;
```

- 組件插入描述：VHDL 之階層式結構，可以引用已製作好的組件，利用組件插入描述(Component Instantiation Statements)引用組件之語法如表 2-56 所示。

表 2-56　VHDL 引用模組之語法

語法	引入名稱: 組件名稱 GENERIC MAP (參數名稱 1 => 參數値, 參數名稱 2 => 參數値) PORT MAP (腳位名稱 1 => 訊號名稱 1, 腳位名稱 2 => 訊號名稱 2, 腳位名稱 3 => 訊號名稱 3);
範例	u1 : lpm_add_sub GENERIC MAP(LPM_WIDTH => 8, LPM_DIRECTION => "sub") PORT MAP(DATAA => A, DATAB => B, RESULT => S, COUT => tempo);

2-4-3　Verilog HDL 編輯八位元減法器

<方法一>利用算數運算子〝-〞來作減法運算，結果如圖 2-24 所示。此範例模組名稱爲〝sub8_vl〞。

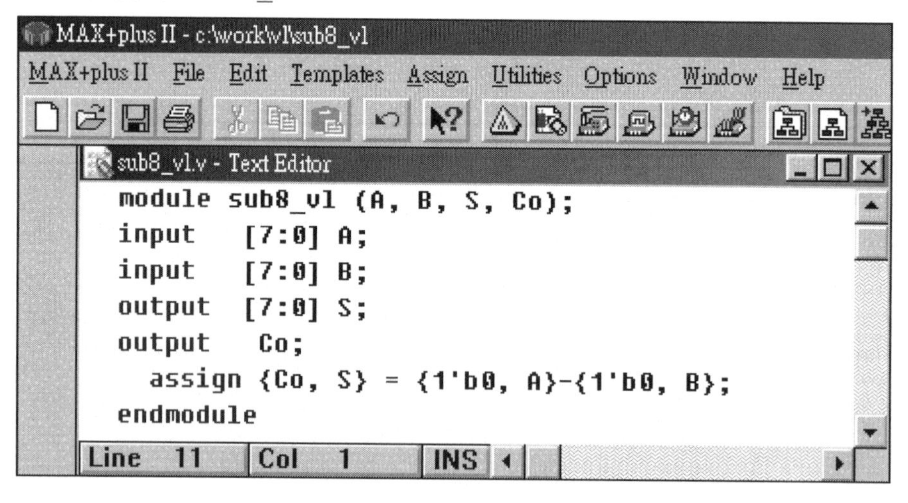

圖 2-24　Verilog HDL 編輯八位元減法器

如圖 2-24 所示，輸入埠 A 與 B 為八位元之向量，資料型態為內定之 wire 型態，輸出埠 S 為八位元之向量，資料型態皆為內定之 wire 型態，輸出埠 Co 為一位元之向量，資料型態皆為內定之 wire 型態。此電路內容為，將 Co 與八位元 S 連結成九位元向量，其中把 Co 當成最高位元。而八位元輸入 A 與 B 皆分別與〝1'b0〞作連結，即擴充為九位元，再作“減”運算。

<方法二>利用 Altera 提供的參數式函數〝lpm_add_sub〞，Verilog HDL 編輯結果如圖 2-25 所示。此範例模組名稱為〝sub8_1vl〞。

MAX+plus II - c:\work\vl\sub8_1vl

MAX+plus II　File　Edit　Templates　Assign　Utilities　Options　Window　Help

sub8_1vl.v - Text Editor

```
module sub8_1vl (A, B, S, Co);
input  [7:0] A;
input [7:0] B;
output  [7:0] S;
output Co;
wire tempo;
lpm_add_sub  sub8 (.dataa(A), .datab(B), .result(S), .cout(tempo));
  defparam sub8.lpm_width = 8;
  defparam sub8.lpm_direction = "sub";

not (Co, tempo);
endmodule
```

Line 15　Col 1　INS

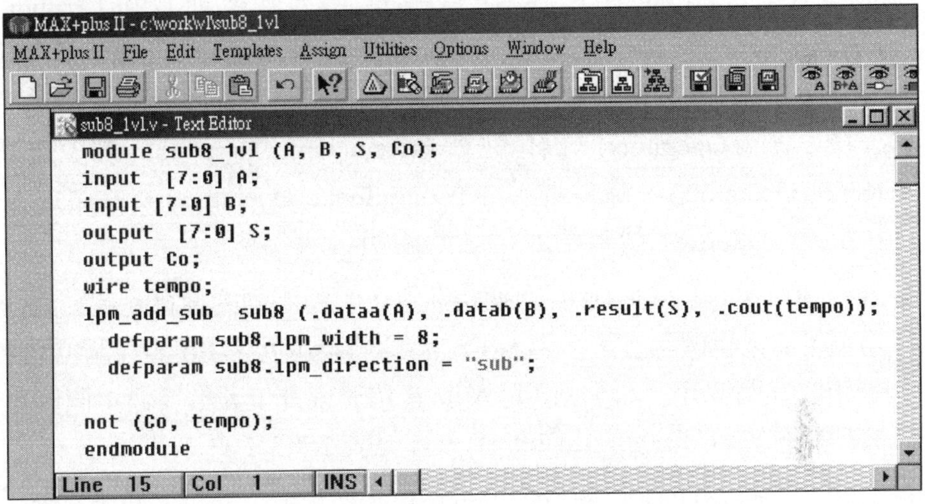

圖 2-25　Verilog HDL 編輯八位元減法器

如圖 2-25 所示，輸入埠 A 與 B 為八位元之向量，資料型態為內定之 wire 型態，輸出埠 S 為八位元之向量，資料型態皆為內定之 wire 型態，輸出埠 Co 為一位元之向量，資料型態皆為內定之 wire 型態。另外宣告一條導線 tempo，為一位元向量。此電路內容為，使用參數式函數〝lpm_add_sub〞設計減法器，別名為〝sub8〞，其中〝sub8〞之參數〝lpm_width〞之值設定為 8，〝sub8〞之參數〝lpm_direction〞之值設定為"sub"，參數函數資料輸入腳位 dataa 以 A 帶入，參數式函數之資料輸入腳位 datab 以 B 帶入，參數式函數之資料輸出腳位 result 以 S 帶入，參數式函數之借位輸出腳位 cout 以 tempo 帶入，再將 tepmo 反相之結果傳給輸出 Co。(由於參數式函數〝lpm_add_sub〞本身在 dataa 減 datab 小於 0 時，cout 會等於 0，此狀況與本範例眞值表相反，故需將數式函數〝lpm_add_sub〞之借位輸出結果反相作爲本範例電路之借位輸出。)

2-4-3-1 說明

- 運算子：Verilog HDL 之運算子有二元算數運算子(Arithmetic Operators)、一元算數運算子、關係運算子(Relational Operators)、邏輯運算子(Logical Operators)、相等運算子(Equality Operators)、位元運算子(Bit-Wise Operators)、簡化運算子(Reduction Operators)、移位運算子(Shift Operators)、條件運算子(Conditional Operators)與連結運算子(Concatenations)。請參考 2-3-3-1 之說明。
- 連結運算子：Verilog HDL 之連結運算子可將不同的運算元連結成一運算元，如本範例之方法一中，{Co, S}即將一位元之 Co 與八個位元之 S 連結成九個位元。又將八位元 A 或 B 擴充成九位元則要與 1 個位元'0'相連結，如{1'b0, A}與{1'b0, B}。詳見表 2-3-3-1 表 2-49 所示。
- 向量：Verilog HDL 之向量表示可以代表多位元之訊號。若無定義長度則爲一個位元，本範例 A、 B 與 S 皆爲八位元之向量，Co 爲一位元之向量，詳見 2-2-3-1 小節之表 2-29 所示。
- 連續指定：本範例運用 Verilog HDL 之連續指定(Continuous Assignments)語法〝assign〞，將 A 與 B 將加之結果指定給{Co, S}，當等號右邊的任何輸入發生改變時，連續指定敘述會再重新計算過。詳見 2-1-3-1 之表 2-21 所示。

- 引用模組：在 Verilog HDL 的編輯環境下，可使用 Altera 提供的參數式模組，引用參數式模組之語法如表 2-57 所示。有關參數式模組之型態可參考 Help → Megafunctions/LPM 之說明。

表 2-57　Verilog HDL 引用模組之語法

語法	模組名稱　引入名稱 (.模組腳位名稱 1(訊號名稱 1), .模組腳位名稱 2(訊號名稱 2), .模組腳位名稱 3(訊號名稱 3)); defparam 引入名稱.參數名稱 = 參數值; defparam 引入名稱.參數名稱 = 參數值;
範例	lpm_add_sub　sub8 (.dataa(A),.datab(B),.result(S), .cout(tempo)); defparam sub8.lpm_width = 8; defparam sub8.lpm_direction="sub";

- 參數式函數：本範例引用參數式函數〝lpm_add_sub〞，其參數與腳位如表 2-58 所示，有關參數式函數〝lpm_add_sub〞腳位之說明請參考表 2-51 所示。

表 2-58　參數式函數 lpm_add_sub 之腳位宣告與參數

```
FUNCTION lpm_add_sub (cin, dataa[LPM_WIDTH-1..0], datab[LPM_WIDTH-1..0], add_sub, clock, aclr, clkn)
    WITH (LPM_WIDTH, LPM_REPRESENTATION, LPM_DIRECTION, ONE_INPUT_IS_CONSTANT, LPM_PIPELINE, MAXIMIZE_SPEED)
    RETURNS (result[LPM_WIDTH-1..0], cout, overflow);
```

- Verilog HDL 與 VHDL 比較：此小節主要針對 Verilog HDL 與 VHDL 之減法電路設計作比較，並且比較引用參數式元件之方法。VHDL 本身支援整數之減法計算，若為自訂型態之資料作減法時，例如使用 IEEE 1164 系統時，必須使用另外的減法函數。Verilog HDL 本身支援各種資料型態常數、整數、實數、導線、暫存器、向量之減法。

2-4-4 模擬八位元減法器

八位元減法器之模擬結果如圖 2-26 所示。

sub8_1v1.scf - Waveform Editor
Ref: 182.5ns Time: 315.5ns Interval: 133.0ns
182.5ns 200.0ns 300
Name: Value:
A B 00000001 00000001 00000010
B B 00000010 00000010
S B 11111111 11111111 00000000
Co 1
00000001 00000010
- 00000010 - 00000010
= 111111111 = 00000000
Co=1 Co=0
S=11111111 S=0

圖 2-26　八位元減法器模擬結果

- 第一區：輸入 A = B00000001，B = B00000010，故 A - B 等於 B111111111，故輸出和 S 等於 B11111111，輸出借位 Co 等於 1。
- 第二區：輸入 A = B00000010，B = B00000010，故 A - B 等於 B00000000，故輸出和 S 等於 B00000000，輸出借位 Co 等於 0。

2-5 九位元四對一多工器

本範例介紹四對一多工器，傳遞之資料爲九位元，詳細說明如下。

- 腳位：

控制線 2 條：S1、S0

資料線 4 組：D0[8..0]、D1[8..0]、D2[8..0]、D3[8..0]

輸出線 1 組：Y[8..0]

- 布林方程式：

$$Y(0)=\overline{S1}\cdot\overline{SO}\cdot D0(0)+\overline{S1}\cdot S0\cdot D1(0)+S1\cdot\overline{S0}\cdot D2(0)+S1\cdot S0\cdot D3(0)$$

$$Y(1)=\overline{S1}\cdot\overline{SO}\cdot D0(1)+\overline{S1}\cdot S0\cdot D1(1)+S1\cdot\overline{S0}\cdot D2(1)+S1\cdot S0\cdot D3(1)$$

$$Y(2)=\overline{S1}\cdot\overline{SO}\cdot D0(2)+\overline{S1}\cdot S0\cdot D1(2)+S1\cdot\overline{S0}\cdot D2(2)+S1\cdot S0\cdot D3(2)$$

$$Y(3)=\overline{S1}\cdot\overline{SO}\cdot D0(3)+\overline{S1}\cdot S0\cdot D1(3)+S1\cdot\overline{S0}\cdot D2(3)+S1\cdot S0\cdot D3(3)$$

$$Y(4)=\overline{S1}\cdot\overline{SO}\cdot D0(4)+\overline{S1}\cdot S0\cdot D1(4)+S1\cdot\overline{S0}\cdot D2(4)+S1\cdot S0\cdot D3(4)$$

$$Y(5)=\overline{S1}\cdot\overline{SO}\cdot D0(5)+\overline{S1}\cdot S0\cdot D1(5)+S1\cdot\overline{S0}\cdot D2(5)+S1\cdot S0\cdot D3(5)$$

$$Y(6)=\overline{S1}\cdot\overline{SO}\cdot D0(6)+\overline{S1}\cdot S0\cdot D1(6)+S1\cdot\overline{S0}\cdot D2(6)+S1\cdot S0\cdot D3(6)$$

$$Y(7)=\overline{S1}\cdot\overline{SO}\cdot D0(7)+\overline{S1}\cdot S0\cdot D1(7)+S1\cdot\overline{S0}\cdot D2(7)+S1\cdot S0\cdot D3(7)$$

$$Y(8)=\overline{S1}\cdot\overline{SO}\cdot D0(8)+\overline{S1}\cdot S0\cdot D1(8)+S1\cdot\overline{S0}\cdot D2(8)+S1\cdot S0\cdot D3(8)$$

- 眞値表：九位元四對一多工器之眞値表如表 2-59 所示。

表 2-59　四對一多工器電路真值表

資料輸入		輸出線
A	B	Y[8..0]
0	0	D0[8..0]
0	1	D1[8..0]
1	0	D2[8..0]
1	1	D3[8..0]

2-5-1 電路圖編輯九位元四對一多工器

<方法一>以九位元四對一多工器之布林方程式來考慮，利用基本邏輯陣列(Primitive Arrays)設計九位元四對一多工器，結果如圖 2-27 所示。此電路名稱爲〝mu94_g〞，此電路由四個〝and3〞基本邏輯閘，兩個〝not〞基本邏輯閘與〝or4〞所組成。另外還有五個〝input〞基本元件與一個〝output〞基本元件，並分別更名爲 D0[7..0]、D1[7..0]、D2[7..0]、D3[7..0]、S[1..0]與 Y[8..0]。

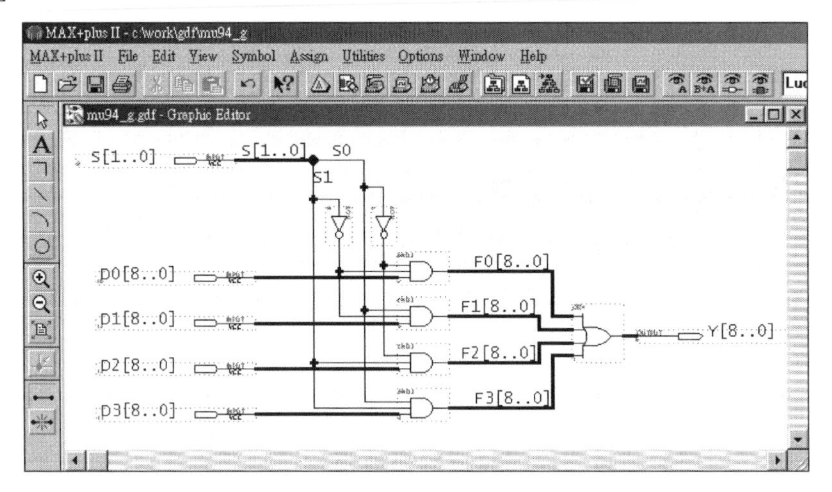

圖 2-27 電路圖編輯九位元四對一多工器

如圖 2-27 所示，其中控制線 S1 與 S0 控制著四組及邏輯陣列。當 S1 與 S0 皆爲 0 時，只致能第一組及邏輯陣列，故 F1、F2 與 F3 皆爲 0，故 D0 之資料就透過 F0 經或邏輯陣列輸出到 Y。當 S1 與 S0 分別爲 0 與 1 時，只致能第二組及邏輯陣列，故 F0、F2 與 F3 皆爲 0，故 D1 之資料就透過 F1 經或邏輯陣列輸出到 Y。當 S1 與 S0 分別爲 1 與 0 時，只致能第三組及邏輯陣列，故 F0、F1 與 F3 皆爲 0，故 D2 之資料就透過 F2 經或邏輯陣列輸出到 Y。當

S1 與 S0 分別為 1 與 1 時，只致能第四組及邏輯陣列，故 F0、F1 與 F2 皆為 0，故 D3 之資料就透過 F3 經或邏輯陣列輸出到 Y。

<方法二>利用 Altera 提供的參數式函數〝lpm_mux〞，結果如圖 2-28 所示。此電路名稱為〝mu94_1g〞，此電路由一個〝lpm_mux〞所組成，要設定其參數 LPM_SIZE 為 4，LPM_WIDTH 為 9，LPM_WIDTHS 為 2，即設定輸入資料的數目為 2，資料寬為 8，資料選擇控制端寬度為 1，並設定只使用 data[][]、sel[]與 result[]腳位。此設定後之多工器，其 data[]寬度為 9(data[]寬度等於 lpm_width 值)，輸入資料的數目為 4(輸入資料個數為 LPM_SIZE 個)，sel[]寬度為 2(sel []寬度等於 lpm_ WIDTHS 值)。另外還有五個〝input〞基本元件與一個〝output〞基本元件，並分別更名為 D[0][7..0]、D[1][7..0]、D[2][7..0]、D[3][7..0]、S[1..0]、與 Y[8..0]。

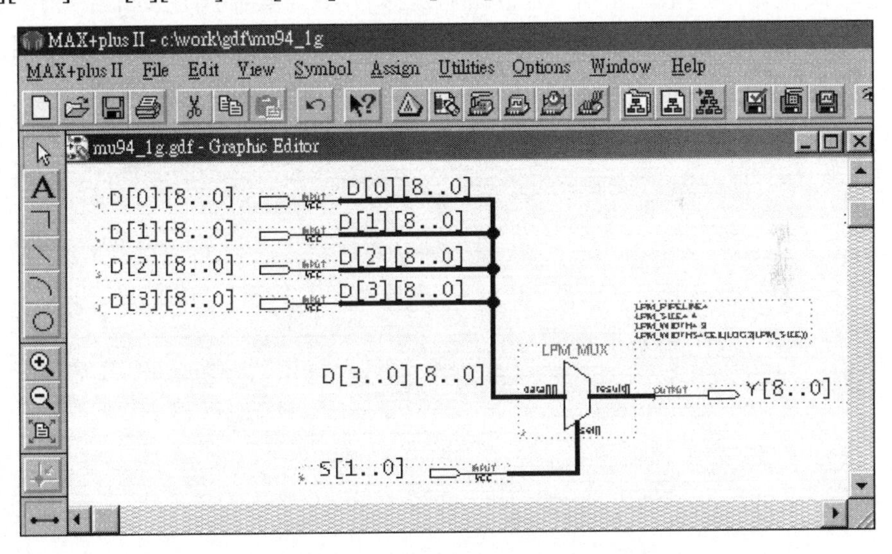

圖 2-28　電路圖編輯九位元四對一多工器

如圖 2-28 所示，其中 D[0][7..0]、D[1][7..0]、D[2][7..0]、D[3][7..0]匯流成 D[3..0][7..0]接到〝lpm_mux〞的 data[][]輸入處，S[1..0]接到〝lpm_mux〞的 sel[]輸入處，〝lpm_mux〞的 result[]輸出處接到 Y[8..0]。

2-5-1-1 說明

- 邏輯陣列：方法一之電路圖運用了邏輯陣列之方法來簡化繪圖。邏輯陣列是利用單一個邏輯閘代表多個相同的邏輯閘，詳細說明見 2-2-1-1 小節之說明。

- 參數式元件：MAX+plus II 參數式函數是一些在功能上較具有彈性的函數，這些函數本身含有一些可調整的參數以適應不同的應用場合，例如〝lpm_or〞、〝lpm_ram_io〞，這些函數皆放在「\maxplus2\max2lib\mega_lpm」的子目錄下，此目錄下亦包含這些函數的包含檔(.inc)。關於參數式函數可參考選單 Help Megafunctions/LPM 之說明。其中本範例所運用的參數式元件〝lpm_mux〞，其參數設定方式與腳位選取之設定畫面如圖 2-29 所示。其中所用到的各個參數與腳位之意義整理在表 2-59 所示。(編輯選取 lpm_mux，選取工作列選單 Symbol → Edit Ports/Parameters，即出現畫面如圖 2-29 所示。)

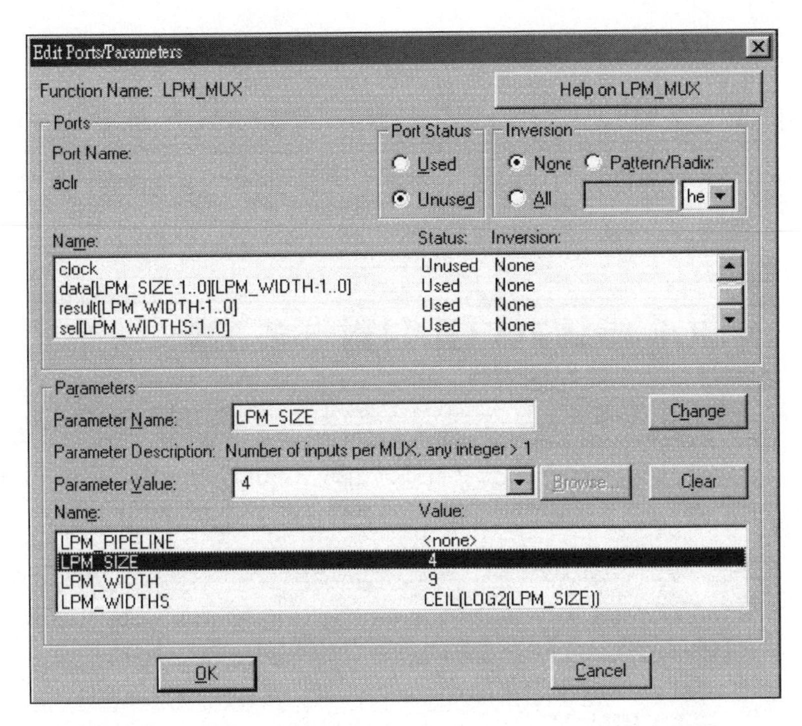

圖 2-29　電路圖編輯參數式元件 lpm_mux 之設定畫面

所用到參數式元件 lpm_mux 的各個參數與腳位之意義整理在表 2-60 所示。

表 2-60　使用參數式元件 lpm_mux 設計九位元四對一多工器之設定

參數或腳位	型　態	值或狀態	說　明
LPM_WIDTH	整數（integer）	9	data[][]的資料寬度，此範例設定為 9
LPM_SIZE	整數（integer）	4	輸入資料的數目
LPM_WIDTHS	整數（integer）	2	控制端 sel 之寬度
data[][]	輸入	used	資料寬度為 LPM_WIDTH 寬，輸入資料個數為 LPM_SIZE 個

表 2-60 (續)

sel[]	輸入	used	資料選擇控制端，寬度爲 LPM_WIDTHS 寬
result[]	輸出	used	被選擇的資料輸出，輸出寬度爲 LPM_WIDTH 寬

2-5-2 VHDL 編輯九位元四對一多工器

VHDL 編輯九位元四對一多工器之方式，可對照九位元四對一多工器眞值表寫程式，使用條件敘述語法，結果如圖 2-30 所示。此範例電路名稱爲〝mu94_v〞。

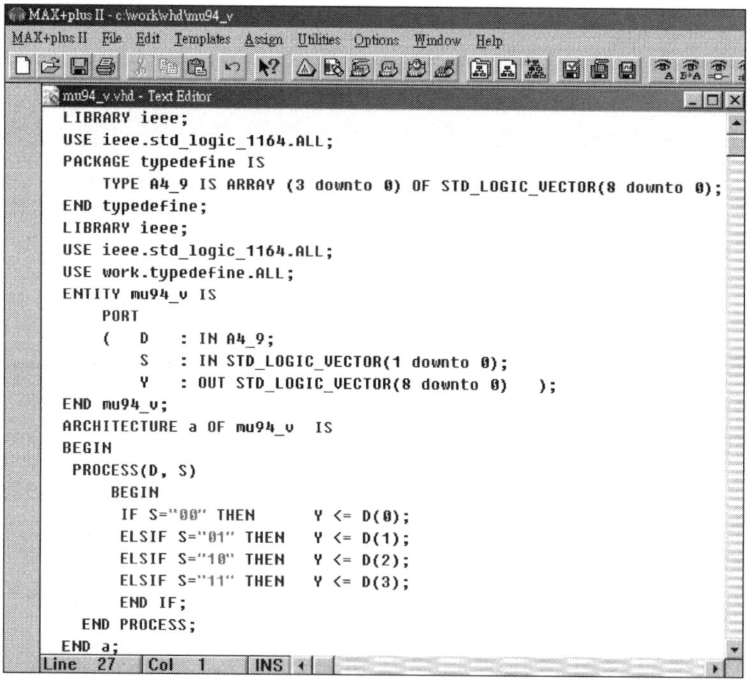

```
LIBRARY ieee;
USE ieee.std_logic_1164.ALL;
PACKAGE typedefine IS
    TYPE A4_9 IS ARRAY (3 downto 0) OF STD_LOGIC_VECTOR(8 downto 0);
END typedefine;
LIBRARY ieee;
USE ieee.std_logic_1164.ALL;
USE work.typedefine.ALL;
ENTITY mu94_v IS
    PORT
    (   D    : IN A4_9;
        S    : IN STD_LOGIC_VECTOR(1 downto 0);
        Y    : OUT STD_LOGIC_VECTOR(8 downto 0)    );
END mu94_v;
ARCHITECTURE a OF mu94_v  IS
BEGIN
 PROCESS(D, S)
     BEGIN
      IF S="00" THEN       Y <= D(0);
      ELSIF S="01" THEN    Y <= D(1);
      ELSIF S="10" THEN    Y <= D(2);
      ELSIF S="11" THEN    Y <= D(3);
      END IF;
  END PROCESS;
END a;
```

圖 2-30 VHDL 編輯九位元四對一多工器

如圖 2-30 所示，先製作了一個套件「typedefine」，套件中定義了型態 A4_9。輸入埠 D 其型態爲 A4_9，輸入埠 S 其型態爲 STD_LOGIC_VECTOR(1 downto 0)，輸出埠 Y 資料型態爲 STD_LOGIC_VECTOR(8 downto 0)。架構名稱爲 a，此電路架構之內容爲：在 Process 中，依序判斷若 S=00 時，輸出 Y 等於 D(0)；否則若 S=01 時，輸出 Y 等於 D(1)；否則若 S=10 時，輸出 Y 等於 D(2)；若 S=11 時，輸出 Y 等於 D(3)。

2-5-2-1　說明

- 陣列型態：陣列型態是由多個同樣型態的份子組合在一起，像一個單一個物件。陣列中的每一個成分，可利用陣列索引取得。如範例〝mu94_v.vhd〞中宣告了型態 A4_9。一維陣列型態舉例如表 2-60 所示，而二維陣列型態舉例如表 2-62 所示。

表 2-61　VHDL 之一維陣列型態

一維陣列型態宣告	TYPE A4_1 IS ARRAY (3 downto 0) of std_logic; TYPE A4_1 IS ARRAY (0 to 3) of std_logic;
訊號宣告	SIGNAL D: A4_1;
單一成分表示	D(3)，D(2) ，D(1) ，D(0)
多成分表示	D(3 downto 2) ，D(2 downto 0) ，D(1 downto 0)

表 2-62 VHDL 之二維陣列型態

二維陣列型態宣告	TYPE A4_9 IS ARRAY (3 downto 0) of std_logic_vector(8 downto 0); TYPE A4_9 IS ARRAY (0 to 3) of std_logic_vector(8 downto 0);
訊號宣告	SIGNAL D: A4_9;
單一成分表示	D(1)(6) ，D(0)(0)
多成分表示	D(3)，D(2) ，D(1) ，D(0) ，D(0)(2 downto 0) ，D
二維陣列型態宣告	TYPE B4_9 IS ARRAY (0 to 3, 8 downto 0) of std_logic;
訊號宣告	SIGNAL D: B4_9;
單一成分表示	D(3, 7)，D(2, 0)
二維陣列型態宣告	type STD_LOGIC_2D is array (NATURAL RANGE <>, NATURAL RANGE <>) of STD_LOGIC;
訊號宣告	SIGNAL D: STD_LOGIC_2D(0 to 3, 8 downto 0);
單一成分表示	D(1, 6) ，D(0, 0)

- 流程敘述：VHDL 中流程敘述(Process Statement)語法，會有次序的執行程式，執行上順序會按照程式排列次序執行。一個電路中可以有兩個以上之流程敘述，多個流程敘述之執行爲並行的，但包在流程敘述內的程式則會循序的執行。流程敘述語法整理有兩種，一種如表 2-63 所示。一種如表 2-64 所示。如表 2-63 所示，PROCESS 後面括弧爲一串敏感訊號，即當這些訊號有任何一項發生改變時，會啓動 PROCESS 描述內之程式，再次進行計算或判斷。表 2-64 所示之語法則用於循序邏輯之設計，即要等到時脈訊號 clk 正緣變化之時間，才進行程式計算或判斷，注意在 MAX+plusII 中 wait 要在 PROCESS 描述之第一行。

表 2-63　VHDL 之 Process 敘述

```
流程標誌名:
PROCESS (敏感訊號名 1, 敏感訊號名 2, 敏感訊號名 3)
    VARIABLE  變數名  : STD_LOGIC;
BEGIN
    訊號指定敘述    --  Signal Assignment Statement
    變數指定敘述    --  Variable Assignment Statement
    程序呼叫敘述    --  Procedure Call Statement
    假如描述            --  If Statement
    範例描述            --  Case Statement
    迴圈描述            --  Loop Statement
END PROCESS 流程標誌名;
```

表 2-64　VHDL 之 Process 敘述

```
流程標誌名:
PROCESS
    VARIABLE  變數名  : STD_LOGIC;
BEGIN
    WAIT UNTIL clk = '1';

    訊號指定敘述    --  Signal Assignment Statement
    變數指定敘述    --  Variable Assignment Statement
    程序呼叫敘述    --  Procedure Call Statement
    假如描述            --  If Statement
    範例描述            --  Case Statement
    迴圈描述            --  Loop Statement
END PROCESS 流程標誌;
```

- 物件：在 VHDL 中的物件(Object)包含了訊號(Signal) 、變數(Variables)與常數(Constant)，其中訊號代表連接各組件之間之連接線；變數只用來作暫時儲存數值之用，且只能在 Process 中被宣告與使用。常數爲一特定之值。在 VHDL 中，變數(Variables)只能被宣告和使用在 Processe 中與副程式中，VHDL 變數的宣告在變數宣告區，而變數的指定是以變數指定描述語法(Variable Assignment Statement)來改變變數值，變數值之指定會讓變數作立即之改變。訊號(Signal)是用來作爲各單元之間的動態資料傳遞之方法，可以被宣告在 Entity 宣告區、Architecture 宣告區和 Package 宣告區。VHDL 訊號的指定是以訊號指定描述語法(Signal Assignment Statement)來改變訊號值，訊號之指定會讓訊號在一些延遲後才會改變，與變數之立即改變不同。物件宣告與指定描述整理如表 2-65 所示。

表 2-65　物件宣告與指定描述

項　目	語　法
訊號宣告	Signal 訊號名 : 訊號型態 := 初值 ;
	Signal　B　: std_logic;
訊號指定描述語法	訊號名 <= 表示式;
	B　<= ‘0’;
變數宣告	Vriable 變數名 : 變數型態 := 初值 ;
	Variable　A　: integer;
變數指定描述語法	變數名 := 表示式;
	A := 26;
常數宣告	Constant 常數名: 常數型態 := 常數值;
	Constant　width : integer := 8;

● 關係運算子：VHDL 提供關係運算子(Relational Operators)有> (大於)、< (小於)、>= (大於等於)、<= (小於等於)、= (等於)與/=(不等於)六種，語法整理如表 2-66 所示。關係運算子運算結果爲一位元。

表 2-66　VHDL 之關係運算子

比較運算子	範　例	說　　明	例　　如
>	A > B	A 是否大於 B	4>3 結果爲眞傳回 1
<	A < B	A 是否小於 B	4<3 結果爲假傳回 0
>=	A >= B	A 是否大於等於 B	4>=3 結果爲眞傳回 1
<=	A <= B	A 是否小於等於 B	4<=3 結果爲假傳回 0
=	A = B	A 是否等於 B	4=3 結果爲假傳回 0
/=	A /= B	A 是否不等於 B	4/=3 結果爲眞傳回 1

● IF 描述：VHDL 提供 IF 敘述(If Statement)，此敘述必須在 PROCESS 區塊內，IF 敘述語法整理如表 2-67 所示。

表 2-67　VHDL 之 IF 敘述

語　　法	範　　例

IF 判斷式 THEN
　描述;
ELSIF 判斷式 THEN
　描述;
ELSE
　描述;
END IF;
	IF S="00" THEN
	　Y <= D(0);
	ELSIF S="01" THEN
	　Y <= D(1);
	ELSIF S="10" THEN
	　Y <= D(2);
	ELSE
	　Y <= D(3);
	END IF;

● 條件性訊號指定：VHDL 之條件性訊號指定(Conditional Signal Assignments) 列出一系列表示式，其經過後面一次或多次布林運算(Boolean expressions)後為眞之表示式會指定到目標訊號。條件性訊號指定語法整理如表 2-68 所示。其 WHEN 後面布林運算測試之順序會依照程式撰寫之順序，當執行到第一個為眞(TRUE)的布林運算時，其 WHEN 之前的表示式會指定到目標訊號，若沒有一個布林運算為眞則執行最後一個 ELSE 之後之表示式。

表 2-68 VHDL 之條件性訊號指定

語法	範例
標誌名: 訊號名 <= 表示式 1 WHEN 布林運算 ELSE 表示式 2 WHEN 布林運算 ELSE 表示式 3;	ARCHITECTURE maxpld OF condsig IS SIGNAL input0, input1, output: STD_LOGIC; BEGIN output <= input0 WHEN sel = '0' ELSE input1; END maxpld; (二對一多工器)

	ARCHITECTURE maxpld OF condsigm IS
	SIGNAL q : INTEGER;
	SIGNAL high, mid, low: STD_LOGIC;
	BEGIN
	q <= 3 WHEN high = '1' ELSE 2 WHEN mid = '1' ELSE 1 WHEN low = '1' ELSE 0; END maxpld;

● 選擇性訊號指定：VHDL 之選擇性訊號指定(Selected Signal Assignments) 列出多種選擇性，配合著 WITH 後之表示式之值，當與

WHEN 後面值符合時，選擇出 WHEN 之前的表示式將之指定給目標訊號。 選擇性訊號指定語法整理如表 2-69 所示。

表 2-69　VHDL 之選擇性訊號指定

<table>
<tr><th>語　　法</th><th>範　　例</th></tr>
<tr><td rowspan="2">標誌名:
WITH 表示式 SELECT
　訊號名<=
　　表示式 1 WHEN 常數值 1,
　　表示式 2 WHEN 常數值 2,
　　表示式 3 WHEN 常數值 3,
　　表示式 4 WHEN 常數值 4;</td><td>ARCHITECTURE maxpld OF selsig IS
　SIGNAL s : INTEGER RANGE 0 TO 3;
　SIGNAL d0, d1, d2, d3, output :　STD_LOGIC;
BEGIN
WITH s SELECT
　output <=　d0 WHEN 0,
　　　　　d1 WHEN 1,
　　　　　d2 WHEN 2,
　　　　　d3 WHEN 3;
END maxpld;
(四對一多工器)</td></tr>
<tr><td>ARCHITECTURE maxpld OF selsigen IS
TYPE MEAL IS (BREAKFAST, LUNCH, DINNER, MIDNIGHT_SNACK);
SIGNAL previous_meal, next_meal : MEAL;
BEGIN
WITH previous_meal　SELECT
　next_meal <=　　BREAKFAST
　WHEN DINNER | MIDNIGHT_SNACK,
　LUNCH　WHEN BREAKFAST,
　　　DINNER　WHEN LUNCH;
END maxpld;</td></tr>
</table>

2-5-3 Verilog HDL 編輯九位元四對一多工器

Verilog HDL 編輯九位元四對一多工器之結果如圖 2-31 所示。此範例模組名稱爲〝mu94_vl〞。

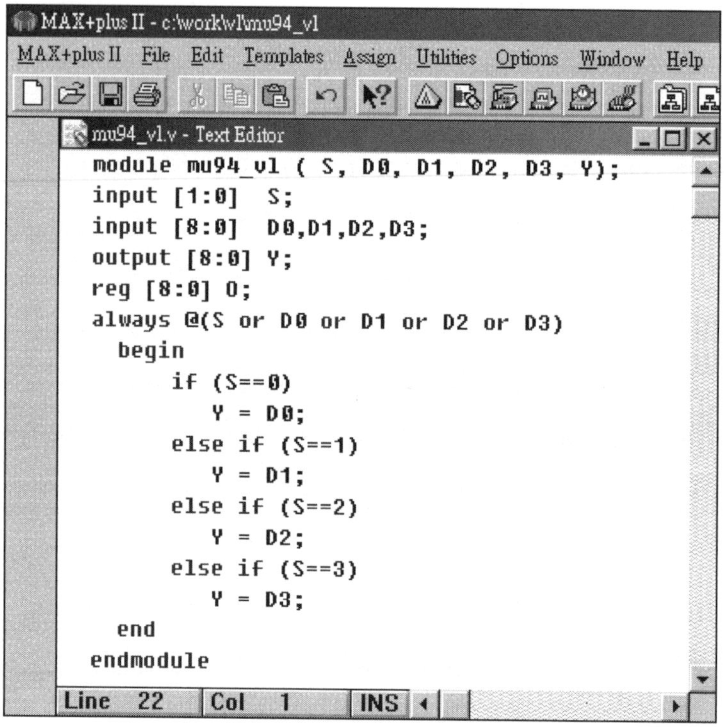

```
MAX+plus II - c:\work\vl\mu94_vl
MAX+plus II  File  Edit  Templates  Assign  Utilities  Options  Window  Help
mu94_vl.v - Text Editor
module mu94_vl ( S, D0, D1, D2, D3, Y);
input [1:0]  S;
input [8:0]  D0,D1,D2,D3;
output [8:0] Y;
reg [8:0] O;
always @(S or D0 or D1 or D2 or D3)
  begin
      if (S==0)
         Y = D0;
      else if (S==1)
         Y = D1;
      else if (S==2)
         Y = D2;
      else if (S==3)
         Y = D3;
  end
endmodule
Line  22  Col  1  INS
```

圖 2-31　Verilog HDL 編輯九位元四對一多工器

如圖 2-31 所示，輸入埠 S 爲二位元之向量，資料型態爲內定之 wire 型態，輸入埠 D0、D1、D2 與 D3 皆爲九位元之向量，資料型態皆爲內定之 wire 型態，輸出埠 Y 爲九位元之向量，資料型態爲 reg。此電路內容爲，若 S=0 則輸出 Y 等於 D0，否則若 S=1 則輸出 Y 等於 D1，否則若 S=2 則輸出 Y 等於 D2，否則若 S=3 則輸出 Y 等於 D3。

2-5-3-1 說明

- 暫存器變數：Verilog HDL 提供資料型態暫存器變數 reg，若變數是以行爲性語法指定值時要宣告爲 reg 型態。reg 資料型態可儲存值。本範例中將輸出 Y 宣告成 reg 之資料型態，並以行爲性語法指定暫存器變數值。
- 程序指定：Verilog HDL 之程序指定(Procedural assignments)是用來指定暫存器變數 reg 或整數變數 integer 之値。變數會將數值保持住一直到重新執行程序指定才會將變數值改變。程序指定分成兩種型態，一種爲 blocking 型態，一種爲 non-blocking 型態，語法整理如表 2-70 所示。blocking 型態之程序指定會依區塊之位置會有先後執行之順序。non-blocking 型態之程序指定會同時執行區塊內之指定。在 MAX+plus II 編譯器會將在對於時脈正緣或負緣敏感之 Always 架構中的所有 non-blocking 程序指定(non-blocking Procedural assignments)或部分的 blocking 程序指定(blocking Procedural assignments)用到的 reg 變數合成正反器。

表 2-70 Verilog HDL 之 blocking 型態與 non-blocking 型態

程序指定	語　　法	範　例	說　　明
blocking 型態	變數 = 運算表示式;	I = 0; q = d;	blocking 型態之程序指定會依區塊之位置會有先後執行之順序。左邊範例中會先執行 I=0 再執行 q=d。
non-blocking 型態	變數 <= 運算表示式;	I <= 0; q <= d;	non-blocking 型態之程序指定會同時執行區塊內之指定。左邊範例中會同時執行 I=0 與 q=d。

- 事件控制：當訊號發生改變時即為一個事件，一個事件可以觸發區塊的執行即為事件控制(Event Controls)。事件控制符號為@，有數種型態整理如表 2-71 所示。

表 2-71　Verilog HDL 之事件控制

事　　件	範　　例	說　　明
一個信號轉變	@(S)	當 S 的值改變，即事件發生。
多個信號轉變 (Event or Operators)	@(S or D0 or D1)	當 S 的值改變，或是 D0 的值改變，或是 D1 的值改變，即是事件發生。
時脈信號正緣	@(posedge clk)	當 clk 發生正緣變化，即是事件發生。
時脈信號負緣	@(negedge clk)	當 clk 發生負緣變化，即是事件發生。

- always 敘述：Verilog HDL 提供 always 敘述，可重複執行區塊之描述，亦可由事件控制項來控制以執行區塊內之描述。當有多個事件時用 or 連結多個控制事件。always 結構可以用來建構組合邏輯與循序邏輯，利用 always 結構建構組合邏輯有下列特性：always 後面括弧中之事件控制項不是時脈的正緣或負緣項(posedge or negedge)，always 後面括弧中之事件控制項之值發生變化時，會執行 always 區塊內的描述並改變輸出。在 always 結構中之 begin 與 end 為循序區塊(Sequential Block)，可以有條件敘述 If、Case 與 For 陳述句等，整理如表 2-72 所示。

表 2-72　Verilog HDL 之 always 敘述建構組合邏輯

Always 敘述語法	範　　例	說　　明

always @(事件控制項)
begin
//blocking 指定 ；
//non-blocking 指定 ；
// 程序時間控制描述;
//IF 描述;
//case 描述;
//loop 描述;
end
	always @(S or D0 or D1)
	begin
	if (S==1)
	Y= D1;
	Else
	Y = D0;
	End
		此範例爲二對一多工器，當 S 或 D0 或 D1 之值發生變化時，會執行 always 區塊內的描述：假如 S 爲 1 時，Y 的值與 D1 相同，不然的話，Y 的值與 D0 相同。

- 關係運算子：Verilog HDL 之關係運算子(Relational Operators)有> (大於)、< (小於)、>= (大於等於)、<= (小於等於)四種，語法整理如表 2-73 所示。

表 2-73　Verilog HDL 之關係運算子

比較運算子	範　例	說　　明	例　　如
>	A>B	A 是否大於 B	4>3 結果爲眞傳回 1
<	A < B	A 是否小於 B	4<3 結果爲假傳回 0
>=	A >= B	A 是否大於等於 B	4>=3 結果爲眞傳回 1
<=	A<=B	A 是否小於等於 B	4<=3 結果爲假傳回 0

● 相等運算子：Verilog HDL 之相等運算子(Equality Operators)有邏輯上的等於(==)、邏輯上的不等於(!=)與事件上的等於(===)、事件上的不等於(!==)兩種，但 MAX+plus II 僅支援邏輯上的等於(==)與邏輯上的不等於(!=)，語法整理如表 2-74 所示。

表 2-74　Verilog HDL 之相等運算子

相等運算子	範　例	說　　明	例　　　　如
==	A==B	A 是否爲邏輯上的等於 B	4'b1111 == 4'b1100 結果爲 0 4'b1x1z === 4'bx100 結果爲 x
!=	A != B	A 是否爲邏輯上的不等於 B	4'b1111 != 4'b1100 結果爲 1 4'b1x1z != 4'b1x1z 結果爲 x
=== (MAX+plus II 不支援)	A === B	A 是否爲事件上的等於 B	4'b1x11 === 4'bx100 結果爲 0
!== (MAX+plus II 不支援)	A!==B	A 是否爲事件上的不等於 B	4'b1x11 !== 4'bx100 結果爲 1

● 條件敘述：Verilog HDL 提供條件敘述(Conditional Statement)，即 If-Else 敘述(If-Else Statements)，爲循序描述。條件敘述 if 必須在 always 區塊內，條件敘述語法整理如表 2-75 所示。

表 2-75　Verilog HDL 之 if 語法

If 語　法	範　　　例	說　　　明

if (判斷式)
begin
描述 1;
描述 2;
end
else if (判斷式)
begin
描述 1;
描述 2;
end
else
begin
描述 1;
描述 2;
end
	if (S==1)
	Y= D1;
	Else
	Y = D0;
		此範例為二對一多工器：假如 S 為 1 時，Y 的值與 D1 相同，不然的話，Y 的值與 D0 相同。
		注意：當敘述只有一條時，不需要用 begin 與 end 包住。

	if (S==1)
	begin
	Y0 = 0;
	Y1 = D;
	end
	else
	begin
	Y0 = D;
	Y1 = 0;
	end
		此範例為一對二解多工器：假如 S 為 1 時，Y0= 0， Y1= D，不然的話，Y0= D，Y1= 0。
		注意：當敘述有兩條以上時，需要用 begin 與 end 包住。

- 條件運算子：Verilog HDL 之條件運算子(Conditional Operator)為問號〝?〞與冒號〝:〞之組合，不同於其他運算子，Verilog HDL 之條件運算子所需之運算元有三項，其語法整理如表 2-76 所示。當問號前面之運算式為眞時，會傳回冒號前一個表示式；當問號前面之運算式為眞時，會傳回冒號後一個表示式。

表 2-76　Verilog HDL 之條件運算子

條件運算子	範例
運算式 ? 運算式運算爲眞時之表示式 : 運算式運算爲假時之表示式	(sel == 1) ? in1 : in0 (sel1 == 1) ? ((sel0 == 1) ? D3 : D2) : ((sel0 == 1) ? D1 : D0)
assign 識別名 = (運算元名 == 運算元值) ? 值 1 : 值 2;	assign out = (sel == 1) ? d1 : d0; (二對一多工器) assign out =(sel1 == 1) ? ((sel0 == 1) ? D3 : D2) : ((sel0 == 1) ? D1 : D0) (四對一多工器)

Verilog HDL 與 VHDL 比較：此小節主要針對 Verilog HDL 與 VHDL 之 IF 敘述與運算子作比較。VHDL 之關係運算子(如表 2-66)在 Verilog HDL 又分爲關係運算子(如表 2-73)與相等運算子(如表 2-74)。

2-5-4　模擬九位元四對一多工器

九位元四對一多工器之模擬結果如圖 2-32 所示。

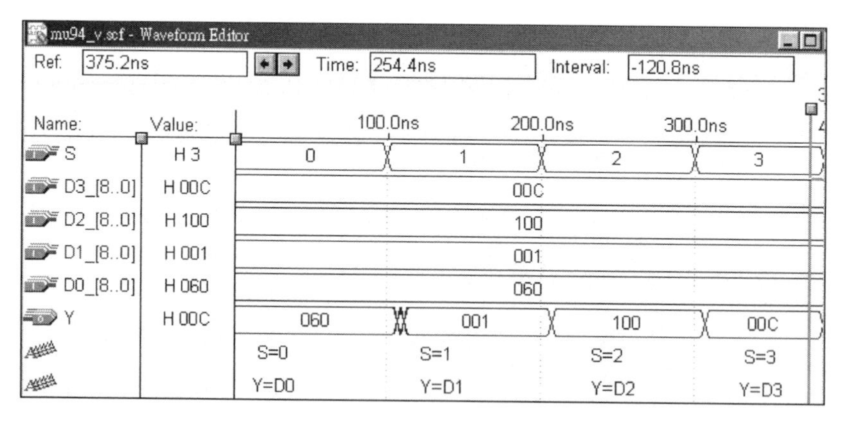

圖 2-32　九位元四對一多工器模擬結果

- 第一區：輸入 S = H0，Y = D0，因 D0 = H060，故輸出 Y 等於 H060。
- 第二區：輸入 S = H1，Y = D1，因 D1 = H001，故輸出 Y 等於 H001。
- 第三區：輸入 S = H2，Y = D2，因 D2 = H100，故輸出 Y 等於 H100。
- 第四區：輸入 S = H3，Y = D3，因 D3 = H00C，故輸出 Y 等於 H00C。

2-6　八位元算數邏輯運算單元

本範例介紹八位元算數邏輯運算單元之電路設計，輸入資料爲兩組八位元資料，兩組資料可進行加法運算，減法運算，或運算與及運算，由控制線控制輸出爲資料進行何種運算，其詳細介紹如下。

- 腳位：

  資料線 2 組：dataa[7…0]、datab[7..0]

  控制線：S[1..0]

  輸出線 1 組：aluo[8..0]

- 眞值表：八位元算數邏輯運算單元如表 2-77 所示。

表 2-77　八位元算數邏輯運算單元真値表

控制線	資料輸入		輸出線	
S[1..0]	dataa[7..0]	datab[7..0]	aluo[8]	aluo[7..0]
00	A	B	進位	A + B
01	A	B	借位	A - B
10	A	B	0	A AND B
11	A	B	0	A OR B

2-6-1 電路圖編輯八位元算數邏輯運算單元

八位元算數邏輯運算單元之電路圖編輯結果如圖 2-33 所示。此電路名稱為〝alu9_g〞，此電路運用了其他四個電路符號，分別是〝add_g〞電路符號、〝sub_g〞電路符號、〝andor_g〞電路符號與〝lpm_mux〞電路符號。參數函數〝lpm_mux〞電路為九位元的參數式的多工器，詳細介紹可見 2-6-1 所示。dataa 與 datab 為八位元之資料輸入項，其分別進行四種運算，分別是加法運算、減法運算、及運算與或運算，利用多工器將選擇運算的結果，但經過加或減運算後，會有進位項或借位項，故利用的多工器為九位元之四對一多工器。若 S= "00"則輸出 aluo 等於 dataa 加 datab，若 S= "01"則輸出 aluo 等於 dataa 減 datab，若 S= "10"則輸出 aluo 等於 dataa 與 datab 作“及”運算，若 S= "11" 則輸出 aluo 等於 dataa 與 datab 作“或”運算。

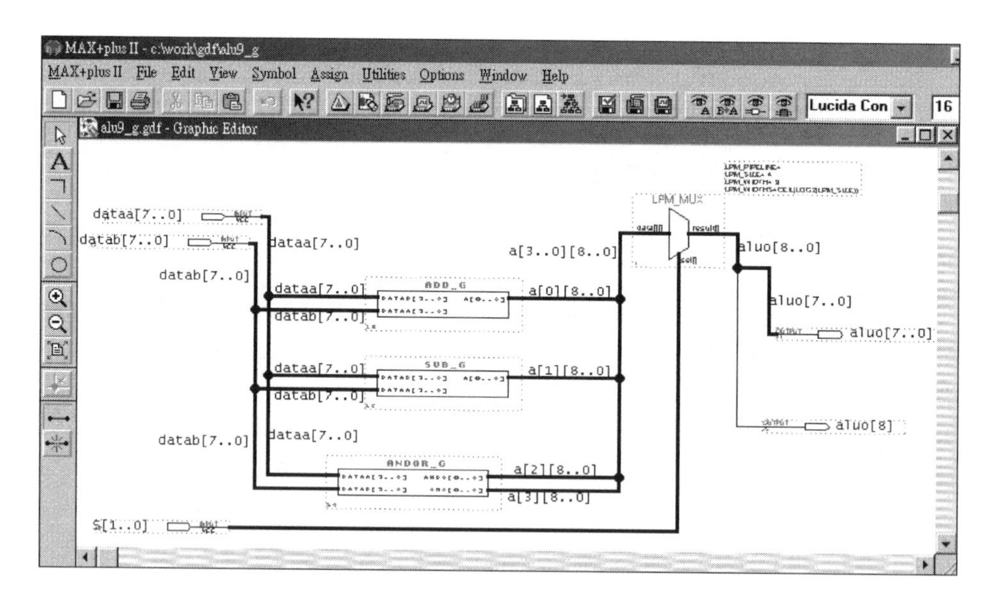

圖 2-33 電路圖編輯八位元算數邏輯運算單元

其中 add_g 電路符號爲八位元加法器，其內部電路爲如圖 2-34 所示。相關說明可參考 2-3-1 小節。

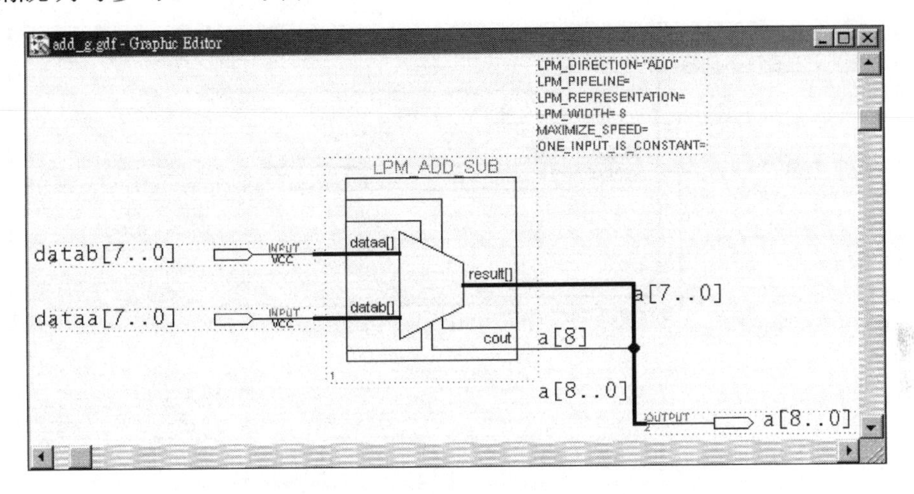

圖 2-34　八位元加法器電路圖

sub_g 符號爲八位元減法器，其內部電路爲如圖 2-35 所示。相關說明可參考 2-4-1 小節。

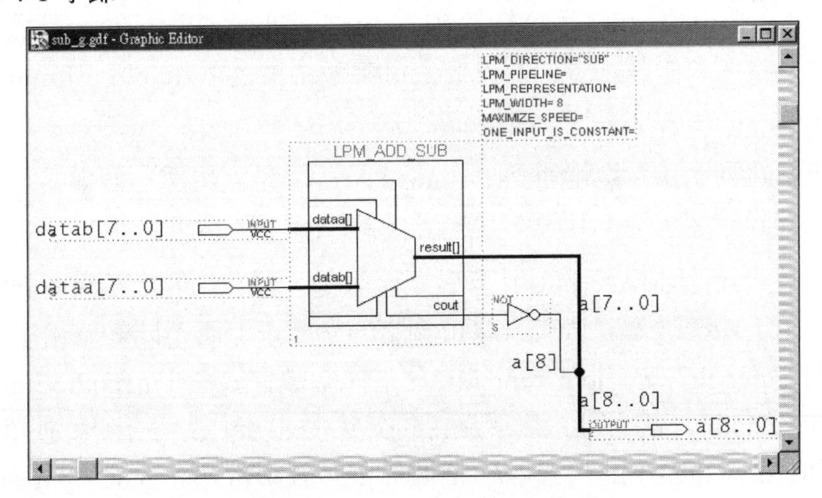

圖 2-35　八位元減法器電路圖

andor_g 符號為八位元及運算與或運算，其內部電路為如圖 2-36 所示。相關說明可參考 2-2-1 小節。

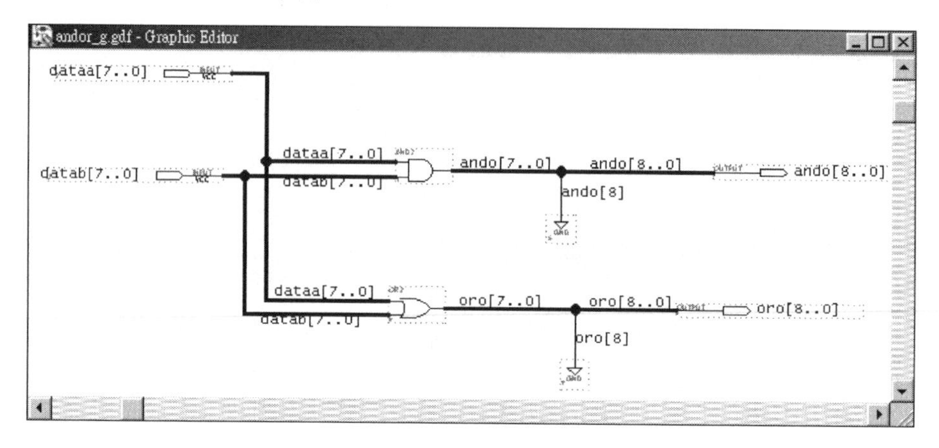

圖 2-36　八位元及運算與或運算電路圖

2-6-1-1　說明

- 基本邏輯閘：數位電路之基本元件(Primitive)例如 and2、or2、not、vcc、gnd、input、output 等，皆放在「\maxplus2\max2lib\prim」目錄下。關於基本邏輯函數之腳位與真值表可參考視窗選單 Help → Primitives 的說明。請參考 2-1-1-1 小節之說明。
- 邏輯陣列：基本邏輯陣列(Primitive Arrays)是利用單一個邏輯閘代表多個相同的邏輯閘，其說明請參考 2-2-1-1 小節之說明。
- 參數式元件：MAX+plus II 參數式函數是一些在功能上較具有彈性的函數，這些函數本身含有一些可調整的參數以適應不同的應用場合，例如〝lpm_or〞、〝lpm_ram_io〞，這些函數皆放在「\maxplus2\max2lib\mega_lpm」的子目錄下。關於參數式函數可參考選單 Help Megafunctions/LPM 之說明，而關於參數式函數 lpm_mux、lpm_add_sub 則可參考 2-4-1-1 和 2-5-1-1 之說明。

2-6-2　VHDL 編輯八位元算數邏輯運算單元

VHDL 編輯八位元算數邏輯運算單元結果如圖 2-37 所示。此範例電路名稱爲〝alu9_v〞。

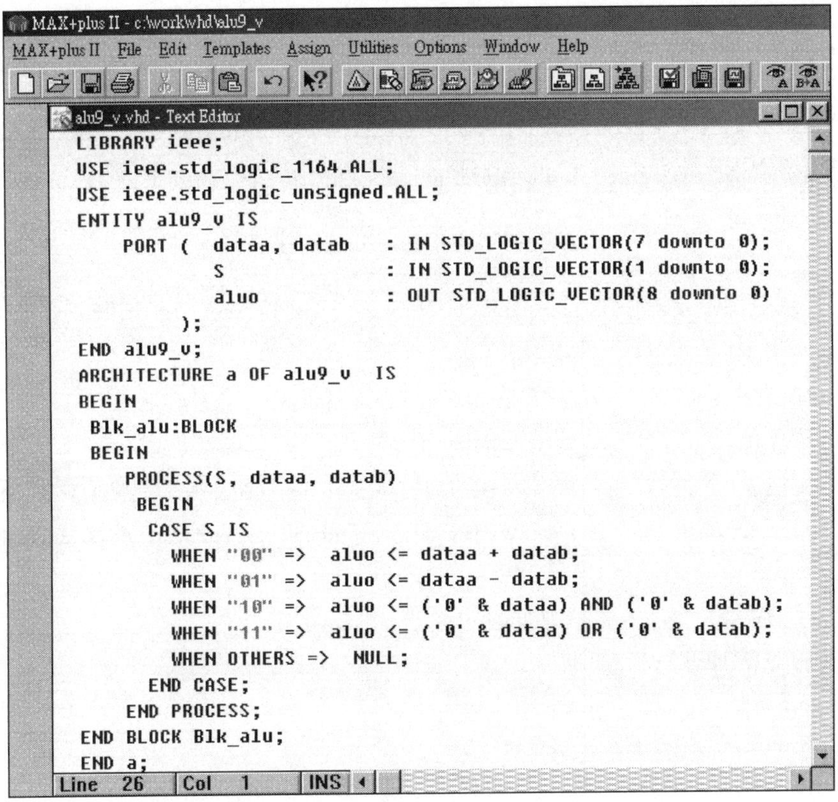

```
MAX+plus II - c:\work\vhd\alu9_v
MAX+plus II  File  Edit  Templates  Assign  Utilities  Options  Window  Help
alu9_v.vhd - Text Editor
LIBRARY ieee;
USE ieee.std_logic_1164.ALL;
USE ieee.std_logic_unsigned.ALL;
ENTITY alu9_v IS
    PORT (  dataa, datab    : IN STD_LOGIC_VECTOR(7 downto 0);
            S               : IN STD_LOGIC_VECTOR(1 downto 0);
            aluo            : OUT STD_LOGIC_VECTOR(8 downto 0)
         );
END alu9_v;
ARCHITECTURE a OF alu9_v  IS
BEGIN
 Blk_alu:BLOCK
 BEGIN
    PROCESS(S, dataa, datab)
     BEGIN
      CASE S IS
        WHEN "00" =>  aluo <= dataa + datab;
        WHEN "01" =>  aluo <= dataa - datab;
        WHEN "10" =>  aluo <= ('0' & dataa) AND ('0' & datab);
        WHEN "11" =>  aluo <= ('0' & dataa) OR ('0' & datab);
        WHEN OTHERS =>  NULL;
      END CASE;
    END PROCESS;
 END BLOCK Blk_alu;
END a;
Line 26   Col 1   INS
```

圖 2-37　VHDL 編輯八位元算數邏輯運算單元

如圖 2-37 所示，輸入埠 dataa 與 datab 其型態皆爲 STD_LOGIC_VECTOR(7 downto 0)，輸入埠 S 其型態爲 STD_LOGIC (1 downto 0)，輸出埠 aluo 資料型態爲 STD_LOGIC_VECTOR(8 downto 0)。此電路架構名稱爲

a，架構內容為：若 S= "00"則輸出 aluo 等於 dataa 加 datab，若 S= "01"則輸出 aluo 等於 dataa 減 datab，若 S= "10"則輸出 aluo 等於 dataa 與 datab 作"及"運算，若 S= "11" 則輸出 aluo 等於 dataa 與 datab 作"或"運算。由於 aluo 為九位元，但 dataa 與 datab 為八位元，故作及運算時，先擴充為九位元再進行及運算與或運算，才能由給 aluo 輸出，如圖 2-37 所示。

2-6-2-1 說明

- Case 敘述：VHDL 提供 Case 敘述(Case statement)，此敘述必須在 PROCESS 區塊內，Case 敘述語法整理如表 2-78 所示。

表 2-78 VHDL 之 Case 敘述

Case 敘述語法	範例
CASE 表示式 IS WHEN 常數值 => 描述; 描述; WHEN 常數值=> 描述; 描述; WHEN OTHERS => 描述; 描述; END CASE;	CASE S IS WHEN "00" => aluo <= dataa + datab; WHEN "01" => aluo <= dataa - datab; WHEN "10" => aluo <= ('0' & dataa) AND ('0' & datab); WHEN "11" => aluo <= ('0' & dataa) OR ('0' & datab); WHEN OTHERS => NULL; END CASE;

- Block 敘述：VHDL 提供 BLOCK 敘述(BLOCK Statement)，BLOCK 敘述語法整理如表 2-79 所示。一個 Architecture 中可以有兩個以上之 BLOCK。各個 BLOCK 可有自己區域使用之訊號、型態等，可在 BLOCK 宣告部份宣告。

表 2-79　VHDL 之 BLOCK 敘述

BLOCK 敘述	範　　例

區塊名:
BLOCK
Block 宣告部分
BEGIN
　　Block 描述部分
END BLOCK [區塊名];
	Blk_alu:
	BLOCK
	BEGIN
	Process(S, A, B)
	BEGIN
	CASE S IS
	WHEN "00" => aluo <= A + B;
	WHEN "01" => aluo <= A - B;
	WHEN "10" =>
	　　aluo <= ('0' & A) AND ('0' & B);
	WHEN "11" =>
	　aluo <= ('0' & A) OR ('0' & B);
	WHEN OTHERS =>　NULL;
	　END CASE;
	　　END Process;
	END BLOCK Blk_alu;

註：[ ]符號代表可以省略部分。	

- 連結運算子：VHDL 提供連結運算子「&」，可將不同的運算元連結成一運算元，語法可參考表 2-38 所示。
- 空的描述：空的描述(Null Statements)，即表示不作任何改變。範例如表 2-80 所示。

表 2-80　VHDL 之空的描述

```
CASE S IS
WHEN "00" =>   aluo <= dataa + datab;
WHEN "01" =>   aluo <= dataa - datab;
WHEN "10" =>   aluo <= ('0' & dataa) AND ('0' & datab);
WHEN "11" =>   aluo <= ('0' & dataa) OR ('0' & datab);
WHEN OTHERS =>   NULL;
END CASE;
```

2-6-3　Verilog HDL 編輯八位元算數邏輯運算單元

Verilog HDL 編輯八位元算數邏輯運算單元結果如圖 2-38 所示。此範例模組名稱爲〝alu9_vl〞。

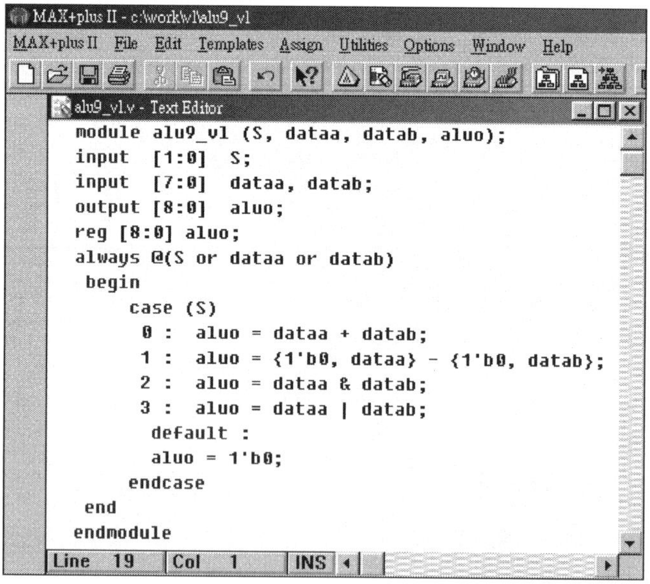

MAX+plus II - c:\work\vl\alu9_vl

MAX+plus II　File　Edit　Templates　Assign　Utilities　Options　Window　Help

alu9_vl.v - Text Editor

```
module alu9_vl (S, dataa, datab, aluo);
input  [1:0]  S;
input  [7:0]  dataa, datab;
output [8:0]  aluo;
reg [8:0] aluo;
always @(S or dataa or datab)
 begin
     case (S)
      0 :  aluo = dataa + datab;
      1 :  aluo = {1'b0, dataa} - {1'b0, datab};
      2 :  aluo = dataa & datab;
      3 :  aluo = dataa | datab;
       default :
       aluo = 1'b0;
     endcase
 end
endmodule
```

Line 19　Col 1　INS

圖 2-38　Verilog HDL 編輯八位元算數邏輯運算單元

如圖 2-38 所示，輸入埠 S 爲二位元之向量，資料型態爲內定之 wire 型態，輸入埠 dataa 與 datab 皆爲八 位元之向量，資料型態皆爲內定之 wire 型態，輸出埠 aluo 爲九位元之向量，資料型態爲 reg。此電路內容爲，若 S=0 則輸出 aluo 等於 dataa 加 datab，若 S=1 則輸出 aluo 等於 dataa 減 datab，若 S=2 則輸出 aluo 等於 dataa 與 datab 作"及"運算，若 S=3 則輸出 aluo 等於 dataa 與 datab 作"或"運算，如圖 2-38 所示。

2-6-3-1　說明

- 暫存器變數：Verilog HDL 提供資料型態暫存器變數 reg，若變數是以行爲性語法指定值時要宣告爲 reg 型態。reg 資料型態可儲存值。本範例中將輸出 Y 宣告成 reg 之資料型態，並以行爲性語法指定暫存器變數值。
- 位元運算子：Verilog HDL 語法之位元運算子(Bit-Wise Operators)有反運算(~)、及運算(&)、或運算(|)、互斥或運算(^)、反互斥或運算(~^或^~)，詳見 2-1-3-1 小節表 2-20 所示之說明。
- always 敘述：Verilog HDL 提供 always 敘述，可重複執行區塊之描述，亦可由事件控制項來控制以執行區塊內之描述。本範例中事件控制項爲 S or A or B，即當 S 或 A 或 B 之值發生變化時，會重新執行 always 區塊內描述，並產生新的輸出值。可參見 2-5-3-1 小節表 2-71 之說明。
- case 敘述：Verilog HDL 提供 case 敘述(case statement)，爲循序描述語法。case 敘述必須在 always 區塊內，case 敘述語法整理如表 2-81 所示。

表 2-81　Verilog 之 case 敘述

case 敘述	範　　例
case (表示式) 常數值 : begin 描述;　　描述; end 常數值: begin 描述;　描述; end default : begin 描述;　描述; end endcase	case (S) 0 :　aluo = dataa + datab; 1 :　aluo = {1'b0, dataa} - {1'b0, datab}; 2 :　aluo = dataa & datab; 3 :　aluo = dataa | datab; default : aluo = 1'b0; endcase 註：描述只有一項時，begin 與 end 可以省略。

- 連結運算子：Verilog HDL 之連結運算子(Concatenations)可將不同的運算元連結成一運算元，詳細介紹如 2-3-3-1 小節的表 2-49 所示。
- Verilog HDL 與 VHDL 比較：此小節主要針對 Verilog HDL 與 VHDL 之 Case 描述語法作比較。

2-6-4　模擬八位元算數邏輯運算單元

八位元算數邏輯運算單元之模擬結果如圖 2-39 所示。

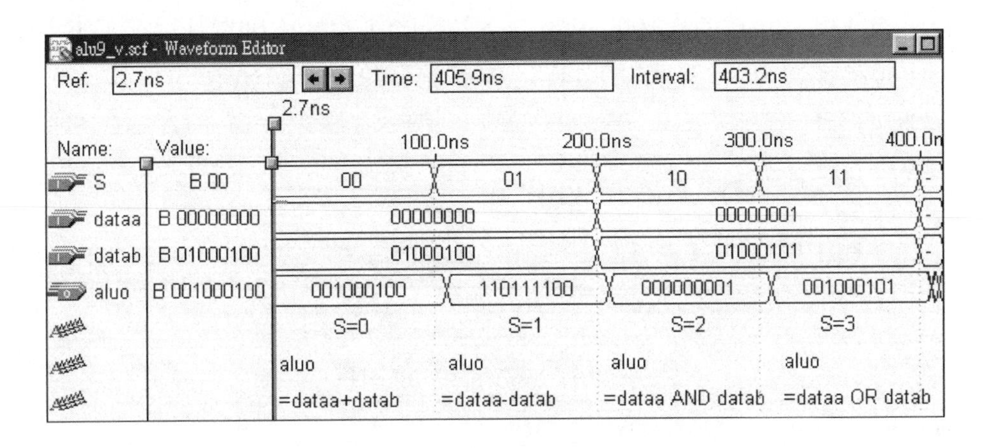

圖 2-39　八位元算數邏輯運算單元模擬結果

- 第一區：輸入 S = B00，dataa = B00000000，datab = B01000100，因 aluo = dataa + datab　，故輸出 aluo 等於 B001000100。
- 第二區：輸入 S = B01，dataa = B00000000，datab = B01000100，因 aluo = dataa - datab　，故輸出 aluo 等於 B110111100。
- 第三區：輸入 S = B10，dataa = B00000001，datab = B01000101，因 aluo = dataa AND datab　，故輸出 aluo 等於 B000000001。
- 第四區：輸入 S = B11，dataa = B00000001，datab = B01000101，因 aluo = dataa OR datab　，故輸出 aluo 等於 B01000101。

2-7　八位元比較器

本範例介紹八位元比較器之電路設計，輸入資料為兩組八位元資料，兩組資料可進行比較運算，輸出結果為 GLT 與 EQ。當 A>B，GLT 為 1，EQ 為 0；當 A<B，GLT 為 0，EQ 為 0；當 A=B，GLT 為 0，EQ 為 1。本範例先設計一比較單元，比較單元只做兩個一位元數的比較，其輸入有來自上一

級的比較結果，亦有要比較的兩個一位元數輸入，輸出則爲比較的結果，八位元比較器則利用八個比較單元串接在一起。詳細介紹如下。

- 腳位：

  輸入資料線：A[7..0]、B[7..0]

  輸出線：GLT、EQ

- 眞值表：八位元比較器之眞值表如表 2-82 所示。

表 2-82　比較器電路真值表

控制線		輸出線	
A	B	GLT	EQ
A=B		0	1
A>B		1	0
A<B		0	0

- 設計說明：假設兩組二進位數分別爲 A=A7….A0 與 B=B7….B0，從兩者的最高位元開始比較，若最高位元已分出大小，則可決定最後輸出之狀況，但若最高位元兩者相等，則必須再比較次高位元，以此類推，最後有相等、大於或等於三種狀況。在此先設計一比較單元，比較單元只做兩個一位元數的比較，其輸入有來自上一級的比較結果，亦有要比較的兩個一位元數輸入，輸出則爲比較的結果。在此比較單元其有四個輸入端，分別是用來連接前一級比較結果的 EQi 與 GLTi 輸入端，另外是資料 A、B 中位元的輸入端，輸出爲比較結果 EQo 與 GLTo。此比較單元之眞值表整理如表 2-83 所示。

表 2-82　比較單元之真值表

前級輸入		資料位元輸入		比較結果輸出	
GLTi	EQi	An	Bn	GLTo	EQo
0	0(小於)	X	X	0	0(小於)
1	0 (大於)	X	X	1	0(大於)
0	1(等於)	0	0	0	1(等於)
0	1(等於)	1	1	0	1(等於)
0	1(等於)	1	0	1	0(大於)
0	1(等於)	0	1	0	0(小於)

從眞值表可以看出，前一位元之比較結果若已分出大於(EQi=0，GLTi=1)或小於(EQi=0，GLTi=0)時，則比較單元則不論 An，Bn 爲何，輸出之狀態與前級比較之結果相同。此因前級是較高位元的比較，若已分出大小即不需比較較低位元。但若是前一位元比較結果爲相等(EQi=1，GLTi=0)時，則比較單元還需判斷 An、Bn 之狀況來決定輸出之值。再利用卡諾圖化簡，對 EQo 作卡諾圖如表 2-84 所示。

表 2-84　對 EQo 作卡諾圖

	$\overline{An}\,\overline{Bn}$ (00)	$\overline{An}\,Bn$ (01)	$An\,Bn$ (11)	$An\,\overline{Bn}$ (10)
$\overline{EQ_i}\ \overline{G_LT_i}$ (00)(小於)	0	0	0	0
$\overline{EQ_i}\ G_LT_i$ (01)(大於)	0	0	0	0
$EQ_i\ G_LT_i$ (11)	X	X	X	X
$EQ_i\ \overline{G_LT_i}$ (10)(等於)	1	0	1	0

結果得到：

$$EQo = EQi\,\overline{An}\;\overline{Bn} + EqiAnBn$$
$$= EQi(\overline{An}\;\overline{Bn} + AnBn)$$
$$= EQi\ AND\ (An\ XNOR\ Bn)$$

對 GLTo 作卡諾圖如表 2-85 所示。

表 2-85　對 GLTo 作卡諾圖

	$\overline{An}\;\overline{Bn}$ (00)	$\overline{An}\,Bn$ (01)	AnBn (11)	$An\,\overline{Bn}$ (10)
$\overline{EQ_i}\;\overline{G_LT_i}$ (00)(小於)	0	0	0	0
$\overline{EQ_i}\;G_LT_i$ (01)(大於)	1	1	1	1
EQiGLTi (11)	X	X	X	X
$EQ_i\;\overline{G_LT_i}$ (10)(等於)	0	0	0	1

結果得到：

$$GLTo = GLTi + EQiAn\overline{Bn}$$
$$= GLTi\ OR\ (EQi\ AND\ An\ AND\ NOT\ Bn\ )$$

八位元比較器則利用八個比較單元串接在一起。

2-7-1 電路圖編輯八位元比較器

電路圖編輯比較單元電路圖如圖 2-40 所示。此範例電路名稱爲〝compareunit_g〞，此電路引用了一個〝not〞基本邏輯元件、一個〝xnor〞基本邏輯元件、一個〝and2〞基本邏輯元件、一個〝and3〞基本邏輯元件與一個〝or2〞基本邏輯元件。並有四個〝input〞與兩個〝output〞基本邏輯元件。分別更名為 An、Bn、EQi、GLTi、EQo 與 GLTo。

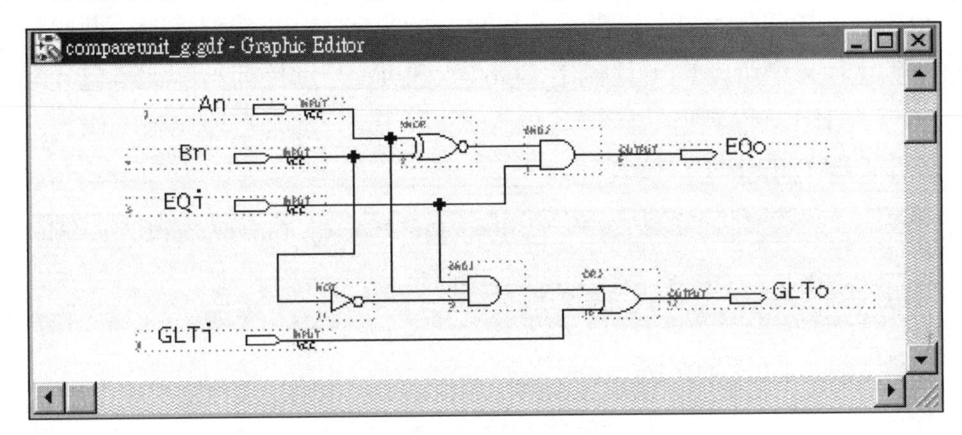

圖 2-40　比較單元電路圖

其電路符號如圖 2-41 所示：

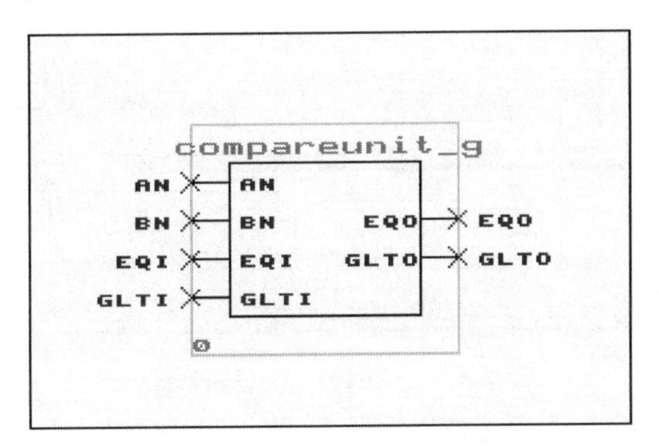

圖 2-41　比較單元電路符號

再利用比較單元作成八位元比較器，則要用到八個比較單元串接在一起，八位元之比較器電路如圖 2-42 所示，其中最高位元的比較單元其輸入 EQi 與 GLTi 要分別接 Vcc 與 GND (EQi=1，GLTi=0)，即當作前級比較結果為相等之狀況，輸入 An 與 Bn 分別來自要比較的兩組八位元資料 A 與 B 的最高位元。最後一個比較單元 R7 其輸出 EQo 與 GLTo 要分別接電路眞正輸出 EQ 與 GLT，輸入 An 與 Bn 分別來自要比較的兩組八位元資料 A 與 B 的最低位元。中間的六個比較單元，其輸入 EQi 與 GLTi 分別接前一個比較單元的輸出 EQo 與 GLTo，其輸出 EQo 與 GLTo 分別接前一個比較位元的輸入 EQi 與 GLT，而各個比較器的輸入 An 與 Bn 分別來自要比較的兩組八位元資料 A 與 B 的中間六位元。

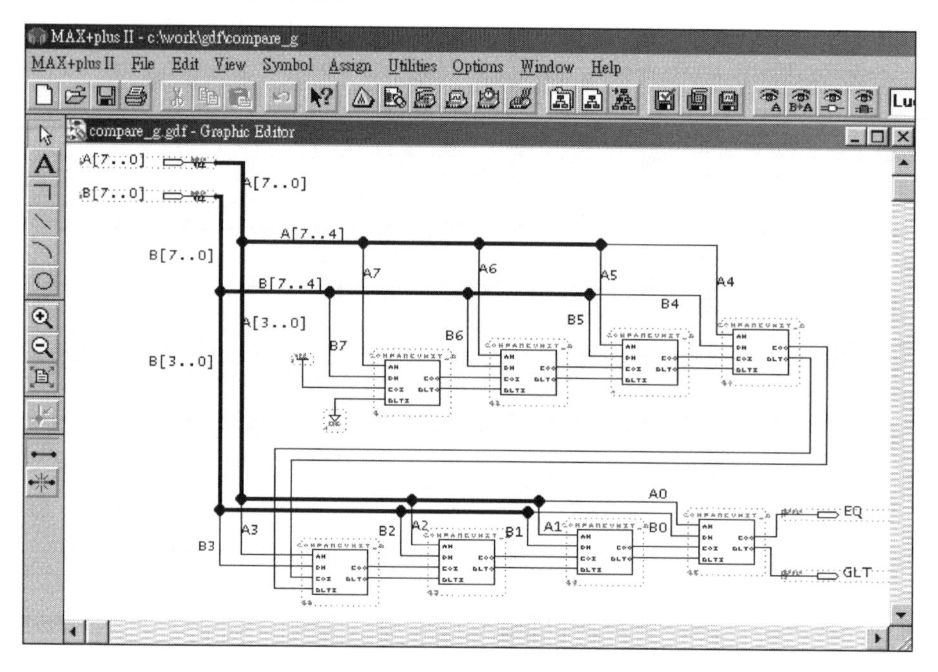

圖 2-42　八位元之比較器電路

2-7-2　VHDL 編輯八位元比較器

<方法一>先設計比較單元 VHDL 電路圖，結果如圖 2-43 所示。此範例電路名稱爲〝compareunit_v〞。

MAX+plus II - c:\work\vhd\compareunit_v

MAX+plus II　File　Edit　Templates　Assign　Utilities　Options　Window　Help

compareunit_v.vhd - Text Editor

```
LIBRARY ieee;
USE ieee.std_logic_1164.ALL;
ENTITY compareunit_v IS
    PORT
    (   GLTi, EQi, An, Bn       : IN STD_LOGIC;
        GLTo, EQo               : OUT STD_LOGIC   );
END compareunit_v ;
ARCHITECTURE a OF compareunit_v  IS
BEGIN
EQo <= EQi AND NOT(An XOR Bn);
GLTo <= GLTi OR (EQi AND An AND NOT Bn);
END a;
```

Line 14　Col 1　INS

圖 2-43　比較單元 VHDL 電路圖

如圖 2-43 所示，輸入埠 GLTi、EQi、An 與 Bn 其資料型態為 STD_LOGIC，輸出埠 GLTo 與 EQo 資料型態為 STD_LOGIC。此電路架構名稱為 a，架構內容為：輸入訊號 An 與 Bn 作“互斥或”運算結果經反相後再與輸入訊號 EQi 作“及”運算，運算結果指給輸出訊號 EQo；同時，Bn 的反相與 An、EQi 作“及”運算結果再與輸入訊號 GLTi 作“或”運算，運算結果指給輸出訊號 GLTo。

八位元比較器 VHDL 電路如圖 2-44 與圖 2-45 所示。此範例電路名稱為〝compare_v〞。

MAX+plus II - c:\work\vhd\compare_v

compare_v.vhd - Text Editor

```
LIBRARY ieee;
USE ieee.std_logic_1164.ALL;
PACKAGE com IS
  COMPONENT compareunit_v
     PORT(  GLTi, EQi, An, Bn        : IN STD_LOGIC;
            GLTo, EQo                : OUT STD_LOGIC   );
   END COMPONENT;
END com;
```

圖 2-44　套件內宣告組件 compareunit_v

如圖 2-44 所示，此電路引用了在工作目錄下套件，套件名稱為 com，其套件內容為宣告了組件 compareunit_v 的介面。

```
LIBRARY ieee;
USE ieee.std_logic_1164.ALL;
USE work.com.ALL;
ENTITY compare_v IS
    PORT (  A, B        : IN STD_LOGIC_VECTOR(7 downto 0);
            GLT, EQ     : OUT STD_LOGIC   );
END compare_v ;
ARCHITECTURE a OF compare_v  IS
 SIGNAL tempG, tempE: STD_LOGIC_VECTOR(6 downto 0);
 SIGNAL V, G    :STD_LOGIC;
BEGIN
V <= '1';  G <= '0';
R0:  compareunit_v
    PORT MAP ( GLTi => G, EQi => V, An => A(A'length-1),
               Bn => B(B'length-1), GLTo => tempG(6), EQo => tempE(6) );
ff: FOR I IN  6 downto 1 GENERATE
      R: compareunit_v
         PORT MAP (GLTi => tempG(I), EQi => tempE(I),  An => A(I),
                   Bn => B(I), GLTo => tempG(I-1), EQo => tempE(I-1));
    END GENERATE;
R7: compareunit_v
    PORT MAP (GLTi => tempG(0), EQi => tempE(0), An => A(0), Bn => B(0),
              GLTo => GLT, EQo => EQ);
END a;
```

Line 35 | Col 1 | INS

圖 2-45　八位元比較器 VHDL 電路

如圖 2-45 所示，輸入埠 A 與 B 其資料型態為 STD_LOGIC_VECTOR(7 downto 0)，輸出埠 GLT 與 EQ 資料型態為 STD_LOGIC。架構名稱為 a，架構宣告區中宣告了訊號 tempG 與 tempE，其資料型態為 STD_LOGIC_VECTOR(6 downto 0)，訊號 V 與 G 其資料型態為 STD_LOGIC。電路架構內容為，引入八個比較單元組件，其中最高位元的比較單元 R0 其輸入 EQi 與 GLTi 要分別接'1'與'0'，即當作前級比較結果為相等之狀況，輸入 An 與 Bn 分別來自要比較的兩組八位元資料 A 與 B 的最高位元。最後一個比較單元 R7 其輸出 EQo 與 GLTo 要分別接電路真正輸出 EQ 與 GLT，輸入 An 與 Bn 分別來自要比較的兩組八位元資料 A 與 B 的最低位元。中間的六個比較單元，其輸入 EQi 與 GLTi 分別接前一個比較單元的輸出 EQo 與 GLTo，其輸出 EQo 與 GLTo 分別接前一個比較位元的輸入 EQi 與 GLT，而各個比較器的輸入 An 與 Bn 分別來自要比較的兩組八位元資料 A 與 B 的中間六位元。注意各個比較單元間之訊號連接是以 tempG 與 tempE 相連。

<方法二>設計參數式比較器電路，VHDL 編輯結果如圖 2-46 與圖 2-47 所示。此範例電路名稱為〝compareparam_v〞。

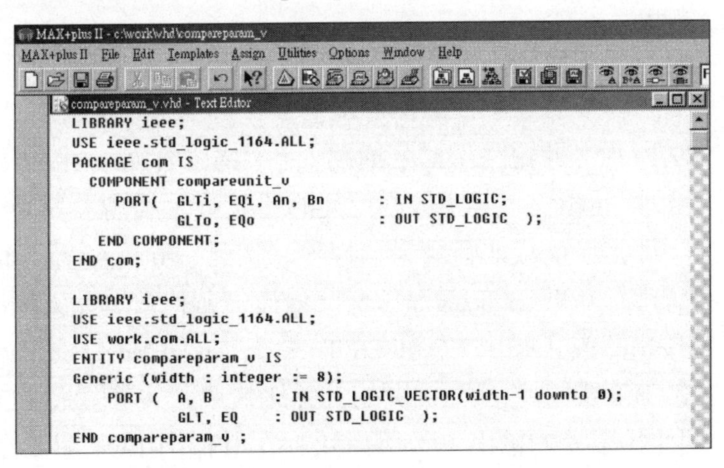


```
LIBRARY ieee;
USE ieee.std_logic_1164.ALL;
PACKAGE com IS
  COMPONENT compareunit_v
     PORT(  GLTi, EQi, An, Bn       : IN STD_LOGIC;
            GLTo, EQo               : OUT STD_LOGIC  );
   END COMPONENT;
END com;

LIBRARY ieee;
USE ieee.std_logic_1164.ALL;
USE work.com.ALL;
ENTITY compareparam_v IS
Generic (width : integer := 8);
    PORT (  A, B        : IN STD_LOGIC_VECTOR(width-1 downto 0);
            GLT, EQ     : OUT STD_LOGIC  );
END compareparam_v ;
```

圖 2-46　VHDL 參數式比較器電路單體區

如圖 2-46 所示，此電路引用了在工作目錄下套件，套件名稱爲 com，其套件內容爲宣告了組件 compareunit_v 的介面。此電路定義了一參數〝width〞，其資料型態爲整數，並設其預設值爲 8。輸入埠 A 與 B 其資料型態爲 STD_LOGIC_VECTOR(width-1 downto 0)，即與參數〝width〞之值有關。輸出埠 GLT 與 EQ 資料型態爲 STD_LOGIC。

```
ARCHITECTURE a OF compareparam_v  IS
 SIGNAL tempG, tempE   : STD_LOGIC_VECTOR(width-2 downto 0);
 SIGNAL V, G           : STD_LOGIC;
BEGIN
V <= '1';  G <= '0';
ff: FOR I IN  A'range GENERATE
     start: If (I = A'high) GENERATE
              R:  compareunit_v
              PORT MAP ( GLTi => G, EQi => V, An => A(I), Bn => B(I),
                     GLTo => tempG(I-1), EQo => tempE(I-1) );
            END GENERATE;
     mid:   If (I > A'low) AND (I < A'high) GENERATE
              R: compareunit_v
              PORT MAP (GLTi => tempG(I), EQi => tempE(I), An => A(I),
                   Bn => B(I), GLTo => tempG(I-1), EQo => tempE(I-1));
            END GENERATE;
     last:  If (I = A'low) GENERATE
              R: compareunit_v
              PORT MAP (GLTi => tempG(I), EQi => tempE(I), An => A(I),
                   Bn => B(I), GLTo => GLT, EQo => EQ);
            END GENERATE;
    END GENERATE;
END a;
Line  42  Col  1  INS
```

圖 2-47　VHDL 參數式比較器電路架構區

如圖 2-47 所示，此電路架構名稱爲 a，架構內容爲：引入與 A 的位元數一樣多的比較單元組件，其中最高位元的比較單元其輸入 EQi 與 GLTi 要分別接'1'與'0'，即當作前級比較結果爲相等之狀況，輸入 An 與 Bn 分別來自要比較的兩組資料 A 與 B 的最高位元。最後一個比較單元其輸出 EQo 與 GLTo 要分別接電路眞正輸出 EQ 與 GLT，輸入 An 與 Bn 分別來自要比較的兩組資料 A 與 B 的最低位元。中間的其餘比較單元，其輸入 EQi 與 GLTi 分別接前一個比較單元的輸出 EQo 與 GLTo，其輸出 EQo 與 GLTo 分別接前一個比較位元的輸入 EQi 與 GLT，而各個比較器的輸入 An 與 Bn 分別來自要比較的兩組資料 A 與 B 的中間位元。注意各個比較單元間之訊號連接是以 tempG 與 tempE 相連。

<方法三>應用程序(Procedure)副程式來設計八位元比較器，VHDL 編輯結果如圖 2-48 與圖 2-49 所示。此範例電路名稱為〝compareprocedure_v〞。

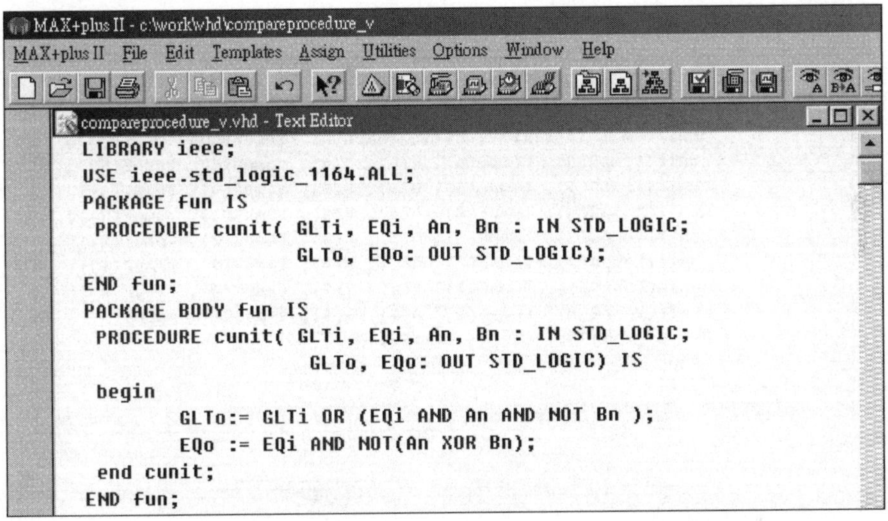

```
LIBRARY ieee;
USE ieee.std_logic_1164.ALL;
PACKAGE fun IS
 PROCEDURE cunit( GLTi, EQi, An, Bn : IN STD_LOGIC;
                  GLTo, EQo: OUT STD_LOGIC);
END fun;
PACKAGE BODY fun IS
 PROCEDURE cunit( GLTi, EQi, An, Bn : IN STD_LOGIC;
                  GLTo, EQo: OUT STD_LOGIC) IS
 begin
       GLTo:= GLTi OR (EQi AND An AND NOT Bn );
       EQo := EQi AND NOT(An XOR Bn);
 end cunit;
END fun;
```

圖 2-48　VHDL 編輯八位元比較器電路程序宣告

如圖 2-48 所示，先在套件〝fun〞定義了一比較單元程序(PROCEDURE)〝cunit〞，此程序輸入參數為 GLTi、EQi、An 與 Bn，輸出參數為 GLTo 與 EQo。程序內容描述 GLTo 為輸入參數之 GLTi、EQi、An 與 Bn 之邏輯運算。EQo 為輸入參數之 GLTi、EQi、An 與 Bn 之邏輯運算。

```
LIBRARY ieee;
USE ieee.std_logic_1164.ALL;
USE work.fun.ALL;
ENTITY compareprocedure_v IS
  PORT (    A, B        : IN STD_LOGIC_VECTOR(7 downto 0);
            GLT, EQ     : OUT STD_LOGIC  );
END compareprocedure_v ;
ARCHITECTURE a OF compareprocedure_v  IS
BEGIN
   PROCESS (A, B)
      VARIABLE tempG, tempE  : STD_LOGIC_VECTOR(6 downto 0);
      VARIABLE tempGG, tempEE : STD_LOGIC;
   BEGIN
      cunit('0', '1', A(7), B(7), tempG(6), tempE(6));
      cunit(tempG(6), tempE(6), A(6), B(6), tempG(5), tempE(5));
      cunit(tempG(5), tempE(5), A(5), B(5), tempG(4), tempE(4));
      cunit(tempG(4), tempE(4), A(4), B(4), tempG(3), tempE(3));
      cunit(tempG(3), tempE(3), A(3), B(3), tempG(2), tempE(2));
      cunit(tempG(2), tempE(2), A(2), B(2), tempG(1), tempE(1));
      cunit(tempG(1), tempE(1), A(1), B(1), tempG(0), tempE(0));
      cunit(tempG(0), tempE(0), A(0), B(0), tempGG, tempEE);
      GLT <= tempGG;   EQ <= tempEE;
   END PROCESS;
END a;
Line  41   Col  1   INS
```

圖 2-49　VHDL 編輯八位元比較器電路

如圖 2-49 所示，〝compareprocedure_v〞電路宣告了輸入埠 A 與 B 其資料型態為 STD_LOGIC_VECTOR(7 downto 0)，輸出埠 GLT 與 EQ 資料型態為 STD_LOGIC。

此電路架構名稱為 a，架構內容為：串接八個比較單元，即引用八次〝cunit〞程序。其中最高位元的比較單元其輸入 EQi 與 GLTi 要分別接'1'與'0'，即當作前級比較結果為相等之狀況，輸入 An 與 Bn 分別來自要比較的兩組八位元資料 A 與 B 的最高位元。最後一個比較單元其輸出 EQo 與 GLTo 要分別接藉由變數 tempEE 和 tempGG 與電路眞正輸出 EQ 與 GLT 連接，輸入 An 與 Bn 分別來自要比較的兩組八位元資料 A 與 B 的最低位元。中間的六個比較單元，其輸入 EQi 與 GLTi 分別接前一個比較單元的輸出 EQo 與 GLTo，其輸出 EQo 與 GLTo 分別接前一個比較位元的輸入 EQi 與 GLT，而各個比較器的輸入 An 與 Bn 分別來自要比較的兩組八位元資料 A 與 B 的中間六位元。注意各個比較單元間之訊號連接是以 tempG 與 tempE 相連。

<方法四>應用函數副程式來設計八位元比較器，VHDL 編輯結果如圖 2-50 與圖 2-51 所示。此範例電路名稱為〝comparefunction_v〞。

```
MAX+plus II - c:\work\vhd\comparefunction_v
MAX+plus II  File  Edit  Templates  Assign  Utilities  Options  Window  Help
comparefunction_v.vhd - Text Editor
LIBRARY ieee;
USE ieee.std_logic_1164.ALL;
PACKAGE fun IS
 FUNCTION GLTo(GLTi, EQi, An, Bn : STD_LOGIC)  RETURN STD_LOGIC;
 FUNCTION EQo(GLTi, EQi, An, Bn : STD_LOGIC)  RETURN STD_LOGIC;
END fun;
PACKAGE BODY fun IS
FUNCTION GLTo(GLTi, EQi, An, Bn : STD_LOGIC)
  RETURN STD_LOGIC IS
  VARIABLE result : STD_LOGIC;
    BEGIN
        result := GLTi OR (EQi AND An AND NOT Bn );
        RETURN result;
    END;
FUNCTION EQo(GLTi, EQi, An, Bn : STD_LOGIC)
  RETURN STD_LOGIC IS
  VARIABLE result :STD_LOGIC;
    BEGIN
        result :=  EQi AND NOT(An XOR Bn);
        RETURN result;
    END;
END fun;
```

圖 2-50　VHDL 編輯八位元比較器電路函數宣告

如圖 2-50 所示，先在套件〝fun〞定義了兩函數(FUNCTION)，其中〝GLTo〞函數輸入參數為 GLTi、EQi、An 與 Bn，傳回 return 值型態為 STD_LOGIC。〝EQo〞函數輸入參數為 GLTi、EQi、An 與 Bn，傳回 return 值型態為 STD_LOGIC。兩函數即為比較單元。〝GLTo〞函數內容描述傳回輸入參數之 GLTi、EQi、An 與 Bn 之邏輯運算。〝EQo〞函數內容描述傳回輸入參數之 GLTi、EQi、An 與 Bn 之邏輯運算。

```
LIBRARY ieee;
USE ieee.std_logic_1164.ALL;
USE work.fun.ALL;
ENTITY comparefunction_v IS
GENERIC (width : integer := 8);
    PORT (   A, B        : IN STD_LOGIC_VECTOR(width-1 downto 0);
             GLT, EQ     : OUT STD_LOGIC   );
END comparefunction_v ;
ARCHITECTURE a OF comparefunction_v  IS
BEGIN
 PROCESS (A, B)
   VARIABLE tempG, tempE   : STD_LOGIC_VECTOR(width-2 downto 0);
 BEGIN
  tempG(width-2) := GLTo('0', '1', A(width-1), B(width-1));
  tempE(width-2) := EQo('0', '1', A(width-1), B(width-1));
  FOR I IN  WIDTH-2 DOWNTO 1 LOOP
         tempG(I-1) := GLTo(tempG(I), tempE(I), A(I), B(I));
         tempE(I-1) := EQo(tempG(I), tempE(I), A(I), B(I));
  END LOOP;
  GLT <= GLTo(tempG(0), tempE(0), A(0), B(0));
  EQ <= EQo(tempG(0), tempE(0) , A(0), B(0));
END PROCESS;
END a;
Line  50   Col  1    INS
```

圖 2-51　VHDL 編輯八位元比較器電路

如圖 2-51 所示，〝comparefunction_v〞電路宣告了參數〝width〞，輸入埠 A 與 B 其資料型態為 STD_LOGIC_VECTOR(width-1 downto 0)，輸出埠 GLT 與 EQ 資料型態為 STD_LOGIC。此電路架構名稱為 a，架構內容為：串接 width 個比較單元，即引用 width 次〝GLTo〞函數與〝EQo〞函數。其中最高位元的比較單元其輸入 EQi 與 GLTi 要分別接'1'與'0'，即當作前級比較結果為相等之狀況，輸入 An 與 Bn 分別來自要比較的兩組八位元資料 A 與 B 的最高位元。最後一個比較單元其輸出 EQo 與 GLTo 要分別接電路真正輸出 EQ 與 GLT 連接，輸入 An 與 Bn 分別來自要比較的兩組八位元資料 A 與 B 的最低位元。中間的 width-2 個比較單元，其輸入 EQi 與 GLTi 分別接前一個比較單元的輸出 EQo 與 GLTo，其輸出 EQo 與 GLTo 分別接前一個比較位元的輸入 EQi 與 GLT，而各個比較器的輸入 An 與 Bn 分別來自要比較的兩組八位元資料 A 與 B 的中間六位元。注意各個比較單元間之訊號連接是以 tempG 與 tempE 相連。

2-7-2-1　說明

- 組件宣告語法：VHDL 之階層式結構，可以引用已製作好的元件，例如八位元比較器範例(compare_v.vhd)中，使用了已製作好的比較單元組件〝compareunit_v〞，但必須先宣告組件之介面型態，VHDL 之組件宣告(Component Declaration)之語法可見表 2-86 所示。

表 2-86　VHDL 之組件宣告語法

語法	COMPONENT 組件名稱 GENERIC(參數名 : string :=　預設值; 參數名: integer:=　預設值); PORT(　輸入腳位名 1, 輸入腳位名 2　: IN STD_LOGIC; 　輸出腳位名 1, 輸出腳位名 2　: OUT STD_LOGIC); END COMPONENT;
範例	COMPONENT compareunit_v 　PORT(GLTi, EQi, An, Bn　: IN STD_LOGIC; 　　GLTo, EQo　: OUT STD_LOGIC); END COMPONENT;

- 套件：VHDL 之套件(Package)為一個經常被使用的組件或架構之集合處，可被各設計單元分享。一個套件包含兩部份，一為套件宣告區(Package Declarations)，一為套件主體區(Package Bodies)，套件主體可以視情況而存在。VHDL 套件宣告區之語法可見表 2-87 所示。VHDL 套件主體區之語法可見表 2-88 所示。

表 2-87　VHDL 之套件宣告

Package Declaration
PACKAGE 套件名 IS
--型態宣告(Type Declaration)
--　副型態宣告(Subtype Declaration)
--　常數宣告(Constant Declaration)
--　訊號宣告(Signal Declaration)
--　組件宣告(Component Declaration)
-- 副程式宣告 (Subprogram Declaration)
-- 別名宣告(Alias Declaration)
END [PACKAGE] [套件名];
註：[ ]符號代表可以省略部分。

表 2-88　VHDL 之套件主體

Package Body
PACKAGE BODY 套件名 IS
-- 副程式宣告 (Subprogram Declaration)
-- 副程式主體(Subprogram Body)
-- 型態宣告(Type Declaration)
--　副型態宣告(Subtype Declaration)
--　常數宣告(Constant Declaration)
-- 別名宣告(Alias Declaration)
END [PACKAGE BODY] [套件名] ;
註：[ ]符號代表可以省略部分。

● 副程式：VHDL 之副程式(Subprogram)有兩種：一種爲程序(Procedure)，一種爲函數(Function)。使用一個程序副程式可以傳回不只一個數值，而使用一個函數副程式只能傳回一個數值。函數的所有參數都爲輸入參數，而程序的參數可以有輸入參數、輸出入參數與輸出參數。所有在副程式內執行之程式皆爲順序描述(Sequential Statement)，即執行順序與程式排列順序有關。程序與函數有兩種型態：一種爲順序性的程序(Sequential Procedure)與順序性的函數(Sequential Function)，一種爲同時性的程序(Concurrent Procedure)與同時性的函數(Concurrent Function)。本範例電路 compareprocedure_v 與 comparefunction_v 所使用的爲順序性的程序與順序性的函數，其副程式主體語法(Subprogram Body)分別如表 2-89 與表 2-90 所示。

表 2-89　VHDL 之順序性的程序主體

語法	PROCEDURE 函數名(輸入參數名：IN 資料型態; 輸入參數名：IN 資料型態; 輸出參數名：OUT 資料型態; 輸出參數名：OUT 資料型態; 輸出參數名：INOUT 資料型態) IS
	變數宣告; (Variable Decalaration)
	常數宣告; (Constant Decalaration)
	型態宣告; (Type Decalaration)
	BEGIN
	　　順序描述;
	END;

範例	PROCEDURE cunit(GLTi, EQi, An, Bn : IN STD_LOGIC; 　　　　GLTo, EQo: OUT STD_LOGIC) IS begin 　　GLTo:= GLTi OR (EQi AND An AND NOT Bn); 　　EQo := EQi AND NOT(An XOR Bn); end cunit;

表 2-90　VHDL 之函數主體

語法	FUNCTION 函數名(輸入參數名：資料型態; 輸入參數名：資料型態)　RETURN 回傳資料之資料型態 IS
	VARIABLE 傳回參數名：資料型態;
	變數宣告; (Variable Decalaration)
	常數宣告; (Constant Decalaration)
	型態宣告; (Type Decalaration)
	BEGIN
	　　　　順序描述;
	RETURN 傳回參數名;
	END;

範例	FUNCTION GLTo(GLTi, EQi, An, Bn : STD_LOGIC)
	　RETURN STD_LOGIC IS
	　VARIABLE result : STD_LOGIC;
	　　BEGIN
	　　　result := GLTi OR (EQi AND An AND NOT Bn);
	　　　RETURN result;
	　　END;

- 程序呼叫描述：VHDL 之程序呼叫描述(Procedure Call Statement)在引用時要注意的是 MAX+plus II 只支援在 PROCESS 描述中作程序呼叫，其技巧爲帶入程序中之輸出參數必須要爲變數(Variable)，再將此輸出參數指給其他訊號。VHDL 之程序呼叫描述語法可見表 2-91 所示。

表 2-91　VHDL 之程序引用描述

語法	程序名(輸入參數 1,輸入參數 2,輸出參數 1, 輸出參數 2, ….); 訊號名 1 <= 輸出參數 1;　訊號名 2 <= 輸出參數 2;

範例	PROCESS (A, B)
	　　VARIABLE tempG, tempE　: STD_LOGIC_VECTOR(6 downto 0);
	　　VARIABLE tempGG, tempEE : STD_LOGIC;
	BEGIN
	.
	.
	cunit(tempG(0), tempE(0), A(0), B(0), tempGG, tempEE);
	　　GLT<=tempGG;　EQ<=tempEE;
	END PROCESS;

● 函數呼叫：VHDL 之函數呼叫(Function Call)在使用時要注意在 MAX+plus II 只支援在 PROCESS 描述中作函數呼叫，函數呼叫語法可見表 2-92 所示。

表 2-92　VHDL 之函數呼叫

語法	變數名 := 函數名(參數 1, 參數 2, 參數 3, ….); 訊號名 <= 函數名(參數 1, 參數 2, 參數 3, ….);

範例	PROCESS (A, B)
	　VARIABLE tempG, tempE　: STD_LOGIC_VECTOR(width-2 downto 0);
	BEGIN
	.
	.
	tempG(width-2) := GLTo('0', '1', A(width-1), B(width-1));
	GLT <= GLTo(tempG(0), tempE(0), A(0), B(0));
	END PROCESS;

- 元件引用語法：VHDL 之階層式結構，可以引用已製作好的元件，例如八位元比較器範例(compare_v.vhd)中，使用了已製作好的比較單元組件 compareunit_v，元件引用描述(Component Instantiation Statement)之語法見表 2-93 所示。

表 2-93　VHDL 之元件引用語法

語法	引入名: 元件名 GENERIC MAP (參數名=> 參數値 ， 參數名=> 參數値) PORT MAP (元件埠 => 連接埠, 元件埠 => 連接埠);
範例	R1: compareunit_v PORT MAP (GLTi=>tempG(6), EQi=>tempE(6), An=>A(6), Bn=>B(6), GLTo=>tempG(5), EQo=>tempE(5));

- 產生語法：VHDL 之產生語法(Generate)有兩種，一種爲 For Generate 結構，一種爲 IF Generate 結構，分別整理如表 2-94 與表 2-95 所示。VHDL 之產生語法可以讓設計者創造重複性之結構，可放置於任何同時性描述(Concurrent Statement)之區域。

表 2-94　VHDL 之 For Generate 結構

語法	標頭名: FOR I IN 範圍 GENERATE 描述; END GENERATE;
範例	ff: For I IN 7 downto 0 Generate R: compareunit_v PORT MAP (GLTi=>tempG(I), EQi=>tempE(I), An=>A(I), Bn=>B(I), GLTo=>tempG(I-1), EQo=>tempE(I-1)); END GENERATE;

表 2-95　VHDL 之 IF Generate 結構

<table>
<tr><td>語法</td><td>標頭名:
IF 條件表示式 GENERATE
描述;
END GENERATE;</td></tr>
<tr><td>範例</td><td>last:
IF (I=A'low) Generate
R: compareunit_v
PORT MAP (GLTi=>tempG(I), EQi=>tempE(I),　An=>A(I),
Bn=>B(I), GLTo=>GLT, EQo=>EQ);
END GENERATE;</td></tr>
</table>

- 參數定義：VHDL 製作一個參數式元件，需要利用到 Generic 語法，其語法可見表 2-96 所示。

表 2-96　VHDL 之參數設定

<table>
<tr><td>語法</td><td>ENTITY 電路名稱 IS
GENERIC(　參數名 : string :=　預設值;
參數名: integer:=　預設值);
PORT(
輸入腳位名 1, 輸入腳位名 2　: IN STD_LOGIC;
輸出腳位名 1, 輸出腳位名 2　: OUT STD_LOGIC);
END 電路名稱;</td></tr>
<tr><td>範例</td><td>ENTITY compareparam_v IS
GENERIC (width : integer := 8);
PORT (A, B　: IN STD_LOGIC_VECTOR(width-1 downto 0);
GLT, EQ　: OUT STD_LOGIC　);
END compareparam_v ;</td></tr>
</table>

- 已定義的屬性：VHDL 有一些已定義的屬性(Predefined Attributes)，分成值種類(Value kind)屬性、函數種類(Function kind)屬性、訊號種類(Signal kind)屬性、型態種類(Type kind)屬性、範圍種類(Range kind)屬性，整理如表 2-97 所示。但 MAX+plus II 不支援'ACTIVE、'DELAYED、'LAST_ACTIVE、'LAST_EVENT、'LAST_VALUE、'LEFTOF、'POS、'PRED、'QUIET、'RIGHTOF、'SUCC、'TRANSACTION 和'VAL。

表 2-97　VHDL 之已定義屬性

已定義的屬性	已定義的屬性
值種類(Value kind)屬性	'LEFT、'RIGHT、'HIGH、'LOW、'LENGTH、'STRUCTURE、'BEHAVIOR
函數種類(Function kind)屬性	'POS、'VAL、'SUCC、'PRED、'LEFTOF、'RIGHTOF、'LEFT、'RIGHT、'HIGH、'LOW、'EVENT、'LAST_VALUE、'ACTIVE、'LAST_ACTIVE
訊號種類(Signal kind)屬性	'DELAYED、'STABLE、'QUIET、'TRANSACTION
型態種類(Type kind)屬性	'BASE
範圍種類(Range kind)屬性	'RANGE、'RANGE_REVERSE

- 範圍種類屬性：VHDL 有一些已定義的屬性(Predefined Attributes)，其中範圍種類屬性(Range Kind Attributes)，包括有與'Range'Reverse_Range，會傳回有限的陣列型態(Constrained Array Type)的範圍。本範例運用了'RANGE 屬性，其說明整理如表 2-98 所示。

表 2-98　VHDL 之已定義範圍種類屬性

範　　　　　　例	
Type A8 IS Array (7 downto 0) of Bit; Signal　A :　　　　　A8; Signal B : std_logic_vector (0 to 3);	
A' Range	會傳回 A 之索引範圍，傳回(7 downto 0)。
A'Reverse_Range	會傳回 A 之索引範圍之翻轉，傳回 (0 to 7)。
B' Range	會傳回 B 之索引範圍，傳回 (0 to 3)。
B'Reverse_Range	會傳回 B 之索引範圍之翻轉，傳回 (3 downto 0)。
範　　　　　　例	
Type A4_8 IS Array(0 to 3, 7 downto 0) of Bit; Signal　C :　　　　　A4_8;	
C' Range(1)	會傳回 C 之索引範圍的第一個值，傳回 (0 to 3)。
C' Range(2)	會傳回 C 之索引範圍的第二個值，傳回(7 downto 0)。
C' Reverse_Range(1)	會傳回 C 之索引範圍的翻轉的第一個值，傳回(3 downto 0)。
C' Reverse_Range(2)	會傳回 C 之索引範圍的翻轉的第一個值，傳回 (0 to 7)。

- 值種類屬性：VHDL 有一些已定義的屬性(Predefined Attributes)，其中值種類屬性(Value Kind Attributes)，包括有'Left、'Right、'High、'Low 與'Length，會傳回型態(Type)或陣列(Array)之邊界值或長度，整理如表 2-99 所示。

表 2-99　VHDL 之值種類屬性

範　　例	
Type BIT is ('0', '1'); Type INTEGER is range -2147483648 to 2147483647; Type A8 IS Array (7 downto 0) of Bit; Signal　A :　　　　　A8; Signal B : std_logic_vector(0 to 3);	
BIT'Left	傳回 BIT 在型態宣告時，最左邊之值，故傳回'0'。
INTEGER' Right	傳回 INTEGER 在型態宣告時，最右邊之值，故傳回 2147483647。
A8' High 或 A'High	傳回 A8 在型態宣告時，最大之值，傳回 7。
A8' Right 或 A' Right	傳回 A8 在型態宣告時，最右邊之值，傳回 7。
B'High	傳回 B 在宣告時，最大之值，傳回 3
A'Length	會傳回 A 之索引範圍的大小，傳回 8。
B'Length	會傳回 B 之索引範圍的大小，傳回 4
範　　例	
Type A4_8 IS Array(0 to 3, 7 downto 0) of Bit; Signal　C :　　　　　A4_8;	
A4_8'Left(1) 或 C'Left(1)	傳回 A4_8 在第一個索引範圍之最左邊之邊界值，傳回 0。
A4_8' High(2)或 C'High(2)	傳回 A4_8 在第二個索引範圍之最大之邊界值，傳回 7。
A4_8' Length(1)或 C'Length(1)	傳回 A4_8 在第一個索引範圍之大小，傳回 4
A4_8' Length(2)或 C'Length(2)	傳回 A4_8 在第二個索引範圍之大小，傳回 8

2-7-3　Verilog HDL 編輯八位元比較器

<方法一>利用比較單元串接而成，Verilog HDL 編輯比較單元結果如圖 2-52 所示。此範例模組名稱爲〝compareunit_vl〞。

MAX+plus II - c:\work\vl\compareunit_vl

MAX+plus II　File　Edit　Templates　Assign　Utilities　Options　Window　Help

compareunit_vl.v - Text Editor

```
module compareunit_vl(GLTi, EQi, An, Bn, GLTo, EQo);
input  GLTi, EQi, An, Bn;
output GLTo, EQo;
//wire temp1, temp2;
//and (temp1, EQi  , An, ~Bn);
//or (GLTo, GLTi, temp1);
//xnor (temp2, An, Bn);
//and (EQo, EQi, temp2);

assign    GLTo = GLTi | (EQi & An & ~Bn );
assign    EQo = EQi & (An ~^ Bn);

endmodule
```

Line 16　Col 5　INS

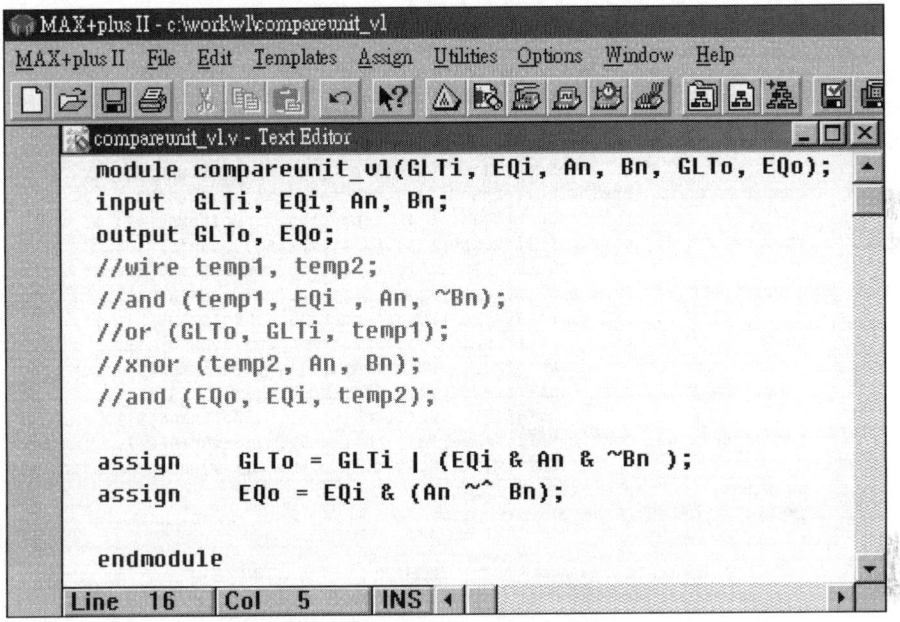

圖 2-52　Verilog HDL 編輯比較單元結果

如圖 2-52 所示，輸入埠 GLTi、EQi、An 與 Bn 爲一位元之向量，資料型態爲內定之 wire 型態，輸出埠 GLTo 與 EQo 爲一位元之向量。此電路內容爲，輸入訊號 An 與 Bn 作“互斥或”運算結果經反相後再與輸入訊號 EQi 作“及”運算，運算結果指給輸出訊號 EQo；同時，Bn 的反相與 An、EQi 作“及”運算結果再與輸入訊號 GLTi 作“或”運算，運算結果指給輸出訊號 GLTo。

Verilog HDL 編輯八位元比較器結果如圖 2-53 所示。此範例電路名稱為〝compare_vl〞，並引用模組 compareunit_vl。

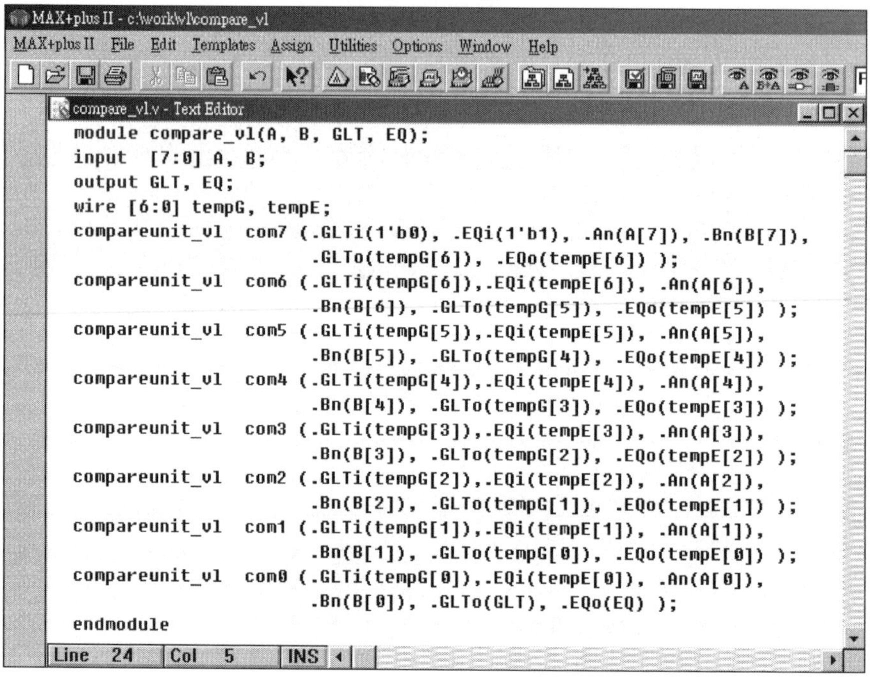

```
module compare_vl(A, B, GLT, EQ);
input  [7:0] A, B;
output GLT, EQ;
wire [6:0] tempG, tempE;
compareunit_vl  com7 (.GLTi(1'b0), .EQi(1'b1), .An(A[7]), .Bn(B[7]),
                      .GLTo(tempG[6]), .EQo(tempE[6]) );
compareunit_vl  com6 (.GLTi(tempG[6]),.EQi(tempE[6]), .An(A[6]),
                      .Bn(B[6]), .GLTo(tempG[5]), .EQo(tempE[5]) );
compareunit_vl  com5 (.GLTi(tempG[5]),.EQi(tempE[5]), .An(A[5]),
                      .Bn(B[5]), .GLTo(tempG[4]), .EQo(tempE[4]) );
compareunit_vl  com4 (.GLTi(tempG[4]),.EQi(tempE[4]), .An(A[4]),
                      .Bn(B[4]), .GLTo(tempG[3]), .EQo(tempE[3]) );
compareunit_vl  com3 (.GLTi(tempG[3]),.EQi(tempE[3]), .An(A[3]),
                      .Bn(B[3]), .GLTo(tempG[2]), .EQo(tempE[2]) );
compareunit_vl  com2 (.GLTi(tempG[2]),.EQi(tempE[2]), .An(A[2]),
                      .Bn(B[2]), .GLTo(tempG[1]), .EQo(tempE[1]) );
compareunit_vl  com1 (.GLTi(tempG[1]),.EQi(tempE[1]), .An(A[1]),
                      .Bn(B[1]), .GLTo(tempG[0]), .EQo(tempE[0]) );
compareunit_vl  com0 (.GLTi(tempG[0]),.EQi(tempE[0]), .An(A[0]),
                      .Bn(B[0]), .GLTo(GLT), .EQo(EQ) );
endmodule
```

圖 2-53　Verilog HDL 編輯八位元比較器結果

如圖 2-53 所示，輸入埠 A 與 B 為八位元之向量，輸出埠 GLT 與 EQ 為一位元之向量，另外宣告了接線 tempG 與 tempE。電路內容為引入了八個比較單元模組〝compareunit_vl〞，將此八個模組串連起來形成八位元比較器。其中最高位元的比較單元其輸入 EQi 與 GLTi 要分別接 1'b1 與 1b'0，即當作前級比較結果為相等之狀況，輸入 An 與 Bn 分別來自要比較的兩組八位元資料 A 與 B 的最高位元。最後一個比較單元其輸出 EQo 與 GLTo 要分別接電路真正輸出 EQ 與 GLT，輸入 An 與 Bn 分別來自要比較的兩組八位元資料 A 與 B 的最低位元。中間的其餘比較單元，其輸入 EQi 與 GLTi 分別接前一個比較單元的輸出 EQo 與 GLTo，其輸出 EQo 與 GLTo 分別接前一個比較位元的輸入 EQi 與 GLT，而各個比較器的輸入 An 與 Bn 分別來自要比較的兩組八位元資料 A 與 B 的中間位元。注意各個比較單元間之訊號連接是以 tempG 與 tempE 相連。

<方法二>設計參數式比較器，Verilog HDL 編輯參數式比較器結果如圖 2-54、圖 2-55、圖 2-56 所示。此範例電路名稱為〝compareparam_vl〞。

MAX+plus II - c:\work\vl\compareparam_vl
MAX+plus II File Edit Templates Assign Utilities Options Window Help
compareparam_vl.v - Text Editor

```
module compareparam_vl(A, B, GLT, EQ);
parameter width = 8;
input  [width-1:0] A, B;
output GLT, EQ;
reg  GLT, EQ;
reg [width-2:0] tempG, tempE;
integer i;
```

圖 2-54　Verilog HDL 編輯參數式比較器腳位宣告區

如圖 2-54 所示，此模組定義了一參數〝width〞，其預設值為 8。輸入埠 A 與 B 為向量，位元數為 width，輸出埠 GLT 與 EQ 為一位元之向量。另外宣告了接線 tempG 與 tempE。並宣告了整數 i。

```
function GLTo;
input GLTi, EQi, An, Bn;
begin
GLTo = GLTi | (EQi & An & ~Bn );
 end
endfunction

function EQo;
input GLTi, EQi, An, Bn;
begin
EQo = EQi & (An ~^ Bn);
 end
endfunction
```

圖 2-55　Verilog HDL 編輯參數式比較器函數宣告區

如圖 2-55 所示，電路內容為宣告了兩個比較單元函數 GLTo 與 EQo，兩函數輸入皆為 EQi 、GLTi、An 與 Bn，此兩函數等效於方法一的比較單元設計。

```
always @(A or B)
begin
 tempG[width-2] = GLTo(1'b0, 1'b1, A[width-1], B[width-1]);
 tempE[width-2] = EQo(1'b0, 1'b1, A[width-1], B[width-1]);
 for (i = width-2 ; i > 0; i = i - 1)
  begin
    tempG[i-1] = GLTo(tempG[i], tempE[i] , A[i], B[i]);
    tempE[i-1] = EQo(tempG[i], tempE[i] , A[i], B[i]);
  end
 GLT = GLTo(tempG[0], tempE[0] , A[0], B[0]);
 EQ = EQo(tempG[0], tempE[0] , A[0], B[0]);
end
endmodule
Line  17   Col  25   INS
```

圖 2-56　Verilog HDL 編輯參數式比較器函數引用區

如圖 2-56 所示，此模組共引用了與〝width〞值相同次數的 GLTo 與 EQo 函數。其中最高位元的比較單元函數其輸入 EQi 與 GLTi 要分別接 1'b1 與 1b'0，即當作前級比較結果為相等之狀況，輸入 An 與 Bn 分別來自要比較的兩組資料 A 與 B 的最高位元。最後一個比較單元函數其輸出 EQo 與 GLTo 要分別接電路真正輸出 EQ 與 GLT，輸入 An 與 Bn 分別來自要比較的兩組資料 A 與 B 的最低位元。中間的其餘比較單元，其輸入 EQi 與 GLTi 分別接前一個比較單元的輸出 EQo 與 GLTo，其輸出 EQo 與 GLTo 分別接前一個比較單元函數的輸入 EQi 與 GLT，而各個比較器的輸入 An 與 Bn 分別來自要比較的兩組資料 A 與 B 的中間位元。注意各個比較單元函數間之訊號連接是以 tempG 與 tempE 相連。

2-7-3-1　說明

- 位元運算子：Verilog HDL 語法之位元運算子(Bit-Wise Operators)有反運算(~)、及運算(&)、或運算(|)、互斥或運算(^)、反互斥或運算(~^或^~)，可參考 2-1-3-1 之表 2-20 所示。
- 插入模組：Verilog HDL 之階層式結構，可以引用已製作好的模組，例如八位元比較器範例(compare_vl.v)中，使用了已製作好的比較單元模組〝compareunit_v〞，Verilog HDL 之插入模組(Module Instantiation)語法可見表 2-100 所示。

表 2-100　Verilog HDL 引用模組之語法

語法	模組名稱　引入名稱 (.模組腳位名稱 1(訊號名稱 1), .模組腳位名稱 2(訊號名稱 2), .模組腳位名稱 3(訊號名稱 3)); defparam 引入名稱.參數名稱 = 參數值; defparam 引入名稱.參數名稱 = 參數值;
範例	compareunit_vl com6(.GLTi(tempG[6]), .EQi(tempE[6]), .An(A[6]), .Bn(B[6]), .GLTo(tempG[5]), .EQo(tempE[5]));

- 參數定義：Verilog HDL 製作一個參數式元件，需要利用到 parameter 語法，其語法可見表 2-101 所示。

表 2-101　Verilog HDL 之參數定義語法

語法	module 模組名稱 (輸入腳位名, 輸出腳位名, 輸出入腳位名); parameter 參數名稱 = 參數值; 輸出入腳位宣告;

範例	module compareparam_vl(A, B, GLT, EQ);
	parameter width = 8;
	input [width-1:0] A, B;
	output GLT, EQ;

● 函數宣告：Verilog HDL 之函數宣告語法如表 2-102 所示。

表 2-102 Verilog HDL 之函數宣告語法

語法	function [範圍最大值: 範圍最小值] 函數名;
	// 輸入腳位宣告;
	// 暫存器宣告;
	// 導線宣告;
	begin
	描述;
	end
	endfunction

範例	function EQo; input GLTi, EQi, An, Bn; begin EQo = EQi & (An ~^ Bn); end endfunction

● 函數呼叫：Verilog HDL 之函數呼叫(Function Call)語法如表 2-103 所示。

表 2-103 Verilog HDL 之函數引用語法

語法	變數名 = 函數名(輸入參數 1, 輸入參數 2, 輸入參數 3, 輸入參數 4);
範例	GLT = GLTo(tempG[0], tempE[0] , A[0], B[0]); EQ = EQo(tempG[0], tempE[0] , A[0], B[0]);

● for 描述：Verilog HDL 之 for 描述(For statement)語法如表 2-104 所示，此 for 描述必須在 always 區塊內。

表 2-104　Verilog HDL 之 for 描述語法

語法	for (__index = 最低值; __index < 最高限度; __index = __index + 變化值)
	 begin
	　　描述;
	end
	for (__index = 最高值; __index > 最低限度; __index = __index - 變化值)
	 begin
	　　描述;
	end

範例	for (i = width-2 ; i > 0; i = i - 1)
	　begin
	　　tempG[i-1] = GLTo(tempG[i], tempE[i] , A[i], B[i]);
	　　tempE[i-1] = EQo(tempG[i], tempE[i] , A[i], B[i]);
	end

- Verilog HDL 與 VHDL 比較：此小節主要針對 Verilog HDL 與 VHDL 之參數式電路設計作比較。Verilog HDL 之參數設定是利用〝parameter〞語法，VHDL 之參數設定是利用〝GENERIC〞語法。並對照 Verilog HDL 與 VHDL 之副程式之使用方式。

2-7-4　模擬八位元比較器

八位元比較器之模擬結果如圖 2-57 所示。

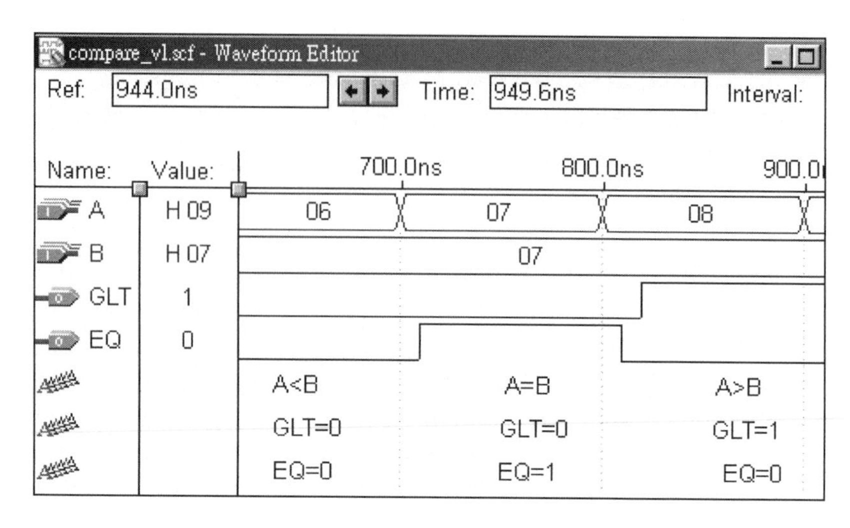

圖 2-57　八位元比較器之模擬結果

- 第一區：輸入 A = H06，B = H07，因 A < B，故輸出 GLT 等於 0，EQ 等於 0。
- 第二區：輸入 A = H07，B = H07，因 A = B，故輸出 GLT 等於 0，EQ 等於 1。
- 第三區：輸入 A = H08，B = H07，因 A > B，故輸出 GLT 等於 1，EQ 等於 0。

3 暫存器與記憶體設計範例

3-1 八位元暫存器

暫存器就是一組可儲存二進位數字的正反器，此二進位數字中的每一個位元均由一個正反器儲存之。例如，儲存 8 位元二進位數字的暫存器可利用 8 個 D 型正反器設計之。當計時脈波於正緣變遷(PT)發生時，將 8 個正反器輸入(D0..D7)同時移入正反器輸出端(Q0..Q7)，此種形式通常稱為資料暫存器。利用 MAX+plus II 提供的參數式正反器"lpm_ff"，以輸入輸出腳之位元數為參數，可以很方便的設計出任意位元的暫存器。其腳位包括資料輸入端(data)，時脈輸入端(Clock)，致能輸入端(Ena)，同步載入端(Sload)，同步清除端(Sclr)，同步設定端(Sset)，非同步載入端(Aload)，非同步清除端(Aclr)，非同步設定端(Aset)與資料輸出端(Q)。詳細說明如下。

- 腳位：

  資料輸入端：D[7..0]

  脈波輸入端：Clk

  致能輸入端：ena

  輸出端：Q[7..0]

- 真值表：八位元暫存器真值表如表 3-1 所示。

表 3-1　八位元暫存器真值表

ena	Clk	D[7..0]	Q[7..0]
0	X	X	不變
1	↑	0	0
1	↑	1	1
1	其他	X	不變

3-1-1　電路圖編輯八位元暫存器

<方法一>利用 D 型正反器並接成為八位元暫存器，其電路圖編輯結果如圖 3-1 所示。此電路名稱為〝reg_8g〞，此電路由八個〝dffe〞組成。另外還有三個〝input〞基本元件與一個〝output〞基本元件，並分別更名為 D[7..0]、Clk、ena 與 Q[7..0]。其中 D[7..0]有八個訊號分別接到八個〝dffe〞的 D 輸入處，Clk 接到八個〝dffe〞的時脈輸入處〝>〞，ena 接到八個〝dffe〞的 Ena 輸入處，八個〝dffe〞的 Q 輸出處分別接到輸出 Q[7..0]。

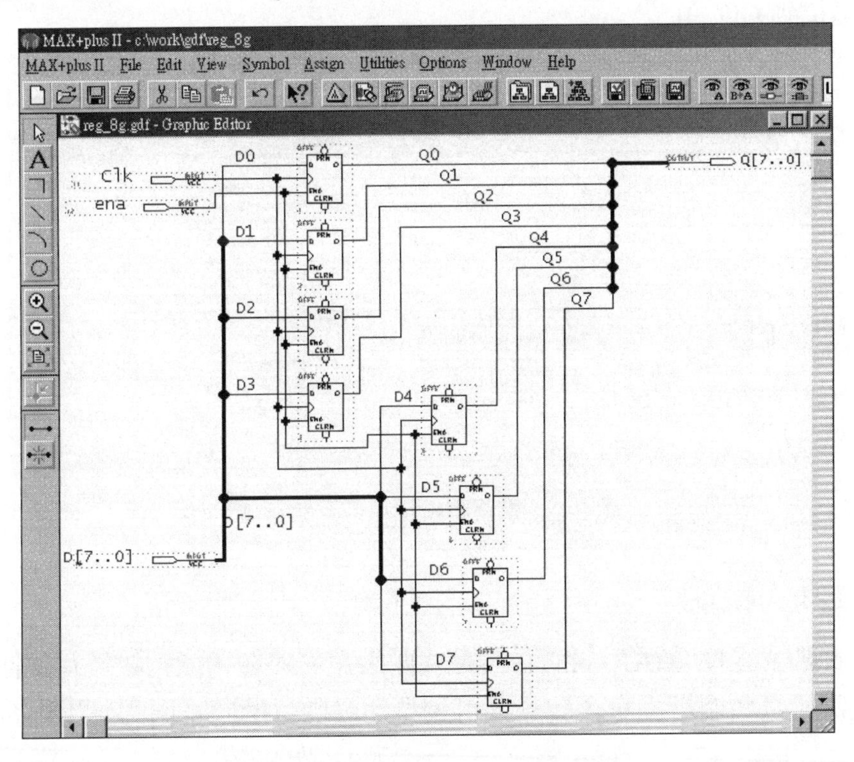

圖 3-1　電路圖編輯八位元暫存器

<方法二>利用參數式函數〝lpm_ff〞編輯八位元暫存器，其電路圖編輯結果如圖 3-2 所示。此電路名稱為〝reg8_g〞，此電路由一個〝lpm_ff〞所組成，要將其參數 lpm_fftype 設定為"DFF"，將其參數 lpm_width 設定為 8，並設定使用 data[]、clock、enable 與 q[]。此設定後之〝lpm_ff〞，其 data[] 與 q[]寬度皆為 8(data[]與 q[]寬度等於 lpm_width 值)。另外還有三個〝input〞基本元件與一個〝output〞基本元件，並分別更名為 D[7..0]、Clk、ena 與 Q[7..0]。其中 D[7..0]接到〝lpm_ff〞的 data[]輸入處，Clk 接到〝lpm_ff〞的時脈輸入處〝>〞，ena 接到〝lpm_ff〞的 enable 輸入處，〝lpm_ff〞的 q[]輸出處接到 Q[7..0]。

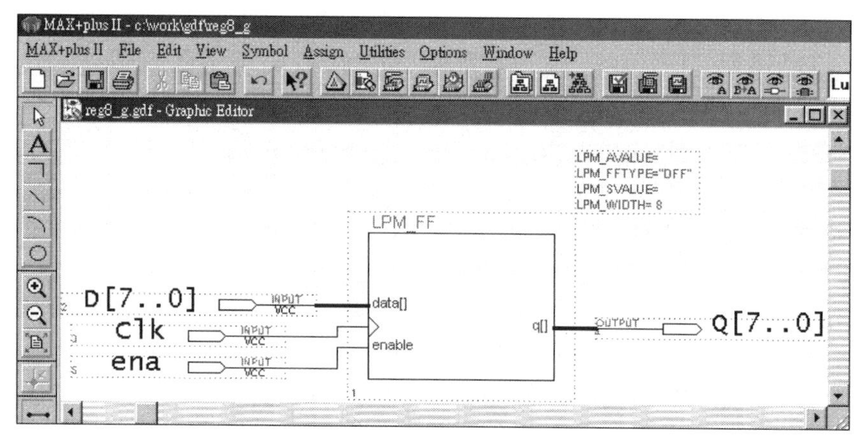

圖 3-2　電路圖編輯八位元暫存器

3-1-1-1　說明

- 參數式元件：MAX+plus II 參數式函數是一些在功能上較具有彈性的函數，這些函數本身含有一些可調整的參數以適應不同的應用場合，例如〝lpm_or〞、〝lpm_ram_io〞，這些函數皆放在「\maxplus2\max2lib\mega_lpm」的子目錄下。關於參數式函數可參考選單 Help Megafunctions/LPM 之說明。其中本範例所運用的參數式元件〝lpm_ff〞

之參數設定方式與腳位選取之設定畫面如圖 3-3 所示，而其中所用到的各個參數與腳位之意義整理如表 3-2 所示。(編輯選取 lpm_ff，選取工作列選單 Symbol → Edit Ports/Parameters，即出現畫面如圖 3-3 所示。)

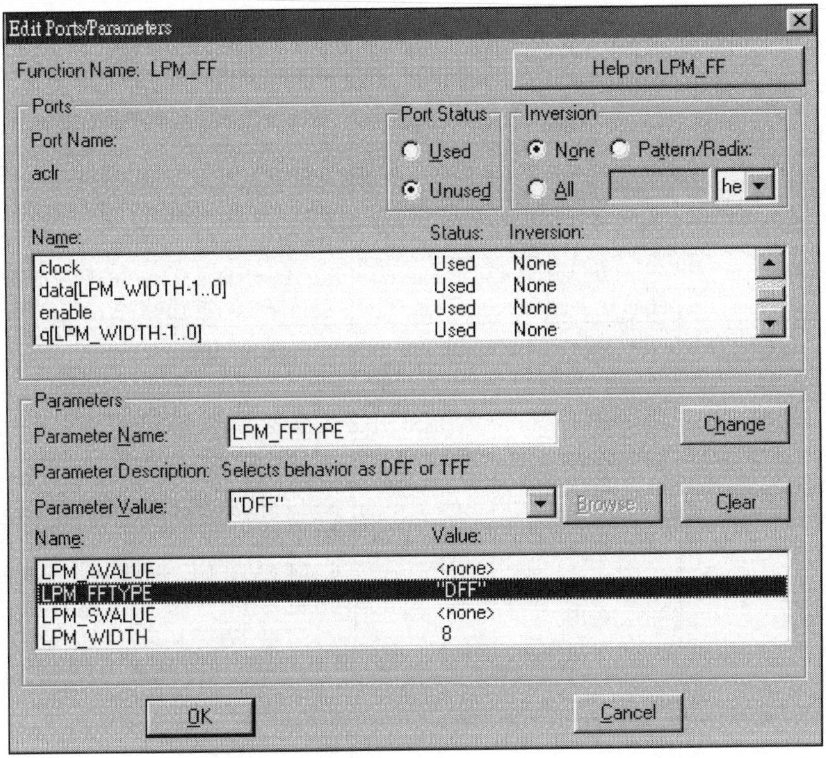

圖 3-3　電路圖編輯參數式元件 lpm_ff 之設定畫面

其中所用到的各個參數與腳位之意義整理如表 3-2 所示。

表 3-2 使用參數式元件 lpm_ff 設計八位元暫存器之設定

參數或腳位	型　態	值或狀態	說　明
LPM_WIDTH	整數 (integer)	8	data[]與 q[]的資料寬度，此範例設定爲 8
LPM_FFTYPE	字串 (String)	"DFF"	有三種選擇 "DFF"， "TFF"，和 "UNUSED"。此參數定義了正反器的種類。預設值爲"DFF"。
LPM_AVALUE	整數 (integer)	2	當 aset 輸入值爲 high 時所載入的常數值。預設值爲全 1。
LPM_SVALUE	整數 (integer)	2	當 sset 輸入值爲 high 時載 clock 正緣時所載入的常數值。預設值爲全 1。
data[]	輸入	used	D 型正反器：資料輸入 端，爲 LPM_WIDTH 寬。 T 型正反器：轉態致能端，爲 LPM_WIDTH 寬。
clock	輸入	used	正緣觸發之時脈。
enable	輸入	used	時脈致能端，預設值爲 1。
aset	輸入	unused	非同步設定輸入端，設定輸出 q[]之值爲 LPM_AVALUE 參數值。
sset	輸入	unused	同步設定輸入端，設定 q[]輸出值爲 LPM_SVALUE 參數值。
q[]	輸出	used	D 或 T 型資料輸出端，輸出資料寬度爲 LPM_WIDTH 寬。

3-1-2 VHDL 編輯八位元暫存器

<方法一>利用行爲描述法編輯八位元暫存器，其 VHDL 編輯結果如圖 3-4 所示。此範例電路名稱爲〝reg_8v〞。

```
LIBRARY ieee;
USE ieee.std_logic_1164.ALL;
ENTITY reg_8v IS
    PORT
    (   D           : IN STD_LOGIC_VECTOR(7 downto 0);
        Clk, ena    : IN STD_LOGIC;
        Q           : OUT STD_LOGIC_VECTOR(7 downto 0)
    );
END reg_8v;
ARCHITECTURE a OF reg_8v  IS
 BEGIN
  PROCESS (Clk)
    BEGIN
        IF (ena = '0') THEN
            NULL;
        ELSIF (Clk'EVENT AND Clk = '1') THEN
            Q <= D;
        END IF;
    END PROCESS;
END a;
```

圖 3-4　VHDL 編輯八位元暫存器

如圖 3-4 所示，輸入埠 D 其資料型態為 STD_LOGIC_VECTOR(7 downto 0)，輸入埠 Clk 與 ena 其資料型態為 STD_LOGIC，輸出埠 Q 型態為 STD_LOGIC_VECTOR(7 downto 0)。此範例架構名稱為 a，架構內容為：假如 ena=0 則不做事，除此之外假如 Clk 發生正緣變化時，輸出 Q 等於輸入 D。

<方法二>利用參數式函數編輯八位元暫存器，其編輯結果如圖 3-5 所示。此範例電路名稱為〝reg8_v〞。

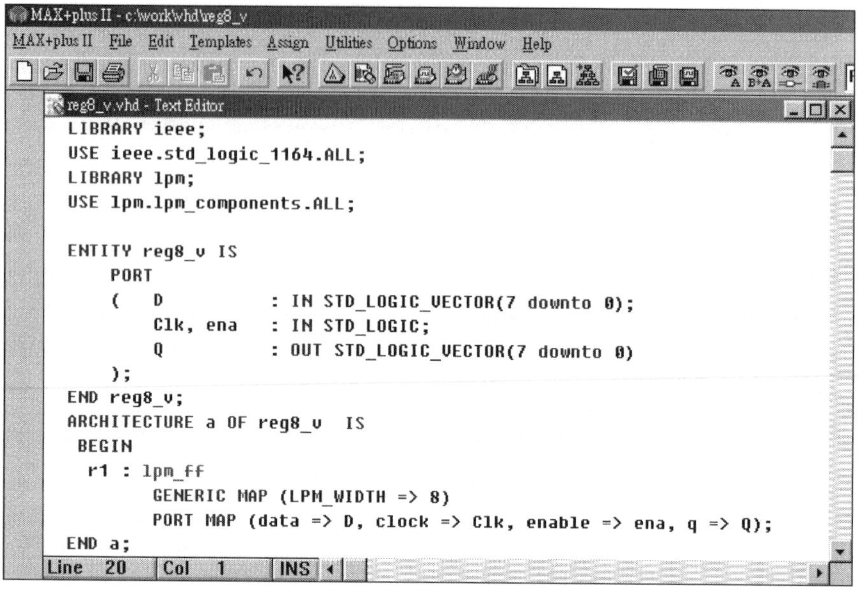

```
LIBRARY ieee;
USE ieee.std_logic_1164.ALL;
LIBRARY lpm;
USE lpm.lpm_components.ALL;

ENTITY reg8_v IS
    PORT
    (   D           : IN STD_LOGIC_VECTOR(7 downto 0);
        Clk, ena    : IN STD_LOGIC;
        Q           : OUT STD_LOGIC_VECTOR(7 downto 0)
    );
END reg8_v;
ARCHITECTURE a OF reg8_v  IS
 BEGIN
  r1 : lpm_ff
        GENERIC MAP (LPM_WIDTH => 8)
        PORT MAP (data => D, clock => Clk, enable => ena, q => Q);
END a;
```

圖 3-5　VHDL 編輯八位元暫存器

如圖 3-5 所示，輸入埠 D 其資料型態為 STD_LOGIC_VECTOR(7 downto 0)，輸入埠 Clk 與 ena 其資料型態為 STD_LOGIC，輸出埠 Q 型態為 STD_LOGIC_VECTOR(7 downto 0)。此範例架構名稱為 a，架構內容為：引用參數式函數〝lpm_ff〞，其中參數式函數〝lpm_ff〞之參數 lpm_width 之値設定為 8，參數式函數〝lpm_ff〞資料輸入腳位 data 以 D 帶入，參數式函數〝lpm_ff〞時脈輸入腳位 clock 以 Clk 帶入，參數式函數〝lpm_ff〞致能輸入腳位 enable 以 ena 帶入，參數式函數之資料輸出腳位 q 以 Q 帶入。

3-1-2-1　說明

- 已定義的屬性：VHDL 有一些已定義的屬性(Predefined Attributes)，分成值種類(Value kind)屬性、函數種類(Function kind)屬性、訊號種類(Signal kind)屬性、型態種類(Type kind)屬性、範圍種類(Range kind)屬

性，整理如 2-7-2-1 小節之表 2-95 所示。但 MAX+plus II 不支援 'ACTIVE、'DELAYED、'LAST_ACTIVE、'LAST_EVENT、'LAST_VALUE、'LEFTOF、'POS、'PRED、'QUIET、'RIGHTOF、'SUCC、'TRANSACTION 和'VAL。

- 函數訊號屬性：VHDL 之函數種類(Function kind)屬性中的函數訊號屬性(Function Signal Attribute)是用來回傳訊號的行為，由這些屬性可得知是否訊號剛改變，或是距離上次訊號改變之時間，或是訊號先前之值。本範例運用了'event 屬性，其說明整理如表 3-3 所示。

表 3-3　VHDL 之函數訊號屬性

範　　　例	
Signal Clk : std_logic;	
Clk'event	當 Clk 剛發生變化，會傳回眞(True)。
Clk'event AND Clk = '1';	當 Clk 發生正緣變化，會傳回眞(True)。
Clk'event AND Clk = '0';	當 Clk 發生負緣變化，會傳回眞(True)。

- 組件插入描述：VHDL 之階層式結構，可以引用已製作好的組件，利用組件插入描述(Component Instantiation Statements)引用組件之語法如 2-4-2-1 之表 2-55 所示。本範例運用之參數式組件〝lpm_ff〞，此組件宣告(Component Declarations)已在套件(Package)「LPM_COMPONENTS」中宣告，可在 MAX+plus II 環靜下「c:\maxplus2\vhdl93(87)\lpm\lpm_pack.vhd」中找到，參數式組件〝lpm_ff〞之組件宣告如表 3-4 所示，各參數與腳位說明可見表 3-2。

表 3-4　VHDL 參數式元件 lpm_ff 組件宣告

```
COMPONENT lpm_ff
    GENERIC (LPM_WIDTH: POSITIVE;
        LPM_AVALUE: STRING := "UNUSED";
        LPM_PVALUE: STRING := "UNUSED";
        LPM_FFTYPE: STRING := "DFF";
        LPM_TYPE: STRING := "LPM_FF";
        LPM_SVALUE: STRING := "UNUSED";
        LPM_HINT: STRING := "UNUSED");
    PORT (data: IN STD_LOGIC_VECTOR(LPM_WIDTH-1 DOWNTO 0);
        clock: IN STD_LOGIC;
        enable: IN STD_LOGIC := '1';
        sload: IN STD_LOGIC := '0';
        sclr: IN STD_LOGIC := '0';
        sset: IN STD_LOGIC := '0';
        aload: IN STD_LOGIC := '0';
        aclr: IN STD_LOGIC := '0';
        aset: IN STD_LOGIC := '0';
        q: OUT STD_LOGIC_VECTOR(LPM_WIDTH-1 DOWNTO 0));
END COMPONENT;
```

3-1-3　Verilog HDL 編輯八位元暫存器

<方法一>利用行爲描述法編輯八位元暫存器，其 Verilog HDL 編輯結果如圖 3-6 所示。此範例電路名稱爲〝reg_8vl〞。

```
MAX+plus II - c:\work\vl\reg_8vl
MAX+plus II  File  Edit  Templates  Assign  Utilities  Options  Window  He
reg_8vl.v - Text Editor
module reg_8vl (D, Clk, ena, Q);
   input   [7:0] D;
   input   Clk, ena;
   output  [7:0] Q;
   reg     [7:0] Q;
   always @(posedge Clk )
   begin
    if (ena)
        Q = D;
    end
endmodule
Line  12  Col  1  INS
```

圖 3-6　Verilog HDL 編輯八位元暫存器

如圖 3-6 所示，輸入埠 D 爲八位元之向量，資料型態爲內定之 wire 型態，輸入埠 Clk 與 ena 皆爲一位元之向量，資料型態皆爲內定之 wire 型態，輸出埠 Q 爲八位元之向量，資料型態爲 reg。此電路內容爲，當 Clk 發生正緣變化時，若 ena 等於 1 則輸出 Q 等於輸入 D。

<方法二>利用 Altera 提供的參數式函數〝lpm_ff〞，其 Verilog HDL 編輯結果如圖 3-7 所示。此範例電路名稱爲〝reg_8vl〞。

```
MAX+plus II - c:\work\vl\reg8_vl
MAX+plus II  File  Edit  Templates  Assign  Utilities  Options  Window  Help
reg8_vl.v - Text Editor
module reg8_vl (D, Clk, ena, Q);
    input   [7:0] D;
    input   Clk, ena;
    output  [7:0] Q;
   lpm_ff reg8 (.data(D[7:0]), .clock(Clk), .enable(ena), .Q(Q[7:0]));
      defparam reg8.lpm_width = 8;
endmodule
Line  10  Col  1  INS
```

圖 3-7　Verilog HDL 編輯八位元暫存器

如圖 3-7 所示，輸入埠 D 爲八位元之向量，資料型態爲內定之 wire 型態，輸入埠 Clk 與 ena 皆爲一位元之向量，資料型態皆爲內定之 wire 型態，輸出埠 Q 爲八位元之向量，資料型態爲內定之 wire 型態。引用參數式函數〝lpm_ff〞，取一個別名爲〝reg8〞，其中〝sub8〞之參數 lpm_width 之值設定爲 8。參數函數資料輸入腳位 data 以 D 帶入，參數式函數之時脈輸入腳位 clock 以 Clk 帶入，參數式函數之時脈輸入腳位 enable 以 ena 帶入，參數式函數之資料輸出腳位 Q 以 Q 帶入。

3-1-3-1 說明

- always 敘述：Verilog HDL 提供 always 敘述，可重複執行區塊之描述，亦可由事件控制項來控制以執行區塊內之描述。always 結構可以用來建構組合邏輯與循序邏輯。利用 always 結構建構組合邏輯可以參考第二章表 2-70 特性，而以 always 結構建構循序邏輯之方法如下：always 後面括弧中之事件控制項必須爲時脈(clock)正緣(posedge)或時脈負緣(negedge)，但是在 always 區塊內其他地方不能出現時脈的敘述。並且一個 always 區塊只能有一個時脈存在，並要有運算元宣告爲暫存器變數 reg 之型態以保存值，則組譯器後會產生正反器電路。在 always 結構中可以有條件敘述 If、Case 與 For 陳述句。語法整理如表 3-5 所示。範例中〝posedge clk〞爲事件控制項，且 clk 只有在 always 後面括弧中之事件控制項出現，故會被視爲正反器的時脈控制項。有關事件控制(Event Controls)可參考 2-5-3-1 小節之表 2-70 所示。

表 3-5　Verilog HDL 之 always 敘述建構循序邏輯

循序邏輯 always 敘述語法	範　　例	說　　明

always @(posedge clk)
begin
//描述;
//描述;
(不能含有 clk 之敘述);
end
	reg　q;
	always @(posedge clk)
	begin
	q = d;
	end
		此範例爲 D 型正反器，當偵測到 clk 時脈發生正緣變化時 (posedge clk)，將 d 值指定給 q。

	reg [7:0]　q;
	always @(negedge clk)
	begin
	　　if (clrn==0)
	　　　q <= 0;
	　　else
	　　　q <= d;
	　　end
		此範例爲同步清除八位元暫存器。當偵測到 clk 時脈發生負緣變化時 (negedge clk)，才會進行 if 判斷，若清除控制項 clrn 爲 0，則將 q 歸 0，否則將 d 值存入 q。

always @(posedge clk or posedge clr)
begin
//描述;
//描述;
(不能含有 clk 之敘述);
end
	reg [7:0]　q;
	always @(negedge clk or posedge clr)
	begin
	　　if (clrn)
	　　　q <= 0;
	　　else
	　　　q <= d;
	　　end
		此範例爲非同步清除八位元暫存器。當偵測到 clk 時脈發生負緣變化 (negedge clk)或 clrn 發生正緣變化時 (posedge clr)，才會進行 if 判斷，若清除控制項 clrn 爲 1，則將 q 歸 0，否則將 d 值存入 q。

- 程序指定：Verilog HDL 之程序指定(Procedural assignments)是用來指定暫存器變數 reg 或整數變數 integer 之值。變數會將數值保持住，一直到重新執行程序指定才會將變數值改變。程序指定分成兩種型態，一種爲 blocking 型態(變數 = 運算表示式;)，一種爲 nonblocking 型態(變數 <= 運算表示式;)，語法整理在 2-5-3-1 小節之表 2-67 所示。

● 插入模組：Verilog HDL 提供插入模組功能(module instantiation)，可以引用其他模組來使用，形成階層式的設計。插入模組之語法如表 3-6 所示。

表 3-6　Verilog HDL 之插入模組語法

插入模組語法	插入模組名稱 別名 (.模組腳位名稱(對應變數名稱), .模組腳位名稱(對應變數名稱), .模組腳位名稱(對應變數名稱)); defparam 別名.參數名稱 = 參數值; defparam 別名.參數名稱 = 參數值;

範例	in [7:0] D;
	in clk;
	out [7:0] Q;
	lpm_ff reg8(.data(D), .clock(clk), .Q(Q);
	defparam reg8.lpm_width=8;

● 參數式函數：本範例運用參數式函數〝lpm_ff〞，其腳位與參數如表 3-7 所示，詳細說明請參考表 3-2 所示。

表 3-7　參數式函數 lpm_ff 之腳位宣告與參數

```
FUNCTION lpm_ff (data[LPM_WIDTH-1..0], clock, enable, sclr, sset, sload, aclr, aset, aload)
    WITH (LPM_WIDTH, LPM_AVALUE, LPM_PVALUE, LPM_SVALUE, LPM_FFTYPE)
    RETURNS (q[LPM_WIDTH-1..0]);
```

3-1-4　模擬八位元暫存器

八位元暫存器之模擬結果如圖 3-8 所示。

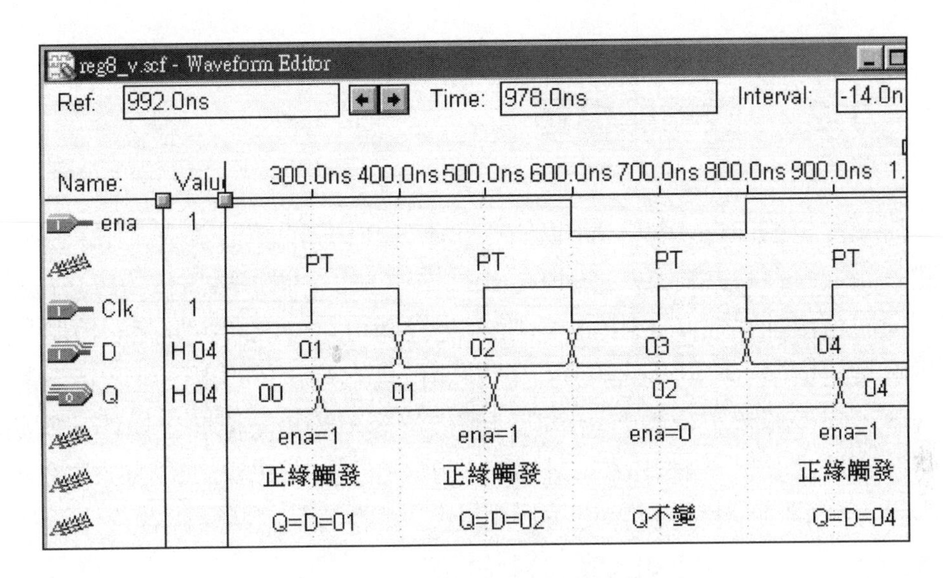

圖 3-8　八位元暫存器模擬結果

- 第一個正緣：輸入 ena = 1，D = H01，故輸出 Q 在 Clk 第一個正緣後變為 H01。
- 第二個正緣：輸入 ena = 1，D = H02，故輸出 Q 在 Clk 第二個正緣後變為 H02。
- 第三個正緣：輸入 ena = 0，雖然 D = H03，但輸出 Q 在 Clk 第三個正緣後仍保持為 H02。
- 第四個正緣：輸入 ena = 1，D = H04，故輸出 Q 在 Clk 第四個正緣後變為 H04。

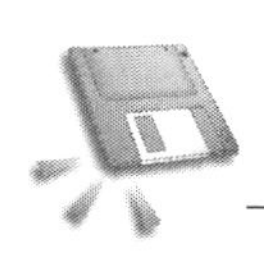

3-2 唯讀記憶體

唯讀記憶體(ROM)即在儲存固定不變的值，只能讀取其中之值。由於記憶體在讀取資料時，都是以字組(word)爲單位，而每個字組都有各自之位址，故記憶體有位址線控制字組輸出。唯讀記憶體可以分成同步唯讀記憶體與非同步唯讀記憶體，非同步之唯讀記憶體隨位址之變化，輸出位址所指之記憶體內容，同步唯讀記憶體則使用時脈轉換邊緣來觸發記憶體之操作，例如，當時脈正緣發生時，輸出才位址線所指到之記憶體內容。本範例電路介紹 256×16 之同步唯讀記憶體與非同步唯讀記憶體，記憶體之儲存之字組皆爲 16 位元，共有 256 個字組。其詳細說明如下。

- 腳位：

  脈波輸入端：clk

  位址輸入端：addr[7..0]

  輸出端：romo[15..0]

- 眞值表：同步唯讀記憶體眞值表如表 3-8 所示。

表 3-8 同步唯讀記憶體真值表

clk	addr[7..0]	romo[15..0]
↑	I	輸出記憶體中位址爲 I 之內容
其他	X	不變

- 眞值表：非同步唯讀記憶體眞值表如表 3-9 所示。

表 3-9　非同步唯讀記憶體真值表

addr[7..0]	romo[15..0]
I	輸出記憶體中位址為 I 之內容
X	不變

3-2-1　電路圖編輯唯讀記憶體

利用參數式函數〝lpm_rom〞編輯唯讀記憶體，其電路圖編輯結果如圖 3-9 與圖 3-10 所示，分別為同步唯讀記憶體與非同步唯讀記憶體，分述如下。

- 同步唯讀記憶體：如圖 3-9 所示，此電路名稱為〝rom8_16g〞。

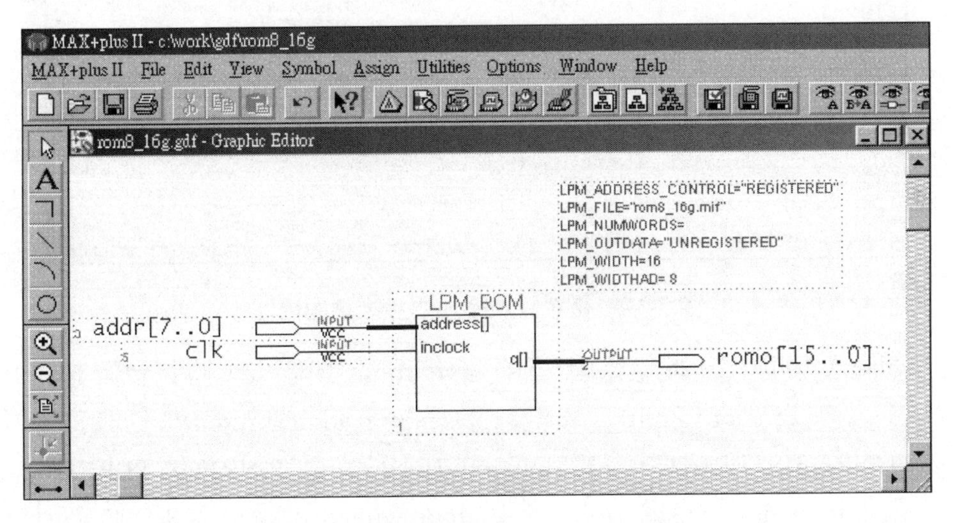

圖 3-9　電路圖編輯同步唯讀記憶體

如圖 3-9 所示，此電路由一個〝lpm_rom〞所組成。將其參數 lpm_file 設定為 "rom8_16g.mif"，參數 lpm_address_control 設定為

"REGISTERED"，參數 lpm_outdata 設定爲"UNREGISTERED"，參數 lpm_width 設定爲 16，而參數 lpm_withad 則設定爲 8，並設定使用 address[]、inclock 與 q[]，即可記憶十六位元資料(lpm_width 等於 16)，可記 256 組資料(address[]寬度等於 lpm_withad)。另外還有兩個〝input〞基本元件與一個〝output〞基本元件，並分別更名爲 addr[7..0]、clk 與 romo[15..0]。其中 addr[7..0]接到〝lpm_rom〞的 addrss[]輸入處，clk 接到〝lpm_rom〞的 inclock 輸入處，〝lpm_rom〞的 q[]輸出處接到 romo[15..0]。

- 非同步唯讀記憶體：如圖 3-10 所示，此電路名稱爲〝romu8_16g〞。

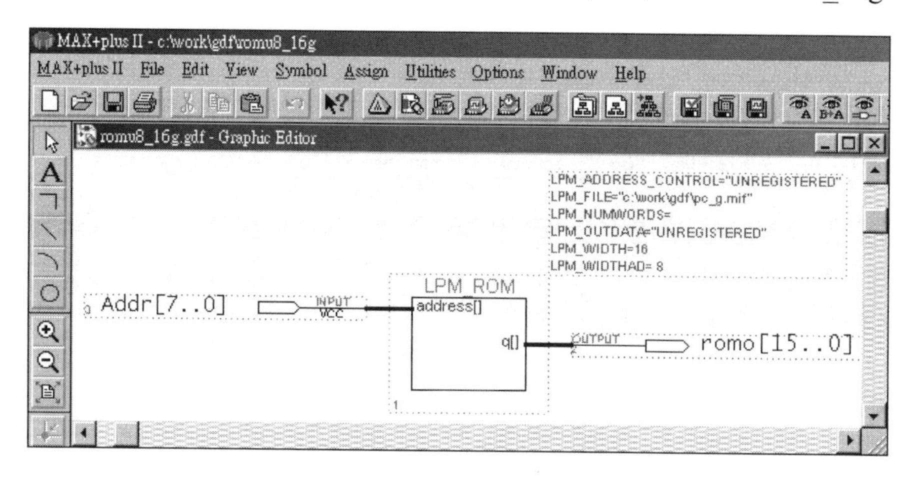

圖 3-10　電路圖編輯非同步唯讀記憶體

如圖 3-10 所示，此電路由一個〝lpm_rom〞所組成。將其參數 lpm_file 設定爲"pc_g.mif"，參數 lpm_address_control 設定爲"UNREGISTERED"，參數 lpm_outdata 設定爲"UNREGISTERED"，參數 lpm_width 設定爲 16，而參數 lpm_withad 則設定爲 8，並設定使用 address[]與 q[]，即可記憶十六位元資料(lpm_width 等於 16)，可記 256 組資料(address[]寬度等於 lpm_withad)。另外還有一個〝input〞基本元

件與一個〝output〞基本元件，並分別更名爲 addr[7..0]與 romo[15..0]。其中 addr[7..0]接到〝lpm_rom〞的 addrss[]輸入處，〝lpm_rom〞的 q[]輸出處接到 romo[15..0]。

3-2-1-1　說明

- 參數式元件：MAX+plus II 參數式函數是一些在功能上較具有彈性的函數，這些函數本身含有一些可調整的參數以適應不同的應用場合，例如〝lpm_or〞、〝lpm_ram_io〞，這些函數皆放在「\maxplus2\max2lib\mega_lpm」的子目錄下，而關於參數式函數可參考選單 Help Megafunctions/LPM 之說明。其中本範例所運用的參數式元件〝lpm_rom〞之參數設定方式與腳位選取之設定畫面如圖 3-11 所示。其中所用到的各個參數與腳位之意義整理如表 3-9 所示。(編輯選取 lpm_rom，選取工作列選單 Symbol → Edit Ports/Parameters，即出現畫面如圖 3-11 所示。)要注意的是 lpm_rom 函數設用於 ACEX 1k 和 FLEX 10K 元件。

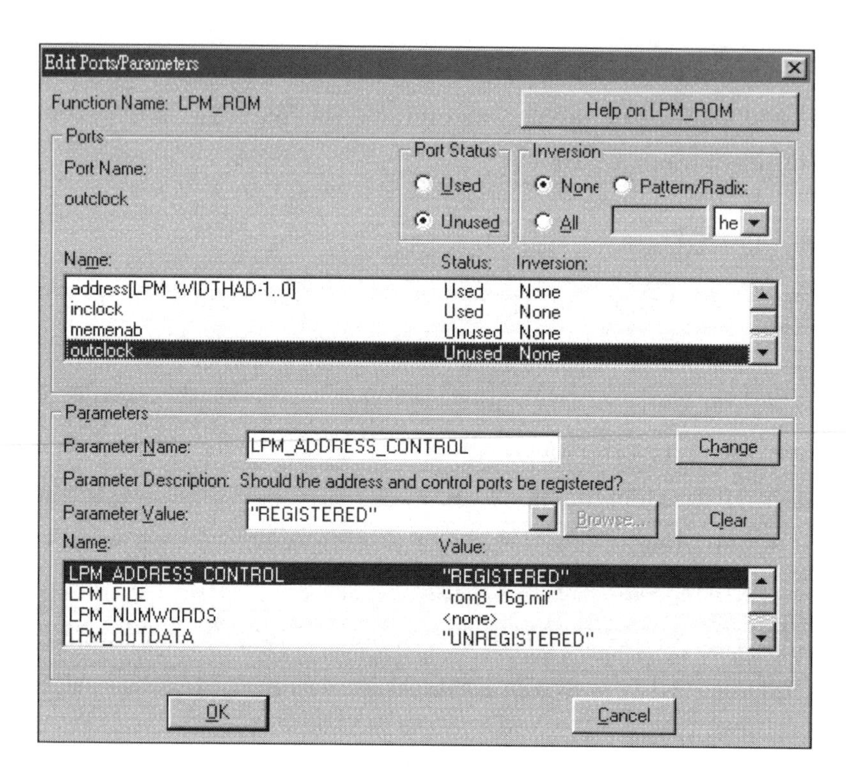

圖 3-11　電路圖編輯參數式元件 lpm_rom 之設定畫面

所用到的各個參數與腳位之意義整理如表 3-10 所示。

表 3-10 使用參數式元件 lpm_rom 設計唯讀記憶體之設定

參數或腳位	型 態	值或狀態	說 明
LPM_WIDTH	整數 (integer)	16	q[]的資料寬度，此範例設定爲 16。
LPM_WIDTHAD	整數 (integer)	8	Address[] 腳的寬度。
LPM_NUMWORDS	整數 (integer)		儲存在記憶體中的字數目，一般而言，這值應爲 2 ^ LPM_WIDTHAD-1 < LPM_UM WORDS <= 2 ^ LPM_WID THA，如果沒設定，則爲預設值 2 ^ LPM_WIDTHAD。
LPM_FILE	字串 (String)	"rom8_16g.mif"	記憶體初始檔之名稱(.mif)或是十六進位檔案名稱(Intel-Format)(.hex)，包含了 ROM 的起始資料。
LPM_ADDRESS_CONTROL	字串 (String)	"REGISTERED"	有三種值，分別是"REGISTERED"、"UNREGIST-ERED" 和 "UNUSED"。指出是否位址埠是暫存器。預設值爲"REGISTERED"。
LPM_OUTDATA	字串 (String)	"UNREGISTERED"	有三種值，分別是"REGISTERED"、"UNREGIST-ERED" 和 "UNUSED"。指出是否 q 和 eq 埠爲暫存器。預設值爲"REGISTERED"。
address[]	輸入	used	記憶體位址輸入端。輸入寬度爲 LPM_WIDTHAD 寬。
inclock	輸入	used	輸入記憶體之時脈輸入。當有用到 inclock 埠時，位址埠則與 inclock 同步，不然爲非同步 。
outclock	輸入	unused	輸出記憶體之時脈輸入。當有用到 outclock 埠時，輸出埠 q[] 則與 outclock 同步，不然爲非同步 。
memenab	輸入	unused	記憶體致能輸入端。值爲高時，資料可輸出，值爲低時， 輸出爲高阻抗。
q[ ]	輸出	used	記憶體輸出端，資料寬度爲 LPM_WIDTH。

- MIF 檔：爲一個 ASCII 文字檔(副檔名爲 〝.mif〞)，此檔案設定了記憶體之起始內容值。一個 MIF 內容包括了記憶體中各位址之起始值。每個記憶體區塊，都需要有一個另外的 MIF 檔案，放在同一個目錄下。在 MIF 檔案中，需要定義記憶體之深度(depth)與寬度(width) 值，亦要指定顯示之位址與內容值之基數。MIF 檔之範例與說明如表 3-11 所示。

表 3-11　mif 檔之範例與說明

範　　例	說　　明
WIDTH = 16; DEPTH = 256; ADDRESS_RADIX = HEX; DATA_RADIX = HEX; CONTENT BEGIN 0 : 7002; 1 : 7206; 2 : 7303; 3 : 7303; 4 : 7303; 5 : 7103; 6 : 7303; 7 : 7306; 8 : 7303; 9 : 7303; [A..F]: 0000; 10 : 7703; [11..FF] : 0000; END ;	WIDTH：記憶體資料寬度，以十進位表示。 DEPTH：記憶體位址的個數，以十進位表示。 ADDRESS_RADIX：位址表示，可以 BIN(二進制)、DEC(十進制)、HEX(十六進制)、或 OCT(八進制)表示。 CONTENT：內容爲各位址之內容值，可以一一指定，也可以只定一個範圍之位址內容。 單一位址：例如〝4 : 7303;〞即表示位址爲 4 之內容爲 7303。注意此範例皆以十六進位表示。 範圍位址：例如〝[A..F]: 0000;〞即表示位址爲 A 到 F 之內容皆爲 0000。注意皆以十六進位表示。

3-2-2　VHDL 編輯唯讀記憶體

利用參數式函數編輯唯讀記憶體，其編輯結果如圖 3-12 與圖 3-13 所示，分別爲同步唯讀記憶體與非同步唯讀記憶體，分述如下。

● 同步唯讀記憶體：如圖 3-12 所示，此範例電路名稱爲〝rom8_16v〞。

MAX+plus II - c:\work\vhd\rom8_16v

MAX+plus II File Edit Templates Assign Utilities Options Window Help

rom8_16v.vhd - Text Editor

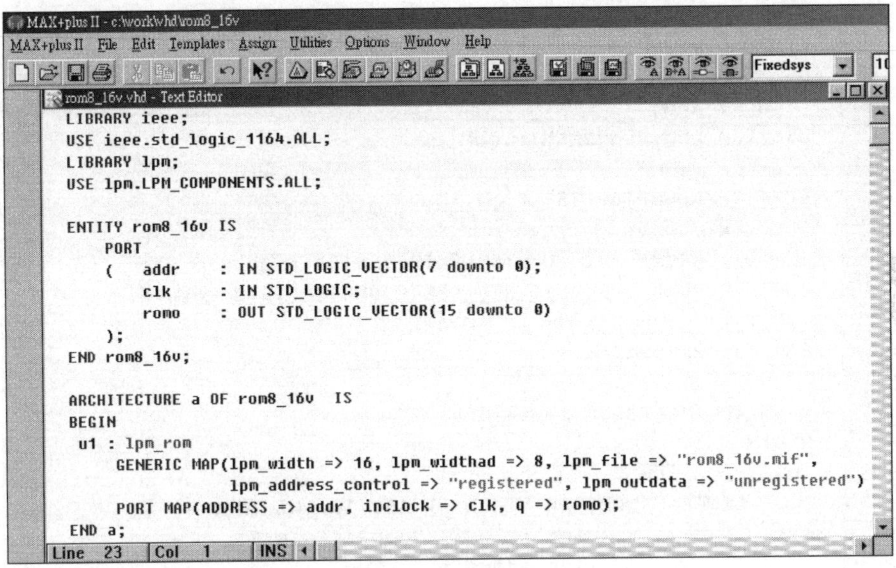

```
LIBRARY ieee;
USE ieee.std_logic_1164.ALL;
LIBRARY lpm;
USE lpm.LPM_COMPONENTS.ALL;

ENTITY rom8_16v IS
    PORT
    (   addr    : IN STD_LOGIC_VECTOR(7 downto 0);
        clk     : IN STD_LOGIC;
        romo    : OUT STD_LOGIC_VECTOR(15 downto 0)
    );
END rom8_16v;

ARCHITECTURE a OF rom8_16v  IS
BEGIN
 u1 : lpm_rom
     GENERIC MAP(lpm_width => 16, lpm_widthad => 8, lpm_file => "rom8_16v.mif",
                lpm_address_control => "registered", lpm_outdata => "unregistered")
     PORT MAP(ADDRESS => addr, inclock => clk, q => romo);
END a;
```

Line 23 Col 1 INS

圖 3-12　VHDL 編輯唯讀記憶體

如圖 3-12 所示，輸入埠 addr 其資料型態爲 STD_LOGIC_VECTOR(7 downto 0)，輸入埠 clk 其資料型態爲 STD_LOGIC，輸出埠 romo 型態爲 STD_LOGI C_VECTOR(15 downto 0)。此範例架構名稱爲 a，架構內容爲：引用參數式函數〝lpm_rom〞，其中參數式函數〝lpm_rom〞之參數 lpm_width 之值設定爲 16，參數 lpm_widthad 之值設定爲 8，參數 lpm_file 之值設定爲"rom8_16v.mif"，參數 lpm_address_control 之值設定爲"registered"，參數 lpm_outdata 之值設定爲"unregistered"，參數式函數〝lpm_rom〞之資料輸入腳位 address 以 addr 帶入，時脈輸入腳位 inclock 以 clk 帶入，而參數式函數〝lpm_rom〞之資料輸出腳位 q 則以 romo 帶入。

非同步唯讀記憶體：如圖 3-13 所示，此範例電路名稱為〝romu8_16v〞。

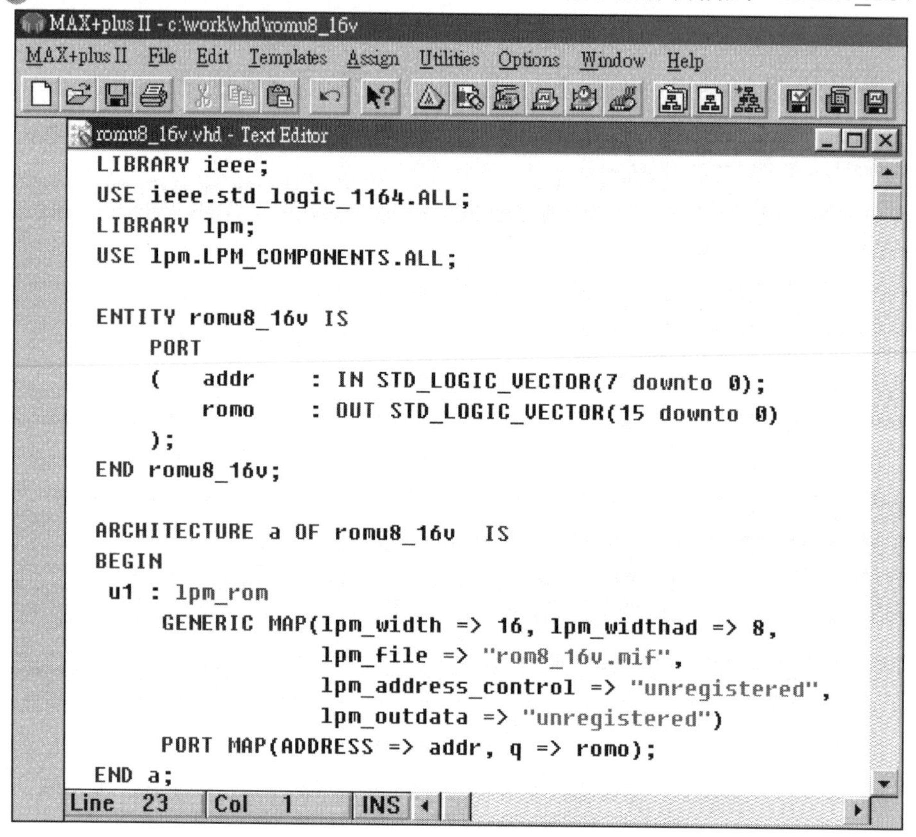


```
LIBRARY ieee;
USE ieee.std_logic_1164.ALL;
LIBRARY lpm;
USE lpm.LPM_COMPONENTS.ALL;

ENTITY romu8_16v IS
    PORT
    (   addr    : IN STD_LOGIC_VECTOR(7 downto 0);
        romo    : OUT STD_LOGIC_VECTOR(15 downto 0)
    );
END romu8_16v;

ARCHITECTURE a OF romu8_16v  IS
BEGIN
 u1 : lpm_rom
     GENERIC MAP(lpm_width => 16, lpm_widthad => 8,
                 lpm_file => "rom8_16v.mif",
                 lpm_address_control => "unregistered",
                 lpm_outdata => "unregistered")
     PORT MAP(ADDRESS => addr, q => romo);
END a;
```

圖 3-13　VHDL 編輯非同步唯讀記憶體

如圖 3-13 所示，輸入埠 addr 其資料型態為 STD_LOGIC_VECTOR(7 downto 0)，輸出埠 romo 型態為 STD_LOGI C_VECTOR(15 downto 0)。此範例架構名稱為 a，架構內容為：引用參數式函數〝lpm_rom〞，其中參數式函數〝lpm_rom〞之參數 lpm_width 之值設定為 16，參數 lpm_widthad 之值設定為 8，參數 lpm_file 之值設定為"rom8_16v.mif"，參數 lpm_address_control 之值設定為"unregistered"，參數 lpm_outdata 之值設定為"unregistered"，參數式函數〝lpm_rom〞之資料輸入腳位

address 以 addr 帶入，而參數式函數〝lpm_rom〞之資料輸出腳位 q 則以 romo 帶入。

3-2-2-1　說明

- 參數式元件：有關 Altera 提供的參數式函數，有些可運用到元件內建的 RAM 與 ROM。包括 lpm_ram_dq、lpm_ram_io、lpm_rom、lpm_ram_dp、csdpram、lpm_fifo_dc、lpm_fifo 與 csfifo。本範例運用之參數式組件〝lpm_rom〞，此組件宣告(Component Declarations)已在套件(Package)「LPM_COMPONENTS」中宣告，可在 MAX+plus II 環靜下「c:\maxplus2\vhdl93(87)\lpm\lpm_pack.vhd」中找到。參數式組件〝lpm_rom〞可為同步或非同步之唯讀記憶體，要注意的是〝lpm_rom〞函數適用於 ACEX 1k 和 FLEX 10K 元件。〝lpm_rom〞其 VHDL 之組件宣告如表 3-12 所示，而其腳位與參數說明請參考表 3-10 所示。lpm_rom 之參數設定其中有一個 MIF 檔，MIF 內容包括了記憶體中各位址之起始值。在 MIF 檔案中，需要定義記憶體之深度(depth)與寬度(width) 值，亦要指定顯示之位址與內容值之基數。MIF 檔之範例與說明如表 3-11 所示。

表 3-12　VHDL 參數式元件 lpm_rom 組件宣告

```
COMPONENT lpm_rom
    GENERIC (LPM_WIDTH: POSITIVE;
        LPM_TYPE: STRING := "LPM_ROM";
        LPM_WIDTHAD: POSITIVE;
        LPM_NUMWORDS: NATURAL := 0;
        LPM_FILE: STRING;
        LPM_ADDRESS_CONTROL: STRING := "REGISTERED";
        LPM_OUTDATA: STRING := "REGISTERED";
        LPM_HINT: STRING := "UNUSED");
    PORT (address: IN STD_LOGIC_VECTOR(LPM_WIDTHAD-1 DOWNTO 0);
        inclock: IN STD_LOGIC := '0';
        outclock: IN STD_LOGIC := '0';
        memenab: IN STD_LOGIC := '1';
        q: OUT STD_LOGIC_VECTOR(LPM_WIDTH-1 DOWNTO 0));
END COMPONENT;
```

3-2-3　Verilog HDL 編輯唯讀記憶體

利用 Altera 提供的參數式函數〝lpm_rom〞，其 Verilog HDL 編輯唯讀記憶體結果如圖 3-14 與圖 3-15 所示，分別為同步唯讀記憶體與非同步唯讀記憶體，分述如下。

- 同步唯讀記憶體：如圖 3-14 所示，此範例電路名稱為〝rom8_16vl〞。

```
MAX+plus II - c:\work\vl\rom8_16vl
MAX+plus II  File  Edit  Templates  Assign  Utilities  Options  Window  Help
rom8_16vl.v - Text Editor
module rom8_16vl (addr, clk, romo);
   input   [7:0] addr;
   input   clk;
   output  [15:0] romo;
 lpm_rom rom816 (.address(addr[7:0]), .inclock(clk), .Q(romo[15:0]));
      defparam rom816.lpm_width = 16;
      defparam rom816.lpm_widthad = 8;
      defparam rom816.lpm_file = "rom8_16vl.mif";
      defparam rom816.lpm_address_control = "REGISTERED";
      defparam rom816.lpm_outdata = "UNREGISTERED";
endmodule
Line  13   Col  1   INS
```

圖 3-14　Verilog HDL 編輯唯讀記憶體

如圖 3-14 所示，輸入埠 addr 爲八位元之向量，資料型態爲內定之 wire 型態，輸入埠 clk 爲一位元之向量，資料型態皆爲內定之 wire 型態，輸出埠 romo 爲十六位元之向量，資料型態爲內定之 wire 型態。模組內容引入了參數式函數〝lpm_rom〞，取別名爲〝rom816〞，其中〝rom816〞之參數〝lpm_width〞之值設定爲 16，參數〝lpm_widthad〞之值設定爲 8，參數〝lpm_file〞之值設定爲 "rom8_16vl.mif"，參數〝lpm_address_control〞之值設定爲"REGISTERED"，參數〝lpm_outdata〞之值設定爲"UNREGISTERED"。參數式函數〝lpm_rom〞之資料輸入腳位 address 以 addr 帶入，時脈輸入腳位 inclock 以 clk 帶入，參數式函數之資料輸出腳位 Q 則以 romo 帶入。

- 非同步唯讀記憶體：如圖 3-15 所示，此範例電路名稱爲〝romu8_16vl〞。

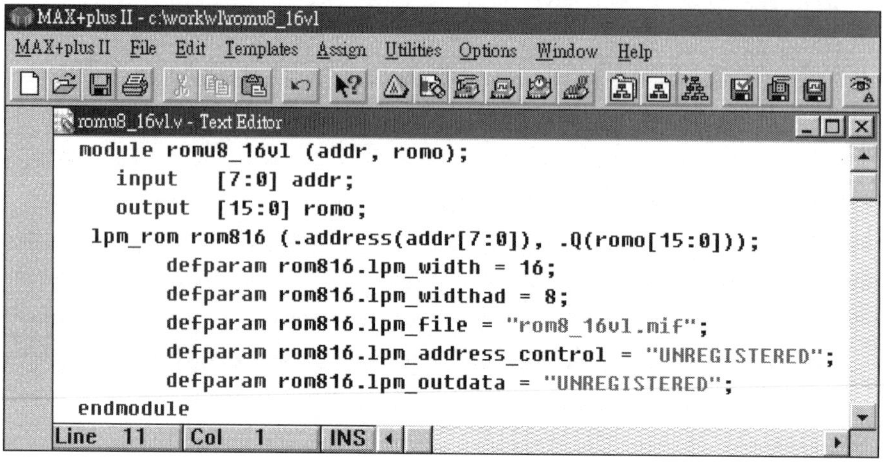

```
module romu8_16vl (addr, romo);
   input   [7:0] addr;
   output  [15:0] romo;
 lpm_rom rom816 (.address(addr[7:0]), .Q(romo[15:0]));
       defparam rom816.lpm_width = 16;
       defparam rom816.lpm_widthad = 8;
       defparam rom816.lpm_file = "rom8_16vl.mif";
       defparam rom816.lpm_address_control = "UNREGISTERED";
       defparam rom816.lpm_outdata = "UNREGISTERED";
endmodule
```

圖 3-15　Verilog HDL 編輯非同步唯讀記憶體

如圖 3-15 所示，輸入埠 addr 爲八位元之向量，資料型態爲內定之 wire 型態，輸出埠 romo 爲十六位元之向量，資料型態爲內定之 wire 型態。模組內容引入了參數式函數〝lpm_rom〞，取別名爲〝rom816〞，其中〝rom816〞之參數〝lpm_width〞之值設定爲 16，參數〝lpm_widthad〞之值設定爲 8，參數〝lpm_file〞之值設定爲"rom8_16vl.mif"，參數〝lpm_address_control〞之值設定爲"UNREGISTERED"，參數〝lpm_outdata〞之值設定爲"UNREGISTERED"。參數式函數〝lpm_rom〞之資料輸入腳位 address 以 addr 帶入，而參數式函數之資料輸出腳位 Q 則以 romo 帶入。

3-2-5-1　說明

- 參數式元件：本範例運用參數式函數〝lpm_rom〞，其腳位與參數如表 3-13 所示，詳細說明請參考表 3-10 所示。

表 3-13 參數式函數 lpm_ rom 之腳位宣告與參數

```
FUNCTION lpm_rom (address[LPM_WIDTHAD-1..0], inclock, outclock, memenab)
    WITH (LPM_WIDTH, LPM_WIDTHAD, LPM_NUMWORDS, LPM_FILE,
LPM_ADDRESS_CONTROL, LPM_OUTDATA)
    RETURNS (q[LPM_WIDTH-1..0]);
```

3-2-4 模擬唯讀記憶體

同步唯讀記憶體之記憶內容如圖 3-16 所示。〝rom8_16.mif〞檔內容代表了唯讀記憶體之儲存內容，其中記憶體字組寬度爲 16(WIDTH=16)，共有 256 個位址 (DEPTH=256)。記憶體儲存資料以十六位元表示(DATA_RADIX)，記憶體位址以十六位元表示(ADDRESS_RADIX)，記憶體內容爲(CONTENT BEGIN 與 END 之間)：位址爲 0 之記憶體內容爲 7002，位址爲 1 之記憶體內容爲 7206，位址爲 2 之記憶體內容爲 7303，位址爲 3 之記憶體內容爲 7303，位址爲 4 之記憶體內容爲 7303，位址爲 5 之記憶體內容爲 7103，位址爲 7 之記憶體內容爲 7306，位址爲 8 之記憶體內容爲 7303，位址爲 9 之記憶體內容爲 7303，位址爲 a 至 f 之記憶體內容爲 0000，位址爲 10 之記憶體內容爲 7703，位址爲 11 至 ff 之記憶體內容爲 0000。

rom8_16v1.mif - Text Editor

```
WIDTH = 16;
DEPTH = 256;

ADDRESS_RADIX = HEX;
DATA_RADIX = HEX;
CONTENT BEGIN
    0    :   7002;
    1    :   7206;
    2    :   7303;
    3    :   7303;
    4    :   7303;
    5    :   7103;
    6    :   7303;
    7    :   7306;
    8    :   7303;
    9    :   7303;
 [a..f]  :   0000;
    10   :   7703;
[11..ff]:    0000;
    END;
```

Line 44 Col 1 INS

圖 3-16　唯讀記憶體儲存內容

同步唯讀記憶體之儲存內容如圖 3-16 所示，模擬結果如圖 3-17 所示。

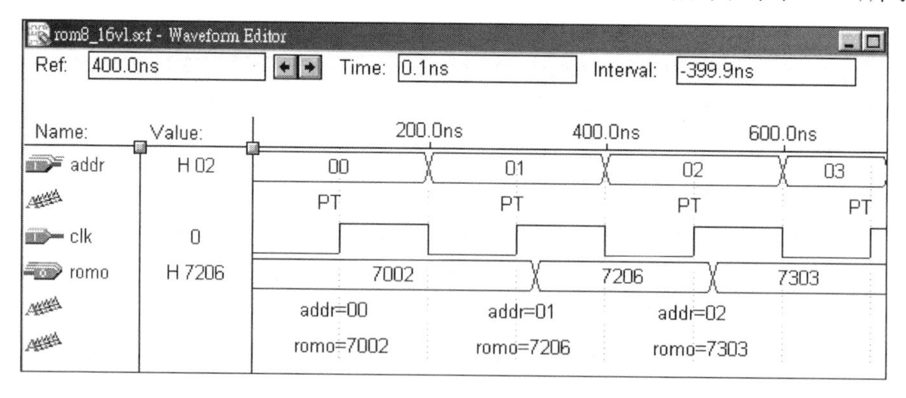

圖 3-17　同步唯讀記憶體模擬

- 第一個正緣：輸入 addr = H00，記憶體位址 H00 所儲存內容如圖 3-16 所示為 H7002，故輸出 romo 在 Clk 第一個正緣後變為 H7002。
- 第二個正緣：輸入 addr = H01，記憶體位址 H01 所儲存內容如圖 3-16 所示為 H7206，故輸出 romo 在 Clk 第一個正緣後變為 H7206。
- 第三個正緣：輸入 addr = H02，記憶體位址 H02 所儲存內容如圖 3-16 所示為 H7303，故輸出 romo 在 Clk 第一個正緣後變為 H7303。

非同步唯讀記憶體之儲存內容如圖 3-16 所示，模擬結果如圖 3-18 所示。

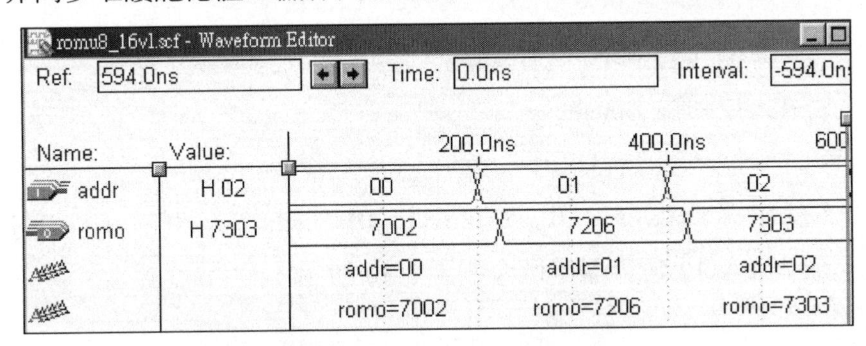

圖 3-18　非同步唯讀記憶體模擬

- 第一區：輸入 addr = H00，記憶體位址 H00 所儲存內容如圖 3-16 所示為 H7002，故輸出 romo 在第一區為 H7002。
- 第二區：輸入 addr = H01，記憶體位址 H01 所儲存內容如圖 3-16 所示為 H7206，故輸出 romo 在第二區為 H7206。
- 第三區：輸入 addr = H02，記憶體位址 H02 所儲存內容如圖 3-16 所示為 H7303，故輸出 romo 在第三區為 H7303。

3-3　4×12 暫存器

本範例設計一具有四組十二位元之暫存器所組合而成之 4×12 暫存器，其需要有位址線控制暫存器位址(0-3)，並且有寫入致能控制端，資料爲十二位元寬，詳細介紹如下。

- 腳位：

  資料輸入端：pcx[11..0]

  脈波輸入端：clk

  寫入控制端：pushen

  位址控制端：sp[1..0]

  輸出端：stko0[11..0]　、stko1[11..0]　、stko2[11..0]　、stko3[11..0]

- 眞值表：4×12 暫存器眞值表如表 3-14 所示。

表 3-14　4×12 暫存器真值表

pushen	clk	pcx	sp	stko0	stko1	stko2	stko3
0	X	X	X	不變	不變	不變	不變
1	↑	D	0	D	不變	不變	不變
1	↑	D	1	不變	D	不變	不變
1	↑	D	2	不變	不變	D	不變
1	↑	D	3	不變	不變	不變	D
1	其他	X	X	不變	不變	不變	不變

3-3-1　電路圖編輯 4×12 暫存器

4×12 暫存器之電路圖編輯由一個二對四解碼器(使用〝lpm_decode〞參數式函數)與四個〝d12_g〞十二位元暫存器所組成，整理如表 3-15 所示。另外還有三個〝input〞基本元件與一個〝output〞基本元件，並分別更名為 pcx[11..0]、puen、clk、sp[1..0]與 stko[3..0][11..0]。

表 3-15　4×12 暫存器組成

組 成 元 件	個　　數	引 用 元 件
二對四解碼器	一個	lpm_decode
十二位元暫存器	四個	d12_g

其中二對四解碼器使用了參數式函數〝lpm_decode〞，將其參數 lpm_width 設定為 2，LPM_DECODES 設定為 2 的 lpm_width 次方(2^lpm_width)，即設定輸入資料寬為 2，解碼輸出有 4 個埠，並設定使用 data[]、enable 與 eq[]。此設定後之二對四解碼器，其 data[]寬度為 2(data[]寬度等於 lpm_width 值)，eq[]寬度為 4(eq []寬度等於 lpm_DECODES 值)。

本範例利用到的十二位元暫存器有資料輸入端 D[11..0]，時脈控制端 Clk、致能輸入端 en 與輸出端 Q[11..0]。十二位元暫存器〝d12_g〞的內部電路圖如圖 3-19 所示，利用了參數函數〝lpm_ff〞，有關參數函數〝lpm_ff〞之敘述，請參見 3-1-1-1 之說明。

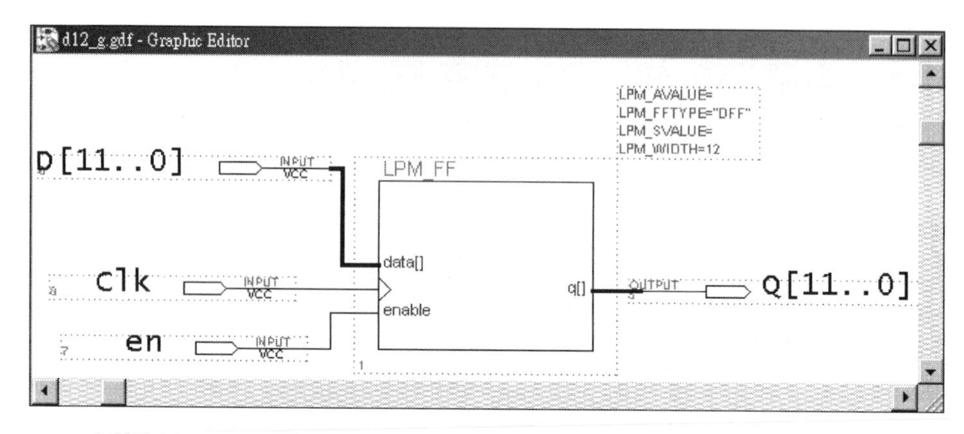

圖 3-19　電路圖編輯十二位元暫存器

圖 3-20 爲十二位元暫存器〝d12_g〞的符號。

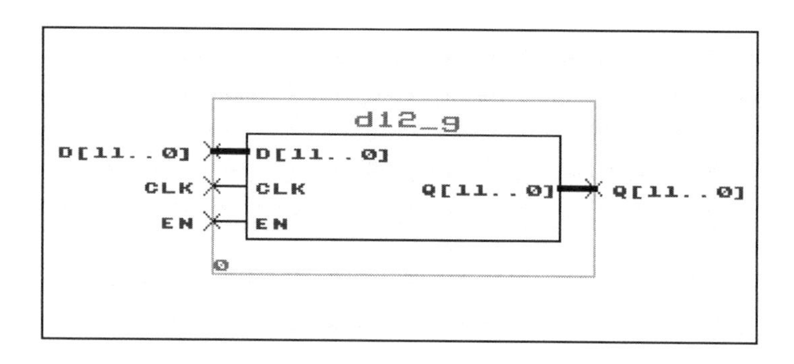

圖 3-20　十二位元暫存器符號

本範例 4×12 暫存器電路編輯結果如圖 3-21 所示，此電路名稱爲〝stk12_4g〞。

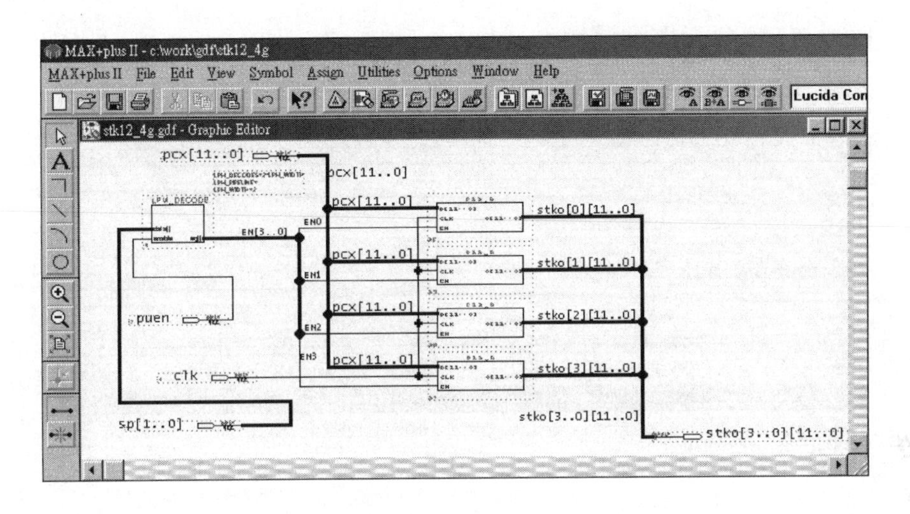

圖 3-21　電路圖編輯 4×12 暫存器

如圖 3-21 所示，4×12 暫存器之電路圖引入四個十二位元暫存器符號，其致能端分別由二對四解碼器之輸出(EN0、EN1、EN2 與 EN3)控制，四個十二位元暫存器之資料輸端皆來自輸入 pcx[11..0]，四個十二位元暫存器之時脈控制端皆由輸入 clk 控制，四個十二位元暫存器之輸出匯集成 stko[3..0][11..0]。二對四解碼器之資料端 data[]來自輸入 sp[1..0]，二對四解碼器之致能控制端 enable 來自輸入 puen。

3-3-1-1　說明

- 參數式元件：MAX+plus II 參數式函數是一些在功能上較具有彈性的函數，這些函數本身含有一些可調整的參數以適應不同的應用場合，例如〝lpm_or〞、〝lpm_ram_io〞，這些函數皆放在「\maxplus2\max2lib\mega_lpm」的子目錄下，而關於參數式函數可參考選單 Help Megafunctions/LPM 之說明。其中本範例所運用的參數式元件〝lpm_decode〞，其參數設定方式與腳位選取之設定畫面如圖 3-22 所示，而所用到的各個參數與腳位之意義整理如表 3-13 所示。(編輯選取

lpm_ff，選取工作列選單 Symbol → Edit Ports/Parameters，即出現畫面如圖 3-3 所示。)

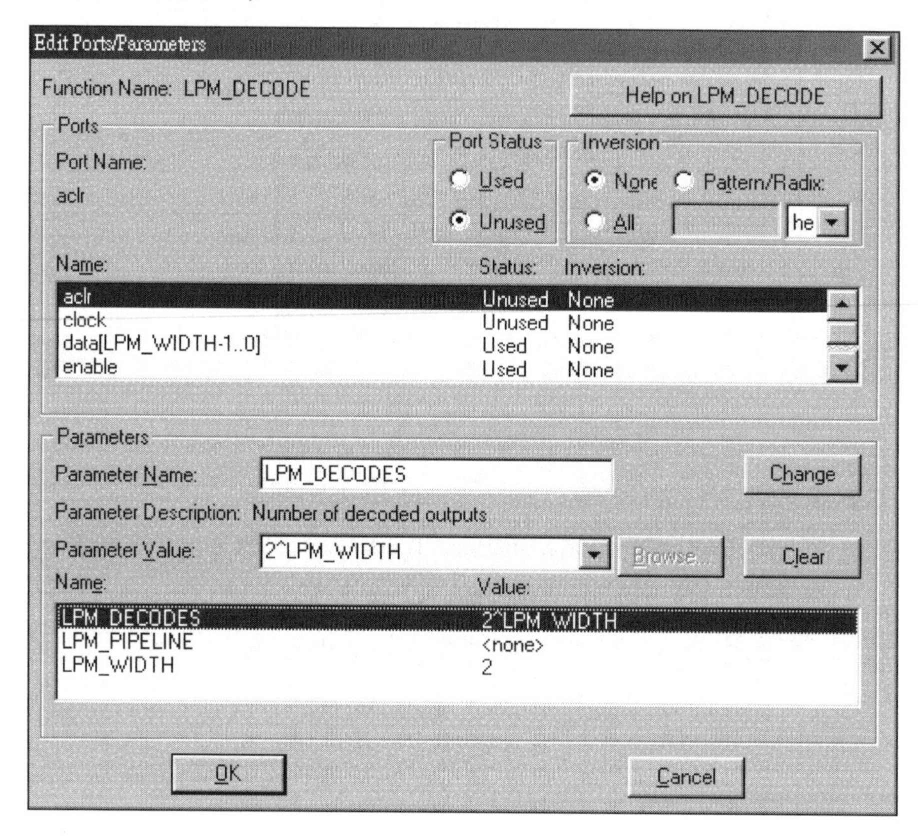

圖 3-22　電路圖編輯參數式元件 lpm_decode 之設定畫面

其中所用到參數式元件 lpm_decode 的各個參數與腳位之意義整理如表 3-16 所示。

表 3-16 使用參數式元件 lpm_decode 設計解碼器之設定

參數或腳位	型 態	值或狀態	說 明
LPM_WIDTH	整數 (integer)	2	data[]的資料寬度，此範例設定為 2
LPM_DECODES	整數 (integer)	2^LPM_WIDTH	解碼器的輸出，LPM_DECODES <= 2 ^ LPM_ WIDTH。
LPM_PIPELINE	整數 (integer)	0	指定 eq[]輸出等待時脈的數目。預設值為 0。
data[]	輸入	used	資料輸入，被當成不帶符號的二進制編碼數字。資料寬為 LPM_WIDTH。
enable	輸入	used	致能控制輸入端。當致能項為低時，所有的輸出為 0。 預設值為 1。
clock	輸入	used	作管線設計之時脈端，當 LPM_PIPELINE 參數不為零時，clock 埠必須被使用到。
aclr	輸入	unused	作管線設計之非同步清除端。管線起始值值為未定義狀態(X)，aclr 埠可隨時重置管線為 0。
eq[]	輸出	used	解碼輸出端，輸出埠為 LPM_DECODES 寬。

參數式元件 lpm_decode 解碼器眞値表如表 3-17 所示。注意致能 enable 為 0 時，輸出皆為 0。

表 3-17　參數式元件 lpm_decode 解碼器真值表

輸	入	輸　　出
enable	data[LPM_WIDTH-1..0]	eq[LPM_DECODES-1..0]
0	X	0000…00
1	LPM_DECODES-1	1000…00
1	LPM_DECODES-2	0100...00
1	1	0000...10
1	0	0000...01

3-3-2　VHDL 編輯 4×12 暫存器

利用行爲描述法編輯十二位元堆疊，其 VHDL 編輯結果如圖 3-23 與圖 3-24 所示。此範例電路名稱爲〝stk12_4v〞。

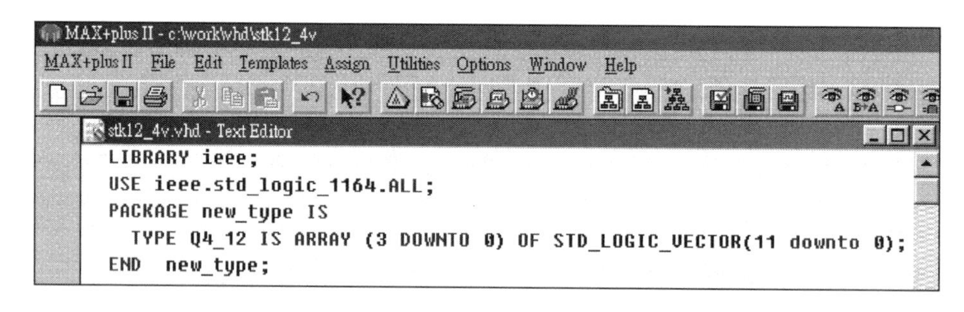

圖 3-23　VHDL 編輯 4×12 暫存器套件宣告區

如圖 3-23 所示，套件 new_type 內容爲宣告了一個型態 Q4_12。

```
LIBRARY ieee;
USE ieee.std_logic_1164.ALL; USE ieee.std_logic_arith.ALL;
USE work.new_type.ALL;
ENTITY stk12_4v IS
    PORT
    (   pcx          : IN STD_LOGIC_VECTOR(11 downto 0);
        clk, pushen : IN STD_LOGIC;
        sp           : IN STD_LOGIC_VECTOR(1 downto 0);
        stko         : OUT Q4_12 );
END stk12_4v ;
ARCHITECTURE a OF stk12_4v  IS
BEGIN
 Blk_stk: BLOCK
 BEGIN
   PROCESS (clk)
    VARIABLE I : Integer range 0 to 3;
   BEGIN
       WAIT UNTIL clk = '1';
       I := CONV_INTEGER(UNSIGNED(sp));
       IF (pushen = '1') THEN
            stko(I) <= pcx;
       END IF;
   END PROCESS ;
 END BLOCK Blk_stk;
END a;
Line  32  Col  1  INS
```

圖 3-24　VHDL 編輯 4×12 暫存器

如圖 3-24 所示，輸入埠 pcx 其資料型態爲 STD_LOGIC_VECTOR(11 downto 0)輸入埠 clk 與 pushen 其資料型態爲 STD_LOGIC，輸入埠 sp 其資料型態爲 STD_LOGIC_VECTOR(1 downto 0)，輸出埠 stko 其資料型態爲 Q4_12。此電路架構名稱爲 a，架構內容爲：先建立一區塊，區塊名稱爲 Blk_stk，在區塊內引入 Process，在 Process 宣告區宣告了一個變數 I。在 Process 描述區中，描述在正緣觸發時，先將 sp 之型態轉爲整數並指給變數 I，且當 pushen=1 則將 pcx[11..0]之資料寫入 sp 所指的 stko[I]內。

3-3-2-1 說明

- 流程敘述：VHDL 中流程敘述(Process Statement)語法，會有次序的執行程式，執行上順序會按照程式排列次序執行。一個電路中可以有兩個以上之流程敘述，多個流程敘述之執行爲並行的，但包在流程敘述內的程式則會循序的執行。流程敘述語法整理有兩種，一種如表 2-62 所示。一種如表 2-63 所示。如表 2-62 所示，PROCESS 後面括弧爲一串敏感訊號，即當這些訊號有任何一項發生改變時，會啓動 PROCESS 描述內之程式，再次進行計算或判斷。表 2-63 所示之語法則用於循序邏輯之設計，即要等到時脈訊號 clk 正緣變化之時間，才進行程式計算或判斷。

- WAIT 描述：VHDL 中的 WAIT 描述(WAIT Statement)可放在 Process 或副程式中暫緩程式流程之執行。其語法整理如表 3-18 所示。

表 3-18　VHDL 之 WAIT 描述

WAIT 描述	說　　明
WAIT UNTIL 布林表示式; WAIT UNTIL Clk = '1' AND Clk'EVENT;	“WAIT UNTIL 布林表示式”這段程式會暫停程式執行流程，直到其布林表示式傳回眞(True)。
WAIT ON 訊號; WAIT ON a, b; (MAX+plus II 不支援)	“WAIT ON 訊號”這段程式會暫停程式執行流程，直到其所列出之訊號之一發生改變。
WAIT FOR 時間; WAIT FOR 10 ns; (MAX+plus II 不支援)	“WAIT FOR 時間”這段程式會暫停程式執行流程，暫停時間爲後面所列出的。

- 型態轉換：VHDL 中套件 std_logic_arith 有提供幾組型別轉換之函數，可轉換變數或訊號之資料型態，整理如表 3-19 所示。

表 3-19　套件 std_logic_arith 提供之型態轉換函數

CONV_INTEGER	將型態為 INTEGER、UNSIGNED、SIGNED、或 STD_ULOGIC 型態之參數轉換為 INTEGER 型態之值。此運算子大小範圍必須限定在-2147483647 到 2147483647 之間，也就是說 31 個位元之 UNSIGNED 值或 32 個位元之 SIGNED 值。 範例：CONV_INTEGER(a)
CONV_UNSIGNED	將型態為 INTEGER、UNSIGNED、SIGNED、或 STD_ULOGIC 型態之參數轉換為 UNSIGNED 型態之值，其為 SIZE 位元。 範例：CONV_UNSIGNED (a, 3)
CONV_SIGNED	將型態為 INTEGER、UNSIGNED、SIGNED、或 STD_ULOGIC 型態之參數轉換為 SIGNED 型態之值，其為 SIZE 位元。 範例：CONV_SIGNED (a, 3)
CONV_STD_LOGIC_VECTOR	將型態為 INTEGER、UNSIGNED、SIGNED、或 STD_LOGIC 型態之參數轉換為 STD_LOGIC_VECTOR 型態之值，其為 SIZE 位元。 範例：CONV_STD_LOGIC_VECTOR (a, 3)

3-3-3　Verilog HDL 編輯 4×12 暫存器

利用行為描述法編輯 4×12 暫存器，其 Verilog HDL 編輯結果如圖 3-25 所示。此範例電路名稱為〝stk12_4vl〞。

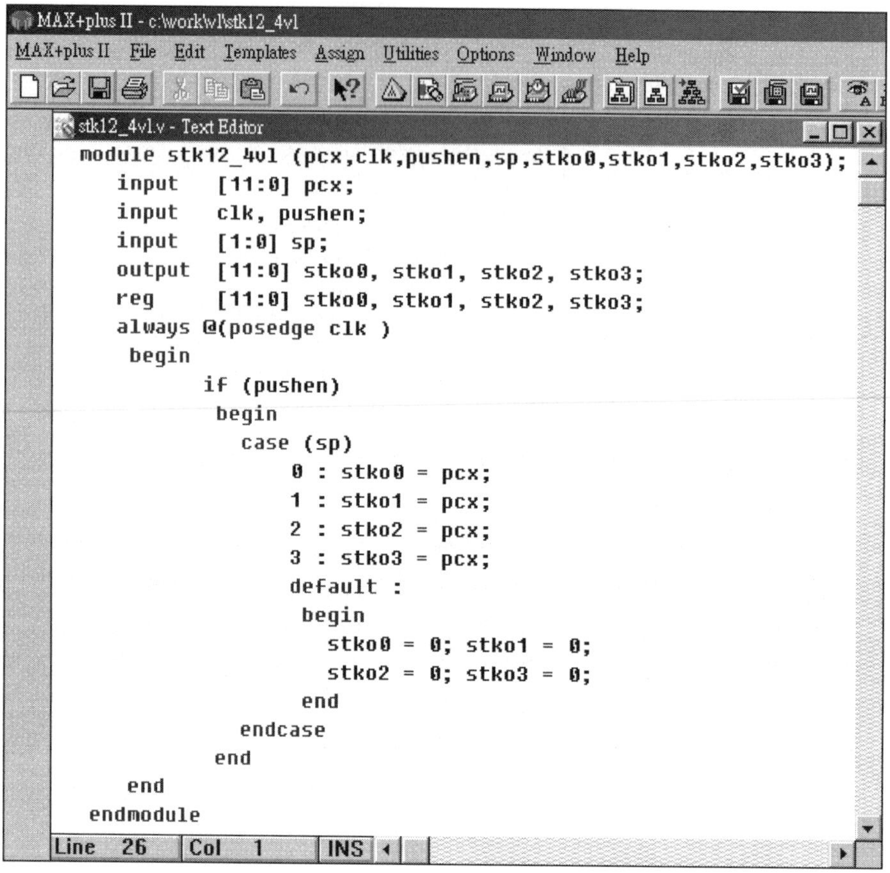

```
module stk12_4vl (pcx,clk,pushen,sp,stko0,stko1,stko2,stko3);
   input   [11:0] pcx;
   input   clk, pushen;
   input   [1:0] sp;
   output  [11:0] stko0, stko1, stko2, stko3;
   reg     [11:0] stko0, stko1, stko2, stko3;
   always @(posedge clk )
    begin
          if (pushen)
           begin
             case (sp)
                 0 : stko0 = pcx;
                 1 : stko1 = pcx;
                 2 : stko2 = pcx;
                 3 : stko3 = pcx;
                 default :
                  begin
                    stko0 = 0; stko1 = 0;
                    stko2 = 0; stko3 = 0;
                  end
             endcase
           end
    end
 endmodule
```

圖 3-25　Verilog HDL 編輯 4×12 暫存器

如圖 3-25 所示，輸入埠 pcx 爲十二位元之向量，資料型態爲內定之 wire 型態，輸入埠 clk 與 pushen 皆爲一位元之向量，資料型態皆爲內定之 wire 型態，輸入埠 sp 爲二位元之向量，資料型態爲內定之 wire 型態，輸出埠 stko0、stko1、stko2、stko3 爲十二位元之向量，資料型態爲 reg。此電路內容爲，當 clk 發生正緣變化時，若 pushen=1，則 pcx 之值會存入 sp 所指的暫存器中。(當 sp=0 則 stko0=pcx，當 sp=1 則 stko1=pcx，當 sp=2 則 stko2=pcx，當 sp=3 則 stko3=pcx。)

3-3-3-1 說明

- always 敘述：Verilog HDL 提供 always 敘述，可重複執行區塊之描述，亦可由事件控制項來控制以執行區塊內之描述。always 結構可以用來建構組合邏輯與循序邏輯，若利用 always 結構建構組合邏輯可以參考表 2-64 之特性，而利用 always 結構建構循序邏輯則可以參考表 3-4 之特性。本範例中事件控制(Event Control)項爲 posedge clk，即當 clk 之值發生正緣變化時，會重新執行 always 區塊內描述，並產生新的輸出值。
- 條件敘述：Verilog HDL 提供條件敘述 if statement，此條件敘述 if 必須在 always 區塊內，條件敘述語法可以參考表 2-73 所示。
- 多路徑分支：當表示式有很多條件可以選擇時，可以用多路徑分支語法 case 描述，語法整理如表 3-20 所示。case 敘述表示式與數值的比較方式是一個位元一個位元的比較，包括 0、1、x 與 z，當許多輸入的組合如 2'b01 與 2'b10 都執行同一敘述時，可運用逗點分隔。另外有 casex 與 casez 兩種變化，casex 會把數值中的 x 與 z 視爲隨意值故不予比對，只比對非 x 與非 z 之數值。casez 會把數值中的 z 皆視爲隨意故不予比對，只比對非 z 之數值。casez 中的數值 z 可用?替代，多路徑分支語法分別整理如表 3-20、表 3-21 與表 3-22 所示。

表 3-20　Verilog HDL 之 case 敘述

語　　法	範　　例	說　　明

case (表示式)
　數值 1:
　begin
　　描述 1;
　　描述 2;
　end
　數值 2:
　begin
	reg s1, s0, out1, out2;
	reg temp1, temp2;
	always @ (s1, s0)
	begin
	case ({s1, s0})
	　2'b00 :
	　begin
	　　out1 = temp1;
		此範例爲當控制項 s1=1'b0，s0=1'b0 時，out1= temp1，out2 = temp2；當控制項 s1=1'b0，s0=1'b1 或 s1=1'b1，s0=1'b0 時，out1 = temp1；當 s1=1'bx，s0=1'b0 時，out1 = 1'bx；當 s1=1'bz，s0=1'b0 時，out1 = 1'bz；若沒有相符合的選項，則執行預設值 out1 =1'b0，out2 = 1'b0。

表 3-20 (續)

描述 1;
描述 2;
end
default :
begin
描述 1;
描述 2;
end
endcase
	out1 = temp1;
	out2 = temp2;
	end
	2'b01, 2'b10 :
	out1 = temp1;
	2'bx0 :
	out1 = 1'bx;
	2'bz0:
	out1 = 1'bz;
	defaults :
	begin
	out1 =1'b0;
	out2 = 1'b0;
	end
	endcase
	end	

表 3-21 Verilog HDL 之 casex 敘述

語　　法	範　　例	說　　明
casex (表示式) 數値 1: begin 描述 1; 描述 2; end 數値 2: begin 描述 1; 描述 2; end default : begin 描述 1; 描述 2; end endcase	reg [3:0] S; integer Y; always@(S) begin casex(S) 4'bxxx1: Y=0; 4'bxx1x: Y=1; 4'bx1xx: Y=2; 4'b1xxx: Y=3; default : Y=0; endcase end	此範例爲當 S 最小位元爲 1 時 Y=0，當 S 第二個位元爲 1 時 Y=1，當 S 第三個位元爲 1 時 Y=0，當 S 第四個位元爲 1 時 Y=0。若沒有相符合的選項，則執行 Y=0。

表 3-22　Verilog HDL 之 casez 敘述

語　　法	範　　例	說　　明
casez (表示式) 數值 1: begin 描述 1; 描述 2; end 數值 2: begin 描述 1; 描述 2; end default : begin 描述 1; 描述 2; end endcase	reg [3:0] S; integer Y; always@(S) begin casez(S) 4'b???1: Y=0; 4'bzz1z: Y=1; 4'bz1zz: Y=2; 4'b1zzz: Y=3; default : Y=0; endcase end	此範例爲當 S 最小位元爲 1 時 Y=0；當 S 第二個位元爲 1 時 Y=1；當 S 第三個位元爲 1 時 Y=0;當 S 第四個位元爲 1 時 Y=0。

3-3-4　模擬 4×12 暫存器

4×12 暫存器模擬結果如圖 3-26 所示。

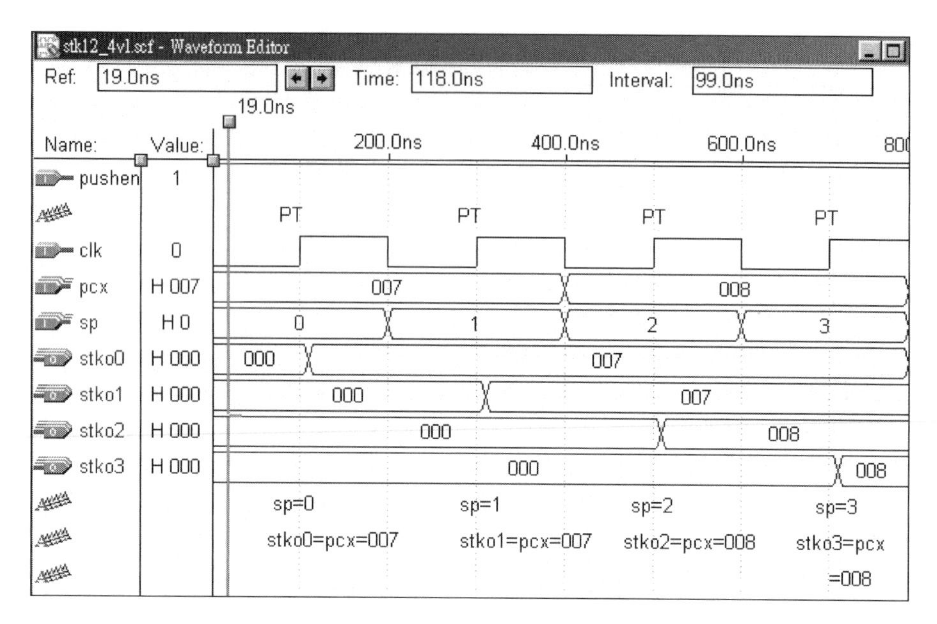

圖 3-26　4×12 暫存器模擬結果

- 第一個正緣：輸入 pushen = 1，pcx 存入 sp 所指的暫存器中，sp = H0，pcx = H007，故暫存器 stko0 在 clk 第一個正緣後變為 H007，而其他暫存器內容則保持不變。
- 第二個正緣：輸入 pushen = 1，pcx 存入 sp 所指的暫存器中，sp = H1，pcx = H007，故暫存器 stko1 在 clk 第二個正緣後變為 H007，而其他暫存器內容則保持不變。
- 第三個正緣：輸入 pushen = 1，pcx 存入 sp 所指的暫存器中，sp = H2，pcx = H008，故暫存器 stko2 在 clk 第三個正緣後變為 H008，而其他暫存器內容則保持不變。
- 第四個正緣：輸入 pushen = 1，pcx 存入 sp 所指的暫存器中，sp = H3，pcx = H008，故暫存器 stko3 在 clk 第四個正緣後變為 H008，而其他暫存器內容則保持不變。

3-4　2×8 隨機存取記憶體

本範例介紹隨機存取記憶體，即可將資料寫入或讀出資料，其內部組成係由一些基本正反器所構成，並有寫入與讀出致能項(we)以控制記憶體之讀或寫，並有位址控制端(addr)，控制資料寫入之記憶體位置與讀出之記憶體位置。本範例設計兩組儲存資料寬度爲 8(即深度爲 2，寬度爲 8)之隨機存取記憶體，其寫入與讀出之腳位不同，而詳細介紹則如下。

- 腳位：

  資料輸入端：Data[7..0]

  脈波輸入端：Clki

  寫入控制端：we

  位址控制端：addr

  輸出端：ramo[7..0]

- 眞值表：2×8 隨機存取記憶體眞值表如表 3-23 所示。

表 3-23　2×8 隨機存取記憶體真值表

輸入				記憶體		輸出	說明
we	Clki	Data	addr	Q1	Q0	ramo	動作
1	↑	A	0	Q1(不變)	A	A	寫
1	↑	B	1	B	Q0(不變)	B	寫
0	↑	X	0	Q1(不變)	Q0(不變)	Q0	讀
0	↑	X	1	Q1(不變)	Q0(不變)	Q1	讀
1	其他	X	X	Q1(不變)	Q0(不變)	不變	不動作
0	其他	X	X	Q1(不變)	Q0(不變)	不變	不動作

3-4-1 電路圖編輯 2×8 隨機存取記憶體

<方法一>2×8 隨機存取記憶體之電路圖編輯由一個一對二解碼器(使用〝lpm_decode〞參數式函數)、兩個〝d8_g〞八位元暫存器一個八位元二對一多工器(使用〝lpm_mux〞參數式函數)與一個 D 型正反器〝DFF〞所組成，整理如表 3-24 所示。另外還有四個〝input〞基本元件與一個〝output〞基本元件，並分別更名為 Data[7..0]、we、Clki、addr 與 ramo[7..0]。

表 3-24　2×8 隨機存取記憶體組成

組成元件	個數	引用元件
一對二解碼器	一個	lpm_decode
八位元暫存器	四個	d8_g
八位元二對一多工器	一個	lpm_mux
D 型正反器	一個	dff

其中一對二解碼器使用了參數式函數〝lpm_decode〞，將其參數 lpm_width 設定為 1，LPM_DECODES 設定為 2 的 lpm_width 次方(2^lpm_width)，即設定輸入資料寬為 1，解碼輸出有 2 個埠，並設定使用 data[]、enable 與 eq[]。此設定後之一對二解碼器，其 data[]寬度為 1(data[]寬度等於 lpm_width 值)，eq[]寬度為 2(eq []寬度等於 lpm_DECODES 值)。

本範例利用到的八位元暫存器〝d8_g〞有資料輸入端 D[7..0]，時脈控制端 Clk、致能輸入端 en 與輸出端 Q[7..0]。八位元暫存器〝d8_g〞的內部電路圖利用了參數函數〝lpm_ff〞，有關參數函數〝lpm_ff〞之敘述，請參見 3-1-1-1 之說明。

本範例亦利用到參數式函數〝lpm_mux〞設計二對一多工器，設定其參數 LPM_SIZE 爲 2，LPM_WIDTH 爲 8，LPM_WIDTHS 爲 1，即設定輸入資料的數目爲 2，資料寬爲 8，資料選擇控制端寬度爲 1，並設定只使用 data[][]、sel[]與 result[]腳位。此設定後之多工器，其 data[]寬度爲 8(data[]寬度等於 lpm_width 值)，輸入資料的數目爲 2(輸入資料個數爲 LPM_SIZE 個)，sel[]寬度爲 1(sel []寬度等於 lpm_ WIDTHS 值)。有關參數式函數〝lpm_mux〞請參考 2-5-1-1 小節。

本範例 2×8 隨機存取記憶體電路編輯結果如圖 3-27 所示，此電路名稱爲〝ram2_8g〞。2×8 隨機存取記憶體之電路圖引入兩個八位元暫存器符號，其致能端分別由一對二解碼器之輸出(EN0 與 EN1)控制，兩個八位元暫存器之資料輸端皆來自輸入 Data[7..0]，兩個八位元暫存器之時脈控制端皆由輸入 clk 控制，兩個八位元暫存器之輸出匯集成 Q[1..0][7..0]，Q[1..0][7..0]再作爲二對一多工器之輸入，二對一多工器之控制線則來自 addr 經由一 D 型正反器控制，二對一多工器之輸出爲 ramo[7..0]。一對二解碼器之資料端 data[]來自輸入 addr，一對二解碼器之致能控制端 enable 來自輸入 we。本電路之暫存器寫入致能由 we 控制，寫入位址由 addr 控制，讀出位址則由 addr 經由一 D 型正反器控制。

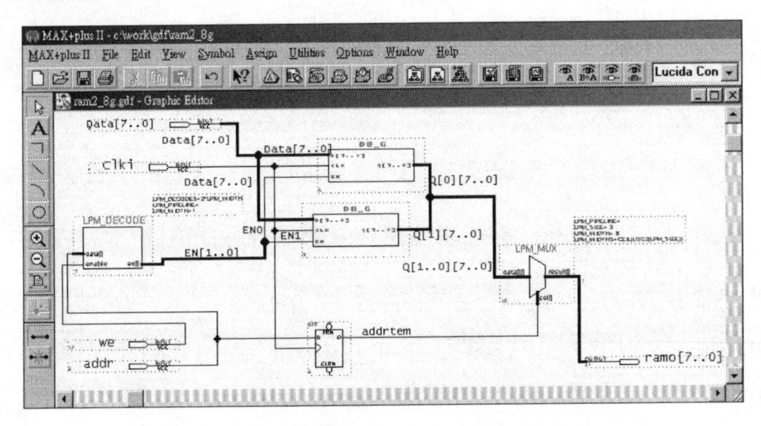

圖 3-27　電路圖編輯 2×8 隨機存取記憶體

如圖 3-27 所示，addr 接到〝lpm_decode〞元件的 data[]輸入端，we 接到〝lpm_decode〞元件的 enable 輸入端，〝lpm_decode〞元件的 eq[]輸出端接到巴士線 EN[1..0]。輸入 Clki 接到〝d8_g〞的 clk 輸入端，Data[7..0]接到兩個〝d8_g〞的 D[7..0] 輸入端，巴士線 EN[1..0]分出兩個節點分別接到兩個〝d8_g〞的 en 輸入端。兩個〝d8_g〞的 Q[7..0]輸出端匯集成 Q[1..0][7..0]，Q[1..0][7..0]再接到〝lpm_mux〞元件的 data[][]輸入端，addr 接 D 型正反器之 D 輸入端，輸入 Clki 接到 D 型正反器的時脈輸入端，D 型正反器之輸出端 Q 接節點 addrtem，addrtem 再接到〝lpm_mux〞元件的 sel[]端，〝lpm_mux〞元件的 result[]輸出端接到電路輸出埠 ramo[7..0]。

<方法二>利用參數式函數 lpm_ram_dq 編輯 2×8 隨機存取記憶體，其電路圖編輯結果如圖 3-28 所示。

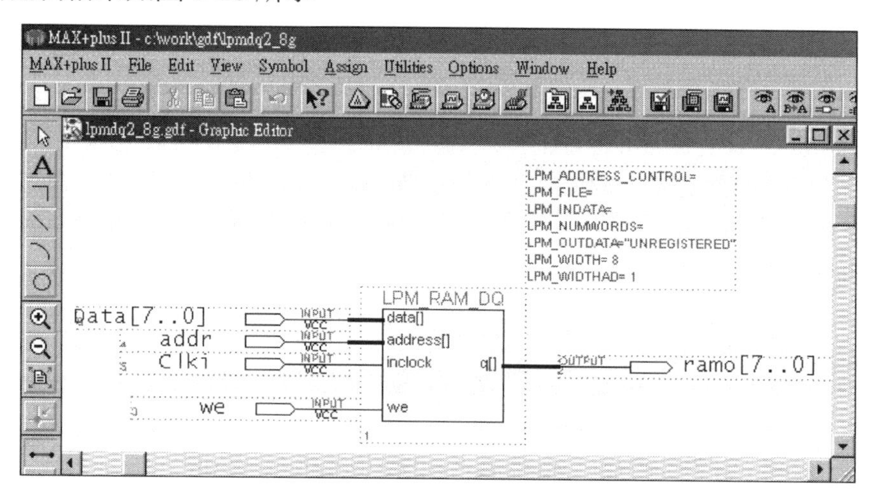

圖 3-28　電路圖編輯 2×8 隨機存取記憶體

如圖 3-28 所示，此電路名稱爲〝lpmdq2_8g〞，此電路由一個〝lpm_ram_dq〞所組成，將其參數〝lpm_outdata〞設定爲"UNREGISTERED"，參數〝lpm_width〞設定爲 8，而參數〝lpm_withad〞則設定爲 1，並設定使用 data[]、address[]、inclock、we 與 q[]，即設定輸入 data[]與輸出 q[]資料寬

爲 8 (data[]與 q[]寬度等於 lpm_width 值)，address[]寬度爲 1(address []寬度等於 lpm_withad 值)。另外還有四個〝input〞基本元件與一個〝output〞基本元件，並分別更名爲 Data[7..0]、Clki、we、addr 與 ramo[7..0]。其中 Data[7..0]接到〝lpm_ram_dq〞的 data[]輸入處，Clki 接到〝lpm_ram_dq〞的 inclock 輸入處，we 接到〝lpm_ ram_dq〞的 we 輸入處，addr 接到〝lpm_ ram_dq〞的 address[]輸入處，〝lpm_ ram_dq〞的 q[]輸出處接到 ramo[7..0]。

3-4-1-1　說明

- 參數式元件：MAX+plus II 參數式函數是一些在功能上較具有彈性的函數，這些函數本身含有一些可調整的參數以適應不同的應用場合，例如〝lpm_or〞、〝lpm_ram_io〞，這些函數皆放在「\maxplus2\max2lib\mega_lpm」的子目錄下。關於參數式函數可參考選單 Help Megafunctions/LPM 的說明。其中本範例係運用參數式元件〝lpm_ram_dq〞，其參數設定方式與腳位選取之設定畫面如圖 3-29 所示，而其中所用到的各個參數與腳位之意義整理如表 3-23 所示。(編輯選取 lpm_ram_dq，選取工作列選單 Symbol → Edit Ports/Parameters，即出現畫面如圖 3-29 所示。)

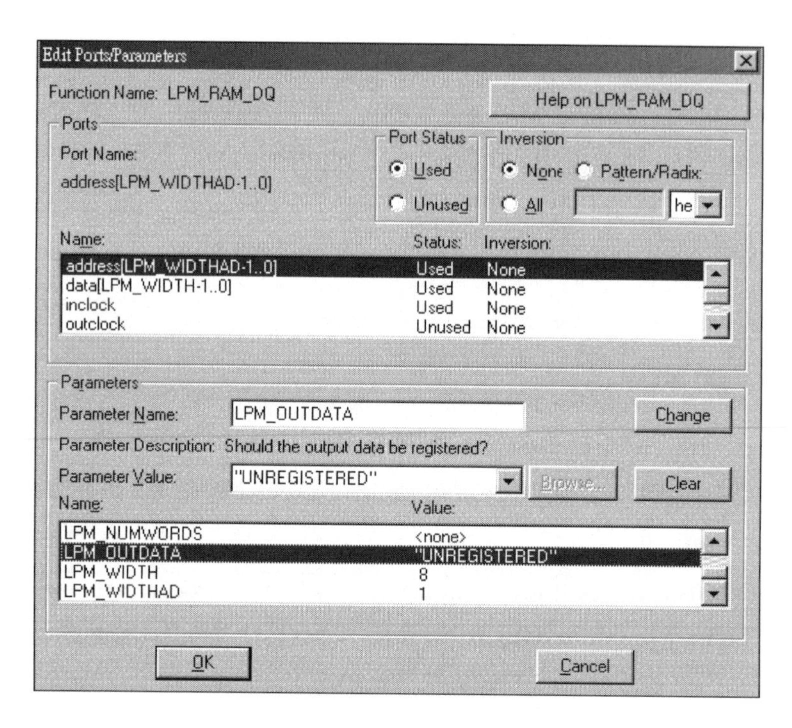

圖 3-29　電路圖編輯參數式元件 lpm_ram_dq 之設定畫面

其中所用到的各個參數與腳位之意義整理如表 3-25 所示。

表 3-25　使用參數式元件 lpm_ram_dq 設計 2×8 隨機存取記憶體之設定

參數或腳位	型態	值或狀態	說明
LPM_WIDTH	整數 (integer)	8	data[]與 q[]的資料寬度，此範例設定為 8。
LPM_WIDTHAD	整數 (integer)	1	address[] 腳的寬度。
LPM_NUMWORDS	整數 (integer)		儲存在記憶體中的字數目，一般而言，這值應為 2 ^ LPM_WIDTHAD-1 < LPM_NUMWORDS <= 2 ^ LPM_WIDTHAD，如果沒設定，則為預設值 2 ^ LPM_WIDTHAD。

表 3-25　(續)

LPM_FILE	字串 (String)		記憶體初始檔之名稱(.mif)或是十六進位檔案名稱(Intel-Format)(.hex)，包含了ROM的起始資料。
LPM_INDATA	字串 (String)		有三種值，分別是"REGISTERED"、"UNREGISTERED"和"UNUSED"。指出是否資料埠是暫存器。預設值爲"RE-GISTERED"。
LPM_ADDRESS_CONTROL	字串 (String)	"REGISTERED"	有三種值，分別是"RE-GISTERED"、"UNREGIST-ERED"和"UNUSED"。指出是否位址埠是暫存器。預設值爲"REGISTERED"。
LPM_OUTDATA	字串 (String)	"UNREGISTERED"	有三種值，分別是"RE-GISTERED"、"UNREGIST-ERED"和"UNUSED"。指出是否q和 eq 埠爲暫存器。預設值爲"REGISTERED"。
data[]	輸入	used	輸入至記憶體之資料端，資料寬度爲 LPM_WIDTH。
address[]	輸入	used	記憶體位址輸入端。輸入寬度爲 LPM_WIDTHAD 寬。
we	輸入	unused	記憶體寫入致能端。
inclock	輸入	used	記憶體之同步輸入時脈控制端。
outclock	輸入	unused	記憶體之同步輸出之時脈輸入端。
q[]	輸出	used	記憶體輸出端，資料寬度爲 LPM_WIDTH。

3-4-2 VHDL 編輯 2×8 隨機存取記憶體

利用行爲描述法編輯 2×8 隨機存取記憶體，其 VHDL 編輯結果如圖 3-30、圖 3-31 與圖 3-32 所示。此範例電路名稱爲〝ram2_8v〞。

MAX+plus II - c:\work\vhd\ram2_8v

ram2_8v.vhd - Text Editor

```
LIBRARY ieee;
USE ieee.std_logic_1164.ALL;
USE ieee.std_logic_arith.ALL;
ENTITY ram2_8v IS
    PORT
    (   Data            : IN STD_LOGIC_VECTOR(7 downto 0);
        Clki, we, addr  : IN STD_LOGIC;
        ramo            : OUT STD_LOGIC_VECTOR(7 downto 0)
    );
END ram2_8v ;
```

圖 3-30　VHDL 編輯 2×8 隨機存取記憶體

如圖 3-30 所示，輸入埠 Data 其資料型態爲 STD_LOGIC_VECTOR(7 downto 0)，輸入埠 Clki 與 we 和 addr 其資料型態爲 STD_LOGIC，輸出埠 Q 型態爲 STD_LOGI C_VECTOR(7 downto 0)。

```
ARCHITECTURE a OF ram2_8v  IS
  TYPE Q2_8 IS ARRAY (1 DOWNTO 0) OF STD_LOGIC_VECTOR(7 downto 0);
  SIGNAL Q : Q2_8;
  SIGNAL addrtem : STD_LOGIC;
BEGIN
 Blk_ram: BLOCK
  BEGIN
   PROCESS (Clki)
    VARIABLE I : INTEGER range 0 to 1;
    BEGIN
         WAIT UNTIL Clki = '1';
         I := CONV_INTEGER(addr);
         IF (we = '1')  THEN
            Q(I) <= Data;
         END IF;
   END PROCESS ;
 END BLOCK Blk_ram;
```

圖 3-31　VHDL 編輯 2×8 隨機存取記憶體

如圖 3-31 所示，此電路架構名稱爲 a，架構內容爲：假如 Clki 發生正緣變化時，若 we=1，則將 Data 資料寫入 addr 所指的暫存器 Q 中。

```
  Blk_reg: BLOCK
   BEGIN
    PROCESS (Clki)
     BEGIN
       WAIT UNTIL Clki = '1';
       addrtem <= addr;
    END PROCESS ;
   END BLOCK Blk_reg;

  Blk_mux: BLOCK
   BEGIN
     ramo <= Q(1) WHEN addrtem = '1' ELSE Q(0);
  END BLOCK Blk_mux;
 END a;
Line  22  Col  26  INS
```

圖 3-32　VHDL 編輯 2×8 隨機存取記憶體

如圖 3-32 所示，當 Clki 發生正緣變化時，多工器選出 addr 所指的暫存器內容至輸出端 ramo。

3-4-2-1　說明

- 條件性訊號指定：VHDL 之條件性訊號指定(Conditional Signal Assignments) 列出一系列表示式，其經過後面一次或多次布林運算(Boolean expressions)後爲真之表示式會指定到目標訊號。條件性訊號指定語法整理如表 2-66 所示。其 WHEN 後面布林運算測試之順序會依照程式撰寫之順序，當執行到第一個爲眞(TRUE)的布林運算時，其 WHEN 之前的表示式會指定到目標訊號，若沒有一個布林運算爲眞則執行最後一個 ELSE 之後之表示式。可參考表 3-26 之範例。

表 3-26　VHDL 之條件性訊號指定

範　　例	說　　明
output <= Q(1) WHEN addrtem = '1' ELSE Q(0);	當 addrtem = '1'成立時，output 等於 Q(1)，否則 output 等於 Q(0)。

- 型態轉換：VHDL 中套件 std_logic_arith 有提供幾組型別轉換之函數，可將轉換變數或訊號之資料型態，整理如表 3-19 所示。
- 參數式元件：有關 Altera 提供的參數式函數，有些可運用到元件內建的 RAM 與 ROM，包括 lpm_ram_dq、lpm_ram_io、lpm_rom、lpm_ram_dp、csdpram、lpm_fifo_dc、lpm_fifo 與 csfifo，其中 lpm_ram_dq 可爲同步或非同步之隨機存取記憶體。，此組件宣告(Component Declarations)已在套件(Package)「LPM_COMPONENTS」中宣告，可在 MAX+plus II 環靜下「c:\maxplus2\vhdl93(87)\lpm\lpm_pack.vhd」中找到。lpm_ram_dq 的 VHDL 之組件宣告如表 3-27 所示，其腳位與參數說明請參考表 3-25 所示。

表 3-27　VHDL 參數式元件 lpm_ram_dq 組件宣告

```
COMPONENT lpm_ram_dq
    GENERIC (LPM_WIDTH: POSITIVE;
        LPM_TYPE: STRING := "LPM_RAM_DQ";
        LPM_WIDTHAD: POSITIVE;
        LPM_NUMWORDS: NATURAL : = 0;
        LPM_FILE: STRING := "UNUSED";
        LPM_INDATA: STRING := "REGISTERED";
        LPM_ADDRESS_CONTROL: STRING := "REGISTERED";
        LPM_OUTDATA: STRING := "REGISTERED";
        LPM_HINT: STRING := "UNUSED");
```

表 3-27　(續)

```
        PORT (data: IN STD_LOGIC_VECTOR(LPM_WIDTH-1 DOWNTO 0);
        address: IN STD_LOGIC_VECTOR(LPM_WIDTHAD-1 DOWNTO 0);
we: IN STD_LOGIC;
        inclock: IN STD_LOGIC := '0';
        outclock: IN STD_LOGIC := '0';
        q: OUT STD_LOGIC_VECTOR(LPM_WIDTH-1 DOWNTO 0));
END COMPONENT;
```

3-4-3　Verilog HDL 編輯 2×8 隨機存取記憶體

利用行爲描述法編輯 2×8 隨機存取記憶體，其 Verilog HDL 編輯結果如圖 3-33 至圖 3-35 所示。此範例電路名稱爲〝ram2_8vl〞。

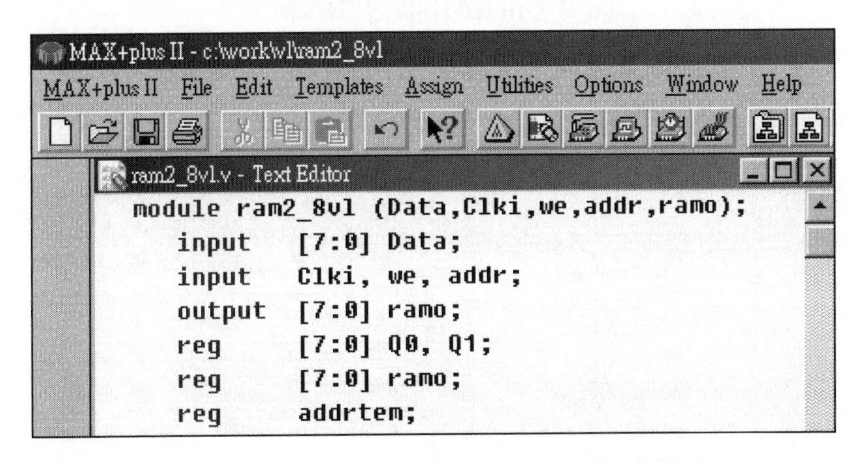

圖 3-33　Verilog HDL 編輯 2×8 隨機存取記憶體

如圖 3-33 所示，輸入埠 Data 爲八位元之向量，資料型態爲內定之 wire 型態，輸入埠 Clki、addr 與 we 皆爲一位元之向量，資料型態皆爲內定之 wire 型態，輸出埠 ramo 爲八位元之向量，資料型態爲 reg。另外宣告了 Q0、Q1 爲八位元之向量，資料型態爲 reg，addrtem 爲一位元之向量，資料型態爲 reg。

```
always @(posedge Clki )
 begin
       if (we)
        begin
          case (addr)
              0 : Q0 = Data;
              1 : Q1 = Data;
          endcase
        end
 end
```

圖 3-34 Verilog HDL 編輯 2×8 隨機存取記憶體

如圖 3-34 所示，此電路內容爲，假如 Clki 發生正緣變化時，當 we=1 時會將 Data 資料寫入 addr 所指的暫存器 Q 中。

```
always @(posedge Clki)
 begin
  addrtem = addr;
 end

always @(addrtem or Q0 or Q1)
 begin
   case (addrtem)
     0 :  ramo = Q0;
     1 :  ramo = Q1;
   endcase
 end
endmodule
Line   6   Col   21   INS
```

圖 3-35 Verilog HDL 編輯 2×8 隨機存取記憶體

如圖 3-35 所示，當 Clki 發生正緣變化時，多工器選出 addr 所指的暫存器內容送至輸出端 ramo。

3-4-3-1　說明

- always 敘述：Verilog HDL 提供 always 敘述，可重複執行區塊之描述，亦可由事件控制項來控制以執行區塊內之描述。always 結構可以用來建構組合邏輯與循序邏輯，若利用 always 結構建構組合邏輯可以參考表 2-64 之特性，而利用 always 結構建構循序邏輯則可以參考表 3-4 之特性。本範例中事件控制(Event Control)項爲 posedge clk，即當 clk 之值發生正緣變化時，會重新執行 always 區塊內描述，並產生新的輸出值。
- 多路徑分支：當表示式有很多條件可以選擇時，可以用多路徑分支語法 case 描述，語法整理如表 3-20 所示。case 敘述表示式與數值的比較方式是一個位元一個位元的比較，包括 0、1、x 與 z，當許多輸入的組合如 2'b01 與 2'b10 都執行同一敘述時，可運用逗點分隔。另外有 casex 與 casez 兩種變化，casex 會把數值中的 x 與 z 視爲隨意值故不予比對，只比對非 x 與非 z 之數值。casez 會把數值中的 z 皆視爲隨意故不予比對，只比對非 z 之數值。casez 中的數值 z 可用?替代，多路徑分支語法分別整理如表 3-20、表 3-21 與表 3-22 所示。
- 參數式元件：本範例運用參數式函數 lpm_ram_dq，其腳位與參數如表 3-28 所示，詳細說明請參考表 3-25 所示。

表 3-28　參數式函數 lpm_ram_dq 之腳位宣告與參數

FUNCTION lpm_ram_dq (data[LPM_WIDTH-1..0], address[LPM_WIDTHAD-1..0], inclock, outclock, we) WITH (LPM_WIDTH, LPM_WIDTHAD, LPM_NUMWORDS, LPM_FILE, LPM_INDATA, LPM_ADDRESS_CONTROL, LPM_OUTDATA) RETURNS (q[LPM_WIDTH-1..0]);

3-4-4 模擬 2×8 隨機存取記憶體

2×8 隨機存取記憶體模擬結果見圖 3-36 所示。

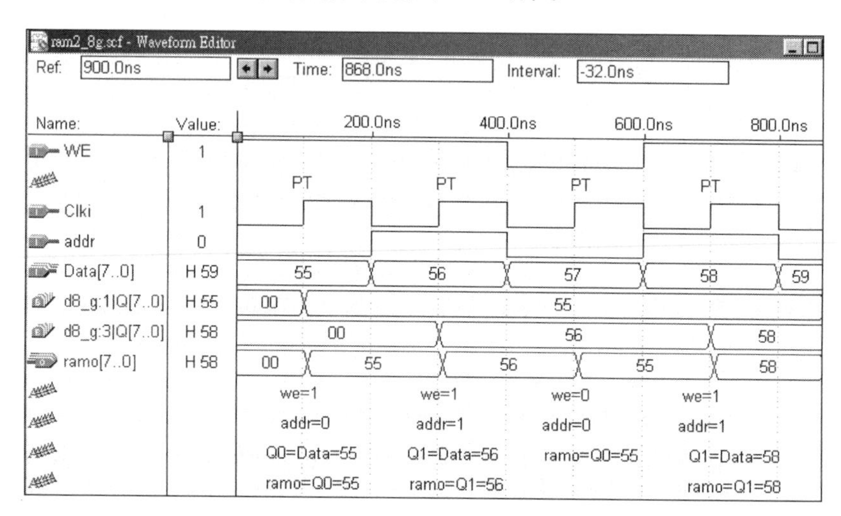

圖 3-36　2×8 隨機存取記憶體模擬

- 第一個正緣：輸入 WE = 1，可將 Data 值存入 addr 所指的暫存器中，因位址 addr = 0，而輸入資料 Data = H55，故暫存器 Q0 在 clk 第一個正緣後變為 H55，其他暫存器內容則保持不變。輸出 ramo 在 clk 第一個正緣後輸出暫存器 Q0 之內容 H55。
- 第二個正緣：輸入 WE = 1，可將 Data 值存入 addr 所指的暫存器中，因位址 addr = 1，而輸入資料 Data = H56，故暫存器 Q1 在 clk 第二個正緣後變為 H56，其他暫存器內容則保持不變。輸出 ramo 在 clk 第二個正緣後輸出暫存器 Q1 之內容 H56。
- 第三個正緣：輸入 WE = 0，不可將 Data 值存入 addr 所指的暫存器中，故暫存器內容保持不變。因位址 addr = 0，故輸出 ramo 在 clk 第三個正緣後輸出暫存器 Q0 之內容 H55。

- 第四個正緣：輸入 WE = 1，可將 Data 值存入 addr 所指的暫存器中，因位址 addr = 1，而輸入資料 Data = H58，故暫存器 Q1 在 clk 第四個正緣後變為 H58，其他暫存器內容則保持不變。輸出 ramo 在 clk 第二個正緣後輸出暫存器 Q1 之內容 H58。

3-5　雙向輸入輸出腳暫存器

本範例介紹雙向輸入輸出腳暫存器，即為隨機存取記憶體之一種，即可將資料寫入或讀出資料，其內部組成為一些基本正反器構成，並有寫入(we)與讀出致能項(outen)以控制記憶體之讀或寫，還要有位址控制端(addr)，控制著資料欲寫入記憶體之位址與讀出記憶體之位址，雙向輸入輸出腳暫存器其寫入與讀出之腳位相同(dio)。本範例設計兩組儲存資料寬度為 8(即深度為 2，寬度為 8)之雙向輸入輸出腳暫存器，其詳細介紹如下。

- 腳位：

  雙向輸出入端：dio[7..0]

  脈波輸入端：inclk

  寫入控制端：we

  讀出致能端：outen

  位址控制端：addr

- 眞值表：雙向輸入輸出腳暫存器眞值表如表 3-29 所示。

表 3-29　雙向輸入輸出腳暫存器真值表

輸		入			記	憶　體	輸出	說明
inclk	dio	we	outen	addr	Q1	Q0	dio	動作
↑	A	1	0	0	Q1(不變)	A	Z	寫
↑	B	1	0	1	B	Q0(不變)	Z	寫
↑	X	0	1	0	Q1(不變)	Q0(不變)	Q0	讀
↑	X	0	1	1	Q1(不變)	Q0(不變)	Q1	讀
其他	X	1	X	X	Q1(不變)	Q0(不變)	不變	不動作

3-5-1　電路圖編輯雙向輸入輸出腳暫存器

<方法一>使用前一章節設計的 2×8 隨機存取記憶體元件來設計雙向輸入輸出腳暫存器，電路圖編輯結果如圖 3-37 所示。此電路名稱爲〝ramio2_8g〞，此電路由一個〝ram2_8g〞2×8 隨機存取記憶體元件、一個〝not〞基本邏輯閘、一個〝and2〞基本邏輯閘與一個〝tri〞基本邏輯閘。另外還有四個〝input〞基本元件與一個〝bidir〞基本元件，並分別更名爲 outen、we、inclk、addr 與 dio[7..0]。

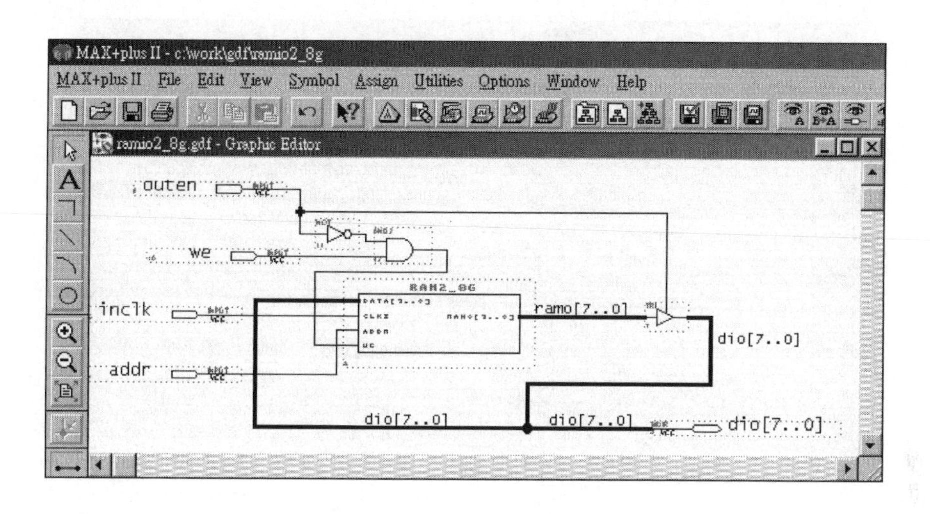

圖 3-37　電路圖編輯雙向輸入輸出腳暫存器

如圖 3-37 所示，2×8 隨機存取記憶體〝ram2_8g〞之資料輸入端 data[7..0] 來自雙向輸出入埠 dio[7..0]，2×8 隨機存取記憶體〝ram2_8g〞之時脈輸入端 clki 接電路時脈 inclk，2×8 隨機存取記憶體〝ram2_8g〞之位址輸入端 addr 接電路輸入埠 addr，2×8 隨機存取記憶體〝ram2_8g〞之寫入致能項 WE，由電路輸入埠 we 與 outen 控制，2×8 隨機存取記憶體〝ram2_8g〞之資料輸出端 ramo 經由一三態閘〝tri〞輸出至雙向輸出入埠 dio[7..0]，此三態閘〝tri〞由輸入 outen 控制。

<方法二>利用參數式函數 lpm_ram_io 編輯雙向輸入輸出腳暫存器，其電路圖編輯結果如圖 3-38 所示。此電路名稱爲〝lpmio2_8g〞，此電路由一個〝lpm__ram_io〞所組成。將參數〝lpm_outdata〞設定爲"UNREGISTERED"，參數〝lpm_width〞設定爲 8，參數〝lpm_withad〞設定爲 1，並設定使用 dio[]、we、address[]、inclock 與 outenab。另外還有四個〝input〞基本元件與一個〝bidir〞基本元件，並分別更名爲 outen、we、inclk、addr 與 dio[7..0]。

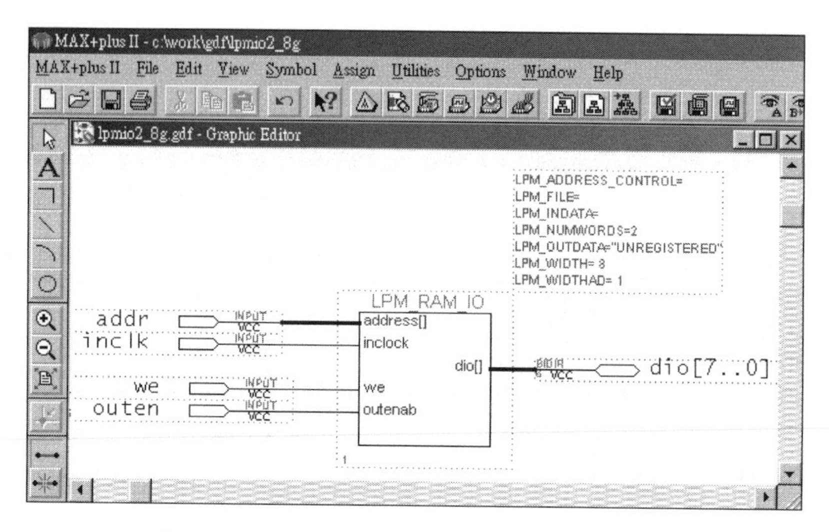

圖 3-38　電路圖編輯雙向輸入輸出腳暫存器

如圖 3-38 所示，其中 dio[7..0]接到〝lpm_ram_io〞的 dio[]輸出入端，inclk 接到〝lpm_ram_io〞的 inclock 輸入端，addr 接到〝lpm_ram_io〞的 address[]輸入端，we 接到〝lpm_ram_io〞的 we 輸入端，outen 接到〝lpm_ram_io〞的 outenab 輸入端。

3-5-1-1　說明

- 參數式元件：MAX+plus II 參數式函數是一些在功能上較具有彈性的函數，這些函數本身含有一些可調整的參數以適應不同的應用場合，例如〝lpm_or〞、〝lpm_ram_io〞，這些函數皆放在「\maxplus2\max2lib\mega_lpm」的子目錄下。關於參數式函數可參考選單 Help Megafunctions/LPM 之說明。其中本範例所運用的參數式元件〝lpm_ram_io〞，其參數設定方式與腳位選取之設定畫面如圖 3-39 所示。其中所用到的各個參數與腳位之意義整理如表 3-30 所示。(編輯選取 lpm_ram_io，選取工作列選單 Symbol → Edit Ports/Parameters，即出現畫面如圖 3-39 所示。)

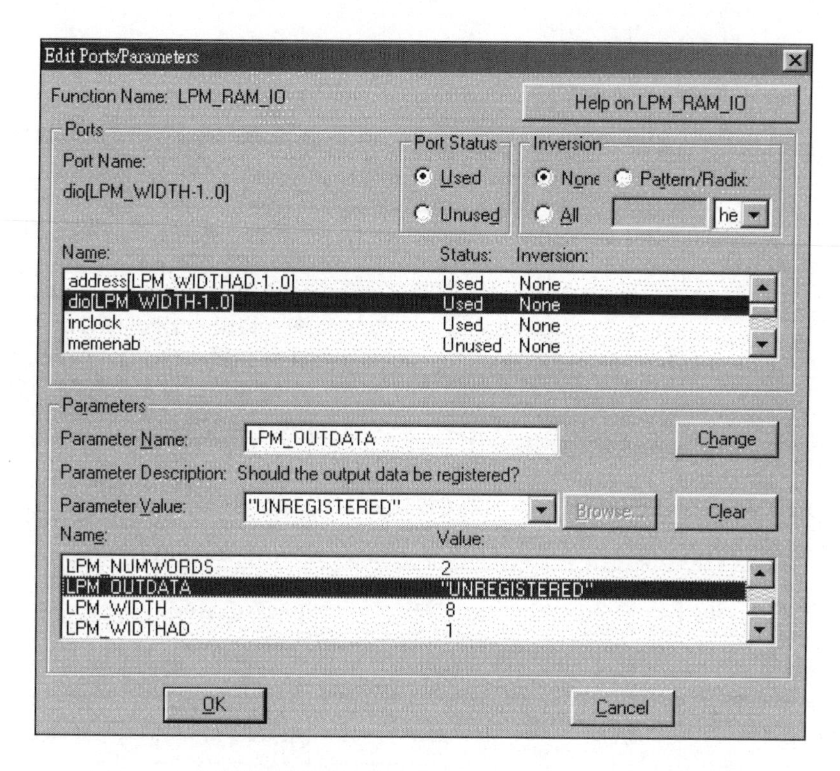

圖 3-39　電路圖編輯參數式元件 lpm_ram_io 之設定畫面

其中所用到的各個參數與腳位之意義整理如表 3-30 所示。

表 3-30　使用參數式元件 lpm_ram_io 設計雙向輸入輸出腳暫存器之設定

參數或腳位	型態	值或狀態	說　　明
LPM_WIDTH	整數 (integer)	8	data[]與 q[]的資料寬度，此範例設定為 8。
LPM_WIDTHAD	整數 (integer)	1	address[] 腳的寬度。
LPM_NUMWORDS	整數 (integer)		儲存在記憶體中的字數目，一般而言，這值應為 2 ^ LPM_ WIDTHAD-1 < LPM_NUMW ORDS <= 2 ^ LPM_WIDTHAD，如果沒設定，則為預設值 2 ^ LPM_WIDTHAD。

表 3-30 (續)

LPM_FILE	字串(String)		記憶體初始檔之名稱(.mif)或是十六進位檔案名稱 (Intel-Format)(.hex)，包含了 ROM 的起始資料。
LPM_INDATA	字串(String)		有三種值，分別是"REGISTERED"、"UNREGIST ERED"和"UNUSED"。指出是否資料埠是暫存器。預設值爲"REGISTERED"。
LPM_ADDRESS_CONTROL	字串(String)	"REGISTERED"	有三種值，分別是"RE GISTERED"、"UNREGISTERED"和"UNUSED"。指出是否位址埠是暫存器。預設值爲"REGIST ERED"。
LPM_OUTDATA	字串(String)	"UNREGISTERED"	有三種值，分別是"RE GISTERED"、"UNREGISTERED"和"UNUSED"。指出是否 q 和 eq 埠爲暫存器。預設值爲"REGISTERED"。
address[]	輸入	used	記憶體位址輸入端。輸入寬度爲 LPM_WIDTHAD 寬。
we	輸入	unused	記憶體寫入致能端。
inclock	輸入	used	記憶體之同步輸入時脈控制端。
outclock	輸入	unused	記憶體之同步輸出之時脈輸入端。
memenab	輸入	unused	記憶體輸出三態致能端。Memenab 與 outenab 必須存在一項。
outenab	輸入	used	輸出致能輸入端，爲 1 時: dio 來自記憶體[address]； 爲 0 時: 記憶體[address] 來自 dio。Memenab 與 outenab 必須存在一項。
dio[]	輸出入	used	記憶體雙向輸出入端，資料寬度爲 LPM_WIDTH。

3-5-2　VHDL 編輯雙向輸入輸出腳暫存器

VHDL 編輯雙向輸入輸出腳暫存器可利用行為描述法編輯，其 VHDL 編輯結果如圖 3-40、圖 3-41、圖 3-42 與圖 3-43 所示。此範例電路名稱為〝ramio2_8v〞。

```
MAX+plus II - c:\work\vhd\ramio2_8v
MAX+plus II  File  Edit  Templates  Assign  Utilities  Options  Window  Help
ramio2_8v.vhd - Text Editor
LIBRARY ieee;
USE ieee.std_logic_1164.ALL;
USE ieee.std_logic_arith.ALL;
ENTITY ramio2_8v IS
    PORT
    (   dio      : INOUT STD_LOGIC_VECTOR(7 downto 0);
        inclk, we, addr, outen    : IN STD_LOGIC
    );
END ramio2_8v ;
```

圖 3-40　VHDL 編輯雙向輸入輸出腳暫存器

如圖 3-40 所示，雙向輸出入埠 dio 其資料型態為 STD_LOGIC_VECTOR(7 downto 0)，輸入埠 inclk、addr、outen 與 we 其資料型態為 STD_LOGIC。

```
ARCHITECTURE a OF ramio2_8v  IS
  TYPE Q2_8 IS ARRAY (1 DOWNTO 0) OF STD_LOGIC_VECTOR(7 downto 0);
  SIGNAL Q : Q2_8;
  SIGNAL addrtem : STD_LOGIC;
  SIGNAL ramo : STD_LOGIC_VECTOR(7 downto 0);
BEGIN
Blk_ram: BLOCK
 BEGIN
   PROCESS (inclk)
     VARIABLE I : Integer range 0 to 1;
     BEGIN
       WAIT UNTIL inclk = '1';
       I := CONV_INTEGER(addr);
       IF ((we='1') AND (outen='0')) THEN
            Q(I) <= dio;
       END IF;
   END PROCESS ;
 END BLOCK Blk_ram;
```

圖 3-41　VHDL 編輯雙向輸入輸出腳暫存器

如圖 3-41 所示，此電路架構名稱爲 a，架構內容爲，假如 inclk 發生正緣變化時，若 outen 爲 0 且 we 等於 1，則將 dio 資料寫入 addr 所指的暫存器 Q 中。

```
Blk_reg: BLOCK
 BEGIN
  PROCESS (inclk)
   BEGIN
     WAIT UNTIL inclk = '1';
     addrtem <= addr;
  END PROCESS ;
 END BLOCK Blk_reg;

Blk_mux: BLOCK
 BEGIN
   ramo <= Q(1) WHEN addrtem ='1' ELSE Q(0);
 END BLOCK Blk_mux;
```

圖 3-42　VHDL 編輯雙向輸入輸出腳暫存器

如圖 3-42 所示，當 inclk 發生正緣變化時，多工器選出 addr 所指的暫存器內容，並輸出至輸出端 ramo。

```
Blk_tri: BLOCK
  BEGIN
   PROCESS (outen, ramo)
    BEGIN
      IF (outen='1') THEN
         dio <= ramo;
      ELSE
         dio <= (others =>'Z');
      END IF;
   END PROCESS ;
  END BLOCK Blk_tri;
END a;
Line   4   Col  20   INS
```

圖 3-43　VHDL 編輯雙向輸入輸出腳暫存器

如圖 3-43 所示，當 outen=1，則 ramo 資料從 dio 輸出，否則輸出 dio 爲高阻抗狀態(Z)。

3-5-2-1　說明

- 型態轉換：VHDL 中套件 std_logic_arith 有提供幾組型別轉換之函數，可轉換變數或訊號之資料型態，整理如表 3-19 所示。
- Block 敘述：VHDL 提供 BLOCK 敘述(BLOCK Statement)，BLOCK 敘述語法整理如表 2-77 所示。一個 Architecture 中可以有兩個以上之 BLOCK。各個 BLOCK 可有自己區域使用之訊號、型態等，可在 BLOCK 宣告部份宣告。
- 參數式元件：有關 Altera 提供的參數式函數，有些可運用到元件內建的 RAM 與 ROM，包括 lpm_ram_dq、lpm_ram_io、lpm_rom、lpm_ram_dp、csdpram、lpm_fifo_dc、lpm_fifo 與 csfifo。其中 lpm_ram_io 可為同步或非同步之單一輸出入埠的隨機存取記憶體，此組件宣告(Component Declarations)已在套件(Package)「LPM_COMPONENTS」中宣告，可在 MAX+plus II 環靜下「c:\maxplus2\vhdl93(87)\lpm\lpm_pack.vhd」中找到。lpm_ram_io 之 VHDL 之組件宣告如表 3-31 所示，而腳位與參數說明請參考表 3-30 所示。

表 3-31　VHDL 參數式元件 lpm_ram_io 組件宣告

```
COMPONENT lpm_ram_io
    GENERIC (LPM_WIDTH: POSITIVE;
        LPM_TYPE: STRING := "LPM_RAM_IO";
        LPM_WIDTHAD: POSITIVE;
        LPM_NUMWORDS: NATURAL := 0;
        LPM_FILE: STRING := "UNUSED";
        LPM_INDATA: STRING := "REGISTERED";
        LPM_ADDRESS_CONTROL: STRING := "REGISTERED";
        LPM_OUTDATA: STRING := "REGISTERED";
        LPM_HINT: STRING := "UNUSED");
    PORT (address: IN STD_LOGIC_VECTOR(LPM_WIDTHAD-1 DOWNTO 0);
```

```
            we: IN STD_LOGIC;
            inclock: IN STD_LOGIC := '0';
outclock: IN STD_LOGIC := '0';
            outenab: IN STD_LOGIC := '1';
            memenab: IN STD_LOGIC := '1';
            dio: INOUT STD_LOGIC_VECTOR(LPM_WIDTH-1 DOWNTO 0));
END COMPONENT;
```

3-5-3 Verilog HDL 編輯雙向輸入輸出腳暫存器

Verilog HDL 編輯雙向輸入輸出腳暫存器結果如圖 3-44、圖 3-45 與圖 3-46 所示。此範例電路名稱為〝ramio2_8vl1〞。

MAX+plus II - c:\work\vl\ramio2_8vl

MAX+plus II File Edit Templates Assign Utilities Options Window Help

ramio2_8vl.v - Text Editor

```
module ramio2_8vl (dio,inclk,we,addr,outen);
   inout   [7:0] dio;
   input   inclk, we, addr, outen;
   reg     [7:0] Q0, Q1;
   reg     [7:0] ramo;
   reg     addrtem;

   always @(posedge inclk )
    begin
          if (we)
           begin
             case (addr)
                 0 : Q0 = dio;
                 1 : Q1 = dio;
             endcase
           end
   end
```

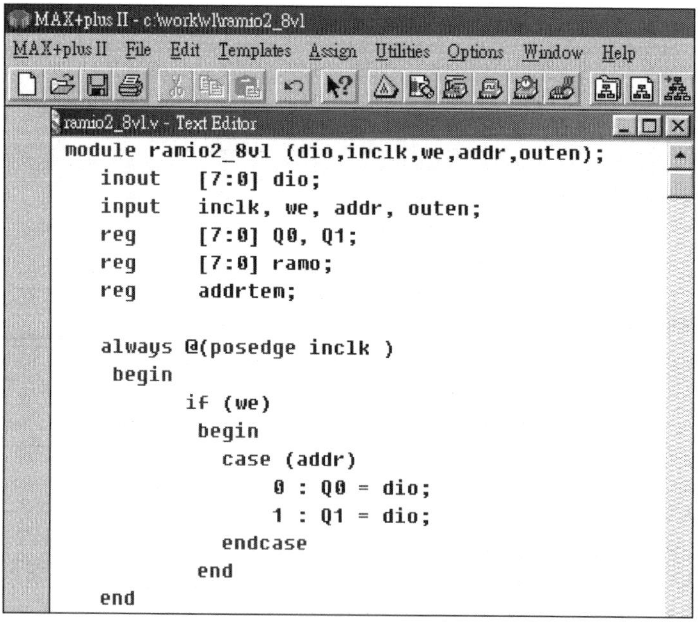

圖 3-44 Verilog HDL 編輯雙向輸入輸出腳暫存器

如圖 3-44 所示，雙向輸出入埠 dio 爲八位元之向量，資料型態爲內定之 wire 型態，輸入埠 inclk、addr、outen 與 we 皆爲一位元之向量，資料型態皆爲內定之 wire 型態。另外宣告了 ramo、Q0、Q1 爲八位元之向量，資料型態爲 reg，宣告 addrtem 爲一位元之向量，資料型態爲 reg。此電路內容爲，當 inclk 發生正緣變化時，如果 we=1 時，會將 dio 資料寫入 addr 所指的暫存器 Q 中。

```
always @(posedge inclk)
 begin
  addrtem = addr;
 end

always @(addrtem or Q0 or Q1)
 begin
   case (addrtem)
     0 :  ramo = Q0;
     1 :  ramo = Q1;
   endcase
 end
```

圖 3-45　Verilog HDL 編輯雙向輸入輸出腳暫存器

如圖 3-45 所示，當 inclk 發生正緣變化時，多工器選出 addr 所指的暫存器內容，並送至 ramo。

```
  bufif1 (dio[0], ramo[0], outen);
  bufif1 (dio[1], ramo[1], outen);
  bufif1 (dio[2], ramo[2], outen);
  bufif1 (dio[3], ramo[3], outen);
  bufif1 (dio[4], ramo[4], outen);
  bufif1 (dio[5], ramo[5], outen);
  bufif1 (dio[6], ramo[6], outen);
  bufif1 (dio[7], ramo[7], outen);
endmodule
Line 20   Col 9   INS
```

圖 3-46　Verilog HDL 編輯雙向輸入輸出腳暫存器

如圖 3-46 所示，將八個 ramo 成份接至八個基本閘 bufif1 的資料輸入端，outen 接至八個基本閘 bufif1 的輸出致能端，而八個 dio 成份則接至基本閘 bufif1 的輸出端，如圖 3-46 所示。

3-5-3-1 說明

- 基本邏輯閘：Verilog HDL 提供了數種基本邏輯閘(Primitive Gates)，可分成 and/or 類與 buf/not 類，and/or 類之閘有一個純量輸出與多個純量輸入，且輸出爲括弧中參數之第一項，其餘項爲輸入。buf/not 類有一純量輸入和多個純量輸出。Verilog HDL 提供了數種基本邏輯閘包括 and、 nand、or、nor、xor、xnor、not、buf，引用基本邏輯閘方式是屬於 Verlog HDL 之結構性語法(Structural features)，與另一種 Verilog HDL 之行爲性語法(Behavioral features)是不同的。在 Verilog HDL 中可以利用插入邏輯閘之方式，引用基本邏輯閘，整理如表 2-18 所示。這些基本邏輯閘之輸出訊號，必須是一位元之 wire 型態，而基本邏輯閘之輸入訊號之型態，則可宣告爲 wire 型態或 reg 型態。引用基本邏輯閘時，其中引入名稱可省略，且輸出訊號在括弧中之最左邊之位置。若一輸入項有兩位元以上時，只有最小位元會被拿來運算。若有引用兩個以上之邏輯函數，其引入名稱不可重複。

- bufif/notif 類閘：bufif/notif 類閘爲 buf/not 閘加上控制訊號而成，此類閘有 bufif1、bufif0、notif1 與 notif0，爲 buf 閘加上控制訊號而成。本範例運用了 bufif1 基本閘其型式爲 bufif1 (out, in, ctrl)眞値表整理如表 3-32 所示，即輸出致能控制項 ctrl 爲 0 時，out 爲 z(高阻抗)，輸出致能控制項 ctrl 爲 1 時，out 等於 in，bufif0 則在輸出致能控制項 ctrl 爲 1 時，out 爲 z(高阻抗)，輸出致能控制項 ctrl 爲 0 時，out 等於 in。

表 3-32　bufif1 真值表

ctrl	in	out
0	0	Z
0	1	z
1	0	0
1	1	1

- 參數式元件：本範例運用參數式函數 lpm_ram_io，其腳位與參數如表 3-33 所示，詳細說明請參考表 3-30 所示。

表 3-33　參數式函數 lpm_ram_io 之腳位宣告與參數

```
FUNCTION lpm_ram_io (address[LPM_WIDTHAD-1..0], we, inclock, outclock, outenab, memenab)
    WITH (LPM_WIDTH, LPM_WIDTHAD, LPM_NUMWORDS, LPM_FILE, LPM_INDATA, LPM_ADDRESS_CONTROL, LPM_OUTDATA)
    RETURNS (dio[LPM_WIDTH-1..0]);
```

3-5-4　模擬雙向輸入輸出腳暫存器

雙向輸入輸出腳暫存器模擬結果如圖 3-47 所示。

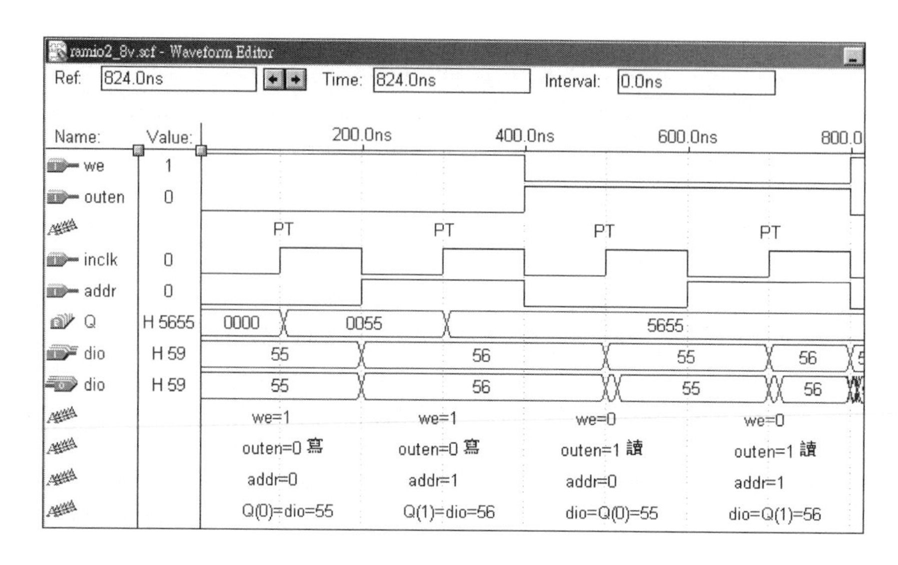

圖 3-47　雙向輸入輸出腳暫存器模擬

- 第一個正緣：outen=0 且 we = 1，可將 dio 值存入 addr 所指的暫存器中，因位址 addr = 0，且輸入資料 dio = H55，故在 clk 第一個正緣後暫存器 Q0 變為 H55，其他暫存器內容保持不變。
- 第二個正緣：outen=0 且 we = 1，可將 dio 值存入 addr 所指的暫存器中，因位址 addr = 1，且輸入資料 dio = H56，故在 clk 第二個正緣後暫存器 Q1 變為 H56，其他暫存器內容保持不變。
- 第三個正緣：輸入 we = 0，不可將 dio 值存入 addr 所指的暫存器中，故暫存器內容保持不變。因 outen=1，可將暫存器內容讀出，因位址 addr = 0，在 clk 第三個正緣後 dio 輸出暫存器 Q0 之內容 H55。(此時模擬圖上之輸入(i)dio 要配合輸出(o)dio，在 clk 第三個正緣後給予輸入 dio〝H55〞之值，不然輸出 dio 會顯示 X。)

- 第四個正緣：輸入 we = 0，不可將 dio 值存入 addr 所指的暫存器中，故暫存器內容保持不變。因 outen=1，可將暫存器內容讀出，因位址 addr = 1，在 clk 第四個正緣後 dio 輸出暫存器 Q1 之內容 H56。(此時模擬圖上之輸入 dio 要配合輸出 dio，在 clk 第四個正緣後給予輸入 dio"H56"之值，不然輸出 dio 會顯示 X。)

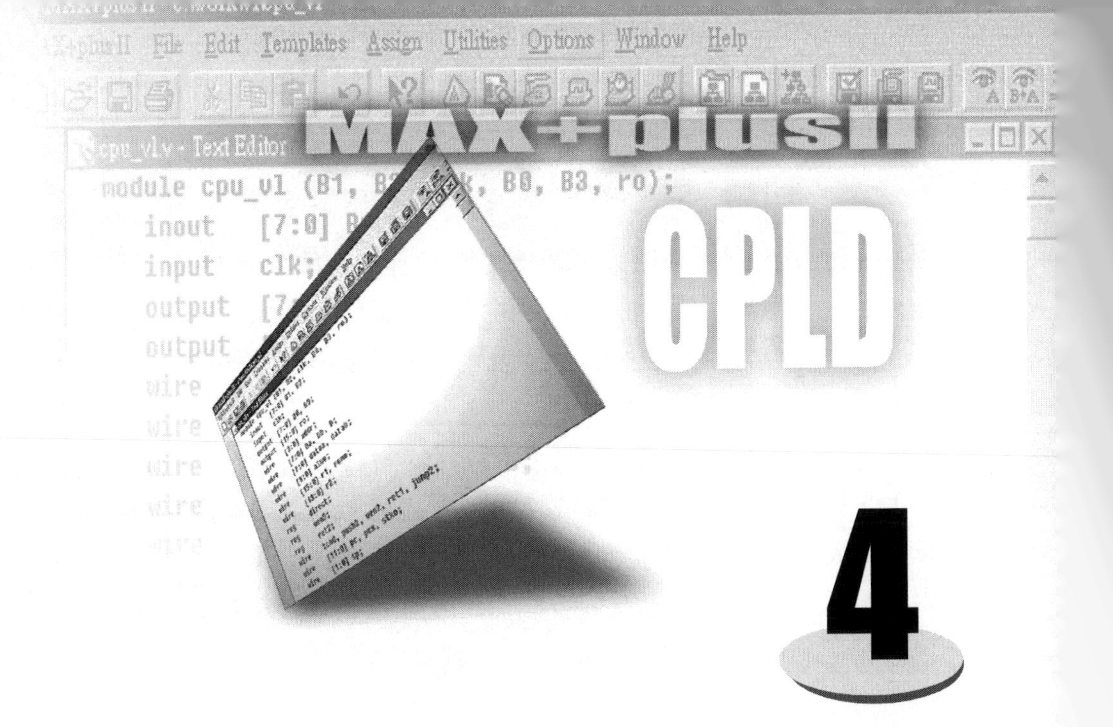

微處理器資料處理管線結構設計範例

第四章至第六章之系統設計範例，將設計一個簡易 CPU，並將其分析與實現。首先將由指令集設計開始，再進行記憶體與邏輯安排並進行管線架構之描述，並加以分割成數個子系統說明之，最後再整合各個子系統成爲一簡易之 CPU，並驗證其功能。

指令是決定計算機執行何種工作的命令，有些基本指令是所有處理器都會具備的，例如，加運算、跳躍或呼叫副程式等。指令所需之訊息則決定指令的格式與長度，而指令的長度亦要配合記憶體資料之長度。本範例之處理器指令部分係分爲十六種，共需要四個位元之控制碼，整理如表 4-1 所示。

表 4-1　控制碼

	指　令	說　明
0000 (0)	NOP	空指令
0001 (1)	RET	返回
0010 (2)	JUMP	無條件跳躍
0011 (3)	CALL	無條件呼叫
0100 (4)	JZ	運算結果爲零時跳躍
0101 (5)	JNZ	運算結果非零時跳躍
0110 (6)	JC	進位旗號爲 1 時跳躍
0111 (7)	JNC	進位旗號爲 0 時跳躍
1000 (8)	ADD	兩暫存器資料相加
1001 (9)	SUB	兩暫存器資料相減
1010 (A)	AND	兩暫存器資料作 AND 運算

表 4-1　(續)

1011 (B)	OR	兩暫存器資料作 OR 運算
1100 (C)	IADD	一暫存器資料與記憶體立即資料相加，運算後儲存於資料暫存器
1101 (D)	ISUB	一暫存器資料與記憶體立即資料相減，運算後儲存於資料暫存器
1110 (E)	IAND	一暫存器資料與記憶體立即資料作 AND 運算，運算後儲存於資料暫存器
1111 (F)	IOR	一暫存器資料與記憶體立即資料作 OR 運算，運算後儲存於資料暫存器

資料處理部分係在本章中進行討論，故先針對資料運算指令管線進行設計，故在此僅針對表 4-1 後八個運算指令進行設計。本處理器之資料暫存器有四組，每組可存放八位元之資料，指令格式規劃爲十六位元指令。運算指令之指令格式分兩大類，一類爲兩個資料暫存器內容運算指令，一類爲一資料暫存器內容與記憶體中資料作運算指令格式，整理如表 4-2 與表 4-3 所示。表 4-2 爲兩個資料暫存器內容運算指令格式，此種指令可分解爲四部份，每部份包含 4 位元，第一部份之 4 位元爲運算碼部份，第二及第三部份之兩組 4 位元分別表示兩個運算元位址部份，最後一部份之 4 位元爲存放運算結果之位址部份。

表 4-2　兩個資料暫存器內容運算指令格式

ro[15..12]				ro[11..8]				ro[7..4]				ro[3..0]			
ro15	ro14	ro13	ro12	ro11	ro10	ro9	ro8	ro7	ro6	ro5	ro4	ro3	ro2	ro1	ro0
運算碼				運算元位址				運算元位址				存放位址			
1	0	ALU 運算之控制碼				資料暫存器讀取位址				資料暫存器讀取位址				資料暫存器寫入位址	

表 4-3 為一資料暫存器內容與記憶體中資料作運算指令格式，此種指令可分解為三部份，第一部份之 4 位元為運算碼部份，第二部份 4 位元為運算元位址及存放運算結果之位址，第三部份之 8 位元為立即資料部份，即記憶體中作為運算元之資料。

表 4-3　一資料暫存器內容與記憶體中資料作運算指令格式

<table>
<tr><th colspan="4">ro[15..12]</th><th colspan="4">ro[11..8]</th><th colspan="4">ro[7..4]</th><th colspan="4">ro[3..0]</th></tr>
<tr><td>ro15</td><td>ro14</td><td>ro13</td><td>ro12</td><td>ro11</td><td>ro10</td><td>ro9</td><td>ro8</td><td>ro7</td><td>ro6</td><td>ro5</td><td>ro4</td><td>ro3</td><td>ro2</td><td>ro1</td><td>ro0</td></tr>
<tr><td colspan="4">運算碼</td><td colspan="4">運算元位址與
存放位址</td><td colspan="8">立即資料</td></tr>
<tr><td>1</td><td>1</td><td colspan="2">ALU 運算
之控制碼</td><td></td><td></td><td colspan="2">資料暫存器讀取位址，也是資料暫存器寫入位址</td><td colspan="8">記憶體立即資料(八位元)</td></tr>
</table>

由於本系統之資料暫存器只有四組，故位址只需兩個位元表示，本指令格式可擴充至十六組資料暫存器使用，但資料最多仍為八位元資料。本章先針對簡易 CPU 之資料存取與運算結構先作介紹，如圖 4-1 所示。本範例將處理器分成四個工作段，每一工作段均有一個用於資料之暫存器，四個工作段分別負責讀取指令、讀取運算元、執行運算與寫入暫存器。

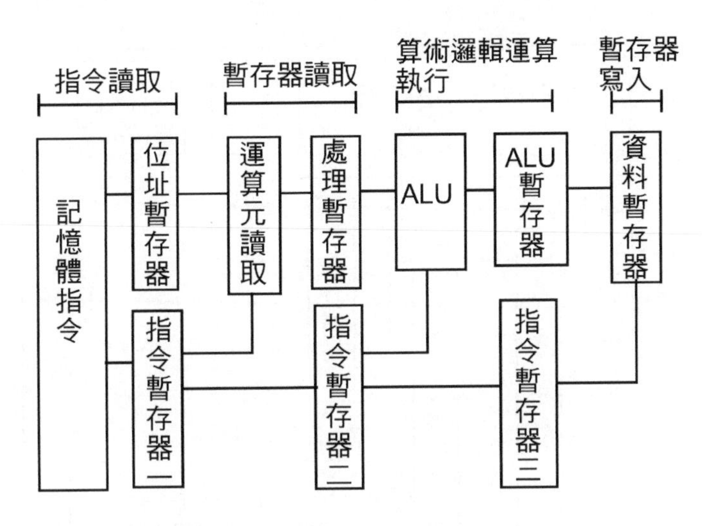

圖 4-1　資料存取與運算結構

本處理器資料存取的步驟整理如表 4-4 所示。

表 4-4　資料存取的步驟

步驟	說明
步 驟 1.	從記憶體中讀取的位址送至位址暫存器。
步 驟 2.	將讀取到的運算元存入處理暫存器。
步 驟 3.	將運算結果存入 ALU 暫存器。
步 驟 4.	ALU 暫存器內容存入資料暫存器中。

本章針對管線結構處理器之資料處理部份所需要的硬體結構，分割成一些子系統，如圖 4-2 所示。包括唯讀記憶體、指令暫存器、資料暫存器與 I/O 系統、算術邏輯單元(ALU)、存入位址控制系統與立即資料選擇控制器。

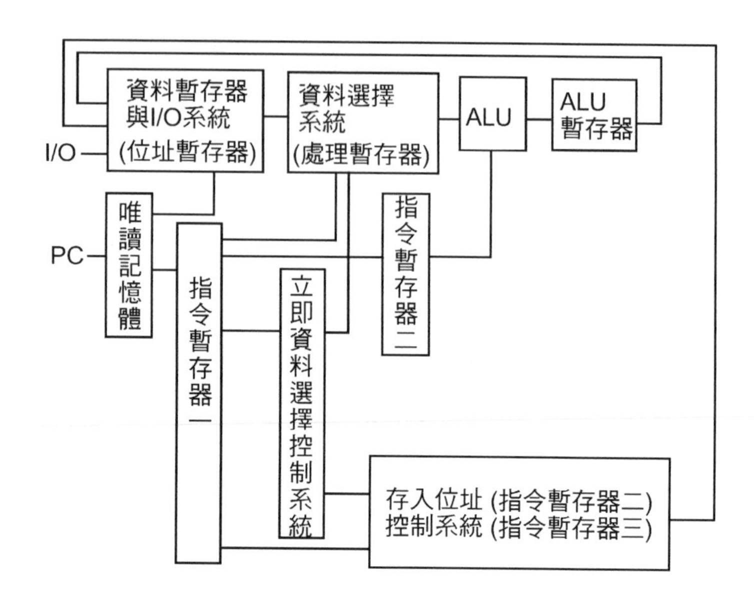

圖 4-2　系統分割

各系統功能整理如表 4-5 所示。

表 4-5　資料存取與運算結構各子系統功能

子　系　統	系統功能
唯讀記憶體	記憶執行程式之指令或用以運算的數值。由程式計數器 PC 值決定唯讀記憶體輸出之指令。
指令暫存器一	暫時存放指令。
指令暫存器二	暫時存放指令。
指令暫存器三	暫時存放指令。

表 4-5　(續)

資料暫存器與 I/O 系統	資料暫存器之功能為儲存微處理器運算結果，而 I/O 裝置則可輸出資料暫存器所儲存之內容或傳入資料以作為下一級處理之用，並具有兩組多工器輸出 Da 及 Db。
資料選擇系統	在資料暫存器與 I/O 系統之多工器輸出 Db 與記憶體之立即資料兩者之間選擇一項，並和資料暫存器與 I/O 系統之多工器輸出 Da 分別傳送至處理暫存器。
算術邏輯單元	將兩組資料進行算數邏輯運算。
ALU 暫存器	暫時存放算術邏輯單元運算結果。
存入位址控制系統	依照指令碼選定存入資料暫存器時之位址。
立即資料選擇控制器	判斷指令碼是否為記憶體立即資料運算指令。

本章將分別介紹各子系統之電路設計與模擬，再於最後一小節整合各子系統完成簡易 CPU 之資料存取與運算結構部份。詳細介紹如下。

4-1　資料暫存器與 I/O 系統

此系統之資料暫存器功能為儲存微處理器 ALU 運算結果，並有 I/O 裝置可輸出資料暫存器所儲存之內容，還可配合位址暫存器控制之多工器選取，從多組資料暫存器中選取兩筆資料至資料輸出端，作為下一級處理之資料，或是可由輸出入埠傳入資料，配合位址暫存器控制之多工器選取，將外部資料送至資料輸出端，作為下一級處理之資料，如圖 4-3 所示。

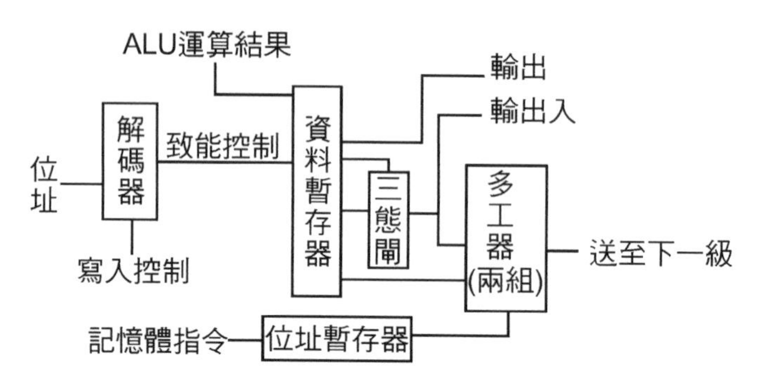

圖 4-3　資料暫存器與 I/O 系統示意圖

本範例之資料暫存器由四個八位元暫存器組成，由寫入致能線 WE 與位址線 addr[1..0]控制 ALU 運算結果 D[7..0]的寫入。本範例之 I/O 裝置有兩組輸出可輸出兩組暫存器之內容，並有兩組雙向輸出入端，可輸出兩組暫存器之內容。另外，有兩個四對一多工器分別可選取資料暫存器內的一組資料，或選取由雙向輸出入端傳入之資料，送至 Da[7..0]或 Db[7..0]，作爲下一級處理之資料。兩個四對一多工器之控制項來自記憶體所執行之指令，由 cha[1..0]與 chb[1..0]輸入，經過一位址暫存器再分別接入兩個四對一多工器之控制項。本範例之輸出入端 B1[7..0]與 B2[7..0]，是由位址 0 之資料暫存器內容 Q0(0)與 Q0(1)決定可當成輸出或輸入。資料暫存器與 I/O 系統詳細設計如下所示。

● 腳位：

資料輸入端：D[7..0]

時脈輸入端：Clk

資料暫存器寫入致能端：WE

位址輸入端：addr[1..0]

暫存器輸入端：cha[1..0]、chb[1..0]

資料暫存器內容：Q[3][7..0]、Q[2][7..0]、Q[1][7..0]、Q[0][7..0]

資料暫存器輸出：B0[7..0]、B3[7..0]

雙向輸出入端：B1[7..0]、B2[7..0]

多工器輸出：Da[7..0]、Db[7..0]

- 眞值表：資料暫存器與 I/O 系統眞值表如表 4-6 到表 4-9 所示。

資料暫存器眞值表如表 4-6 所示。當資料暫存器寫入致能端 WE 爲 1 時，且 Clk 爲正緣變化時，才能將資料 D 寫入位址爲 addr 之資料暫存器中。

表 4-6 資料暫存器真值表

輸			入	資 料 暫 存 器 內 容				說明
WE	Clk	D	addr	Q(3)	Q(2)	Q(1)	Q(0)	動作
1	↑	A	0	Q(3) (不變)	Q(2) (不變)	Q(1) (不變)	A	寫
1	↑	B	1	Q(3) (不變)	Q(2) (不變)	B	Q(0) (不變)	寫
1	↑	C	2	Q(3) (不變)	C	Q(1) (不變)	Q(0) (不變)	寫
1	↑	D	3	D	Q(2) (不變)	Q(1) (不變)	Q(0) (不變)	寫
0	↑	X	X	Q(3) (不變)	Q(2) (不變)	Q(1) (不變)	Q(0) (不變)	不動作
X	其他	X	X	Q(3) (不變)	Q(2) (不變)	Q(1) (不變)	Q(0) (不變)	不動作

I/O 系統眞值表可分爲幾種狀況：

1. 當資料暫存器內容爲 Q0(0)=1，Q0(1)=1 時，兩三態閘輸出致能爲 1，雙向輸出入埠 B1 與 B2 作爲輸出，其眞值表如表 4-7。即輸出 B3、B2、B1 與 B0 分別輸出資料暫存器之內容 Q3、Q2、Q1 與 Q0。

表 4-7 資料暫存器與 I/O 系統真值表

輸出			
B3	B2	B1	B0
Q3	Q2	Q1	Q0

同樣當資料暫存器內容為 Q0(0)=1，Q0(1)=1 時，兩多工器輸出由多工器選擇控制項控制，輸出值為資料暫存器內容值，其眞值表如表 4-8 所示。

表 4-8 資料暫存器與 I/O 系統真值表

時脈輸入	多工器選擇控制輸入		多工器輸出	
Clk	Cha	Chb	Da	Db
↑	I	J	Q(I)	Q(J)
（註：I ∈ {0,1,2,3}、J ∈ {0,1,2,3}）				

2. 當資料暫存器內容為 Q0(0)=0，Q0(1)=0 時，兩三態閘輸出致能為 0，而 B1 與 B2 作為輸入，亦即輸出 B3 與 B0 分別輸出資料暫存器內容 Q3 與 Q0，眞值表如表 4-9 所示。

表 4-9 資料暫存器與 I/O 系統真值表與

輸出	
B3	B0
Q3	Q0

同樣當資料暫存器內容爲 Q0(0)=0，Q0(1)=0 時，在多工器選擇控制項爲 1 或 2 時，多工器會輸出由 B1 或 B2 輸入之資料，在多工器選擇控制項爲 0 或 3 時會輸出資料暫存器中之資料，眞值表如表 4-10 所示。

表 4-10　資料暫存器與 I/O 系統真值表

時脈輸入	輸入		多工器選擇控制輸入		多工器輸出	
Clk	B1	B2	cha	chb	Da	Db
↑	B1	B2	1	1	B1	B1
↑	B1	B2	2	2	B2	B2
↑	B1	B2	1	2	B1	B2
↑	B1	B2	2	1	B2	B1
↑	X	B2	2	n	B2	Q(n)
↑	X	B2	m	2	Q(m)	B2
↑	B1	X	1	n	B1	Q(n)
↑	B1	X	m	1	Q(m)	B1
↑	X	X	m	n	Q(m)	Q(n)
（註：$m \in \{0,3\}$、$n \in \{0,3\}$）						

3. 當資料暫存器內容爲 Q0(0)=1，Q0(1)=0 時，B1 爲資料暫存器內容輸出，B2 作爲輸入，亦即輸出 B3、B1 與 B0 分別輸出資料暫存器內容 Q3、Q1 與 Q0，眞值表如表 4-11 所示。

表 4-11　資料暫存器與 I/O 系統真值表

輸　出		
B3	B1	B0
Q3	Q1	Q0

同樣當資料暫存器內容 Q0(0)=1，Q0(1)=0 時，在多工器選擇控制項爲 2 時，多工器會輸出由 B2 輸入之資料，在多工器選擇控制項爲 0、1 或 3 時會輸出資料暫存器中之資料，眞值表如表 4-12 所示。

表 4-12　資料暫存器與 I/O 系統真值表

時脈輸入	輸　入	多工器選擇控制輸入		多工器輸出	
Clk	B2	cha	chb	Da	Db
↑	B2	2	2	B2	B2
↑	B2	2	f	B2	Q(f)
↑	B2	e	2	Q(e)	B2
↑	X	e	f	Q(e)	Q(f)
（註：$e \in \{0,1,3\}$、$f \in \{0,1,3\}$）					

4. 當資料暫存器內容爲 Q0(0)=0，Q0(1)=1 時，B1 作爲輸入，B2 爲資料暫存器內容輸出，即輸出 B3、B2 與 B0 分別輸出資料暫存器內容 Q3、Q2 與 Q0，眞值表如表 4-13 所示。

表 4-13　資料暫存器與 I/O 系統真值表

輸出		
B3	B2	B0
Q3	Q2	Q0

同樣當資料暫存器內容為 Q0(0)=0，Q0(1)=1 時，在多工器選擇控制項為 1 時，多工器會輸出由 B1 輸入之資料，在多工器選擇控制項為 0、2 或 3 時會輸出資料暫存器中之資料，真值表如表 4-14 所示。

表 4-14　資料暫存器與 I/O 系統真值表

時脈輸入	輸入	多工器選擇控制輸入		多工器輸出	
Clk	B1	Cha	chb	Da	Db
↑	B1	1	1	B1	B1
↑	B1	1	v	B1	Q(v)
↑	B1	u	1	Q(u)	B1
↑	X	u	v	Q(u)	Q(v)
（註：$u \in \{0,2,3\}$、$v \in \{0,2,3\}$）					

4-1-1 電路圖編輯資料暫存器與 I/O 系統

資料暫存器與 I/O 系統電路圖編輯結果如圖 4-4 所示，此電路名稱為〝io_g〞。資料暫存器與 I/O 系統電路利用到一個二對四解碼器〝lpm_decode〞，四個含致能功能八位元暫存器〝d8_g〞，兩個三態閘〝tri〞，兩個八位元四對一多工器〝lpm_mux〞，兩個二位元暫存器〝lpm_ff〞。另外還有六個〝input〞基本元件、兩個〝bidir〞基本元件與四個〝output〞基本元件，並分別更名為 D[7..0]、addr[1..0]、WE、Clk、cha[1..0]、chb[1..0]、B[1][7..0]、B[2][7..0]、B[0][7..0]、B[3][7..0]、Da[7..0] 與 Db[7..0]。

從圖 4-4 可以看出，四個含致能功能八位元暫存器〝d8_g〞構成了資料暫存器，二對四解碼器〝lpm_decode〞將位址線解碼，控制著資料暫存器的寫入致能。兩個三態閘之輸出致能端由位址為 0 之資料暫存器輸出 B[0][0] 與 B[0][1]控制，兩個三態閘分別控制著兩組暫存器內容可否輸出，必須配合雙向閘為輸出或輸入端(若三態閘可傳遞暫存器內容，雙向閘為輸出；若三態閘輸出高阻抗，雙向閘可為輸入)。兩個四對一多工器分別可選取資料暫存器內的一組資料，或選取由雙向輸出入端傳入之資料。這兩個四對一多工器之控制項分別由 cha 與 chb 各經由一位址暫存器控制著。

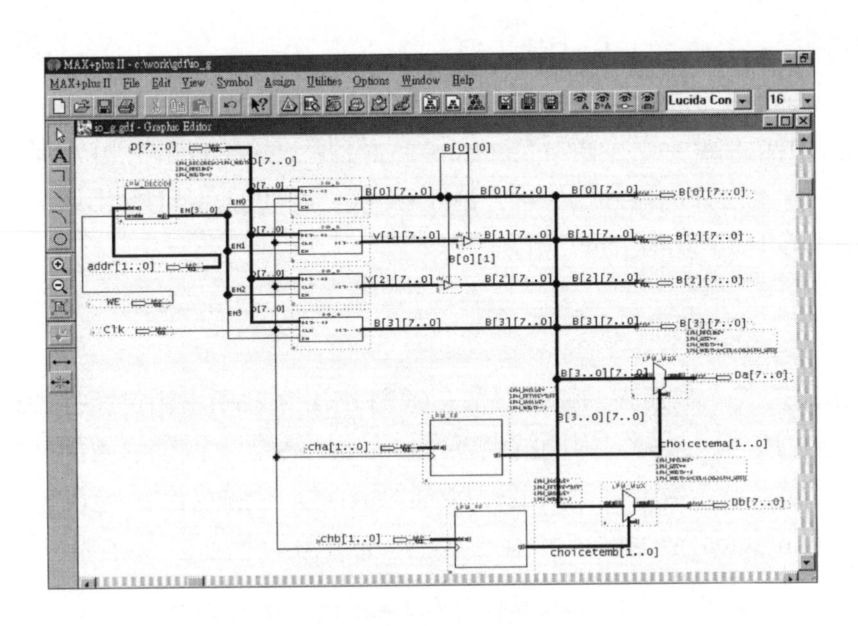

圖 4-4　電路圖編輯資料暫存器與 I/O 系統

從圖 4-4 可以看出，addr[1.0] 接到〝lpm_mux〞的 data[]輸入端，WE 接到〝lpm_mux〞的 enable 輸入端，〝lpm_mux〞的 eq[]輸出端接巴士線 EN[3..0]。輸入 Clk 接到〝d8_g〞的 clk 輸入端，Data[7..0]接到四個〝d8_g〞的 D[7..0] 輸入端，巴士線 EN[3..0]分出四個節點分別接到四個〝d8_g〞的 en 輸入端。四個〝d8_g〞的 Q[7..0]輸出端分別接四條巴士線 B[0][7..0]、V[1][7..0]、V[2][7.0] 與 B[3][7..0]。V[1][7..0]接一第一個三態閘之資料輸入端，B[0][0]接第一個三態閘之輸出致能輸入端，第一個三態閘之輸出端接巴士線 B[1][7..0]。V[2][7..0]接第二個三態閘之資料輸入端，B[0][1]接第二個三態閘之輸出致能輸入端，第二個三態閘之輸出端接巴士線 B[3][7..0]。巴士線 B[0][7..0]接輸出埠 B[0][7..0]，巴士線 B[1][7..0]接雙向輸出入埠 B[1][7..0]，巴士線 B[2][7..0]接雙向輸出入埠 B[2][7..0]，巴士線 B[3][7..0]接輸出埠 B[3][7..0]。巴士線 B[0][7..0]、B[1][7..0]、B[2][7..0]、B[3][7..0]匯集成 B[3..0][7..0]。輸入 Clk 接兩〝lpm_ff〞的>輸入，cha[1..0]與 chb[1..0]

分別接兩〝lpm_ff〞的 data[]輸入端，兩〝lpm_ff〞的 q[]輸出端分別接巴士線 choicetema[1..0]與 choicetemb[1..0]，B[3..0][7..0]接到兩多工器〝lpm_mux〞的 data[][]輸入端，巴士線 choicetema[1..0]與 choicetemb[1..0]分別接到兩〝lpm_mux〞的 sel[]輸入端，兩〝lpm_mux〞元件的 result[]輸出端分別接到電路輸出埠 Da[7..0]與 Db[7..0]。

4-1-1-1 說明

- 電路組成：電路圖編輯資料暫存器與 I/O 系統所引用之組件整理如表 4-15 所示。一個二對四解碼器〝lpm_decode〞，四個含致能功能八位元暫存器〝d8_g〞，兩個三態閘〝tri〞，兩個八位元四對一多工器〝lpm_mux〞，兩個二位元暫存器〝lpm_ff〞。

表 4-15　電路圖編輯資料暫存器與 I/O 系統引用之組件

組成元件	個數	引用元件	元件功能
二對四解碼器	一個	lpm_decode	可將位址線解碼，控制著資料暫存器的寫入致能。
含致能功能八位元暫存器	四個	d8_g	儲存資料
三態閘	兩個	Tri	
八位元四對一多工器	兩個	lpm_mux	兩個四對一多工器分別可選取資料暫存器內的一組資料，或選取由雙向輸出入端傳入之資料。
二位元暫存器	兩個	lpm_ff	位址暫存器

- 二對四解碼器：本元件功能爲將位址線解碼，控制著資料暫存器的寫入致能，解碼結果一次只能致能一組含致能功能之八位元暫存器。二對四解碼器使用了參數式函數〝lpm_decode〞編輯，將其參數 lpm_width

設定爲 2，LPM_DECODES 設定爲 2 的 lpm_width 次方(2^lpm_width)，即設定輸入資料寬爲 2，解碼輸出有 4 個埠，並設定使用 data[]、enable 與 eq[]。此設定後之二對四解碼器的 data[]寬度爲 2(data[]寬度等於 lpm_width 值)，eq[]寬度爲 4(eq []寬度等於 lpm_DECODES 值)。

- 八位元四對一多工器：八位元四對一多工器利用到參數式函數〝lpm_mux〞編輯，設定其參數 LPM_SIZE 爲 4，LPM_WIDTH 爲 8，LPM_WIDTHS 爲 2，即設定輸入資料的數目爲 4，資料寬爲 8，資料選擇控制端寬度爲 2，並設定只使用 data[][]、sel[]與 result[]腳位。此設定後之多工器，其 data[]寬度爲 8(data[]寬度等於 lpm_width 值)，輸入資料的數目爲 4(輸入資料個數爲 LPM_SIZE 個)，sel[]寬度爲 2(sel []寬度等於 lpm_ WIDTHS 值)。有關參數式函數〝lpm_mux〞請參考 2-5-1-1 小節。

- 含致能功能八位元暫存器：含致能功能八位元暫存器利用參數式函數〝lpm_ff〞編輯，其電路圖編輯結果請參考 3-1-1 小節。此電路名稱爲〝d8_g〞，此電路由一個〝lpm_ff〞所組成，要將其參數 lpm_fftype 設定爲"DFF"，將其參數 lpm_width 設定爲 8，並設定使用 data[]、clock、enable 與 q[]。此設定後之〝lpm_ff〞，其 data[]與 q[]寬度皆爲 8(data[]與 q[]寬度等於 lpm_width 值)。

- 二位元暫存器：二位元暫存器利用參數式函數〝lpm_ff〞編輯，其電路圖編輯結果請參考 3-1 小節。此電路由一個〝lpm_ff〞所組成，要將其參數 lpm_fftype 設定爲"DFF"，將其參數 lpm_width 設定爲 2，並設定使用 data[]、clock 與 q[]。此設定後之〝lpm_ff〞，其 data[]與 q[]寬度皆爲 2(data[]與 q[]寬度等於 lpm_width 值)。

4-1-1-2　隨堂練習

- 設計一個有十六個八位元暫存器之資料暫存器與 I/O 系統。

4-1-2 VHDL 編輯資料暫存器與 I/O 系統

VHDL 編輯結果如圖 4-5 至圖 4-10 所示。此範例電路名稱爲〝io_v〞。

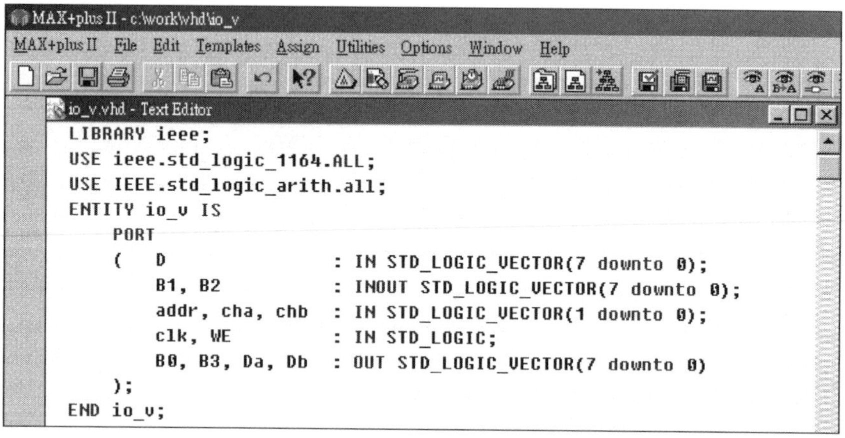

```
LIBRARY ieee;
USE ieee.std_logic_1164.ALL;
USE IEEE.std_logic_arith.all;
ENTITY io_v IS
    PORT
    (   D                   : IN STD_LOGIC_VECTOR(7 downto 0);
        B1, B2              : INOUT STD_LOGIC_VECTOR(7 downto 0);
        addr, cha, chb      : IN STD_LOGIC_VECTOR(1 downto 0);
        clk, WE             : IN STD_LOGIC;
        B0, B3, Da, Db      : OUT STD_LOGIC_VECTOR(7 downto 0)
    );
END io_v;
```

圖 4-5　VHDL 編輯資料暫存器與 I/O 系統輸出入埠宣告

如圖 4-5 所示，本範例使用了兩個套件：目錄〝ieee〞下的〝std_logic_1164〞套件與〝std_logic_arith〞套件。輸入埠 D 之資料型態爲 STD_LOGIC_VECTOR(7 downto 0)，輸入埠 B1 與 B2 之資料型態爲 STD_LOGIC_VECTOR(7 downto 0)，輸入 addr、cha 與 chb 之資料型態爲 STD_LOGIC_VECTOR(1 downto 0)，輸入埠 clk 與 WE 之資料型態爲 STD_LOGIC，輸出埠 B0、B3、Da 與 Db 之資料型態爲 STD_LOGIC_VECTOR(7 downto 0)，如圖 4-5 所示。

```
ARCHITECTURE a OF io_v  IS
  TYPE Q4_8 IS ARRAY (3 DOWNTO 0) OF STD_LOGIC_VECTOR(7 downto 0);
  SIGNAL Q                           : Q4_8;
  SIGNAL ramo, K1, K2                : STD_LOGIC_VECTOR(7 downto 0);
  SIGNAL choicetema, choicetemb      : STD_LOGIC_VECTOR(1 downto 0);
BEGIN

 Blk_ram: BLOCK
  BEGIN
   PROCESS (clk)
     VARIABLE I   : INTEGER range 0 to 3;
     BEGIN
       WAIT UNTIL clk = '1';
       I := CONV_INTEGER(UNSIGNED(addr));
       IF (WE = '1')  THEN
            Q(I) <= D;
       END IF;
   END PROCESS ;
 END BLOCK Blk_ram;
```

圖 4-6　VHDL 編輯資料暫存器區塊

如圖 4-6 所示，本範例架構名稱為 a，在架構宣告區宣告了型態 Q4_8 為陣列(3 downto 0)，陣列組成為 STD_LOGI C_VECTOR(7 downto 0) 。並宣告 Q 為 Q4_8 之資料型態。宣告訊號 ramo、K1 與 K2 之資料型態為 STD_LOGIC_VECTOR(7 downto 0)，choicetema 與 choicetemb 之資料型態為 STD_LOGIC_VECTOR(1 downto 0)。

此電路架構內容共分了數種區塊，在區塊 Blk_ram 中描述資料暫存器之存入描述，區塊 Blk_tri 中描述兩組三態閘之接線，區塊 Blk_io 中描述 I/O 輸出入埠之接線，區塊 Blk_reg 中描述兩組位址暫存器之接線，區塊 Blk_muxa 中描述一組多工器之接線，區塊 Blk_muxb 中則描述一組多工器之接線，並分述如下：

在區塊 Blk_ram 中，描述了當正緣觸發時，先將輸入 addr 轉換成整數，再判斷是否 WE 等於 1，若 WE=1，則將 D 之值寫入 addr 所指的記憶體 Q 中。其中變數 I 之資料型態為範圍從 0 到 3 之整數，如圖 4-6 所示。

```
Blk_tri: BLOCK
 BEGIN
  PROCESS (Q)
   BEGIN
   IF Q(0)(0) = '0' THEN
      K1 <= (others => 'Z');
   ELSE
      K1 <= Q(1);
   END IF;
  END PROCESS ;

  PROCESS (Q)
   BEGIN
    IF Q(0)(1) = '0' THEN
      K2 <= (others => 'Z');
    ELSE
      K2 <= Q(2);
    END IF;
   END PROCESS ;
END BLOCK Blk_tri;
```

圖 4-7　VHDL 編輯三態閘區塊

如圖 4-7 所示，在區塊 Blk_tri 中，描述若 Q(0)(0)之值爲 0 時，訊號 K1 之值爲高阻抗，不然的話 K1 之值爲位址爲 1 之記憶體內容 Q(1)。若 Q(0)(1) 之值爲 0 時，訊號 K2 之值爲高阻抗，不然的話 K2 之值爲位址爲 2 之記憶體內容 Q(2)。

```
Blk_io: BLOCK
 BEGIN
   B0 <= Q(0);
   B1 <= K1;
   B2 <= K2;
   B3 <= Q(3);
END BLOCK Blk_io;

Blk_reg: BLOCK
 BEGIN
  PROCESS
   BEGIN
    WAIT UNTIL clk = '1';
    choicetema <= cha;
    choicetemb <= chb;
  END PROCESS;
END BLOCK Blk_reg;
```

圖 4-8　VHDL 編輯 I/O 區塊與位址暫存器區塊

如圖 4-8 所示，區塊 Blk_io 中，描述輸出 B0 來自位址爲 0 之記憶體資料 Q(0)。雙向輸出入埠 B1 與訊號 K1 相接。雙向輸出入埠 B2 與訊號 K2 相接。輸出 B3 來自位址爲 3 之記憶體資料 Q(3)。區塊 Blk_reg 中，描述當正緣觸發時 choicetema 等於 cha，choicetemb 等於 chb。

```
Blk_muxa: BLOCK
 BEGIN
  PROCESS
   BEGIN
      CASE choicetema IS
         WHEN "00" =>  Da <= Q(0);
         WHEN "01" =>  Da <= K1;
         WHEN "10" =>  Da <= K2;
         WHEN "11" =>  Da <= Q(3);
         WHEN OTHERS =>   NULL;
       END CASE;
  END PROCESS;
END BLOCK Blk_muxa;
```

圖 4-9　VHDL 編輯多工器區塊

如圖 4-9 所示，區塊 Blk_muxa 中，描述當 choicetema 等於"00"時，Da 等於 Q(0)。當 choicetema 等於"01"時，Da 等於 K1。當 choicetema 等於"10"時，Da 等於 K2。當 choicetema 等於"11"時，Da 等於 Q(3)。

```
Blk_muxb: Block
 BEGIN
  PROCESS
   BEGIN
      CASE choicetemb IS
        WHEN "00" =>  Db <= Q(0);
        WHEN "01" =>  Db <= K1;
        WHEN "10" =>  Db <= K2;
        WHEN "11" =>  Db <= Q(3);
        WHEN OTHERS =>  NULL;
       END CASE;
  END PROCESS;
END BLOCK Blk_muxb;
END a;
Line 103   Col 1   INS
```

圖 4-10　VHDL 編輯多工器區塊

如圖 4-10 所示，區塊 Blk_muxb 中，描述當 choicetemb 等於"00"時，Db 等於 Q(0)。當 choicetema 等於"01"時，Db 等於 K1。當 choicetema 等於"10"時，Db 等於 K2。當 choicetema 等於"11"時，Db 等於 Q(3)。

4-1-2-1 說明

- 組成：VHDL 編輯資料暫存器與 I/O 系統分成之區塊整理如表 4-16 所示。區塊 Blk_ram 描述四個含致能功能八位元暫存器的寫入控制。區塊 Blk_tri 描述兩個三態閘，其輸出致能端由位址為 0 之資料暫存器 Q(0)(0)與 Q(0)(1)控制，兩個三態閘之輸入端分別來自位址為 1 與 2 之資料暫存器 Q(1)與 Q(2)，兩個三態閘之輸出分別為 K1 與 K2。區塊 Blk_io 描述兩輸出埠 B0 與 B3 來自資料暫存器 Q(0)與 Q(3)，雙向輸出入埠 B1 與 B2 分別接三態閘之輸出 K1 與 K2。區塊 Blk_reg 描述兩位址暫存器，其輸入分別為 cha 與 chb，其輸出分別為 choicetema 與 choicetemb。區塊 Blk_muxa 描述四對一多工器，其控制項為 choicetema，輸出為 Da。區塊 Blk_muxb 描述四對一多工器，其控制項為 choicetemb，輸出為 Db。

表 4-16 VHDL 編輯資料暫存器與 I/O 系統之區塊

區塊	功能
Blk_ram	描述四個含致能功能八位元暫存器的寫入控制。
Blk_tri	描述兩個三態閘，其輸出致能端由位址為 0 之資料暫存器 Q(0)(0)與 Q(0)(1)控制，兩個三態閘之輸入端分別來自位址為 1 與 2 之資料暫存器 Q(1)與 Q(2) ，兩個三態閘之輸出分別為 K1 與 K2。
Blk_io	描述兩輸出埠 B0 與 B3 來自資料暫存器 Q(0)與 Q(3)為，雙向輸出入埠 B1 與 B2 分別接三態閘之輸出 K1 與 K2。
Blk_reg	描述兩暫存器，其輸入分別為 cha 與 chb，其輸入分別為 choicetema 與 choicetemb。
Blk_muxa	描述四對一多工器，其控制項為 choicetema，輸出為 Da。
Blk_muxb	描述四對一多工器，其控制項為 choicetemb，輸出為 Db。

4-1-2-2 隨堂練習

- 設計一個有十六個八位元暫存器之資料暫存器與 I/O 系統。

4-1-3 Verilog HDL 編輯資料暫存器與 I/O 系統

Verilog HDL 編輯結果如圖 4-11 至圖 4-15 所示，此範例電路名稱爲〝io_vl〞。

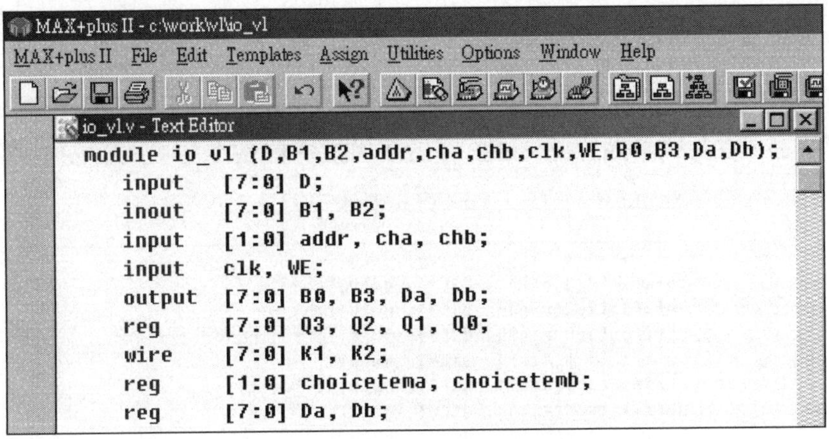

```
MAX+plus II - c:\work\vl\io_vl
MAX+plus II  File  Edit  Templates  Assign  Utilities  Options  Window  Help
io_vl.v - Text Editor
module io_vl (D,B1,B2,addr,cha,chb,clk,WE,B0,B3,Da,Db);
   input    [7:0] D;
   inout    [7:0] B1, B2;
   input    [1:0] addr, cha, chb;
   input    clk, WE;
   output   [7:0] B0, B3, Da, Db;
   reg      [7:0] Q3, Q2, Q1, Q0;
   wire     [7:0] K1, K2;
   reg      [1:0] choicetema, choicetemb;
   reg      [7:0] Da, Db;
```

圖 4-11 Verilog HDL 編輯資料暫存器與 I/O 系統

如圖 4-11 所示，輸入埠 D 爲八位元之向量，資料型態爲內定之 wire 型態。輸出入埠 B1 與 B2 皆爲八位元之向量，資料型態皆爲內定之 wire 型態。輸入埠 addr、cha 與 chb 爲二位元之向量，資料型態爲內定之 wire 型態。輸入埠 clk 與 WE 爲一位元之向量，資料型態爲內定之 wire 型態。輸出埠 B0、B3、Da 與 Db 其爲八位元之向量，B0 與 B3 之資料型態爲 wire，Da 與 Db 之資料型態爲 reg。另外宣告了八位元向量 Q3、Q2、Q1 與 Q0，其資料型態爲 reg。八位元向量 K1 與 K2 之資料型態爲 wire。二位元向量 choicetema, choicetemb 之資料型態爲 reg，如圖 4-11 所示。

```
always @(posedge clk )
 begin
       if (WE)
        begin
          case (addr)
              0 : Q0 = D;
              1 : Q1 = D;
              2 : Q2 = D;
              3 : Q3 = D;
          endcase
        end
 end
```

圖 4-12　Verilog HDL 編輯資料暫存器部份

如圖 4-12 所示，此電路內容可分爲幾部份，包括資料暫存器部份、三態閘與 I/O 部份、位址暫存器與多工器部份。在 always 描述區內描述資料暫存器部份，當 clk 發生正緣變化且 WE=1 時，則判斷 addr 之值，若 addr 等於 0 時，D 資料傳給 Q0；若 addr 等於 1，D 資料傳給 Q1；若 addr 等於 2，D 資料傳給 Q2；若 addr 等於 3，D 資料傳給 Q3。

```
bufif1 t1_0(K1[0], Q1[0], Q0[0]);
bufif1 t1_1(K1[1], Q1[1], Q0[0]);
bufif1 t1_2(K1[2], Q1[2], Q0[0]);
bufif1 t1_3(K1[3], Q1[3], Q0[0]);
bufif1 t1_4(K1[4], Q1[4], Q0[0]);
bufif1 t1_5(K1[5], Q1[5], Q0[0]);
bufif1 t1_6(K1[6], Q1[6], Q0[0]);
bufif1 t1_7(K1[7], Q1[7], Q0[0]);

bufif1 t2_0(K2[0], Q2[0], Q0[1]);
bufif1 t2_1(K2[1], Q2[1], Q0[1]);
bufif1 t2_2(K2[2], Q2[2], Q0[1]);
bufif1 t2_3(K2[3], Q2[3], Q0[1]);
bufif1 t2_4(K2[4], Q2[4], Q0[1]);
bufif1 t2_5(K2[5], Q2[5], Q0[1]);
bufif1 t2_6(K2[6], Q2[6], Q0[1]);
bufif1 t2_7(K2[7], Q2[7], Q0[1]);

assign B0 = Q0;
assign B1 = K1;
assign B2 = K2;
assign B3 = Q3;
```

圖 4-13　Verilog HDL 編輯三態閘與 I/O 部份

如圖 4-13 所示，三態閘描述部份引用了十六個 bufif1 閘，分成兩組，其中一組八個 bufif1 閘之輸出致能皆由 Q1[0]控制，另一組八個 bufif1 閘之輸出致能皆由 Q1[1]控制，如圖 4-13 所示，分述如下。引用 bufif1 閘，引用名稱爲 t1_0，其輸出參數對應到 K1[0]，其資料輸入參數對應到 Q1[0]，其輸出控制對應到 Q0[0]。同理，引用 bufif1 閘，引用名稱爲 t1_1，其輸出參數對應到 K1[1]，其資料輸入參數對應到 Q1[1]，其輸出控制對應到 Q0[0]。引用 bufif1 閘，引用名稱爲 t1_2，其輸出參數對應到 K1[2]，其資料輸入參數對應到 Q1[2]，其輸出控制對應到 Q0[0]。引用 bufif1 閘，引用名稱爲 t1_3，其輸出參數對應到 K1[3]，其資料輸入參數對應到 Q1[3]，其輸出控制對應到 Q0[0]。引用 bufif1 閘，引用名稱爲 t1_4，其輸出參數對應到 K1[4]，其資料輸入參數對應到 Q1[4]，其輸出控制對應到 Q0[0]。共引用 8 個 bufif1 閘，其輸出控制項皆對應到 Q0[0]。另外再引用 8 個 bufif1 閘，其引用名稱分別爲 t2_0、t2_1、t2_2、t2_3、t2_4、t2_5、t2_6、t2_7，其輸出參數分別對應到 K2[0]、K2[1]、K2[2]、K2[3]、K2[4]、K2[5]、K2[6]、K2[7]，其資料輸入參數對應到 Q2[0]、Q2[1]、Q2[2]、 Q2[3]、Q2[4]、Q2[5]、Q2[6]、Q2[7]，其輸出控制項皆對應到 Q0[1]。並描述 I/O 部份，指定 B0 與 Q0 相等，B1 與 K1 相等，B2 與 K2 相等，B3 與 Q3 相等。

```
always @(posedge clk)
 begin
  choicetema <= cha;
  choicetemb <= chb;
 end
always @(choicetema or Q3 or K2 or K1 or Q0)
 begin
   case (choicetema)
     0 :  Da = Q0;
     1 :  Da = K1;
     2 :  Da = K2;
     3 :  Da = Q3;
   endcase
 end
```

圖 4-14　Verilog HDL 編輯位址暫存器與 I/O 系統

如圖 4-14 所示，位址暫存器與多工器部份在圖 4-14 所示。位址暫存器在 always 描述區中，當 clk 發生正緣變化時，choicetema 等於 cha，choicetemb 等於 chb。多工器部份，控制項爲 choicetema，輸出爲 Da。若 choicetema 等於 0，則 Da 等於 Q0；若 choicetema 等於 1，則 Da 等於 K1；若 choicetema 等於 2，則 Da 等於 K2；若 choicetema 等於 3，則 Da 等於 Q3。

```
    always @(choicetemb or Q3 or K2 or K1 or Q0)
     begin
       case (choicetemb)
         0 :  Db = Q0;
         1 :  Db = K1;
         2 :  Db = K2;
         3 :  Db = Q3;
       endcase
     end
  endmodule
Line   4   Col  33   INS
```

圖 4-15　Verilog HDL 編輯資料暫存器與 I/O 系統

如圖 4-15 所示，同樣的另一組多工器，控制項爲 choicetemb，輸出爲 Db。若 choicetemb 等於 0，則 Db 等於 Q0；若 choicetemb 等於 1，則 Db 等於 K1；若 choicetemb 等於 2，則 Db 等於 K2；若 choicetemb 等於 3，則 Db 等於 Q3。

4-1-3-1　說明

- 組成：Verilog HDL 編輯資料暫存器與 I/O 系統分成之部分整理如表 4-17 所示。圖 4-12 描述四個含致能功能八位元資料暫存器的寫入控制。圖 4-13 描述兩組三態閘，每組各用八個 bufif1 閘，其輸出致能端由分別位址爲 0 之資料暫存器 Q0[0]與 Q0[1]控制，兩組三態閘之輸入端分別來自位址爲 1 與 2 之資料暫存器 Q1 與 Q2，兩組三態閘之輸出分別爲 K1 與 K2，並指定了兩輸出埠 B0 與 B3 是來自資料暫存器 Q0 與 Q3，雙向輸出入埠 B1 與 B2 分別接三態閘之輸出 K1 與 K2。圖 4-14

描述兩位址暫存器，其輸入分別爲 cha 與 chb，其輸出分別爲 choicetema 與 choicetemb，並描述四對一多工器其控制項爲 choicetema。圖 4-15 描述四對一多工器其控制項爲 choicetemb。

表 4-17　Verilog HDL 編輯資料暫存器與 I/O 系統之區塊

圖	功　　能
圖 4-12	描述四個含致能功能八位元資料暫存器的寫入控制。
圖 4-13	描述兩組三態閘各八個，其輸出致能端係分別由位址爲 0 之資料暫存器 Q0[0]與 Q0[1]控制，兩組三態閘之輸入端分別來自位址爲 1 與 2 之資料暫存器 Q1 與 Q2，兩組三態閘之輸出分別爲 K1 與 K2。 並指定兩輸出埠 B0 與 B3 來自資料暫存器 Q0 與 Q3，雙向輸出入埠 B1 與 B2 分別接三態閘之輸出 K1 與 K2。
圖 4-14	描述兩位址暫存器，其輸入分別爲 cha 與 chb，其輸入分別爲 choicetema 與 choicetemb。 並描述四對一多工器，其控制項爲 choicetema，輸出爲 Da。
圖 4-15	描述四對一多工器，其控制項爲 choicetemb，輸出爲 Db。

4-1-3-2　隨堂練習

- 設計一個有十六個八位元暫存器之資料暫存器與 I/O 系統。

4-1-4　模擬資料暫存器與 I/O 系統

資料暫存器與 I/O 系統之模擬結果如圖 4-16 至圖 4-23 所示。將分數種狀況說明之。

1. 當 Q(0)(0)=1、Q(0)(1)=1 時，B1 與 B2 爲輸出，其模擬結果如圖 4-16 與圖 4-17 所示。

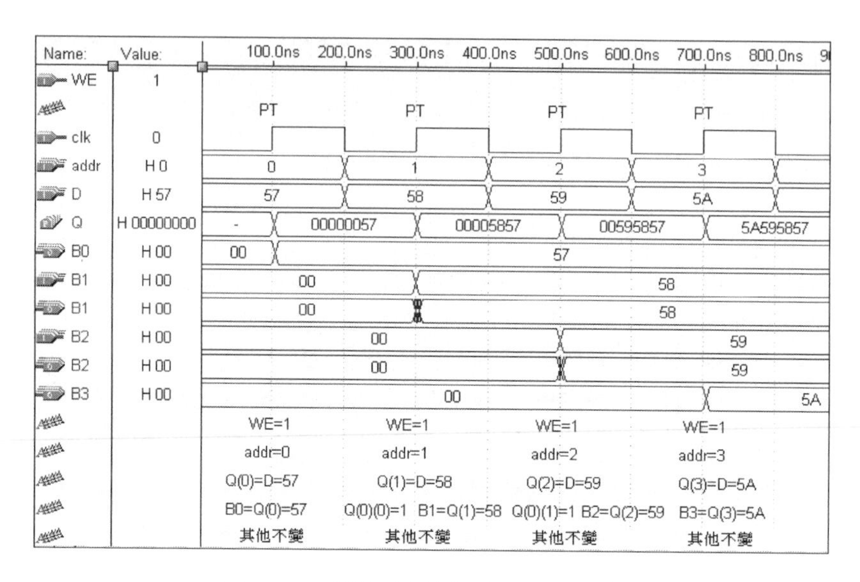

圖 4-16　模擬資料暫存器與 I/O 系統

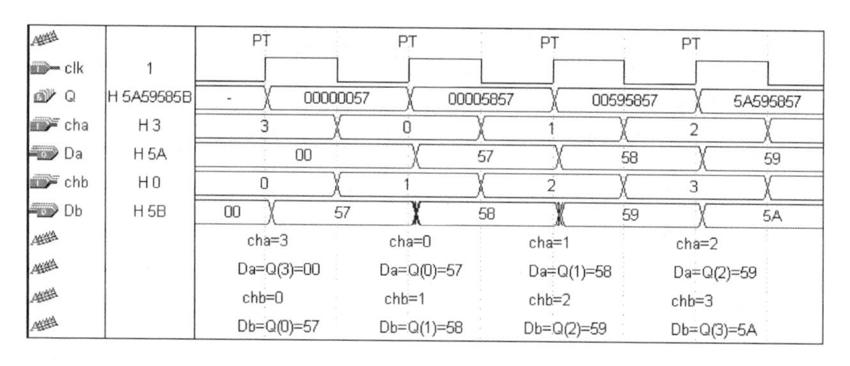

圖 4-17　模擬資料暫存器與 I/O 系統

將模擬結果說明如下。

- 第一個正緣：輸入 WE = 1，可將 D 值存入 addr 所指的暫存器中，輸入 addr = H0，D = H57，故暫存器 Q0 在 clk 第一個正緣後變爲 H57。其他暫存器內容保持不變。輸入 cha = H3，chb = H0，輸出 Da 選擇 cha 所指的暫存器內容，輸出 Db 選擇 chb 所指的暫存器內容，故 Da 等於

Q3，Db 等於 Q0，故 Da 在 clk 第一個正緣後變為 H00，Db 在 clk 第一個正緣後變為 H57。在 clk 第一個正緣後輸出 B0 輸出暫存器 Q0 之內容等於 H57，輸出 B1 輸出暫存器 Q1 之內容等於 H00，輸出 B2 輸出暫存器 Q2 之內容等於 H00，輸出 B3 輸出暫存器 Q3 之內容等於 H00。(此時模擬圖上之輸入 B1 與 B2 要配合輸出 B1 與 B2，在 clk 第一個正緣後分別給予輸入 B1 與 B2〝H00〞與〝H00〞之值。)

- 第二個正緣：輸入 WE ＝ 1，可將 D 值存入 addr 所指的暫存器中，輸入 addr = H1，D = H58，故暫存器 Q1 在 clk 第二個正緣後變為 H58。其他暫存器內容保持不變。輸入 cha = H0，chb = H1，輸出 Da 選擇 cha 所指的暫存器內容，輸出 Db 選擇 chb 所指的暫存器內容，故 Da 等於 Q0，Db 等於 Q1，故 Da 在 clk 第二個正緣後變為 H57，Db 在 clk 第二個正緣後變為 H58。在 clk 第二個正緣後輸出 B0 輸出暫存器 Q0 之內容等於 H57，輸出 B1 輸出暫存器 Q1 之內容等於 H58，輸出 B2 輸出暫存器 Q2 之內容等於 H00，輸出 B3 輸出暫存器 Q3 之內容等於 H00。(此時模擬圖上之輸入 B1 與 B2 要配合輸出 B1 與 B2，在 clk 第二個正緣後分別給予輸入 B1 與 B2〝H58〞與〝H00〞之值。)
- 第三個正緣：輸入 WE ＝ 1，可將 D 值存入 addr 所指的暫存器中，輸入 addr = H2，D = H59，故暫存器 Q2 在 clk 第三個正緣後變為 H59。其他暫存器內容保持不變。輸入 cha = H1，chb = H2，輸出 Da 選擇 cha 所指的暫存器內容，輸出 Db 選擇 chb 所指的暫存器內容，故 Da 等於 Q1，Db 等於 Q2，故 Da 在 clk 第三個正緣後變為 H58，Db 在 clk 第三個正緣後變為 H59。在 clk 第三個正緣後輸出 B0 輸出暫存器 Q0 之內容等於 H57，輸出 B1 輸出暫存器 Q1 之內容等於 H58，輸出 B2 輸出暫存器 Q2 之內容等於 H59，輸出 B3 輸出暫存器 Q3 之內容等於 H00。(此時模擬圖上之輸入 B1 與 B2 要配合輸出 B1 與 B2，在 clk 第三個正緣後分別給予輸入 B1 與 B2〝H58〞與〝H59〞之值。)

- 第四個正緣：輸入 WE ＝ 1，可將 D 值存入 addr 所指的暫存器中，輸入 addr = H3，D = H5A，故暫存器 Q3 在 clk 第四個正緣後變為 H5A。其他暫存器內容保持不變。輸入 cha = H2，chb = H3，輸出 Da 選擇 cha 所指的暫存器內容，輸出 Db 選擇 chb 所指的暫存器內容，故 Da 等於 Q2，Db 等於 Q3，故 Da 在 clk 第四個正緣後變為 H59，Db 在 clk 第四個正緣後變為 H5A。在 clk 第四個正緣後輸出 B0 輸出暫存器 Q0 之內容等於 H57，輸出 B1 輸出暫存器 Q1 之內容等於 H58，輸出 B2 輸出暫存器 Q2 之內容等於 H59，輸出 B3 輸出暫存器 Q3 之內容等於 H5A。(此時模擬圖上之輸入 B1 與 B2 要配合輸出 B1 與 B2，在 clk 第四個正緣後分別給予輸入 B1 與 B2〝H58〞與〝H59〞之值。)

2. 當 Q(0)(0)=1、Q(0)(1)=0)時，B1 當輸出、B2 當輸入，其模擬結果如圖 4-18 與圖 4-19 所示。

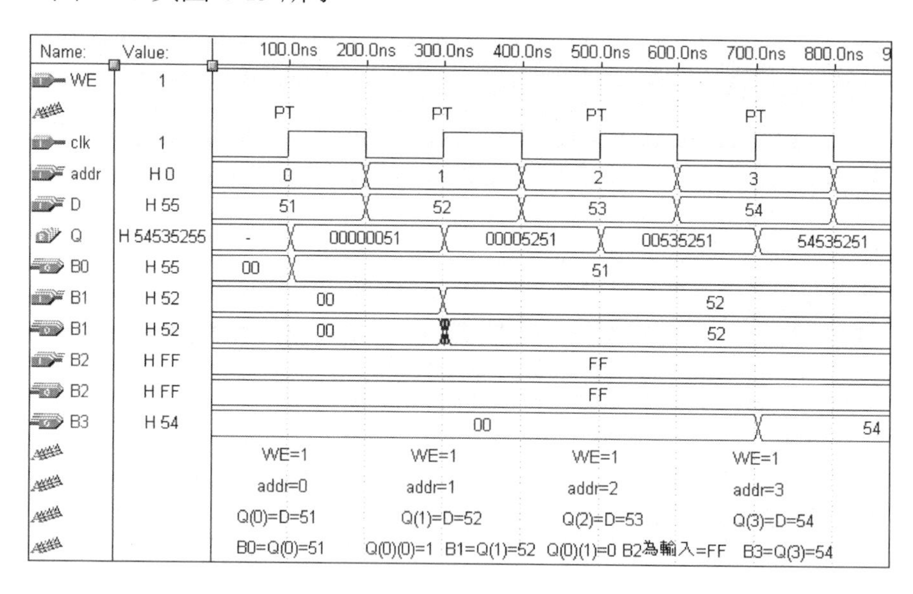

圖 4-18　模擬資料暫存器與 I/O 系統

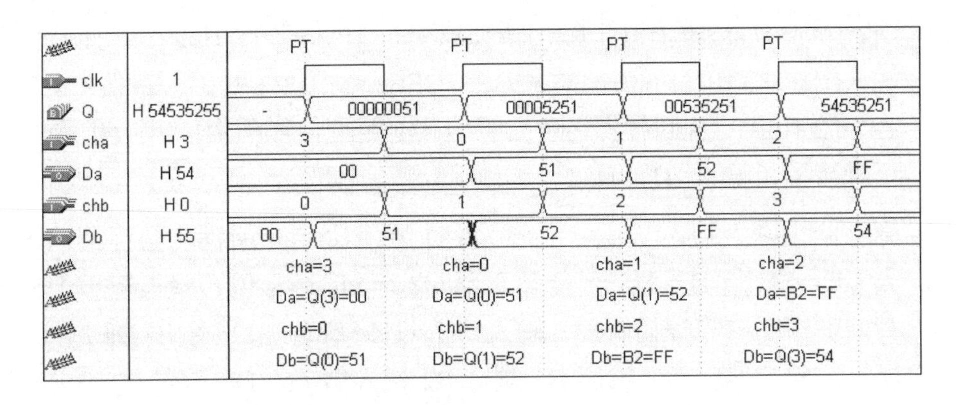

圖 4-19　模擬資料暫存器與 I/O 系統

將模擬結果說明如下。

- 第一個正緣：輸入 WE ＝ 1，可將 D 值存入 addr 所指的暫存器中，輸入 addr = H0，D = H51，故暫存器 Q0 在 clk 第一個正緣後變為 H51。其他暫存器內容保持不變。輸入 cha = H3，chb = H0，輸出 Da 選擇 cha 所指的暫存器內容，輸出 Db 選擇 chb 所指的暫存器內容，故 Da 等於 Q3，Db 等於 Q0，故 Da 在 clk 第一個正緣後變為 H00，Db 在 clk 第一個正緣後變為 H51。在 clk 第一個正緣後輸出 B0 輸出暫存器 Q0 之內容等於 H51，輸出 B1 輸出暫存器 Q1 之內容等於 H00，B2 此時作為輸入(因為 Q(0)(1) = 0)，輸入 B2 = HFF，輸出 B3 輸出暫存器 Q3 之內容等於 H00。(此時模擬圖上之輸入 B1 要配合輸出 B1，在 clk 第一個正緣後給予輸入 B1〝H00〞之值。)
- 第二個正緣：輸入 WE ＝ 1，可將 D 值存入 addr 所指的暫存器中，輸入 addr = H1，D = H52，故暫存器 Q1 在 clk 第二個正緣後變為 H52。其他暫存器內容保持不變。輸入 cha = H0，chb = H1，輸出 Da 選擇 cha 所指的暫存器內容，輸出 Db 選擇 chb 所指的暫存器內容，故 Da 等於 Q0，Db 等於 Q1，故 Da 在 clk 第二個正緣後變為 H52，Db 在 clk 第二個正緣後變為 H58。在 clk 第二個正緣後輸出 B0 輸出暫存器 Q0 之內容等於 H51，輸出 B1 輸出暫存器 Q1 之內容等於 H52，B2 此時作爲輸入(因爲 Q(0)(1) = 0)，輸入 B2 = HFF，輸出 B3 輸出暫存器 Q3 之內容等於 H00。(此時模擬圖上之輸入 B1 要配合輸出 B1，在 clk 第二個正緣後給予輸入 B1〝H52〞之值。)

- 第三個正緣：輸入 WE = 1，可將 D 值存入 addr 所指的暫存器中，輸入 addr = H2，D = H53，故暫存器 Q2 在 clk 第三個正緣後變爲 H53。其他暫存器內容保持不變。輸入 cha = H1，chb = H2，輸出 Da 選擇 cha 所指的暫存器內容，輸出 Db 選擇 B2 輸入值，故 Da 等於 Q1，Db 等於 B2，故 Da 在 clk 第三個正緣後變爲 H53，Db 在 clk 第三個正緣後變爲 HFF。在 clk 第三個正緣後輸出 B0 輸出暫存器 Q0 之內容等於 H51，輸出 B1 輸出暫存器 Q1 之內容等於 H52，B2 此時作爲輸入(因爲 Q(0)(1) = 0)，輸入 B2 = HFF，輸出 B3 輸出暫存器 Q3 之內容等於 H00。(此時模擬圖上之輸入 B1 要配合輸出 B1，在 clk 第三個正緣後給予輸入 B1〝H52〞之值。)
- 第四個正緣：輸入 WE = 1，可將 D 值存入 addr 所指的暫存器中，輸入 addr = H3，D = H54，故暫存器 Q3 在 clk 第四個正緣後變爲 H54。其他暫存器內容保持不變。輸入 cha = H2，chb = H3，輸出 Da 選擇 B2 輸入值，輸出 Db 選擇 chb 所指的暫存器內容，故 Da 等於 B2，Db 等於 Q3，故 Da 在 clk 第四個正緣後變爲 HFF，Db 在 clk 第四個正緣後變爲 H54。在 clk 第四個正緣後輸出 B0 輸出暫存器 Q0 之內容等於 H51，輸出 B1 輸出暫存器 Q1 之內容等於 H52，B2 此時作爲輸入(因爲 Q(0)(1) = 0)，輸入 B2 =H FF，輸出 B3 輸出暫存器 Q3 之內容等於 H54。(此時模擬圖上之輸入 B1 要配合輸出 B1，在 clk 第四個正緣後給予輸入 B1〝H52〞之值。)

3. 當 Q(0)(0)=0、Q(0)(1)=1 時，B1 當輸入、B2 當輸出，其模擬結果如圖 4-20 與圖 4-21 所示。

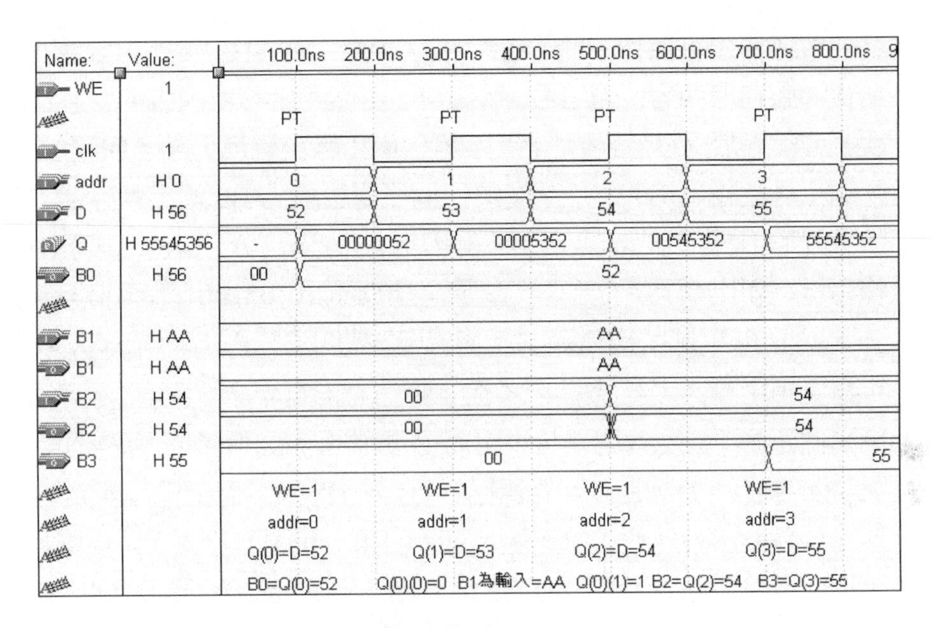

圖 4-20　模擬資料暫存器與 I/O 系統

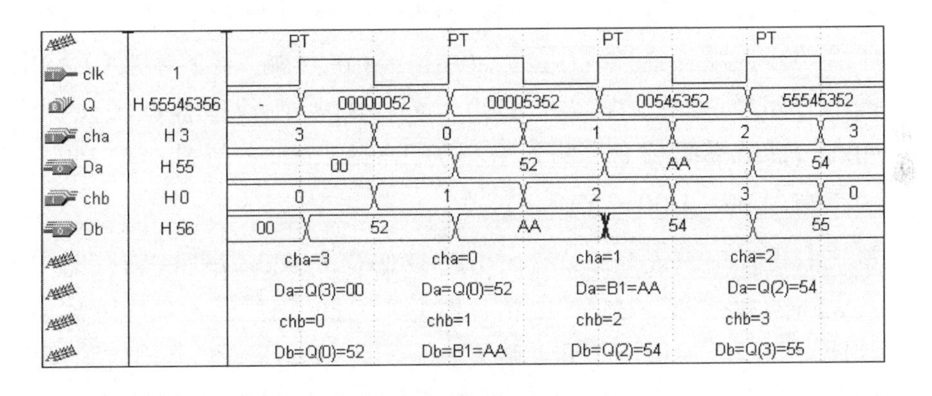

圖 4-21　模擬資料暫存器與 I/O 系統

將模擬結果說明如下。

- 第一個正緣：輸入 WE ＝ 1，可將 D 值存入 addr 所指的暫存器中，輸入 addr = H0，D = H52，故暫存器 Q0 在 clk 第一個正緣後變爲 H52。

其他暫存器內容保持不變。輸入 cha = H3，chb = H0，輸出 Da 選擇 cha 所指的暫存器內容，輸出 Db 選擇 chb 所指的暫存器內容，故 Da 等於 Q3，Db 等於 Q0，故 Da 在 clk 第一個正緣後變爲 H00，Db 在 clk 第一個正緣後變爲 H52。在 clk 第一個正緣後輸出 B0 輸出暫存器 Q0 之內容等於 H52，B1 此時作爲輸入(因爲 Q(0)(0) = 0) ，輸入 B1 = HAA，輸出 B2 輸出暫存器 Q2 之內容等於 H00，輸出 B3 輸出暫存器 Q3 之內容等於 H00。(此時模擬圖上之輸入 B2 要配合輸出 B2，在 clk 第一個正緣後給予輸入 B2〝H00〞之值。)

- 第二個正緣：輸入 WE = 1，可將 D 值存入 addr 所指的暫存器中，輸入 addr = H1，D = H53，故暫存器 Q1 在 clk 第二個正緣後變爲 H53。其他暫存器內容保持不變。輸入 cha = H0，chb = H1，輸出 Da 選擇 cha 所指的暫存器內容，輸出 Db 選擇 B1 輸入值，故 Da 等於 Q0，Db 等於 B1，故 Da 在 clk 第二個正緣後變爲 H52，Db 在 clk 第二個正緣後變爲 HAA。在 clk 第二個正緣後輸出 B0 輸出暫存器 Q0 之內容等於 H52，B1 此時作爲輸入(因爲 Q(0)(0) = 0) ，輸入 B1 = AA，輸出 B2 輸出暫存器 Q2 之內容等於 H00，輸出 B3 輸出暫存器 Q3 之內容等於 H00。(此時模擬圖上之輸入 B2 要配合輸出 B2，在 clk 第二個正緣後給予輸入 B2〝H00〞之值。)

- 第三個正緣：輸入 WE = 1，可將 D 值存入 addr 所指的暫存器中，輸入 addr = H2，D = H54，故暫存器 Q2 在 clk 第三個正緣後變爲 H54。其他暫存器內容保持不變。輸入 cha = H1，chb = H2，輸出 Da 選擇 B1 輸入值，輸出 Db 選擇 chb 所指的暫存器內容，故 Da 等於 B1，Db 等於 Q2，故 Da 在 clk 第三個正緣後變爲 HAA，Db 在 clk 第三個正緣後變爲 H54。在 clk 第三個正緣後輸出 B0 輸出暫存器 Q0 之內容等於 H52，B1 此時作爲輸入(因爲 Q(0)(0) = 0) ，輸入 B1 = HAA，輸出 B2 輸出暫存器 Q2 之內容等於 H54，輸出 B3 輸出暫存器 Q3 之內容等於

H00。(此時模擬圖上之輸入 B2 要配合輸出 B2，在 clk 第三個正緣後給予輸入 B2〝H54〞之值。)

- 第四個正緣：輸入 WE ＝ 1，可將 D 值存入 addr 所指的暫存器中，輸入 addr = H3，D = H55，故暫存器 Q3 在 clk 第四個正緣後變爲 H55。其他暫存器內容保持不變。輸入 cha = H2，chb = H3，輸出 Da 選擇 cha 所指的暫存器內容，輸出 Db 選擇 chb 所指的暫存器內容，故 Da 等於 Q2，Db 等於 Q3，故 Da 在 clk 第四個正緣後變爲 H54，Db 在 clk 第四個正緣後變爲 H55。在 clk 第四個正緣後輸出 B0 輸出暫存器 Q0 之內容等於 H52，B1 此時作爲輸入(因爲 Q(0)(0) = 0)，輸入 B1 = HAA，輸出 B2 輸出暫存器 Q2 之內容等於 H54，輸出 B3 輸出暫存器 Q3 之內容等於 H55。(此時模擬圖上之輸入 B2 要配合輸出 B2，在 clk 第四個正緣後給予輸入 B2〝H54〞之值。)

4. 當 Q(0)(0)=0、Q(0)(1)=0 時，B1 與 B2 當輸入之模擬結果如圖 4-22 與圖 4-23 所示。

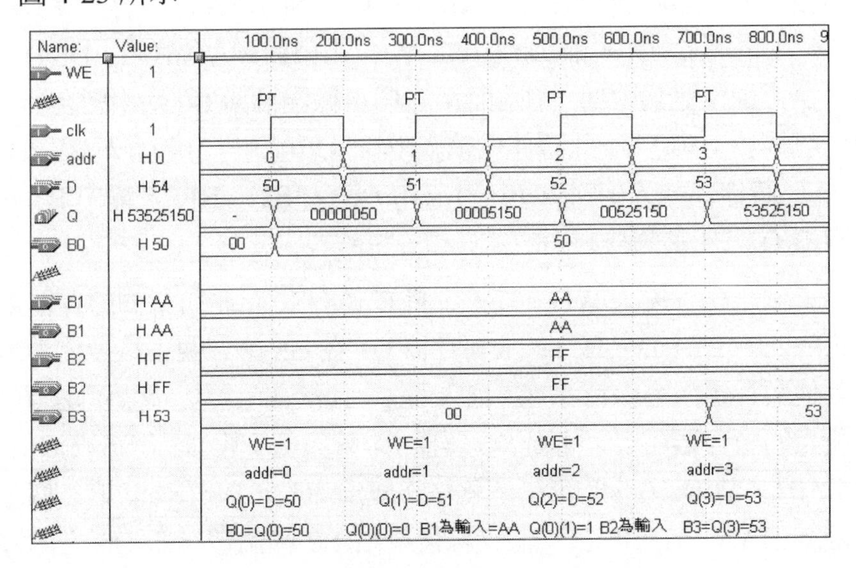

圖 4-22　模擬資料暫存器與 I/O 系統

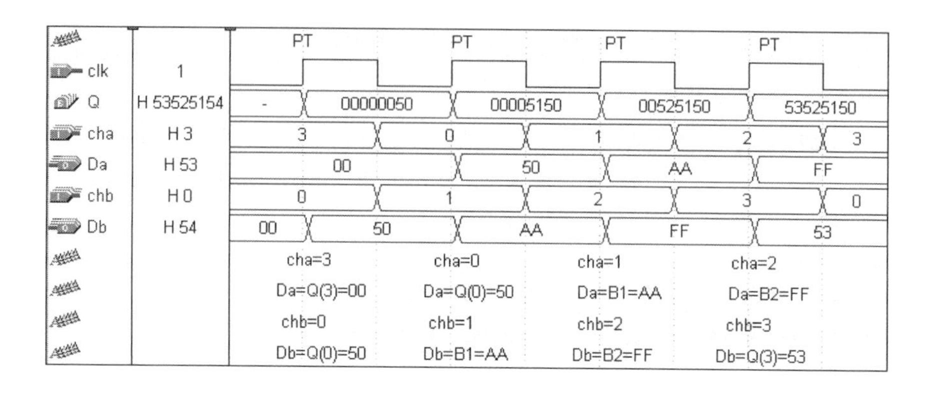

圖 4-23　模擬資料暫存器與 I/O 系統

將模擬結果說明如下。

- 第一個正緣：輸入 WE ＝ 1，可將 D 值存入 addr 所指的暫存器中，輸入 addr = H0，D = H50，故暫存器 Q0 在 clk 第一個正緣後變爲 H50。其他暫存器內容保持不變。輸入 cha = H3，chb = H0，輸出 Da 選擇 cha 所指的暫存器內容，輸出 Db 選擇 chb 所指的暫存器內容，故 Da 等於 Q3，Db 等於 Q0，故 Da 在 clk 第一個正緣後變爲 H00，Db 在 clk 第一個正緣後變爲 H50。在 clk 第一個正緣後輸出 B0 輸出暫存器 Q0 之內容等於 H50，B1 此時作爲輸入(因爲 Q(0)(0) = 0)，輸入 B1 =HAA，B2 此時作爲輸入(因爲 Q(0)(1) = 0)，輸入 B2 = HFF，輸出 B3 輸出暫存器 Q3 之內容等於 H00。
- 第二個正緣：輸入 WE ＝ 1，可將 D 值存入 addr 所指的暫存器中，輸入 addr = H1，D = H51，故暫存器 Q1 在 clk 第二個正緣後變爲 H51。其他暫存器內容保持不變。輸入 cha = H0，chb = H1，輸出 Da 選擇 cha 所指的暫存器內容，輸出 Db 選擇 B1 輸入値，故 Da 等於 Q0，Db 等於 B1，故 Da 在 clk 第二個正緣後變爲 H51，Db 在 clk 第二個正緣後變爲 HAA。在 clk 第二個正緣後輸出 B0 輸出暫存器 Q0 之內容等於 H50，B1 此時作爲輸入(因爲 Q(0)(0) = 0) ，輸入 B1 = HAA，輸入 B1

=HAA，B2 此時作爲輸入(因爲 Q(0)(1) = 0)，輸入 B2 = HFF，輸出 B3 輸出暫存器 Q3 之內容等於 H00。

- 第三個正緣：輸入 WE = 1，可將 D 值存入 addr 所指的暫存器中，輸入 addr = H2，D = H52，故暫存器 Q2 在 clk 第三個正緣後變爲 H52。其他暫存器內容保持不變。輸入 cha = H1，chb = H2，輸出 Da 選擇 B1 輸入值，輸出 Db 選擇 B2 輸入值，故 Da 等於 B1，Db 等於 B2，故 Da 在 clk 第三個正緣後變爲 HAA，Db 在 clk 第三個正緣後變爲 HFF。在 clk 第三個正緣後輸出 B0 輸出暫存器 Q0 之內容等於 H50，B1 此時作爲輸入(因爲 Q(0)(0) = 0)，輸入 B1 = AA，B2 此時作爲輸入(因爲 Q(0)(0) = 0)，輸入 B2 = FF，輸出 B3 輸出暫存器 Q3 之內容等於 H00。
- 第四個正緣：輸入 WE = 1，可將 D 值存入 addr 所指的暫存器中，輸入 addr = H3，D = H53，故暫存器 Q3 在 clk 第四個正緣後變爲 H53。其他暫存器內容保持不變。輸入 cha = H2，chb = H3，輸出 DA 選擇 B2 輸入值，輸出 Db 選擇 chb 所指的暫存器內容，故 Da 等於 B2，Db 等於 Q3，故 Da 在 clk 第四個正緣後變爲 HFF，Db 在 clk 第四個正緣後變爲 H53。在 clk 第四個正緣後輸出 B0 輸出暫存器 Q0 之內容等於 H50，B1 此時作爲輸入(因爲 Q(0)(0) = 0) ，輸入 B1 = HAA，B2 此時作爲輸入(因爲 Q(0)(0) = 0)，輸入 B2 = FF，輸出 B3 輸出暫存器 Q3 之內容等於 H53。

4-2 資料選擇系統

此系統主要之功能爲資料的選擇，由於運算指令之指令格式分兩大類，一類爲兩個資料暫存器內容運算指令，一類爲一資料暫存器內容與記憶體中資料作運算指令格式，如表 4-2 與表 4-3 所示。兩個資料暫存器內容運算指令格式可分解爲四部份，每部份包含 4 位元，第一部份之 4 位元爲運算碼部份，第二及第三部份之兩組 4 位元分別表示兩個運算元位址部份，最後一部份之 4 位元爲存放運算結果之位址部份。而資料暫存器內容與記憶體中資料作運算指令格式可分解爲三部份，第一部份之 4 位元爲運算碼部份，第二部份 4 位元爲運算元位址及存放運算結果之位址，第三部份之 8 位元爲立即資料部份，即記憶體中作爲運算元之資料。

故資料選擇系統需決定送至下一級之資料是否爲記憶體立即資料。資料選擇系統的資料來源有三個，Da 與 Db 兩個是來自資料暫存器或外部輸入，可參考 4-1 小節，另一個是來自記憶體內之立即資料。資料的選擇主要是在 Db 與記憶體立即資料之間作一選擇，選擇出之資料暫存到處理暫存器 datab，而輸入 Da 亦暫存至處理暫存器 dataa，如圖 4-24 所示。最後 dataa 與 datab 即爲要送進下一級 ALU 之資料。

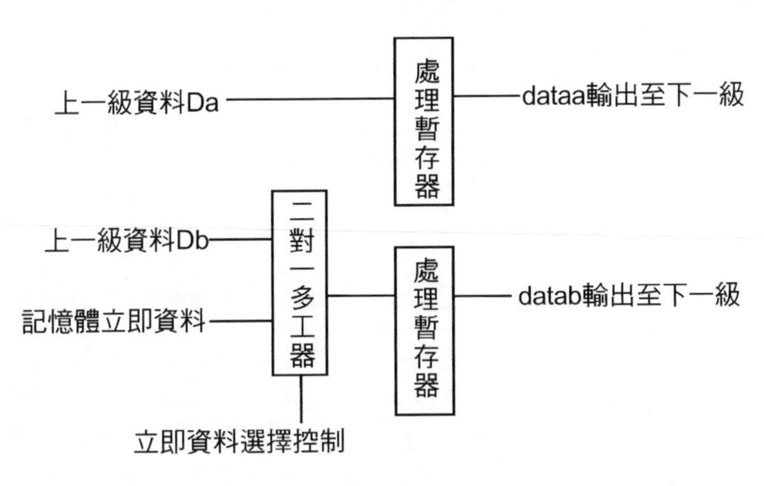

圖 4-24　資料選擇系統架構

本處理器之資料暫存器爲八位元暫存器，運算元皆爲八位元，故在此小節運用了八位元二對一多工器與八位元暫存器組合而成，由立即資料選擇控制項決定輸出是否爲立即資料，資料選擇系統詳細設計如下所示。

- 腳位：

  前級資料輸入線：Da[7..0]、Db[7..0]

  時脈控制線：Clk

  記憶體立即資料輸入線：romx[7..0]

  多工器選擇輸入線：direct

  暫存器輸出線：dataa[7..0]、datab[7..0]

- 眞值表：資料選擇系統眞值表如表 4-18 所示。

當 Clk 爲正緣變化時，Da 之值會送至處理暫存器輸出 dataa，而由 direct 選擇出是由 Db 送至處理暫存器輸出 datab，還是由立即資料 romx 送至處理暫存器輸出 datab。

表 4-18　資料選擇系統真值表

輸入					處理暫存器輸出	
Clk	direct	Da	Db	romx	dataa	datab
↑	0	A	B	X	A	B
↑	1	A	X	C	A	C

4-2-1　電路圖編輯資料選擇系統

資料選擇系統電路圖編輯結果如圖 4-25 所示，此電路名稱為〝direct_g〞。資料選擇系統電路利用到兩個八位元暫存器〝lpm_ff〞，一個八位元二對一多工器〝lpm_mux〞，兩個緩衝器〝wire〞。另外還有五個〝input〞基本元件、兩個〝output〞基本元件，並分別更名為 Da[7..0]、Clk、Db[7..0]、romx[7..0]、direct、dataa[7..0]與 datab[7..0]。

從圖 4-25 可以看出，本系統資料的來源有三個，Da 與 Db 兩個是來自資料暫存器或外部輸入，另一個 romx 是來自記憶體內之立即資料。資料的選擇主要是在 Db 與 romx 作一個選擇，選擇出之資料暫存到處理暫存器 datab，而輸入 Da 亦暫存至處理暫存器 dataa。最後輸出 dataa 與 datab。

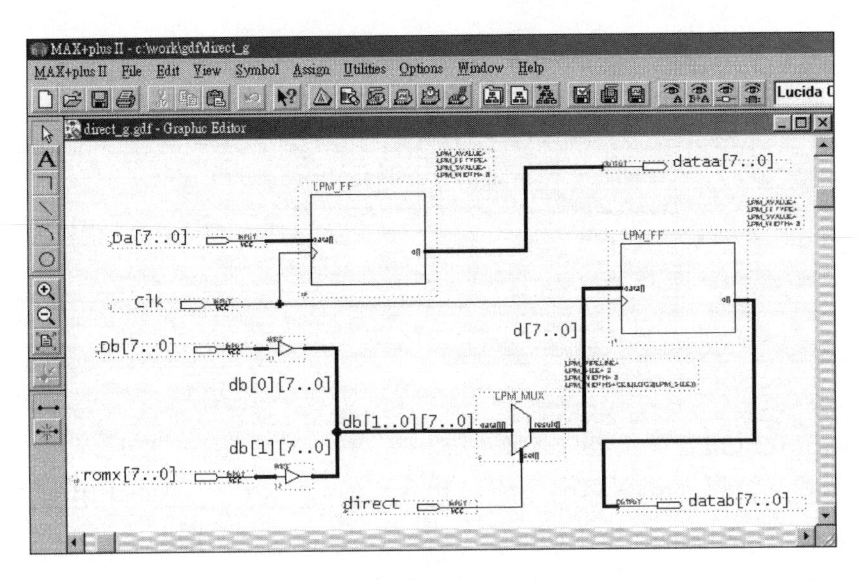

圖 4-25　電路圖編輯資料選擇系統

其中 Da[7..0] 接到第一個 ˋlpm_ffˊ 的 data[]輸入端，Clk 接到第一個 ˋlpm_ffˊ 與第二個的時脈輸入端 ˋ>ˊ，第一個 ˋlpm_ffˊ 的 q[]輸出接到電路輸出埠 dataa[7..0]。Db[7..0]接到第一個緩衝器 ˋwireˊ 的輸入，第一個緩衝器 ˋwireˊ 的輸出接到巴士線 db[0][7..0]。romox[7..0]接到第二個緩衝器 ˋwireˊ 的輸入，第二個緩衝器 ˋwireˊ 的輸出接到巴士線 db[1][7..0]。巴士線 db[1][7..0]與 db[0][7..0]匯集成 db[1..0][7..0]接至 ˋlpm_muxˊ 的 data[]輸入端，direct 接至 ˋlpm_muxˊ 的 sel[]輸入端， ˋlpm_muxˊ 的 result 輸出端，接至巴士線 d[7..0]。巴士線 d[7..0] 接到第二個 ˋlpm_ffˊ 的 data[]輸入端，ˋlpm_ffˊ 的 q[]輸出端接到電路輸出埠 datab[7..0]。

4-2-1-1　說明

- 電路組成：電路圖編輯資料選擇系統所引用之組件整理如表 4-19 所示。資料選擇系統電路利用到兩個八位元暫存器 ˋlpm_ffˊ，一個八位元二對一多工器 ˋlpm_muxˊ，兩個緩衝器 ˋwireˊ。

表 4-19　電路圖編輯資料選擇系統引用之組件

組　成　元　件	個 數	引用模組	元　件　說　明
緩衝器	兩個	wire	變更巴士線名之用。
八位元二對一多工器	一個	lpm_mux	在立即資料與由位址選取之資料之間選擇出一運算元。
八位元暫存器	兩個	lpm_ff	處理暫存器，暫時存放選出之運算元。

- 八位元二對一多工器：本範例利用二對一多工器在立即資料與由位址選取之資料之間選擇出一運算元。八位元二對一多工器利用到參數式函數〝lpm_mux〞編輯，設定其參數 LPM_SIZE 為 2，LPM_WIDTH 為 8，LPM_WIDTHS 為 1，亦即設定輸入資料的數目為 2，資料寬為 8，資料選擇控制端寬度為 1，並設定只使用 data[][]、sel[]與 result[]腳位。此設定後之多工器，其 data[]寬度為 8(data[]寬度等於 lpm_width 值)，輸入資料的數目為 2(輸入資料個數為 LPM_SIZE 個)，sel[]寬度為 1(sel[]寬度等於 lpm_ WIDTHS 值)。有關參數式函數〝lpm_mux〞請參考 2-5-1-1 小節。
- 八位元暫存器：為處理暫存器，暫存選出之運算元。八位元暫存器利用參數式函數〝lpm_ff〞編輯，其電路圖編輯結果請參考 3-1 小節。此電路由一個〝lpm_ff〞所組成，要將其參數 lpm_fftype 設定為"DFF"，將其參數 lpm_width 設定為 8，並設定使用 data[]、clock 與 q[]。此設定後之〝lpm_ff〞，其 data[]與 q[]寬度皆為 8(data[]與 q[]寬度等於 lpm_width 值)。
- 緩衝器：wire 為圖形編輯時之基本元件，其輸出入關係為輸出等於輸入值，〝wire〞是在於節點名(node name)或巴士名(bus name)要變更時使用。如圖 4-25 所示，接 Db[7..0]輸入端之巴士名內定為 Db[7..0]，但經過〝wire〞元件後巴士名可更名爲 db[0][7..0]。同樣的，接 romx[7..0] 輸入端之巴士名內定爲 romx[7..0]，但經過〝wire〞元件後巴士名可更名爲 db[1][7..0]。

4-2-2　VHDL 編輯資料選擇系統

VHDL 編輯結果如圖 4-26 與圖 4-27 所示。此範例電路名稱爲〝direct_v〞。

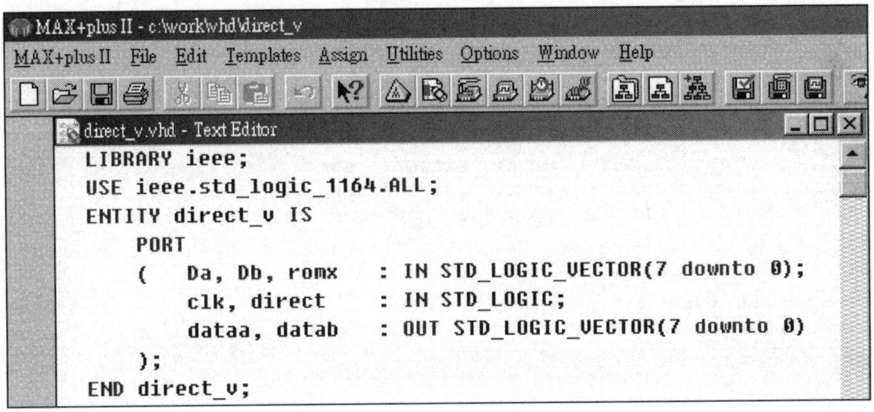

MAX+plus II - c:\work\vhd\direct_v
MAX+plus II　File　Edit　Templates　Assign　Utilities　Options　Window　Help
direct_v.vhd - Text Editor

```
LIBRARY ieee;
USE ieee.std_logic_1164.ALL;
ENTITY direct_v IS
    PORT
    (   Da, Db, romx    : IN STD_LOGIC_VECTOR(7 downto 0);
        clk, direct     : IN STD_LOGIC;
        dataa, datab    : OUT STD_LOGIC_VECTOR(7 downto 0)
    );
END direct_v;
```

圖 4-26　VHDL 編輯資料選擇系統

如圖 4-26 所示，本範例使用了一個套件：目錄〝ieee〞下的〝std_logic_1164〞套件。輸入埠 Da、Db 與 romx 之資料型態爲 STD_LOGIC_VECTOR(7 downto 0)，輸入埠 clk 與 direct 之資料型態爲 STD_LOGIC，輸出埠 dataa 與 datab 之資料型態爲 STD_LOGI C_VECTOR(7 downto 0)。

```
ARCHITECTURE a OF direct_v  IS
BEGIN
 Blk_dataa: BLOCK
  BEGIN
   PROCESS (clk)
     BEGIN
       WAIT UNTIL clk = '1';
        dataa <= Da;
     END PROCESS ;
 END BLOCK Blk_dataa;

 Blk_datab: BLOCK
  BEGIN
   PROCESS
     BEGIN
       WAIT UNTIL clk = '1';
         CASE direct IS
            WHEN '0' =>  datab <= Db;
            WHEN '1' =>  datab <= romx;
            WHEN OTHERS =>  NULL;
         END CASE;
   END PROCESS;
 END BLOCK Blk_datab;
END a;
Line   2   Col  29   INS
```

圖 4-27　VHDL 編輯資料選擇系統

如圖 4-27 所示，架構名稱為 a，此電路架構內容共分了數種區塊，在區塊 Blk_dataa 中，描述在正緣觸發時，dataa 等於 Da。區塊 Blk_datab 中，描述在正緣觸發時，若 direct 等於'0'時，datab 等於 Db；若 direct 等於'1'時，datab 等於 romx。假如 direct 不等於 0 也不等於 1，則不動作(NULL)。

4-2-2-1　說明

- 組成：VHDL 編輯資料選擇系統分成之區塊整理如表 4-20 所示。在區塊 Blk_dataa 中，描述資料輸入 Da 暫存至 dataa。在區塊 Blk_datab 中，描述由 direct 選擇 datab 暫存之資料是來自 Db 還是 romx。

表 4-20　VHDL 編輯資料選擇系統

區　塊	功　　能
Blk_dataa	描述資料輸入 Da 暫存至 dataa。
Blk_datab	描述由 direct 選擇 datab 暫存之資料是來自 Db 還是 romx。

4-2-3　Verilog HDL 編輯資料選擇系統

Verilog HDL 編輯結果如圖 4-28 所示。此範例電路名稱為〝direct_vl〞。

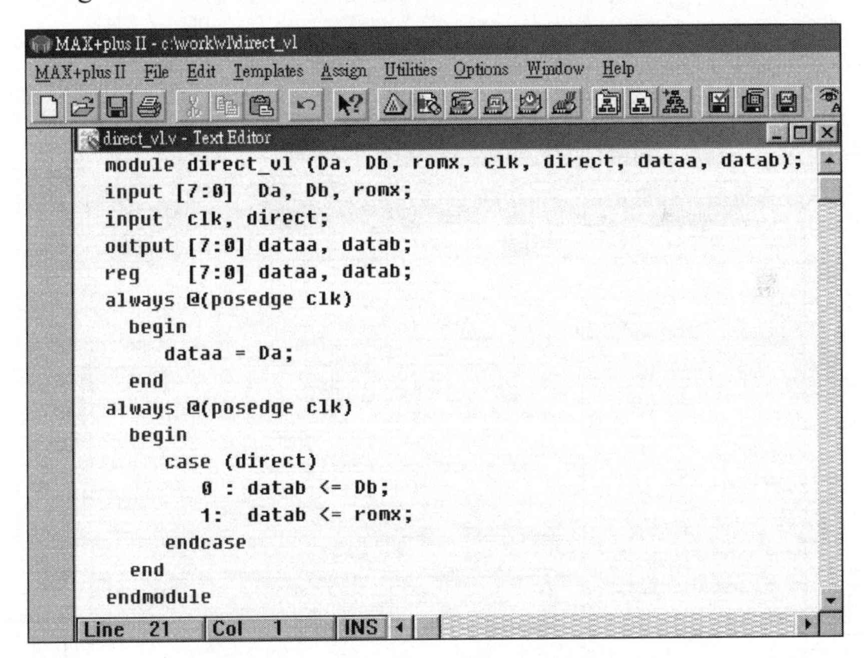

圖 4-28　Verilog HDL 編輯資料選擇系統

如圖 4-28 所示，輸入埠 Da、Db 與 romx 爲八位元之向量，資料型態爲內定之 wire 型態。輸入埠 clk 與 direct 爲一位元之向量，資料型態爲內定之 wire 型態。輸出埠 dataa 與 datab 爲八位元之向量，資料型態皆爲 reg。此電路內容爲，當 clk 發生正緣變化時，dataa 等於 Da。當 clk 發生正緣變化時，若 direct 等於 0，則 datab 等於 Db；若 direct 等於 1，則 datab 等於 romx。

4-2-3-1 說明

- 組成：Verilog HDL 編輯資料選擇系統分成兩部分。一部分描述 Da 資料送入暫存器儲存於 dataa 之行爲，一部分描述由 direct 控制，在 Db 與 romx 之間選擇出一資料，送入暫存器儲存於 datab 之行爲。

4-2-4 模擬資料選擇系統

資料選擇系統之模擬結果如圖 4-29 所示。

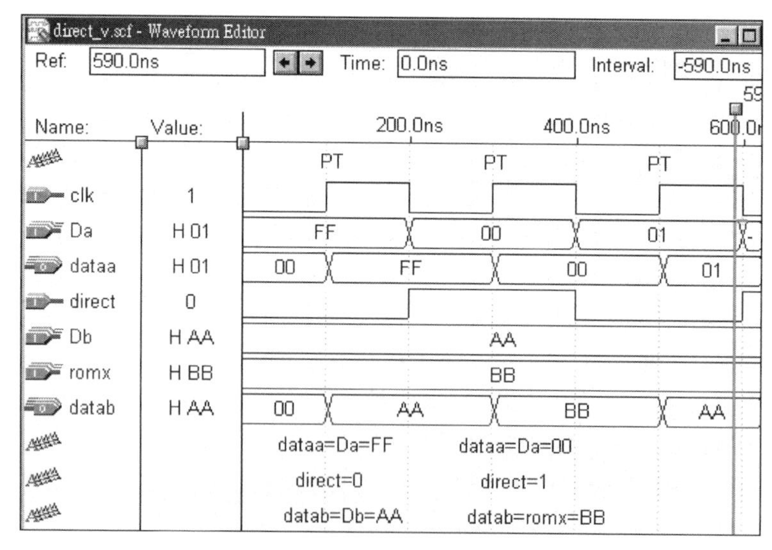

圖 4-29 模擬資料選擇系統

將模擬結果說明如下。

- 第一個正緣：輸入 Da = HFF，故在 clk 第一個正緣後 dataa 等於 Da 變爲 HFF。因輸入 direct = 0，datab 等於 Db，因輸入 Db = HAA，故在 clk 第一個正緣後 datab 變爲 HAA。
- 第二個正緣：輸入 Da = HF00，故在 clk 第二個正緣後 dataa 等於 Da 變爲 H00。因輸入 direct = 1，datab 等於 romx，因輸入 romx = HBB，故在 clk 第二個正緣後 datab 變爲 HBB。

4-3　存入位址控制系統

此系統主要之功能爲決定存入資料暫存器的位址，由於運算指令之指令格式分兩大類，一類爲兩個資料暫存器內容運算指令，一類爲一資料暫存器內容與記憶體中資料作運算指令格式，如表 4-2 與表 4-3 所示。兩個資料暫存器內容運算指令格式可分解爲四部份，每部份包含 4 位元，第一部份之 4 位元爲運算碼部份，第二及第三部份之兩組 4 位元分別表示兩個運算元位址部份，最後一部份之 4 位元爲存放運算結果之位址部份。而資料暫存器內容與記憶體中資料作運算指令格式可分解爲三部份，第一部份之 4 位元爲運算碼部份，第二部份 4 位元爲運算元位址及存放運算結果之位址，第三部份之 8 位元爲立即資料部份，即記憶體中作爲運算元之資料。故此兩種指令格式之存入位址一放置在 r0(3 到 0)處，一放置在 r0(11 到 8)處。

故存入位址控制系統有兩組位址輸入，第一組是資料暫存器或外部輸入資料相互運算後需存放之位址，第二組位址是記憶體立即資料運算後存放之位址，由立即資料選擇控制項 direct 決定。存入位址控制系統結構圖如 4-30 所示。

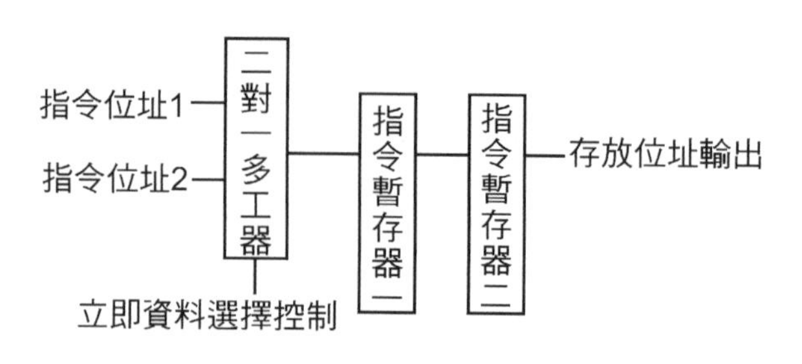

圖 4-30　存入位址控制系統結構圖

本小節運用四位元二對一多工器與兩個四位元暫存器，組合出存入位址控制系統，兩組位址輸入經多工器選擇出其中一個之後，送至暫存器中，因配合處理器管線架構，再經過一暫存器產生位址輸出，以決定資料暫存器存入資料時之存放位址。詳細說明如下。

- 腳位：

  時脈控制線：Clk

  暫存器資料運算存放位址：D0[3..0]

  記憶體立即資料運算後存放位址：D1[3..0]

  多工器選擇輸入線：direct

  位址輸出線：addr[3..0]

- 眞值表：存入位址控制系統眞值表如表 4-21 與表 4-22 所示。

兩輸入位址爲四位元，經多工器選擇後先送至第一組暫存器，再送至第二組暫存器，因本處理器之資料暫存器有四組，故將四位元之位址分成兩組兩位元型式輸出。本處理器使用 addr[1..0]作爲資料暫存器之存入位址線。

表 4-21　存入位址控制系統

輸　入				第一組暫存器輸出
Clk	D0	D1	direct	F[3..0]
↑	D0	X	0	D0
↑	X	D1	1	D1

表 4-22　存入位址控制系統

輸　入	第一組暫存器輸出	第二組暫存器輸出	
Clk	F[3..0]	addr[3..2]	addr[1..0]
↑	A	A[3..2]	A[1..0]

4-3-1　電路圖編輯存入位址控制系統

存入位址控制系統電路圖編輯結果如圖 4-31 所示，此電路名稱為〝addr_g〞。存入位址控制系統電路利用到兩個四位元暫存器〝lpm_ff〞，一個四位元二對一多工器〝lpm_mux〞。另外還有四個〝input〞基本元件、兩個〝output〞基本元件，並分別更名為 D[0][3..0]、D[1][3..0]、direct、Clk、addr[1..0]與 addr[3..2]。存入暫存器之位址由二對一多工器在 D[0][3..0]與 D[1][3..0]中作一選擇，選擇出之結果再經由兩個暫存器送至 addr[3..0]。

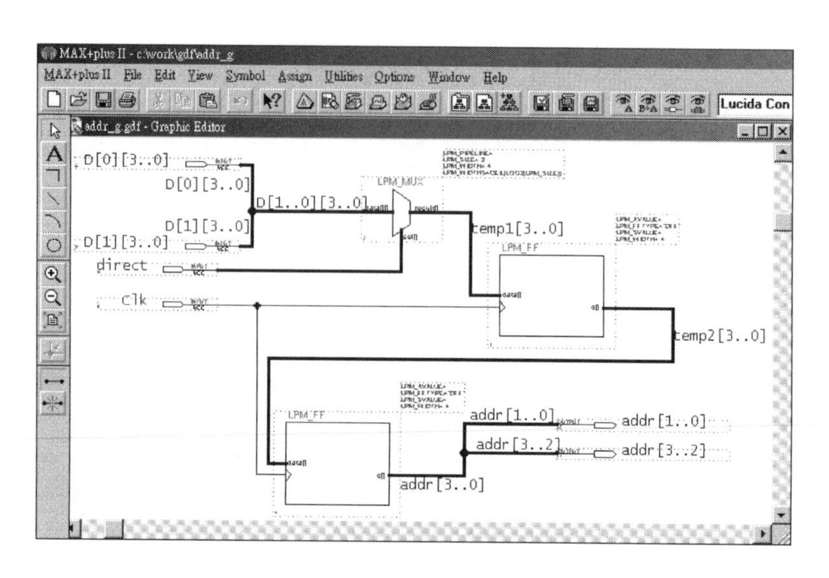

圖 4-31　電路圖編輯存入位址控制系統

由圖 4-31 看出，D[0][3..0]與 D[1][3..0]匯集成 D[1..0][3..0] 接至〝lpm_mux〞的 data[]輸入端，direct 接至〝lpm_mux〞的 sel[]輸入端，〝lpm_mux〞的 result 輸出端接到巴士線 temp1[3..0]，巴士線 temp1[3..0]接到第一個〝lpm_ff〞的 data[]輸入端，Clk 接到第一個〝lpm_ff〞與第二個的時脈輸入端〝>〞，第一個〝lpm_ff〞的 q[]輸出接到巴士線 temp2[3..0]，巴士線 temp2[3..0]接到第二個〝lpm_ff〞的 data[]輸入端，第一個〝lpm_ff〞的 q[]輸出接到巴士線 addr[3..0]。巴士線 addr[3..0]分出兩電路輸出埠 addr[1..0]與 addr[3..0]。

4-3-1-1　說明

- 電路組成：電路圖編輯存入位址控制系統所引用之組件整理如表 4-23 所示。有一個四位元二對一多工器〝lpm_mux〞與二個四位元暫存器〝lpm_ff〞。兩輸入經二對一多工器選擇後，經過兩組暫存器再送至輸出。

表 4-23　電路圖編輯存入位址控制系統引用之組件

組成元件	個數	引用模組	元　件　功　能
四位元二對一多工器	一個	lpm_mux	在 D[0][3..0]與 D[1][3..0]中選擇一項。
四位元暫存器	兩個	lpm_ff	暫時存放多工器選擇之結果。

- 四位元二對一多工器：四位元二對一多工器利用到參數式函數〝lpm_mux〞編輯，設定其參數 LPM_SIZE 為 2，LPM_WIDTH 為 4，LPM_WIDTHS 為 1，即設定輸入資料的數目為 2，資料寬為 4，資料選擇控制端寬度為 1，並設定只使用 data[][]、sel[]與 result[]腳位。此設定後之多工器，其 data[]寬度為 4(data[]寬度等於 lpm_width 值)，輸入資料的數目為 2(輸入資料個數為 LPM_SIZE 個)，sel[]寬度為 1(sel []寬度等於 lpm_ WIDTHS 值)。有關參數式函數〝lpm_mux〞請參考 2-5-1-1 小節。
- 四位元暫存器：四位元暫存器利用參數式函數〝lpm_ff〞編輯，其電路圖編輯結果請參考 3-1 小節。此電路由一個〝lpm_ff〞所組成，要將其參數 lpm_fftype 設定為"DFF"，將其參數 lpm_width 設定為 4，並設定使用 data[]、clock 與 q[]。此設定後之〝lpm_ff〞，其 data[]與 q[]寬度皆為 4(data[]與 q[]寬度等於 lpm_width 值)。

4-3-2　VHDL 編輯存入位址控制系統

VHDL 編輯結果如圖 4-32 至圖 4-34 所示此範例電路名稱為〝addr_v〞。

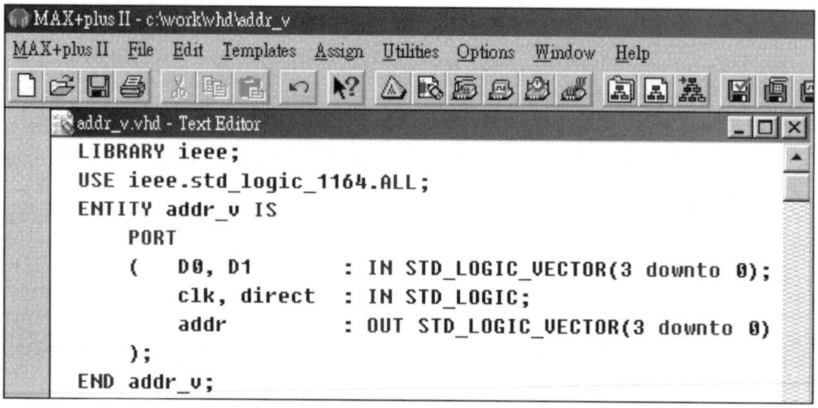

```
MAX+plus II - c:\work\vhd\addr_v
MAX+plus II  File  Edit  Templates  Assign  Utilities  Options  Window  Help
addr_v.vhd - Text Editor
LIBRARY ieee;
USE ieee.std_logic_1164.ALL;
ENTITY addr_v IS
    PORT
    (   D0, D1        : IN STD_LOGIC_VECTOR(3 downto 0);
        clk, direct   : IN STD_LOGIC;
        addr          : OUT STD_LOGIC_VECTOR(3 downto 0)
    );
END addr_v;
```

圖 4-32　VHDL 編輯存入位址控制系統

如圖 4-32 所示，本範例使用了一個套件：目錄〝ieee〞下的〝std_logic_1164〞套件。輸入埠 D0 與 D1 之資料型態為 STD_LOGIC_VECTOR(3 downto 0)，輸入埠 clk 與 direct 之資料型態為 STD_LOGIC，輸出埠 addr 之資料型態為 STD_LOGI C_VECTOR(3 downto 0)。

```
ARCHITECTURE a OF addr_v  IS
 SIGNAL temp1, temp2  : STD_LOGIC_VECTOR(3 downto 0);
BEGIN

  Blk_mux: BLOCK
  BEGIN
   PROCESS(direct, D0, D1)
    BEGIN
     CASE direct IS
        WHEN '0' =>  temp1 <= D0;
        WHEN '1' =>  temp1 <= D1;
        WHEN OTHERS => NULL;
     END CASE;
   END PROCESS;
 END BLOCK Blk_mux;
```

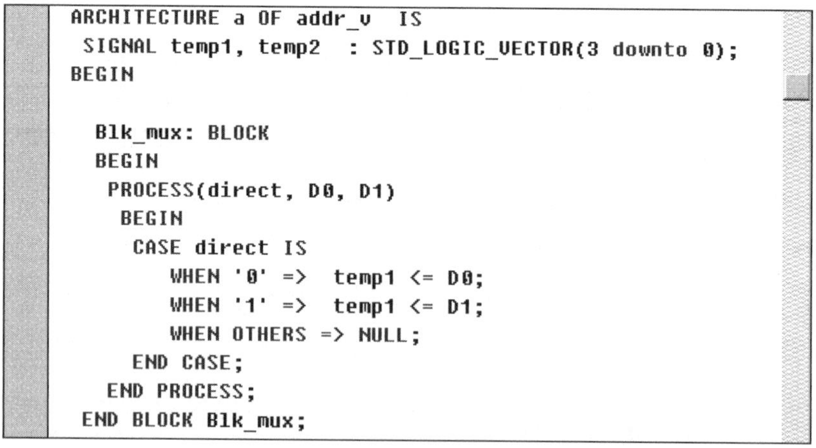

圖 4-33　VHDL 編輯存入位址控制系統

如圖 4-33 所示，此架構之名稱為 a，在架構宣告區宣告了 temp1 與 temp2 為 STD_LOGI C_VECTOR(3 downto 0)。此電路架構內容共分了數種區塊，在區塊 Blk_mux 中，描述若 direct 等於'0'時，temp1 等於 D0。若 direct 等於'1'時，temp1 等於 D1。

```
Blk_reg: BLOCK
 BEGIN
  PROCESS (clk)
   BEGIN
     WAIT UNTIL clk = '1';
      addr <= temp2;
      temp2 <= temp1;
   END PROCESS ;
 END BLOCK Blk_reg;
END a;
Line  7   Col  37   INS
```

圖 4-34　VHDL 編輯存入位址控制系統

如圖 4-34 所示，在區塊 Blk_reg 中，描述當正緣觸發時，addr 等於 temp2，temp2 等於 romx。

4-3-2-1　說明

- 電路組成：VHDL 編輯存入位址控制系統分成之區塊整理如表 4-24 所示。區塊 Blk_mux 描述二對一多工器，其多工器控制項為 direct，temp1 為多工器輸出。區塊 Blk_reg 描述 temp1 經過兩暫存器送到 addr。

表 4-24　VHDL 編輯存入位址控制系統之區塊

區　塊	功　能
Blk_mux	描述二對一多工器，多工器控制項為 direct，temp1 為多工器輸出。
Blk_reg	描述 temp1 經過兩暫存器送到 addr。

4-3-3 Verilog HDL 編輯存入位址控制系統

Verilog HDL 編輯結果如圖 4-35 所示。此範例電路名稱為〝addr_vl〞。

MAX+plus II - c:\work\vl\addr_vl

MAX+plus II File Edit Templates Assign Utilities Options Window Help

addr_vl.v - Text Editor

```
module addr_vl (D0, D1, clk, direct, addr);
input [3:0]  D0, D1;
input clk, direct;
output [3:0] addr;
reg [3:0] addr, temp1, temp2;

 always @(direct or D0 or D1)
  begin
      case (direct)
         0 :  temp1 = D0;
         1 :  temp1 = D1;
      endcase
  end
 always @(posedge clk)
  begin
     addr = temp2;
     temp2 = temp1;
  end
endmodule
```

Line 21 Col 1 INS

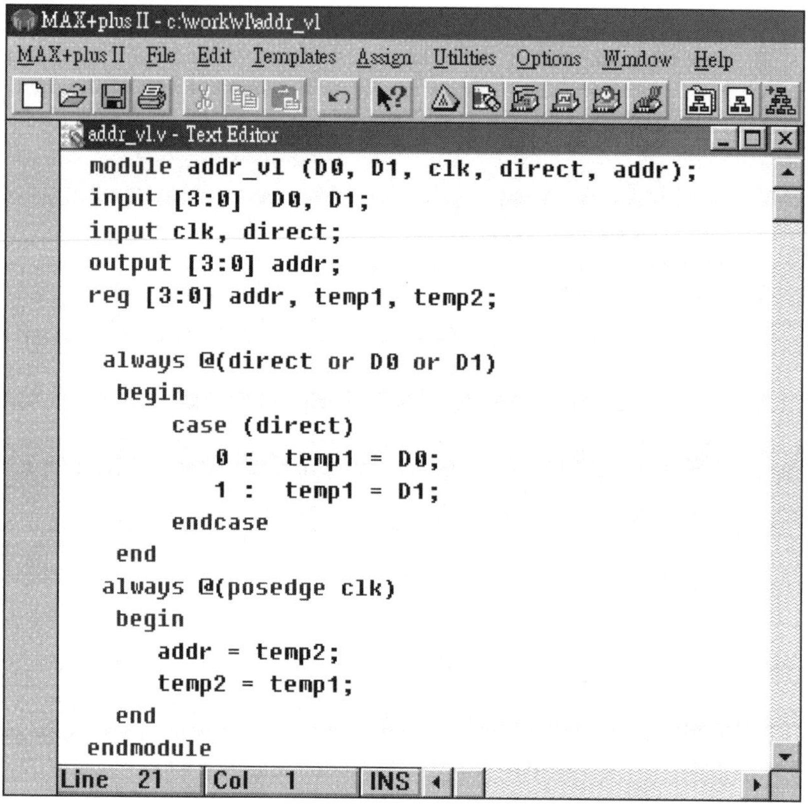

圖 4-35　Verilog HDL 編輯存入位址控制系統

如圖 4-35 所示，輸入埠 D0 與 D1 為四位元之向量，資料型態為內定之 wire 型態。輸入埠 clk 與 direct 為一位元之向量，資料型態為內定之 wire 型態。輸出埠 addr 為四位元之向量，資料型態皆為 reg，另外 temp1 與 temp2 為四位元之向量，資料型態皆為 reg。此電路內容為，若 direct 等於 0，則 temp1

等於 D0；若 direct 等於 1，則 temp1 等於 D1。又當 clk 發生正緣變化時，addr 等於 temp2；temp2 等於 temp1。

4-3-3-1　說明

- 組成：Verilog HDL 編輯存入位址控制系統分成兩部分。一部份描述多工器，由 direct 決定 temp1 為 D0 還是 D1。另一部分描述 temp1 經過兩暫存器送至 addr。

4-3-4　模擬存入位址控制系統

存入位址控制系統模擬結果如圖 4-36 所示。

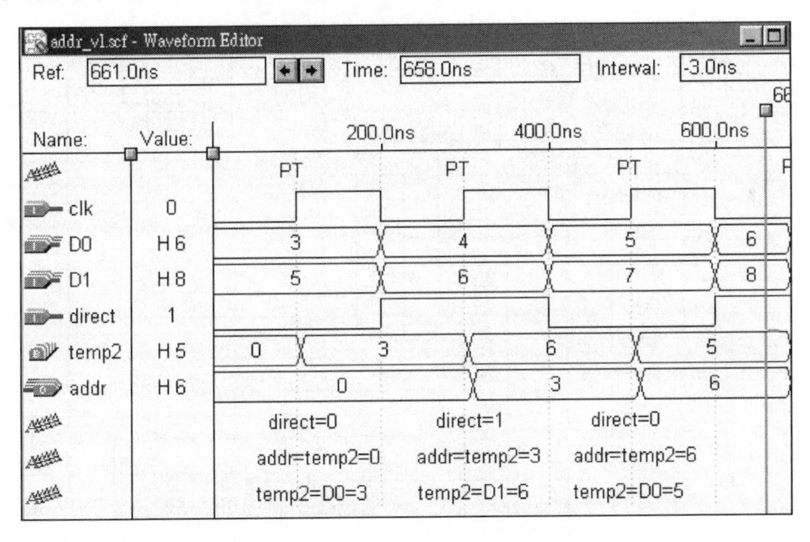

圖 4-36　模擬存入位址控制系統

將模擬結果說明如下。

- 第一個正緣：輸入 D0 = H3，D1 = H5，因輸入 direct = 0，addr = temp2，temp2 = D0，故在 clk 第一個正緣後節點 temp2 等於 H3，addr 等於 H0。
- 第二個正緣：輸入 D0 = H4，D1 = H6，因輸入 direct = 1，addr = temp2，temp2 = D1，故在 clk 第二個正緣後節點 temp2 等於 H6，addr 等於 H3。

4-4 資料管線系統

資料管線系統基本組成有：資料暫存器與 I/O 系統、算數運算單元、暫存器、資料選擇系統、存入位址控制系統、記憶體立即資料選擇控制器與唯讀記憶體，如圖 4-37 所示。

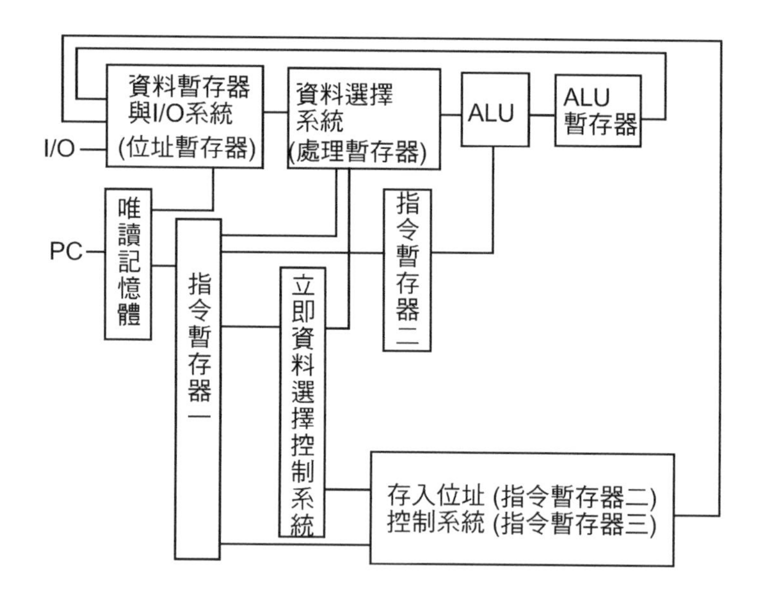

圖 4-37　資料管線系統組成

資料管線系統動作分成四個步驟，分別是：讀取指令(Instruction fetch)、暫存器讀取(Register Read)、運算執行(Execute)與寫入(Write)。管線架構在第一個時脈由唯讀記憶體中讀取指令，經解碼後由資料暫存器中或 I/O 輸入資料獲得兩運算元 Da 與 Db，再經一資料選擇系統在 Db 與記憶體立即資料間作一個選擇，選擇出之資料在第二個時脈暫存到 datab，而 Da 亦暫存至 dataa。最後 dataa 與 datab 要送進 ALU 進行運算，運算結果在第三個時脈暫存至 ALU 暫存器中，最後在第四個時脈將資料寫入資料暫存器中，存放位址由存入位址控制至系統決定。

管線(Pipeline)結構將一個處理器，分成 m 個工作段，每一個工作段只執行一項工作，因此整個系統在同一時間，執行 m 個指令，可提升處理速度。本處理器分成四個工作段，每一工作段都有一暫存器。整個系統分成四個工作段，分別負責讀取指令、讀取運算元、執行運算與寫入暫存器。第一時脈取得的指令要到第四個時脈才將結果存入暫存器，此四種工作分配的時間相同且程式的執行可以重疊的進行。資料流之管線操作可以表 4-25 看出。在第一個時脈中，讀取指令模組從記憶體讀取指令 1。在第二個時脈中，讀取指令模組從記憶體讀取指令 2，同時讀取運算元模組則在讀取指令 1 所需的運算元。在第三個時脈中，讀取指令模組從記憶體讀取指令 3，同時讀取運算元模組則在讀取指令 2 所需的運算元，而執行模組則在執行指令 1 的指令。在第四個時脈中，讀取指令模組從記憶體讀取指令 4，同時讀取運算元模組則在讀取指令 3 所需的運算元，而執行模組則在執行指令 2 的指令，寫入暫存器模組則將指令 1 執行結果寫入資料暫存器。也就是可以讓四個指令同時在管線內處理。

表 4-25　管線操作

時　脈	讀取指令	讀取運算元	執　　行	寫入暫存器
1	指令 1			
2	指令 2	指令 1		
3	指令 3	指令 2	指令 1	
4	指令 4	指令 3	指令 2	指令 1
5	指令 5	指令 4	指令 3	指令 2
6	指令 6	指令 5	指令 4	指令 3

從上面之管線操作表可以看出，第一時脈取得的指令要到第四個時脈才能將結果存入暫存器。例如表 4-25 的指令 1，從被讀取到將結果寫入暫存器，花了四個時脈，故指令 2 與指令 3 無法從暫存器讀取到指令 1 執行之結果，直到指令 4 才能運用指令 1 執行之結果。

結合資料暫存器與 I/O 系統、算數運算單元、暫存器、資料選擇系統、存入位址控制系統、記憶體立即資料選擇控制器與唯讀記憶體，將資料管線系統整合的詳細介紹如下。

4-4-1　電路圖編輯資料管線系統

資料管線系統電路圖編輯結果如圖 4-38 所示，此電路名稱為〝data_g〞。資料管線系統電路利用到一個資料暫存器與 I/O 系統〝io_g〞、一個資料選擇系統〝direct_g〞、一個八位元算術邏輯單元〝alu9_g〞、一個八位元暫存器〝reg8_g〞、一個唯讀記憶體〝romu8_16g〞、一個十六位元暫存器〝reg16_g〞、一個記憶體資料選擇控制器〝dircen_g〞、一個存入位址控制系統〝addr_g〞與一個十四位元暫存器〝reg14_g〞。另外還有三個〝input〞基本元件、兩個〝bidir〞基本元件、三個〝output〞基本元件，並分別更名為Clk、pc[7..0]、wen3、B[0][7..0]、B[3][7..0]、B[1][7..0]、B[2][7..0]與ro[15..0]。

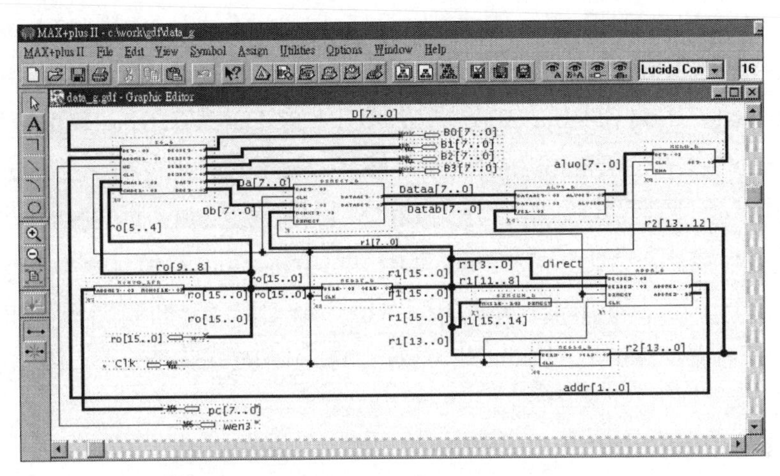

圖 4-38　電路圖編輯資料管線系統

其中pc[7..0]接到〝romu8_16g〞的輸入端Addr[7..0]，〝romu8_16g〞的輸出端 Q[15..0]接至巴士線 ro[15..0]。巴士線 ro[15..0]接至〝reg16_g〞的D[15..0]，〝reg16_g〞的輸出 Q[15..0]接至巴士線 r1[13..0]接至〝reg14_g〞的輸入端 D[13..0]，〝reg14_g〞的輸出 Q[13..0]接至巴士線 r2[13..0]。巴士線 r1[15..0]之分支 r1[15..14]接至〝dircen_g〞的輸入 rx[15..14]。〝dircen_g〞的輸出 direct 接至節點 direct。節點 direct 接至〝addr_g〞的輸入 direct。巴士線 r1[15..0]之分支 r1[3..0]與 r1[11..8]分別接至〝addr_g〞之輸入 D[0][3..0]與D[1][3..0]。〝addr_g〞之輸出addr[1..0]接至巴士線addr[1..0]。巴士線ro[15..0]分支出的 ro[9..8]與 ro[5..4]分別接至〝io_g〞的輸入 cha[1..0]與 chb[1..0]，wen3接至〝io_g〞的輸入 WE，巴士線 addr[1..0]接至〝io_g〞的輸入 addr[1..0]，巴士線 D[7..0]接至〝io_g〞的輸入 D[7..0]，〝io_g〞的輸出入端 B[1][7..0]

接至電路輸出入埠 B1[7..0]。〝io_g〞的輸出 B[0][7..0]接至電路輸出埠 B0[7..0]。〝io_g〞的輸出 B[3][7..0]接至電路輸出埠 B3[7..0]。〝io_g〞的輸出入端 B[2][7..0]接至電路輸出入埠 B2[7..0]。〝io_g〞的輸出 Da[7..0]與 Db[7..0]分別接至巴士線 Da[7..0]與 Db[7..0]。巴士線 Da[7..0]與 Db[7..0]接至〝direct_g〞的輸入 Da[7..0]與 Db[7..0]。巴士線 r1[15..0]之分支 r1[7..0]接至〝direct_g〞的輸入 romx[7..0]，節點 direct 接至〝direct_g〞的輸入 direct。〝direct_g〞的輸出 dataa[7..0]與 datab[7..0]分別接至巴士線 Dataa[7..0]與 Datab[7..0]，巴士線 Dataa[7..0]與 Datab[7..0] 分別接至〝alu9_g〞的輸入 dataa[7..0]與 datab[7..0]。巴士線 r2[13..0]之分支 r2[13..12]接至〝alu9_g〞的輸入 S[1..0]。〝alu9_g〞的輸出接至巴士線 aluo[7..0]，巴士線 aluo[7..0] 接至〝reg8_g〞的輸入 D[7..0]，reg8_g〞的輸出 Q[7..0]接至巴士線 D[7..0]。而電路輸出埠 ro[15..0]只是用來在模擬時觀察之用。Clk 與各元件之時脈輸入處 clk 相接。

4-4-1-1 說明

- 電路組成：電路圖編輯資料管線系統所引用之組件整理如表 4-26 所示。資料管線系統電路利用到一個資料暫存器與 I/O 系統〝io_g〞、一個資料選擇系統〝direct_g〞、一個八位元算術邏輯單元〝alu9_g〞、一個 ALU 暫存器〝reg8_g〞、一個唯讀記憶體〝romu8_16g〞、一個指令暫存器一〝reg16_g〞、一個指令暫存器二〝reg14_g〞、一個記憶體立即資料選擇控制器〝dircen_g〞與一個存入位址控制系統〝addr_g〞。

表 4-26　資料管線系統組成分子

組 成 元 件	引用模組	系 統 功 能
唯讀記憶體	romu8_16g	記憶執行程式之指令或用來運算的數值，可記憶十六位元資料(寬度等於 16)，可記 256 組資料(depth 等於 256)。
指令暫存器一	reg16_g	十六位元暫存器，暫存記憶體控制碼。
指令暫存器二	reg14_g	十四位元暫存器，暫存記憶體控制碼。
資料暫存器與 I/O 系統	io_g	描述資料暫存器與 I/O 系統，引用 io_v 組件。此組件之資料暫存器功能爲儲存微處理器運算結果 D，存入位址爲 addr。並有 I/O 裝置 B0、B1、B2 與 B3 可輸出資料暫存器所儲存之內容，還可控制 cha 與 chb 從多組資料暫存器中，選取兩筆資料至 Da 與 Db，或是可由輸出入埠 B1 或 B2 傳入資料，將外部資料送至 Da 或 Db，作爲下一級處理之資料。
資料選擇系統	direct_g	此系統主要是在 Db[7..0]與立即資料 romx 之間作一選擇，選擇出之資料暫存到處理暫存器 datab，而輸入 Da 亦暫存至處理暫存器 dataa。最後 dataa 與 datab 即爲要送進 ALU 之資料。
八位元算術邏輯運算單元	alu9_g	將八位元資料 dataa 與 datab 進行算數邏輯運算，運算方式由 S 控制，運算結果由 aluo 輸出。
ALU 暫存器	reg8_g	八位元暫存器，暫存八位元算術邏輯運算單元運算結果。
記憶體立即資料選擇控制器	dircen_g	記憶體資料選擇控制器輸出控制著資料選擇系統與存入位址控制系統，只當指令碼最高兩位元爲 11 時(立即資料運算指令)，輸出爲 1。
存入位址控制系統	addr_g	可產生存入資料暫存器之位址 addr。位址來源有 r1[11..8]與 r1[3..0]，選擇控制線 direct 控制 addr 輸出 r1[11..8]位址還是 r1[3..0]位址。若爲立即資料運算指令，則會 addr 輸出 r1[11..8]。

- 非同步唯讀記憶體：本系統功能爲記憶執行程式之數字碼，可記憶十六位元資料(寬度等於 16)，可記 256 組資料(depth 等於 256)。此元件名稱爲〝romu8_16g〞，此電路由一個〝lpm_rom〞所組成。將其參數 lpm_file 設定爲 "pc_g.mif"，參數 lpm_address_control 設定爲 "UNREGISTERED"，參數 lpm_outdata 設定爲"UNREGISTERED"，參數 lpm_width 設定爲 16，而參數 lpm_withad 則設定爲 8，並設定使用 address[]與 q[]，即可記憶十六位元資料(lpm_width 等於 16)，可記 256 組資料(address[]寬度等於 lpm_withad)。請參考 3-2-1 小節。以 MIF 檔可以編輯〝lpm_rom〞記憶之內容，如圖 4-39 所示，其中 WIDTH 值爲儲存資料位元數，DEPTH 值爲位址數目，ADDRESS_RADIX 等於 HEX 表示位址值以十六進位表示，DATA_RADIX 等於 HEX 表示資料值以十六進位表示。CONTENT BEGIN 與 END 之間，冒號左邊爲位址，冒號右邊爲該位址之資料。

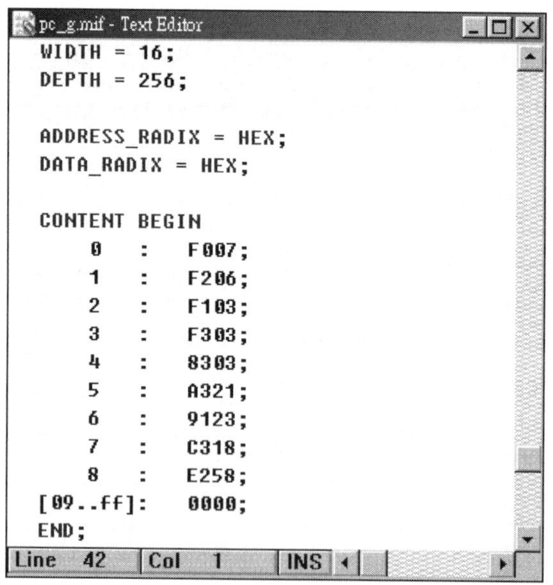

圖 4-39　MIF 檔內容

- ALU 暫存器：本系統功能為暫存八位元算術邏輯單元運算結果。此元件名稱為〝reg8_g〞，電路由一個〝lpm_ff〞所組成，要將其參數 lpm_fftype 設定為"DFF"，將其參數 lpm_width 設定為 8，並設定使用 data[]、clock、enable 與 q[]。此設定後之〝lpm_ff〞，其 data[]與 q[]寬度皆為 8(data[]與 q[]寬度等於 lpm_width 值)。參考 3-1-1 小節。

- 指令暫存器一：本系統功能為暫存記憶體控制碼，此元件名稱為〝reg16_g〞，電路由一個〝lpm_ff〞所組成，要將其參數 lpm_fftype 設定為"DFF"，將其參數 lpm_width 設定為 16，並設定使用 data[]、clock、enable 與 q[]。此設定後之〝lpm_ff〞，其 data[]與 q[]寬度皆為 16(data[]與 q[]寬度等於 lpm_width 值)。參考 3-1-1 小節。

- 指令暫存器二：本系統功能為暫存記憶體控制碼，此元件名稱為〝reg14_g〞，電路由一個〝lpm_ff〞所組成，要將其參數 lpm_fftype 設定為"DFF"，將其參數 lpm_width 設定為 14，並設定使用 data[]、clock、enable 與 q[]。此設定後之〝lpm_ff〞，其 data[]與 q[]寬度皆為 14(data[]與 q[]寬度等於 lpm_width 值)。參考 3-1-1 小節。

- 八位元算術邏輯運算單元：本系統功能為將八位元資料 dataa 與 datab 進行算數邏輯運算，運算方式由 S 控制，運算結果由 aluo 輸出。此元件名稱為〝alu9_g〞，有 AND、OR、加與減四項運算功能。可參考 2-6-1 小節。

- 記憶體立即資料選擇控制器：本系統功能為解碼產生控制項 direct，來控制資料選擇系統與存入位址控制系統。立即資料選擇控制器之電路名稱為〝dircen_g〞，當輸入 rx[15..14]為 11 時(立即資料運算指令)，輸出為 1，其他輸入值都會使輸出為 0。真值表如表 4-27 所示。

表 4-27　立即資料選擇控制器真值表表

輸	入	輸　出
rx15	rx14	direct
1	1	1
1	0	0
0	1	0
0	0	0

立即資料選擇控制器之電路圖可見圖 4-40 所示。

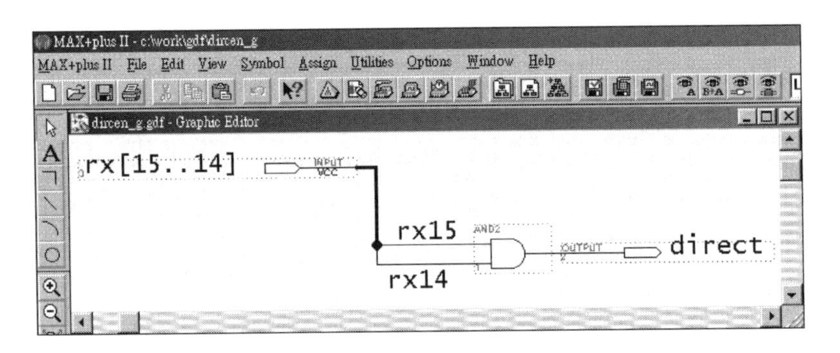

圖 4-40　記憶體立即資料選擇控制器

- 資料暫存器與 I/O 系統：此系統可輸出資料暫存器所儲存之內容，並從四組資料暫存器中由多工器選取兩筆資料至 Da[7..0]與 Db[7..0]，作為下一級資料之運算，或是可由輸出入埠送入資料，配合多工器之選取將外部資料送至 Da[7..0]或 Db[7..0]，作為下一級資料之運算。資料暫存器與 I/O 系統之電路名稱為〝io_g〞，可參考 4-1-1 小節。
- 資料選擇系統：此系統主要是在 Db 與 romx 作一個選擇，選擇出之資料暫存到 datab，而輸入 Da 亦暫存至 dataa。最後 dataa 與 datab 即為要送進 ALU 之資料。資料選擇系統之電路名稱為〝direct_g〞，可參考 4-2 小節。

- 存入位址控制系統：產生存入資料暫存器之位址，存入位址控制系統之電路名稱為〝addr_g〞。位址來源有 D0 與 D1，選擇控制線 direct 控制 addr 輸出 D0 位址還是 D1 位址。可參考 4-3-1 小節。
- 連接線：電路圖編輯資料管線系統之各元件之連接線連接情況整理如表 4-28 所示。

表 4-28 電路圖編輯資料管線系統之連接線連接情況

元 件	描述子系統	訊 號 連 線
romu8_16g	非同步唯讀記憶體	非同步唯讀記憶體〝rom_g〞輸出接訊號線 ro[15..0]，其中 ro[15..0]接至指令暫存器一〝reg16_g〞，ro[9..8]與 ro[5..4]接至資料暫存器與 I/O 系統〝io_g〞。
reg16_g	指令暫存器一	指令暫存器一〝reg16_g〞輸出接訊號線 r1，其中 r1[15..14]接至立即資料選擇控制器。r1[13..0]接至指令暫存器二〝reg14_g〞。r1[7..0]接至資料選擇系統〝direct_g〞。
reg14_g	指令暫存器二	指令暫存器二〝reg14_g〞輸出接訊號線 r2[13..0]，其中 r2[13..12]接至 ALU 暫存器〝reg8_g〞。
io_g	資料暫存器與 I/O 系統	資料暫存器與 I/O 系統〝io_g〞輸出 Da[7..0]與 Db[7..0]接訊號線 Da[7..0]與 Db[7..0]，Da[7..0]與 Db[7..0]接至資料選擇系統〝direct_g〞。
directen_g	立即資料選擇控制器	立即資料選擇控制器〝directen_g〞輸出接訊號線 direct，direct 接至資料選擇系統〝direct_g〞與存入位址控制系統〝addr_g〞。
direct_g	資料選擇系統	資料選擇系統〝direct_g〞輸出接訊號線 dataa[7..0]與 datab[7..0]，dataa[7..0]與 datab[7..0]接至算術邏輯運算單元〝alu9_g〞。
alu9_g	八位元算術邏輯運算單元	八位元算術邏輯運算單元〝alu9_g〞輸出接訊號線 aluo[8..0]，aluo[7..0]接至 ALU 暫存器〝reg8_g〞。
reg8_g	ALU 暫存器	ALU 暫存器〝reg8_g〞輸出接訊號線 D[7..0]，D[7..0]接資料暫存器與 I/O 系統〝io_g〞。
addr_g	存入位址控制系統	存入位址控制系統〝addr_g〞輸出接訊號線 addr[3..0]，其中 addr[1..0]接資料暫存器與 I/O 系統〝io_g〞。

4-4-2 VHDL 編輯資料管線系統

VHDL 編輯結果如圖 4-41 至所示圖 4-46。首先建立一個套件〝cpu〞，套件內容宣告了組件〝io_v〞、〝direct_v〞、〝alu9〞與〝addr_v〞，如圖 4-41 所示。此套件可以存於〝cpu.vhd〞檔。

```
LIBRARY ieee;
USE ieee.std_logic_1164.ALL;
PACKAGE cpu IS
    COMPONENT io_v
     PORT(  D                : IN STD_LOGIC_VECTOR(7 downto 0);
            B1, B2           : INOUT STD_LOGIC_VECTOR(7 downto 0);
            addr, cha, chb   : IN STD_LOGIC_VECTOR(1 downto 0);
            clk, WE          : IN STD_LOGIC;
            B0, B3, Da, Db   : OUT STD_LOGIC_VECTOR(7 downto 0) );
    END COMPONENT;
    COMPONENT direct_v
     PORT(  Da, Db, romx     : IN STD_LOGIC_VECTOR(7 downto 0);
            clk, direct      : IN STD_LOGIC;
            dataa, datab     : OUT STD_LOGIC_VECTOR(7 downto 0) );
    END COMPONENT;
    COMPONENT alu9_v
      PORT( dataa, datab     : IN STD_LOGIC_VECTOR(7 downto 0);
             S               : IN STD_LOGIC_VECTOR(1 downto 0);
             aluo            : OUT STD_LOGIC_VECTOR(8 downto 0) );
    END COMPONENT;
    COMPONENT addr_v
     PORT( D0, D1          : IN STD_LOGIC_VECTOR(3 downto 0);
           clk, direct     : IN STD_LOGIC;
           addr            : OUT STD_LOGIC_VECTOR(3 downto 0) );
    END COMPONENT;
END cpu;
```

圖 4-41　VHDL 編輯套件

接下來編輯資料管線系統，如圖 4-42 所示，此範例電路名稱爲〝data_v〞。

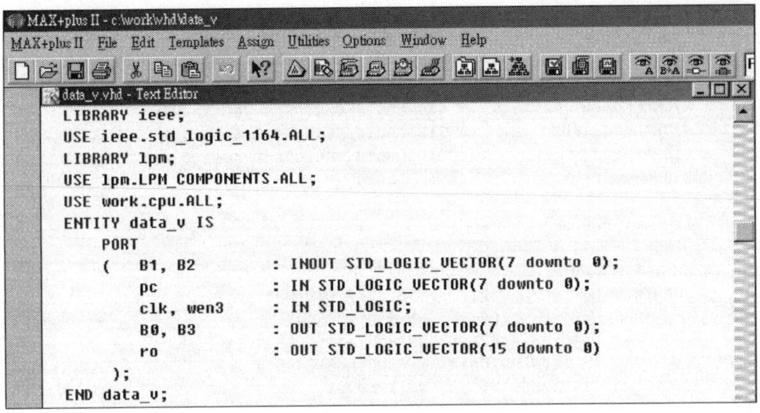

```
LIBRARY ieee;
USE ieee.std_logic_1164.ALL;
LIBRARY lpm;
USE lpm.LPM_COMPONENTS.ALL;
USE work.cpu.ALL;
ENTITY data_v IS
    PORT
    (   B1, B2          : INOUT STD_LOGIC_VECTOR(7 downto 0);
        pc              : IN STD_LOGIC_VECTOR(7 downto 0);
        clk, wen3       : IN STD_LOGIC;
        B0, B3          : OUT STD_LOGIC_VECTOR(7 downto 0);
        ro              : OUT STD_LOGIC_VECTOR(15 downto 0)
     );
END data_v;
```

圖 4-42　VHDL 編輯資料管線系統

如圖 4-42 所示，本範例使用了兩個套件：目錄〝ieee〞下的〝std_logic_1164〞套件與工作目錄〝work〞下的〝cpu〞套件。宣告了輸出入埠 B1 與 B2，其資料型態為 STD_LOGIC_VECTOR(7 downto 0)，輸入埠 pc 之資料型態為 STD_LOGIC_VECTOR(7 downto 0)，輸入埠 clk 與 wen3 之資料型態為 STD_LOGIC，輸出埠 B0 與 B3 之資料型態為 STD_LOGIC_VECTOR(7 downto 0)，輸出埠 ro 之資料型態為 STD_LOGIC_VECTOR(15 downto 0)。

```
ARCHITECTURE a OF data_v  IS
   SIGNAL addr            : STD_LOGIC_VECTOR(3 downto 0);
   SIGNAL Da, Db, D       : STD_LOGIC_VECTOR(7 downto 0);
   SIGNAL dataa, datab    : STD_LOGIC_VECTOR(7 downto 0);
   SIGNAL aluo            : STD_LOGIC_VECTOR(8 downto 0);
   SIGNAL r1, romo        : STD_LOGIC_VECTOR(15 downto 0);
   SIGNAL r2              : STD_LOGIC_VECTOR(13 downto 0);
   SIGNAL direct          : STD_LOGIC;
BEGIN
  Blk_rom: BLOCK
   BEGIN
   Rom: lpm_rom
    GENERIC MAP (LPM_WIDTH => 16, LPM_WIDTHAD => 8,
                 LPM_FILE => "pc_g.mif",
                 LPM_ADDRESS_CONTROL => "UNREGISTERED",
                 LPM_OUTDATA => "UNREGISTERED")
    PORT MAP (ADDRESS => pc, Q => romo);
    ro <= romo;
  END BLOCK Blk_rom;
```

圖 4-43　VHDL 編輯資料管線系統

如圖 4-43 所示，此架構之名稱為 a，在架構宣告區宣告了訊號 addr 資料型態為 STD_LOGIC_VECTOR(3 downto 0)，訊號 Da、Db 與 D 資料型態為 STD_LOGIC_VECTOR(7 downto 0)，訊號 dataa 與 datab 資料型態為 STD_LOGIC_VECTOR(7 downto 0)，訊號 aluo 資料型態為 STD_LOGIC_VECTOR(8 downto 0)，訊號 r1 與 romo 資料型態為 STD_LOGIC_VECTOR(15 downto 0)，訊號 r2 資料型態為 STD_LOGIC_VECTOR(13 downto 0)，訊號 direct 資料型態為 STD_LOGIC。此電路架構內容共分了數種區塊，區塊 Blk_rom 中，引用〝lpm_rom〞參數式函數，設定 LPM_WIDTH 之值為 16，LPM_WIDTHAD 之值為 8，LPM_FILE 為檔案"pc_g.mif"，LPM_ADDRESS_CONTROL 為"UNREGISTERED"，LPM_OUTDATA 為"UNREGISTERED"，參數式函數〝lpm_rom〞之 ADDRESS 腳對應到電路輸入埠 pc，參數式函數〝lpm_rom〞之 Q 腳到訊號 romo。並將訊號 romo 指給電路輸出埠 ro。注意此處設定〝lpm_rom〞為非同步唯讀記憶體，字組為十六位元，共有 256 個位址(2 的八次方)，記憶內容在〝pc_g.mif〞檔中。

```
Blk_reg: BLOCK
 BEGIN
  reg1: lpm_ff
      GENERIC MAP (LPM_WIDTH => 16)
      PORT MAP (data => romo, clock => clk, q => r1);
  reg2: lpm_ff
      GENERIC MAP (LPM_WIDTH => 14)
      PORT MAP (data => r1(13 downto 0), clock => clk, q => r2);
  alureg: lpm_ff
      GENERIC MAP (LPM_WIDTH => 8)
      PORT MAP (data => aluo(7 downto 0), clock => clk, q => D);
END BLOCK Blk_reg;
```

圖 4-44　VHDL 編輯資料管線系統

如圖 4-44 所示，區塊 Blk_reg 中，描述了指令暫存器一、指令暫存器二與 ALU 暫存器的行為，各為十六位元、十四位元與八位元暫存器。指令暫存器一引用了〝lpm_ff〞參數式函數，引用名 reg1，設定 LPM_WIDTH 之值為 16，參數式函數〝lpm_ff〞之 data 腳對應到訊號 romo，參數式函數〝lpm_ff〞之 clock 腳對應到電路輸入埠 clk，參數式函數〝lpm_ff〞之 q 腳對應到訊號 r1。指令暫存器二引用了〝lpm_ff〞參數式函數，引用名為 reg2，設定 LPM_WIDTH 之值為 14，參數式函數〝lpm_ff〞之 data 腳對應到訊號 r1(13 downto 0)，參數式函數〝lpm_ff〞之 clock 腳對應到電路輸入埠 clk，參數式函數〝lpm_ff〞之 q 腳對應到訊號 r2。ALU 暫存器引用了〝lpm_ff〞參數式函數，引用名為 alureg，設定 LPM_WIDTH 之值為 8，參數式函數〝lpm_ff〞之 data 腳對應到訊號 aluo(7 downto 0)，參數式函數〝lpm_ff〞之 clock 腳對應到電路輸入埠 clk，參數式函數〝lpm_ff〞之 q 腳對應到訊號 D。

```
Blk_io: BLOCK
 BEGIN
  io : io_v
   PORT MAP (D => D , B1 => B1, B2 => B2, addr => addr(1 downto 0),
            cha => romo(9 downto 8), chb => romo(5 downto 4),
            clk => clk, WE => wen3,  B0 => B0, B3 => B3,
            Da => Da, Db => Db);
END BLOCK Blk_io;

Blk_directen: BLOCK
 BEGIN
  direct <= '1' WHEN r1(15 downto 14) = "11" ELSE  '0';
END BLOCK Blk_directen;

Blk_direct: BLOCK
 BEGIN
  dir: direct_v
   PORT MAP (Da => Da, Db => Db, romx => r1(7 downto 0), clk => clk,
            direct => direct, dataa => dataa, datab => datab);
END BLOCK Blk_direct;
```

圖 4-45　VHDL 編輯資料管線系統

如圖 4-45 所示，區塊 Blk_io 中，描述資料暫存器與 I/O 系統，引用了〝io_v〞組件，引用名為 io，組件〝io_v〞之 D 腳對應到訊號 D，組件〝io_v〞之 B1 腳對應到電路輸出入埠 B1，組件〝io_v〞之 B2 腳對應到電路輸出入埠 B2，組件〝io_v〞之 addr 腳對應到訊號 addr(1 downto 0)，組件〝io_v〞之 cha 腳對應到訊號 romo(9 downto 8)，組件〝io_v〞之 chb 腳對應到訊號 romo (5 downto 4)，組件〝io_v〞之 clk 腳對應到電路輸入埠 clk，組件〝io_v〞之 WE 腳對應到電路輸入埠 wen3，組件〝io_v〞之 B0 腳對應到電路輸出埠 B0，組件〝io_v〞之 B3 腳對應到電路輸出埠 B3，組件〝io_v〞之 Da 腳對應到訊號 Da，組件〝io_v〞之 Db 腳對應到訊號 Db。在區塊 Blk_directen 中描述：當 r1(15 downto 14)等於"11"時，訊號 direct 等於'1'，不然訊號 direct 等於'0'。在區塊 Blk_direct 中，描述立即資料選擇控制器，引用了〝direct_v〞組件，引用名為 dir，組件〝direct_v〞之 Da 腳對應到訊號 Da，組件〝direct_v〞之 Db 腳對應到訊號 Db，組件〝direct_v〞之 romx 腳對應到訊號 r1(7 downto 0)，組件〝direct_v〞之 clk 腳對應到電路輸出入埠 clk，組件〝direct_v〞之 dataa 腳對應到訊號 dataa，組件〝direct_v〞之 datab 腳對應到訊號 datab。

```
Blk_alu: BLOCK
 BEGIN
  alu: alu9_v
    PORT MAP (dataa => dataa, datab => datab, S => r2(13 downto 12),
              aluo => aluo);
END BLOCK Blk_alu;

Blk_addr: BLOCK
 BEGIN
  addr1: addr_v
       PORT MAP (D0 => r1(3 downto 0), D1 => r1(11 downto 8),
                 clk => clk, direct => direct, addr => addr);
END BLOCK Blk_addr;
END a;
Line 45 Col 57 INS
```

圖 4-46　VHDL 編輯資料管線系統

如圖 4-46 所示，在區塊 Blk_alu 中，描述算術邏輯運算單元，引用了〝alu9_v〞組件，引用名為 alu，組件〝alu9_v〞之 dataa 腳對應到訊號 dataa，組件〝alu9_v〞之 datab 腳對應到訊號 datab，組件〝alu9_v〞之 S 腳對應到訊號 r2(13 downto 12)，組件〝alu9_v〞之 aluo 腳對應到訊號 aluo。在區塊 Blk_addr 中，描述存入位址控制系統，引用了〝addr_v〞組件，引用名為 addr1，組件〝addr_v〞之 D0 腳對應到訊號 r1 (3 downto 0)，組件〝addr_v〞之 D1 腳對應到訊號 r1(11 downto 8)，組件〝addr_v〞之 clk 腳對應到訊號 clk，組件〝addr_v〞之 direct 腳對應到訊號 direct，組件〝addr_v〞之 addr 腳對應到訊號 addr。

4-4-2-1　說明

- 電路組成：VHDL 編輯資料管線系統分成之區塊整理如表 4-29 所示。區塊 Blk_rom 描述 ROM 的內容與接腳，引用 lpm_rom 組件。區塊 Blk_reg 描述三組暫存器 reg1、reg2 與 alureg，引用 lpm_ff 組件，其資料寬度分別為 16、14 與 8。區塊 Blk_io 描述資料暫存器與 I/O 系統，引用 io_v 組件。區塊 Blk_directen 描述當 r1(15)與 r1(14)皆為 1 時，記憶體資料致能控制端 direct 等於 1，不然 direct 為 0。區塊 Blk_direct

描述資料選擇系統，引用 direct_v 組件。區塊 Blk_alu 描述算術邏輯運算單元，引用 alu9_v 組件。區塊 Blk_addr 描述存入位址控制系統，引用 addr_v 組件。

表 4-29　VHDL 編輯資料管線系統之區塊

區　塊	描述子系統	功　能
Blk_rom	非同步唯讀記憶體	描述唯讀記憶體 Rom，引用 lpm_rom 件。記憶執行程式之指令或用來運算的數值，可記憶十六位元資料(寬度等於 16)，可記 256 組資料(depth 等於 256)。
Blk_reg	指令暫存器一、指令暫存器二與 ALU 暫存器。	描述三組暫存器 reg1、reg2 與 alureg，引用 lpm_ff 組件，其資料寬度分別為 16、14 與 8。可暫存指令或資料。
Blk_io	資料暫存器與 I/O 系統	描述資料暫存器與 I/O 系統，引用 io_v 組件。此組件之資料暫存器功能為儲存微處理器運算結果 D，存入位址為 addr。並有 I/O 裝置 B0、B1、B2 與 B3 可輸出資料暫存器所儲存之內容，還可控制 cha 與 chb 從多組資料暫存器中，選取兩筆資料至 Da 與 Db，或是可由輸出入埠 B1 或 B2 傳入資料，將外部資料送至 Da 或 Db，作為下一級處理之資料。
Blk_directen	立即資料選擇控制器	描述當 r1(15)與 r1(14)皆為 1 時(立即資料運算指令)，記憶體立即資料致能控制端 direct 等於 1，不然 direct 為 0。
Blk_direct	資料選擇系統	引用 direct_v 組件。此組件主要是在 Db 與立即資料 romx 作一個選擇，選擇出之資料暫存到處理暫存器 datab，而輸入 Da 亦暫存至處理暫存器 dataa。最後 dataa 與 datab 即為要送進 ALU 之資料。
Blk_alu	八位元算術邏輯運算單元	引用 alu9_v 組件。將八位元資料 dataa 與 datab 進行算數邏輯運算，運算方式由 S 控制，有 AND、OR、加與減四項運算功能，運算結果由 aluo 輸出。
Blk_addr	存入位址控制系統	引用 addr_v 組件。可產生存入資料暫存器之位址 addr。位址來源有 r1(11 downto 8)與 r1(3 downto 0)，選擇控制線 direct 控制 addr 輸出 r1(11 downto 8)還是 r1(3 downto 0)。若為立即資料運算指令，則會由 addr 輸出 r1(11 downto 8)。

- 非同步唯讀記憶體：本系統功能為記憶執行程式之數字碼，可記憶十六位元資料(寬度等於 16)，可記 256 組資料(depth 等於 256)。此電路由

一個〝lpm_rom〞所組成。將其參數 lpm_file 設定為"pc_g.mif"，參數 lpm_address_control 設定為"UNREGISTERED"，參數 lpm_outdata 設定為"UNREGISTERED"，參數 lpm_width 設定為 16，而參數 lpm_withad 則設定為 8，並設定使用 address[]與 q[]，即可記憶達 256 組(address[]寬度等於 lpm_withad)之十六位元資料(lpm_width 等於 16)。請參考 3-2-3 小節。以 MIF 檔可以編輯〝lpm_rom〞記憶之內容，如 4-4-1 小節圖 4-40 所示，其中 WIDTH 值為儲存資料位元數，DEPTH 值為位址數目，ADDRESS_RADIX 等於 HEX 表示位址值以十六進位表示，DATA_RADIX 等於 HEX 表示資料值以十六進位表示。CONTENT BEGIN 與 END 之間，冒號左邊為位址，冒號右邊為該位址之資料。

- 暫存器：本範例使用了〝lpm_ff〞編輯指令暫存器一、指令暫存器二與 ALU 暫存器，關於參數函數〝lpm_ff〞請參考 3-1-1 小節。
- 資料暫存器與 I/O 系統：資料暫存器與 I/O 系統〝io_v〞已在 4-1-2 小節介紹，在此小節引用〝io_v〞組件，其組件宣告在 cpu 套件中，〝io_v〞組件宣告如表 4-30 所示。

表 4-30　資料暫存器與 I/O 系統〝io_v〞組件宣告

```
COMPONENT io_v
    PORT(     D                          : IN STD_LOGIC_VECTOR(7 downto 0);
              B1, B2              : INOUT STD_LOGIC_VECTOR(7 downto 0);
              addr, cha, chb : IN STD_LOGIC_VECTOR(1 downto 0);
              clk, WE                : IN STD_LOGIC;
              B0, B3, Da, Db : OUT STD_LOGIC_VECTOR(7 downto 0) );
  END COMPONENT;
```

- 存入位址控制系統：存入位址控制系統〝addr_v〞已在 4-3-2 小節介紹，在此小節引用〝addr_v〞組件，其組件宣告在 cpu 套件中，〝addr_v〞組件宣告如表 4-31 所示。

表 4-31　存入位址控制系統〝addr_v〞組件宣告

```
COMPONENT addr_v
PORT( D0, D1              : IN STD_LOGIC_VECTOR(3 downto 0);
clk, direct     : IN STD_LOGIC;
addr                : OUT STD_LOGIC_VECTOR(3 downto 0) );
END COMPONENT;
```

- 八位元算術邏輯運算單元：八位元算術邏輯運算單元〝alu9_v〞已在 2-6-2 小節介紹，在此小節引用〝alu9_v〞組件，其組件宣告在 cpu 套件中，〝alu9_v〞組件宣告如表 4-32 所示。

表 4-32　八位元算術邏輯運算單元〝alu9_v〞組件宣告

```
COMPONENT alu9_v
        PORT( dataa, datab    : IN STD_LOGIC_VECTOR(7 downto 0);
                S                   : IN STD_LOGIC_VECTOR(1 downto 0);
                aluo               : OUT STD_LOGIC_VECTOR(8 downto 0) );
END COMPONENT;
```

- 資料選擇系統：資料選擇系統〝direct_v〞已在 4-2-2 小節介紹，在此小節引用〝direct_v〞組件，其組件宣告在 cpu 套件中，〝direct_v〞組件宣告如表 4-33 所示。

表 4-33　資料選擇系統〝direct_v〞組件宣告

```
COMPONENT direct_v
    PORT(    Da, Db, romx    : IN STD_LOGIC_VECTOR(7 downto 0);
         clk, direct     : IN STD_LOGIC;
         dataa, datab    : OUT STD_LOGIC_VECTOR(7 downto 0) );
  END COMPONENT;
```

● 連接線：各組件之訊號連接情況整理如表 4-34 所示。

表 4-34　VHDL 編輯資料管線系統之訊號連接情況

區　塊	描述子系統	訊　號　連　線
Blk_rom	非同步唯讀記憶體	非同步唯讀記憶體〝Rom〞輸出接訊號線 romo，其中 romo 接至指令暫存器一〝reg1〞，romo(9 downto 8)與 romo(5 downto 4)接至資料暫存器與 I/O 系統〝io〞。
Blk_reg	指令暫存器一、指令暫存器二與 ALU 暫存器。	指令暫存器一〝reg1〞輸出接訊號線 r1，其中 r1(15 downto 14)接至立即資料選擇控制器。r1(13 downto 0) 接至指令暫存器二〝reg2〞。r1(7 downto 0)接至資料選擇系統〝dir〞。 指令暫存器二〝reg2〞輸出接訊號線 r2，其中 r2(13 downto 12)接至 ALU 暫存器〝alureg〞。 ALU 暫存器〝alureg〞輸出接訊號線 D，D 接資料暫存器與 I/O 系統〝io〞。
Blk_io	資料暫存器與 I/O 系統	資料暫存器與 I/O 系統〝io〞輸出 Da 與 Db 接訊號線 Da 與 Db，Da 與 Db 接至資料選擇系統〝dir〞。
Blk_directen	立即資料選擇控制器	立即資料選擇控制器輸出接訊號線 direct，direct 接至資料選擇系統〝dir〞與存入位址控制系統〝addr1〞。
Blk_direct	資料選擇系統	資料選擇系統〝dir〞輸出接訊號線 dataa 與 datab，dataa 與 datab 接至算術邏輯運算單元〝alu〞。
Blk_alu	八位元算術邏輯運算單元	八位元算術邏輯運算單元〝alu〞輸出接訊號線 aluo，aluo(7 downto 0)接至 ALU 暫存器〝alureg〞。
Blk_addr	存入位址控制系統	存入位址控制系統〝addr1〞輸出接訊號線 addr，其中 addr(1 downto 0)接資料暫存器與 I/O 系統〝io〞。

4-4-3 Verilog HDL 編輯資料管線系統

Verilog HDL 編輯結果如圖 4-47 至圖 4-50 所示。此範例電路名稱爲 "data_vl" 。

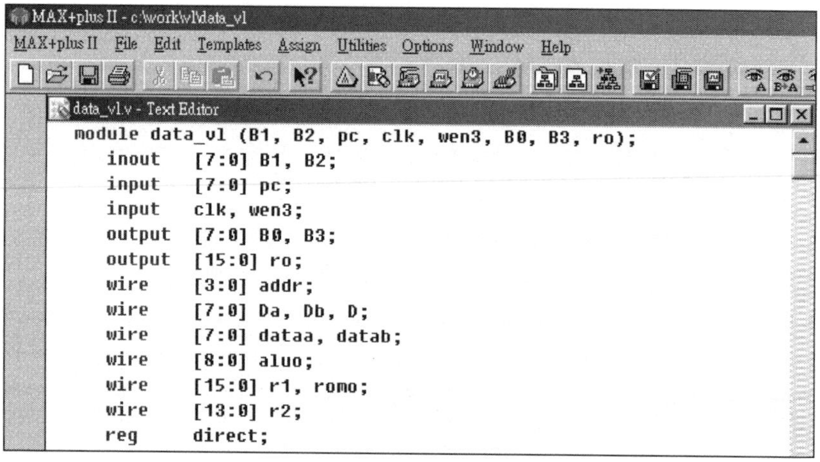

MAX+plus II - c:\work\vl\data_vl

MAX+plus II File Edit Templates Assign Utilities Options Window Help

data_vl.v - Text Editor

```
module data_vl (B1, B2, pc, clk, wen3, B0, B3, ro);
   inout    [7:0] B1, B2;
   input    [7:0] pc;
   input    clk, wen3;
   output   [7:0] B0, B3;
   output   [15:0] ro;
   wire     [3:0] addr;
   wire     [7:0] Da, Db, D;
   wire     [7:0] dataa, datab;
   wire     [8:0] aluo;
   wire     [15:0] r1, romo;
   wire     [13:0] r2;
   reg      direct;
```

圖 4-47　Verilog HDL 編輯資料管線系統

如圖 4-47 所示，輸出入埠 B1 與 B2 爲八位元之向量，資料型態爲內定之 wire 型態。輸入埠 pc 爲八位元之向量，資料型態爲內定之 wire 型態。輸入埠 clk 與 wen3 爲一位元之向量，資料型態爲內定之 wire 型態。輸出埠 B0 與 B3 爲四位元之向量，資料型態皆爲內定之 wire 型態。輸出埠 ro 爲十六位元之向量，資料型態爲內定之 wire 型態。另外 addr 爲四位元之向量，資料型態爲 wire。Da、Db 與 D 爲八位元之向量，資料型態爲 wire。dataa 與 datab 爲八位元之向量，資料型態爲 wire。aluo 爲九位元之向量，資料型態爲 wire。r1 與 romo 爲十六位元之向量，資料型態爲 wire。r2 爲十四位元之向量，資料型態爲 wire。direct 爲一位元之向量，資料型態爲 reg。

```
lpm_rom  rom (.address(pc), .q(romo));
defparam rom.lpm_width = 16;
defparam rom.lpm_widthad = 8;
defparam rom.lpm_file = "pc_g.mif";
defparam rom.lpm_address_control = "UNREGISTERED";
defparam rom.lpm_outdata = "UNREGISTERED";

assign  ro = romo;
```

圖 4-48　Verilog HDL 編輯資料管線系統

如圖 4-48，所示此電路內容為，引入參數式模組〝lpm_rom〞，引入名稱為 rom，其中參數 address 對應到 pc，參數 q 對應到 romo。並指定參數 lpm_width 為 16；指定參數 lpm_widthad 為 8；指定參數 lpm_file 為"pc_g.mif"；指定參數 lpm_address_control 為"UNREGISTERED"；指定參數 lpm_outdata 為"UNREGISTERED"；同時指定 ro 等於 romo。此段即為非同步唯讀記憶體。

```
lpm_ff  reg1 (.data(romo), .clock(clk), .q(r1));
defparam reg1.lpm_width = 16;

lpm_ff  reg2 (.data(r1[13:0]), .clock(clk), .q(r2));
defparam reg2.lpm_width = 14;

lpm_ff  alureg (.data(aluo[7:0]), .clock(clk), .q(D));
defparam alureg.lpm_width = 8;

io_vl io (.D(D), .B1(B1), .B2(B2), .addr(addr[1:0]),
          .cha(romo[9:8]), .chb(romo[5:4]), .clk(clk),
          .WE(wen3), .B0(B0), .B3(B3), .Da(Da), .Db(Db));
```

圖 4-49　Verilog HDL 編輯資料管線系統

如圖 4-49 所示，指令暫存器一引用參數式模組〝lpm_ff〞，引入名稱為 reg1，其中參數 data 對應到 romo，參數 clock 對應到 clk，參數 q 對應到 r1。並指定參數 lpm_width 為 16。指令暫存器二引入參數式模組〝lpm_ff〞，引入名稱為 reg2，其中參數 data 對應到 r1[13:0]，參數 clock 對應到 clk，參數 q 對應到 r2。並指定參數 lpm_width 為 14。ALU 暫存器引用參數式模組〝lpm_ff〞，引入名稱為 alureg，其中參數 data 對應到 aluo[7:0]，參數 clock

對應到 clk，參數 q 對應到 D。引入模組資料暫存器與 I/O 系統〝io_vl〞，引入名稱爲 io，其中參數 D 對應到 D，參數 B1 對應到 B1，參數 B2 對應到 B2，參數 addr 對應到 addr[1:0]，參數 cha 對應到 romo[9:8]，參數 chb 對應到 romo[5:4]，參數 clk 對應到 clk，參數 WE 對應到 wen3，參數 B0 對應到 B0，參數 B3 對應到 B3，參數 Da 對應到 Da，參數 Db 對應到 Db。

```
always @(r1)
 begin
   if (r1[15:14] == 2'b11)
    direct = 1'b1;
   else
    direct= 1'b0;
 end

direct_vl dir (.Da(Da), .Db(Db), .romx(r1[7:0]), .clk(clk),
              .direct(direct), .dataa(dataa), .datab(datab));

alu9_vl alu (.dataa(dataa), .datab(datab), .S(r2[13:12]),
             .aluo(aluo));

addr_vl addr1 (.D0(r1[3:0]), .D1(r1[11:8]), .clk(clk),
              .direct(direct), .addr(addr));
endmodule
Line  13   Col  19    INS
```

圖 4-50　Verilog HDL 編輯資料管線系統

如圖4-50所示，立即資料選擇控制器之行爲在always中描述，若r1[15:14]等於 2’b11，則 direct 等於 1'b1；不然 direct 等於 1'b0。引入資料選擇系統模組〝direct_vl〞，引入名稱爲 dir，其中參數 Da 對應到 Da，參數 Db 對應到 Db，參數 romx 對應到 r1[7:0]，參數 clk 對應到 clk，參數 direct 對應到 direct，參數 dataa 對應到 dataa，參數 datab 對應到 datab。引入八位元算術邏輯運算單元模組〝alu9_vl〞，引入名稱爲 alu，其中參數 dataa 對應到 dataa，參數 datab 對應到 datab，參數 S 對應到 r2[13:12]，參數 aluo 對應到 aluo。引入存入位址控制系統模組〝addr_vl〞，引入名稱爲 addr1，其中參數 D0 對應到 r1[3:0]，參數 D1 對應到 r1[11:8]，參數 clk 對應到 clk，參數 direc 對應到 direct，參數 addr 對應到 addr。

4-4-3-1　說明

- 組成：Verilog HDL 編輯資料管線系統整理如表 4-35 所示。圖 4-48 描述非同步唯讀記憶體的設定與接腳，引用〝lpm_rom〞組件。圖 4-49 描述三組暫存器，分別是指令暫存器一〝reg1〞、指令暫存器二〝reg2〞與 ALU 暫存器〝alureg〞，引用〝lpm_ff〞組件，其資料寬度分別爲 16、14 與 8，並引入資料暫存器與 I/O 系統〝io_vl〞模組。圖 4-50 描述立即資料選擇控制器，當 r1(15)與 r1(14)皆爲 1 時，記憶體資料致能控制端 direct 等於 1，不然 direct 爲 0。並引入三個模組，分別是資料選擇系統〝direct_vl〞模組、算術邏輯運算單元〝alu9_vl〞模組與存入位址控制系統〝addr_vl〞模組。

表 4-35　Verilog HDL 編輯資料管線系統之子系統說明

子系統	功　能
非同步唯讀記憶體	引用 lpm_rom 函數，引用名爲 rom。記憶執行程式之指令或用來運算的數值，可記憶十六位元資料(寬度等於 16)，並可記 256 組資料(depth 等於 256)。
指令暫存器一	引用 lpm_ff 函數，引用名爲 reg1。爲十六位元暫存器，可暫存指令。
指令暫存器二	引用 lpm_ff 函數，引用名爲 reg2。爲十四位元暫存器，可暫存指令。
ALU 暫存器	引用 lpm_ff 函數，引用名爲 alureg。爲八位元暫存器，可暫存資料。
資料暫存器與 I/O 系統	描述資料暫存器與 I/O 系統，引用 io_vl 模組。此模組之資料暫存器功能爲儲存微處理器運算結果 D，存入位址爲 addr。並有 I/O 裝置 B0、B1、B2 與 B3 可輸出資料暫存器所儲存之內容，還可控制 cha 與 chb 從多組資料暫存器中，選取兩筆資料至 Da 與 Db，或是可由輸出入埠 B1 或 B2 傳入資料，將外部輸入送至 Da 或 Db，作爲下一級處理之資料。
立即資料選擇控制器	描述當 r1[15]與 r1[14]皆爲 1 時(立即資料運算指令)，記憶體立即資料致能控制端 direct 等於 1，不然 direct 爲 0。

表 4-35 (續)

資料選擇系統	引用 direct_vl 模組，引用名爲 dir。此模組主要是在 Db 與立即資料 romx 之間作一選擇，選擇出之資料暫存到處理暫存器 datab，而輸入 Da 亦暫存至處理暫存器 dataa。最後 dataa 與 datab 即爲要送進 ALU 之資料。
八位元算術邏輯運算單元	引用 alu9_vl 模組，引用名爲 alu。此模組將八位元資料 dataa 與 datab 進行算數邏輯運算，運算方式由 S 控制，有 AND、OR、加與減四項運算功能，運算結果由 aluo 輸出。
存入位址控制系統	引用 addr_vl 模組，引用名爲 addr1。可產生存入資料暫存器之位址 addr。位址來源有 r1[11:8]與 r1[3:0]，選擇控制線 direct 控制 addr 輸出 r1[11:8]位址還是 r1[3:0]位址。若爲立即資料運算指令，則會 addr 輸出 r1[11:8]。

連接線：資料管線系統各組件之訊號連接情況整理如表 4-36 所示。

表 4-36 Verilog HDL 編輯資料管線系統之訊號連接情況

描述子系統	訊　號　連　線
非同步唯讀記憶體	非同步唯讀記憶體 〝rom〞 輸出接訊號線 romo，其中 romo 接至指令暫存器一〝reg1〞，romo[9:8]與 romo[5: 4]接至資料暫存器與 I/O 系統〝io〞。
指令暫存器一	指令暫存器一 〝reg1〞 輸出接訊號線 r1，其中 r1[15:14]接至立即資料選擇控制器。r1[13: 0] 接至指令暫存器二 〝reg2〞 。r1[7:0] 接至資料選擇系統 〝dir〞 。
指令暫存器二	指令暫存器二 〝reg2〞 輸出接訊號線 r2，其中 r2[13:12] 接至 ALU 暫存器 〝alureg〞 。
ALU 暫存器	ALU 暫存器〝alureg〞輸出接訊號線 D，D 接資料暫存器與 I/O 系統〝io〞。
資料暫存器與 I/O 系統	資料暫存器與 I/O 系統 〝io〞 輸出 Da 與 Db 接訊號線 Da 與 Db，Da 與 Db 接至資料選擇系統 〝dir〞 。
立即資料選擇控制器	立即資料選擇控制器輸出接訊號線 direct，direct 接至資料選擇系統〝dir〞與存入位址控制系統 〝addr1〞 。
資料選擇系統	資料選擇系統 〝dir〞 輸出接訊號線 dataa 與 datab，dataa 與 datab 接至算術邏輯運算單元 〝alu〞 。
八位元算術邏輯運算單元	八位元算術邏輯運算單元 〝alu〞 輸出接訊號線 aluo，aluo[7:0]接至 ALU 暫存器 〝alureg〞 。
存入位址控制系統	存入位址控制系統 〝addr1〞 輸出接訊號線 addr，其中 addr[1: 0]接資料暫存器與 I/O 系統 〝io〞 。

- 非同步唯讀記憶體：本系統功能爲記憶執行程式之數字碼，可記憶十六位元資料(寬度等於 16)，可記 256 組資料(depth 等於 256)。此元件名稱爲〝romu8_16g〞，此電路由一個〝lpm_rom〞所組成。將其參數 lpm_file 設定爲 "pc_g.mif"，參數 lpm_address_control 設定爲 "UNREGISTERED"，參數 lpm_outdata 設定爲"UNREGISTERED"，參數 lpm_width 設定爲 16，而參數 lpm_withad 則設定爲 8，並設定使用 address[]與 q[]，即可記憶十六位元資料(lpm_width 等於 16)，可記 256 組資料(address[]寬度等於 lpm_withad)。請參考 3-2-1 小節。以 MIF 檔可以編輯〝lpm_rom〞記憶之內容，如 4-4-1 小節圖 4-40 所示，其中 WIDTH 值爲儲存資料位元數，DEPTH 值爲位址數目，ADDRESS_RADIX 等於 HEX 表示位址值以十六進位表示，DATA_RADIX 等於 HEX 表示資料值以十六進位表示。CONTENT BEGIN 與 END 之間，冒號左邊爲位址，冒號右邊爲該位址之資料。
- 暫存器：本範例使用了〝lpm_ff〞編輯指令暫存器一、指令暫存器二與 ALU 暫存器，關於參數函數〝lpm_ff〞請參考 3-1-1 小節。
- 資料暫存器與 I/O 系統：資料暫存器與 I/O 系統〝io_vl〞已在 4-1-3 小節介紹，在此小節引用〝io_vl〞模組，引用語法如表 4-37 所示。

表 4-37　引用資料暫存器與 I/O 系統〝io_vl〞模組語法

```
io_vl io (.D(D), .B1(B1), .B2(B2), .addr(addr[1:0]), .cha(romo[9:8]),
          .chb(romo[5:4]), .clk(clk), .WE(wen3), .B0(B0), .B3(B3), .Da(Da),
          .Db(Db));
```

- 八位元算術邏輯運算單元：八位元算術邏輯運算單元〝alu9_vl〞已在 2-6-3 小節介紹，在此小節引用〝alu9_vl〞模組，引用語法如表 4-38 所示。

表 4-38　引用八位元算術邏輯運算單元〝alu9_v〞模組語法

```
alu9_vl alu (.dataa(dataa), .datab(datab), .S(r2[13:12]), .aluo(aluo));
```

- 資料選擇系統：資料選擇系統〝direct_vl〞已在 4-2-3 小節介紹，在此小節引用〝direct_vl〞模組，引用語法如表 4-39 所示。

表 4-39　引用資料選擇系統〝direct_v〞模組語法

```
direct_vl dir (.Da(Da), .Db(Db), .romx(r1[7:0]), .clk(clk),
                .direct(direct), .dataa(dataa), .datab(datab));
```

- 立即資料選擇控制器：描述當 r1[15]與 r1[14]皆為 1 時，記憶體立即資料致能控制端 direct 等於 1，不然 direct 為 0。描述語法如表 4-40 所示。

表 4-40　立即資料選擇控制器

```
always @(r1)
 begin
   if (r1[15:14] == 2'b11)
    direct = 1'b1;
   else
    direct= 1'b0;
 end
```

- 存入位址控制系統：存入位址控制系統〝addr_vl〞已在 4-3-3 小節介紹，在此小節引用〝addr_vl〞模組，引用語法如表 4-41 所示。

表 4-41　引用存入位址控制系統〝addr_vl〞模組語法

```
addr_vl addr1 (.D0(r1[3:0]), .D1(r1[11:8]), .clk(clk), .direct(direct),
              .addr(addr));
```

4-4-4　模擬資料管線系統

資料管線系統模擬結果如下所示，由於模擬結果要配合 ROM 內容，分兩種情況說明之。

1. MIF 檔所編輯唯讀記憶體內容如圖 4-51 所示。此情況要讓 Q(0)(0)=1，Q(0)(1)=1，使 B1、B2 作輸出，其模擬結果如圖 4-52 到圖 4-56 所示。

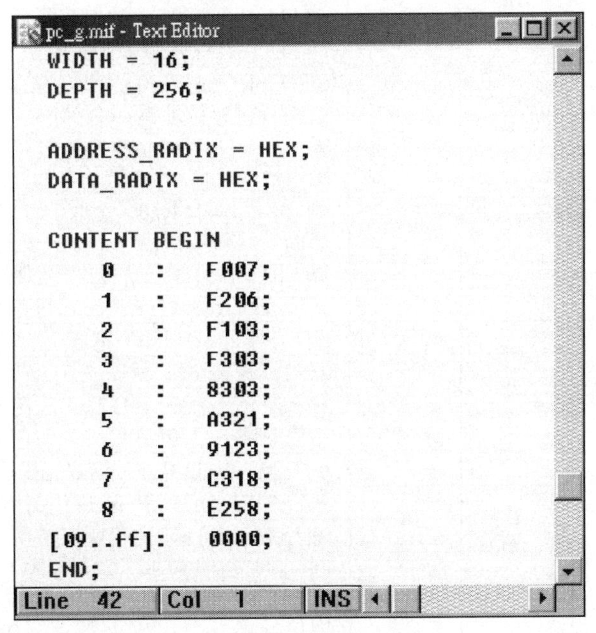

pc_g.mif - Text Editor
WIDTH = 16;
DEPTH = 256;
ADDRESS_RADIX = HEX;
DATA_RADIX = HEX;
CONTENT BEGIN
0 : F007;
1 : F206;
2 : F103;
3 : F303;
4 : 8303;
5 : A321;
6 : 9123;
7 : C318;
8 : E258;
[09..ff]: 0000;
END;
Line 42
Col 1
INS

圖 4-51　MIF 檔所編輯 ROM 之內容

圖 4-51 中指令碼說明如表 4-42 所示。

表 4-42 記憶體內容指令碼說明

十六進制	十六進制	十六進制	十六進制	說 明
ro[15..12]	ro[11..8]	ro[7..4]	ro[3..0]	
F	0	0	7	ro[15]=1，ro[14]=1，選取記憶體資料 ro[7..0]=07 與位址為 ro[11..8]=0 暫存器內資料作運算，因 ro[13]=1，ro[12]=1 故作或運算，再將運算結果放回 ro[11..8]=0 位址之暫存器中。
F	2	0	6	ro[15]=1，ro[14]=1，選取記憶體資料 ro[7..0]=06 與位址為 ro[11..8]=2 暫存器內資料作運算，因 ro[13]=1，ro[12]=1 故作或運算，再將運算結果放回 ro[11..8]=2 位址之暫存器中。
F	1	0	3	ro[15]=1，ro[14]=1，選取記憶體資料 ro[7..0]=03 與位址為 ro[11..8]=1 暫存器內資料作運算，因 ro[13]=1，ro[12]=1 故作或運算，再將運算結果放回 ro[11..8]=1 位址之暫存器中。
8	3	0	3	ro[15]=1，ro[14]=0，選取位址為 ro[11..8]=3 暫存器內資料與位址為 ro[7..4]=0 暫存器內資料作運算，因 ro[13]=0，ro[12]=0 故作加運算，再將運算結果放回 ro[3..0]=3 位址之暫存器中。
A	3	2	1	ro[15]=1，ro[14]=0，選取位址為 ro[11..8]=3 暫存器內資料與位址為 ro[7..4]=2 暫存器內資料作運算，因 ro[13]=1，ro[12]=0 故作及運算，再將運算結果放回 ro[3..0]=1 位址之暫存器中。
9	1	2	3	ro[15]=1，ro[14]=0，選取位址為 ro[11..8]=1 暫存器內資料與位址為 ro[7..4]=2 暫存器內資料作運算，因 ro[13]=0，ro[12]=1 故作減運算，再將運算結果放回 ro[3..0]=3 位址之暫存器中。
C	3	1	8	ro[15]=1，ro[14]=1，選取記憶體資料 ro[7..0]=18 與位址為 ro[11..8]=3 暫存器內資料作運算，因 ro[13]=0，ro[12]=0 故作加運算，再將運算結果放回 ro[11..8]=3 位址之暫存器中。
E	2	5	8	ro[15]=1，ro[14]=1，選取記憶體資料 ro[7..0]=58 與位址為 ro[11..8]=2 暫存器內資料作運算，因 ro[13]=1，ro[12]=0 故作及運算，再將運算結果放回 ro[11..8]=2 位址之暫存器中。

圖 4-52 爲資料管線系統模擬結果，其中 wen3 爲資料暫存器之寫入致能控制，pc 爲唯讀記憶體之位址輸入處(程式記數器值)，ro 爲執行之記憶體指令，Clk 爲所有時脈控制數入端，資料暫存器之四組暫存器在此模擬圖顯示爲 g33|d8_g:1|Q[7..0]、g33|d8_g:2|Q[7..0]、g33|d8_g:3|Q[7..0] 與 g33|d8_g:4|Q[7..0]，其對應位址分別爲 0、1、2 與 3。D[7..0]爲存入資料暫存器之資料，存入資料暫存器的位址爲 addr[1..0]。將其圖 4-52 加註解再分解成圖 4-53 至圖 4-56。注意，pm_mux:5|sel[0..0]爲立即資料選擇控制器輸出 direct。

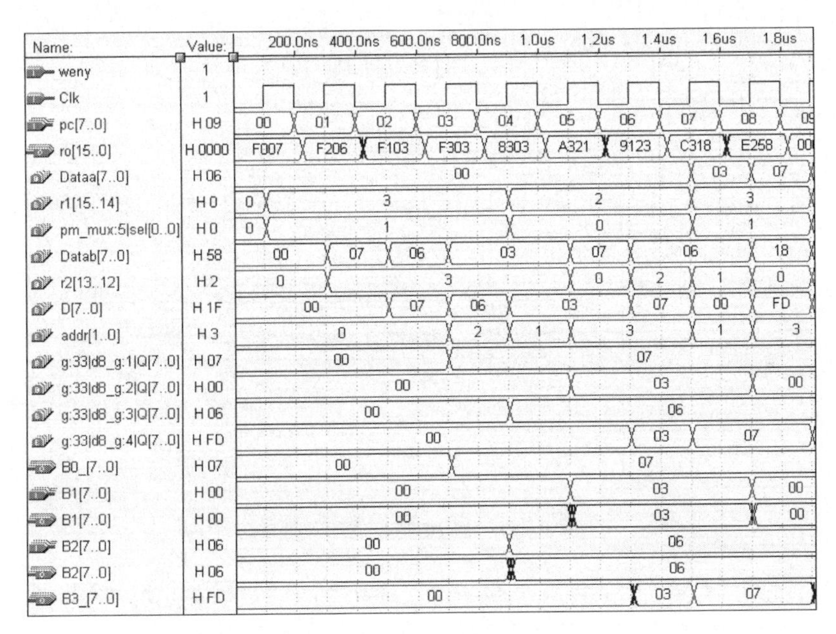

圖 4-52　模擬資料管線系統

圖 4-53 顯示當程式記數器值 pc 依序變化時，所執行之記憶體指令 ro。

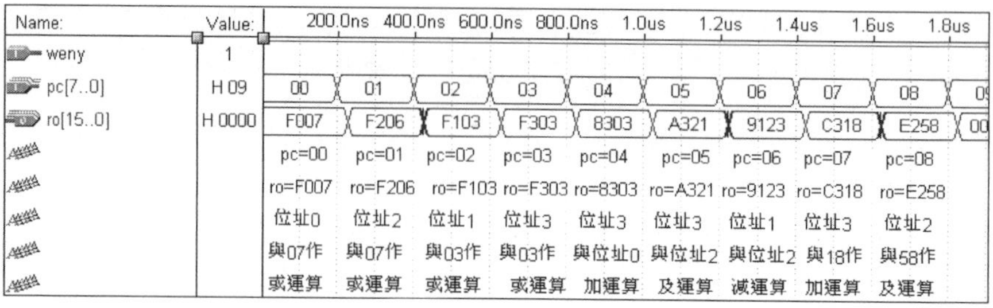

圖 4-53　模擬資料管線系統

配合圖 4-51 之執行指令，圖 4-54 顯示處理暫存器、指令暫存器一暫存之 dataa[7..0]、datab[7..0]與 r1[15..14]之模擬情形，並有立即資料選擇控制器輸出 direct(圖中爲 pm_mux:5|sel[0..0]) 之模擬情形。

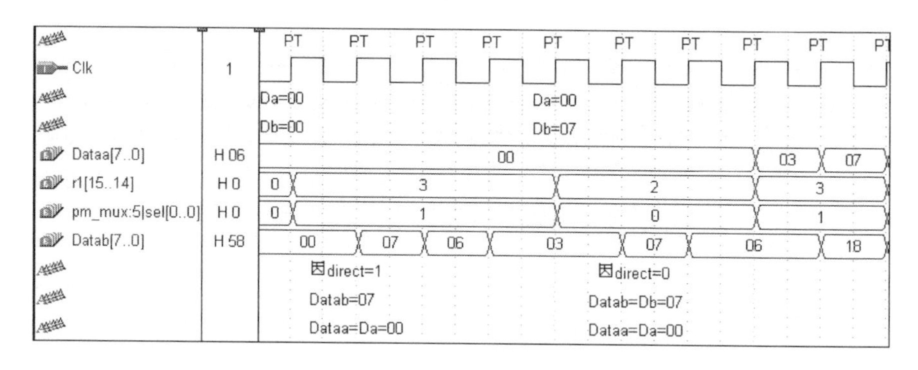

圖 4-54　模擬資料管線系統

配合圖 4-51 之執行指令，圖 4-55 顯示指令暫存器二與 ALU 暫存器暫存之 r2[13..12]與 D[7..0]，並顯示有存入資料暫存器的位址爲 addr[1..0]與四組資料暫存器 g33|d8_g:1|Q[7..0]、g33|d8_g:2|Q[7..0]、g33|d8_g:3|Q[7..0]與 g33|d8_g:4|Q[7..0]。

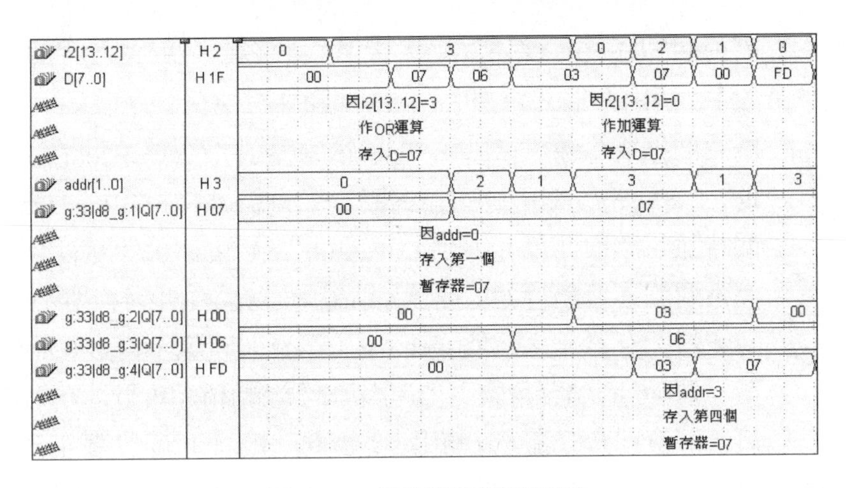

圖 4-55　模擬資料管線系統

配合圖 4-51 之執行指令，圖 4-56 顯示 B0 與 B3 為資料暫存器輸出，B1 與 B2 為輸出入埠，但此時 B1 與 B2 當輸出用。(模擬圖 4-62 中 B1 與 B2 之輸入埠要分別配合圖中 B1 與 B2 之輸出埠來給值，不然會出現 X。)

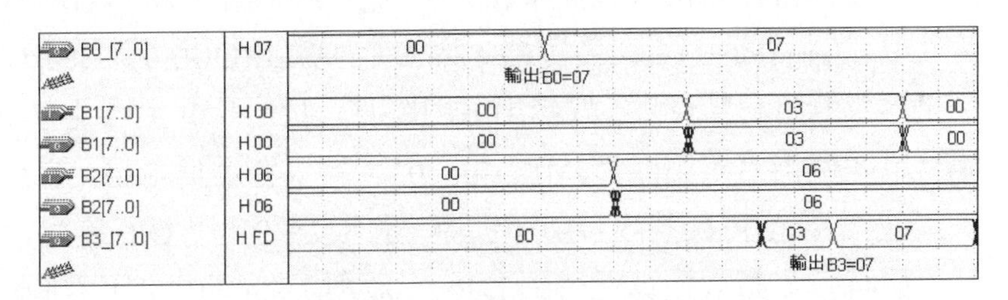

圖 4-56　模擬資料管線系統

將圖 4-53 至圖 4-56 模擬結果說明如下。

(1) 第一個指令：第一個時脈，pc=00，讀入指令為 F007(第一個(位址=0)資料暫存器內容與記憶體立即資料 07 作 OR 運算)；第二個時脈，讀取運算元得到 Dataa=00 與 Datab=07；第三個時脈，算數邏輯運算執行 OR 運算，結果暫存在 ALU 暫存器 D=07，此時資料暫存器寫入致能 wen3=1；第四個時脈，將 D (D=07)存入第一個(addr=0)資料暫存器，因 B0 接著第一個資料暫存器輸出，故 B0 輸出亦爲 07。如圖 4-53 至圖 4-56 所示。

(2) 第二個指令：第二個時脈，pc=01，讀入指令爲 F206(第三個(位址=2)資料暫存器內容與記憶體立即資料 06 作 OR 運算)；第三個時脈，讀取運算元得到 Dataa=00 與 Datab=06；第四個時脈，算數邏輯運算執行 OR 運算，結果暫存在 ALU 暫存器 D=06，此時資料暫存器寫入致能 wen3=1；第五個時脈，將 D (D=06)存入第三個(addr=2)資料暫存器，因 B2 爲輸出(Q(0)(1)=1)， B2 輸出第三個資料暫存器，故輸出 B2 爲 06。如圖 4-53 至圖 4-56 所示。

(3) 第三個指令：第三個時脈，pc=02，讀入指令爲 F103(第二個(位址=1)資料暫存器內容與記憶體立即資料 03 作 OR 運算)；第四個時脈，讀取運算元得到 Dataa=00 與 Datab=03；第五個時脈，算數邏輯運算執行 OR 運算，結果暫存在 ALU 暫存器 D=03，此時資料暫存器寫入致能 wen3=1；第六個時脈，將 D (D=03)存入第二個(addr=1)資料暫存器，因 B1 爲輸出(Q(0)(0)=1)，B1 輸出第二個資料暫存器，故輸出 B1 爲 03。如圖 4-53 至圖 4-56 所示。

(4) 第四個指令：第四個時脈，pc=03，讀入指令爲 F301(第四個(位址=3)資料暫存器內容與記憶體立即資料 01 作 OR 運算)；第五個時脈，讀取運算元得到 Dataa=00 與 Datab=01；第六個時脈，算數邏輯運算執行 OR 運算，結果暫存在 ALU 暫存器 D=01，此時資料暫存器寫入致能 wen3=1；第七個時脈，將 D (D=01)存入第四個(addr=3)資料暫存器，因 B3 接著第四個資料暫存器輸出，故 B3 爲 01。如圖 4-53 至圖 4-56 所示。

(5) 第五個指令：第五個時脈，pc=04，讀入指令爲 8303(第四個(位址=3)資料暫存器內容與第一個(位址=0)資料暫存器內容作 ADD 運算)；第六個時脈，讀取運算元得到 Dataa=00 與 Datab=07；第七個時脈，算數邏輯運算執行 ADD 運算，結果暫存在 ALU 暫存器 D=07，此時資料暫存器寫入致能 wen3=1；第八個時脈，將 D (D=07)存入第四個(addr=3)資料暫存器，因 B3 接著第四個資料暫存器輸出，故 B3 爲 07。如圖 4-53 至圖 4-56 所示。

(6) 第六個指令：第六個時脈，pc=05，讀入指令爲 A321(第四個(位址=3)資料暫存器內容與第三個(位址=2)資料暫存器內容作 AND 運算)；第七個時脈，讀取運算元得到 Dataa=00 與 Datab=06；第八個時脈，算數邏輯運算執行 AND 運算，結果暫存在 ALU 暫存器 D=00，此時資料暫存器寫入致能 wen3=1；第九個時脈，將 D (D=00)存入第二個(addr=1)資料暫存器，因 B1 爲輸出(Q(0)(0)=1)，B1 輸出第二個資料暫存器，故輸出 B1 爲 00。如圖 4-53 至圖 4-56 所示。

2. MIF 檔所編輯 ROM 之內容如圖 4-57 所示。此情況讓 Q(0)(0)=1，Q(0)(1)=0，使 B1 作輸出、B2 作輸入。其模擬結果如圖 4-58 到圖 4-62 所示。

```
pc_g.mif - Text Editor
WIDTH = 16;
DEPTH = 256;

ADDRESS_RADIX = HEX;
DATA_RADIX = HEX;

CONTENT BEGIN
    0    :   F001;
    1    :   F106;
    2    :   F303;
    3    :   8201;
    4    :   B303;
    5    :   A321;
    6    :   9123;
    7    :   C318;
    8    :   E258;
[09..ff]:    0000;
END;
Line 42   Col 1   INS
```

圖 4-57　MIF 檔所編輯 ROM 之內容

圖 4-57 中指令碼說明如表 4-43 所示。

表 4-43　圖 4-57 中指令碼說明

十六進制	十六進制	十六進制	十六進制	說　　明
ro[15..12]	ro[11..8]	ro[7..4]	ro[3..0]	
F	0	0	1	ro[15]=1，ro[14]=1，選取記憶體資料 ro[7..0]=01 與位址為 ro[11..8]=0 暫存器內資料作運算，因 ro[13]=1，ro[12]=1 故作或運算，再將運算結果放回 ro[11..8]=0 位址之暫存器中。

表 4-43　(續)

F	1	0	6	ro[15]=1，ro[14]=1，選取記憶體資料 ro[7..0]=06 與位址為 ro[11..8]=1 暫存器內資料作運算，因 ro[13]=1，ro[12]=1 故作或運算，再將運算結果放回 ro[11..8]=1 位址之暫存器中。
F	3	0	3	ro[15]=1，ro[14]=1，選取記憶體資料 ro[7..0]=03 與位址為 ro[11..8]=3 暫存器內資料作運算，因 ro[13]=1，ro[12]=1 故作或運算，再將運算結果放回 ro[11..8]=3 位址之暫存器中。
8	2	0	1	ro[15]=1，ro[14]=0，選取位址為 ro[11..8]=2 暫存器內資料與位址為 ro[7..4]=0 暫存器內資料作運算，因 ro[13]=0，ro[12]=0 故作加運算，再將運算結果放回 ro[3..0]=1 位址之暫存器中。
B	3	0	3	ro[15]=1，ro[14]=0，選取位址為 ro[11..8]=3 暫存器內資料與位址為 ro[7..4]=0 暫存器內資料作運算，因 ro[13]=1，ro[12]=1 故作或運算，再將運算結果放回 ro[3..0]=3 位址之暫存器中。
A	3	2	1	ro[15]=1，ro[14]=0，選取位址為 ro[11..8]=3 暫存器內資料與位址為 ro[7..4]=2 暫存器內資料作運算，因 ro[13]=1，ro[12]=0 故作及運算，再將運算結果放回 ro[3..0]=1 位址之暫存器中。
9	1	2	3	ro[15]=1，ro[14]=0，選取位址為 ro[11..8]=1 暫存器內資料與位址為 ro[7..4]=2 暫存器內資料作運算，因 ro[13]=0，ro[12]=1 故作減運算，再將運算結果放回 ro[3..0]=3 位址之暫存器中。
C	3	1	8	ro[15]=1，ro[14]=1，選取記憶體資料 ro[7..0]=18 與位址為 ro[11..8]=3 暫存器內資料作運算，因 ro[13]=0，ro[12]=0 故作加運算，再將運算結果放回 ro[11..8]=3 位址之暫存器中。
E	2	5	8	ro[15]=1，ro[14]=1，選取記憶體資料 ro[7..0]=58 與位址為 ro[11..8]=2 暫存器內資料作運算，因 ro[13]=1，ro[12]=0 故作及運算，再將運算結果放回 ro[11..8]=2 位址之暫存器中。

圖 4-58 為資料管線系統模擬結果，其中 wen3 為資料暫存器之寫入致能控制，pc 為唯讀記憶體之位址輸入處(程式記數器值)，ro 為執行之記憶體指令，Clk 為所有時脈控制數入端，資料暫存器之四組暫存器在此模擬圖顯示為　g33|d8_g:1|Q[7..0]　、　g33|d8_g:2|Q[7..0]　、　g33|d8_g:3|Q[7..0]　與

g33|d8_g:4|Q[7..0]，其對應位址分別爲 0、1、2 與 3。D[7..0]爲存入資料暫存器之資料，存入資料暫存器的位址爲 addr[1..0]。將其圖 4-58 加註解再分解成圖 4-59 至圖 4-62。注意，pm_mux:5|sel[0..0]爲立即資料選擇控制器輸出 direct。

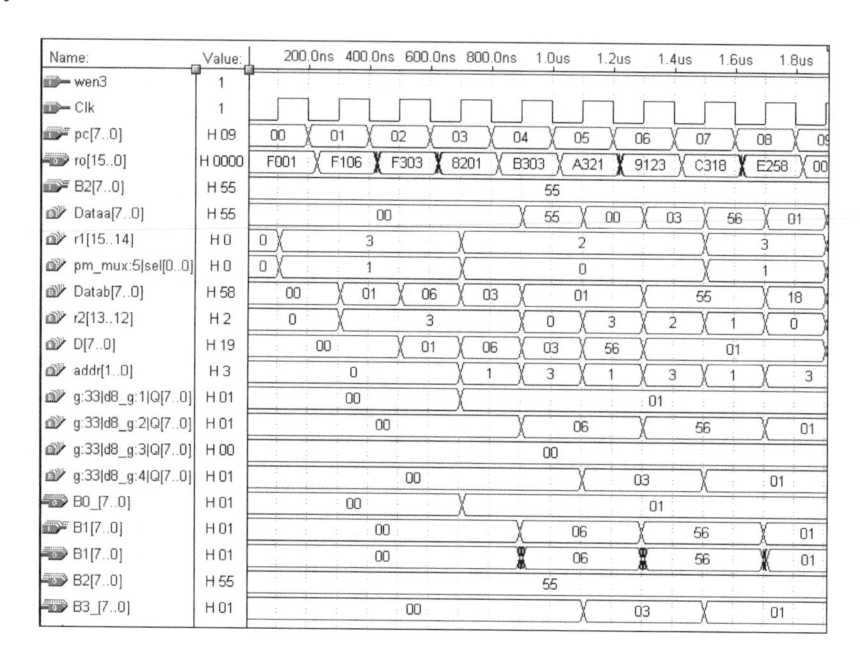

圖 4-58　模擬資料管線系統

圖 4-59 顯示當程式記數器值 pc 依序變化時，所執行之記憶體指令 ro。

Name:	Value:	200.0ns	400.0ns	600.0ns	800.0ns	1.0us	1.2us	1.4us	1.6us	1.8us
wen3	1									
pc[7..0]	H 09	00	01	02	03	04	05	06	07	08
ro[15..0]	H 0000	F001	F106	F303	8201	B303	A321	9123	C318	E258
		pc=00	pc=01	pc=02	pc=03	pc=04	pc=05	pc=06	pc=07	pc=08
		ro=F001	ro=F106	ro=F303	ro=8201	ro=7303	ro=A321	ro=9123	ro=C318	ro=E258
		位址0	位址1	位址3	B2與	位址3	位址3	位址1	位址3	位址2
		與01作	與06作	與03作	位址0作	與位址0	與位址2	與位址2	與18作	與58作
		或運算	或運算	或運算	加運算	或運算	及運算	減運算	加運算	及運算

圖 4-59　模擬資料管線系統

配合圖 4-57 之執行指令，圖 4-60 顯示處理暫存器暫存之 dataa[7..0]、datab[7..0]與指令暫存器一暫存之 r1[15..14]之情形，並有立即資料選擇控制器輸出 direct(圖中爲 pm_mux:5|sel[0..0]) 之情形。

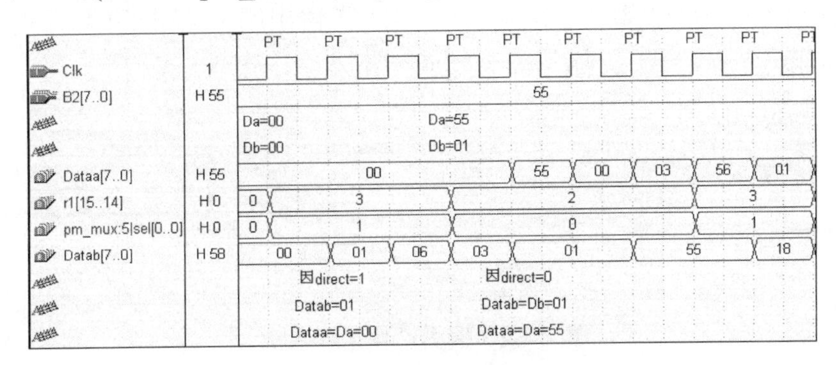

圖 4-60　模擬資料管線系統

配合圖 4-57 之執行指令，圖 4-61 顯示指令暫存器二與 ALU 暫存器暫存之 r2[13..12]與 D[7..0]，並顯示有存入資料暫存器的位址爲 addr[1..0]與四組資料暫存器 g33|d8_g:1|Q[7..0]、g33|d8_g:2|Q[7..0]、g33|d8_g:3|Q[7..0]與 g33|d8_g:4|Q[7..0]。

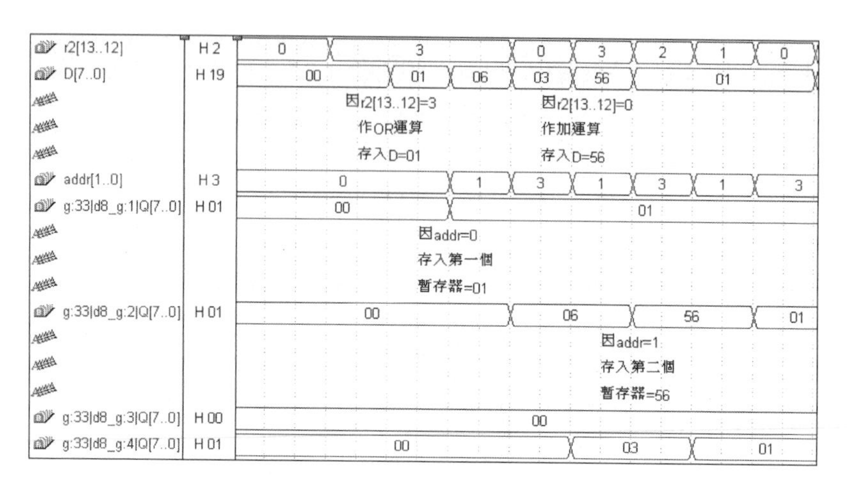

圖 4-61　模擬資料管線系統

配合圖 4-57 之執行指令，圖 4-62 顯示 B0 與 B3 為資料暫存器輸出，B2、B1 為輸出入埠，但此時 B2 當輸入用，B1 當輸出用。(模擬圖 4-62 中 B1 之輸入埠要配合圖中 B1 之輸出埠來給值，不然會出現 X。)

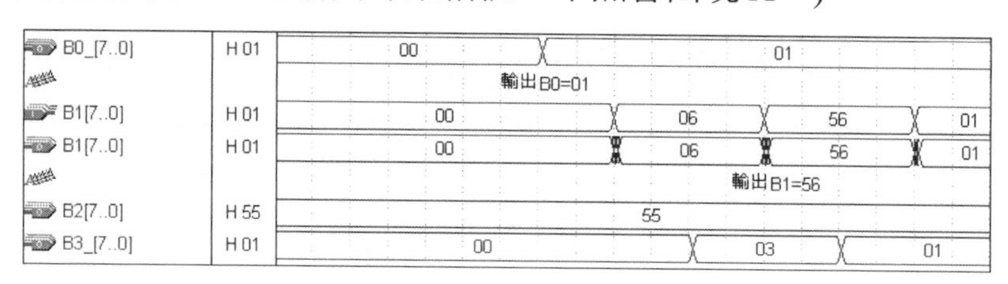

圖 4-62　模擬資料管線系統

將圖 4-59 至圖 4-62 模擬結果說明如下。

(1) 第一個指令：第一個時脈，pc=00，讀入指令為 F001(第一個(位址=0)資料暫存器內容與記憶體立即資料 01 作 OR 運算)；第二個時脈，讀取運算元得到 Dataa=00 與 Datab=01；第三個時脈，算數邏輯運算執行 OR 運算，結果暫存在 ALU 暫存器 D=01，此時資料暫存器寫入致能 wen3=1；第四個時脈，將 D (D=01)存入第一個(addr=0)資料暫存器，因 B0 接第一個資料暫存器輸出，故 B0 輸出爲 01。分別如圖 4-59 至圖 4-62 所示。

(2) 第二個指令：第二個時脈，pc=01，讀入指令爲 F106(第二個(位址=1)資料暫存器內容與記憶體立即資料 06 作 OR 運算)；第三個時脈，讀取運算元得到 Dataa=00 與 Datab=06；第四個時脈，算數邏輯運算執行 OR 運算，結果暫存在 ALU 暫存器 D=06，wen3=1；第五個時脈，將 D(D=06)存入第二個(addr=1)資料暫存器，因 B1 爲輸出(Q(0)(0)=1)，來自第二個資料暫存器輸出，故 B1 輸出爲 06。分別如圖 4-59 至圖 4-62 所示。

(3) 第三個指令：第三個時脈，pc=02，讀入指令爲 F303(第四個 (位址=1)資料暫存器內容與記憶體立即資料 03 作 OR 運算)；第四個時脈，讀取運算元得到 Dataa=00 與 Datab=03；第五個時脈，算數邏輯運算執行 OR 運算，結果暫存在 ALU 暫存器 D=03，此時資料暫存器寫入致能 wen3=1；第六個時脈，將 D=03 存入第四個(addr=3)資料暫存器，因 B3 爲輸出，資料來自第四個資料暫存器，故 B3 輸出亦爲 03。分別如圖 4-59 至圖 4-62 所示。

(4) 第四個指令：第四個時脈，pc=03，讀入指令爲 8201(B2 輸入與第一個資料暫存器內容作 ADD 運算)；第五個時脈，讀取運算元得到 Dataa=55 與 Datab=01；第六個時脈，算數邏輯運算執行 ADD 運算，結果暫存在 ALU 暫存器 D=56，此時資料暫存器寫入致能 wen3=1；第七個時脈，將 D(D=56)存入第二個資料暫存器(addr=1)，因 B1 爲輸出(Q(0)(0)=1)，來自第一個資料暫存器輸出，故 B1 輸出爲 56。分別如圖 4-59 至圖 4-62 所示。

5

微處理器控制系統設計範例

在第四章中已介紹過微處理器資料處理管線結構設計範例，第五章著重在微處理器控制系統設計，包括程式記數器與堆疊等系統，使微處理器可執行副程式呼叫與返回、有條件跳躍與無條件跳躍等指令，如 CALL、JUMP、JZ、JNZ、JC、JNC 等。

本處理器指令部分分爲十六種，共需要四個位元之控制碼，整理如第四章的表 4-1 所示。其中有關運算方面之指令已在第四章介紹，在此針對表 4-1 之前八個跳躍指令進行設計如表 5-1。

表 5-1　跳躍指令控制碼

控制碼 二進制 (十六進制)	指　　令	說　　明
0000 (0)	NOP	空指令
0001 (1)	RET	返回
0010 (2)	JUMP	無條件跳躍
0011 (3)	CALL	無條件呼叫
0100 (4)	JZ	運算結果爲零時跳躍
0101 (5)	JNZ	運算結果爲非零時跳躍
0110 (6)	JC	進位旗號爲 1 時跳躍
0111 (7)	JNC	進位旗號爲 0 時跳躍

有關跳躍指令之指令格式，整理如表 5-2 表 5-3 與所示。此種指令格式分兩大類，一類爲呼叫、無條件跳躍與有條件跳躍指令，另一類爲返回指令。呼叫、無條件跳躍與有條件跳躍指令格式可分解爲兩部份如表 5-2 所示，第

一部份之 4 位元為控制碼部份，第二部份之 12 位元分別表示跳躍之相對位址部份。

表 5-2　指令碼說明

Ro[15..12]				Ro[11..8]				Ro[7..4]				Ro[3..0]			
Ro15	Ro14	Ro13	Ro12	Ro11	Ro10	Ro9	Ro8	Ro7	Ro6	Ro5	Ro4	Ro3	Ro2	Ro1	Ro0
跳躍指令控制碼				跳躍之相對位址											

舉例如表 5-3 所示，表 5-3 第一例，跳躍指令控制碼為 0010，對應表 5-1 為無條件跳躍指令，會跳躍至相對位址為 0000000000000011 處，即跳躍至相對位址為+3 之位址。表 5-3 第二例，跳躍指令控制碼為 0010，亦為無條件跳躍指令，會跳躍至相對位址為 1111111111111100 處，即跳躍至相對位址為-4(以 2's 補數計算之)之位址。

表 5-3　指令碼範例

跳躍指令控制碼	跳躍之相對位址	說　　明
0010	0000000000000011	跳躍至相對位址為+3 之位址
0010	1111111111111100	跳躍至相對位址-4 之位址

本章針對簡易 CPU 之控制系統作介紹，並分割成數個子系統加以說明，如圖 5-1 所示。圖中控制器主要在控制程式記數器之值 pc 與資料暫存器寫入致能控制項 wen3。

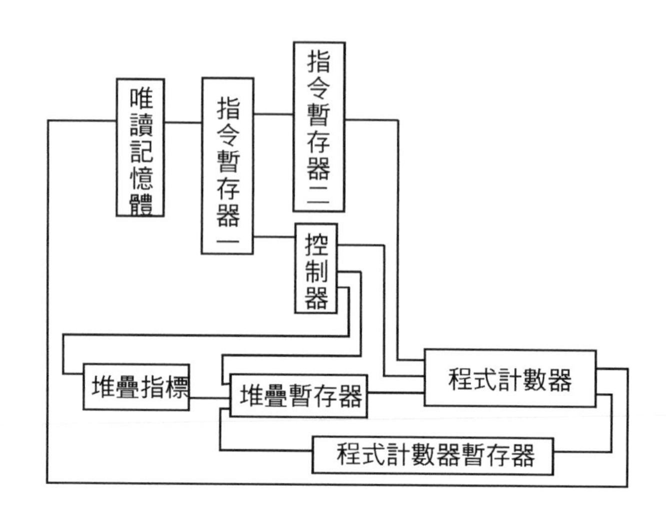

圖 5-1　簡易 CPU 之控制系統

程式記數器值 pc 控制指令記憶體之位址，有三種變化情況，整理如表 5-4 所示。

表 5-4　程式記數器變化情況

狀　　況	程 式 記 數 器 變 化
無跳躍狀況	程式記數器值 pc 遞增，pc = pc + 1。
跳躍至相對位址	程式記數器值 pc 增加相對值，pc = pc + 相對值。
返回	程式記數器值爲從堆疊中取出之值。

跳躍之狀況又可分爲無條件跳躍與有條件跳躍，無條件跳躍狀況只與控制碼有關，包括呼叫指令(CALL)與無條件跳躍指令(JUMP)，其中呼叫指令又要將返回位址送入堆疊。有條件跳躍需檢驗條件是否符合才能跳躍，包括運

算結果爲零時跳躍指令(JZ)、運算結果爲非零時跳躍指令(JNZ)、進位旗號爲 1 時跳躍指令(JC)與進位旗號爲 0 時跳躍指令(JNC)。

針對這些狀況設計一些控制項，來控制程式記數器變化情況和資料暫存器寫入致能控制，並要配合資料管線結構：讀取指令(Instruction fetch)、暫存器讀取(Register Read)、運算執行(Execute)與寫入(Write)四個指令週期，將這些控制項利用暫存器分成三級處理。在管線的第一個時脈產生的控制項有 wen1、jump1、ret1 與 push1，在管線的第二個時脈產生的控制項有 wen2、jump2、ret2 與 push2，在管線的第三個時脈產生的控制項有 wen3。第一個時脈產生的控制項控制著管線第二個時脈的動作，第二個時脈產生的控制項控制著管線第三個時脈的動作，第三個時脈產生的控制項控制著管線第四個時脈的動作。例如，處理器管線結構在第四個時脈將資料寫入暫存器，其資料暫存器寫入致能就是由第三級控制項 wen3 控制，第二級跳躍控制項 jump2 影響第三個時脈程式計數器值，第二級返回控制項 ret2 決定第三時脈程式記數器值是否由堆疊中取出。將各控制項整理如表 5-5 所示。

表 5-5　簡易 CPU 控制項

	第一時脈	第二時脈	第三時脈	說　　明
資料暫存器寫入致能控制項	wen1	wen2	wen3	處理器管線結構在第四個時脈將資料寫入暫存器，由 wen3 控制資料寫入暫存器寫入致能。
跳躍控制項	jump1	jump2		跳躍控制項 jump2 控制記數器值是否加上相對位址值。
返回控制項	ret1	ret2		返回控制項 ret2 控制程式記數器值是否由堆疊中取出。ret1 控制取出堆疊之堆疊指標。
推入堆疊控制項	push1	push2		推入堆疊控制項 push2 控制存入堆疊致能與堆疊指標。
條件碼	tcnd			條件碼 tcnd 代表有條件之跳躍指令其條件是否滿足。

配合表 5-5 之控制項，各指令進入管線各動作流程整理如表 5-6 所示。在沒有跳躍發生時，程式計數器在每一個時脈會遞增 1，即會從記憶體中循序讀出指令，但跳躍指令會改變程式計數器之值至目標位址，讀取目標跳躍位址記憶體指令。

表 5-6　控制管線流程整理

	第一時脈(讀取指令)	第二時脈(暫存器讀取)	第三時脈(運算執行)	第四時脈(寫入)
運算	讀取指令	暫存器讀取	運算執行	寫入資料暫存器
無條件跳躍與有條件跳躍	讀取指令		變化程式計數器值至相對位址	
呼叫副程式	讀取指令		1.變化程式計數器值爲呼叫目標位址。 2.將欲返回之程式計數器值寫入堆疊。 3.堆疊指標指向下一個位址。	
回主程式	讀取指令	堆疊指標指向上一個位址	程式計數器值從堆疊讀出	

跳躍的發生，是改變程式計數器值至某一目標位址，從表 5-6 可看出，跳躍指令在第一時脈被讀入管線後，並不會馬上更改程式計數器之值至目標位址，會在第三個時脈才改變程式計數器之值至目標位址，程式計數器之值改變後下一個時脈，管線會載入位址跳躍後所指之記憶體指令。跳躍發生之管線操作如表 5-7 所示，管線內四個工作段分別叫做 I 級(指令讀取)、R 級(暫存器讀取)、E 級(執行)與 W 級(寫入)。表 5-7 中指令 2 爲跳躍指令，且在第二個時脈被讀入管線內，但到第四個時脈才會改變程式計數器之值至跳躍位址，到第五個時脈讀入跳躍目的之指令(指令 7)，也就是讀入跳躍指令後，

會延遲兩個週期才改變程式計數器之值，跳躍目標位址計算方法為〝當時記憶體位址加上 2 加上相對位址〞。

表 5-7　跳躍發生之管線操作

時脈	I 級	R 級	E 級	W 級
1	指令 1(位址 0)			
2	指令 2(位址 1) (跳躍至相對位址 3) (pc=pc+1)	指令 1		
3	指令 3(位址 2)	指令 2 (跳躍至相對位址 3) (pc=pc+1)	指令 1	
4	指令 4(位址 3)	指令 3	指令 2 (跳躍至相對位址 3) (pc=pc+3=4+3=7)	指令 1
5	指令 7(位址 6)	指令 4	指令 3	指令 2 (跳躍至相對位址 3)
6	指令 8	指令 7	指令 4	指令 3

由表 5-7 可知，當跳躍發生時，因為會在讀入跳躍指令後再經過兩個時脈才進行跳躍，若有任何的跳躍發生，管線架構使得跳躍指令後的兩個指令仍被讀入管線內，但要被放棄，包括運算指令與跳躍指令皆要被放棄。本範例設計在跳躍指令讀入後的兩個指令，包括寫入致能控制項、跳躍致能項、推入堆疊致能項與返回控制項的各控制項皆不發揮作用來達到放棄之目的。

簡易 CPU 之控制系統如圖 5-1 所示，其中控制器的部份，又分成兩個子系統，包括條件碼系統與控制系統二。圖 5-1 的程式計數器部份，本章也分幾個子系統介紹，包括程式計數器系統一與程式計數器系統二。以下分別介紹堆疊系統、堆疊指標系統、程式計數器一、程式計數器系統二、條件碼系統、控制系統一、控制系統二，最後一小節，結合各子系統設計出簡易 CPU 之控制系統。

5-1 堆疊系統

堆疊系統主要之功能為當執行副程式呼叫命令時，儲存要返回之程式計數器值於堆疊暫存器中。堆疊系統主要由堆疊暫存器儲存程式計數器值，存入資料時，暫存器的位址由堆疊指標決定，讀取要返回之程式計數器值時，亦由堆疊指標決定暫存器的讀取位址，如圖 5-2 所示。

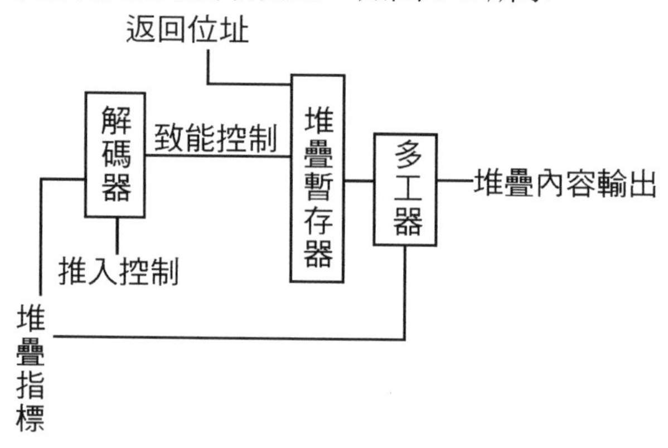

圖 5-2　堆疊系統

本範例堆疊暫存器由四個十二位元暫存器所組合而成，程式計數器 PC[11..0]的寫入由 push 控制，存入暫存器的位址由堆疊指標 sp[1..0]決定。從堆疊中讀出要返回之程式計數器資料則由一個十二位元的四對一多工器負責，由堆疊指標 sp[1..0]控制讀出堆疊的位址，並由 stko[11..0]輸出，堆疊系統詳細設計如下所示。

- 腳位：

  程式計數器輸入線：pcx[11..0]

  時脈控制線：Clk

  寫入堆疊致能線：push

  堆疊指標：sp[1..0]

  堆疊儲存資料：Q0[7..0]、Q1[7..0]、Q2[7..0]、Q3[7..0]

  多工器輸出線：stko[11..0]

- 眞值表：堆疊系統眞值表如表 5-8 與表 5-9 所示。眞值表分爲寫入與讀出兩個表，堆疊系統寫入的眞值表如表 5-8 所示。當時脈 Clk 發生正緣變化時，若推入堆疊致能 push 爲 1，則將輸入 pcx 之值寫入 sp 所指的堆疊暫存器中。若推入堆疊致能 push 爲 0，則堆疊暫存器中資料保持不變。

表 5-8　堆疊系統寫入真值表

寫入							
輸入	控制			堆疊暫存器			
pcx	Clk	push	sp	Q[0]	Q[1]	Q[2]	Q[3]
A	↑	1	0	A	不變	不變	不變
A	↑	1	1	不變	A	不變	不變
A	↑	1	2	不變	不變	A	不變
A	↑	1	3	不變	不變	不變	A
X	↑	0	X	不變	不變	不變	不變

堆疊系統讀出的眞值表如表 5-9 所示。若堆疊指標爲 0，則多工器輸出堆疊暫存器 Q0 之內容；若堆疊指標爲 1，則多工器輸出堆疊暫存器 Q1 之內容；若堆疊指標爲 2，則多工器輸出堆疊暫存器 Q2 之內容；若堆疊指標爲 3，則多工器輸出堆疊暫存器 Q3 之內容。

表 5-9　堆疊系統讀出真值表

讀　出					
控　制	堆　疊　暫　存　器				多工器輸出
sp	Q[0]	Q[1]	Q[2]	Q[3]	stko
0	Q0	Q1	Q2	Q3	Q0
1	Q0	Q1	Q2	Q3	Q1
2	Q0	Q1	Q2	Q3	Q2
3	Q0	Q1	Q2	Q3	Q3

5-1-1　電路圖編輯堆疊系統

堆疊系統電路圖編輯結果如圖 5-3 所示，此電路名稱爲〝stk_g〞。堆疊系統電路利用到一個二對四解碼器〝lpm_decode〞、四個含致能功能十二位元暫存器〝d12_g〞，一個十二位元四對一多工器〝lpm_mux〞。另外還有四個〝input〞基本元件與一個〝output〞基本元件，並分別更名爲 pcx[11..0]、push、Clk、sp[1..0]與 stko[11..0]。

四個含致能功能的暫存器構成了堆疊儲存資料處，一個解碼器控制著四個暫存器的寫入致能。一個多工器讀取堆疊儲存的內容值。堆疊指標 sp 接到解碼器之資料輸入端與多工器之選擇端如圖 5-3 所示。

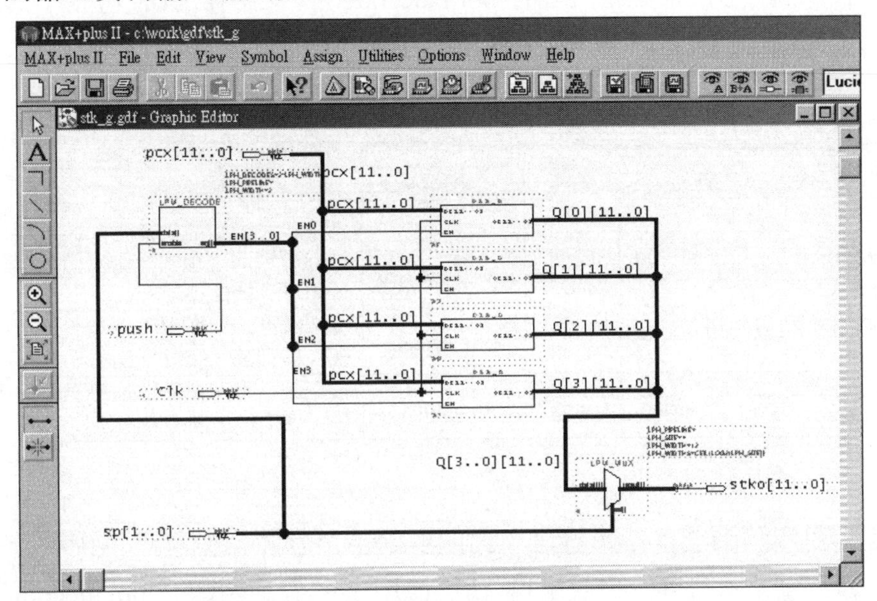

圖 5-3　電路圖編輯堆疊系統

圖 5-3 中，push 接二對四解碼器〝lpm_decode〞之輸入 enable，sp[1..0] 接二對四解碼器〝lpm_decode〞之輸入 data[]，二對四解碼器〝lpm_decode〞之輸出 eq[]接巴士線 EN[3..0]，EN[3..0]分出四個節點 EN0、EN1、EN2、EN3 分別接到四個含致能功能十二位元暫存器〝d12_g〞之輸入 EN。pcx[11..0] 接到四個含致能功能十二位元暫存器〝d12_g〞之輸入 D[11..0]，clk 接到四個含致能功能十二位元暫存器〝d12_g〞之輸入 clk。四個含致能功能暫存器〝d12_g〞之輸出 Q[11..0]分別接到巴士線 Q[0][11..0]、Q[1][11..0]、Q[2][11..0]、Q[3][11..0]，此四條巴士線匯集成 Q[3..0][11..0]再接到四對一多工器〝lpm_mux〞之輸入 data[][]，sp[1..0]接到四對一多工器〝lpm_mux〞之輸入 sel[]。四對一多工器〝lpm_mux〞之輸出為 stko[11..0]。

5-1-1-1 說明

- 電路組成：堆疊系統所引用之組件整理如表 5-10 所示。堆疊系統電路利用到一個二對四解碼器〝lpm_decode〞、四個含致能功能十二位元暫存器〝d12_g〞，一個十二位元四對一多工器〝lpm_mux〞。

表 5-10　堆疊系統引用之組件

組　成　元　件	個數	引用模組	說　　明
含致能功能十二位元暫存器	四個	d12_g	本系統之含致能功能十二位元暫存器儲存要返回之程式計數器值，存入位址由堆疊指標控制。
二對四解碼器	一個	lpm_decode	本系統之二對四解碼器堆疊將指標解碼，控制著四個暫存器之致能項。
十二位元四對一多工器	一個	lpm_mux	本系統之多工器讀取堆疊儲存的內容值，讀取位址由堆疊指標控制。

- 二對四解碼器：本系統之二對四解碼器堆疊將指標解碼，控制著四個暫存器之致能項。二對四解碼器使用了參數式函數〝lpm_decode〞編輯，將其參數 lpm_width 設定為 2，LPM_DECODES 設定為 2 的 lpm_width 次方(2^lpm_width)，即設定輸入資料寬為 2，解碼輸出有 4 個埠，並設定使用 data[]、enable 與 eq[]。此設定後之二對四解碼器，其 data[]寬度為 2(data[]寬度等於 lpm_width 值)，eq[]寬度為 4(eq[]寬度等於 lpm_DECODES 值)。
- 含致能功能十二位元暫存器：本系統之含致能功能十二位元暫存器儲存要返回之程式計數器值。此電路名稱為〝d12_g〞，此電路由一個〝lpm_ff〞所組成，要將其參數 lpm_fftype 設定為"DFF"，將其參數 lpm_width 設定為 8，並設定使用 data[]、clock、enable 與 q[]。此設定後之〝lpm_ff〞，其 data[]與 q[]寬度皆為 12(data[]與 q[]寬度等於

lpm_width 值)。含致能功能十二位元暫存器利用參數式函數〝lpm_ff〞編輯，其電路圖編輯結果請參考 3-1-1 小節。

- 十二位元四對一多工器：本系統之多工器讀取堆疊儲存的內容值，讀取位址由堆疊指標控制。十二位元四對一多工器利用到參數式函數〝lpm_mux〞編輯，設定其參數 LPM_SIZE 爲 4，LPM_WIDTH 爲 12，LPM_WIDTHS 爲 2，即設定輸入資料的數目爲 4，資料寬爲 12，資料選擇控制端寬度爲 2，並設定只使用 data[][]、sel[]與 result[]腳位。此設定後之多工器，其 data[]寬度爲 12(data[]寬度等於 lpm_width 值)，輸入資料的數目爲 4(輸入資料個數爲 LPM_SIZE 個)，sel[]寬度爲 2(sel[]寬度等於 lpm_WIDTHS 值)。有關參數式函數〝lpm_mux〞請參考 2-5-1-1 小節。

5-1-2 VHDL 編輯堆疊系統

VHDL 編輯結果如圖 5-4 與圖 5-5 所示。此範例電路名稱爲〝stk_v〞如圖 5-4 所示。

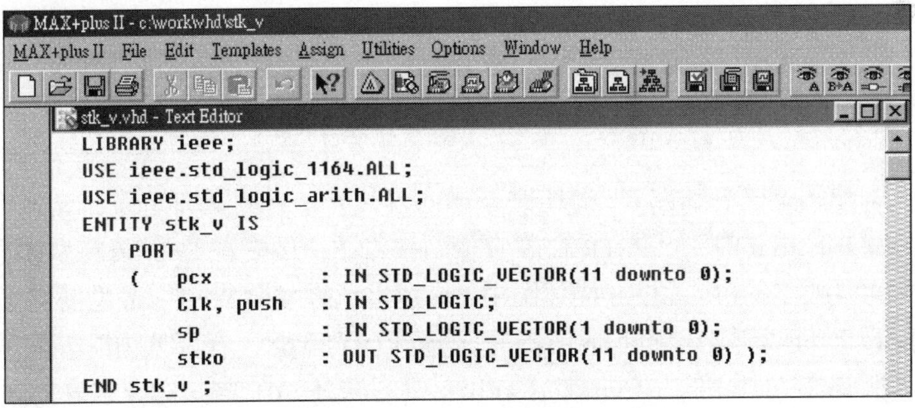

MAX+plus II - c:\work\vhd\stk_v

MAX+plus II File Edit Templates Assign Utilities Options Window Help

stk_v.vhd - Text Editor

```
LIBRARY ieee;
USE ieee.std_logic_1164.ALL;
USE ieee.std_logic_arith.ALL;
ENTITY stk_v IS
    PORT
    (   pcx         : IN STD_LOGIC_VECTOR(11 downto 0);
        Clk, push   : IN STD_LOGIC;
        sp          : IN STD_LOGIC_VECTOR(1 downto 0);
        stko        : OUT STD_LOGIC_VECTOR(11 downto 0) );
END stk_v ;
```

圖 5-4 VHDL 編輯編輯堆疊系統

本範例使用了兩個套件：目錄〝ieee〞下的〝std_logic_1164〞套件與〝std_logic_arith〞。輸入埠 pcx 之資料型態為 STD_LOGIC_VECTOR(11 downto 0)。Clk 與 push 之資料型態為 STD_LOGIC，輸入埠 sp 之資料型態為 STD_LOGIC_VECTOR(1 downto 0)。輸出埠 stko 之資料型態為 STD_LOGIC_VECTOR(11 downto 0)。

```
ARCHITECTURE a OF stk_v  IS
 TYPE Q4_12 IS ARRAY (3 DOWNTO 0) OF STD_LOGIC_VECTOR(11 downto 0);
 SIGNAL Q : Q4_12;
BEGIN
 Blk_ram: BLOCK
  BEGIN
   PROCESS (Clk)
     VARIABLE I : Integer range 0 to 3;
    BEGIN
       WAIT UNTIL Clk = '1';
       I := CONV_INTEGER(UNSIGNED(sp));
       IF (push = '1') THEN
            Q(I) <= pcx;
       END IF;
    END PROCESS ;
  END BLOCK Blk_ram;

 Blk_mux: BLOCK
  BEGIN
    stko <= Q(0) WHEN sp = "00" ELSE
            Q(1) WHEN sp = "01" ELSE
            Q(2) WHEN sp = "10" ELSE
            Q(3) ;
 END BLOCK Blk_mux;
END a;
Line  6   Col  56   INS
```

圖 5-5　VHDL 編輯編輯堆疊系統

本範例架構名稱為 a，此電路架構內容共分了兩個區塊如圖 5-5 所示，在區塊 Blk_ram 中，於 PROCESS 宣告區宣告了一個變數 I，其資料型態為 0 到 3 的整數，在 PROCESS 描述區中，描述當正緣觸發時，將 sp 型態轉換成整數 I，若 push 等於'1'，則 sp 所指的堆疊 Q(I)等於 pcx。在區塊 Blk_mux 中，描述當 sp 等於"00"時，stko 等於 Q(0)；當 sp 等於"01"時，stko 等於 Q(1)；當 sp 等於"10"時，stko 等於 Q(2)；當 sp 等於其他值時，stko 等於 Q(3)。

5-1-2-1 說明

- 組成：VHDL 編輯堆疊系統分成之區塊整理如表 5-11 所示。區塊 Blk_ram 描述堆疊暫存器的寫入控制。區塊 Blk_mux 描述堆疊的讀出控制。

表 5-11　VHDL 編輯堆疊系統之區塊

區　塊	功　　　能
Blk_ram	描述堆疊暫存器的寫入控制。描述當時脈 Clk 發生正緣變化時，若推入堆疊致能 push 為 1，則將輸入 pcx 之值寫入 sp 所指的堆疊暫存器中。若推入堆疊致能 push 為 0，則堆疊暫存器中資料保持不變。
Blk_mux	描述堆疊的讀出控制。描述若堆疊指標為 0，則多工器輸出堆疊暫存器 Q(0)之內容；若堆疊指標為 1，則多工器輸出堆疊暫存器 Q(1)之內容；若堆疊指標為 2，則多工器輸出堆疊暫存器 Q(2)之內容；若堆疊指標為 3，則多工器輸出堆疊暫存器 Q(3)之內容。

5-1-3 Verilog HDL 編輯堆疊系統

Verilog HDL 編輯結果如圖 5-6 與圖 5-7 所示。此範例電路名稱為〝stk_vl〞。

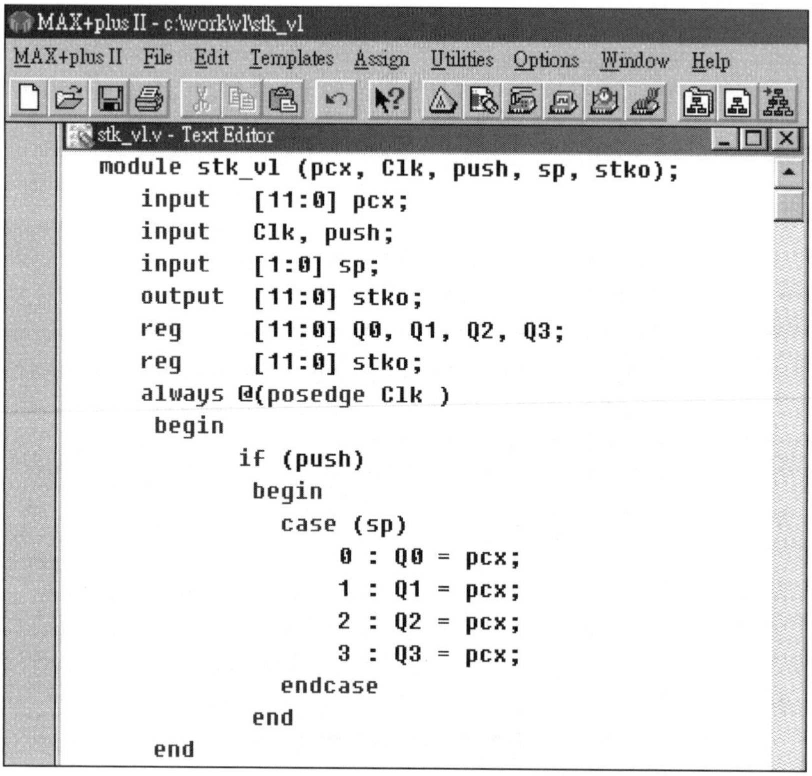

MAX+plus II - c:\work\vl\stk_vl
MAX+plus II File Edit Templates Assign Utilities Options Window Help
stk_vl.v - Text Editor

```
module stk_vl (pcx, Clk, push, sp, stko);
   input   [11:0] pcx;
   input   Clk, push;
   input   [1:0] sp;
   output  [11:0] stko;
   reg     [11:0] Q0, Q1, Q2, Q3;
   reg     [11:0] stko;
   always @(posedge Clk )
    begin
          if (push)
           begin
             case (sp)
                 0 : Q0 = pcx;
                 1 : Q1 = pcx;
                 2 : Q2 = pcx;
                 3 : Q3 = pcx;
             endcase
           end
    end
```

圖 5-6　Verilog HDL 編輯編輯堆疊系統

如圖 5-6 所示，輸入埠 pcx 為十二位元之向量，資料型態為內定之 wire 型態。輸入埠 Clk 與 push 為一位元之向量，資料型態為 wire 型態。輸入埠 sp 為二位元之向量，資料型態為 wire 型態。輸出埠 stko 為十二位元之向量，資料型態為 reg 型態。另外宣告 Q0、Q1、Q2 與 Q3 為十二位元之向量，資料型態為 reg 型態。此電路內容分兩部份，一部份描述堆疊棧存器的寫入控制，內容為當 Clk 發生正緣變化且 push 等於 1 時，若 sp 等於 0，則 Q0 等於 pcx；若 push 等於 1，則 Q1 等於 pcx；若 push 等於 2，則 Q2 等於 pcx；若 push 等於 3，則 Q3 等於 pcx。

```
    always @(sp or Q0 or Q1 or Q2 or Q3)
     begin
       if (sp == 0)
        stko = Q0;
       else if (sp == 1)
        stko = Q1;
       else if (sp == 2)
        stko = Q2;
       else
        stko = Q3;
     end
  endmodule
Line  35  Col  1  INS
```

圖 5-7　Verilog HDL 編輯堆疊系統

如圖 5-7 所示，另外一部份描述多工器讀出堆疊暫存器之動作，內容爲若 sp 等於 0 時，則 stko 等於 Q0；若 sp 等於 1，則 stko 等於 Q1；若 sp 等於 2，則 stko 等於 Q2；若 sp 爲其他值，stko 等於 Q3。

5-1-3-1　說明

- 組成：Verilog HDL 編輯堆疊系統分成之部分整理如表 5-12 所示。圖 5-6 描述堆疊暫存器的寫入控制。圖 5-7 描述多工器讀出堆疊暫存器之動作。

表 5-12　Verilog HDL 編輯堆疊系統之區塊

圖	描述
圖 5-6	描述堆疊暫存器的寫入控制。當時脈 Clk 發生正緣變化時，若推入堆疊致能 push 爲 1，則將輸入 pcx 之值寫入 sp 所指的堆疊暫存器中。若推入堆疊致能 push 爲 0，則堆疊暫存器中資料保持不變。
圖 5-7	描述多工器讀出堆疊暫存器之動作。若堆疊指標爲 0，則多工器輸出堆疊暫存器 Q0 之內容；若堆疊指標爲 1，則多工器輸出堆疊暫存器 Q1 之內容；若堆疊指標爲 2，則多工器輸出堆疊暫存器 Q2 之內容；若堆疊指標爲 3，則多工器輸出堆疊暫存器 Q3 之內容。

5-1-4 模擬堆疊系統

堆疊系統模擬結果如圖 5-8 所示。

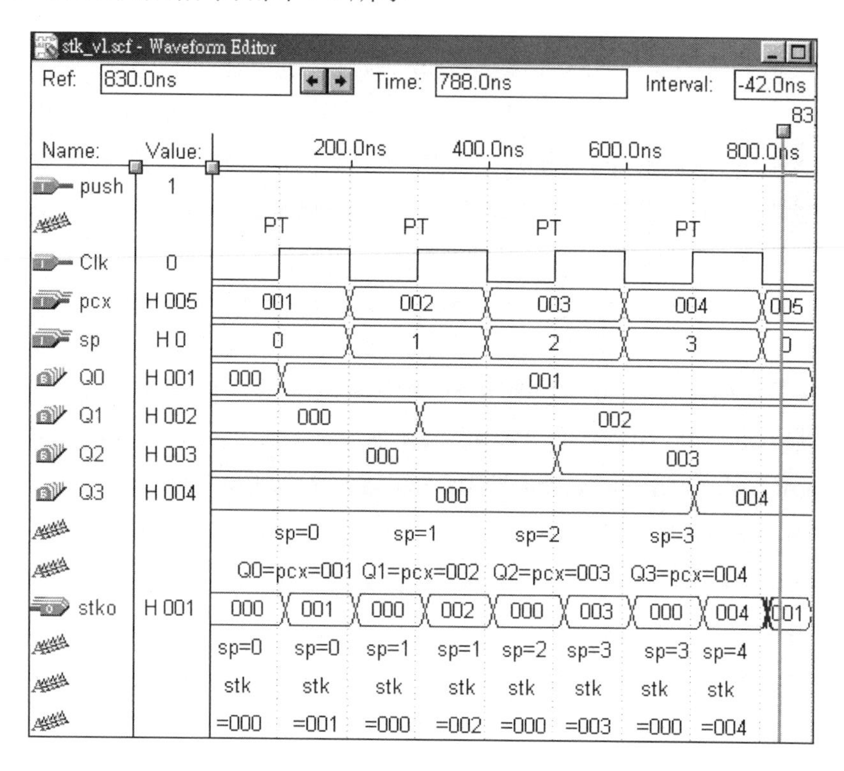

圖 5-8　模擬堆疊系統

對圖 5-8 模擬結果說明如下：

- 第一個正緣：輸入 push = 1，可將 pcx 存入 sp 所指的堆疊中，因 sp = H0，pcx = H001，故在 clk 第一個正緣後 Q0 = H001，其他堆疊內容保持不變。輸出 stko 輸出 sp 所指的堆疊內容，因 sp = H0，輸出 stko 輸出 Q0 之值，因在 clk 第一個正緣前 Q0 = H000，故輸出 stko 等於 H000，但在 clk 第一個正緣後 Q0 = H001，故輸出 stko 等於 H001。

- 第二個正緣：輸入 push = 1，可將 pcx 存入 sp 所指的堆疊中，因 sp = H1，pcx = H002，故在 clk 第二個正緣後 Q1 = H002，其他堆疊內容保持不變。輸出 stko 輸出 sp 所指的堆疊內容，因 sp = H1，輸出 stko 輸出 Q1 之值，因在 clk 第二個正緣前 Q1 = H000，故輸出 stko 等於 H000，但在 clk 第二個正緣後 Q1 = H002，故輸出 stko 等於 H002。
- 第三個正緣：輸入 push = 1，可將 pcx 存入 sp 所指的堆疊中，因 sp = H2，pcx = H003，故在 clk 第三個正緣後 Q2= H003，其他堆疊內容保持不變。輸出 stko 輸出 sp 所指的堆疊內容，因 sp = H2，輸出 stko 輸出 Q2 之值，因在 clk 第三個正緣前 Q2 = H000，故輸出 stko 等於 H000，但在 clk 第三個正緣後 Q2 = H003，故輸出 stko 等於 H003。
- 第四個正緣：輸入 push = 1，可將 pcx 存入 sp 所指的堆疊中，因 sp = H3，pcx = H004，故在 clk 第四個正緣後 Q3 = H004，其他堆疊內容保持不變。輸出 stko 輸出 sp 所指的堆疊內容，因 sp = H3，輸出 stko 輸出 Q3 之值，因在 clk 第四個正緣前 Q3 = H000，故輸出 stko 等於 H000，但在 clk 第四個正緣後 Q3 = H004，故輸出 stko 等於 H004。

5-2　堆疊指標系統

堆疊指標系統主要之功能爲產生寫入堆疊或讀出堆疊之位址值，堆疊指標系統的設計在使堆疊有先進後出之特性，如前一章節描述存入資料於堆疊暫存器時，暫存器的位址由堆疊指標決定，讀取要返回之程式計數器值亦由堆疊指標決定暫存器的位址。堆疊指標有三種狀況，一種爲保持不變，一種爲堆疊指標加 1，另一種爲堆疊指標減 1，堆疊指標系統基本架構如圖 5-9 所示。當取出致能爲 1 時，堆疊指標值加 1。取出致能爲 0 時，則還要參考推入致能，若推入致能為 1 時，堆疊指標值減 1，推入致能為 0 時，堆疊指標保持不變。

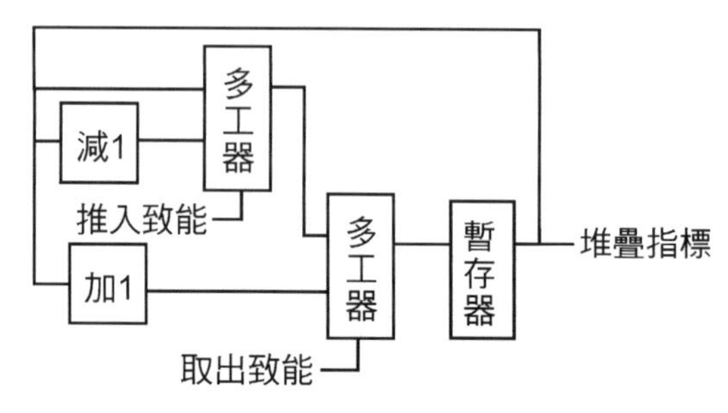

圖 5-9　堆疊指標系統

本範例堆疊指標系統有推入致能 push，取出致能 pop 與堆疊指標 sp。當取出致能 pop 為 1，堆疊指標加 1(sp=sp+1)；當取出致能 pop 為 0 且推入致能 push 為 1 時，堆疊指標減 1(sp=sp-1)。由於上一節堆疊系統之堆疊暫存器有四組，故堆疊指標 sp 為兩位元。堆疊指標系統詳細介紹如下。

- 腳位：

  時脈控制線：Clk

  推入堆疊致能：push

  取出堆疊致能：pop

  堆疊指標輸出：sp[1..0]

- 真值表：堆疊指標系統真值表如表 5-13 所示。在時脈 Clk 發生正緣變化時，若取出致能 pop 為 1，堆疊指標加 1(sp=sp+1)，若取出致能 pop 為 0 且推入致能 push 為 1 時，堆疊指標減 1(sp=sp-1)。

表 5-13 堆疊指標系統真值表

控制輸入			堆疊位址輸出
Clk	pop	push	sp
↑	1	X	sp+1
↑	0	1	sp-1
↑	0	0	不變

5-2-1 電路圖編輯堆疊指標系統

堆疊指標系統電路圖編輯結果如圖 5-10 所示，此電路名稱為〝sp_g〞。堆疊指標系統電路利用到一個緩衝器〝wire〞、一個加法器〝lpm_add_sub〞，一個減法器〝lpm_add_sub〞，兩個二位元二對一多工器〝lpm_mux〞，一個二位元暫存器〝lpm_ff〞。另外還有三個〝input〞基本元件與一個〝output〞基本元件，並分別更名為 push、pop、Clk 與 sp[1..0]。

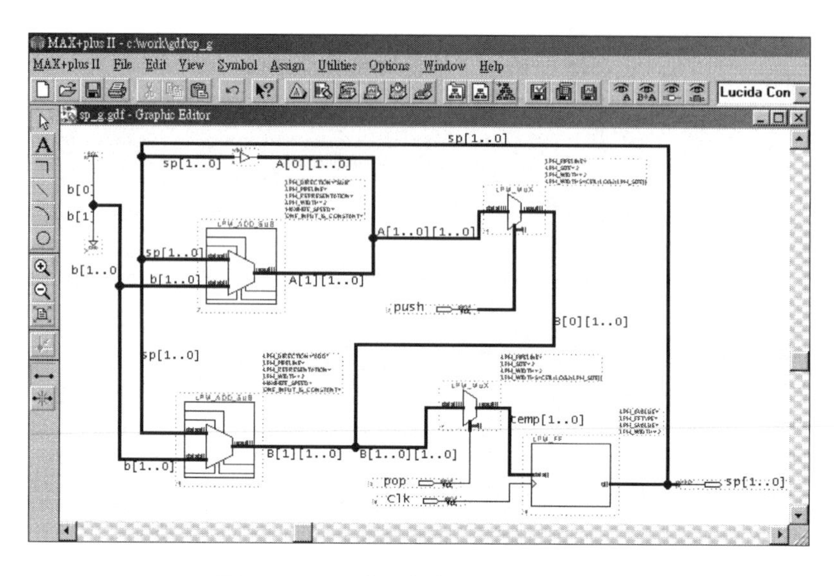

圖 5-10　電路圖編輯堆疊指標系統

圖 5-10 中，節點 b[0]接 VCC，節點 b[1]接 GND，節點 b[0]與節點 b[1]匯集成 b[1..0]分別接到加法器與減法器〝lpm_add_sub〞之輸入端 datab[]。巴士線 sp[1..0] 分別接到加法器與減法器〝lpm_add_sub〞之輸入端 dataa[]。上方加法器〝lpm_add_sub〞之輸出爲巴士線 B[1][1..0]。下方減法器〝lpm_add_sub〞之輸出爲巴士線 A[1][1..0]。sp[1..0]接緩衝器〝wire〞之輸入，緩衝器〝wire〞之輸出接巴士線 A[0][1..0]。巴士線 A[1][1..0]與 A[0][1..0]匯集成 A[1..0][1..0]接至第一個多工器〝lpm_mux〞之輸入 data[][]，push 接至第一個多工器〝lpm_mux〞之輸入 sel[]，第一個多工器〝lpm_mux〞之輸出 result[]接巴士線 B[0][1..0]。巴士線 B[0][1..0]與 B[1][1..0] 匯集成 B[1..0][1..0]接至第二個多工器〝lpm_mux〞之輸入 data[][]，pop 接至第二個多工器〝lpm_mux〞之輸入 sel[]，第二個多工器〝lpm_mux〞之輸出 result[]接巴士線 temp[1..0]，巴士線 temp[1..0]接二位元暫存器〝lpm_ff〞之輸入 data[]，二位元暫存器〝lpm_ff〞之輸出接巴士線 sp[1..0]，巴士線 sp[1..0]再接電路輸出埠 sp[1..0]。Clk 接二位元暫存器〝lpm_ff〞之時脈輸入端。

5-2-1-1　說明

- 電路組成：堆疊指標系統所引用之組件整理如表 5-14 所示。一個加法器、一個減法器、一個緩衝器、兩個二位元二對一多工器與一個與一個二位元暫存器。

表 5-14　堆疊指標系統組成元件

組成元件	個數	引用模組	說明
加法器	一個	lpm_add_sub	將堆疊指標值 sp[1..0]與 b[1..0]相加。b[1..0]為 1，故此加法器將堆疊指標值 sp[1..0]與 1 相加。
減法器	一個	lpm_add_sub	將堆疊指標值 sp[1..0]與 b[1..0]相減。b[1..0]為 1，故此加法器將堆疊指標值 sp[1..0]與 1 相減。
緩衝器	一個	wire	變更巴士線名。
二位元二對一多工器	兩個	lpm_mux	分別由推入致能 push 與取出致能 pop 控制兩個多工器，來決定堆疊指標為加 1、減 1 還是不變。
二位元暫存器	一個	lpm_ff	暫時存放堆疊指標值。

- 二位元暫存器：二位元暫存器利用參數式函數〝lpm_ff〞編輯，其電路圖編輯結果請參考 3-1 小節。此電路由一個〝lpm_ff〞所組成，要將其參數 lpm_fftype 設定為"DFF"，將其參數 lpm_width 設定為 2，並設定使用 data[]、clock 與 q[]。此設定後之〝lpm_ff〞，其 data[]與 q[]寬度皆為 2(data[]與 q[]寬度等於 lpm_width 值)。
- 二位元二對一多工器：二位元二對一多工器利用到參數式函數〝lpm_mux〞編輯，設定其參數 LPM_SIZE 為 2，LPM_WIDTH 為 2，LPM_WIDTHS 為 1，即設定輸入資料的數目為 2，資料寬為 2，資料選擇控制端寬度為 1，並設定只使用 data[][]、sel[]與 result[]腳位。此

設定後之多工器，其 data[]寬度爲 2(data[]寬度等於 lpm_width 值)，輸入資料的數目爲 2(輸入資料個數爲 LPM_SIZE 個)，sel[]寬度爲 1(sel []寬度等於 lpm_ WIDTHS 值)。有關參數式函數〝lpm_mux〞請參考 2-5-1-1 小節。

- 緩衝器：wire 爲圖形編輯時之基本元件，其輸出入關係爲輸出等於輸入值，〝wire〞是在於節點名(node name)或巴士名(bus name)要變更時使用。如圖 5-10 所示，名爲 sp[1..0] 之巴士線經過〝wire〞元件後巴士名更名爲 A[0][7..0]。
- 加法器：加法器利用到參數式函數〝lpm_add_sub〞，設定參數 lpm_direction 爲"add"，lpm_width 爲 8，並設定使用 dataa[]、datab[]、result[]與 cout。其 data[]與 result[]寬度爲 8(data[]與 result[]寬度等於 lpm_width 值)，功能爲作加法 (lpm_direction 爲"add")。有關參數式函數〝lpm_add_sub〞請參考 2-3-1 小節。
- 減法器：減法器利用到參數式函數〝lpm_add_sub〞，設定參數 lpm_direction 爲"sub"，lpm_width 爲 8，並設定使用 dataa[]、datab[]、result[]與 cout。其 data[]與 result[]寬度爲 8(data[]與 result[]寬度等於 lpm_width 值)，功能爲作減法(lpm_direction 爲"SUB")。有關參數式函數〝lpm_add_sub〞請參考 2-5-1 小節。

5-2-2 VHDL 編輯堆疊指標系統

VHDL 編輯結果如圖 5-11 所示。此範例電路名稱爲〝sp_v〞。

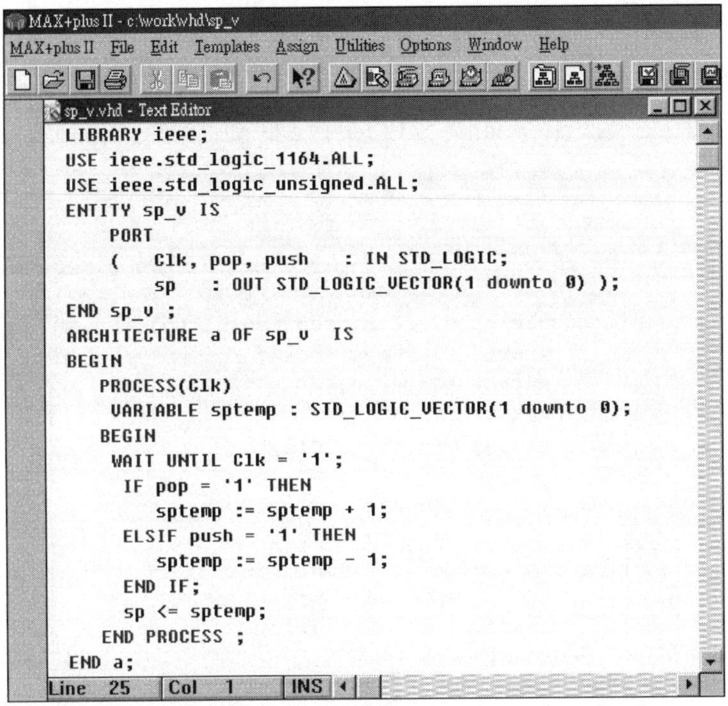

MAX+plus II - c:\work\vhd\sp_v

MAX+plus II File Edit Templates Assign Utilities Options Window Help

sp_v.vhd - Text Editor

```
LIBRARY ieee;
USE ieee.std_logic_1164.ALL;
USE ieee.std_logic_unsigned.ALL;
ENTITY sp_v IS
    PORT
    (   Clk, pop, push    : IN STD_LOGIC;
        sp    : OUT STD_LOGIC_VECTOR(1 downto 0) );
END sp_v ;
ARCHITECTURE a OF sp_v  IS
BEGIN
   PROCESS(Clk)
    VARIABLE sptemp : STD_LOGIC_VECTOR(1 downto 0);
   BEGIN
    WAIT UNTIL Clk = '1';
     IF pop = '1' THEN
        sptemp := sptemp + 1;
     ELSIF push = '1' THEN
        sptemp := sptemp - 1;
     END IF;
     sp <= sptemp;
   END PROCESS ;
END a;
```

Line 25　Col 1　INS

圖 5-11　VHDL 編輯堆疊指標系統

如圖 5-11 所示，本範例使用了兩個套件：目錄〝ieee〞下的〝std_logic_1164〞套件與〝std_logic_unsigned〞。輸入埠 Clk、pop 與 push 之資料型態為 STD_LOGIC，輸出埠 sp 之資料型態為 STD_LOGIC_VECTOR(1 downto 0)。架構名稱為 a，在架構宣告區宣告了型態 Q4_12 為陣列(3 DOWNTO 0)組成型態為 STD_LOGIC_VECTOR(11 downto 0)，訊號 Q 資料型態為 Q4_12。此架構內容為，在 PROCESS 宣告區先宣告了一個變數 sptemp，其資料型態為 STD_LOGIC_VECTOR(1 downto 0)。在 PROCESS 描述區中，描述當正緣觸發時，若 pop 等於 '1'，變數 sptemp 增加 1；若 push 等於'1'，變數 sptemp 減少 1，並且使輸出 sp 等於變數 sptemp 之值。注意在 IF 描述時，先判斷 pop 之值，再判斷 push 之值。

5-2-3 Verilog HDL 堆疊指標系統

Verilog HDL 編輯結果如圖 5-12 所示。此範例電路名稱為〝sp_vl〞。

```
module sp_vl (Clk, pop, push, sp);
   input  Clk, pop, push;
   output [1:0] sp;
   reg    [1:0] sp;
   always @(posedge Clk)
    begin
        if (pop)
          sp = sp + 1;
        else if (push)
          sp = sp - 1;
    end
endmodule
```

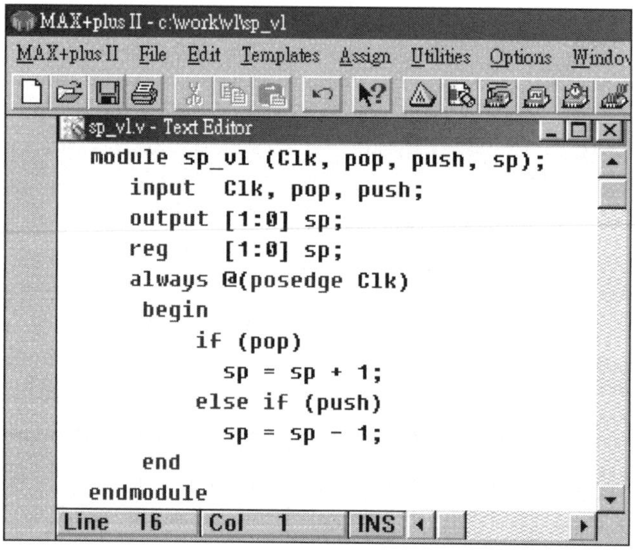

圖 5-12 Verilog HDL 編輯堆疊指標系統

如圖 5-12 所示，輸入埠 Clk、pop 與 push 為一位元之向量，資料型態為內定之 wire 型態。輸出埠 sp 為二位元之向量，資料型態為 reg 型態。此電路內容為，當 Clk 發生正緣變化時，若 pop 等於 1，則 sp 加 1；若 push 等於 1，則 sp 減 1。注意在 IF 描述時，先判斷 pop 之值，再判斷 push 之值。

5-2-4 模擬堆疊指標系統

堆疊指標系統模擬結果如圖 5-13 所示。

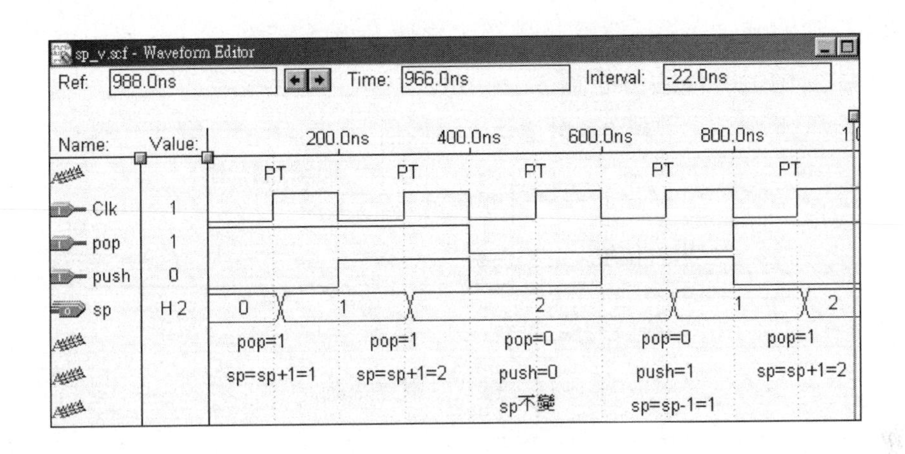

圖 5-13　模擬堆疊指標系統

對圖 5-13 模擬結果說明如下：

- 第一個正緣：輸入 pop = 1，故在 clk 第一個正緣後 sp = sp + 1，故在 clk 第一個正緣後輸出 sp 變為 H1。
- 第二個正緣：輸入 pop = 1，故在 clk 第二個正緣後 sp = sp + 1，故在 clk 第二個正緣後輸出 sp 變為 H2。
- 第三個正緣：輸入 pop = 0，push = 0，故在 clk 第三個正緣後 sp 保持不變，故在 clk 第三個正緣後輸出 sp 維持 H2。
- 第四個正緣：輸入 pop = 0，push = 1，故在 clk 第一個正緣後 sp = sp - 1，故在 clk 第四個正緣後輸出 sp 變為 H1。

5-3　程式計數器系統一

此系統主要之功能為判斷跳躍致能，來決定計算程式計數器之值，本系統輸出之值會有兩種變化，一種為沒有跳躍發生之情況(跳躍致能為 0)，輸出為程式計數器值加 1，一種為跳躍發生之情況(跳躍致能為 1)，輸出為程式計數器值加上相對位址數，如圖 5-14 所表示。

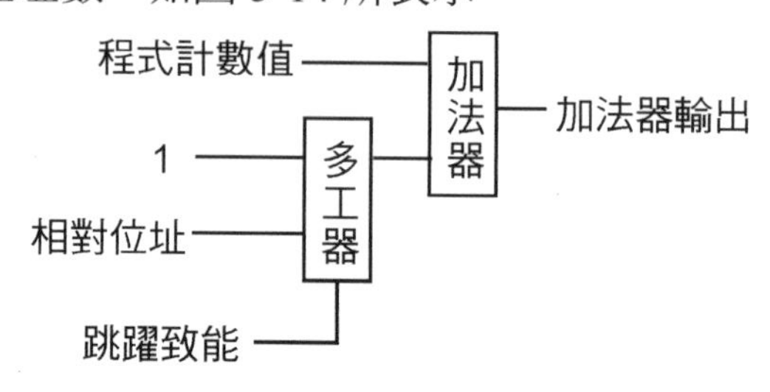

圖 5-14　程式計數器系統一

本範例之程式計數器值為 12 位元資料，跳躍致能 jump 控制二對一多工器選出 1 或相對位址，再送至加法器與程式計數器作加法。程式計數器系統一詳細設計如下所示。

- 腳位：

  跳躍致能端：jump

  程式計數位址輸入：PCounter[11..0]

  跳躍相對位址輸入線：A1

  加法器輸出：PCadd[11..0]

- 真值表：程式計數器系統一如表 5-15 所示。跳躍致能 jump 為 0 時，輸出為程式計數器值加 1，跳躍致能為 0 時　，輸出為程式計數器值加上相對位址 A1。

表 5-15　程式計數器系統一真值表

跳躍致能控制	輸　　入		輸　出
jump	PCounter	A1	PCadd
0	PC	X	PC + 1
1	PC	B	PC + B

5-3-1　電路圖編輯程式計數器系統一

程式計數器系統一電路圖編輯結果如圖 5-15 所示，此電路名稱為〝pcounter_g〞。程式計數器系統一電路利用到一個緩衝器〝wire〞、一個十二位元二對一多工器〝lpm_mux〞、一個加法器〝lpm_add_sub〞。另外還有三個〝input〞基本元件與一個〝output〞基本元件，並分別更名為 PCounter[11..0]、A[1][11..0]、jump 與 PCadd[11..0]。

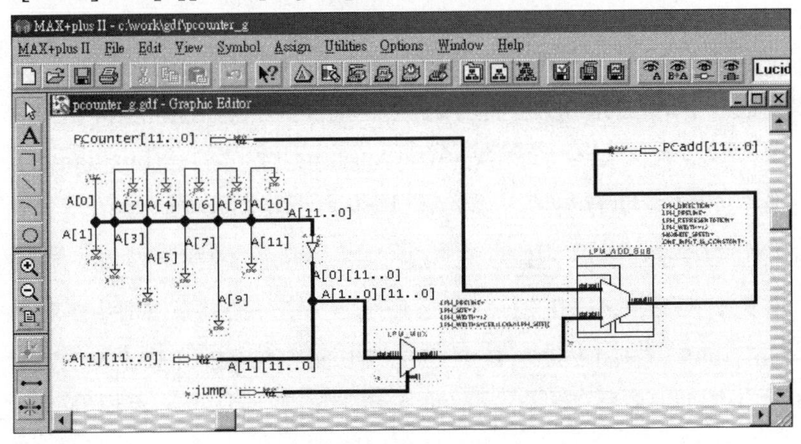

圖 5-15　電路圖編輯程式計數器系統一

圖 5-15 中，節點 A[11]到 A[1]接 gnd，A[0]接 Vcc，A[11]到 A[0]匯集成巴士線 A[11..0]接到緩衝器之輸入，緩衝器之輸出接巴士線 A[0][11..0]，巴士線 A[0][11..0]與 A[1][11..0]匯集成 A[1..0][11..0]接到〝lpm_mux〞之輸入 data[][]，jump 接到〝lpm_mux〞之輸入 sel[]，〝lpm_mux〞之輸出 result[]接巴士線 B[11..0]。巴士線 B[11..0]接加法器〝lpm_add_sub〞之輸入 datab[]，PCounter[11..0]接到加法器〝lpm_add_sub〞之輸入 dataa[]。加法器〝lpm_add_sub〞之輸出接 result[]電路輸出埠 PCadd。

5-3-1-1 說明

- 電路組成：程式計數器系統一所引用之組件整理如表 5-16 所示，其包含一個加法器、一個緩衝器與一個十二位元二對一多工器。

表 5-16 程式計數器系統一組成分子

組成元件	個數	引用模組	說明
緩衝器	一個	Wire	變更巴士線名。
十二位元二對一多工器	一個	lpm_mux	跳躍致能 jump 控制二對一多工器選出 1 或相對位址 A1。
加法器	一個	lpm_add_sub	將程式計數器值與多工器輸出結果將加。

- 緩衝器：wire 為圖形編輯時之基本元件，其輸出入關係為輸出等於輸入值，〝wire〞是在於節點名(node name)或巴士名(bus name)要變更時使用。如圖 5-15 所示，名為 A[11..0]之巴士線經過〝wire〞元件後巴士名可更名為 A[0][11..0]。

- 十二位元二對一多工器：十二位元二對一多工器利用到參數式函數〝lpm_mux〞編輯，設定其參數 LPM_SIZE 為 2，LPM_WIDTH 為 12，LPM_WIDTHS 為 1，即設定輸入資料的數目為 2，資料寬為 12，資料選擇控制端寬度為 1，並設定只使用 data[][]、sel[]與 result[]腳位。此設定後之多工器，其 data[]寬度爲 12(data[]寬度等於 lpm_width 值)，輸入資料的數目爲 2(輸入資料個數爲 LPM_SIZE 個)，sel[]寬度爲 1(sel[]寬度等於 lpm_ WIDTHS 值)。有關參數式函數〝lpm_mux〞請參考 2-5-1-1 小節。

- 加法器：加法器利用到參數式函數〝lpm_add_sub〞，設定參數 lpm_direction 爲"add"，lpm_width 爲 12，並設定使用 dataa[]、datab[]與 result[]。其 data[]與 result[]寬度爲 12(data[]與 result[]寬度等於 lpm_width 值)，功能爲作加法 (lpm_direction 爲"add")。有關參數式函數〝lpm_add_sub〞請參考 2-3-1 小節。

5-3-2　VHDL 編輯程式計數器系統一

VHDL 編輯結果如圖 5-16 所示。此範例電路名稱爲〝pcounter_v〞。

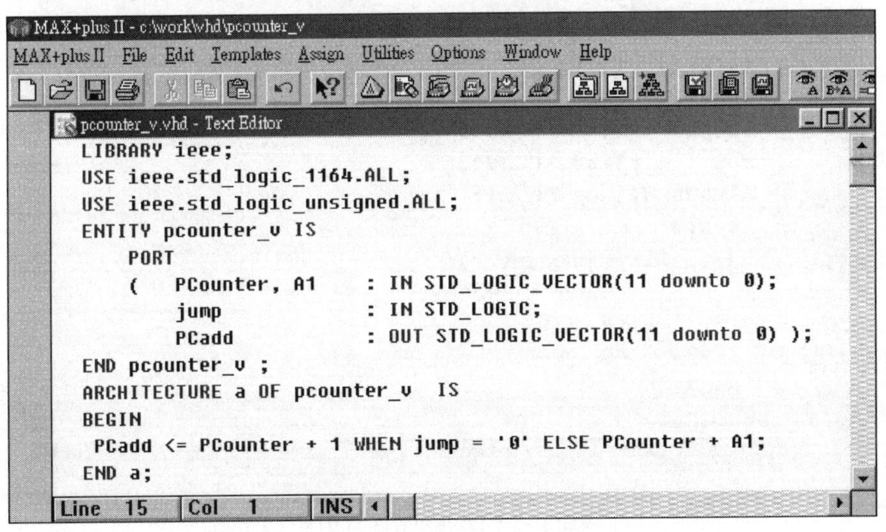

圖 5-16　VHDL 編輯程式計數器系統一

如圖 5-16 所示，本範例使用了兩個套件：目錄〝ieee〞下的〝std_logic_1164〞套件與〝std_logic_unsigned〞。輸入埠 PCounter 與 A1 之資料型態爲 STD_LOGIC_VECTOR(11 downto 0)。jump 之資料型態爲 STD_LOGIC。輸出埠 PCadd 之資料型態爲 STD_LOGIC_VECTOR(11 downto 0)。架構名稱爲 a，此電路架構內容爲，若 jump 等於'0'，則 PCadd 等於 PCounter 加 1，除此之外，PCadd 等於 PCounter 加 A1。

5-3-3 Verilog HDL 編輯程式計數器系統一

Verilog HDL 編輯結果如圖 5-17 所示。此範例電路名稱爲〝pcounter_vl〞。

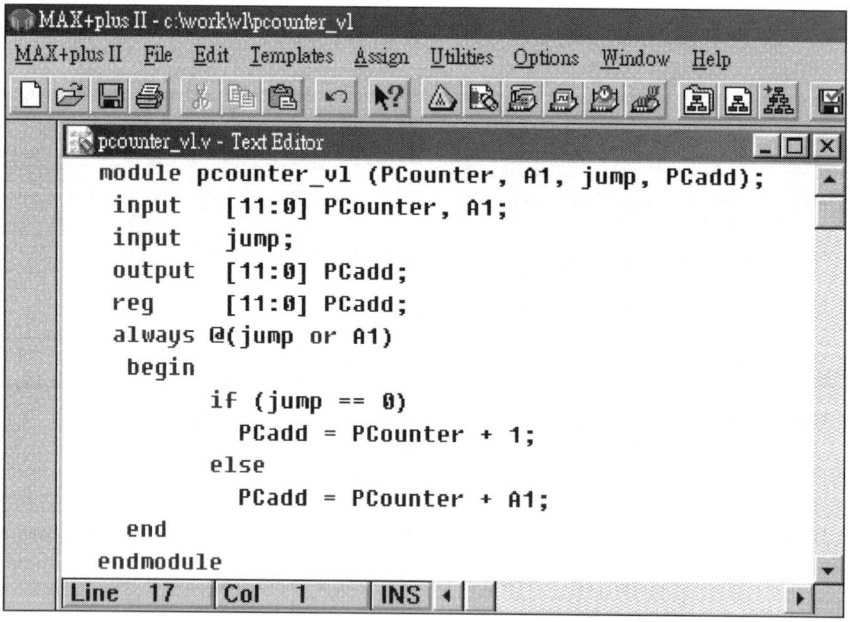

```
MAX+plus II - c:\work\vl\pcounter_vl
MAX+plus II  File  Edit  Templates  Assign  Utilities  Options  Window  Help
pcounter_vl.v - Text Editor

module pcounter_vl (PCounter, A1, jump, PCadd);
 input   [11:0] PCounter, A1;
 input   jump;
 output  [11:0] PCadd;
 reg     [11:0] PCadd;
 always @(jump or A1)
  begin
        if (jump == 0)
          PCadd = PCounter + 1;
        else
          PCadd = PCounter + A1;
  end
endmodule

Line  17   Col  1   INS
```

圖 5-17　Verilog HDL 編輯程式計數器系統一

如圖 5-17 所示，輸入埠 PCounter 與 A1 為十二位元之向量，資料型態為內定之 wire 型態。輸入埠 jump 為一位元之向量，資料型態為 wire 型態。輸出埠 PCadd 為十二位元之向量，資料型態為 reg 型態。此電路內容為，若跳躍致能 jump 等於 0，則 PCadd 等於 PCounter 加 1，不然 PCadd 等於 PCounter 加上 A1。

5-3-4　模擬程式計數器系統一

程式計數器系統一模擬結果如圖 5-18 所示。

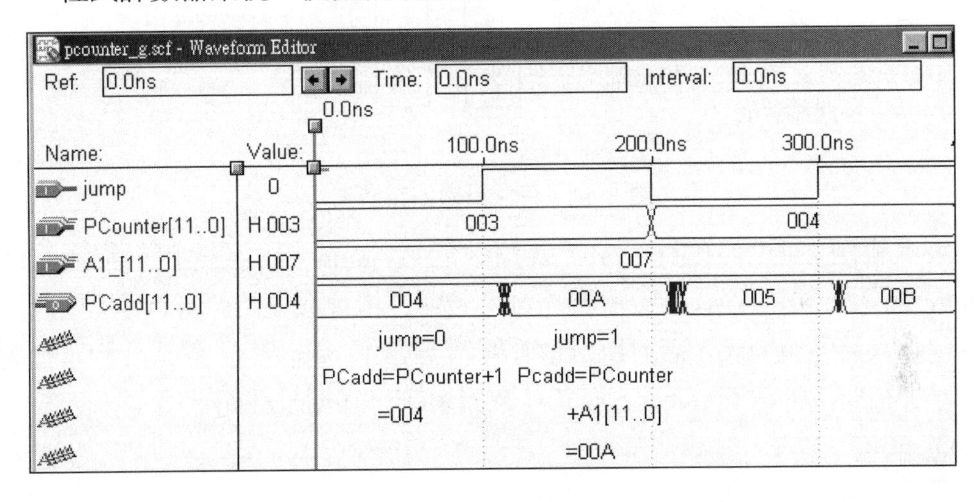

圖 5-18　模擬程式計數器系統一

對圖 5-18 模擬結果說明如下：

- 第一區：輸入 jump = 0，故 PCadd = PCounter + 1，因 PCounter = H003，故在第一區 PCadd 為 H004。
- 第二區：輸入 jump = 1，故 PCadd = PCounter + A1，因 PCounter = H003，A1 = H007，故在第二區 PCadd 為 H00A。

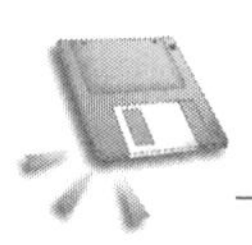

5-4 程式計數器系統二

此系統主要之功能爲判斷返回致能與跳躍致能，來決定計算程式計數器之值，運用上一節之程式計數器系統一，本系統輸出之值會有三種變化，一種爲返回致能爲 1 時，輸出爲從堆疊取出之程式計數器值，一種爲返回致能爲 0 且跳躍致能爲 1 時，輸出爲程式計數器值加上相對位址數，另一種爲返回致能爲 0 且跳躍致能爲 0 時，輸出爲程式計數器值加 1，如圖 5-19 所表示。

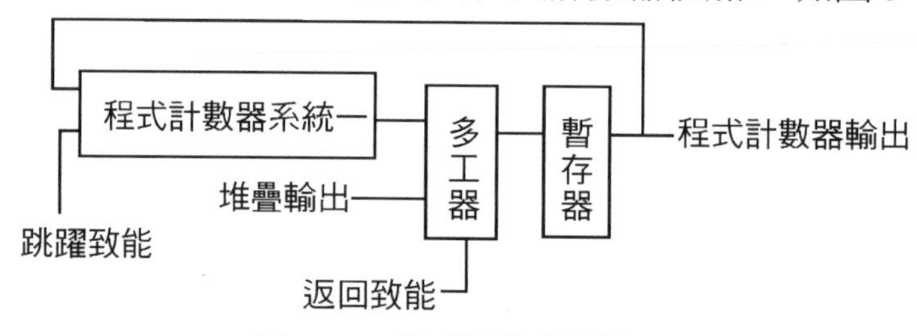

圖 5-19　程式計數器系統二

本範例之返回致能爲 ret，跳躍致能爲 jump，本系統在正常運作時(jump=0，ret=0)，程式計數器增加 1，若返回情況發生時(ret=1)，程式計數器會載入堆疊值 stko，若有跳躍或呼叫情況發生(jump=1)，程式計數器會選擇增加相對位址數 jnumber，程式計數器系統二詳細設計如下所示。

● 腳位：

時脈控制端：clk

返回致能端：ret

堆疊資料輸入端：stko[11..0]

跳躍致能端：jump

跳躍相對位址輸入線：jnumber[11..0]

程式計數器輸出：pc[11..0]

● 眞值表：程式計數器系統二眞值表如表 5-17 所示。在時脈 Clk 發生正緣變化時，當返回致能 ret 爲 1 時，輸出爲從堆疊 stko 取出之程式計數器值。當返回致能 ret 爲 0 且跳躍致能 jump 爲 0 時，輸出爲程式計數器值加 1，當返回致能 ret 爲 0 且跳躍致能 jump 爲 1 時，輸出爲程式計數器值加上相對位址數 jnumber。

表 5-17　程式計數器系統二真值表

控制			輸入		輸出
Clk	ret	jump	stko	jnumber	pc
↑	1	X	A	X	A
↑	0	0	X	X	pc+1
↑	0	1	X	B	pc+B

5-4-1　電路圖編輯程式計數器系統二

程式計數器系統二電路圖編輯結果如圖 5-20 所示，此電路名稱爲〝pcstk_g〞。程式計數器系統二電路利用到一個程式計數器系統一〝pcounter_g〞、一個緩衝器〝wire〞、一個十二位元二對一多工器〝lpm_mux〞、一個十二位元暫存器〝lpm_ff〞。另外還有五個〝input〞基本元件與一個〝output〞基本元件，並分別更名爲 jnumber[11..0]、stko[11..0]、jump、ret 與 clk。

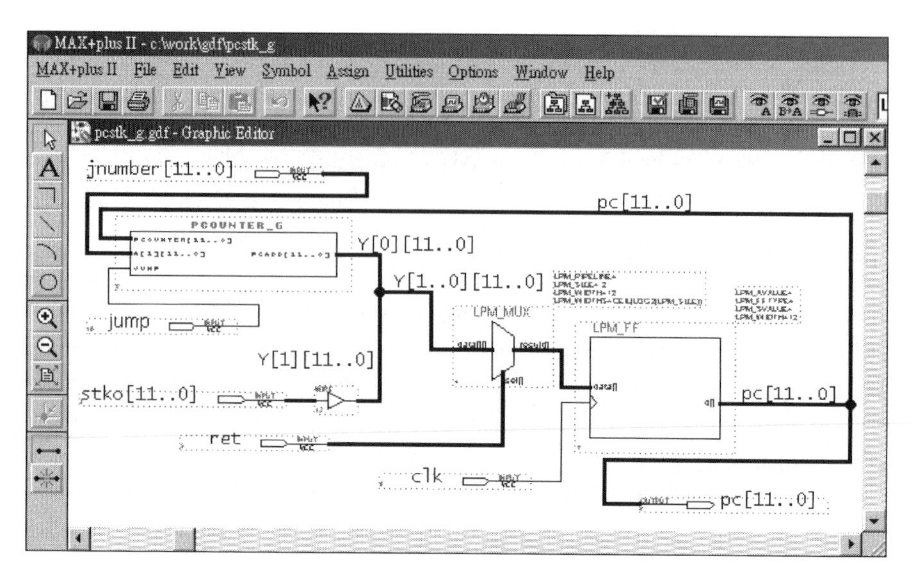

圖 5-20　電路圖編輯程式計數器系統二

圖 5-20 中，jnumber 接〝pcounter_g〞的輸入 A[1][11..0]，巴士線 pc[11..0] 接〝pcounter_g〞的輸入 PCounter[11..0]，jump 接〝pcounter_g〞的輸入 jump。〝pcounter_g〞的輸出 PCadd 接巴士線 Y[0][11..0]。stko[11..0]接到緩衝器之輸入，緩衝器之輸出接巴士線 Y[1][11..0]，巴士線 Y[0][11..0]與 Y[1][11..0]匯集成 Y[1..0][11..0]接到〝lpm_mux〞之輸入 data[][]，jump 接到〝lpm_mux〞之輸入 sel[]，〝lpm_mux〞之輸出 result[]接巴士線 F[11..0]。巴士線 F[11..0]接十二位元暫存器〝lpm_ff〞之輸入 data[]，clk 接十二位元暫存器〝lpm_ff〞時脈輸入端。lpm_ff〞之輸出 result[]接電路輸出埠 pc[11..0]。

5-4-1-1　說明

- 電路組成：程式計數器系統二所引用之組件整理如表 5-18 所示。一個程式計數器系統一、一個緩衝器、一個十二位元二對一多工器與十二位元暫存器。

表 5-18　程式計數器系統二所引用之組件

組成元件	個數	引用模組	說　　明
程式計數器系統一	一個	pcounter_g	由跳躍致能 jump 控制此系統輸出為程式計數器值加 1 或程式計數器值加上相對位址。
緩衝器	一個	wire	變更巴士線名稱。
十二位元二對一多工器	一個	lpm_mux	由返回致能 ret 控制，選擇出堆疊輸出 stko 或程式記數器系統一的輸出結果。
十二位元暫存器	一個	lpm_ff	暫時存放程式記數器值。

- 十二位元暫存器：十二位元暫存器利用參數式函數〝lpm_ff〞編輯，其詳細說明請參考 3-1-1 小節。此電路由一個〝lpm_ff〞所組成，要將其參數 lpm_fftype 設定為"DFF"，將其參數 lpm_width 設定為 12，並設定使用 data[]、clock 與 q[]。此設定後之〝lpm_ff〞，其 data[]與 q[]寬度皆為 12(data[]與 q[]寬度等於 lpm_width 值)。
- 十二位元二對一多工器：十二位元二對一多工器利用到參數式函數〝lpm_mux〞編輯，設定其參數 LPM_SIZE 為 2，LPM_WIDTH 為 12，LPM_WIDTHS 為 1，即設定輸入資料的數目為 2，資料寬為 12，資料選擇控制端寬度為 1，並設定只使用 data[][]、sel[]與 result[]腳位。此設定後之多工器，其 data[]寬度為 12(data[]寬度等於 lpm_width 值)，輸入資料的數目為 2(輸入資料個數為 LPM_SIZE 個)，sel[]寬度為 1(sel[]寬度等於 lpm_ WIDTHS 值)。有關參數式函數〝lpm_mux〞請參考 2-5-1-1 小節。

- 緩衝器：wire 為圖形編輯時之基本元件，其輸出入關係為輸出等於輸入值，〝wire〞是在於節點名(node name)或巴士名(bus name)要變更時使用。如圖 5-20 所示，接 stko[11..0]輸入端之巴士名內定為 stko[11..0]，但經過〝wire〞元件後巴士名可更名為 Y[1][11..0]。
- 程式計數器系統一：此系統主要由跳躍致能 jump 控制此系統輸出為程式計數器值加 1 或程式計數器值加上相對位址。電路名稱為〝pcounter_g〞。此電路在 jump 為 0 時，程式計數器會增加 1，若有跳躍情況發生(jump=1)，程式計數器會增加相對位址數 A1。詳見 5-3-1 小節。

5-4-2 VHDL 編輯程式計數器系統二

VHDL 編輯結果如圖 5-21 與圖 5-22 所示。此範例電路名稱為〝pcstk_v〞。

MAX+plus II - c:\work\vhd\pcstk_v

MAX+plus II File Edit Templates Assign Utilities Options Window Help

pcstk_v.vhd - Text Editor

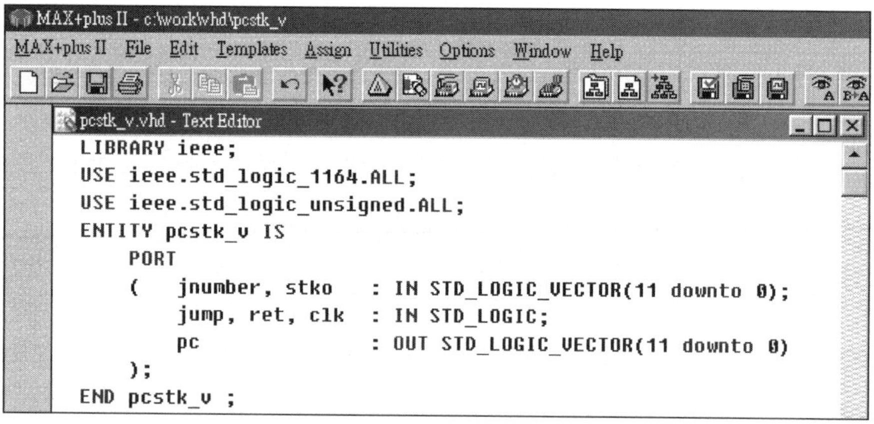

```
LIBRARY ieee;
USE ieee.std_logic_1164.ALL;
USE ieee.std_logic_unsigned.ALL;
ENTITY pcstk_v IS
    PORT
    (   jnumber, stko   : IN STD_LOGIC_VECTOR(11 downto 0);
        jump, ret, clk  : IN STD_LOGIC;
        pc              : OUT STD_LOGIC_VECTOR(11 downto 0)
    );
END pcstk_v ;
```

圖 5-21 VHDL 編輯程式計數器系統二

如圖 5-21，本範例使用了兩個套件：目錄〝ieee〞下的〝std_logic_1164〞套件與〝std_logic_unsigned〞。輸入埠 jnumber 與 stko 之資料型態爲 STD_LOGIC_VECTOR(11 downto 0)。Jump、ret 與 clk 之資料型態爲 STD_LOGIC。輸出埠 pc 之資料型態爲 STD_LOGIC_VECTOR(11 downto 0)，如圖 5-21 所示。

```
ARCHITECTURE a OF pcstk_v  IS
 SIGNAL pcounter : STD_LOGIC_VECTOR(11 downto 0);
BEGIN
  PROCESS
   BEGIN
    WAIT UNTIL clk = '1';
    CASE ret IS
      WHEN '0' =>
         IF (jump = '0') THEN
             pcounter <= pcounter + 1;
         ELSE
             pcounter <= pcounter + jnumber;
         END IF;
      WHEN '1' =>
         pcounter <= stko;
      WHEN OTHERS =>
         NULL;
    END CASE;
  END PROCESS;
 pc <= pcounter;
END a;
Line    7    Col   40    INS
```

圖 5-22　VHDL 編輯程式計數器系統二

如圖 5-22 所示，架構名稱爲 a，在架構宣告區宣告了訊號 pcounter 資料型態爲 STD_LOGIC_VECTOR(11 downto 0)。在 PROCESS 描述區中，描述當正緣觸發時，在 ret 等於 '0'的情況下，若 jump 等於'0'，則訊號 pcounter 增加 1，若 jump 不等於'0'，pcounter 增加 jnumber。在 ret 等於'1'的情況下，訊號 pcounter 等於 stko。電路輸出 pc 等於訊號 pcounter 之值。

5-4-3 Verilog HDL 編輯程式計數器系統二

Verilog HDL 編輯結果如圖 5-23 所示。此範例電路名稱爲〝pcstk_vl〞。

```
module pcstk_vl (clk,jump,ret,jnumber,stko,pc);
 input   [11:0] jnumber, stko;
 input   clk, jump, ret;
 output  [11:0] pc;
 reg     [11:0] pc;
 always @(posedge clk)
  begin
        case (ret)
           0 : begin
                 if (jump == 0)
                    pc = pc + 1;
                 else
                    pc = pc + jnumber;
               end
           1 : pc = stko;
        endcase
  end
endmodule
```

圖 5-23 Verilog HDL 編輯程式計數器系統二

如圖 5-23 所示，輸入埠 jnumber 與 stko 爲十二位元之向量，資料型態爲內定之 wire 型態。輸入埠 clk、jump 與 ret 爲一位元之向量，資料型態爲 wire 型態。輸出埠 pc 爲十二位元之向量，資料型態爲 reg 型態。此電路內容爲，當 clk 發生正緣變化時，若 ret 等於 0 之情況下，假如 jump 等於 0，則 pc 加 1，假如 jump 不等於 0，則 pc 加上 jnumber。若 ret 等於 1 之情況下，pc 等於 stko。

5-4-4　模擬程式計數器系統二

程式計數器系統二模擬結果如圖 5-24 所示。

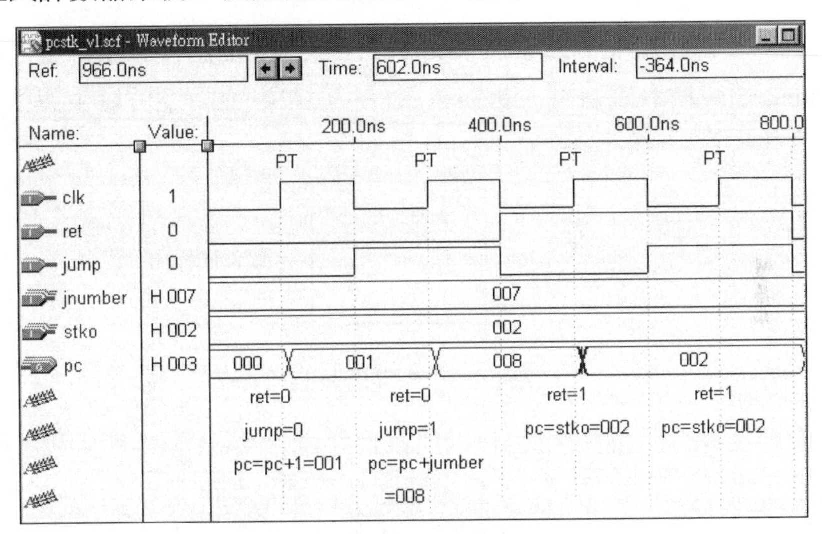

圖 5-24　模擬程式計數器系統二

對圖 5-24 模擬結果說明如下：

- 第一個正緣：輸入 ret = 0、jump = 0，在 clk 第一個正緣後 pc = pc + 1，故在 clk 第一個正緣後輸出 pc 變為 H001。
- 第二個正緣：輸入 ret = 0、jump = 1，在 clk 第二個正緣後 pc = pc + jumber，故在 clk 第二個正緣後輸出 pc 變為 H008。
- 第三個正緣：輸入 ret = 1、在 clk 第三個正緣後 pc = stko，因 stko = H002，故在 clk 第三個正緣後輸出 pc 變為 H002。

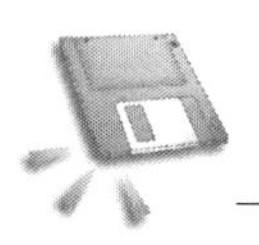

5-5 條件碼系統

此系統主要之功能爲產生條件碼，條件碼爲決定是否發生跳躍之控制項之一。tcnd 值與指令碼有關，也與 ALU 計算結果有關(溢位發生與否、計算值爲零或非零等)，如圖 5-25 所示。

圖 5-25　條件碼系統

當處理器執行跳躍指令時(包括無條件跳躍指令 JUMP 與副程式呼叫指令 CALL)，條件碼 tcnd 等於 1。當處理器執行溢位判斷跳躍指令(JC 與 JNC)或零旗號判斷跳躍指令(JZ 與 JNZ)時，則視 ALU 計算結果決定 tcnd 之值，可見表 5-19 所示。

表 5-19　條件碼系統輸出入埠關係

控制碼	指　令	說　　　明
0001	RET	回主程式
0010	JUMP	無條件跳躍 tcnd=1
0011	CALL	無條件呼叫 tcnd=1
0100	JZ	運算結果爲零時(零旗號爲 1) tcnd=1 運算結果爲非零時(零旗號爲 0) tcnd=0

表 5-19 (續)

0101	JNZ	運算結果爲非零時(零旗號爲 0) tcnd=1 運算結果爲零時(零旗號爲 1) tcnd=0
0110	JC	進位旗號爲 1 時 tcnd=1 進位旗號爲非 1 時 tcnd=0
0111	JNC	進位旗號爲 0 時 tcnd=1 進位旗號非爲 0 時 tcnd=0

例如當指令碼 contl 爲 0011(無條件呼叫指令)時，條件碼 tcnd 等於 1，當指令碼 contl 爲 0100(運算爲零則跳躍)時，條件碼 tcnd 視 ALU 計算結果而定，若計算結果爲零則條件碼 tcnd 等於 1，若計算結果爲非零則條件碼 tcnd 等於 0。條件碼系統詳細設計如下所示。

- 腳位：

  指令控制線：contl[3..0]

  邏輯運算結果輸入端：aluo[8..0]

  條件控制輸出：tcnd

- 眞值表：條件碼系統眞值表如表 5-20 所示。當處理器執行跳躍指令時(包括無條件跳躍指令 JUMP 與副程式呼叫指令 CALL)，條件碼 tcnd 等於 1。當處理器執行溢位判斷跳躍指令(JC 與 JNC)或零旗號判斷跳躍指令(JZ 與 JNZ)時，則視 ALU 計算結果決定 tcnd 之值，例如當指令碼 contl 爲 0011(無條件呼叫指令)時，條件碼 tcnd 等於 1，當指令碼 contl 爲 0100(運算爲零則跳躍)時，條件碼 tcnd 視 ALU 計算結果而定，若計算結果爲零則條件碼 tcnd 等於 1，若計算結果爲非零則條件碼 tcnd 等於 0。

表 5-20　條件碼系統真值表

輸入			輸出	說明
contl[3..0]	aluo8	aluo[7..0]	tcnd	
0001	X	X	1	回主程式
0010	X	X	1	無條件跳躍
0011	X	X	1	無條件呼叫
0100	X	ABCDEFGH	NOT (A or B or C or D or E or F or G or H)	運算爲零則跳躍
			aluo[7..0]爲零時，tcnd=1。 aluo[7..0]爲非零時，tcnd=0。	
0101	X	ABCDEFGH	(A or B or C or D or E or F or G or H)	運算非零則跳躍
			aluo[7..0]爲非零時，tcnd=1。 aluo[7..0]爲零時，tcnd=0。	
0110	A	X	A	進位旗號=1 則跳躍
			aluo[8]爲非零時，tcnd=1。 aluo[8]爲零時，tcnd=0。	
0111	A	X	not A	進位旗號=0 則跳躍
			aluo[8]爲零時，tcnd=1。 aluo[8]爲非零時，tcnd=0。	
其他	X	X	0	非跳躍指令

5-5-1　電路圖編輯條件碼系統

條件碼系統電路圖編輯結果如圖 5-26 所示，此電路名稱為〝tcnd_g〞。條件碼系統電路利用到六個反向器〝not〞、一個八輸入反或閘〝nor8〞、三個四輸入及閘〝and4〞、四個五輸入及閘〝and5〞與一個八輸入及閘〝and8〞。另外還有三個〝input〞基本元件與一個〝output〞基本元件，並分別更名為 contl[3..0]、aluo[7..0]、aluo8 與 tcnd。

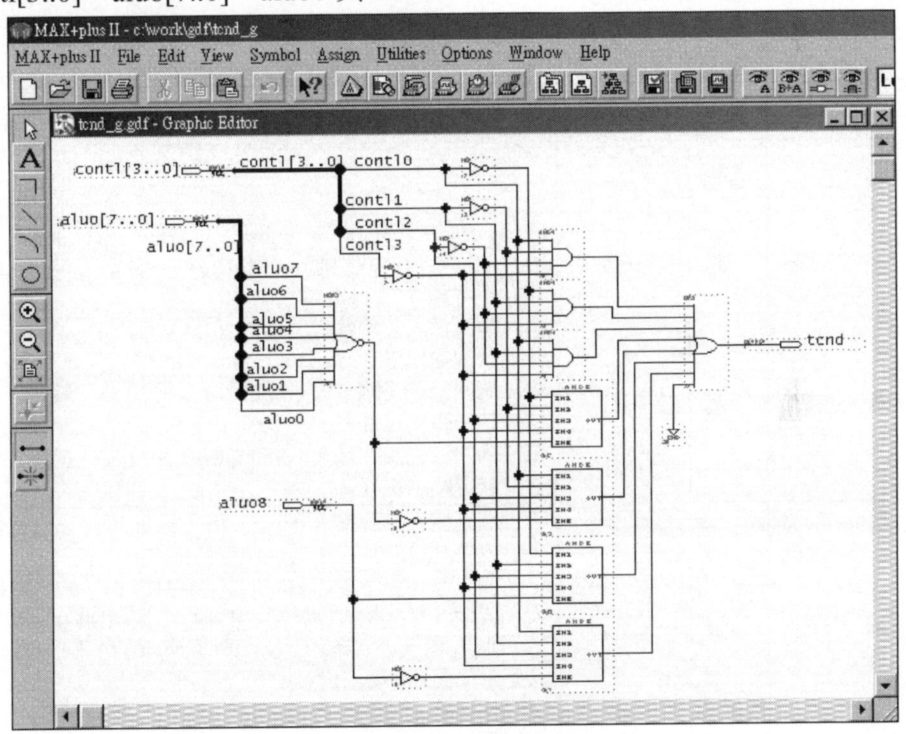

圖 5-26　電路圖編輯條件碼系統

圖 5-26 中，contl[3..0]分出四個節點 contl3、contl2、contl1 與 contl0 分別接四個〝not〞的輸入。aluo[7..0]分出八個節點 aluo7、aluo6、aluo5、aluo4、 aluo3、aluo2、aluo1 與 aluo0 分別接到〝nor8〞的八個輸入，三個〝and4〞的輸出與四個〝and5〞的輸出分別接到〝or8〞的七個輸入，〝or8〞的第八個輸入接 GND。〝or8〞的輸出接電路輸出埠 tcnd。

5-5-1-1 說明

- 電路組成：電路圖編輯條件碼系統所引用之組件整理如表 5-21 所示。六個反向器、一個八輸入反或閘、三個四輸入及閘、四個五輸入及閘與一個八輸入或閘。

表 5-21 條件碼系統組成元件

組成元件	個數	引用模組	說明
反向器	六個	not	
八輸入反或閘	一個	nor8	aluo[7..0]的八個位元爲 nor8 的八個輸入，若 aluo[7..0]的八個位元皆爲 0，則 nor8 輸出爲 1，aluo[7..0]的八個位元不全爲 0，則 nor8 輸出爲 0。
四輸入及閘	三個	and4	第一個四輸入及閘輸入 contl[3..0]爲 0001 時，輸出 1，其他狀況輸出爲 0。 第二個四輸入及閘輸入 contl[3..0]爲 0010 時，輸出 1，其他狀況輸出爲 0。 第三個四輸入及閘輸入 contl[3..0]爲 0011 時，輸出 1，其他狀況輸出爲 0。
五輸入及閘	四個	and5	第一個五輸入及閘輸入 contl[3..0]爲 0100 時，輸出八輸入反或閘計算的結果，其他狀況輸出爲 0。 第二個五輸入及閘輸入 contl[3..0]爲 0101 時，輸出八輸入反或閘計算反相後的結果，其他狀況輸出爲 0。 第三個五輸入及閘輸入 contl[3..0]爲 0110 時，輸出 alo8，其他狀況輸出爲 0。 第三個五輸入及閘輸入 contl[3..0]爲 0111 時，輸出 alo8 的反相，其他狀況輸出爲 0。
八輸入或閘	一個	or8	接 7 個及閘之輸出，第八個輸入接地。

5-5-2　VHDL 編輯條件碼系統

VHDL 編輯結果如圖 5-27 與圖 5-28 所示。此範例電路名稱爲〝tcnd_v〞。

MAX+plus II - c:\work\vhd\tcnd_v

MAX+plus II　File　Edit　Templates　Assign　Utilities　Options　Window　Help

tcnd_v.vhd - Text Editor

```
LIBRARY ieee;
USE ieee.std_logic_1164.ALL;
ENTITY tcnd_v IS
    PORT
    (   contl       : IN STD_LOGIC_VECTOR(3 downto 0);
        aluo        : IN STD_LOGIC_VECTOR(8 downto 0);
        tcnd        : OUT STD_LOGIC
    );
END tcnd_v ;
```

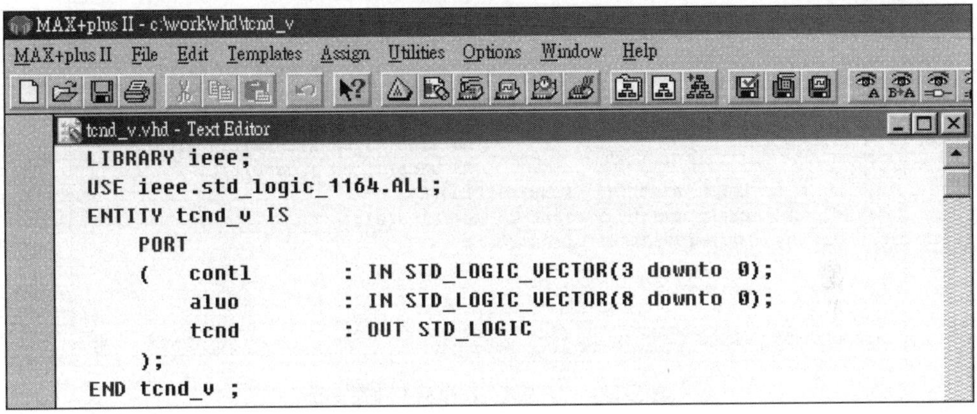

圖 5-27　VHDL 編輯條件碼系統

如圖 5-27 所示，本範例使用了一個套件：目錄〝ieee〞下的〝std_logic_1164〞套件。輸入埠 contl 之資料型態爲 STD_LOGIC_VECTOR(3 downto 0)。aluo 之資料型態爲 STD_LOGIC_VECTOR(8 downto 0)。輸出埠 tcnd 之資料型態爲 STD_LOGIC。

```
ARCHITECTURE a OF tcnd_v  IS
BEGIN
 PROCESS(aluo, contl)
  BEGIN
     CASE contl IS
        WHEN "0001" =>  tcnd <= '1';
        WHEN "0010" =>  tcnd <= '1';
        WHEN "0011" =>  tcnd <= '1';
        WHEN "0100" =>  tcnd <= NOT (aluo(7) OR aluo(6) OR aluo(5)
                                OR aluo(4) OR aluo(3) OR aluo(2)
                                OR aluo(1) OR aluo(0) );
        WHEN "0101" =>  tcnd <= (aluo(7) OR aluo(6) OR aluo(5)
                                 OR aluo(4) OR aluo(3) OR aluo(2)
                                 OR aluo(1) OR aluo(0) );
        WHEN "0110" =>  tcnd <= aluo(8);
        WHEN "0111" =>  tcnd <= NOT aluo(8);
        WHEN OTHERS =>  tcnd <= '0';
     END CASE;
 END PROCESS ;
END a;
Line  30  Col  1  INS
```

圖 5-28 VHDL 編輯條件碼系統

如圖 5-28 所示，架構名稱為 a，此電路架構內容為，在 PROCESS 描述區中，若 contl 等於"0001"，則 tcnd 等於'1'；若 contl 等於"0010"，則 tcnd 等於'1'；若 contl 等於"0011"，則 tcnd 等於'1'；若 contl 等於"0100"，則 tcnd 等於 NOT (aluo(7) OR aluo(6) OR aluo(5) OR aluo(4) OR aluo(3) OR aluo(2) OR aluo(1) OR aluo(0))，若 contl 等於"0101"，則 tcnd 等於(aluo(7) OR aluo(6) OR aluo(5) OR aluo(4) OR aluo(3) OR aluo(2) OR aluo(1) OR aluo(0))，若 contl 等於"0110"，則 tcnd 等於 aluo(8)，若 contl 等於"0111"，則 tcnd 等於 NOT aluo(8)。若 contl 等於其他，則 tcnd 等於'0'。

5-5-2-1 說明

- 零旗號判斷：在 contl 為“0100”與“0101” 時，會判斷運算結果是否為零，即判斷零旗號是否為 1，來決定 tcnd 之值。本範例運用反或運算 tcnd = NOT (aluo(7) OR aluo(6) OR aluo(5) OR aluo(4) OR aluo(3) OR aluo(2) OR aluo(1) OR aluo(0))，來產生當運算結果為 0 時，tcnd 等於 1

之結果，運用或運算 tcnd = aluo(7) OR aluo(6) OR aluo(5) OR aluo(4) OR aluo(3) OR aluo(2) OR aluo(1) OR aluo(0)，來產生當運算結果爲 0 時，tcnd 等於 0 之結果。也可以用 IF 描述語，如表 5-22 所示。

表 5-22　運用 IF 描述語

本　範　例	運　用　IF　描　述　語

tcnd = NOT (aluo(7) OR aluo(6) OR aluo(5) OR aluo(4) OR aluo(3) OR aluo(2) OR aluo(1) OR aluo(0));	IF alu(7 downto 0) = "00000000" THEN
	tcnd = '1';
	ELSE
	tcnd = '0';
	END IF;

tcnd = aluo(7) OR aluo(6) OR aluo(5) OR aluo(4) OR aluo(3) OR aluo(2) OR aluo(1) OR aluo(0);	IF alu(7 downto 0) = "00000000" THEN
	tcnd = '0';
	ELSE
	tcnd = '1';
	END IF;

- 進位旗號判斷：在 contl 爲"0110"時與"0111"，會判斷運算結果是否發生進位，即判斷進位旗號是否爲 1，來決定 tcnd 之値。本範例運用 tcnd = aluo(8)，來產生當進位旗號爲 0 時，tcnd 等於 0 之結果，運用 tcnd = NOT aluo(8)，來產生當進位旗號爲 0 時，tcnd 等於 1 之結果。也可以用 IF 描述語，如表 5-23 所示。

表 5-23　運用 IF 描述語

本　範　例	運　用　IF　描　述　語

tcnd = aluo(8);	IF alu(8) = '1' THEN
	tcnd = '1';
	ELSE
	tcnd = '0';
	END IF;

tcnd = NOT aluo(8);	IF alu(8) = '1' THEN
	tcnd = '0';
	ELSE
	tcnd = '1';
	END IF;

5-5-3 Verilog HDL 編輯條件碼系統

Verilog HDL 編輯結果如圖 5-29 所示。此範例電路名稱爲〝tcnd_vl〞。

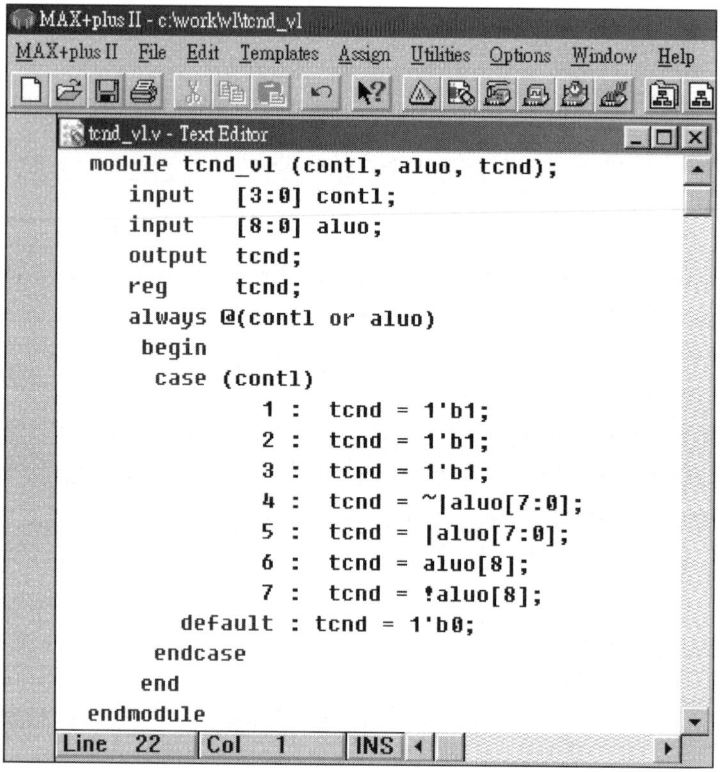

```
MAX+plus II - c:\work\vl\tcnd_vl
MAX+plus II  File  Edit  Templates  Assign  Utilities  Options  Window  Help
tcnd_vl.v - Text Editor
module tcnd_vl (contl, aluo, tcnd);
   input   [3:0] contl;
   input   [8:0] aluo;
   output  tcnd;
   reg     tcnd;
   always @(contl or aluo)
    begin
     case (contl)
            1 :  tcnd = 1'b1;
            2 :  tcnd = 1'b1;
            3 :  tcnd = 1'b1;
            4 :  tcnd = ~|aluo[7:0];
            5 :  tcnd = |aluo[7:0];
            6 :  tcnd = aluo[8];
            7 :  tcnd = !aluo[8];
       default : tcnd = 1'b0;
     endcase
    end
endmodule
Line  22   Col  1   INS
```

圖 5-29 Verilog HDL 編輯條件碼系統

如圖 5-29 所示，輸入埠 contl 爲四位元之向量，資料型態爲內定之 wire 型態。輸入埠 aluo 爲九位元之向量，資料型態爲 wire 型態。輸出埠 tcnd 爲一位元之向量，資料型態爲 reg 型態。此電路內容爲，當 contl 爲 1 時，tcnd 等於 1'b1；當 tcnd 等於 2 時，tcnd 等於 1'b1；當 contl 爲 3 時，tcnd 等於 1'b1；當 contl 爲 4 時，tcnd 等於 aluo 之前八個位元作反或運算(~|)；當 contl 爲 5

時，tcnd 等於 aluo 之前八個位元作或(|)運算；當 contl 爲 6 時，tcnd 等於 aluo 之最高位元；當 contl 爲 7 時，tcnd 等於 aluo 之最高位元作反運算(!)。tcnd 之預設值爲 0。

5-5-3-1　說明

- 零旗號判斷：在 contl 爲 4 與 5 時，會判斷運算結果是否爲零，即判斷零旗號是否爲 1，來決定 tcnd 之值。本範例運用反或運算 tcnd = ~| aluo[7:0]，來產生當運算結果爲 0 時，tcnd 等於 1 之結果，運用或運算 tcnd = | aluo[7:0]，來產生當運算結果爲 0 時，tcnd 等於 0 之結果。也可以用 IF 描述語，如表 5-24 所示。

表 5-24　運用 IF 描述語

本　範　例	運　用　IF　描　述　語

tcnd = ~| aluo[7:0];	if alu[7:0] == 0
	tcnd = 1'b1;
	else
	tcnd = 1'b0;

tcnd = | aluo[7:0];	if alu[7:0] == 0
	tcnd = 1'b0;
	else
	tcnd = 1'b1;

- 進位旗號判斷：在 contl 爲 6 與 7 時，會判斷運算結果是否發生進位，即判斷進位旗號是否爲 1，來決定 tcnd 之值。本範例運用 tcnd = aluo[8]，來產生當進位旗號爲 0 時，tcnd 等於 0 之結果，運用 tcnd = ! aluo[8]，來產生當進位旗號爲 0 時，tcnd 等於 1 之結果。也可以用 IF 描述語，如表 5-25 所示。

表 5-25　運用 IF 描述語

本　範　例	運　用　IF　描　述　語

tcnd = aluo[8];	if alu[8] == 1'b1
	tcnd = 1'b1;
	else
	tcnd = 1'b0;

tcnd = ! aluo[8];	if alu[8] == 1'b1
	tcnd = 1'b0;
	else
	tcnd = 1'b1;

5-5-4　模擬條件碼系統

條件碼系統模擬結果如圖 5-30 所示。

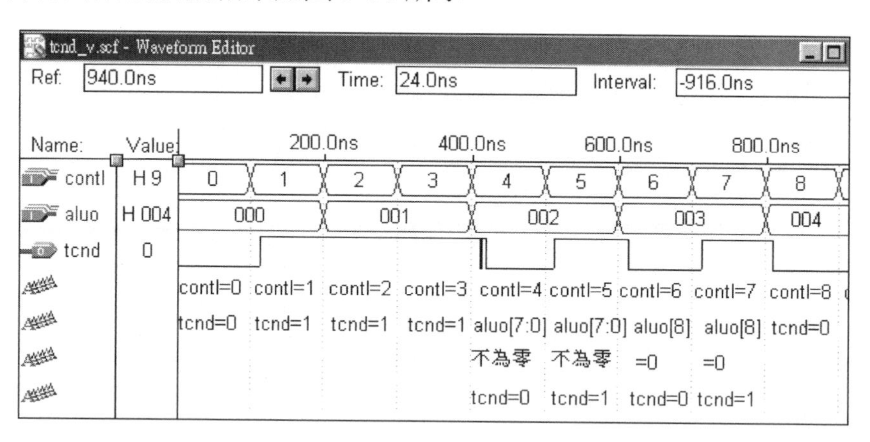

圖 5-30　模擬條件碼系統

對圖 5-30 模擬結果說明如下：

- 第一區：輸入 contl = H0，故 tcnd = 0，故在第一區 tcnd 爲 0。

- 第二區：輸入 contl = H1，故 tcnd = 1，故在第二區 tcnd 爲 1。
- 第三區：輸入 contl = H2，故 tcnd = 1，故在第三區 tcnd 爲 1。
- 第四區：輸入 contl = H3，故 tcnd = 1，故在第四區 tcnd 爲 1。
- 第五區：輸入 contl = H4，aluo[7..0]爲零則 tcnd = 1，但輸入 aluo[7..0] = H002 不爲零，故在第五區 tcnd 爲 0。
- 第六區：輸入 contl = H5，aluo[7..0]不爲零則 tcnd = 1，因輸入 aluo[7..0] = H002 不爲零，故在第六區 tcnd 爲 1。
- 第七區：輸入 contl = H6，aluo[8]不爲零則 tcnd = 1，但輸入 aluo[8] = H0 爲零，故在第七區 tcnd 爲 0。
- 第八區：輸入 contl = H7，aluo[8]爲零則 tcnd = 1，因輸入 aluo[8] = H0 爲零，故在第七區 tcnd 爲 1。
- 第九區：輸入 contl = H8，故 tcnd = 0，故在第九區 tcnd 爲 0。

5-6　控制系統一

本系統主要功能在產生處理器各子系統之控制項，由於本處理器採管線設計，各子系統之控制項亦要配合資料管線之流程進行管線設計。本範例系統有關控制管線與資料管線之安排整理如表 5-5 與表 5-6 所示。控制包括資料暫存器之寫入控制 wen、堆疊寫入控制 push、跳躍控制 jump 與返回控制 ret。配合管線結構，各控制項有第一級之控制項 wen1、push1、jump1 與 ret1，第二級之控制項有 wen2、push2、jump2 與 ret2，第三級之控制項有 wen3。

控制管線之設計如表 5-26 所示。返回條件爲當第一時脈產生 ret1=1、jump1=1 與 tcnd=1、第二時脈產生 ret2=1 與 jump2=1 時，則在第三時脈時變化程式計數器值至返回目標；跳躍條件爲第一時脈產生 jump1=1 與 tcnd=1，第二時脈產生 jump2=1，第三時脈則變化程式計數器值至跳躍目標；呼叫副程式條件爲第一時脈產生 push1=1、jump1=1 與 tcnd=1，第二時脈產生 push2=1 與 jump2=1，第三時脈則變化程式計數器值，並將返回程式計數器值寫入堆疊，且堆疊指標指向下一個位址；資料寫入暫存器條件爲第一時脈產生 wen1=1，第二時脈產生 wen2=1，第三時脈產生 wen3=1，第四時脈則致能資料暫存器。

表 5-26　控制管線設計

指令動作	第一時脈 I 級	第二時脈 R 級	第三時脈 E 級	第四時脈 W 級
資料暫存器致能 (1XXX)	wen1=1	wen2=1	wen3=1	寫入資料暫存器
返回致能 (0001)	ret1=1 jump1=1 tcnd=1	ret2=1 jump2=1 (堆疊指標指向上一個位址)	從堆疊讀取出返回程式計數器值	
無條件跳躍致能 (0010) 有條件跳躍致能 (0100)、(0101) (0110)、(0111)	jump1=1 tcnd=1	jump2=1	變化程式計數器值	
呼叫副程式致能 (0011)	push1=1 jump1=1 tcnd=1	push2=1 jump2=1	變化程式計數器值，將返回程式計數器值寫入堆疊，堆疊指標指向下一個位址	

當跳躍發生時，因爲會在讀入跳躍指令後(若可發生跳躍)再經過兩個時脈才跳躍，故管線會讀入跳躍指令後兩個指令，在本系統設計要使跳躍指令(若可發生跳躍)後兩個指令即使是運算指令也不能將結果存入暫存器，且即使是跳躍指令也不能執行跳躍。

本節控制系統一先設計管線中第一級之控制項 wen1、ret1、jump1 與 push1，其與指令碼與前一週期跳躍致能項 jump2 有關，如圖 5-31 所示，若前一週期發生跳躍(jump2=1)，則各第一級控制項皆為 0(wen1=0，push1=0，ret1=0，jump1=0)。控制系統一詳細介紹如下。

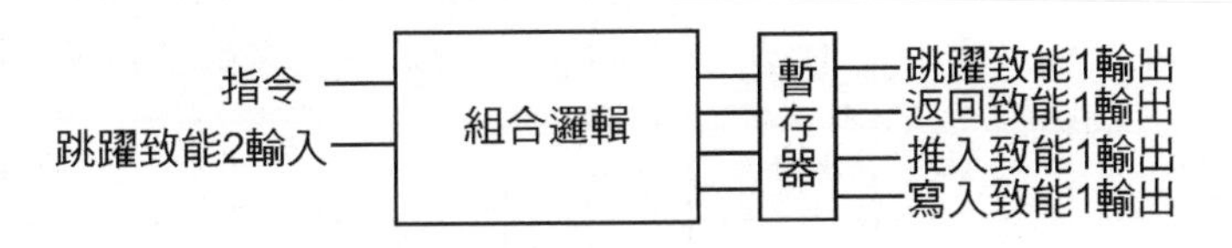

圖 5-31　控制系統一

- 腳位：

  時脈輸入端：clk

  指令控制線：contl[3..0]

  跳躍控制輸入端：jump2

  跳躍控制輸出：jump1

  回主程式致能控制輸出：ret1

  堆疊寫入致能控制輸出：push1

  寫入資料暫存器致能控制輸出：wen1

- 眞值表：控制系統一眞值表如表 5-27 所示。

表 5-27 控制系統一真值表

輸入			輸出				說明
clk	contl[3..0]	jump2	jump1	ret1	push1	wen1	
↑	0001	A	Not A	Not A	0	0	回主程式
↑	0010	A	Not A	0	0	0	無條件跳躍
↑	0011	A	Not A	0	Not A	0	無條件呼叫
↑	0100	A	Not A	0	0	0	運算爲零則跳躍
↑	0101	A	Not A	0	0	0	運算非零則跳躍
↑	0110	A	Not A	0	0	0	進位旗號=1 跳躍
↑	0111	A	Not A	0	0	0	進位旗號=0 跳躍
↑	1xxx	A	0	0	0	Not A	資料運算
↑	其他	X	0	0	0	0	不動作

5-6-1 電路圖編輯控制系統一

控制系統一電路圖編輯結果如圖 5-31 所示，此電路名稱爲〝control_g〞。控制系統一電路利用到五個反向器〝not〞、五個五輸入及閘〝and5〞、一個三輸入及閘〝and3〞、一個四輸入或閘〝or4〞、一個二輸入及閘〝and2〞與四個 D 型正反器〝dff〞。另外還有三個〝input〞基本元件與四個〝output〞基本元件，並分別更名爲 contl[3..0]、jump2、clk、jump1、ret1、push1 與 wen1。

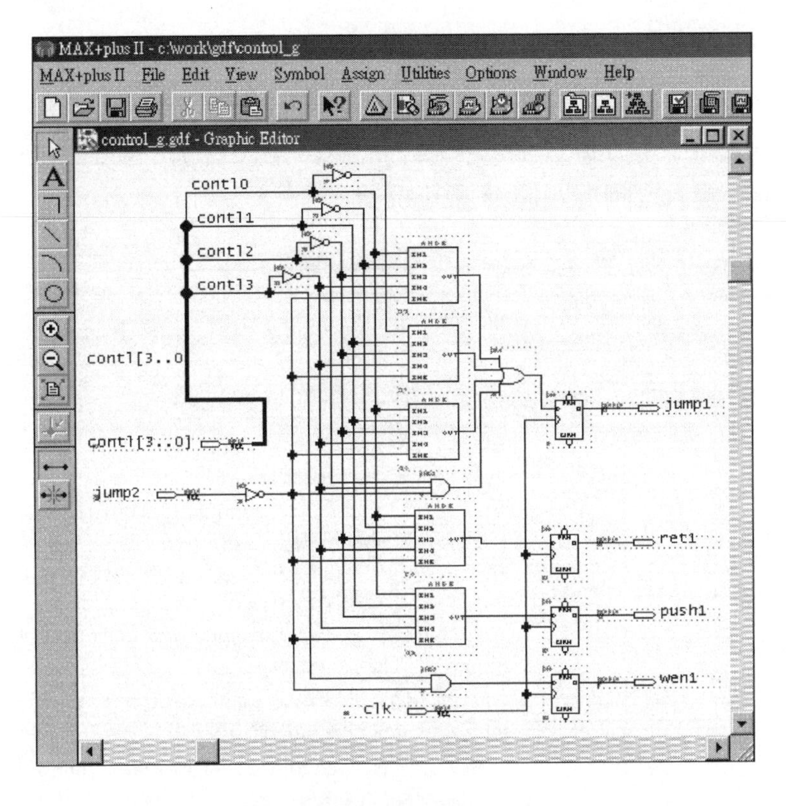

圖 5-32　電路圖編輯控制系統一(control_g.gif)

圖 5-32 中，contl[3..0]分出四個節點 contl3、contl2、contl1 與 contl0 分別接四個〝not〞的輸入，控制著五個〝and5〞、一個〝and3〞與一個〝and2〞。jump2 接到五個〝and5〞與三個〝and3〞的輸入。前三個〝and5〞與〝and3〞之輸出分別接〝or4〞的四個輸入。此〝or4〞的輸出接第一個〝dff〞的輸入 D。第一個〝dff〞的輸出接到電路輸出埠 jump1。第四個〝and5〞的輸出接到第二個〝dff〞的輸入 D。第二個〝dff〞的輸出接到電路輸出埠 ret1。第五個〝and5〞的輸出接到第三個〝dff〞的輸入 D。第三個〝dff〞的輸出接到電路輸出埠 push1。〝and2〞之輸出接到第四個〝dff〞的輸入 D。第四個〝dff〞的輸出接到電路輸出埠 wen1。clk 接到四個〝dff〞的時脈輸入端。

5-6-1-1 說明

- 電路組成：電路圖編輯控制系統一所引用之組件整理如表 5-28 所示。五個反向器、五個五輸入及閘、三個三輸入及閘、一個四輸入或閘、一個二輸入或閘與四個 D 型正反器。

表 5-28 控制系統一組成元件

組成元件	個數	引用模組	說　明
反向器	五個	not	
五輸入及閘	五個	and5	第一個五輸入及閘輸入 contl[3..0]爲 0001 時，輸出 jump2 的反相，其他狀況輸出爲 0。 第二個五輸入及閘輸入 contl[3..0]爲 0010 時，輸出 jump2 的反相，其他狀況輸出爲 0。 第三個四輸入及閘輸入 contl[3..0]爲 0011 時，輸出 jump2 的反相，其他狀況輸出爲 0。 第四個五輸入及閘輸入 contl[3..0]爲 0001 時，輸出 jump2 的反相，其他狀況輸出爲 0。 第五個四輸入及閘輸入 contl[3..0]爲 0011 時，輸出 jump2 的反相，其他狀況輸出爲 0。
三輸入及閘	一個	and3	三輸入及閘輸入 contl[3..2]爲 01 時，輸出 jump2 的反相，其他狀況輸出爲 0。
四輸入或閘	一個	or4	前三個五輸入及閘與一個三輸入及閘之輸出作爲四輸入或閘之輸入。即在 contl[3..0]爲 0011、0010、0001、0100、0101、0110 與 0111 時輸出 jump2 的反相，其他狀況輸出爲 0。
二輸入及閘	一個	and2	二輸入及閘輸入 contl[3]爲 1 時，輸出 jump2 的反相。
D 型正反器	四個	dff	分別暫時存放第一級控制項 jump1、ret1、push1 與 wen1。

5-6-2 VHDL 編輯控制系統一

VHDL 編輯結果如圖 5-33 至圖 5-35 所示。此範例電路名稱爲〝control_v〞。

```
MAX+plus II - c:\work\vhd\control_v
MAX+plus II  File  Edit  Templates  Assign  Utilities  Options  Window  Help
control_v.vhd - Text Editor
LIBRARY ieee;
USE ieee.std_logic_1164.ALL;
ENTITY control_v IS
    PORT
    (   contl         : IN STD_LOGIC_VECTOR(3 downto 0);
        clk, jump2    : IN STD_LOGIC;
        jump1, ret1, push1, wen1 : OUT STD_LOGIC     );
END control_v ;
```

圖 5-33　VHDL 編輯控制系統一

如圖 5-33 所示，本範例使用了一個套件：目錄〝ieee〞下的〝std_logic_1164〞套件。輸入埠 contl 之資料型態為 STD_LOGIC_VECTOR(3 downto 0)。輸入埠 clk 與 jump2 之資料型態為 STD_LOGIC。輸出埠 jump1、ret1、push1 與 wen1 之資料型態為 STD_LOGIC。

```
ARCHITECTURE a OF control_v  IS
BEGIN
  PROCESS
   BEGIN
    WAIT UNTIL clk = '1';
      ret1 <= '0'; wen1 <= '0'; push1 <= '0'; jump1 <= '0';
      CASE contl IS
        WHEN "0001" =>                                  -- return
           ret1 <= NOT jump2; jump1 <= NOT jump2;
        WHEN "0010" =>                                  -- jump
           jump1 <= NOT jump2;
        WHEN "0011" =>                                  -- call
           push1 <= NOT jump2; jump1 <= NOT jump2;
        WHEN "0100" =>                                  -- jump zero
           jump1 <= NOT jump2;
        WHEN "0101" =>                                  -- jump not zero
           jump1 <= NOT jump2;
        WHEN "0110" =>                                  -- jump carrier
           jump1 <= NOT jump2;
        WHEN "0111" =>                                  -- jump non carrier
           jump1 <= NOT jump2;
```

圖 5-34　VHDL 編輯控制系統一

如圖 5-34 所示，架構名稱為 a，此電路架構內容為，在 PROCESS 描述區中，描述若正緣觸發時，先將輸出 jump1、ret1、push1 與 wen1 歸零。接著若 contl 等於"0001"，則改變 ret1 與 jump1 值為 jump2 的反向。若 contl 等於"0010"，則改變 jump1 為 jump2 的反向。若 contl 等於"0011"，則改變 push1 與 jump1 為 jump2 的反向。若 contl 等於"0100"，則改變 jump1 為 jump2 的反向。若 contl 等於"0101"，則改變 jump1 為 jump2 的反向。若 contl 等於"0110"，則改變 jump1 為 jump2 的反向。若 contl 等於"0110"，則改變 jump1 為 jump2 的反向，如圖 5-34 所示。

```
        WHEN "1000" =>                              -- ADD
          wen1 <= NOT jump2;
        WHEN "1001" =>                              -- SUB
          wen1 <= NOT jump2;
        WHEN "1010" =>                              -- AND
          wen1 <= NOT jump2;
        WHEN "1011" =>                              -- OR
          wen1 <= NOT jump2;
        WHEN "1100" =>                              -- ADD
          wen1 <= NOT jump2;
        WHEN "1101" =>                              -- SUB
          wen1 <= NOT jump2;
        WHEN "1110" =>                              -- AND
          wen1 <= NOT jump2;
        WHEN "1111" =>                              -- OR
          wen1 <= NOT jump2;
        WHEN OTHERS =>
          NULL;
      END CASE;
    END PROCESS ;
END a;
Line  7    Col  37    INS
```

圖 5-35　VHDL 編輯控制系統一

如圖 5-35 所示，若 contl 等於"1xxx"，則改變 wen1 為 jump2 的反向。

5-6-3　Verilog HDL 編輯控制系統一

<方法一>Verilog HDL 編輯結果如圖 5-36 所示。此範例電路名稱為〝control_vl〞。

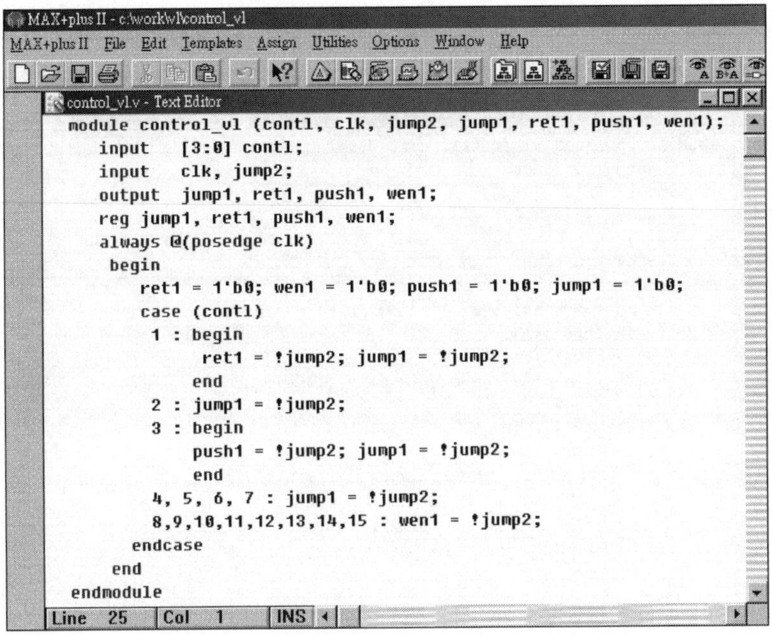

```
MAX+plus II - c:\work\vl\control_vl
MAX+plus II  File  Edit  Templates  Assign  Utilities  Options  Window  Help
control_vl.v - Text Editor
module control_vl (contl, clk, jump2, jump1, ret1, push1, wen1);
   input   [3:0] contl;
   input   clk, jump2;
   output  jump1, ret1, push1, wen1;
   reg jump1, ret1, push1, wen1;
   always @(posedge clk)
    begin
      ret1 = 1'b0; wen1 = 1'b0; push1 = 1'b0; jump1 = 1'b0;
      case (contl)
       1 : begin
            ret1 = !jump2; jump1 = !jump2;
           end
       2 : jump1 = !jump2;
       3 : begin
           push1 = !jump2; jump1 = !jump2;
           end
       4, 5, 6, 7 : jump1 = !jump2;
       8,9,10,11,12,13,14,15 : wen1 = !jump2;
     endcase
   end
endmodule
Line 25   Col 1   INS
```

圖 5-36　Verilog HDL 編輯控制系統一

如圖 5-36 所示，輸入埠 contl 爲四位元之向量，資料型態爲內定之 wire 型態。輸入埠 clk 與 jump2 爲一位元之向量，資料型態爲 wire 型態。輸出埠 jump1、ret1、push1 與 wen1 爲一位元之向量，資料型態爲 reg 型態。此電路內容爲，當 clk 爲正緣觸發時，ret1、wen1、push1 與 jump1 等於 1'b0；而且當 contl 等於 1 時，ret1 與 jump1 皆等於 jump2 的反向；當 contl 爲 2 時，jump1 等於 jump2 的反向；當 contl 爲 3 時，push1 與 jump1 皆等於 jump2 的反向；當 contl 爲 4、5、6、7 時，jump1 等於 jump2 的反向；當 contl 爲 8、9、10、11、12、13、14、15 時，wen1 等於 jump2 的反向。

<方法二> Verilog HDL 編輯結果如圖 5-37 所示。此範例電路名稱爲〝control2_vl〞。

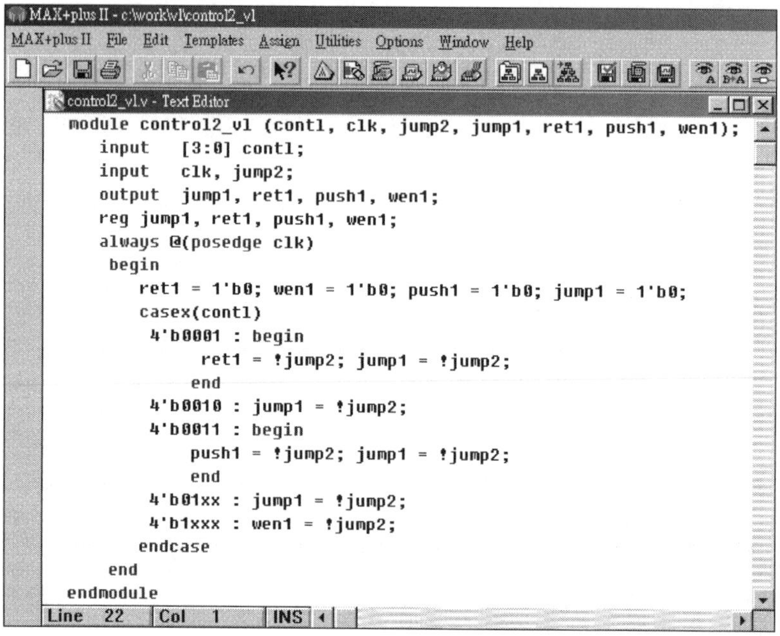

```
MAX+plus II - c:\work\vl\control2_vl
MAX+plus II  File  Edit  Templates  Assign  Utilities  Options  Window  Help
control2_vl.v - Text Editor
module control2_vl (contl, clk, jump2, jump1, ret1, push1, wen1);
   input   [3:0] contl;
   input   clk, jump2;
   output  jump1, ret1, push1, wen1;
   reg jump1, ret1, push1, wen1;
   always @(posedge clk)
    begin
      ret1 = 1'b0; wen1 = 1'b0; push1 = 1'b0; jump1 = 1'b0;
      casex(contl)
       4'b0001 : begin
            ret1 = !jump2; jump1 = !jump2;
           end
       4'b0010 : jump1 = !jump2;
       4'b0011 : begin
           push1 = !jump2; jump1 = !jump2;
           end
       4'b01xx : jump1 = !jump2;
       4'b1xxx : wen1 = !jump2;
      endcase
    end
endmodule
Line  22  Col  1  INS
```

圖 5-37　Verilog HDL 編輯控制系統一

如圖 5-37 所示，輸入埠 contl 爲四位元之向量，資料型態爲內定之 wire 型態。輸入埠 clk 與 jump2 爲一位元之向量，資料型態爲 wire 型態。輸出埠 jump1、ret1、push1 與 wen1 爲一位元之向量，資料型態爲 reg 型態。此電路內容爲，當 clk 爲正緣觸發時，ret1、wen1、push1 與 jump1 等於 1'b0；而且當 contl 等於 4'b0001 時，ret1 與 jump1 皆等於 jump2 的反向；當 contl 爲 4'b0010 時，jump1 等於 jump2 的反向；當 contl 爲 4'b0011 時，push1 與 jump1 皆等於 jump2 的反向；當 contl 爲 4'b01xx 時，jump1 等於 jump2 的反向；當 contl 爲 4'b1xxx 時，wen1 等於 jump2 的反向。

5-6-4　模擬控制系統一

控制系統一模擬結果如圖 5-38 與圖 5-39 所示。

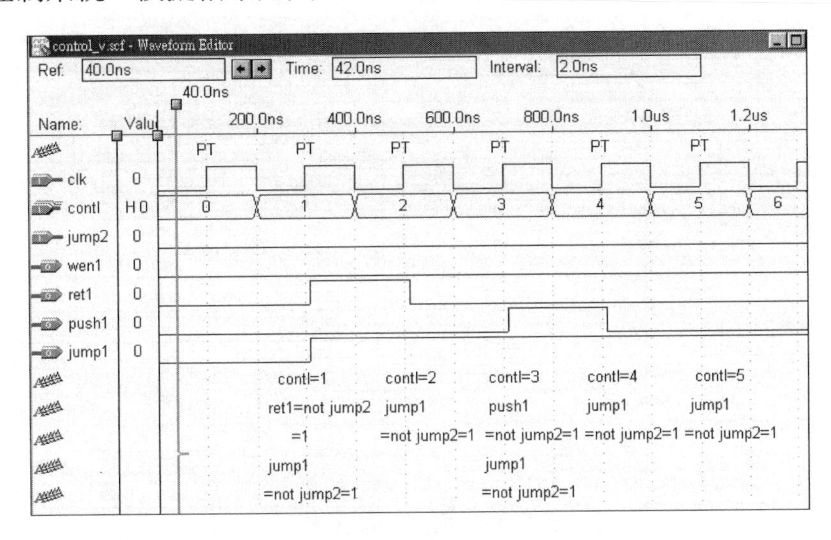

圖 5-38　模擬控制系統一

對圖 5-38 模擬結果說明如下：

- 第一個正緣：輸入 contl = H0、jump2 = 0，在 clk 第一個正緣後 wen1 = 0，ret1 = 0，push1 = 0，jump1 = 0。
- 第二個正緣：輸入 contl = H1、jump2 = 0，在 clk 第二個正緣後 wen1 = 0，ret1 = NOT jump2 = 1，push1 = 0，jump1 = NOT jump2 = 1。
- 第三個正緣：輸入 contl = H2、jump2 = 0，在 clk 第三個正緣後 wen1 = 0，ret1 = 0，push1 = 0，jump1 = NOT jump2 = 1。
- 第四個正緣：輸入 contl = H3、jump2 = 0，在 clk 第四個正緣後 wen1 = 0，ret1 = 0，push1 = NOT jump2 = 1，jump1 = NOT jump2 = 1。

- 第五個正緣：輸入 contl = H4、jump2 = 0，在 clk 第五個正緣後 wen1 = 0，ret1 = 0，push1 = 0，jump1 = NOT jump2 = 1。
- 第六個正緣：輸入 contl = H5、jump2 = 0，在 clk 第六個正緣後 wen1 = 0，ret1 = 0，push1 = 0，jump1 = NOT jump2 = 1。

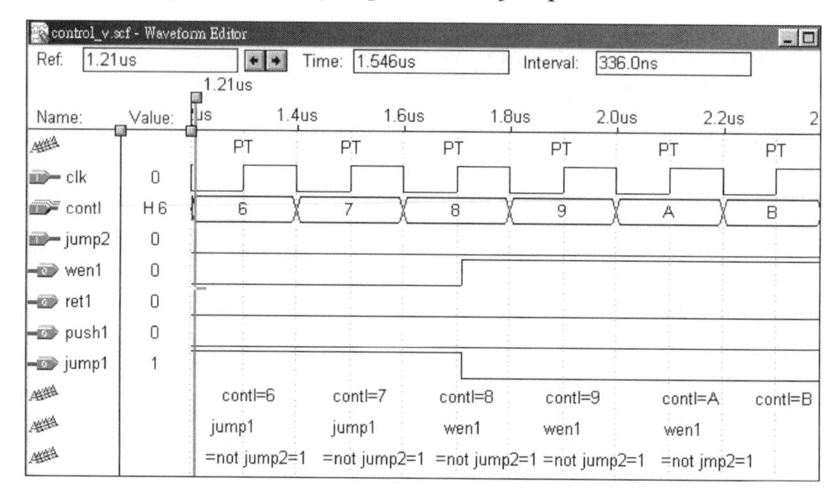

圖 5-39　模擬控制系統一

對圖 5-39 模擬結果說明如下：

- 第七個正緣：輸入 contl = H6、jump2 = 0，在 clk 第七個正緣後 wen1 = 0，ret1 = 0，push1 = 0，jump1 = NOT jump2 = 1。
- 第八個正緣：輸入 contl = H7、jump2 = 0，在 clk 第八個正緣後 wen1 = 0，ret1 = 0，push1 = 0，jump1 = NOT jump2 = 1。
- 第九個正緣：輸入 contl = H8、jump2 = 0，在 clk 第九個正緣後 wen1 = NOT jump2 = 1，ret1 = 0，push1 = 0，jump1 = 0。
- 第十個正緣：輸入 contl = H9、jump2 = 0，在 clk 第十個正緣後 wen1 = NOT jump2 = 1，ret1 = 0，push1 = 0，jump1 = 0。

- 第十一個正緣：輸入 contl = HA、jump2 = 0，在 clk 第十一個正緣後 wen1 = NOT jump2 = 1，ret1 = 0，push1 = 0，jump1 = 0。

5-7　控制系統二

本系統主要的功能在產生各子系統之控制項，包括跳躍致能控制項 jump2、返回控制項 ret1、推入堆疊控制項 push2、寫入暫存器控制項 wen2。由於本處理器採管線設計，各子系統之控制項亦要配合資料管線之流程進行管線設計。本範例系統在控制管線與資料管線之安排方面係如上一小節所介紹。

本範例控制系統二為設計控制管線第一級控制項 ret1 與第二級之控制項 jump2、push2 與 wen2，其與指令碼、條件碼 tcnd 和前一週期跳躍致能項 jump2 有關，如圖 5-40 所示，例如前一週期發生跳躍(jump2=1)，則各第二級控制項皆為 0(wen2=0，push2=0，jump2=0)。控制系統二詳細說明如下。

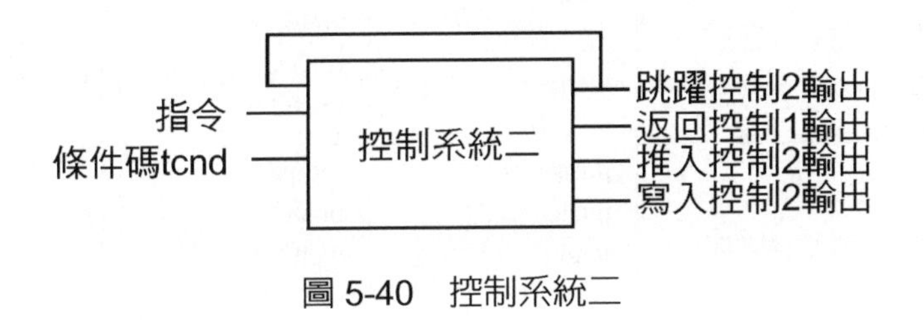

圖 5-40　控制系統二

- 腳位：

  時脈輸入端：clk

  指令控制線：contl[3..0]

  條件控制輸入端：tcnd

  跳躍致能控制輸出：jump2

  回主程式控制輸出：ret1

推入堆疊控制輸出：push2

寫入暫存器控制輸出：wen2

- 真值表：前面指令當無跳躍發生時，配合指令碼各控制項值在控制管線中之情形整理下如表 5-29 所示。

表 5-29　前面指令當無跳躍發生時各指令之控制項值在管線中之情形

指令碼	說　明	第一級時脈	第二級時脈	第三級時脈
0000	不工作	tcnd=0 push1=0 wen1=0 jump1=0 ret1=0	jump2=0 wen2=0 push2=0 ret2=0	wen3=0
0001	回主程式	ret1=1 jump1=1 tcnd=1 push1=0 wen1=0	jump2=1 ret2=1 wen2=0 push2=0	wen3=0
0010	無條件跳躍	jump1=1 tcnd=1 push1=0 wen1=0 ret1=0	jump2=1 wen2=0 ret2=0 push2=0	wen3=0
0011	無條件呼叫	jump1=1 push1=1 tcnd=1 wen1=0 ret1=0	jump2=1 push2=1 wen2=0 ret2=0	wen3=0
0100	零旗號=1 則跳躍	jump1=1 tcnd=ZF=1 push1=0 ret1=0 wen1=0	jump2=1 push2=0 wen2=0 ret2=0	wen3=0

表 5-29 (續)

<table>
<tr><td>0101</td><td>零旗號=0 則跳躍</td><td>jump1=1
tcnd=!ZF=1
ret1=0
push1=0
wen1=0</td><td>jump2=1
wen2=0
ret2=0
push2=0</td><td>wen3=0</td></tr>
<tr><td>0110</td><td>進位旗號=1 跳躍</td><td>jump1=1
tcnd=alo[8]=1
ret1=0
push1=0
wen1=0</td><td>jump2=1
wen2=0
ret2=0
push1=0</td><td>wen3=0</td></tr>
<tr><td>0111</td><td>進位旗號=0 跳躍</td><td>jump1=1
tcnd=!alo[8]=1
push1=0
wen1=0
ret1=0</td><td>jump2=1
wen2=0
ret2=0
push2=0</td><td>wen3=0</td></tr>
<tr><td>1000</td><td>暫存器資料加</td><td rowspan="4">wen1=1
ret1=0
jump1=0
push1=0
tcnd=0</td><td rowspan="4">wen2=1
jump2=0
ret2=0
push2=0</td><td rowspan="4">wen3=1</td></tr>
<tr><td>1001</td><td>暫存器資料減</td></tr>
<tr><td>1010</td><td>暫存器資料及</td></tr>
<tr><td>1011</td><td>暫存器資料或</td></tr>
<tr><td>1101</td><td>暫存器資料與
立即資料減</td><td rowspan="4">wen1=1
ret1=0
jump1=0
push1=0
tcnd=0</td><td rowspan="4">wen2=1
jump2=0
ret2=0
push2=0</td><td rowspan="4">wen3=1</td></tr>
<tr><td>1100</td><td>暫存器資料與
立即資料加</td></tr>
<tr><td>1110</td><td>暫存器資料與
立即資料及</td></tr>
<tr><td>1111</td><td>暫存器資料與
立即資料或</td></tr>
</table>

當讀入跳躍指令時，例如，表 5-29 中無條件跳躍指令在管線中控制項情形，第一時脈 jump1=1、tcnd=1，第二時脈 jump2=1，第三時脈改變程式計數器值至跳躍目標，如表 5-30 所示。

表 5-30 無條件跳躍指令讀入管線控制項情形

指令碼	說　明	第一時脈	第二時脈	第三時脈
0010	無條件跳躍	jump1=1 tcnd=1 push1=0 wen1=0 ret1=0	jump2=1 wen2=0 ret2=0 push2=0	wen3=0

在讀入跳躍指令後，因跳躍動作會延遲兩個時脈後執行，故跳躍指令後面兩個指令在讀入管線後要使之失效，其方式是讓跳躍指令後面兩個指令產生的控制項為 0 即可。接在跳躍指令後的一個指令，其控制項情形如表 5-31 所示。

表 5-31　跳躍指令之下一個指令各控制項值在管線中之情形

前一週期	指令碼	說　明	第一時脈	第二時脈	第三時脈
tcnd=1 jump1=1 jump2=0	0000	空指令	jump2=1 tcnd=0 push1=0 wen1=0 jump1=0 ret1=0	jump2=0 wen2=0 ret2=0 push2=0	wen3=0
tcnd=1 jump1=1 jump2=0	0001	回主程式	jump2=1 ret1=1 jump1=1 tcnd=1 push1=0 wen1=0	jump2=0 ret2=0 wen2=0	wen3=0
tcnd=1 jump1=1 jump2=0	0010	無條件跳躍	jump2=1 jump1=1 tcnd=1 ret1=0 push1=0 wen1=0	jump2=0 wen2=0 ret2=0	wen3=0

表 5-31　(續)

tcnd=1 jump1=1 jump2=0	0011	無條件呼叫	jump2=1 jump1=1 tcnd=1 push1=1 ret1=0 wen1=0	jump2=0 push2=0 wen2=0 ret2=0	wen3=0
tcnd=1 jump1=1 jump2=0	0100	Zf=1 跳躍	jump2=1 jump1=1 tcnd=Zf=1 ret1=0 push1=0 wen1=0	jump2=0 wen2=0 ret2=0	wen3=0
tcnd=1 jump1=1 jump2=0	0101	Zf=0 跳躍	jump2=1 jump1=1 tcnd=!Zf=1 ret1=0 push1=0 wen1=0	jump2=0 wen2=0 ret2=0	wen3=0
tcnd=1 jump1=1 jump2=0	0110	Cf=1 跳躍	jump2=1 jump1=1 tcnd=alo[8]=1 ret1=0 push1=0 wen1=0	jump2=0 wen2=0 ret2=0	wen3=0
tcnd=1 jump1=1 jump2=0	0111	Cf=0 跳躍	jump2=1 jump1=1 tcnd=!alo[8]=1 ret1=0 push1=0 wen1=0	jump2=0 wen2=0 ret2=0	wen3=0
tcnd=1 jump1=1 jump2=0	1000	暫存器資料加	jump2=1 wen1=1 jump1=0 tcnd=0 ret1=0 push1=0	wen2=0 jump2=0 ret2=0	wen3=0
	1001	暫存器資料減			
	1010	暫存器資料及			
	1011	暫存器資料或			

表 5-31 (續)

<table>
<tr><td rowspan="4">tcnd=1
jump1=1
jump2=0</td><td>1101</td><td>暫存器資料與立即資料減</td><td rowspan="4">jump2=1
wen1=1
ret1=0
jump1=0
push1=0
directen=1
tcnd=0</td><td rowspan="4">wen2=0
jump2=0
ret2=0</td><td rowspan="4">wen3=0</td></tr>
<tr><td>1100</td><td>暫存器資料與立即資料加</td></tr>
<tr><td>1110</td><td>暫存器資料與立即資料及</td></tr>
<tr><td>1111</td><td>暫存器資料與立即資料或</td></tr>
</table>

接在跳躍指令後的一個指令，已在其控制項情形如表 5-31 所示。接在跳躍指令後的第二個指令，配合指令碼各控制項值在管線中之情形整理如表 5-32 所示。

表 5-32 接在跳躍指令後的第二個指令各控制項值在控制管線中之情形

前兩週期	前一週期	指令碼	說　明	第一時脈	第二時脈
tcnd=1 jump1=1 jump2=0	jump2=1	0000	空指令	ret1=0 jump1=0 push1=0 wen1=0 jump2=0 tcnd=0	jump2=0 wen2=0
tcnd=1 jump1=1 jump2=0	jump2=1	0001	回主程式	ret1=0 jump1=0 tcnd=1 push1=0 wen1=0 jump2=0	ret2=1 jump2=1 wen2=0
tcnd=1 jump1=1 jump2=0	jump2=1	0010	無條件跳躍	jump1=0 tcnd=1 ret1=0 push1=0 wen1=0 jump2=0	jump2=0 wen2=0 ret2=0

表 5-32　(續)

<table>
<tr><td>tcnd=1
jump1=1
jump2=0</td><td>jump2=1</td><td>0011</td><td>無條件呼叫</td><td>jump1=0
push1=0
tcnd=1
ret1=0
wen1=0
jump2=0</td><td>jump2=0
push2=0
wen2=0
ret2=0</td></tr>
<tr><td>tcnd=1
jump1=1
jump2=0</td><td>jump2=1</td><td>0100</td><td>Zf=1 跳躍</td><td>jump1=0
ret1=0
push1=0
wen1=0
jump2=0
tcnd=Zf=1</td><td>jump2=0
wen2=0
ret2=0</td></tr>
<tr><td>tcnd=1
jump1=1
jump2=0</td><td>jump2=1</td><td>0101</td><td>Zf=0 跳躍</td><td>jump1=0
ret1=0
push1=0
wen1=0
jump2=0
tcnd=!Zf=1</td><td>jump2=0
wen2=0
ret2=0</td></tr>
<tr><td>tcnd=1
jump1=1
jump2=0</td><td>jump2=1</td><td>0110</td><td>Cf=1 跳躍</td><td>jump1=0
ret1=0
push1=0
wen1=0
jump2=0
tcnd=alo[8]=1</td><td>jump2=0
wen2=0
ret2=0</td></tr>
<tr><td>tcnd=1
jump1=1
jump2=0</td><td>jump2=1</td><td>0111</td><td>Cf=0 跳躍</td><td>jump1=0
ret1=0
push1=0
wen1=0
jump2=0
tcnd=!alo[8]=1</td><td>jump2=0
wen2=0
ret2=0</td></tr>
<tr><td rowspan="4">tcnd=1
jump1=1
jump2=0</td><td>jump2=1</td><td>1000</td><td>暫存器資料加</td><td rowspan="4">wen1=0
jump1=0
ret1=0
push1=0
jump2=0
tcnd=0</td><td rowspan="4">wen2=0
jump2=0
ret2=0</td></tr>
<tr><td></td><td>1001</td><td>暫存器資料減</td></tr>
<tr><td></td><td>1010</td><td>暫存器資料及</td></tr>
<tr><td></td><td>1011</td><td>暫存器資料或</td></tr>
</table>

表 5-32 (續)

tcnd=1 jump1=1 jump2=0	jump2=1	1100	暫存器資料與立即資料加	wen1=0 ret1=0 Jump=0 push1=0 Directen=1 jump2=0 tcnd=0	wen2=0 jump2=0 ret2=0
		1101	暫存器資料與立即資料減		
		1110	暫存器資料與立即資料及		
		1111	暫存器資料與立即資料或		

從表 5-31 與表 5-32 歸納出控制項 wen2、jump2、push2、ret1 與第一級控制項之關係，整理如表 5-33 之結果。

表 5-33 控制系統二各控制項的關係

前一週期 jump2	clk	第一級控制項	輸	出
jump2	↑	wen1	wen2	wen1 AND NOT jump2
	↑	jump1	jump2	jump1 AND tcnd AND NOT jump2
	↑	push1	push2	push1 AND NOT jump2
	X	tmpret	ret1	tmpret AND NOT jump2

5-7-1 電路圖編輯控制系統二

控制系統二電路圖編輯結果如圖 5-41 所示，此電路名稱為〝controller_g〞。控制系統二電路利用到一個反向器〝not〞、一個三輸入及閘〝and3〞、三個 D 型正反器〝dff〞、一個控制系統一〝control_g〞與三個二輸入及閘〝and2〞。另外還有三個〝input〞基本元件與四個〝output〞基本元件，並分別更名為 tcnd、contl[3..0]、clk、jump2、ret1、push2 與 wen2。

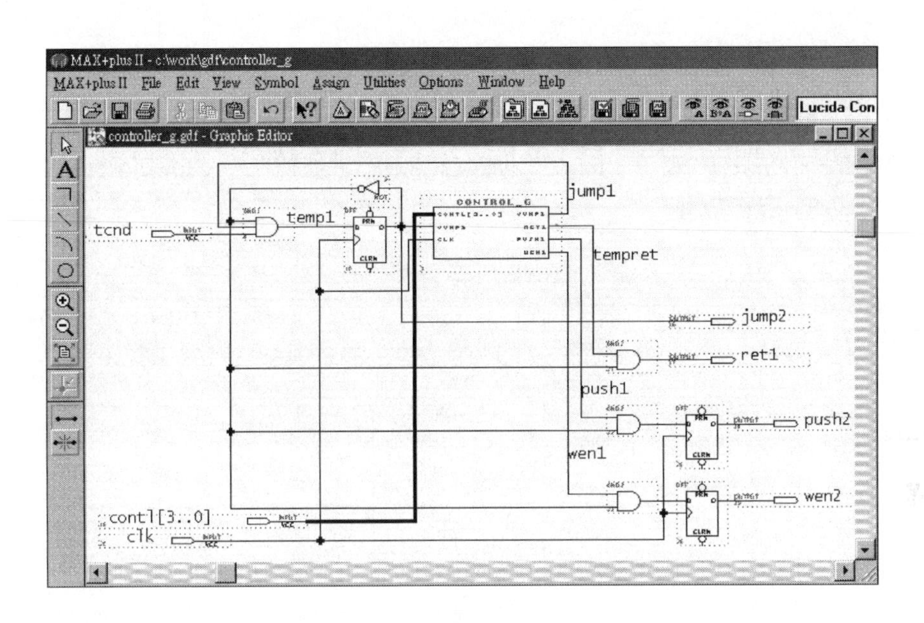

圖 5-41　電路圖編輯控制系統二

圖 5-40 中，contl[3..0]接到〝control_g〞之輸入 contl[3..0]，〝and3〞的輸出接到第一個〝dff〞的輸入 D。〝dff〞的輸出 Q 接到〝control_g〞之輸入 jump2，〝not〞之輸入與電路輸出埠 jump2。〝not〞之輸出接到 and3〞的其中一個輸入。〝control_g〞之輸出 jump1 接到〝and3〞的其中一個輸入。tcnd 亦接到〝and3〞的另一個輸入。〝not〞之輸出與〝control_g〞之輸出 ret1 分別接到第一個〝and2〞之兩個輸入。第一個〝and2〞之輸出接到電路輸出埠 ret1。〝not〞之輸出與〝control_g〞之輸出 push1 分別接到第二個〝and2〞之兩個輸入。第二個〝and2〞之輸出接到第二個〝dff〞的輸入 D。第二個〝dff〞的輸出 Q 接到電路輸出埠 push2。〝not〞之輸出與〝control_g〞之輸出 wen1 分別接到第三個〝and2〞之兩個輸入。第三個〝and2〞之輸出接到第三個〝dff〞的輸入 D。第三個〝dff〞的輸出 Q 接到電路輸出埠 wen2。clk 接到三個〝dff〞與〝control_g〞的時脈輸入端。

5-7-1-1 說明

- 電路組成：電路圖編輯控制系統二所引用之組件整理如表 5-34 所示。一個反向器、一個三輸入及閘、一個控制系統一、三個二輸入及閘與三個 D 型正反器。

表 5-34 控制系統二組成元件

組成元件	個數	引用模組
反向器	一個	not
三輸入及閘	一個	and3
控制系統一	一個	control_g
二輸入及閘	三個	and2
D 型正反器	三個	dff

- 控制系統一：此電路名稱為〝control_g〞，本系統主要功能在產生處理器各子系統之第一級控制項。

5-7-2 VHDL 編輯控制系統二

VHDL 編輯結果如圖 5-42 至圖 5-45 所示。此範例電路名稱為〝controller_v〞。

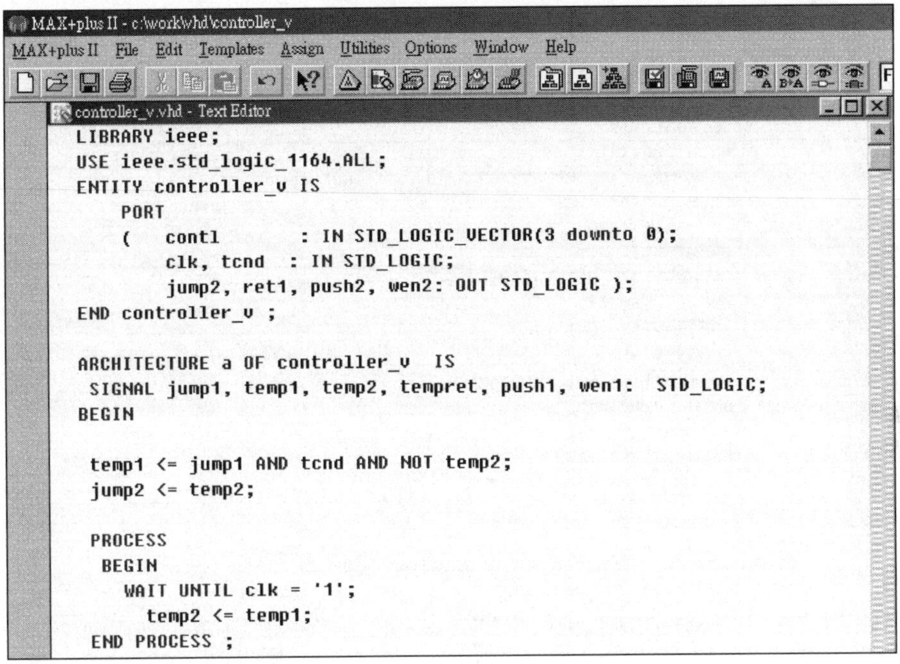

MAX+plus II - c:\work\vhd\controller_v

MAX+plus II File Edit Templates Assign Utilities Options Window Help

controller_v.vhd - Text Editor

```
LIBRARY ieee;
USE ieee.std_logic_1164.ALL;
ENTITY controller_v IS
    PORT
    (   contl        : IN STD_LOGIC_VECTOR(3 downto 0);
        clk, tcnd  : IN STD_LOGIC;
        jump2, ret1, push2, wen2: OUT STD_LOGIC );
END controller_v ;

ARCHITECTURE a OF controller_v  IS
 SIGNAL jump1, temp1, temp2, tempret, push1, wen1:  STD_LOGIC;
BEGIN

 temp1 <= jump1 AND tcnd AND NOT temp2;
 jump2 <= temp2;

 PROCESS
  BEGIN
    WAIT UNTIL clk = '1';
      temp2 <= temp1;
 END PROCESS ;
```

圖 5-42　VHDL 編輯控制系統二

如圖 5-42 所示，本範例使用了一個套件：目錄〝ieee〞下的〝std_logic_1164〞套件。輸入埠 contl 之資料型態爲 STD_LOGIC_VECTOR(3 downto 0)。輸入埠 clk 與 tcnd 之資料型態爲 STD_LOGIC。輸出埠 jump2、ret1、push2 與 wen2 之資料型態爲 STD_LOGIC。架構名稱爲 a，在架構宣告區宣告了訊號 jump1、temp1、temp2、tempret、push1 與 wen1 之資料型態爲 STD_LOGIC。此電路架構內容爲，訊號 temp1 等於 jump1 AND tcnd AND NOT temp2。jump2 等於 temp2。在 PROCESS 描述區中，描述若正緣觸發時，temp2 等於 temp1，如圖 5-42 所示。

```
PROCESS
 BEGIN
   WAIT UNTIL clk = '1';
     tempret <= '0'; wen1 <= '0'; push1 <= '0'; jump1 <= '0';
     CASE contl IS
       WHEN "0001" =>                              -- return
          tempret <= NOT temp2; jump1 <= NOT temp2;
       WHEN "0010" =>                              -- jump
          jump1 <= NOT temp2;
       WHEN "0011" =>                              -- call
          push1 <= NOT temp2; jump1 <= NOT temp2;
       WHEN "0100" =>                              -- jump zero
          jump1 <= NOT temp2;
       WHEN "0101" =>                              -- jump not zero
          jump1 <= NOT temp2;
       WHEN "0110" =>                              -- jump carrier
          jump1 <= NOT temp2;
       WHEN "0111" =>                              -- jump non carrier
          jump1 <= NOT temp2;
```

圖 5-43　VHDL 編輯控制系統二

如圖 5-43 所示，在第二個 PROCESS 描述區，描述若正緣觸發時，先將輸出 tempret、wen1、push1 與 jump1 歸零，接著若 contl 等於"0001"，則 tempret 與 jump1 皆等於 temp2 的反相，若 contl 等於"0010"，則 jump1 等於 temp2 的反相，若 contl 等於"0011"，則 push1 與 jump1 皆等於 temp2 的反相，若 contl 等於"0100"或"0101"或"0110"或"0111"，則 jump1 等於 temp2 的反相。

```
        WHEN "1000" =>                              -- ADD
           wen1 <= NOT temp2;
        WHEN "1001" =>                              -- SUB
           wen1 <= NOT temp2;
        WHEN "1010" =>                              -- AND
           wen1 <= NOT temp2;
        WHEN "1011" =>                              -- OR
           wen1 <= NOT temp2;
        WHEN "1100" =>                              -- ADD
           wen1 <= NOT temp2;
        WHEN "1101" =>                              -- SUB
           wen1 <= NOT temp2;
        WHEN "1110" =>                              -- AND
           wen1 <= NOT temp2;
        WHEN "1111" =>                              -- OR
           wen1 <= NOT temp2;
        WHEN OTHERS =>
          NULL;
      END CASE;
   END PROCESS ;
```

圖 5-44　VHDL 編輯控制系統二

接續上段描述，若 contl 等於"1xxx"，則 wen1 等於 NOT jump2，如圖 5-44 所示。

```
   ret1 <= tempret AND NOT temp2;

   PROCESS
    BEGIN
      WAIT UNTIL clk = '1';
        push2 <= push1 AND NOT temp2;
        wen2 <= wen1 AND NOT temp2;
   END PROCESS ;

  END a;
Line  9   Col  1   INS
```

圖 5-45　VHDL 編輯控制系統二

如圖 5-45 所示，電路輸出 ret1 等於 tempret AND NOT temp2，注意此段不在 PROCESS 描述區內，。在第三個 PROCESS 描述區，描述若正緣觸發時，push2 等於 push1 AND NOT temp2，wen2 等於 wen1 AND NOT temp2。

5-7-3 Verilog HDL 編輯控制系統二

Verilog HDL 編輯結果如圖 5-46 與圖 5-47 所示。此範例電路名稱為〝controller_vl〞。

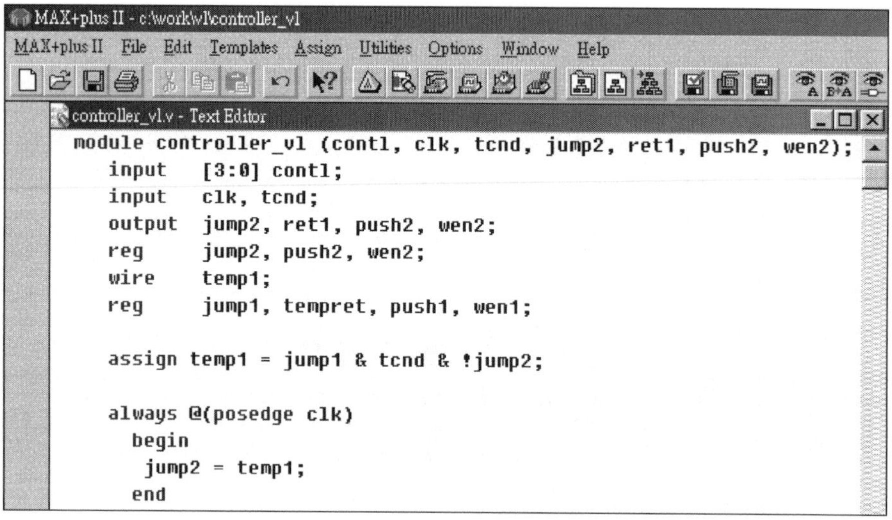

MAX+plus II - c:\work\vl\controller_vl

MAX+plus II File Edit Templates Assign Utilities Options Window Help

controller_vl.v - Text Editor

```
module controller_vl (contl, clk, tcnd, jump2, ret1, push2, wen2);
   input   [3:0] contl;
   input   clk, tcnd;
   output  jump2, ret1, push2, wen2;
   reg     jump2, push2, wen2;
   wire    temp1;
   reg     jump1, tempret, push1, wen1;

   assign temp1 = jump1 & tcnd & !jump2;

   always @(posedge clk)
     begin
      jump2 = temp1;
     end
```

圖 5-46　Verilog HDL 編輯控制系統二

如圖 5-46 所示，輸入埠 contl 為四位元之向量，資料型態為內定之 wire 型態。輸入埠 clk 與 tcnd 為一位元之向量，資料型態為 wire 型態。輸出埠 jump2、push2 與 wen2 為一位元之向量，資料型態為 reg 型態。輸出埠 ret1 為一位元之向量，資料型態為 wire 型態。並宣告了 temp1 為一位元之向量，資料型態為 wire 型態。而 jump1、tempret、push1 與 wen1 為一位元之向量，資料型態為 reg 型態。此電路內容為，指定 temp1 為 jump2 的反向與 jump1 與 tcnd 作〝及〞運算。當 clk 為正緣觸發時，jump2 等於 temp1，如圖 5-46 所示。

```
   always @(posedge clk)
    begin
       tempret = 1'b0; wen1 = 1'b0; push1 = 1'b0; jump1 = 1'b0;
       case (contl)
        1 : begin
             tempret = !jump2; jump1 = !jump2;
            end
        2 : jump1 = !jump2;
        3 : begin
            push1 = !jump2; jump1 = !jump2;
            end
        4, 5, 6, 7 : jump1 = !jump2;
        8,9,10,11,12,13,14,15 : wen1 = !jump2;
      endcase
    end

   assign ret1 = tempret & !jump2;

   always @(posedge clk)
    begin
      push2 = push1 & !jump2;
      wen2 = wen1 & !jump2;
    end
endmodule
Line  9  |Col  41  |INS
```

圖 5-47　Verilog HDL 編輯控制系統二

如圖 5-47 所示，當 clk 為正緣觸發時，tempret、wen1、push1 與 jump1 皆等於 1'b0；但若 contl 等於 1 時，tempret 與 jump1 皆等於 jump2 的反向；當 contl 為 2 時，jump1 等於 jump2 的反向；當 contl 為 3 時，push1 與 jump1 皆等於 jump2 的反向；當 contl 為 4、5、6、7 時，jump1 等於 jump2 的反向；當 contl 為 8、9、10、11、12、13、14、15 時，wen1 等於 jump2 的反向。而 ret1 之值等於 tempret 與 jump2 的反向作〝及〞運算。當 clk 為正緣觸發時，push2 等於 push1 與 jump2 的反向作〝及〞運算；wen2 等於 wen1 與 jump2 的反向作〝及〞運算。

5-7-4 模擬控制系統二

控制系統二模擬結果如圖 5-48 至圖 5-50 所示。

● 模擬結果：第一至第三個時脈之模擬結果如圖 5-48 所示。

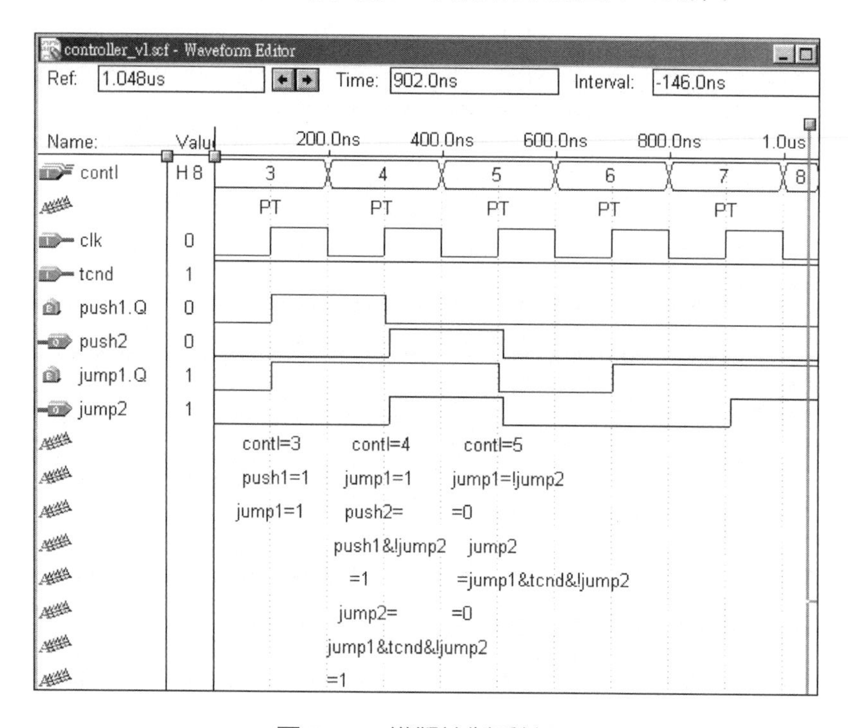

圖 5-48　模擬控制系統二

● 模擬說明：如圖 5-48 所示之第一至第三個時脈之輸出入與節點模擬值說明如下。

1. 第一個正緣：輸入 contl = H3，因在 clk 第一個正緣前 jump2 = 0，push1 = 0，jump1 = 0，tcnd = 1，故在 clk 第一個正緣後 push1 = NOT jump2 = 1，jump1 = NOT jump2 = 1，push2 = push1 AND NOT jump2 = 0，

jump2 = jump1 AND tcnd AND NOT jump2 = 0。可見圖 5-48 在 clk 第一個正緣後輸出 push2 = 0，jump2 = 0。

2. 第二個正緣：輸入 contl = H4，因在 clk 第二個正緣前 jump2 = 0，push1 = 1，jump1 = 1，tcnd = 1，故在 clk 第二個正緣後 push1 = 0，jump1 = NOT jump2 = 1，push2 = push1 AND NOT jump2 = 1，jump2 = jump1 AND tcnd AND NOT jump2 = 1。可見圖 5-48，在 clk 第二個正緣後控制系統二輸出 push2 = 1，jump2 = 1。
3. 第三個正緣：輸入 contl = H5，因在 clk 第三個正緣前 jump2 = 1，jump2 = 1，push1 = 0，jump1 = 1，tcnd = 1，故在 clk 第三個正緣後 push1 = 0，jump1 = NOT jump2 = 0，push2 = push1 AND NOT jump2 = 0，jump2 = jump1 AND tcnd AND NOT jump2 = 0。可見圖 5-48，在 clk 第三個正緣後控制系統二輸出 push2 = 0，jump2 = 0。

● 模擬結果：第六至第八個時脈之模擬結果如圖 5-49 所示。

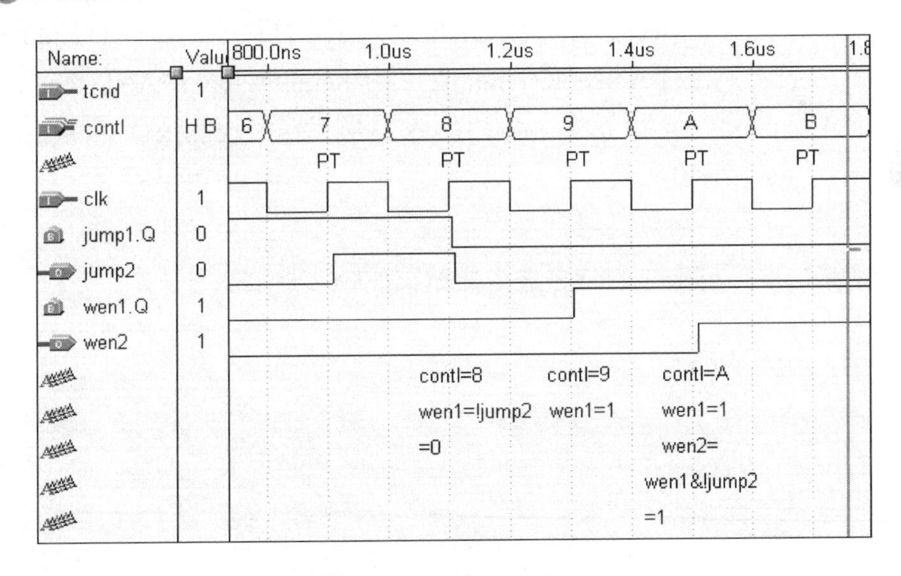

圖 5-49　模擬控制系統二

模擬說明：如圖 5-49 所示之第六至第八個時脈之輸出入與節點模擬值說明如下。

1. 第六個正緣：輸入 contl = H8，因在 clk 第六個正緣前 jump2 = 1，jump1 = 1，tcnd = 1，wen1 = 0，故在 clk 第六個正緣後 wen1 = NOT jump2 = 0，jump1 = 0，wen2 = wen1 AND NOT jump2 = 0，jump2 = jump1 AND tcnd AND NOT jump2 = 0。可見圖 5-49，在 clk 第六個正緣後控制系統二輸出 wen2 = 0，jump2 = 0。
2. 第七個正緣：輸入 contl = H9，因在 clk 第七個正緣前 jump2 = 0，jump1 = 0，tcnd = 1，wen1 = 0，故在 clk 第十個正緣後 wen1 = NOT jump2 = 1，wen2 = wen1 AND NOT jump2 = 0，jump2 = jump1 AND tcnd AND NOT jump2 = 0。可見圖 5-49，在 clk 第七個正緣後控制系統二輸出 wen2 = 0，jump2 = 0。
3. 第八個正緣：輸入 contl = HA，因在 clk 第八個正緣前 jump2 = 0，jump1 = 0，tcnd = 1，wen1 = 1，故在 clk 第八個正緣後 wen1 = NOT jump2 = 1，wen2 = wen1 AND NOT jump2 = 1，jump2 = jump1 AND tcnd AND NOT jump2 = 0。可見圖 5-49，在 clk 八個正緣後控制系統二輸出 wen2 = 1，jump2 = 0。

模擬結果：第十二個時脈之模擬結果如圖 5-50 所示。

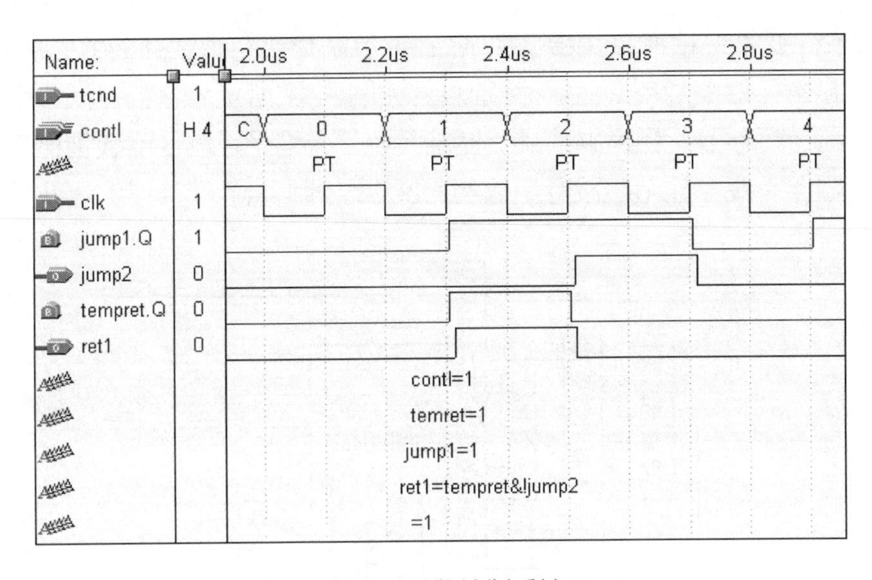

圖 5-50　模擬控制系統二

● 模擬說明：如圖 5-50 所示之第十二個時脈之輸出入與節點模擬值說明如下。

1. 第十二個正緣：輸入 contl = H1，因在 clk 第十一個正緣前 jump2 = 0，jump1 = 0，tcnd = 1，故在 clk 第十二個正緣後 tempret = NOT jump2 = 1，ret1 = tempret AND NOT jump2 = 1，jump1 = NOT jump2 = 0，jump2 = jump1 AND tcnd AND NOT jump2 = 0。可見圖 5-50，在 clk 第十五個正緣後控制系統二輸出 ret1 = 1，jump2 = 0。

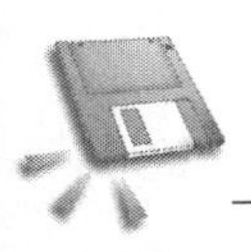

5-8　簡易 CPU 控制系統

簡易 CPU 控制系統主要控制程式計數器之值，即控制指令記憶體的讀取位址，簡易 CPU 控制系統要處理包括程式計數器之遞增控制、跳躍控制、副程式呼叫與返回控制等，並有堆疊系統供副程式呼叫時，紀錄返回之程式計數器值。此系統根據程式指令與 ALU 運算結果決定程式計數器之值 pc 與寫入資料暫存器控制項 wen3。詳細設計如圖 5-51 所示，包括非同步唯讀記憶體、指令暫存器、條件碼系統、控制系統二、堆疊系統、堆疊指標系統與程式計數器系統二等系統設計出簡易 CPU 之控制系統。

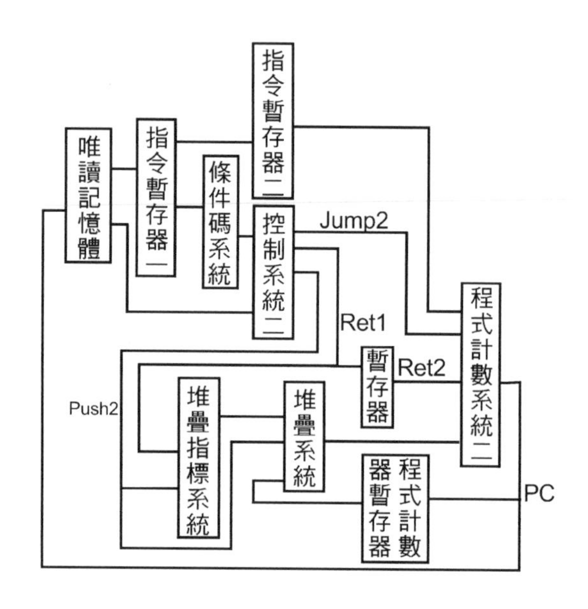

圖 5-51　簡易 CPU 控制系統

將圖 5-51 中各子系統已在前面幾個小節介紹過，在此將各系統功能與連接線整理如表 5-35 所示。

表 5-35　簡易 CPU 控制系統各子系統功能

子系統	元件功能	子系統輸出
唯讀記憶體	記憶執行程式之指令。	輸出傳送至〝指令暫存器一〞與〝控制系統二〞。
指令暫存器一	暫時存放指令。	輸出爲傳送給〝指令暫存器二〞與〝條件碼系統〞。
條件碼系統	產生條件碼，條件碼爲決定是否發生跳躍之控制項之一。	輸出爲條件碼，傳送至給〝控制系統二〞。
指令暫存器二	暫時存放指令。	輸出爲 r2[13..0]，其中 r2[11..0]傳送給〝程式計數器系統二〞。
控制系統二	產生各子系統之控制項，包括跳躍致能控制項 jump2、回主程式控制項 ret1、推入堆疊控制項 push2、寫入暫存器控制項 wen2。	輸出 jump2、ret1、push2 與 wen2，其中 jump2 接至〝程式計數器系統二〞，ret1 接至〝堆疊指標系統〞並經由暫存器接至〝程式計數器系統二〞，push2 接至〝堆疊指標系統〞與〝堆疊系統〞。
堆疊指標系統	產生寫入堆疊或讀出堆疊暫存器之位址值。	輸出堆疊指標傳送至〝堆疊系統〞。
堆疊系統	當執行副程式呼叫命令時，儲存要返回之程式計數器值於堆疊中。	輸出堆疊內容傳送至〝程式計數器系統二〞。
程式計數器系統二	產生下一個唯讀記憶體位址。	輸出程式計數器值，傳送至〝唯讀記憶體〞，程式計數器值並經由〝程式計數器暫存器〞接至〝堆疊系統〞。

簡易 CPU 控制系統詳細介紹如下。

- 腳位：

時脈輸入端：clk

運算結果輸入端：aluo[8..0]

寫入資料暫存器控制輸出：wen3

唯讀記憶體輸出：ro[15..0]

5-8-1 電路圖編輯簡易 CPU 控制系統

簡易 CPU 控制系統電路圖編輯結果如圖 5-52 所示，此電路名稱爲〝program_g〞。簡易 CPU 控制系統電路利用到一個唯讀記憶體〝romu8_16g〞、一個指令暫存器一〝reg16_g〞、一個指令暫存器二〝reg14_g〞、一個控制系統二〝controller_g〞、一個條件碼系統〝tcnd_g〞、一個堆疊系統〝stk_g〞、一個堆疊指標系統〝sp_g〞、一個程式計數器系統一〝pcstk_g〞、一個十二位元暫存器〝reg12_g〞與兩個 D 型正反器。另外還有兩個〝input〞基本元件與兩個〝output〞基本元件，並分別更名爲 aluo[7..0]、aluo8、clk、ro[15..0]與 wen3。

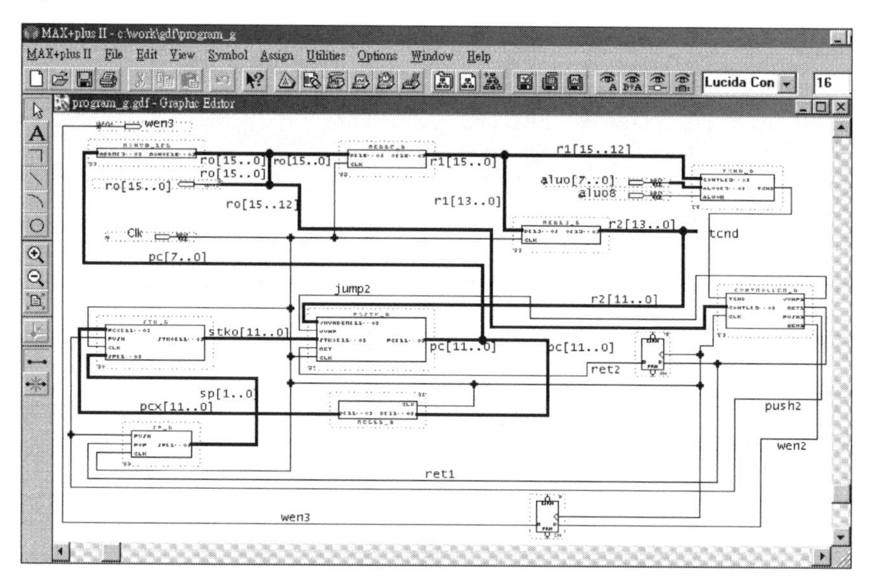

圖 5-52 電路圖編輯簡易 CPU 控制系統

圖 5-52 中，巴士線 pc[7..0]接到〝romu_g〞之輸入 addr[7..0]，〝romu_g〞的輸出 romo[15..0]接巴士線 ro[15..0]與電路輸出埠 ro[15..0]。巴士線 ro[15..0]接到〝reg16_g〞的輸入 D[15..0]。〝reg16_g〞的輸出接巴士線 r1[15..0]。巴

士線 r1[15..0]分支出 r1[15..12]與 r1[13..0]，其中 r1[13..0]接到〝reg14_g〞的輸入，而 r1[15..12]接到〝tcnd_g〞的輸入 contl[3..0]。〝reg14_g〞的輸出接巴士線 r2[13..0]。aluo[7..0]接到〝tcnd_g〞的輸入 aluo[7..0]，aluo8 接到〝tcnd_g〞之輸入 aluo8，〝tcnd_g〞之輸出 tcnd 接到節點 tcnd。節點 tcnd 接到〝controller_g〞的其中一個輸入 tcnd。ro[15..0]的分支 ro[15..12]接到〝controller_g〞之輸入 contl[3..0]，〝controller_g〞之輸出 jump2 接到節點 jump2。〝controller_g〞之輸出 ret1 接到節點 ret1。〝controller_g〞之輸出 push2 接到節點 push2。〝controller_g〞之輸出 wen2 接到節點 wen2。節點 ret1 接到第一個〝dff〞之輸入 D。第一個〝dff〞之輸出接到節點 ret2。節點 ret1 亦接到〝sp_g〞的輸入 pop。節點 push2 接到〝sp_g〞的輸入 push。〝sp_g〞之輸出 sp[1..0]接到巴士線 sp[1..0]。巴士線 sp[1..0]接到〝stk_g〞的輸入 sp[1..0]。節點 push2 接到〝stk_g〞的輸入 push。巴士線 pcx[11..0]接到〝stk_g〞的輸入 pcx[11..0]。〝stk_g〞的輸出 stko[11..0]接巴士線 stko[11..0]。巴士線 r2[13..0]之分支 r2[11..0]接到〝pcstk_g〞之輸入 jnumber[11..0]。節點 jump2 接到〝pcstk_g〞之輸入 jump，節點 ret2 接到〝pcstk_g〞之輸入 ret。〝pcstk_g〞之輸出接到巴士線 pc[11..0]。巴士線 pc[11..0]接到〝reg12_g〞之輸入 D[11..0]。〝reg12_g〞之輸出接巴士線 pcx[11..0]。節點 wen2 接到第二個〝dff〞的輸入 D。第二個〝dff〞的輸出 Q 接到電路輸出埠 wen3。clk 與各元件之時脈輸入處 clk 相接。

5-8-1-1 說明

- 電路組成：電路圖編輯簡易 CPU 控制系統所引用之組件整理如表 5-36 所示。一個唯讀記憶體、一個十六位元暫存器、一個十四位元暫存器、一個條件碼系統、一個控制系統二、一個堆疊系統、一個堆疊指標系統、一個程式計數器系統二、一個程式計數器暫存器與兩個 D 型正反器。

表 5-36　簡易 CPU 控制系統組成元件

組 成 元 件	個數	引用模組	元　件　功　能
非同步唯讀記憶體	一個	romu8_16g	作爲指令記憶體，記憶執行程式之數字碼，記憶十六位元資料(寬度等於 16)，可記 256 組資料(depth 等於 256)。
指令暫存器一	一個	reg16_g	暫存記憶體控制碼
指令暫存器二	一個	reg14_g	暫存記憶體控制碼
程式計數器暫存器	一個	reg12_g	暫時存放程式計數器輸出值
條件碼系統	一個	tcnd_g	此系統主要之功能爲產生條件碼，條件碼爲決定是否發生跳躍之控制項之一。tcnd 值會與指令碼有關，也與 ALU 計算結果有關(溢位發生與否、計算值爲零或非零等)。
控制系統二	一個	controller_g	本系統主要功能在產生各子系統之控制項，包括跳躍致能控制項 jump2、回主程式控制項 ret1、推入堆疊控制項 push2、寫入暫存器控制項 wen2。
堆疊系統	一個	stk_g	堆疊系統主要之功能爲當執行副程式呼叫命令時，儲存要返回之程式計數器值於堆疊中。
堆疊指標系統	一個	sp_g	堆疊指標系統主要之功能爲產生寫入堆疊或讀出堆疊之位址值。
程式計數器系統二	一個	pcstk_g	此系統主要之功能爲計算下一個指令記憶體之位址。
D 型正反器	兩個	dff	配合資料管線之流程進行管線設計。

- 非同步唯讀記憶體：此電路名稱爲〝romu8_16g〞，此電路由一個〝lpm_rom〞所組成。將其參數 lpm_file 設定爲"pc_g.mif"，參數 lpm_address_control 設定爲"UNREGISTERED"，參數 lpm_outdata 設定爲"UNREGISTERED"，參數 lpm_width 設定爲 16，而參數 lpm_withad 則設定爲 8，並設定使用 address[]與 q[]。請參考 3-2-1 小節。

- 指令暫存器一：此電路名為〝reg16_g〞，指令暫存器一利用參數式函數〝lpm_ff〞編輯要將其參數 lpm_fftype 設定為"DFF"，將其參數 lpm_width 設定為 16，並設定使用 data[]、clock 與 q[]。此設定後之〝lpm_ff〞，其 data[]與 q[]寬度皆為 16(data[]與 q[]寬度等於 lpm_width 值)。其電路圖編輯結果請參考 3-1-1 小節。
- 指令暫存器二：此電路名為〝reg14_g〞，指令暫存器二利用參數式函數〝lpm_ff〞編輯，要將其參數 lpm_fftype 設定為"DFF"，將其參數 lpm_width 設定為 14，並設定使用 data[]、clock 與 q[]。此設定後之〝lpm_ff〞，其 data[]與 q[]寬度皆為 14(data[]與 q[]寬度等於 lpm_width 值)。其電路圖編輯結果請參考 3-1-1 小節。
- 條件碼系統：此電路名為〝tcnd_g〞，此系統主要之功能為產生條件碼，條件碼為決定是否發生跳躍之控制項之一。tcnd 值會與指令碼有關，也與 ALU 計算結果有關(溢位發生與否、計算值為零或非零等)。本系統設計執行跳躍指令時(包括無條件跳躍指令 JUMP 與副程式呼叫指令 CALL)，條件碼 tcnd 等於 1，溢位判斷跳躍指令(JC 與 JNC)或零旗號判斷跳躍指令(JZ 與 JNZ)執行時，則視 ALU 計算結果決定 tcnd 之值。例如當指令碼 contl 為 0011(無條件呼叫指令)時，條件碼 tcnd 等於 1，當指令碼 contl 為 0100(運算為零則跳躍)時，條件碼 tcnd 視 ALU 計算結果而定，若計算結果為零則條件碼 tcnd 等於 1，若計算結果為非零則條件碼 tcnd 等於 0。詳細電路請看 5-5-1 小節。
- 控制系統二：此電路名稱為〝controller_g〞，本系統主要功能在產生各子系統之控制項，包括跳躍致能控制項 jump2、回主程式控制項 ret1、推入堆疊控制項 push2、寫入暫存器控制項 wen2。詳細電路請看 5-7-1 小節。
- 堆疊系統：此電路名稱為〝stk_g〞，堆疊系統主要之功能為當執行副程式呼叫命令時，儲存要返回之程式計數器值於堆疊中。此堆疊由四個八位元暫存器所組合而成，程式計數器 PC[11..0]的寫入由 push 控制，存入暫存器的位址由 sp[1..0]決定。從堆疊中讀出要返回之程式計數器資料則由一個四對一多工器負責，由 sp[1..0]控制讀出堆疊的位址，並由 stko[11..0]輸出。詳細電路請看 5-1-1 小節。

- 堆疊指標系統：此電路名稱為〝sp_g〞，堆疊指標系統主要之功能為產生寫入堆疊或讀出堆疊之位址值。當推入堆疊控制線 push 為 1 時，指標指向上一個位址(sp-1)，當取出堆疊控制線 pop 為 1 時，指標指向下一個位址(sp+1)。詳細電路請看 5-2-1 小節。
- 程式計數器系統二：此電路名稱為〝pcstk_g〞，此系統主要之功能為計算下一個程式計數器之位址。在正常運作時(jump=0，ret=0)，程式計數器增加 1，若有跳躍或呼叫情況發生(jump=1)，程式計數器會增加相對位址數 jnumber，若返回情況發生時(ret=1)，程式計數器會載入堆疊內容值。詳細電路請看 5-4-1 小節。
- 連接線：電路圖編輯資料管線系統之各元件之連接線連接情況整理如表 5-37 所示。

表 5-37　電路圖編輯簡易 CPU 控制系統之子系統連接情況

元　件	描述子系統	訊　號　連　線
romu8_16g	非同步唯讀記憶體	非同步唯讀記憶體〝rom_g〞輸出接訊號線 ro[15..0]，其中 ro[15..0]接至指令暫存器一〝reg16_g〞，ro[15..12]接至控制系統二〝controller_g〞。
reg16_g	指令暫存器一	指令暫存器一〝reg16_g〞輸出接訊號線 r1，其中 r1[15..12]接至條件碼系統〝tcnd_g〞。r1[13..0]接至指令暫存器二〝reg14_g〞。
reg14_g	指令暫存器二	指令暫存器二〝reg14_g〞輸出接訊號線 r2[13..0]，其中 r2[11..0]接至程式計數器系統二〝pcstk_g〞。
tcnd_g	條件碼系統	條件碼系統〝tcnd_g〞輸出 tcnd 接至控制系統二〝controller_g〞。
stk_g	堆疊系統	堆疊系統〝stk_g〞輸出接訊號線 stko[11..0]，接至程式計數器系統二〝pcstk_g〞。

表 5-37　(續)

sp_g	堆疊指標系統	堆疊指標系統〝sp_g〞輸出 sp[1..0]，接至堆疊系統〝stk_g〞。
pcstk_g	程式計數器系統二	程式計數器系統二〝pcstk_g〞輸出接訊號線 pc[11..0]，pc[7..0]接至非同步唯讀記憶體〝rom_g〞。pc[11..0]經程式計數器暫存器〝reg12_g〞接至堆疊系統〝stk_g〞。
controller_g	控制系統二	控制系統二〝controller_g〞輸出 jump2、ret1、push2 與 wen2，其中 jump2 接至程式計數器系統二〝pcstk_g〞，ret1 接至堆疊指標系統〝sp_g〞並經由正反器〝dff〞接至程式計數器系統二〝pcstk_g〞，push2 接至堆疊指標系統〝sp_g〞與堆疊系統〝stk_g〞。

5-8-2　VHDL 編輯簡易 CPU 控制系統

VHDL 編輯結果如圖 5-53 至圖 5-59 所示。在套件〝cpu〞中，宣告組件〝sp_v〞、〝stk_v〞、〝pcstk_v〞、〝tcnd_v〞與〝controller_v〞如圖 5-53 所示。

```
COMPONENT sp_v
 PORT(  Clk, pop, push    : IN STD_LOGIC;
        sp    : OUT STD_LOGIC_VECTOR(1 downto 0) );
END COMPONENT;
COMPONENT stk_v
 PORT(  pcx            : IN STD_LOGIC_VECTOR(11 downto 0);
        Clk, push      : IN STD_LOGIC;
        sp             : IN STD_LOGIC_VECTOR(1 downto 0);
        stko           : OUT STD_LOGIC_VECTOR(11 downto 0) );
END COMPONENT;
COMPONENT pcstk_v
 PORT(  jnumber, stko    : IN STD_LOGIC_VECTOR(11 downto 0);
        jump, ret, clk   : IN STD_LOGIC;
        pc               : OUT STD_LOGIC_VECTOR(11 downto 0) );
END COMPONENT;
COMPONENT tcnd_v
 PORT(  contl        : IN STD_LOGIC_VECTOR(3 downto 0);
        aluo         : IN STD_LOGIC_VECTOR(8 downto 0);
        tcnd         : OUT STD_LOGIC                  );
END COMPONENT;
COMPONENT controller_v
 PORT(  contl                       : IN STD_LOGIC_VECTOR(3 downto 0);
        clk, tcnd                   : IN STD_LOGIC;
        jump2, ret1, push2, wen2 : OUT STD_LOGIC      );
END COMPONENT;
```

圖 5-53　VHDL 編輯簡易 CPU 控制系統

此範例電路名稱為〝program_v〞。本範例使用了一個套件：目錄〝ieee〞下的〝std_logic_1164〞套件。輸入埠 aluo 之資料型態為 STD_LOGIC_VECTOR(8 downto 0)。輸入埠 clk 之資料型態為 STD_LOGIC。輸出埠 wen3 之資料型態為 STD_LOGIC。輸出埠 ro 之資料型態為 STD_LOGIC_VECTOR(15 downto 0)，如圖 5-54 所示。

MAX+plus II - c:\work\vhd\program_v
MAX+plus II File Edit Templates Assign Utilities Options Window Help
program_v.vhd - Text Editor

```
LIBRARY ieee;
USE ieee.std_logic_1164.ALL;
LIBRARY lpm;
USE lpm.lpm_components.ALL;
USE work.cpu.ALL;
ENTITY program_v IS
    PORT
    (   aluo        : IN STD_LOGIC_VECTOR(8 downto 0);
        clk         : IN STD_LOGIC;
        wen3        : OUT STD_LOGIC;
        ro          : OUT STD_LOGIC_VECTOR(15 downto 0) );
END program_v;
```

圖 5-54　VHDL 編輯簡易 CPU 控制系統

```
ARCHITECTURE a OF program_v  IS
   SIGNAL r1, romo    : STD_LOGIC_VECTOR(15 downto 0);
   SIGNAL r2          : STD_LOGIC_VECTOR(13 downto 0);
   SIGNAL tcnd, push2, wen2, ret1, ret2, jump2 : STD_LOGIC;
   SIGNAL pc, pcx, stko     : STD_LOGIC_VECTOR(11 downto 0);
   SIGNAL sp                : STD_LOGIC_VECTOR(1 downto 0);
BEGIN
  Blk_rom: BLOCK
   BEGIN
   Rom: lpm_rom
    GENERIC MAP (LPM_WIDTH => 16, LPM_WIDTHAD => 8,
                LPM_FILE => "pc_g.mif",
                LPM_ADDRESS_CONTROL => "UNREGISTERED",
                LPM_OUTDATA => "UNREGISTERED")
    PORT MAP (ADDRESS => pc(7 downto 0), Q => romo);
    ro <= romo;
  END BLOCK Blk_rom;
```

圖 5-55　VHDL 編輯簡易 CPU 控制系統

如圖 5-55 所示，架構名稱爲 a，在架構宣告區宣告了訊號 r1 與 romo 之資料型態爲 STD_LOGIC_VECTOR(15 downto 0)，訊號 r2 之資料型態爲 STD_LOGIC_VECTOR(13 downto 0)，訊號 tcnd、push2、wen2、ret1、ret2 與 jump2 之資料型態爲 STD_LOGIC。訊號 pc、pcx 與 stko 之資料型態爲 STD_LOGIC_VECTOR(11 downto 0)，訊號 sp 之資料型態爲 STD_LOGIC_VECTOR(1 downto 0)。此電路架構內容爲，區塊 Blk_rom 中，引用〝lpm_rom〞參數式函數，設定 LPM_WIDTH 之值爲 16，設定 LPM_WIDTH 之值爲 16，LPM_WIDTHAD 之值爲 8，LPM_FILE 爲檔案 "pc_g.mif"，LPM_ADDRESS_CONTROL 爲 "UNREGISTERED"，LPM_OUTDATA 爲"UNREGISTERED"；參數式函數〝lpm_rom〞之 ADDRESS 腳對應到電路輸入埠 pc(7 downto 0)，參數式函數〝lpm_rom〞之 Q 腳對應到訊號 romo，並將訊號 romo 指給電路輸出埠 ro。

```
Blk_reg: BLOCK
 BEGIN
  reg1: lpm_ff
      GENERIC MAP (LPM_WIDTH => 16)
      PORT MAP (data => romo, clock => clk, q => r1);
  reg2: lpm_ff
      GENERIC MAP (LPM_WIDTH => 14)
      PORT MAP (data => r1(13 downto 0), clock => clk, q => r2);
  pcreg: lpm_ff
      GENERIC MAP (LPM_WIDTH => 12)
      PORT MAP (data => pc, clock => clk, q => pcx);
END BLOCK Blk_reg;

Blk_tcnd: BLOCK
 BEGIN
  tc: tcnd_v
   PORT MAP (contl => r1(15 downto 12), aluo => aluo,
             tcnd => tcnd);
END BLOCK Blk_tcnd;
```

圖 5-56　VHDL 編輯簡易 CPU 控制系統

如圖 5-56 所示，在區塊 Blk_reg 中，引用了〝lpm_ff〞參數式函數，引用名爲 reg1，設定 LPM_WIDTH 之值爲 16；參數式函數〝lpm_ff〞之 data 腳對應到訊號 romo，參數式函數〝lpm_ff〞之 clock 腳對應到電路輸入埠 clk，參數式函數〝lpm_ff〞之 q 腳對應到訊號 r1。並引用了〝lpm_ff〞參數式函數，引用名爲 reg2，設定 LPM_WIDTH 之值爲 14；參數式函數〝lpm_ff〞之 data 腳對應到訊號 r1(13 downto 0)，參數式函數〝lpm_ff〞之 clock 腳對應到電路輸入埠 clk，參數式函數〝lpm_ff〞之 q 腳對應到訊號 r2。並引用了〝lpm_ff〞參數式函數，引用名爲 pcreg，設定 LPM_WIDTH 之值爲 12；參數式函數〝lpm_ff〞之 data 腳對應到訊號 pc，參數式函數〝lpm_ff〞之 clock 腳對應到電路輸入埠 clk，參數式函數〝lpm_ff〞之 q 腳對應到訊號 pcx。在區塊 Blk_tcnd 中，引用了〝tcnd_v〞組件，引用名爲 tc，組件〝tcnd_v〞之 contl 腳對應到訊號 r1(15 downto 12)，組件〝tcnd_v〞之 aluo 腳對應到電路輸入埠 aluo，組件〝tcnd_v〞之 tcnd 腳對應到訊號 tcnd。

```
Blk_controller: BLOCK
 BEGIN
   controller : controller_v
     PORT MAP (tcnd => tcnd, contl => romo(15 downto 12),
               clk => clk, jump2 => jump2, ret1 => ret1,
               push2 => push2, wen2 => wen2);
END BLOCK Blk_controller;

Blk_dff: BLOCK
 BEGIN
  PROCESS
   BEGIN
      WAIT UNTIL clk = '1';
      ret2 <= ret1;
      wen3 <= wen2;
  END PROCESS;
END BLOCK Blk_dff;
```

圖 5-57　VHDL 編輯簡易 CPU 控制系統

如圖 5-57 所示，在區塊 Blk_controller 中，引用名 controller 引用了〝controller_v〞組件，組件〝controller_v〞之 tcnd 腳對應到訊號 tcnd，組件〝controller_v〞之 contl 腳對應到訊號 romo(15 downto 12)，組件〝controller_v〞之 clk 腳對應到訊號 clk，組件〝controller_v〞之 jump2 腳對應到訊號 jump2，組件〝controller_v〞之 ret1 腳對應到訊號 ret1，組件〝controller_v〞之 push2 腳對應到訊號 push2，組件〝controller_v〞之 wen2 腳對應到訊號 wen2。區

塊 Blk_dff 中描述：當正緣觸發時，ret2 等於 ret1，電路輸出埠 wen3 等於 wen2。

```
Blk_sp: BLOCK
 BEGIN
  spp: sp_v
   PORT MAP (push => push2, pop => ret1, Clk => clk,
             sp => sp);
END BLOCK Blk_sp;

Blk_stk: BLOCK
 BEGIN
  stk: stk_v
   PORT MAP (pcx => pcx, push => push2, Clk => clk, sp => sp,
             stko => stko);
END BLOCK Blk_stk;

Blk_pcstk: BLOCK
 BEGIN
  pcstk: pcstk_v
   PORT MAP (jnumber => r2(11 downto 0), jump => jump2, stko => stko,
             ret => ret2, clk => clk, pc => pc);
END BLOCK Blk_pcstk;
END a;
Line 142  Col 1  INS
```

圖 5-58　VHDL 編輯簡易 CPU 控制系統

如圖 5-58 所示，在區塊 Blk_sp 中，引用名 spp 引用了〝sp_v〞組件，組件〝sp_v〞之 push 腳對應到訊號 push2，組件〝sp_v〞之 pop 腳對應到訊號 ret1，組件〝sp_v〞之 Clk 腳對應到訊號 clk，組件〝sp_v〞之 sp 腳對應到訊號 sp。在區塊 Blk_stk 中，引用名 stk 引用了〝stk_v〞組件，組件〝stk_v〞之 pcx 腳對應到訊號 pcx，組件〝stk_v〞之 push 腳對應到訊號 push2，組件〝stk_v〞之 Clk 腳對應到訊號 clk，組件〝stk_v〞之 sp 腳對應到訊號 sp，組件〝stk_v〞之 stko 腳對應到訊號 stko。在區塊 Blk_pcstk 中，引用了〝pcstk_v〞組件，引用名為 pcstk，組件〝pcstk_v〞之 jnumber 腳對應到訊號 r2(11 downto 0)，組件〝pcstk_v〞之 jump 腳對應到訊號 jump2，組件〝pcstk_v〞之 stko 腳對應到訊號 stko，組件〝pcstk_v〞之 ret 腳對應到訊號 ret2，組件〝pcstk_v〞之 clk 腳對應到訊號 clk，組件〝pcstk_v〞之 pc 腳對應到訊號 pc。

5-8-2-1 說明

- 組成：VHDL 編輯簡易 CPU 控制系統分成之區塊整理如表 5-38 所示。區塊 Blk_rom 描述 ROM 的內容與接腳，引用〝lpm_rom〞組件。區塊 Blk_reg 描述三組暫存器 reg1、reg2 與 pcreg，引用〝lpm_ff〞組件，其資料寬度分別為 16、14 與 12。區塊 Blk_tcnd 描述條件碼系統，引用〝tcnd_v〞組件。區塊 Blk_controller 描述控制系統，引用〝controller_v〞組件。區塊 Blk_dff 描述當正緣觸發時，ret2 等於 ret1，電路輸出埠 wen3 等於 wen2。區塊 Blk_sp 描述堆疊指標系統，引用〝sp_v〞組件。區塊 Blk_stk 描述堆疊系統，引用〝stk_v〞組件。區塊 Blk_pcstk 描述程式計數器系統，引用〝pcstk_v〞組件。

表 5-38　VHDL 編輯簡易 CPU 控制系統之區塊

區　塊	描述子系統	功　能
Blk_rom	非同步唯讀記憶體	描述唯讀記憶體 Rom，引用 lpm_rom 件。記憶執行程式之指令或用來運算的數值，可記憶十六位元資料(寬度等於 16)，可記 256 組資料(depth 等於 256)。
Blk_reg	指令暫存器一、指令暫存器二與程式計數器暫存器	描述三組暫存器 reg1、reg2 與 pcreg，引用〝lpm_ff〞組件，其資料寬度分別為 16、14 與 12。
Blk_tcnd	條件碼系統	引用〝tcnd_v〞組件，引用名為 tc。主要之功能為產生條件碼，條件碼為決定是否發生跳躍之控制項之一。
Blk_controller	控制系統二	引用〝controller_v〞組件，引用名為 controller。主要功能在產生各子系統之控制項，包括跳躍致能控制項 jump2、回主程式控制項 ret1、推入堆疊控制項 push2、寫入暫存器控制項 wen2。
Blk_dff	暫存器	描述當正緣觸發時，ret2 等於 ret1，電路輸出埠 wen3 等於 wen2。
Blk_sp	堆疊指標系統	引用〝sp_v〞組件，引用名為 spp。主要之功能為產生寫入堆疊或讀出堆疊之位址值。
Blk_stk	堆疊系統	引用〝stk_v〞組件，引用名為 stk。主要之功能為當執行副程式呼叫命令時，儲存要返回之程式計數器值於堆疊中。
Blk_pcstk	程式計數器系統二	引用〝pcstk_v〞組件 pcstk。主要之功能為計算下一個指令記憶體之位址。

- 非同步唯讀記憶體：本系統功能爲記憶執行程式之數字碼，可記憶十六位元資料(寬度等於 16)，可記 256 組資料(depth 等於 256)。此電路由一個〝lpm_rom〞所組成。將其參數 lpm_file 設定爲"pc_g.mif"，參數 lpm_address_control 設定爲"UNREGISTERED"，參數 lpm_outdata 設定爲"UNREGISTERED"，參數 lpm_width 設定爲 16，而參數 lpm_withad 則設定爲 8，並設定使用 address[]與 q[]，即可記憶十六位元資料(lpm_width 等於 16)，可記 256 組資料(address[]寬度等於 lpm_withad)。請參考 3-2-3 小節。以 MIF 檔可以編輯〝lpm_rom〞記憶之內容，如 4-4-1 小節圖 4-40 所示，其中 WIDTH 值爲儲存資料位元數，DEPTH 值爲位址數目，ADDRESS_RADIX 等於 HEX 表示位址值以十六進位表示，DATA_RADIX 等於 HEX 表示資料值以十六進位表示。CONTENT BEGIN 與 END 之間，冒號左邊爲位址，冒號右邊爲該位址之資料。
- 暫存器：本範例使用了〝lpm_ff〞編輯指令暫存器一、指令暫存器二與程式計數器暫存器，關於參數函數〝lpm_ff〞請參考 3-1-1 小節。
- 條件碼系統：條件碼系統〝tcnd_v〞已在 5-5-2 小節介紹，在此小節引用〝tcnd_v〞組件，其組件宣告在 cpu 套件中，〝tcnd_v〞組件宣告如表 5-39 所示。

表 5-39　條件碼系統〝tcnd_v〞組件宣告

```
COMPONENT tcnd_v
    PORT(   contl       : IN STD_LOGIC_VECTOR(3 downto 0);
            aluo        : IN STD_LOGIC_VECTOR(8 downto 0);
            tcnd        : OUT STD_LOGIC                    );
END COMPONENT;
```

- 控制系統二：控制系統二〝controller_v〞已在 5-7-2 小節介紹，在此小節引用〝controller_v〞組件，其組件宣告在 cpu 套件中，〝controller_v〞組件宣告如表 5-40 所示。

表 5-40 控制系統二〝controller_v〞組件宣告

```
COMPONENT controller_v
    PORT(  contl    :  IN STD_LOGIC_VECTOR(3 downto 0);
           clk, tcnd :  IN STD_LOGIC;
           jump2, ret1, push2, wen2 : OUT STD_LOGIC    );
  END COMPONENT;
```

● 堆疊系統：堆疊系統〝stk_v〞已在 5-1-2 小節介紹，在此小節引用〝stk_v〞組件，其組件宣告在 cpu 套件中，〝stk_v〞組件宣告如表 5-41 所示。

表 5-41 堆疊系統〝stk_v〞組件宣告

```
COMPONENT stk_v
    PORT(    pcx             : IN STD_LOGIC_VECTOR(11 downto 0);
           Clk, push    : IN STD_LOGIC;
           sp              : IN STD_LOGIC_VECTOR(1 downto 0);
           stko       : OUT STD_LOGIC_VECTOR(11 downto 0) );
  END COMPONENT;
```

● 堆疊指標系統：堆疊指標系統〝sp_v〞已在 5-2-2 小節介紹，在此小節引用〝sp_v〞組件，其組件宣告在 cpu 套件中，〝sp_v〞組件宣告如表 5-42 所示。

表 5-42 堆疊指標系統〝sp_v〞組件宣告

```
COMPONENT sp_v
    PORT(  Clk, pop, push     : IN STD_LOGIC;
           sp     : OUT STD_LOGIC_VECTOR(1 downto 0)       );
  END COMPONENT;
```

● 程式計數器系統二：程式計數器系統二〝pcstk_v〞已在 5-4-1 小節介紹，在此小節引用〝pcstk_v〞組件，其組件宣告在 cpu 套件中，〝pcstk_v〞組件宣告如表 5-43 所示。

表 5-43　堆疊指標系統〝pcstk_v〞組件宣告

```
COMPONENT pcstk_v
    PORT(    jnumber, stko       : IN STD_LOGIC_VECTOR(11 downto 0);
             jump, ret, clk   : IN STD_LOGIC;
             pc          : OUT STD_LOGIC_VECTOR(11 downto 0) );
  END COMPONENT;
```

● 連接線：各組件之訊號連接情況整理如表 5-44 所示。

表 5-44　VHDL 編輯資料管線系統之訊號連接情況

區　塊	描述子系統	訊　號　連　線
Blk_rom	非同步唯讀記憶體	非同步唯讀記憶體〝Rom〞輸出接訊號線 romo，其中 romo 接至指令暫存器一〝reg1〞，romo(15 downto 12)接至控制系統二〝stk〞。
Blk_reg	指令暫存器一、指令暫存器二與程式計數器暫存器。	指令暫存器一〝reg1〞輸出接訊號線 r1，其中 r1(15 downto 12)接至條件碼系統〝tc〞。r1(13 downto 0)接至指令暫存器二〝reg2〞。 指令暫存器二〝reg2〞輸出接訊號線 r2，其中 r2(11 downto 0)接程式計數器系統二〝pcstk〞。 程式計數器暫存器〝pcreg〞輸出接訊號線 pcx，pcx 接堆疊系統〝stk〞。
Blk_tcnd	條件碼系統	條件碼系統〝tc〞輸出 tcnd，接至控制系統二〝controller〞。
Blk_controll er	控制系統二	控制系統二〝controller〞輸出 jump2、ret1、push2 與 wen2，其中 jump2 接至程式計數器系統二〝pcstk〞，ret1 接至堆疊指標系統〝spp〞，並接至一暫存器，push2 接至堆疊指標系統〝spp〞與堆疊系統〝stk〞。wen2 接至一暫存器。

表 5-44 (續)

Blk_ dff	暫存器	一暫存器輸出 ret2 接至程式計數器系統二〝pcstk〞t。另一暫存器輸出接 wen3 輸出埠。
Blk_sp	堆疊指標系統	堆疊指標系統〝spp〞輸出 sp，接至堆疊系統〝stk〞。
Blk_stk	堆疊系統	堆疊系統〝stk〞輸出接訊號線 stko，接至程式計數器系統二〝pcstk〞。
Blk_pcstk	程式計數器系統二	程式計數器系統二〝pcstk〞輸出接訊號線 pc，pc(7 downto 0)接至非同步唯讀記憶體〝rom〞。pc(11 downto 0)經程式計數器暫存器〝pcreg〞接至堆疊系統〝stk〞。

5-8-3 Verilog 編輯簡易 CPU 控制系統

Verilog HDL 編輯結果如圖 5-59 至圖 5-61 所示。此範例電路名稱爲〝program_vl〞。

MAX+plus II - c:\work\vl\program_vl

MAX+plus II File Edit Templates Assign Utilities Options Window Help

program_vl.v - Text Editor

```
module program_vl (aluo, clk, wen3, ro);
   input  [8:0] aluo;
   input  clk;
   output wen3;
   output [15:0] ro;
   reg    wen3;
   reg    ret2;
   wire   [15:0] r1, romo;
   wire   [13:0] r2;
   wire   tcnd, push2, wen2, ret1, jump2;
   wire   [11:0] pc, pcx, stko;
   wire   [1:0] sp;
```

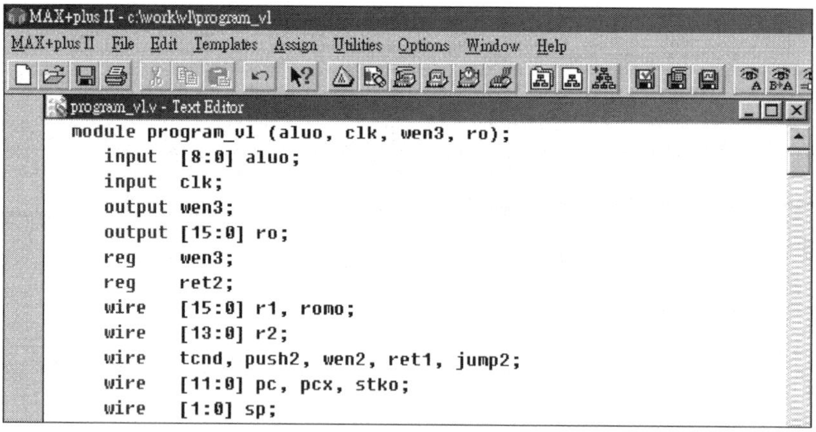

圖 5-59 Verilog HDL 編輯簡易 CPU 控制系統

如圖 5-59 所示，輸入埠 aluo 爲八位元之向量，資料型態爲內定之 wire 型態。輸入埠 clk 爲一位元之向量，資料型態爲內定之 wire 型態。輸出埠

wen3 爲四位元之向量，資料型態爲 reg 型態。輸出埠 ro 爲十六位元之向量，資料型態爲內定之 wire 型態。另外 ret2 爲一位元之向量，資料型態爲 reg。r1 與 romo 爲十六位元之向量，資料型態爲 wire。r2 爲十四位元之向量，資料型態爲 wire。tcnd、push2、wen2、ret1 與 jump2 爲一位元之向量，資料型態爲 wire。pc、pcx 與 stko 爲十二位元之向量，資料型態爲 wire。sp 爲二位元之向量，資料型態爲 wire。

```
lpm_rom  rom (.address(pc[7:0]), .q(romo));
defparam rom.lpm_width = 16;
defparam rom.lpm_widthad = 8;
defparam rom.lpm_file = "pc_g.mif";
defparam rom.lpm_address_control = "UNREGISTERED";
defparam rom.lpm_outdata = "UNREGISTERED";

assign  ro = romo;

lpm_ff  reg1 (.data(romo), .clock(clk), .q(r1));
defparam reg1.lpm_width = 16;

lpm_ff  reg2 (.data(r1[13:0]), .clock(clk), .q(r2));
defparam reg2.lpm_width = 14;

lpm_ff  pcreg (.data(pc), .clock(clk), .q(pcx));
defparam pcreg.lpm_width = 12;

tcnd_vl tc (.contl(r1[15:12]), .aluo(aluo), .tcnd(tcnd));

controller_vl controller (.tcnd(tcnd), .contl(romo[15:12]),
                          .clk(clk), .jump2(jump2), .ret1(ret1),
                          .push2(push2), .wen2(wen2));
```

圖 5-60　Verilog HDL 編輯簡易 CPU 控制系統

如圖 5-60 所示，此電路內容爲，非同步唯讀記憶體引入參數式模組〝lpm_rom〞，引入名稱爲 rom，其中參數 address 對應到 pc[7:0]，參數 q 對應到 romo。並指定參數 lpm_width 爲 16；指定參數 lpm_widthad 爲 8；指定參數 lpm_file 爲 "pc_g.mif"；指定參數 lpm_address_control 爲 "UNREGISTERED"；指定參數 lpm_outdata 爲"UNREGISTERED"；同時指定 ro 等於 romo。編輯指令暫存器一，引入參數式模組〝lpm_ff〞，引入名稱爲

reg1，其中參數 data 對應到 romo，參數 clock 對應到 clk，參數 q 對應到 r1；並指定參數 lpm_width 爲 16。編輯指令暫存器二，引入參數式模組〝lpm_ff〞，引入名稱爲 reg2，其中參數 data 對應到 r1[13:0]，參數 clock 對應到 clk，參數 q 對應到 r2；並指定參數 lpm_width 爲 14。編輯程式計數器暫存器，引入參數式模組〝lpm_ff〞，引入名稱爲 pcreg，其中參數 data 對應到 pc，參數 clock 對應到 clk，參數 q 對應到 pcx；並指定參數 lpm_width 爲 12。引入條件碼系統模組〝tcnd_vl〞，引入名稱爲 tc，其中參數 contl 對應到 r1[15:12]，參數 aluo 對應到 aluo，參數 tcnd 對應到 tcnd。引入控制系統二模組〝controller_vl〞，引入名稱爲 controller，其中參數 tcnd 對應到 tcnd，參數 contl 對應到 romo[15:12]，參數 clk 對應到 clk，參數 jump2 對應到 jump2，參數 ret1 對應到 ret1，參數 push2 對應到 push2，參數 wen2 對應到 wen2。

```
always @(posedge clk)
 begin
  ret2 = ret1;
  wen3 = wen2;
 end

sp_vl spp (.push(push2), .pop(ret1), .clk(clk), .sp(sp));

stk_vl stk (.pcx(pcx), .push(push2), .clk(clk), .sp(sp),
            .stko(stko));

pcstk_vl pcstk (.jnumber(r2[11:0]), .jump(jump2), .stko(stko),
                .ret(ret2), .clk(clk), .pc(pc));
endmodule
```

Line 52 | Col 1 | INS

圖 5-61　Verilog HDL 編輯簡易 CPU 控制系統

如圖 5-61 所示，在 always 區塊中描述暫存器，當 clk 爲正緣時，ret2 等於 ret1，wen3 等於 wen2。引入堆疊指標系統模組〝sp_vl〞，引入名稱爲 spp，其中參數 push 對應到 push2，參數 pop 對應到 ret1，參數 clk 對應到 clk，參數 sp 對應到 sp。引入堆疊系統模組〝stk_vl〞，引入名稱爲 stk，其中參數 pcx 對應到 pcx，參數 push 對應到 push2，參數 clk 對應到 clk，參數 sp 對應到 sp，參數 stko 對應到 stko。引入程式計數器系統二模組〝pcstk_vl〞，引入名稱為 pcstk，其中參數 jnumber 對應到 r2[11:0]，參數 jump 對應到 jump2，參數 stko 對應到 stko，參數 ret 對應到 ret2，參數 clk 對應到 clk，參數 pc 對應到 pc。

5-8-3-1　說明

- 組成：Verilog HDL 編輯簡易 CPU 控制系統分成之部分整理如表 5-45 所示。圖 5-60 描述非同步唯讀記憶體的設定與接腳，引用〝lpm_rom〞函數，並描述三組暫存器 reg1、reg2 與 pcreg，引用 lpm_ff 組件，其資料寬度分別為 16、14 與 12，描述條件碼系統，引用 tcnd_vl 模組，描述控制系統，引用 controller _vl 模組。圖 5-61 描述兩暫存器行為，並描述堆疊指標系統，引用 sp_vl 模組，描述堆疊系統，引用 stk_vl 模組，描述程式計數器系統，引用 pcstk_vl 模組。

表 5-45　Verilog HDL 編輯資料管線系統之子系統說明

子　系　統	功　　能
非同步唯讀記憶體	引用 lpm_rom 函數，引用名為 rom。記憶執行程式之指令或用來運算的數值，可記憶十六位元資料(寬度等於 16)，可記 256 組資料(depth 等於 256)。
指令暫存器一	引用 lpm_ff 函數，引用名為 reg1。為十六位元暫存器，可暫時存放指令。
指令暫存器二	引用 lpm_ff 函數，引用名為 reg2。為十四位元暫存器，可暫時存放指令。
程式計數器暫存器	引用 lpm_ff 函數，引用名為 pcreg。為十二位元暫存器，可暫時存放程式計數器輸出值。
條件碼系統	引〝tcnd_vl〞模組。主要之功能為產生條件碼，條件碼為決定是否發生跳躍之控制項之一。
控制系統二	引用〝controller _vl〞模組，引用名為 controller。主要功能在產生各子系統之控制項，包括跳躍致能控制項 jump2、回主程式控制項 ret1、推入堆疊控制項 push2、寫入暫存器控制項 wen2。
暫存器	描述當 clk 正緣觸發時，ret2 等於 ret1，電路輸出埠 wen3 等於 wen2。

表 5-45　(續)

堆疊指標系統	引用〝sp_vl〞模組，引用名為 spp。主要之功能為產生寫入堆疊或讀出堆疊之位址值。
堆疊系統	引用〝stk_vl〞模組，引用名為 stk。主要之功能為當執行副程式呼叫命令時，儲存要返回之程式計數器值於堆疊中。
程式計數器系統二	引用〝pcstk_vl〞模組，引用名為 pcstk。主要之功能為計算下一個指令記憶體之位址。

◉ 連接線：各子系統之接線連接情況整理如表 5-46 所示。

表 5-46　Verilog HDL 編輯資料管線系統之訊號連接情況

描述子系統	訊　號　連　線
非同步唯讀記憶體	非同步唯讀記憶體〝rom〞輸出接訊號線 romo，其中 romo 接至指令暫存器一〝reg1〞，romo[15:12]接至控制系統二〝stk〞。
指令暫存器一	指令暫存器一〝reg1〞輸出接訊號線 r1，其中 r1[15:12]接至條件碼系統〝tcnd〞。r1[13:0]接至指令暫存器二〝reg2〞。
指令暫存器二	指令暫存器二〝reg2〞輸出接訊號線 r2，其中 r2[11:0]接至程式計數器系統二〝pcstk〞。
程式計數器暫存器	程式計數器暫存器〝pcreg〞輸出接訊號線 pcx，pcx 接堆疊系統〝stk〞。
條件碼系統	條件碼系統〝tc〞輸出 tcnd，接至控制系統二〝controller〞。
控制系統二	控制系統二〝controller〞輸出 jump2、ret1、push2 與 wen2，其中 jump2 接至程式計數器系統二〝pcstk〞，ret1 接至堆疊指標系統〝spp〞，並接至一暫存器，push2 接至堆疊指標系統〝spp〞與堆疊系統〝stk〞。wen2 接至一暫存器。
暫存器	一暫存器輸出 ret2 接至程式計數器系統二〝pcstk〞。另一暫存器輸出接 wen3 輸出埠。
堆疊指標系統	堆疊指標系統〝spp〞輸出 sp，接至堆疊系統〝stk〞。
堆疊系統	堆疊系統〝stk〞輸出接訊號線 stko，接至程式計數器系統二〝pcstk〞。
程式計數器系統二	程式計數器系統二〝pcstk〞輸出接訊號線 pc，pc7:0]接至非同步唯讀記憶體〝rom〞。pc 經程式計數器暫存器〝pcreg〞接至堆疊系統〝stk〞。

◉ 非同步唯讀記憶體：本系統功能為記憶執行程式之數字碼，可記憶十六位元資料(寬度等於 16)，可記 256 組資料(depth 等於 256)。此電路由

一個〝lpm_rom〞所組成。將其參數 lpm_file 設定爲"pc_g.mif"，參數 lpm_address_control 設定爲"UNREGISTERED"，參數 lpm_outdata 設定爲"UNREGISTERED"，參數 lpm_width 設定爲 16，而參數 lpm_withad 則設定爲 8，並設定使用 address[]與 q[]，即可記憶十六位元資料(lpm_width 等於 16)，可記 256 組資料(address[]寬度等於 lpm_withad)。請參考 3-2-1 小節。以 MIF 檔可以編輯〝lpm_rom〞記憶之內容，如 4-4-1 小節圖 4-40 所示，其中 WIDTH 值爲儲存資料位元數，DEPTH 值爲位址數目，ADDRESS_RADIX 等於 HEX 表示位址值以十六進位表示，DATA_RADIX 等於 HEX 表示資料值以十六進位表示。CONTENT BEGIN 與 END 之間，冒號左邊爲位址，冒號右邊爲該位址之資料。

- 暫存器：本範例使用了〝lpm_ff〞編輯指令暫存器一、指令暫存器二與程式計數器暫存器，關於參數函數〝lpm_ff〞請參考 3-1-1 小節。

  條件碼系統：條件碼系統〝tcnd_vl〞已在 5-3-3 小節介紹，在此小節引用〝tcnd_vl〞模組，引用語法如表 5-47 所示。

表 5-47　引用條件碼系統〝tcnd_vl〞模組語法

```
tcnd_vl tc (.contl(r1[15:12]), .aluo(aluo), .tcnd(tcnd));
```

- 控制系統二：控制系統二〝controller_vl〞已在 5-7-3 小節介紹，在此小節引用〝controller_vl〞模組，引用語法如表 5-48 所示。

表 5-48　引用控制系統二〝controller_vl〞模組語法

```
controller_vl controller (.tcnd(tcnd), .contl(romo[15:12]),
                          .clk(clk), .jump2(jump2), .ret1(ret1),
                    .push2(push2), .wen2(wen2));
```

- 堆疊指標系統：堆疊指標系統〝sp_vl〞已在 5-2-3 小節介紹，在此小節引用〝sp_vl〞模組，引用語法如表 5-49 所示。

表 5-49　引用堆疊指標系統〝sp_vl〞模組語法

```
sp_vl spp (.push(push2), .pop(ret1), .clk(clk), .sp(sp));
```

- 堆疊系統:堆疊系統〝stk_vl〞已在 5-1-3 小節介紹，在此小節引用〝stk_vl〞模組，引用語法如表 5-50 所示。

表 5-50　引用堆疊系統〝stk_vl〞模組語法

```
stk_vl stk (.pcx(pcx), .push(push2), .clk(clk), .sp(sp),
            .stko(stko));
```

5-8-4　模擬簡易 CPU 控制系統

簡易 CPU 控制系統模擬結果如下所示，由於模擬結果要配合 ROM 內容，MIF 檔所編輯唯讀記憶體內容如圖 5-62 所示，

```
pc_g.mif - Text Editor
WIDTH = 16;
DEPTH = 256;

ADDRESS_RADIX = HEX;
DATA_RADIX = HEX;

CONTENT BEGIN
     0    :    F007; % write (OR) %
     1    :    E300; % write (AND) %
     2    :    E200; % write (AND) %
     3    :    3007; % call c %
     4    :    E100; % write (AND) %
     5    :    D301; % write (SUB) %
     6    :    5FFD; % not zero jump to 5 %
     7    :    C1F8; % write (ADD) %
     8    :    6001; % carrier jump to b %
     9    :    F238; % write (OR) %
     a    :    F333; % write (OR) %
     b    :    2FF3; % jump to 0 %
     c    :    C302; % write (ADD) %
     d    :    1000; % return to 4 %
 [e..ff] :    0000;
 END;
Line 9   Col 49   INS
```

圖 5-62　模擬簡易 CPU 控制系統

圖 5-62 中指令碼說明如表 5-51 所示。

表 5-51　記憶體內容指令碼說明

十六進制	十六進制	十六進制	十六進制	說　明
ro[15..12]	ro[11..8]	ro[7..4]	ro[3..0]	
F	0	0	7	ro[15]=1，ro[14]=1，選取記憶體資料 ro[7..0]=07 與位址為 ro[11..8]=0 暫存器內資料作運算，因 ro[13]=1，ro[12]=1 故作或運算，再將運算結果放回 ro[11..8]=0 位址之暫存器中。
E	3	0	0	ro[15]=1，ro[14]=1，選取記憶體資料 ro[7..0]=00 與位址為 ro[11..8]=3 暫存器內資料作運算，因 ro[13]=1，ro[12]=0 故作及運算，再將運算結果放回 ro[11..8]=3 位址之暫存器中。
E	2	0	0	ro[15]=1，ro[14]=1，選取記憶體資料 ro[7..0]=00 與位址為 ro[11..8]=2 暫存器內資料作運算，因 ro[13]=1，ro[12]=0 故作及運算，再將運算結果放回 ro[11..8]=2 位址之暫存器中。
3	0	0	7	ro[15]=0，ro[14]=0，ro[13]=1，ro[12]=1，指令為呼叫，因 ro[11..0]=H007，呼叫目標位址為「目前位址+2+H007」。
E	1	0	0	ro[15]=1，ro[14]=1，選取記憶體資料 ro[7..0]=00 與位址為 ro[11..8]=1 暫存器內資料作運算，因 ro[13]=1，ro[12]=0 故作及運算，再將運算結果放回 ro[11..8]=1 位址之暫存器中。
D	3	0	1	ro[15]=1，ro[14]=1，選取記憶體資料 ro[7..0]=01 與位址為 ro[11..8]=3 暫存器內資料作運算，因 ro[13]=0，ro[12]=1 故作減運算，再將運算結果放回 ro[11..8]=3 位址之暫存器中。

表 5-51　(續)

5	F	F	D	ro[15]=0，ro[14]=1，ro[13]=0，ro[12]=1，指令零旗標爲 0(運算非零)則跳躍。若跳躍條件成立，因 ro[11..0]=FFD，即跳躍至「目前位址+2+HFFD」處。
C	1	F	8	ro[15]=1，ro[14]=1，選取記憶體資料 ro[7..0]=F8 與位址爲 ro[11..8]=1 暫存器內資料作運算，因 ro[13]=0，ro[12]=0 故作加運算，再將運算結果放回 ro[11..8]=1 位址之暫存器中。
6	0	0	1	ro[15]=0，ro[14]=1，ro[13]=1，ro[12]=0，指令爲進位旗標爲 1 則跳躍。若跳躍條件成立，因 ro[11..0]=001，即跳躍至「目前位址+2+H001」處。
F	2	3	8	ro[15]=1，ro[14]=1，選取記憶體資料 ro[7..0]=38 與位址爲 ro[11..8]=2 暫存器內資料作運算，因 ro[13]=1，ro[12]=1 故作或運算，再將運算結果放回 ro[11..8]=2 位址之暫存器中。
F	3	3	3	ro[15]=1，ro[14]=1，選取記憶體資料 ro[7..0]=33 與位址爲 ro[11..8]=3 暫存器內資料作運算，因 ro[13]=1，ro[12]=1 故作或運算，再將運算結果放回 ro[11..8]=3 位址之暫存器中。
2	F	F	3	ro[15]=0，ro[14]=0，ro[13]=1，ro[12]=0，指令爲跳躍。因 ro[11..0]=FF3，即跳躍至「目前位址+2+HFF3」處。
C	3	0	2	ro[15]=1，ro[14]=1，選取記憶體資料 ro[7..0]=02 與位址爲 ro[11..8]=3 暫存器內資料作運算，因 ro[13]=0，ro[12]=0 故作加運算，再將運算結果放回 ro[11..8]=3 位址之暫存器中。
1	0	0	0	ro[15]=0，ro[14]=0，ro[13]=0，ro[12]=1，指令爲返回。

根據圖 5-62 之指令，簡易 CPU 控制系統模擬結果如圖 5-63 至圖 5-66 所示。

● 模擬結果：第一至第五個時脈之模擬結果如圖 5-63 所示。

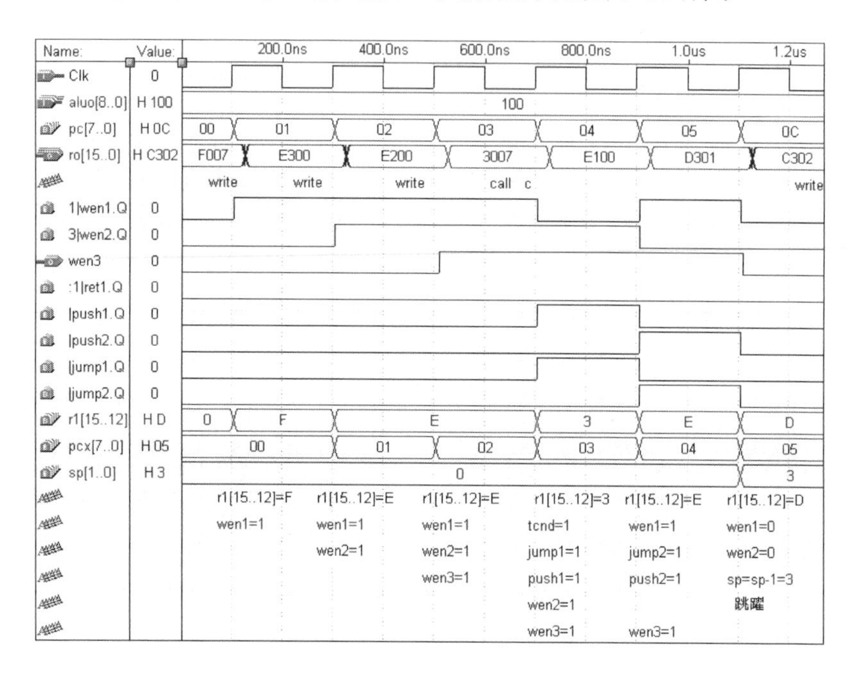

圖 5-63　模擬簡易 CPU 控制系統

● 模擬說明：如圖 5-63 所示之第一至第五個時脈之輸出入與節點模擬值說明如下。

1. 第一個指令：第一個時脈，pc=00，讀入指令爲 F007(第一個暫存器內容與 07 作 OR 運算)，wen1=1；第二個時脈，wen2=1；第三個時脈，wen3=1。如圖 5-63 所示。
2. 第二個指令：第二個時脈，pc=01，讀入 E300(第一個暫存器內容與 00 作 AND 運算)，wen1=1；第三個時脈，wen2=1；第四個時脈，wen3=1。如圖 5-63 所示。

3. 第三個指令：第三個時脈，pc=02，讀入 E200(第三個暫存器內容與 00 作 AND 運算)，wen1=1；第四個時脈，wen2=1；第五個時脈，wen3=1。如圖 5-63 所示。
4. 第四個指令：第四個時脈，pc=03，讀入 3007 指令(呼叫相對位址爲 007 處)，則 push1=1，jump1=1，tcnd=1；第五個時脈， push2=1，jupm2=1；第六個時脈，將 pcx=04 存入堆疊中，堆疊指標 sp=0，並將 sp 減 1，並變換 pc 値=03+2+07=0C，如圖 5-63 所示。
5. 第五個指令：第五個時脈，pc=04，讀入 E100 指令(第二個暫存器內容與 00 作 AND 運算)，wen1=1；第六個時脈，wen2=0(因爲第五個時脈 jupm2=1)；第七個時脈，wen3=0。如圖 5-63 與圖 5-64 所示。(前一個週期指令發生跳躍，資料被放棄)。

● 模擬結果：第六至第十個時脈之模擬結果如圖 5-64 所示。

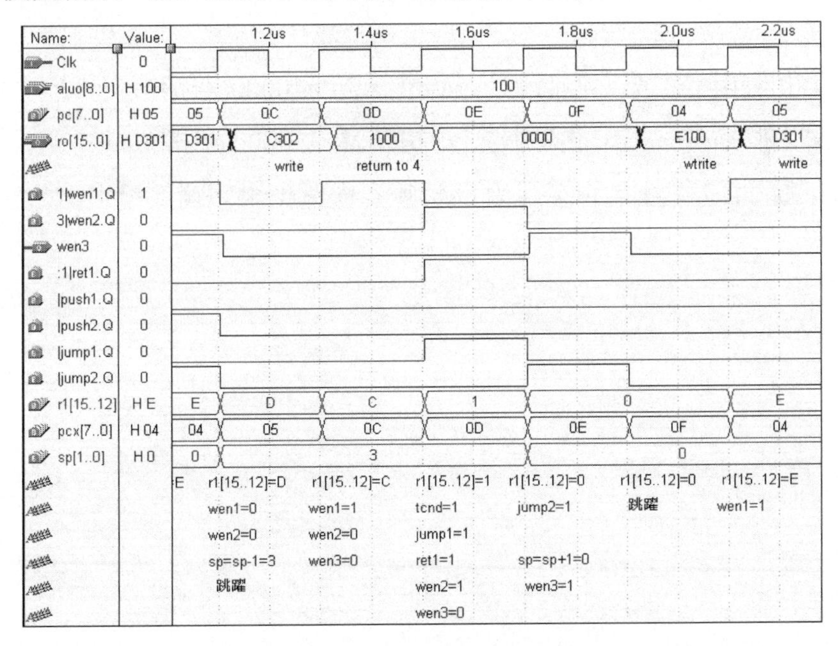

圖 5-64　模擬簡易 CPU 控制系統

- 模擬說明：如圖 5-64 所示之第六至第十個時脈之輸出入與節點模擬值說明如下。

1. 第六個指令：第六個時脈，pc=05，讀入 D301 指令(第四個暫存器內容與 01 作 SUB 運算)，wen1=0(因為第五個時脈 jupm2=1)；第七個時脈，wen2=0；第八個時脈，wen3=0。如圖 5-63 與圖 5-64 所示。(前兩個週期指令發生跳躍，資料被放棄)。
2. 第七個指令：第七個時脈，pc=0C，讀入指令為 C302(第四個暫存器內容與 02 相加)，wen1=1；第八個時脈，wen2=1；第九個時脈，wen3=1。如圖 5-64 所示。
3. 第八個指令：第八個時脈，pc=0D，讀入 1000(返回)，ret1=1，jump1=1，tcnd=1；第九個時脈，堆疊指標 sp 加 1，ret2=1，jump2=1；第十個時脈，讀出堆疊值 04(sp=0)即改變 pc 值至返回位址(pc=04)。如圖 5-64 所示。
4. 第九個指令：第九個時脈，pc=0E，讀入 0000(空指令)。
5. 第十個指令：第十個時脈，pc=0F，讀入 0000(空指令)。

- 模擬結果：第十一至第十五個時脈之模擬結果如圖 5-65 所示。

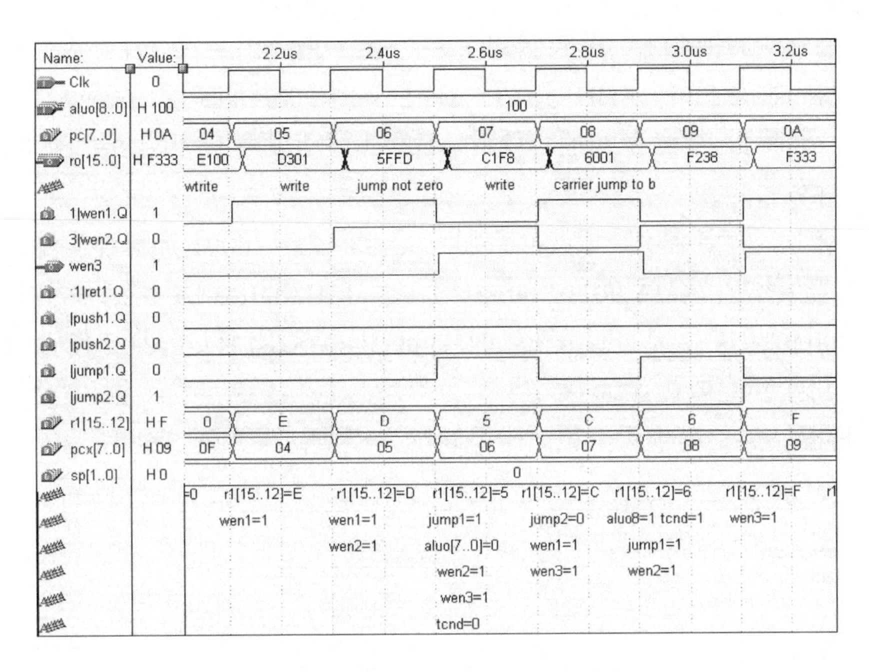

圖 5-65　模擬簡易 CPU 控制系統

模擬說明：如圖 5-65 所示之第十一至第十五個時脈之輸出入與節點模擬值說明如下。

1. 第十一個指令：第十一個時脈，pc=04，讀入指令為 E100(第二個暫存器內容與 00 作 AND 運算)，wen1=1；第十二個時脈，wen2=1；第十三個時脈，wen3=1。如圖 5-65 所示。
2. 第十二個指令：第十二個時脈，pc=05，讀入 D301(第四個暫存器內容與 01 作 SUB 運算)，wen1；第十三個時脈，wen2=1；第十四個時脈，wen3=1。如圖 5-65 所示。
3. 第十三個指令：第十三個時脈，pc=06，讀入 5FFD(運算非零則跳躍至相對位址為 FFD)，jump1=1，tcnd=0(Alu[7..0]=0)；第十四個時脈，jump2=0。如圖 5-65 所示。

4. 第十四個指令：第十四個時脈，pc=07，讀入指令爲 C1F8(第二個暫存器內容與 F8 作 ADD 運算)，wen1=1；第十五個時脈，wen2=1；第十六個時脈，算數邏輯運算執行 ADD 運算結果爲 F8，wen3=1。如圖 5-65 所示。
5. 第十五個指令：第十五個時脈，pc=08，讀入 6001(運算發生溢位則跳躍至相對位址爲 001)，jump1=1，tcnd=1(Alu[8]=1)。第十六個時脈，jump2=1；第十七個時脈，改變 pc 值爲跳躍目標位址(08+2+001=0B)如圖 5-65 與圖 5-66 所示。

◉ 模擬結果：第十六至第二十個時脈之模擬結果如圖 5-66 所示。

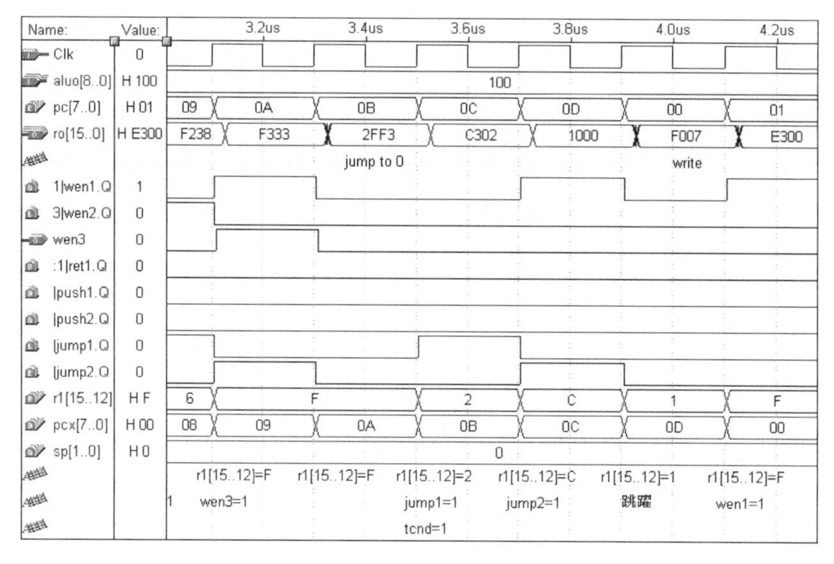

圖 5-66 模擬簡易 CPU 控制系統

◉ 模擬說明：如圖 5-66 所示之第十六至第二十個時脈之輸出入與節點模擬值說明如下。

1. 第十六個指令：第十六個時脈，pc=09，讀入指令爲 F238(第三個暫存器內容與 38 作 OR 運算)，wen1=0；第十七個時脈，wen2=0(因爲第十六個時脈 jump2=1)；第十八個時脈，wen3=0。如圖 5-66 所示。(前一個週期指令發生跳躍，資料被放棄)。

2. 第十七個指令：第十七個時脈，pc=0A，讀入指令為 F333(第四個暫存器內容與 33 作 OR 運算)，wen1=0(因為第十六個時脈 jump2=1)；第十八個時脈，wen2=0；第十九個時脈，wen3=0。如圖 5-66 所示。(前兩個週期指令發生跳躍，資料被放棄)。
3. 第十八個指令：第十八個時脈，pc=0B，讀入指令為 2FF3(跳躍至相對位址為 FF3 處)，jump1=1，tcnd=1；第十九個時脈，jump2=1；第二十個時脈，改變 pc 值為呼叫目標位址(0B+2+FF3=00)。如圖 5-66 所示。
4. 第十九個指令：第十九個時脈，pc=0C，讀入指令為 C302(第四個暫存器內容與 02 相加)，wen1=1；第二十個時脈，wen2=0(因為第十九個時脈 jump2=1)；第二十一個時脈，wen3=0。如圖 5-66 所示。(前一個週期指令發生跳躍，資料被放棄)。
5. 第二十個指令：第二十個時脈，pc=0D，讀入 1000(返回)，ret1=0，jump1=0(前兩個週期指令發生跳躍，返回被放棄)。第二十一個時脈，jump2=0。如圖 5-66 所示。

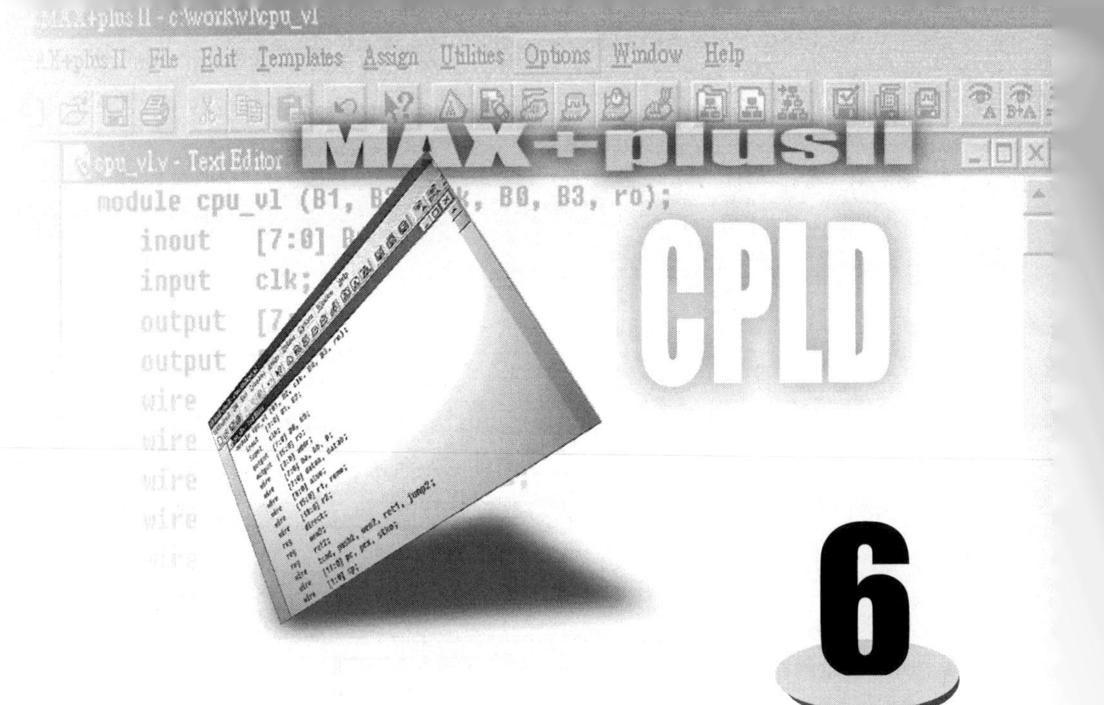

簡易 CPU 設計範例

6-1　簡易 CPU

6-1 簡易 CPU

本系統整合前面章節之子系統發展出一簡易 CPU 電路，包括資料暫存器與 I/O 系統、資料選擇系統、存入位址控制系統、資料管線系統、堆疊指標系統、堆疊系統、程式計數器系統、條件碼系統、控制系統與簡易 CPU 控制系統，如圖 6-1 所示。

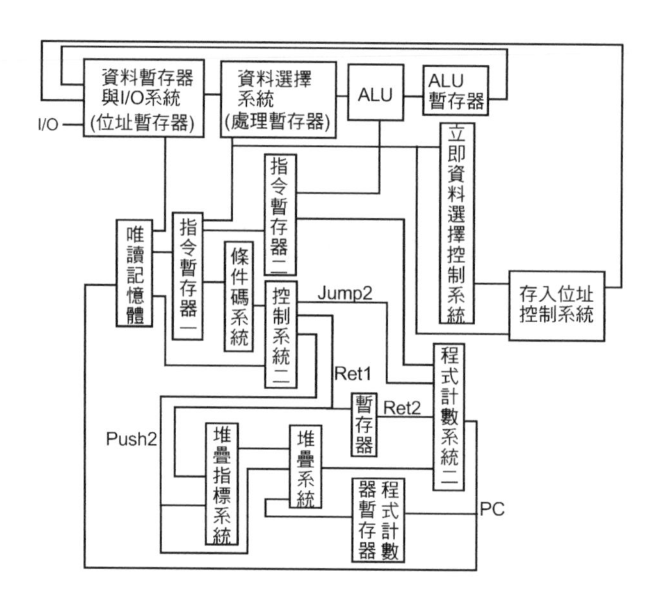

圖 6-1　簡易 CPU

各子系統已在第四章與第五章介紹過，將圖 6-1 中各子系統各系統功能整理如表 6-1 所示。

表 6-1　簡易 CPU 各子系統功能

子　系　統	系　統　功　能
唯讀記憶體	記憶執行程式之指令或用來運算的數值。
指令暫存器一	暫時存放指令。
指令暫存器二	暫時存放指令。
資料暫存器與 I/O 系統	資料暫存器之功能爲儲存微處理器運算結果，而 I/O 裝置則可輸出資料暫存器所儲存之內容或傳入資料以作爲下一級處理之用，並具有兩組多工器輸出 Da 及 Db。
資料選擇系統	在資料暫存器與 I/O 系統之多工器輸出 Db 與記憶體之立即資料兩者之間選擇一項，並和資料暫存器與 I/O 系統之多工器輸出 Da 分別傳送至處理暫存器。
算術邏輯單元	將兩組資料進行算數邏輯運算。
ALU 暫存器	暫時存放算術邏輯單元運算結果。
存入位址控制系統	依照指令碼選定存入資料暫存器時之位址。
立即資料選擇控制器	判斷指令碼是否爲記憶體立即資料運算指令。
條件碼系統	產生條件碼，條件碼爲決定是否發生跳躍之控制項之一。
控制系統二	產生各子系統之控制項，包括跳躍致能控制項 jump2、回主程式控制項 ret1、推入堆疊控制項 push2、寫入暫存器控制項 wen2。
堆疊指標系統	產生寫入堆疊或讀出堆疊暫存器之位址值。
堆疊系統	當執行副程式呼叫命令時，儲存要返回之程式計數器值於堆疊中。
程式計數器系統二	產生下一個唯讀記憶體位址。

本處理器指令部分共分爲十六種，指令是決定計算機執行何種工作的命令，有些基本指令是所有處理器都會具備的，例如，加運算、跳躍、呼叫副

程式等。指令所需之訊息，決定指令的格式與長度，指令的長度亦要配合記憶體資料之長度。本範例處理器指令部分分爲十六種，共需要四個位元之控制碼，整理如表 6-2 所示。

表 6-2　控制碼

控制碼 二進制 (十六進制)	指　令	說　明
0000 (0)	NOP	空指令
0001 (1)	RET	返回
0010 (2)	JUMP	無條件跳躍
0011 (3)	CALL	無條件呼叫
0100 (4)	JZ	運算結果爲零時跳躍
0101 (5)	JNZ	運算結果爲非零時跳躍
0110 (6)	JC	進位旗號爲 1 時跳躍
0111 (7)	JNC	進位旗號爲 0 時跳躍
1000 (8)	ADD	兩暫存器資料相加
1001 (9)	SUB	兩暫存器資料相減
1010 (A)	AND	兩暫存器資料作 AND
1011 (B)	OR	兩暫存器資料作 OR
1100 (C)	IADD	一暫存器資料與記憶體立即資料相加，運算後儲存於資料暫存器
1101 (D)	ISUB	一暫存器資料與記憶體立即資料相減，運算後儲存於資料暫存器
1110 (E)	IAND	一暫存器資料與記憶體立即資料作 AND，運算後儲存於資料暫存器
1111 (F)	IOR	一暫存器資料與記憶體立即資料作 OR，運算後儲存於資料暫存器

此簡易 CPU 的資料暫存器只有四組，每組可存放八位元之資料，指令格式規劃爲十六位元指令。運算指令的格式分兩大類，一爲兩個資料暫存器內容運算指令，一爲一資料暫存器內容與記憶體中立即資料作運算指令格式，整理如表 4-2 與表 4-3 所示。由於本系統之資料暫存器只有四組，故位址只需兩個位元表示，本指令格式可擴充至十六組資料暫存器使用，但資料最多仍爲八位元資料。有關跳躍指令之指令格式，整理如表 5-2 表 5-3 與所示。此種指令格式分兩大類，一類爲呼叫、無條件跳躍與有條件跳躍指令，另一類爲返回指令。呼叫、無條件跳躍與有條件跳躍指令格式可分解爲兩部份。

此簡易 CPU 採用管線設計，分成四工作段，每一工作段都有一暫存器，四個工作段分別負責讀取指令、讀取運算元、執行運算與寫入暫存器。運算與控制項，在執行資料運算或跳躍動作、副程式呼叫與返回時其控制項整理於表 6-3 所示。其中的控制項利用暫存器分成三級處理。在管線的第一個時脈產生的控制項有 wen1、jump1、ret1 與 push1，在管線的第二個時脈產生的控制項有 wen2、jump2、ret2 與 push2，在管線的第三個時脈產生的控制項有 wen3。第一個時脈產生的控制項控制著管線第二個時脈的動作，第二個時脈產生的控制項控制著管線第三個時脈的動作，第三個時脈產生的控制項控制著管線第四個時脈的動作。例如，處理器管線結構在第四個時脈將資料寫入暫存器，其資料暫存器寫入致能就是由第三級控制項 wen3 控制，第二級跳躍控制項 jump2 影響第三個時脈程式計數器值，第二級返回控制項 ret2 決定第三時脈程式記數器值是否由堆疊中取出。

表 6-3　簡易 CPU 控制管線設計

程式動作	第一時脈 讀取指令	第二時脈 暫存器讀取	第三時脈 執行	第四時脈 寫入暫存器
資料運算	wen1=1	wen2=1	wen3=1	暫存器寫入
跳躍	讀取指令 jump1=1	jump2=1	變化程式計數器值 pc 為跳躍目標位址	
呼叫副程式	讀取指令 jump1=1 push1=1	jump2=1 push2=1	變化程式計數器值 pc 為呼叫目標位址。 將欲返回之程式計數器值寫入堆疊。 堆疊指標指向下一個位址	
回主程式	讀取指令 jump1=1 ret1=1	堆疊指標指向上一個位址。 jump2=1 ret2=1	從堆疊讀出程式計數器值	

簡易 CPU 詳細電路介紹如下。

● 腳位：

脈波輸入端：clk

記憶體輸出：B0[7..0]、B3[7..0]

雙向輸出入端：B1[7..0]、B2[7..0]

唯讀記憶體輸出：ro[15..0]

6-1-1　電路圖編輯簡易 CPU

簡易 CPU 電路圖編輯結果如圖 6-2 所示，此電路名稱為〝cpu_g〞。簡易 CPU 電路利用到一個資料暫存器與 I/O 系統〝io_g〞、一個資料選擇系統〝direct_g〞、一個算術邏輯運算單元〝alu9_g〞、一個八位元暫存器〝reg8_g〞、一個唯讀記憶體〝romu8_16g〞、一個十六位元暫存器〝reg16_g〞、一個十四位元暫存器〝reg14_g〞、一個控制系統二〝controller_g〞、記憶體資料致能器一個〝dircen_g〞、一個存入位址控制系統一〝addr_g〞、一個控制系統二〝controller_g〞、一個條件碼系統〝tcnd_g〞、一個堆疊系統〝stk_g〞與一個堆疊指標系統〝sp_g〞。另外還有三個〝input〞基本元件、兩個〝bidir〞基本元件、三個〝output〞基本元件，並分別更名為 clk、B0[7..0]、B3[7..0]、B1[7..0]、B2[7..0]與 ro[15..0]。

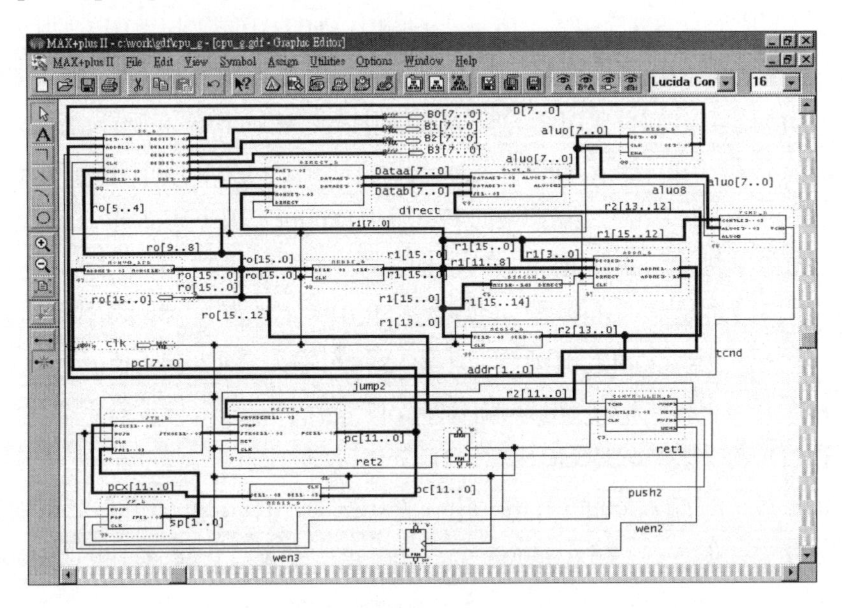

圖 6-2　電路圖編輯簡易 CPU

圖 4-2 中，巴士線 pc[7..0]接到〝romu8_16g〞的輸入端 Addr[7..0]，〝romu8_16g〞的輸出端 Q[15..0]接至巴士線 ro[15..0]。巴士線 ro[15..0]接至〝reg16_g〞的 D[15..0]，〝reg16_g〞的輸出 Q[15..0]接至巴士線 r1[15..0]。巴士線 r1[15..0]之分支 r1[13..10]接至〝reg14_g〞的輸入端 D[13..0]，〝reg14_g〞的輸出 Q[13..0]接至巴士線 r2[13..0]。巴士線 r1[15..0]之分支 r1[15..14]接至〝dircen_g〞的輸入 rx[15..14]。〝dircen_g〞的輸出 direct 接至節點 direct。節

點 direct 接至〝addr_g〞的輸入 direct。巴士線 r1[15..0]之分支 r1[3..0]與 r1[11..8]分別接至〝addr_g〞之輸入 D[0][3..0]與 D[1][3..0]。〝addr_g〞之輸出 addr[1..0]接至巴士線 addr[1..0]。巴士線 ro[15..0]分支出 ro[9..8]與 ro[5..4]分別接至〝io_g〞的輸入 cha[1..0]與 chb[1..0]，巴士線 addr[1..0]接至〝io_g〞的輸入 addr[1..0]，巴士線 D[7..0]接至〝io_g〞的輸入 D[7..0]，〝io_g〞的輸出入端 B[1][7..0]接至電路輸出入埠 B1[7..0]。〝io_g〞的輸出 B[0][7..0]接至電路輸出埠 B0[7..0]。〝io_g〞的輸出 B[3][7..0]接至電路輸出埠 B3[7..0]。〝io_g〞的輸出入端 B[2][7..0]接至電路輸出入埠 B2[7..0]。〝io_g〞的輸出 Da[7..0]與 Db[7..0]分別接至巴士線 Da[7..0]與 Db[7..0]。巴士線 Da[7..0]與 Db[7..0]接至〝direct_g〞的輸入 Da[7..0]與 Db[7..0]。巴士線 r1[15..0]之分支 r1[7..0]接至〝direct_g〞的輸入 romx[7..0]，節點 direct 接至〝direct_g〞的輸入 direct。〝direct_g〞的輸出接至 dataa[7..0]與 datab[7..0]分別接至巴士線 Dataa[7..0]與 Datab[7..0]，巴士線 Dataa[7..0]與 Datab[7..0]分別接至〝alu9_g〞的輸入 dataa[7..0]與 datab[7..0]。巴士線 r2[13..0]之分支 r2[13..12]接至〝alu9_g〞的輸入 S[1..0]。〝alu9_g〞的輸出接至巴士線 aluo[7..0]，巴士線 aluo[7..0]接至〝reg8_g〞的輸入 D[7..0]，reg8_g〞的輸出 Q[7..0]接至巴士線 D[7..0]。電路輸出埠 ro[15..0]只是用來作模擬時觀察之用。clk 與各元件之時脈輸入處 clk 相接。r1[13..0]接到〝reg14_g〞的輸入。而 r1[15..12]接到〝tcnd_g〞的輸入 contl[3..0]。aluo[7..0]接到〝tcnd_g〞的輸入 aluo[7..0]，aluo8 接到〝tcnd_g〞之輸入 aluo8，〝tcnd_g〞之輸出 tcnd 接到節點 tcnd。節點 tcnd 接到〝controller_g〞的其中一個輸入 tcnd。ro[15..0]的分支 ro[15..12]接到〝controller_g〞之輸入 contl[3..0]，〝controller_g〞之輸出 jump2 接到節點 jump2。〝controller_g〞之輸出 ret1 接到節點 ret1。〝controller_g〞之輸出 push2 接到節點 push2。〝controller_g〞之輸出 wen2 接到節點 wen2。節點 ret1 接到第一個〝dff〞之輸入 D。第一個〝dff〞之輸出接到節點 ret2。節點 ret1 亦接到〝sp_g〞的輸入 pop。節點 push2 接到〝sp_g〞的輸入 push。〝sp_g〞之輸出 sp[1..0]接到巴士線 sp[1..0]。巴士線 sp[1..0]接到〝stk_g〞的輸入 sp[1..0]。節點 push2 接到〝stk_g〞的輸入 push。巴士線 pcx[11..0]接到〝stk_g〞的輸入

pcx[11..0]。〝stk_g〞的輸出 stko[11..0]接巴士線 stko[11..0]。巴士線 r2[13..0]之分支 r2[11..0]接到〝pcstk_g〞之輸入 jnumber[11..0]。節點 jump2 接到〝pcstk_g〞之輸入 jump，節點 ret2 接到〝pcstk_g〞之輸入 ret。〝pcstk_g〞之輸出接到巴士線 pc[11..0]。巴士線 pc[11..0]接到〝reg12_g〞之輸入 D[11..0]。〝reg12_g〞之輸出接巴士線 pcx[11..0]。節點 wen2 接到第二個〝dff〞的輸入 D。第二個〝dff〞的輸出 Q 接到節點 wen3。節點 wen3 接至〝io_g〞的輸入 WE。

6-1-1-1　說明

- 電路組成：電路圖編輯簡易 CPU 所引用之組件整理如表 6-4 所示。一個唯讀記憶體、一個十六位元暫存器、一個十四位元暫存器、一個程式計數器暫存器、一個條件碼系統、一個控制系統二、一個堆疊系統、一個堆疊指標系統、一個程式計數器系統二、兩個 D 型正反器、一個八位元暫存器、一個八位元算術邏輯單元、一個記憶體資料致能控制器、一個資料暫存器與 I/O 系統、一個資料選擇系統與一個存入位址控制系統一。

表 6-4　簡易 CPU 組成元件

組　成　元　件	個數	引用模組	元　　件　　功　　能
非同步唯讀記憶體	一個	romu8_16g	作爲指令記憶體，記憶執行程式之數字碼，記憶十六位元資料(寬度等於 16)，可記 256 組資料(depth 等於 256)。
指令暫存器一	一個	reg16_g	十六位元暫存器，暫存記憶體控制碼
指令暫存器二	一個	reg14_g	十四位元暫存器，暫存記憶體控制碼
程式計數器暫存器	一個	reg12_g	十二位元暫存器，暫時存放程式計數器輸出値
條件碼系統	一個	tcnd_g	此系統主要之功能爲產生條件碼，條件碼爲決定是否發生跳躍之控制項之一。tcnd 値會與指令碼有關，也與 ALU 計算結果有關(溢位發生與否、計算値爲零或非零等)。

表 6-4　(續)

控制系統二	一個	controller_g	本系統主要功能在產生各子系統之控制項，包括跳躍致能控制項 jump2、回主程式控制項 ret1、推入堆疊控制項 push2、寫入暫存器控制項 wen2。
堆疊系統	一個	stk_g	堆疊系統主要之功能爲當執行副程式呼叫命令時，儲存要返回之程式計數器值於堆疊中。
堆疊指標系統	一個	sp_g	堆疊指標系統主要之功能爲產生寫入堆疊或讀出堆疊之位址值。
程式計數器系統二	一個	pcstk_g	此系統主要之功能爲計算下一個指令記憶體之位址。
D 型正反器	兩個	dff	配合資料管線之流程進行管線設計。
資料暫存器與 I/O 系統	一個	io_g	描述資料暫存器與 I/O 系統，引用 io_v 組件。此組件之資料暫存器功能爲儲存微處理器運算結果 D，存入位址爲 addr。並有 I/O 裝置 B0、B1、B2 與 B3 可輸出資料暫存器所儲存之內容，還可控制 cha 與 chb 從多組資料暫存器中，選取兩筆資料至 Da 與 Db，或是可由輸出入埠 B1 或 B2 傳入資料，將外部資料送至 Da 或 Db，作爲下一級處理之資料。
資料選擇系統	一個	direct_g	此系統主要是在 Db[7..0]與立即資料 romx 作一個選擇，選擇出之資料暫存到處理暫存器 datab，而輸入 Da 亦暫存至處理暫存器 dataa。最後 dataa 與 datab 即爲要送進 ALU 之資料。
八位元算術邏輯運算單元	一個	alu9_g	將八位元資料 dataa 與 datab 進行算數邏輯運算，運算方式由 S 控制，運算結果由 aluo 輸出。
ALU 暫存器	一個	reg8_g	八位元暫存器，暫存八位元算術邏輯運算單元運算結果。
記憶體資料選擇控制器	一個	dircen_g	記憶體資料選擇控制器輸出控制著資料選擇系統與存入位址控制系統，只當指令碼最高兩位元爲 11 時(立即資料運算指令)，輸出爲 1。
存入位址控制系統	一個	addr_g	可產生存入資料暫存器之位址 addr。位址來源有 r1(11..8)與 r1(3..0)，選擇控制線 direct 控制 addr 輸出 r1(11..8)位址還是 r1(3..0)位址。若爲立即資料運算指令，則會 addr 輸出 r1(11..8)。

- 非同步唯讀記憶體：此電路名稱爲〝romu8_16g〞，此電路由一個〝lpm_rom〞所組成。將其參數 lpm_file 設定爲"pc_g.mif"，參數 lpm_address_control 設定爲"UNREGISTERED"，參數 lpm_outdata 設定爲"UNREGISTERED"，參數 lpm_width 設定爲 16，而參數 lpm_withad 則設定爲 8，並設定使用 address[]與 q[]。請參考 3-2-1 小節。
- 指令暫存器一：此電路名爲〝reg16_g〞，指令暫存器一利用參數式函數〝lpm_ff〞編輯要將其參數 lpm_fftype 設定爲"DFF"，將其參數 lpm_width 設定爲 16，並設定使用 data[]、clock 與 q[]。此設定後之〝lpm_ff〞，其 data[]與 q[]寬度皆爲 16(data[]與 q[]寬度等於 lpm_width 值)。其電路圖編輯結果請參考 3-1-1 小節。
- 指令暫存器二：此電路名爲〝reg14_g〞，指令暫存器二利用參數式函數〝lpm_ff〞編輯，要將其參數 lpm_fftype 設定爲"DFF"，將其參數 lpm_width 設定爲 14，並設定使用 data[]、clock 與 q[]。此設定後之〝lpm_ff〞，其 data[]與 q[]寬度皆爲 14(data[]與 q[]寬度等於 lpm_width 值)。其電路圖編輯結果請參考 3-1-1 小節。
- 條件碼系統：此電路名爲〝tcnd_g〞，此系統主要之功能爲產生條件碼，條件碼爲決定是否發生跳躍之控制項之一。tcnd 值會與指令碼有關，也與 ALU 計算結果有關(溢位發生與否、計算值爲零或非零等)。本系統設計執行跳躍指令時(包括無條件跳躍指令 JUMP 與副程式呼叫指令 CALL)，條件碼 tcnd 等於 1，溢位判斷跳躍指令(JC 與 JNC)或零旗號判斷跳躍指令(JZ 與 JNZ)執行時，則視 ALU 計算結果決定 tcnd 之值。例如當指令碼 contl 爲 0011(無條件呼叫指令)時，條件碼 tcnd 等於 1，當指令碼 contl 爲 0100(運算爲零則跳躍)時，條件碼 tcnd 視 ALU 計算結果而定，若計算結果爲零則條件碼 tcnd 等於 1，若計算結果爲非零則條件碼 tcnd 等於 0。詳細電路請看 5-5-1 小節。

- 控制系統二：此電路名稱為〝controller_g〞，本系統主要功能在產生各子系統之控制項，包括跳躍致能控制項 jump2、回主程式控制項 ret1、推入堆疊控制項 push2、寫入暫存器控制項 wen2。詳細電路請看 5-7-1 小節。
- 堆疊系統：此電路名稱為〝stk_g〞，堆疊系統主要之功能為當執行副程式呼叫命令時，儲存要返回之程式計數器值於堆疊中。此堆疊由四個八位元暫存器所組合而成，程式計數器 pc[11..0]的寫入由 push 控制，存入暫存器的位址由 sp[1..0]決定。從堆疊中讀出要返回之程式計數器資料則由一個四對一多工器負責，由 sp[1..0]控制讀出堆疊的位址，並由 stko[11..0]輸出。詳細電路請看 5-1-1 小節。
- 堆疊指標系統：此電路名稱為〝sp_g〞，堆疊指標系統主要之功能為產生寫入堆疊或讀出堆疊之位址值。當推入堆疊控制線 push 為 1 時，指標指向上一個位址(sp-1)，當取出堆疊控制線 pop 為 1 時，指標指向下一個位址(sp+1)。詳細電路請看 5-2-1 小節。
- 程式計數器系統二：此電路名稱為〝pcstk_g〞，此系統主要之功能為計算下一個程式計數器之位址。在正常運作時(jump=0，ret=0)，程式計數器增加 1，若有跳躍或呼叫情況發生(jump=1)，程式計數器會增加相對位址數 jnumber，若返回情況發生時(ret=1)，程式計數器會載入堆疊內容值。詳細電路請看 5-4-1 小節。
- ALU 暫存器：本系統功能為暫存八位元算術邏輯單元運算結果。此元件名稱為〝reg8_g〞，電路由一個〝lpm_ff〞所組成，要將其參數 lpm_fftype 設定為"DFF"，將其參數 lpm_width 設定為 8，並設定使用 data[]、clock、enable 與 q[]。此設定後之〝lpm_ff〞，其 data[]與 q[]寬度皆為 8(data[]與 q[]寬度等於 lpm_width 值)。參考 3-1-1 小節。
- 八位元算術邏輯運算單元：本系統功能為將八位元資料 dataa 與 datab 進行算數邏輯運算，運算方式由 S 控制，運算結果由 aluo 輸出。此元件名稱為〝alu9_g〞，有 AND、OR、加與減四項運算功能。可參考 2-6-1 小節。

- 立即資料選擇控制器：本系統功能為解碼產生控制項 direct，來控制資料選擇系統與存入位址控制系統。立即資料選擇控制器之電路名稱為〝dircen_g〞。參考 4-4-1-1 小節所示。
- 資料暫存器與 I/O 系統：此系統可輸出資料暫存器所儲存之內容，並從四組資料暫存器中由多工器選取兩筆資料至 Da[7..0]與 Db[7..0]，作為下一級資料之運算，或是可由輸出入埠送入資料，配合多工器之選取將外部資料送至 Da[7..0]或 Db[7..0]，作為下一級資料之運算。資料暫存器與 I/O 系統之電路名稱為〝io_g〞，可參考 4-1-1 小節。
- 資料選擇系統：此系統主要是在 Db 與 romx 作一個選擇，選擇出之資料暫存到 datab，而輸入 Da 亦暫存至 dataa。最後 dataa 與 datab 即為要送進 ALU 之資料。資料選擇系統之電路名稱為〝direct_g〞，可參考 4-2 小節。
- 存入位址控制系統：產生存入資料暫存器之位址，存入位址控制系統之電路名稱為〝addr_g〞。位址來源有 D0 與 D1，選擇控制線 direct 控制 addr 輸出 D0 位址還是 D1 位址。可參考 4-3-1 小節。
- 連接線：電路圖編輯簡易 CPU 之各元件之連接線連接情況整理如表 6-5 所示。

表 6-5　電路圖編輯簡易 CPU 之子系統連接情況

元　件	描述子系統	訊　號　連　線
romu8_16g	非同步唯讀記憶體	非同步唯讀記憶體〝rom_g〞輸出接訊號線 ro[15..0]，其中 ro[15..0]接至指令暫存器一〝reg16_g〞，ro[9..8]與 ro[5..4]接至資料暫存器與 I/O 系統〝io_g〞，ro[15..12]接至控制系統二〝controller_g〞。

表 6-5 (續)

reg16_g	指令暫存器一	指令暫存器一〝reg16_g〞輸出接訊號線 r1，其中 r1[15..14]接至立即資料選擇控制器，r1[13..0]接至指令暫存器二〝reg14_g〞，r1[7..0]接至資料選擇系統〝direct_g〞，r1[15..12]接至條件碼系統〝tcnd_g〞。
reg14_g	指令暫存器二	指令暫存器二〝reg14_g〞輸出接訊號線 r2[13..0]，其中 r2[13..12]接至 ALU 暫存器〝reg8_g〞，r2[11..0]接至程式計數器系統二〝pcstk_g〞。
io_g	資料暫存器與 I/O 系統	資料暫存器與 I/O 系統〝io_g〞輸出 Da[7..0]與 Db[7..0]接訊號線 Da[7..0]與 Db[7..0]，Da[7..0]與 Db[7..0]接至資料選擇系統〝direct_g〞。
directen_g	立即資料選擇控制器	立即資料選擇控制器〝directen_g〞輸出接訊號線 direct，direct 接至資料選擇系統〝direct_g〞與存入位址控制系統〝addr_g〞。
direct_g	資料選擇系統	資料選擇系統〝direct_g〞輸出接訊號線 dataa[7..0]與 datab[7..0]，dataa[7..0]與 datab[7..0]接至算術邏輯運算單元〝alu9_g〞。
alu9_g	八位元算術邏輯運算單元	八位元算術邏輯運算單元〝alu9_g〞輸出接訊號線 aluo[8..0]，aluo[7..0]接至 ALU 暫存器〝reg8_g〞。
reg8_g	ALU 暫存器	ALU 暫存器〝reg8_g〞輸出接訊號線 D[7..0]，D[7..0]接資料暫存器與 I/O 系統〝io_g〞。
addr_g	存入位址控制系統	存入位址控制系統〝addr_g〞輸出接訊號線 addr[3..0]，其中 addr[1..0]接資料暫存器與 I/O 系統〝io_g〞。
tcnd_g	條件碼系統	條件碼系統〝tcnd_g〞輸出 tcnd 接至控制系統二〝controller_g〞。
stk_g	堆疊系統	堆疊系統〝stk_g〞輸出接訊號線 stko[11..0]，接至程式計數器系統二〝pcstk_g〞。
sp_g	堆疊指標系統	堆疊指標系統〝sp_g〞輸出 sp[1..0]，接至堆疊系統〝stk_g〞。
pcstk_g	程式計數器系統二	程式計數器系統二〝pcstk_g〞輸出接訊號線 pc[11..0]，pc[7..0]接至非同步唯讀記憶體〝rom_g〞。pc[11..0]經程式計數器暫存器〝reg12_g〞接至堆疊系統〝stk_g〞。
controller_g	控制系統二	控制系統二〝controller_g〞輸出 jump2、ret1、push2 與 wen2，其中 jump2 接至程式計數器系統二〝pcstk_g〞，ret1 接至堆疊指標系統〝sp_g〞並經由正反器〝dff〞接至程式計數器系統二〝pcstk_g〞，push2 接至堆疊指標系統〝sp_g〞與堆疊系統〝stk_g〞。

6-1-2　VHDL 編輯簡易 CPU

VHDL 編輯結果如圖 6-3 至圖 6-8 所示。如圖 6-3 所示，此範例電路名稱為〝cpu_v〞。

```
LIBRARY ieee;
USE ieee.std_logic_1164.ALL;
LIBRARY lpm;
USE lpm.lpm_components.ALL;
USE work.cpu.ALL;
ENTITY cpu_v IS
    PORT
    (   B1, B2          : INOUT STD_LOGIC_VECTOR(7 downto 0);
        clk             : IN STD_LOGIC;
        B0, B3          : OUT STD_LOGIC_VECTOR(7 downto 0);
        ro              : OUT STD_LOGIC_VECTOR(15 downto 0));
END cpu_v;
```

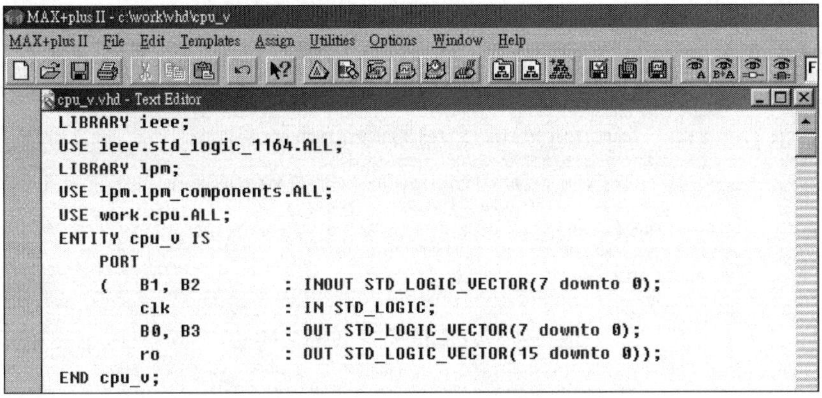

圖 6-3　VHDL 編輯簡易 CPU

本範例使用了兩個套件：目錄〝ieee〞下的〝std_logic_1164〞套件與工作目錄〝work〞下的〝cpu〞套件。輸出入埠 B1 與 B2 之資料型態為 STD_LOGIC_VECTOR(7 downto 0)，輸入埠 clk 之資料型態為 STD_LOGIC，輸出埠 B0 與 B3 之資料型態為 STD_LOGIC_VECTOR(7 downto 0) ，輸出埠 ro 之資料型態為 STD_LOGIC_VECTOR(15 downto 0)。

```
ARCHITECTURE a OF cpu_v  IS
   SIGNAL r1, romo    : STD_LOGIC_VECTOR(15 downto 0);
   SIGNAL r2          : STD_LOGIC_VECTOR(13 downto 0);
   SIGNAL tcnd, push2, wen2, ret1, ret2, jump2, wen3 : STD_LOGIC;
   SIGNAL pc, pcx, stko      : STD_LOGIC_VECTOR(11 downto 0);
   SIGNAL sp                 : STD_LOGIC_VECTOR(1 downto 0);
   SIGNAL addr             : STD_LOGIC_VECTOR(3 downto 0);
   SIGNAL Da, Db, D        : STD_LOGIC_VECTOR(7 downto 0);
   SIGNAL dataa, datab     : STD_LOGIC_VECTOR(7 downto 0);
   SIGNAL aluo             : STD_LOGIC_VECTOR(8 downto 0);
   SIGNAL direct           : STD_LOGIC;
BEGIN
 Blk_rom: BLOCK
  BEGIN
   Rom: lpm_rom
    GENERIC MAP (LPM_WIDTH => 16, LPM_WIDTHAD => 8,
                LPM_FILE => "pc_g.mif",
                LPM_ADDRESS_CONTROL => "UNREGISTERED",
                LPM_OUTDATA => "UNREGISTERED")
    PORT MAP (ADDRESS => pc(7 downto 0), Q => romo);
    ro <= romo;
 END BLOCK Blk_rom;
```

圖 6-4　VHDL 編輯簡易 CPU

如圖 6-4 所示，架構名稱爲 a，在架構宣告區宣告了訊號 r1 與 romo 之資料型態爲 STD_LOGIC_VECTOR(15 downto 0)。訊號 r2 之資料型態爲 STD_LOGIC_VECTOR(13 downto 0)。訊號 tcnd、push2、wen2、ret1、ret2、jump2 與 wen3 之資料型態爲 STD_LOGIC。訊號 pc、pcx 與 stko 之資料型態爲 STD_LOGIC_VECTOR(11 downto 0)。訊號 sp 之資料型態爲 STD_LOGIC_VECTOR(1 downto 0)。訊號 addr 資料型態爲 STD_LOGIC_VECTOR(3 downto 0)，訊號 Da、Db 與 D 資料型態爲 STD_LOGIC_VECTOR(7 downto 0)，訊號 dataa 與 datab 資料型態爲 STD_LOGIC_VECTOR(7 downto 0)，訊號 aluo 資料型態爲 STD_LOGIC_VECTOR(8 downto 0)，訊號 direct 資料型態爲 STD_LOGIC。此電路架構內容共分了數種區塊，在區塊 Blk_rom 中，引用〝lpm_rom〞參數式函數，設定 LPM_WIDTH 之値爲 16， LPM_WIDTHAD 之値爲 8，LPM_FILE 爲檔案 ”pc_g.mif” 。 LPM_ADDRESS_CONTROL 爲”UNREGISTERED”，LPM_OUTDATA 爲”UNREGISTERED”。參數式函

數〝lpm_rom〞之 ADDRESS 腳對應到電路輸入埠 pc(7 downto 0)，參數式函數〝lpm_rom〞之 Q 腳對應到訊號 romo。並將訊號 romo 指給電路輸出埠 ro。

```
Blk_reg: BLOCK
 BEGIN
   reg1: lpm_ff
       GENERIC MAP (LPM_WIDTH => 16)
       PORT MAP (data => romo, clock => clk, q => r1);
   reg2: lpm_ff
       GENERIC MAP (LPM_WIDTH => 14)
       PORT MAP (data => r1(13 downto 0), clock => clk, q => r2);
   pcreg: lpm_ff
       GENERIC MAP (LPM_WIDTH => 12)
       PORT MAP (data => pc, clock => clk, q => pcx);
   alureg: lpm_ff
       GENERIC MAP (LPM_WIDTH => 8)
       PORT MAP (data => aluo(7 downto 0), clock => clk, q => D);
END BLOCK Blk_reg;
Blk_io: BLOCK
 BEGIN
   io : io_v
    PORT MAP (D => D , B1 => B1, B2 => B2, addr => addr(1 downto 0),
             cha => romo(9 downto 8), chb => romo(5 downto 4),
             clk => clk, WE => wen3,  B0 => B0, B3 => B3,
             Da => Da, Db => Db);
END BLOCK Blk_io;
```

圖 6-5　VHDL 編輯簡易 CPU

如圖 6-5 所示，在區塊 Blk_reg 中，引用了〝lpm_ff〞參數式函數，引用名 reg1，設定 LPM_WIDTH 之值爲 16；參數式函數〝lpm_ff〞之 data 腳對應到訊號 romo，參數式函數〝lpm_ff〞之 clock 腳對應到電路輸入埠 clk，參數式函數〝lpm_ff〞之 q 腳對應到訊號 r1。並引用了〝lpm_ff〞參數式函數，引用名爲 reg2，設定 LPM_WIDTH 之值爲 14；參數式函數〝lpm_ff〞之 data 腳對應到訊號 r1(13 downto 0)，參數式函數〝lpm_ff〞之 clock 腳對應到電路輸入埠 clk，參數式函數〝lpm_ff〞之 q 腳對應到訊號 r2。並引用了〝lpm_ff〞參數式函數，引用名爲 pcreg，設定 LPM_WIDTH 之值爲 12；參數式函數〝lpm_ff〞之 data 腳對應到訊號 pc，參數式函數〝lpm_ff〞之 clock 腳對應到電路輸入埠 clk，參數式函數〝lpm_ff〞之 q 腳對應到訊號 pcx。並引用了〝lpm_ff〞參數式函數，引用名爲 alureg，設定 LPM_WIDTH 之值爲

8；參數式函數〝lpm_ff〞之 data 腳對應到訊號 aluo(7 downto 0)，參數式函數〝lpm_ff〞之 clock 腳對應到電路輸入埠 clk，參數式函數〝lpm_ff〞之 q 腳對應到訊號 D。區塊 Blk_io 中描述：引用了〝io_v〞組件，引用名爲 io，組件〝io_v〞之 D 腳對應到訊號 D，組件〝io_v〞之 B1 腳對應到電路輸出入埠 B1，組件〝io_v〞之 B2 腳對應到電路輸出入埠 B2，組件〝io_v〞之 addr 腳對應到訊號 addr(1 downto 0)，組件〝io_v〞之 cha 腳對應到訊號 romo(9 downto 8)，組件〝io_v〞之 chb 腳對應到訊號 romo(5 downto 4)，組件〝io_v〞之 clk 腳對應到電路輸入埠 clk，組件〝io_v〞之 WE 腳對應到電路輸入埠 wen3，組件〝io_v〞之 B0 腳對應到電路輸出埠 B0，組件〝io_v〞之 B3 腳對應到電路輸出埠 B3，組件〝io_v〞之 Da 腳對應到訊號 Da，組件〝io_v〞之 Db 腳對應到訊號 Db。

```
Blk_directen: BLOCK
 BEGIN
   direct <= '1' WHEN r1(15 downto 14) = "11" ELSE  '0';
END BLOCK Blk_directen;
Blk_direct: BLOCK
 BEGIN
   dir: direct_v
    PORT MAP (Da => Da, Db => Db, romx => r1(7 downto 0), clk => clk,
              direct => direct, dataa => dataa, datab => datab);
END BLOCK Blk_direct;
Blk_alu: BLOCK
 BEGIN
   alu: alu9_v
    PORT MAP (dataa => dataa, datab => datab, S => r2(13 downto 12),
               aluo => aluo);
END BLOCK Blk_alu;
Blk_addr: BLOCK
 BEGIN
   addr1: addr_v
       PORT MAP (D0 => r1(3 downto 0), D1 => r1(11 downto 8),
                  clk => clk, direct => direct, addr => addr);
END BLOCK Blk_addr;
```

圖 6-6　VHDL 編輯簡易 CPU

如圖 6-6 所示，在區塊 Blk_directen 中，當 r1(15 downto 14)等於"11"時，訊號 direct 等於'1'，不然訊號 direct 等於'0'。在區塊 Blk_direct 中，引用了〝direct_v〞組件：引用名爲 dir，組件〝direct_v〞之 Da 腳對應到訊號 Da，

組件〝direct_v〞之 Db 腳對應到訊號 Db，組件〝direct_v〞之 romx 腳對應到訊號 r1(7 downto 0)，組件〝direct_v〞之 clk 腳對應到電路輸出入埠 clk，組件〝direct_v〞之 direct 腳對應到訊號 direct ，組件〝direct_v〞之 dataa 腳對應到訊號 dataa，組件〝direct_v〞之 datab 腳對應到訊號 datab。在區塊 Blk_alu 中，引用了〝alu9_v〞組件，引用名為 alu，組件〝alu9_v〞之 dataa 腳對應到訊號 dataa，組件〝alu9_v〞之 datab 腳對應到訊號 datab。組件之 S 腳對應到訊號 r2(13 downto 12)，組件〝alu9_v〞之 aluo 腳對應到訊號 aluo。在區塊 Blk_addr 中，引用了〝addr_v〞組件，引用名為 addr1，組件〝addr_v〞之 D0 腳對應到訊號 r1(3 downto 0)，組件〝addr_v〞之 D1 腳對應到訊號 r1(11 downto 8)，組件〝addr_v〞之 clk 腳對應到訊號 clk，組件〝addr_v〞之 direct 腳對應到訊號 direct，組件〝addr_v〞之 addr 腳對應到訊號 addr。

```
Blk_tcnd: BLOCK
 BEGIN
   tc: tcnd_v
     PORT MAP (contl => r1(15 downto 12), aluo => aluo,
               tcnd => tcnd);
END BLOCK Blk_tcnd;
Blk_controller: BLOCK
 BEGIN
    controller : controller_v
      PORT MAP (tcnd => tcnd, contl => romo(15 downto 12),
                clk => clk, jump2 => jump2, ret1 => ret1,
                push2 => push2, wen2 => wen2);
END BLOCK Blk_controller;
Blk_dff: BLOCK
 BEGIN
   PROCESS
    BEGIN
       WAIT UNTIL clk = '1';
       ret2 <= ret1;
       wen3 <= wen2;
   END PROCESS;
END BLOCK Blk_dff;
```

圖 6-7　VHDL 編輯簡易 CPU

如圖 6-7 所示，在區塊 Blk_tcnd 中，引用了〝tcnd_v〞組件，引用名為 tc，組件〝tcnd_v〞之 contl 腳對應到訊號 r1(15 downto 12)，組件〝tcnd_v〞之 aluo 腳對應到訊號 aluo，組件〝tcnd_v〞之 tcnd 腳對應到訊號 tcnd。在區

塊 Blk_controller 中，引用了〝controller_v〞組件，引用名為 controller，組件〝controller_v〞之 tcnd 腳對應到訊號 tcnd，組件〝controller_v〞之 contl 腳對應到訊號 romo(15 downto 12)，組件〝controller_v〞之 clk 腳對應到訊號 clk，組件〝controller_v〞之 jump2 腳對應到訊號 jump2，組件〝controller_v〞之 ret1 腳對應到訊號 ret1，組件〝controller_v〞之 push2 腳對應到訊號 push2，組件〝controller_v〞之 wen2 腳對應到訊號 wen2。在區塊 Blk_ dff 中，當正緣觸發時，ret2 等於 ret1，訊號 wen3 等於 wen2。

```
Blk_sp: BLOCK
 BEGIN
   spp: sp_v
    PORT MAP (push => push2, pop => ret1, Clk => clk,
              sp => sp);
END BLOCK Blk_sp;
Blk_stk: BLOCK
 BEGIN
   stk: stk_v
    PORT MAP (pcx => pcx, push => push2, Clk => clk, sp => sp,
              stko => stko);
END BLOCK Blk_stk;
Blk_pcstk: BLOCK
 BEGIN
   pcstk: pcstk_v
    PORT MAP (jnumber => r2(11 downto 0), jump => jump2, stko => stko,
              ret => ret2, clk => clk, pc => pc);
END BLOCK Blk_pcstk;
END a;
Line 101   Col 17   INS
```

圖 6-8　VHDL 編輯簡易 CPU

如圖 6-8 所示，在區塊 Blk_sp 中，引用了〝sp_v〞組件，引用名為 spp，組件〝sp_v〞之 push 腳對應到訊號 push2，組件〝sp_v〞之 pop 腳對應到訊號 ret1，組件〝sp_v〞之 Clk 腳對應到訊號 clk，組件〝sp_v〞之 sp 腳對應到訊號 sp。在區塊 Blk_stk 中，引用了〝stk_v〞組件，引用名為 stk，組件〝stk_v〞之 pcx 腳對應到訊號 pcx，組件〝stk_v〞之 push 腳對應到訊號 push2，組件〝stk_v〞之 Clk 腳對應到訊號 clk，組件〝stk_v〞之 sp 腳對應到訊號 sp，組件〝stk_v〞之 stko 腳對應到訊號 stko。在區塊 Blk_pcstk 中，引用了〝pcstk_v〞組件，引用名為 pcstk，組件〝pcstk_v〞之 jnumber 腳對應到訊號 r2(11 downto

0)　，組件〝pcstk_v〞之 jump 腳對應到訊號 jump2，組件〝pcstk_v〞之 stko 腳對應到訊號 stko，組件〝pcstk_v〞之 ret 腳對應到訊號 ret2，組件〝pcstk_v〞之 clk 腳對應到訊號 clk，組件〝pcstk_v〞之 pc 腳對應到訊號 pc。

6-1-2-1　說明

- 組成：VHDL 編輯簡易 CPU 統分成之區塊整理如表 6-6 所示。區塊 Blk_rom 描述 ROM 的內容與接腳，引用〝lpm_rom〞組件。區塊 Blk_reg 描述四組暫存器 reg1、reg2、pcreg 與 alureg，引用〝lpm_ff〞組件，其資料寬度分別爲 16、14、12 與 8。區塊 Blk_tcnd 描述條件碼系統，引用〝tcnd_v〞組件。區塊 Blk_controller 描述控制系統，引用〝controller_v〞組件。區塊 Blk_dff 描述當正緣觸發時，ret2 等於 ret1，電路輸出埠 wen3 等於 wen2。區塊 Blk_sp 描述堆疊指標系統，引用〝sp_v〞組件。區塊 Blk_stk 描述堆疊系統，引用〝stk_v〞組件。區塊 Blk_pcstk 描述程式計數器系統，引用〝pcstk_v〞組件。區塊 Blk_io 描述資料暫存器與 I/O 系統，引用 io_v 組件。區塊 Blk_directen 描述當 r1(15)與 r1(14)皆爲 1 時，記憶體資料致能控制端 direct 等於 1，不然 direct 爲 0。區塊 Blk_direct 描述資料選擇系統，引用 direct_v 組件。區塊 Blk_alu 描述算術邏輯運算單元，引用 alu9_v 組件。區塊 Blk_addr 描述存入位址控制系統，引用 addr_v 組件。

表 6-6　VHDL 編輯簡易 CPU 之區塊

區　塊	描述子系統	功　　能
Blk_rom	非同步唯讀記憶體	描述唯讀記憶體 Rom，引用 lpm_rom 件。記憶執行程式之指令或用來運算的數值，可記憶十六位元資料(寬度等於 16)，可記 256 組資料(depth 等於 256)。
Blk_reg	指令暫存器一、指令暫存器二、程式計數器暫存器與 ALU 暫存器	描述三組暫存器 reg1、reg2、pcreg 與 alureg，引用〝lpm_ff〞組件，其資料寬度分別爲 16、14、12 與 8。
Blk_tcnd	條件碼系統	引用〝tcnd_v〞組件，引用名爲 tc。主要之功能爲產生條件碼，條件碼爲決定是否發生跳躍之控制項之一。
Blk_controller	控制系統二	引用〝controller_v〞組件，引用名爲 controller。主要功能在產生各子系統之控制項，包括跳躍致能控制項 jump2、回主程式控制項 ret1、推入堆疊控制項 push2、寫入暫存器控制項 wen2。
Blk_dff	暫存器	描述當正緣觸發時，ret2 等於 ret1，電路輸出埠 wen3 等於 wen2。
Blk_sp	堆疊指標系統	引用〝sp_v〞組件，引用名爲 spp。主要之功能爲產生寫入堆疊或讀出堆疊之位址值。
Blk_stk	堆疊系統	引用〝stk_v〞組件，引用名爲 stk。主要之功能爲當執行副程式呼叫命令時，儲存要返回之程式計數器值於堆疊中。
Blk_pcstk	程式計數器系統二	引用〝pcstk_v〞組件 pcstk。主要之功能爲計算下一個指令記憶體之位址。
Blk_io	資料暫存器與 I/O 系統	描述資料暫存器與 I/O 系統，引用 io_v 組件。此組件之資料暫存器功能爲儲存微處理器運算結果 D，存入位址爲 addr。並有 I/O 裝置 B0、B1、B2 與 B3 可輸出資料暫存器所儲存之內容，還可控制 cha 與 chb 從多組資料暫存器中，選取兩筆資料至 Da 與 Db，或是可由輸出入埠 B1 或 B2 傳入資料，將外部資料送至 Da 或 Db，作爲下一級處理之資料。
Blk_directen	立即資料選擇控制器	描述當 r1(15)與 r1(14)皆爲 1 時(立即資料運算指令)，記憶體立即資料致能控制端 direct 等於 1，不然 direct 爲 0。
Blk_direct	資料選擇系統	引用 direct_v 組件。此組件主要是在 Db 與立即資料 romx 作一個選擇，選擇出之資料暫存到處理暫存器 datab，而輸入 Da 亦暫存至處理暫存器 dataa。最後 dataa 與 datab 即爲要送進 ALU 之資料。

表 6-6　(續)

Blk_alu	八位元算術邏輯運算單元	引用 alu9_v 組件。將八位元資料 dataa 與 datab 進行算數邏輯運算，運算方式由 S 控制，有 AND、OR、加與減四項運算功能，運算結果由 aluo 輸出。
Blk_addr	存入位址控制系統	引用 addr_v 組件。可產生存入資料暫存器之位址 addr。位址來源有 r1(11 downto 8)與 r1(3 downto 0)，選擇控制線 direct 控制 addr 輸出 r1(11 downto 8)還是 r1(3 downto 0)。若為立即資料運算指令，則會 addr 輸出 r1(11 downto 8)。

- 非同步唯讀記憶體：本系統功能爲記憶執行程式之數字碼，可記憶十六位元資料(寬度等於 16)，可記 256 組資料(depth 等於 256)。此電路由一個〝lpm_rom〞所組成。將其參數 lpm_file 設定爲"pc_g.mif"，參數 lpm_address_control 設定爲"UNREGISTERED"，參數 lpm_outdata 設定爲"UNREGISTERED"，參數 lpm_width 設定爲 16，而參數 lpm_withad 則設定爲 8，並設定使用 address[]與 q[]，即可記憶十六位元資料(lpm_width 等於 16)，可記 256 組資料(address[]寬度等於 lpm_withad)。請參考 3-2-3 小節。以 MIF 檔可以編輯〝lpm_rom〞記憶之內容，如 4-4-1 小節圖 4-40 所示，其中 WIDTH 值爲儲存資料位元數，DEPTH 值爲位址數目，ADDRESS_RADIX 等於 HEX 表示位址值以十六進位表示，DATA_RADIX 等於 HEX 表示資料值以十六進位表示。CONTENT BEGIN 與 END 之間，冒號左邊爲位址，冒號右邊爲該位址之資料。
- 暫存器：本範例使用了〝lpm_ff〞編輯指令暫存器一、指令暫存器二與程式計數器暫存器，關於參數函數〝lpm_ff〞請參考 3-1-1 小節。
- 條件碼系統：條件碼系統〝tcnd_v〞已在 5-5-2 小節介紹，在此小節引用〝tcnd_v〞組件，其組件宣告在 cpu 套件中，〝tcnd_v〞組件宣告如 5-8 小節的表 5-39 所示。

- 控制系統二：控制系統二〝controller_v〞已在 5-7-2 小節介紹，在此小節引用〝controller_v〞組件，其組件宣告在 cpu 套件中，〝controller_v〞組件宣告如如 5-8 小節的表 5-40 所示。
- 堆疊系統：堆疊系統〝stk_v〞已在 5-1-2 小節介紹，在此小節引用〝stk_v〞組件，其組件宣告在 cpu 套件中，〝stk_v〞組件宣告如 5-8 小節的表 5-41 所示。
- 堆疊指標系統：堆疊指標系統〝sp_v〞已在 5-2-2 小節介紹，在此小節引用〝sp_v〞組件，其組件宣告在 cpu 套件中，〝sp_v〞組件宣告如 5-8 小節的表 5-42 所示。
- 程式計數器系統二：程式計數器系統二〝pcstk_v〞已在 5-4-1 小節介紹，在此小節引用〝pcstk_v〞組件，其組件宣告在 cpu 套件中，〝pcstk_v〞組件宣告如 5-8 小節的表 5-43 所示。
- 資料暫存器與 I/O 系統：資料暫存器與 I/O 系統〝io_v〞已在 4-1-2 小節介紹，在此小節引用〝io_v〞組件，其組件宣告在 cpu 套件中，〝io_v〞組件宣告如 5-8 小節的表 4-30 所示。
- 存入位址控制系統：存入位址控制系統〝addr_v〞已在 4-3-2 小節介紹，在此小節引用〝addr_v〞組件，其組件宣告在 cpu 套件中，〝addr_v〞組件宣告如 5-8 小節的表 4-31 所示。
- 八位元算術邏輯運算單元：八位元算術邏輯運算單元〝alu9_v〞已在 2-6-2 小節介紹，在此小節引用〝alu9_v〞組件，其組件宣告在 cpu 套件中，〝alu9_v〞組件宣告如 4-4 小節的表 4-32 所示。
- 資料選擇系統：資料選擇系統〝direct_v〞已在 4-2-2 小節介紹，在此小節引用〝direct_v〞組件，其組件宣告在 cpu 套件中，〝direct_v〞組件宣告如 4-4 小節的表 4-33 所示。
- 連接線：各組件之訊號連接情況整理如表 6-7 所示。

表 6-7 VHDL 編輯簡易 CPU 之訊號連接情況

區 塊	描述子系統	訊 號 連 線
Blk_rom	非同步唯讀記憶體	非同步唯讀記憶體〝Rom〞輸出接訊號線 romo，其中 romo 接至指令暫存器一〝reg1〞，romo(15 downto 12)接至控制系統二〝stk〞，romo(9 downto 8)與 romo(5 downto 4)接至資料暫存器與 I/O 系統〝io〞。
Blk_reg	指令暫存器一、指令暫存器二、程式計數器暫存器與 ALU 暫存器。	指令暫存器一〝reg1〞輸出接訊號線 r1，其中 r1(15 downto 12)接至條件碼系統〝tc〞。r1(13 downto 0)接至指令暫存器二〝reg2〞。 指令暫存器二〝reg2〞輸出接訊號線 r2，其中 r2(11 downto 0)接程式計數器系統二〝pcstk〞。 程式計數器暫存器〝pcreg〞輸出接訊號線 pcx，pcx 接堆疊系統〝stk〞。 ALU 暫存器〝alureg〞輸出接訊號線 D，D 接資料暫存器與 I/O 系統〝io〞。
Blk_ tcnd	條件碼系統	條件碼系統〝tc〞輸出 tcnd，接至控制系統二〝controller〞。
Blk_controller	控制系統二	控制系統二〝controller〞輸出 jump2、ret1、push2 與 wen2，其中 jump2 接至程式計數器系統二〝pcstk〞，ret1 接至堆疊指標系統〝spp〞，並接至一暫存器，push2 接至堆疊指標系統〝spp〞與堆疊系統〝stk〞。wen2 接至一暫存器接至資料暫存器與 I/O 系統〝io〞。
Blk_ dff	暫存器	一暫存器輸出 ret2 接至程式計數器系統二〝pcstk〞t。另一暫存器輸出爲 wen3 接至資料暫存器與 I/O 系統〝io〞。
Blk_sp	堆疊指標系統	堆疊指標系統〝spp〞輸出 sp，接至堆疊系統〝stk〞。
Blk_stk	堆疊系統	堆疊系統〝stk〞輸出接訊號線 stko，接至程式計數器系統二〝pcstk〞。
Blk_pcstk	程式計數器系統二	程式計數器系統二〝pcstk〞輸出接訊號線 pc，pc(7 downto 0)接至非同步唯讀記憶體〝rom〞。pc(11 downto 0)經程式計數器暫存器〝pcreg〞接至堆疊系統〝stk〞。
Blk_io	資料暫存器與 I/O 系統	資料暫存器與 I/O 系統〝io〞輸出 Da 與 Db 接訊號線 Da 與 Db，Da 與 Db 接至資料選擇系統〝dir〞。
Blk_directen	立即資料選擇控制器	立即資料選擇控制器輸出接訊號線 direct，direct 接至資料選擇系統〝dir〞與存入位址控制系統〝addr1〞。

表 6-7 (續)

Blk_direct	資料選擇系統	資料選擇系統〝dir〞輸出接訊號線 dataa 與 datab，dataa 與 datab 接至算術邏輯運算單元〝alu〞。
Blk_alu	八位元算術邏輯運算單元	八位元算術邏輯運算單元〝alu〞輸出接訊號線 aluo，aluo(7 downto 0)接至 ALU 暫存器〝alureg〞。
Blk_addr	存入位址控制系統	存入位址控制系統〝addr1〞輸出接訊號線 addr，其中 addr(1 downto 0)接資料暫存器與 I/O 系統〝io〞。

6-1-3 Verilog HDL 編輯簡易 CPU

Verilog HDL 編輯結果如圖 6-9 至圖 6-12 所示。如圖 6-9 所示，此範例電路名稱為〝cpu_vl〞。

MAX+plus II - c:\work\vl\cpu_vl

MAX+plus II File Edit Templates Assign Utilities Options Window Help

cpu_vl.v - Text Editor

```
module cpu_vl (B1, B2, clk, B0, B3, ro);
   inout   [7:0] B1, B2;
   input   clk;
   output  [7:0] B0, B3;
   output  [15:0] ro;
   wire    [3:0] addr;
   wire    [7:0] Da, Db, D;
   wire    [7:0] dataa, datab;
   wire    [8:0] aluo;
   wire    [15:0] r1, romo;
   wire    [13:0] r2;
   reg     direct;
   reg     wen3;
   reg     ret2;
   wire    tcnd, push2, wen2, ret1, jump2;
   wire    [11:0] pc, pcx, stko;
   wire    [1:0] sp;
```

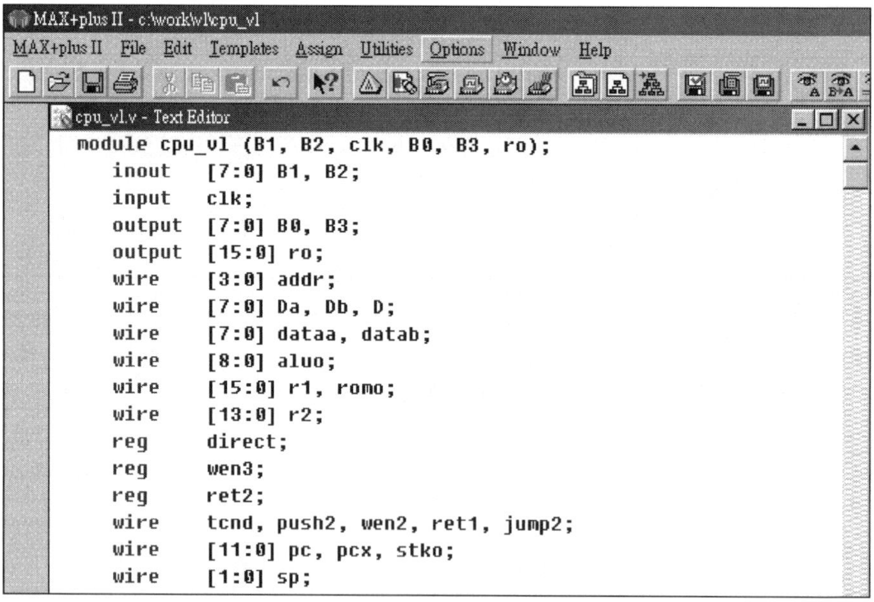

圖 6-9 Verilog HDL 編輯簡易 CPU

輸出入埠 B1 與 B2 爲八位元之向量，資料型態爲內定之 wire 型態。輸入埠 clk 爲一位元之向量，資料型態爲內定之 wire 型態。輸出埠 B0 與 B3 爲八位元之向量，資料型態皆爲內定之 wire 型態。輸出埠 ro 爲十六位元之向量，資料型態爲內定之 wire 型態。另外 addr 爲四位元之向量，資料型態爲 wire。Da、Db 與 D 爲八位元之向量，資料型態爲 wire。dataa 與 datab 爲八位元之向量，資料型態爲 wire。aluo 爲九位元之向量，資料型態爲 wire。r1 與 romo 爲十六位元之向量，資料型態爲 wire。r2 爲十四位元之向量，資料型態爲 wire。direct、wen3 與 ret2 爲一位元之向量，資料型態爲 reg。tcnd、push2、wen2、ret1 與 jump2 爲一位元之向量，資料型態爲 wire。pc、pcx 與 stko 爲十二位元之向量，資料型態爲 wire。sp 爲二位元之向量，資料型態爲 wire。

```
lpm_rom  rom (.address(pc[7:0]), .q(romo));
defparam rom.lpm_width = 16;
defparam rom.lpm_widthad = 8;
defparam rom.lpm_file = "pc_g.mif";
defparam rom.lpm_address_control = "UNREGISTERED";
defparam rom.lpm_outdata = "UNREGISTERED";

assign  ro = romo;

lpm_ff  reg1 (.data(romo), .clock(clk), .q(r1));
defparam reg1.lpm_width = 16;

lpm_ff  reg2 (.data(r1[13:0]), .clock(clk), .q(r2));
defparam reg2.lpm_width = 14;

lpm_ff  alureg (.data(aluo[7:0]), .clock(clk), .q(D));
defparam alureg.lpm_width = 8;

lpm_ff  pcreg (.data(pc), .clock(clk), .q(pcx));
defparam pcreg.lpm_width = 12;
```

圖 6-10　Verilog HDL 編輯簡易 CPU

如圖 6-10 所示，此電路內容爲，非同步唯讀記憶體引入參數式模組 "lpm_rom" ，引入名稱爲 rom，其中參數 address 對應到 pc[7:0]，參數 q

對應到 romo。並指定參數 lpm_width 爲 16；指定參數 lpm_widthad 爲 8；指定參數 lpm_file 爲 "pc_g.mif"；指定參數 lpm_address_control 爲 "UNREGISTERED"；指定參數 lpm_outdata 爲"UNREGISTERED"；同時指定 ro 等於 romo。編輯指令暫存器一，引入參數式模組〝lpm_ff〞，引入名稱爲 reg1，其中參數 data 對應到 romo，參數 clock 對應到 clk，參數 q 對應到 r1；並指定參數 lpm_width 爲 16。編輯指令暫存器二，引入參數式模組〝lpm_ff〞，引入名稱爲 reg2，其中參數 data 對應到 r1[13:0]，參數 clock 對應到 clk，參數 q 對應到 r2；並指定參數 lpm_width 爲 14。編輯 ALU 器暫存器，引入參數式模組〝lpm_ff〞，引入名稱爲 alureg，其中參數 data 對應到 aluo[7:0]，參數 clock 對應到 clk，參數 q 對應 D；並指定參數 lpm_width 爲 8。引入程式計數器暫存器參數式模組〝lpm_ff〞，引入名稱爲 pcreg，其中參數 data 對應到 pc，參數 clock 對應到 clk，參數 q 對應到 pcx；並指定參數 lpm_width 爲 12。

```
io_vl io (.D(D), .B1(B1), .B2(B2), .addr(addr[1:0]),
          .cha(romo[9:8]), .chb(romo[5:4]), .clk(clk),
          .WE(wen3), .B0(B0), .B3(B3), .Da(Da), .Db(Db));

always @(r1)
 begin
   if (r1[15:14] == 2'b11)
    direct = 1'b1;
   else
    direct= 1'b0;
 end

direct_vl dir (.Da(Da), .Db(Db), .romx(r1[7:0]), .clk(clk),
               .direct(direct), .dataa(dataa), .datab(datab));

alu9_vl alu (.dataa(dataa), .datab(datab), .S(r2[13:12]),
             .aluo(aluo));

addr_vl addr1 (.D0(r1[3:0]), .D1(r1[11:8]), .clk(clk),
               .direct(direct), .addr(addr));
```

圖 6-11　Verilog HDL 編輯簡易 CPU

如圖 6-11 所示，引入資料暫存器與 I/O 系統模組〝io_vl〞，引入名稱爲 io，其中參數 D 對應到 D，參數 B1 對應到 B1，參數 B2 對應到 B2，參數 addr 對應到 addr[1:0]，參數 cha 對應到 romo[9:8]，參數 chb 對應到 romo[5:4]，參數 clk 對應到 clk，參數 WE 對應到 wen3，參數 B0 對應到 B0，參數 B3 對應到 B3，參數 Da 對應到 Da，參數 Db 對應到 Db。編輯資料選擇系統，描述若 r1[15:14]等於 2’b11，則 direct 等於 1'b1；不然 direct 等於 1'b0。引入立即資料選擇控制器模組〝direct_vl〞，引入名稱爲 dir，其中參數 Da 對應到 Da，參數 Db 對應到 Db，參數 romx 對應到 r1[7:0]，參數 clk 對應到 clk，參數 direct 對應到 direct，參數 dataa 對應到 dataa，參數 datab 對應到 datab。引入八位元算術邏輯運算單元模組〝alu9_vl〞，引入名稱爲 alu，其中參數 dataa 對應到 dataa，參數 datab 對應到 datab，參數 S 對應到 r2[13:12]，參數 aluo 對應到 aluo。引入存入位址控制系統模組〝addr_vl〞，引入名稱爲 addr1，其中參數 D0 對應到 r1[3:0]，參數 D1 對應到 r1[11:8]，參數 clk 對應到 clk，參數 direct 對應到 direct，參數 addr 對應到 addr。

```
tcnd_vl tc (.contl(r1[15:12]), .aluo(aluo), .tcnd(tcnd));

controller_vl controller (.tcnd(tcnd), .contl(romo[15:12]),
                          .clk(clk), .jump2(jump2), .ret1(ret1),
                          .push2(push2), .wen2(wen2));
always @(posedge clk)
 begin
  ret2 = ret1;
  wen3 = wen2;
 end

sp_vl spp (.push(push2), .pop(ret1), .clk(clk), .sp(sp));

stk_vl stk (.pcx(pcx), .push(push2), .clk(clk), .sp(sp),
            .stko(stko));

pcstk_vl pcstk (.jnumber(r2[11:0]), .jump(jump2), .stko(stko),
                .ret(ret2), .clk(clk), .pc(pc));
endmodule
Line  79    Col  1    INS
```

圖 6-12　Verilog HDL 編輯簡易 CPU

如圖 6-12 所示，引入條件碼系統模組〝tcnd_vl〞，引入名稱爲 tc，其中參數 contl 對應到 r1[15:12]，參數 aluo 對應到 aluo，參數 tcnd 對應到 tcnd。引入控制系統二模組〝controller_vl〞，引入名稱爲 controller，其中參數 tcnd 對應到 tcnd，參數 contl 對應到 romo[15:12]，參數 clk 對應到 clk，參數 jump2 對應到 jump2，參數 ret1 對應到 ret1，參數 push2 對應到 push2，參數 wen2 對應到 wen2。描述暫存器，當 clk 爲正緣時，ret2 等於 ret1，wen3 等於 wen2。引入堆疊指標系統模組〝sp_vl〞，引入名稱爲 spp，其中參數 push 對應到 push2，參數 pop 對應到 ret1，參數 clk 對應到 clk，參數 sp 對應到 sp。引入堆疊系統模組〝stk_vl〞，引入名稱爲 stk，其中參數 pcx 對應到 pcx，參數 push 對應到 push2，參數 clk 對應到 clk，參數 stko 對應到 stko。引入程式計數器系統二模組〝pcstk_vl〞，引入名稱爲 pcstk，其中參數 jnumber 對應到 r2[11:0]，參數 jump 對應到 jump2，參數 stko 對應到 stko，參數 ret 對應到 ret2，參數 clk 對應到 clk，參數 pc 對應到 pc。

6-1-3-1 說明

- 組成：Verilog HDL 編輯簡易 CPU 分成之部分整理如表 6-8 所示。圖 6-10 描述非同步唯讀記憶體的設定與接腳，引用〝lpm_rom〞函數，並描述四組暫存器 reg1、reg2、alureg 與 pcreg，引用 lpm_ff 組件，其資料寬度分別爲 16、14、8 與 12。圖 6-11 引入資料暫存器與 I/O 系統〝io_vl〞模組，並描述立即資料選擇控制器行爲，即當 r1(15)與 r1(14)皆爲 1 時，記憶體資料致能控制端 direct 等於 1，不然 direct 爲 0。還引入三個模組，分別是資料選擇系統〝direct_vl〞模組、算術邏輯運算單元〝alu9_vl〞模組與存入位址控制系統〝addr_vl〞模組。圖 6-12 引用了條件碼系統 tcnd_vl 模組，控制系統 controller_vl 模組，並描述了兩暫存器 ret2 與 wen3 的行爲，並引用堆疊指標系統 sp_vl 模組、堆疊系統 stk_vl 模組與程式計數器系統 pcstk_vl 模組。

表 6-8　Verilog HDL 編輯簡易 CPU 之子系統說明

子　系　統	功　　能
非同步唯讀記憶體	引用 lpm_rom 函數，引用名爲 rom。記憶執行程式之指令或用來運算的數值，可記憶十六位元資料(寬度等於 16)，可記 256 組資料(depth 等於 256)。
指令暫存器一	引用 lpm_ff 函數，引用名爲 reg1。爲十六位元暫存器，可暫時存放指令。
指令暫存器二	引用 lpm_ff 函數，引用名爲 reg2。爲十四位元暫存器，可暫時存放指令。
程式計數器暫存器	引用 lpm_ff 函數，引用名爲 pcreg。爲十二位元暫存器，可暫時存放程式計數器輸出值。
條件碼系統	引〝tcnd_vl〞模組。主要之功能爲產生條件碼，條件碼爲決定是否發生跳躍之控制項之一。
控制系統二	引用〝controller_vl〞模組，引用名爲 controller。主要功能在產生各子系統之控制項，包括跳躍致能控制項 jump2、回主程式控制項 ret1、推入堆疊控制項 push2、寫入暫存器控制項 wen2。
暫存器	描述當 clk 正緣觸發時，ret2 等於 ret1，電路輸出埠 wen3 等於 wen2。
堆疊指標系統	引用〝sp_vl〞模組，引用名爲 spp。主要之功能爲產生寫入堆疊或讀出堆疊之位址值。
堆疊系統	引用〝stk_vl〞模組，引用名爲 stk。主要之功能爲當執行副程式呼叫命令時，儲存要返回之程式計數器値於堆疊中。
程式計數器系統二	引用〝pcstk_vl〞模組，引用名爲 pcstk。主要之功能爲計算下一個指令記憶體之位址。
ALU 暫存器	引用 lpm_ff 函數，引用名爲 alureg。爲八位元暫存器，可暫存資料。
資料暫存器與 I/O 系統	描述資料暫存器與 I/O 系統，引用 io_vl 模組。此模組之資料暫存器功能爲儲存微處理器運算結果 D，存入位址爲 addr。並有 I/O 裝置 B0、B1、B2 與 B3 可輸出資料暫存器所儲存之內容，還可控制 cha 與 chb 從多組資料暫存器中，選取兩筆資料至 Da 與 Db，或是可由輸出入埠 B1 或 B2 傳入資料，將外部輸入送至 Da 或 Db，作爲下一級處理之資料。
立即資料選擇控制器	描述當 r1[15]與 r1[14]皆爲 1 時(立即資料運算指令)，記憶體立即資料致能控制端 direct 等於 1，不然 direct 爲 0。
資料選擇系統	引用 direct_vl 模組，引用名爲 dir。此模組主要是在 Db 與立即資料 romx 作一個選擇，選擇出之資料暫存到處理暫存器 datab，而輸入 Da 亦暫存至處理暫存器 dataa。最後 dataa 與 datab 即爲要送進 ALU 之資料。

表 6-8 (續)

八位元算術邏輯運算單元	引用 alu9_vl 模組，引用名爲 alu。此模組將八位元資料 dataa 與 datab 進行算數邏輯運算，運算方式由 S 控制，有 AND、OR、加與減四項運算功能，運算結果由 aluo 輸出。
存入位址控制系統	引用 addr_vl 模組，引用名爲 addr1。可產生存入資料暫存器之位址 addr。位址來源有 r1[11:8]與 r1[3:0]，選擇控制線 direct 控制 addr 輸出 r1[11:8]位址還是 r1[3:0]位址。若爲立即資料運算指令，則會 addr 輸出 r1[11:8]。

- 連接線：簡易 CPU 各子系統之接線連接情況整理如表 6-9 所示。

表 6-9 Verilog HDL 編輯資料管線系統之訊號連接情況

描述子系統	訊　號　連　線
非同步唯讀記憶體	非同步唯讀記憶體〝rom〞輸出接訊號線 romo，其中 romo 接至指令暫存器一〝reg1〞，romo[15:12]接至控制系統二〝stk〞。
指令暫存器一	指令暫存器一〝reg1〞輸出接訊號線 r1，其中 r1[15:12]接至條件碼系統〝tcnd〞。r1[13:0]接至指令暫存器二〝reg2〞。
指令暫存器二	指令暫存器二〝reg2〞輸出接訊號線 r2，其中 r2[11:0]接至程式計數器系統二〝pcstk〞，其中 r2[13:12]接至 ALU 暫存器〝alureg〞。
程式計數器暫存器	程式計數器暫存器〝pcreg〞輸出接訊號線 pcx，pcx 接堆疊系統〝stk〞。
ALU 暫存器	ALU 暫存器〝alureg〞輸出接訊號線 D，D 接資料暫存器與 I/O 系統〝io〞。
條件碼系統	條件碼系統〝tc〞輸出 tcnd，接至控制系統二〝controller〞。
控制系統二	控制系統二〝controller〞輸出 jump2、ret1、push2 與 wen2，其中 jump2 接至程式計數器系統二〝pcstk〞，ret1 接至堆疊指標系統〝spp〞，並接至一暫存器，push2 接至堆疊指標系統〝spp〞與堆疊系統〝stk〞。wen2 接至一暫存器。
暫存器	一暫存器輸出 ret2 接至程式計數器系統二〝pcstk〞。另一暫存器輸出接 wen3 輸出埠。
堆疊指標系統	堆疊指標系統〝spp〞輸出 sp，接至堆疊系統〝stk〞。
堆疊系統	堆疊系統〝stk〞輸出接訊號線 stko，接至程式計數器系統二〝pcstk〞。

表 6-9　(續)

程式計數器系統二	程式計數器系統二 〝pcstk〞 輸出接訊號線 pc，pc7:0]接至非同步唯讀記憶體〝rom〞。pc 經程式計數器暫存器〝pcreg〞接至堆疊系統〝stk〞。
資料暫存器與 I/O 系統	資料暫存器與 I/O 系統 〝io〞 輸出 Da 與 Db 接訊號線 Da 與 Db，Da 與 Db 接至資料選擇系統 〝dir〞。
立即資料選擇控制器	立即資料選擇控制器輸出接訊號線 direct，direct 接至資料選擇系統 〝dir〞 與存入位址控制系統 〝addr1〞。
資料選擇系統	資料選擇系統〝dir〞輸出接訊號線 dataa 與 datab，dataa 與 datab 接至算術邏輯運算單元 〝alu〞。
八位元算術邏輯運算單元	八位元算術邏輯運算單元 〝alu〞 輸出接訊號線 aluo，aluo[7:0]接至 ALU 暫存器 〝alureg〞。
存入位址控制系統	存入位址控制系統 〝addr1〞 輸出接訊號線 addr，其中 addr[1: 0]接資料暫存器與 I/O 系統 〝io〞。

- 非同步唯讀記憶體：本系統功能爲記憶執行程式之數字碼，可記憶十六位元資料(寬度等於 16)，可記 256 組資料(depth 等於 256)。此電路由一個 〝lpm_rom〞 所組成。將其參數 lpm_file 設定爲"pc_g.mif"，參數 lpm_address_control 設定爲"UNREGISTERED"，參數 lpm_outdata 設定爲"UNREGISTERED"，參數 lpm_width 設定爲 16，而參數 lpm_withad 則設定爲 8，並設定使用 address[]與 q[]，即可記憶十六位元資料(lpm_width 等於 16)，可記 256 組資料(address[]寬度等於 lpm_withad)。請參考 3-2-1 小節。以 MIF 檔可以編輯 〝lpm_rom〞 記憶之內容，如 4-4-1 小節圖 4-40 所示，其中 WIDTH 值爲儲存資料位元數，DEPTH 值爲位址數目，ADDRESS_RADIX 等於 HEX 表示位址值以十六進位表示，DATA_RADIX 等於 HEX 表示資料值以十六進位表示。CONTENT BEGIN 與 END 之間，冒號左邊爲位址，冒號右邊爲該位址之資料。
- 暫存器：本範例使用了 〝lpm_ff〞 編輯指令暫存器一、指令暫存器二、ALU 暫存器與程式計數器暫存器，關於參數函數〝lpm_ff〞請參考 3-1-1 小節。

- 條件碼系統：條件碼系統〝tcnd_vl〞已在 5-3-3 小節介紹，在此小節引用〝tcnd_vl〞模組，引用語法如 5-8-3 小節的表 5-48 所示。
- 控制系統二：控制系統二〝controller_vl〞已在 5-7-3 小節介紹，在此小節引用〝controller_vl〞模組，引用語法如 5-8-3 小節的表 5-49 所示。
- 堆疊指標系統：堆疊指標系統〝sp_vl〞已在 5-2-3 小節介紹，在此小節引用〝sp_vl〞模組，引用語法如 5-8-3 小節的表 5-50 所示。
- 堆疊系統：堆疊系統〝stk_vl〞已在 5-1-3 小節介紹，在此小節引用〝stk_vl〞模組，引用語法如 5-8-3 小節的表 5-51 所示。
- 資料暫存器與 I/O 系統：資料暫存器與 I/O 系統〝io_vl〞已在 4-1-3 小節介紹，在此小節引用〝io_vl〞模組，引用語法如 4-4-3 小節的表 4-37 所示。
- 八位元算術邏輯運算單元：八位元算術邏輯運算單元〝alu9_vl〞已在 2-6-3 小節介紹，在此小節引用〝alu9_vl〞模組，引用語法如 4-4-3 小節的表 4-38 所示。
- 資料選擇系統：資料選擇系統〝direct_vl〞已在 4-2-3 小節介紹，在此小節引用〝direct_vl〞模組，引用語法如 4-4-3 小節的表 4-39 所示。
- 立即資料選擇控制器：描述當 r1[15]與 r1[14]皆為 1 時，記憶體立即資料致能控制端 direct 等於 1，不然 direct 為 0。描述語法如 4-4-3 小節的表 4-40 所示。
- 存入位址控制系統：存入位址控制系統〝addr_vl〞已在 4-3-3 小節介紹，在此小節引用〝addr_vl〞模組，引用語法如 4-4-3 小節的表 4-41 所示。

6-1-4　模擬簡易 CPU

- 根據圖 6-13 之指令，簡易 CPU 模擬結果如圖 6-14 至圖 6-15 所示。要強調的是運算指令讀入後要等三個週期才將運算結果寫入資料暫存器。而跳躍、呼叫與返回要等兩個週期才跳躍，故跳躍位址要以目前位址加 2 再加上相對位址值。

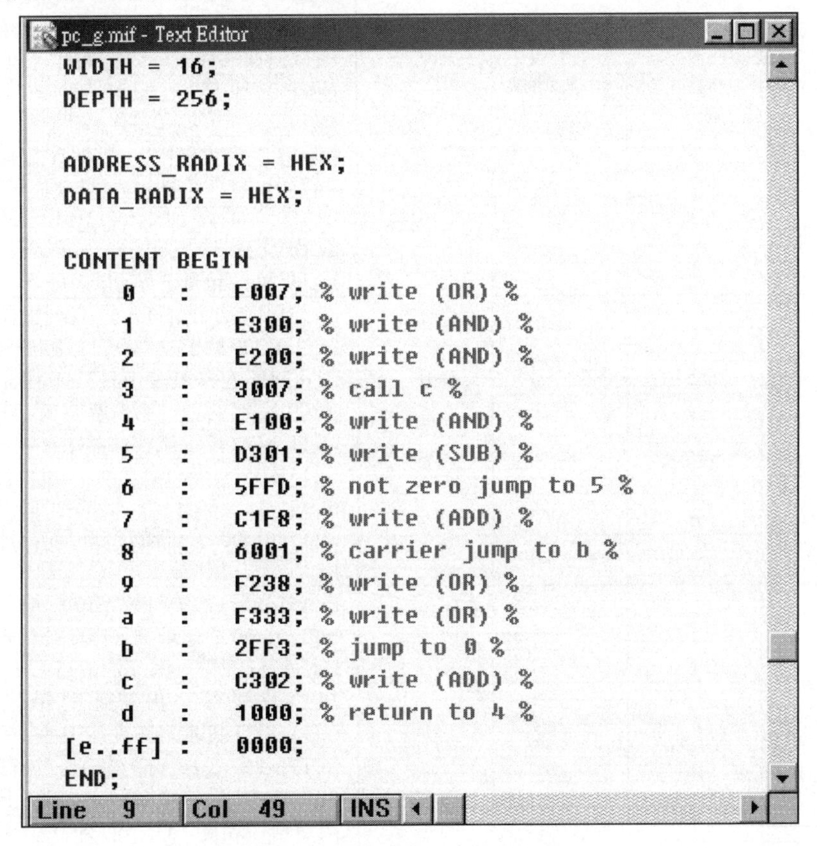

```
pc_g.mif - Text Editor
WIDTH = 16;
DEPTH = 256;

ADDRESS_RADIX = HEX;
DATA_RADIX = HEX;

CONTENT BEGIN
     0    :   F007; % write (OR) %
     1    :   E300; % write (AND) %
     2    :   E200; % write (AND) %
     3    :   3007; % call c %
     4    :   E100; % write (AND) %
     5    :   D301; % write (SUB) %
     6    :   5FFD; % not zero jump to 5 %
     7    :   C1F8; % write (ADD) %
     8    :   6001; % carrier jump to b %
     9    :   F238; % write (OR) %
     a    :   F333; % write (OR) %
     b    :   2FF3; % jump to 0 %
     c    :   C302; % write (ADD) %
     d    :   1000; % return to 4 %
[e..ff]   :   0000;
END;
Line 9   Col 49   INS
```

圖 6-13　模擬簡易 CPU 控制系統

程式說明：pc.mif 檔內容爲此簡易 CPU 執行之程式，就圖 6-13 之內容說明如表 6-10 所示。

表 6-10　程式說明

十六進制	十六進制	十六進制	十六進制	說　　明
ro[15..12]	ro[11..8]	ro[7..4]	ro[3..0]	
F	0	0	7	ro[15]=1，ro[14]=1，選取記憶體資料 ro[7..0]=07 與位址爲 ro[11..8]=0 暫存器內資料作運算，因 ro[13]=1，ro[12]=1 故作或運算，再將運算結果放回 ro[11..8]=0 位址之暫存器中。
E	3	0	0	ro[15]=1，ro[14]=1，選取記憶體資料 ro[7..0]=00 與位址爲 ro[11..8]=3 暫存器內資料作運算，因 ro[13]=1，ro[12]=0 故作及運算，再將運算結果放回 ro[11..8]=3 位址之暫存器中。
E	2	0	0	ro[15]=1，ro[14]=1，選取記憶體資料 ro[7..0]=00 與位址爲 ro[11..8]=2 暫存器內資料作運算，因 ro[13]=1，ro[12]=0 故作及運算，再將運算結果放回 ro[11..8]=2 位址之暫存器中。
3	0	0	7	ro[15]=0，ro[14]=0，ro[13]=1，ro[12]=1，指令爲呼叫。因 ro[11..0]=007，即跳躍至目前位址+2+7 處。
E	1	0	0	ro[15]=1，ro[14]=1，選取記憶體資料 ro[7..0]=00 與位址爲 ro[11..8]=1 暫存器內資料作運算，因 ro[13]=1，ro[12]=0 故作及運算，再將運算結果放回 ro[11..8]=1 位址之暫存器中。
D	3	0	1	ro[15]=1，ro[14]=1，選取記憶體資料 ro[7..0]=01 與位址爲 ro[11..8]=3 暫存器內資料作運算，因 ro[13]=0，ro[12]=1 故作減運算，再將運算結果放回 ro[11..8]=3 位址之暫存器中。

表 6-10　(續)

5	F	F	D	ro[15]=0，ro[14]=0，ro[13]=1，ro[12]=0，指令為運算非零則跳躍。若跳躍條件成立，因 ro[11..0]=FFD，即跳躍至目前位址+2+FFD 處。
C	1	F	8	ro[15]=1，ro[14]=1，選取記憶體資料 ro[7..0]=F8 與位址為 ro[11..8]=1 暫存器內資料作運算，因 ro[13]=0，ro[12]=0 故作加運算，再將運算結果放回 ro[11..8]=1 位址之暫存器中。
6	0	0	1	ro[15]=0，ro[14]=1，ro[13]=1，ro[12]=0，指令為發生溢位則跳躍。因 ro[11..0]=001，即跳躍至目前位址+2+1 處。
F	2	3	8	ro[15]=1，ro[14]=1，選取記憶體資料 ro[7..0]=38 與位址為 ro[11..8]=2 暫存器內資料作運算，因 ro[13]=1，ro[12]=1 故作或運算，再將運算結果放回 ro[11..8]=2 位址之暫存器中。
F	3	3	3	ro[15]=1，ro[14]=1，選取記憶體資料 ro[7..0]=33 與位址為 ro[11..8]=3 暫存器內資料作運算，因 ro[13]=1，ro[12]=1 故作或運算，再將運算結果放回 ro[11..8]=3 位址之暫存器中。
2	F	F	3	ro[15]=0，ro[14]=0，ro[13]=1，ro[12]=0，指令為跳躍。因 ro[11..0]=FF3，即跳躍至目前位址+2+FF3 處。
C	3	0	2	ro[15]=1，ro[14]=1，選取記憶體資料 ro[7..0]=02 與位址為 ro[11..8]=3 暫存器內資料作運算，因 ro[13]=0，ro[12]=0 故作加運算，再將運算結果放回 ro[11..8]=3 位址之暫存器中。
1	0	0	0	ro[15]=0，ro[14]=0，ro[13]=0，ro[12]=1，指令為返回。返回呼叫程式下一個指令。

- 模擬結果：第一至第六個時脈模擬結果如圖 6-14 至圖 6-16 所示。pc 爲唯讀記憶體之位址輸入處(程式記數器值)，ro 爲執行之記憶體指令，Clk 爲所有時脈控制數入端，資料暫存器之四組暫存器在此模擬圖顯示爲 g33|d8_g:1|Q[7..0]、g33|d8_g:2|Q[7..0]、g33|d8_g:3|Q[7..0] 與 g33|d8_g:4|Q[7..0]，其對應位址分別爲 0、1、2 與 3。D[7..0]爲存入資料暫存器之資料，wen3 爲資料暫存器之寫入致能控制，存入資料暫存器的位址爲 addr[1..0]。dataa[7..0]與 datab[7..0]處理暫存器暫存之資料，D[7..0]爲 ALU 暫存器暫存之資料。

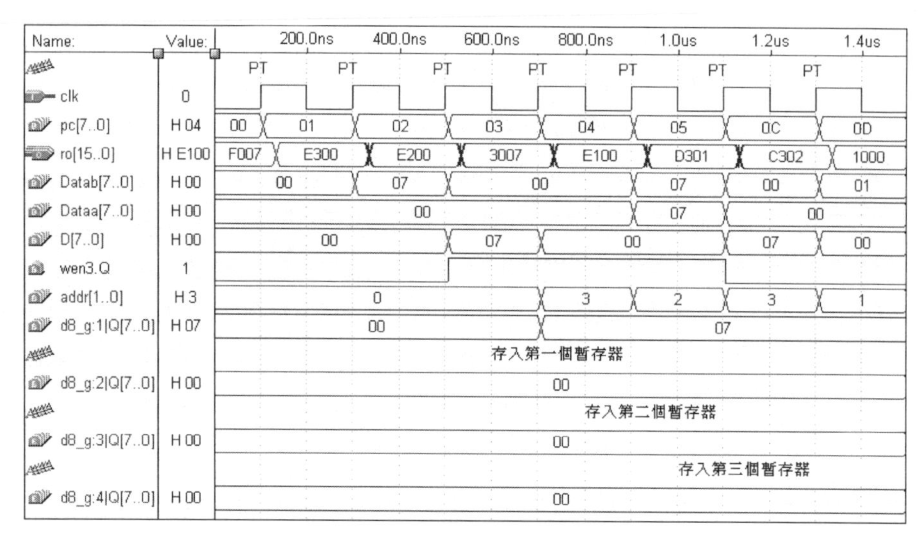

圖 6-14　模擬簡易 CPU

圖 6-15 中 push1 與 push2 爲推入堆疊控制項，jump1 與 jump2 爲跳躍控制項，sp 爲堆疊指標，ret1 與 ret2 爲返回控制項。

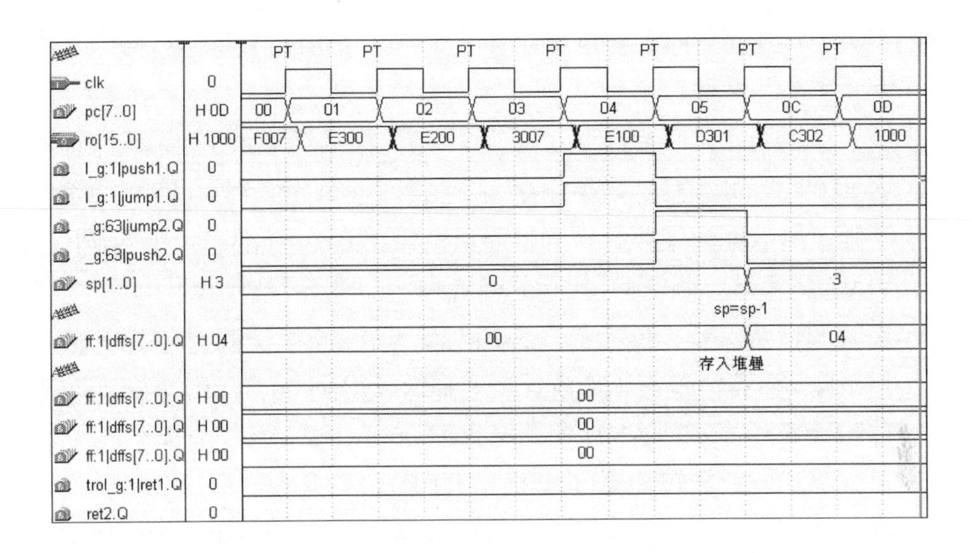

圖 6-15　模擬簡易 CPU

圖 6-16 中 B0 與 B3 為資料暫存器輸出埠，B1 與 B2 為輸出入埠，但此時 B1 與 B2 當輸出用。(模擬圖 6-16 中 B1 與 B2 之輸入埠要配合模擬圖中 B1 與 B2 之輸出埠來給值，不然會出現 X。)

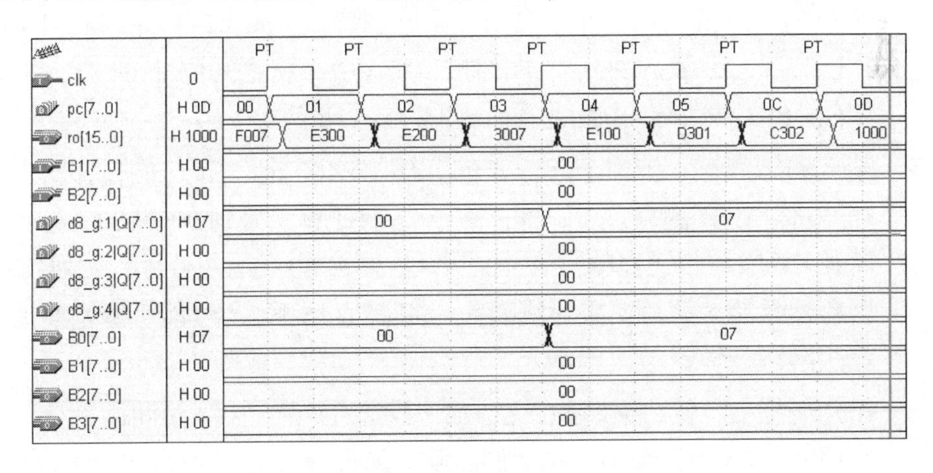

圖 6-16　模擬簡易 CPU

◎ 模擬說明：如圖 6-14 至圖 6-16 所示之第一至第六個時脈之輸出入與節點模擬值說明如下。

1. 第一個指令：第一個時脈，pc=00，讀入指令爲 F007(第一個暫存器內容與 07 作 OR 運算)；第二個時脈，讀取運算元得到 00 與 07；第三個時脈，算數邏輯運算執行 OR 運算結果爲 07，wen3=1；第四個時脈，將 07 存入第一個資料暫存器(addr=0)。如圖 6-14 所示。
2. 第二個指令：第二個時脈，pc=01，讀入 E300(第一個暫存器內容與 00 作 AND 運算)；第三個時脈，讀取運算元得到 00 與 00；第四個時脈，算數邏輯運算執行 AND 運算結果爲 00，wen3=1；第五個時脈，將 00 存入第二個資料暫存器(addr=1)。如圖 6-14 所示。
3. 第三個指令：第三個時脈，pc=02，讀入 E200(第三個暫存器內容與 00 作 AND 運算)；第四個時脈，讀取運算元得到 00 與 00；第五個時脈，算數邏輯運算執行 AND 運算結果爲 00，wen3=1；第六個時脈，將 00 存入第三個資料暫存器(addr=2)。如圖 6-14 所示。
4. 第四個指令：第四個時脈，pc=03，讀入 3007 指令(呼叫相對位址爲 007 處)，則 push1=1，jump1=1；第五個時脈，push2=1，jupm2=1；第六個時脈，改變 pc 值爲呼叫目標位址(0C)，將返回位址(04)存入堆疊中(sp=0)，並改變 sp 值(sp-1)；如圖 6-15 所示。
5. 第五個指令：第五個時脈，pc=04，讀入 E100 指令(第二個暫存器內容與 00 作 AND 運算)；第六個時脈，讀取運算元得到 00 與 00；第七個時脈，算數邏輯運算執行 AND 運算結果爲 00，wen3=0；第八個時脈，暫存器禁能，運算結果無法寫入。如圖 6-15 所示。(前一個週期指令發生跳躍，資料被放棄)。
6. 第六個指令：第六個時脈，pc=05，讀入 D301 指令(第四個暫存器內容與 01 作 SUB 運算)；第七個時脈，讀取運算元得到 00 與 01；第八個時脈，算數邏輯運算執行 SUB 運算結果爲 FF，wen3=0；第九個時脈，暫存器禁能，運算結果無法寫入。如圖 6-14 所示。(前兩個週期指令發生跳躍，資料被放棄)。

● 模擬結果：第七至第十個時脈之模擬結果如圖 6-17 至圖 6-19 所示。

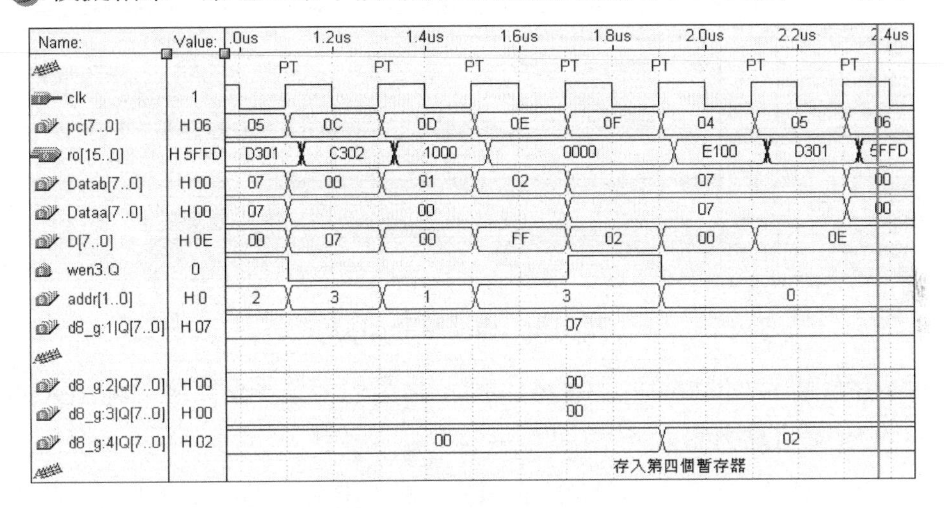

圖 6-17　模擬簡易 CPU

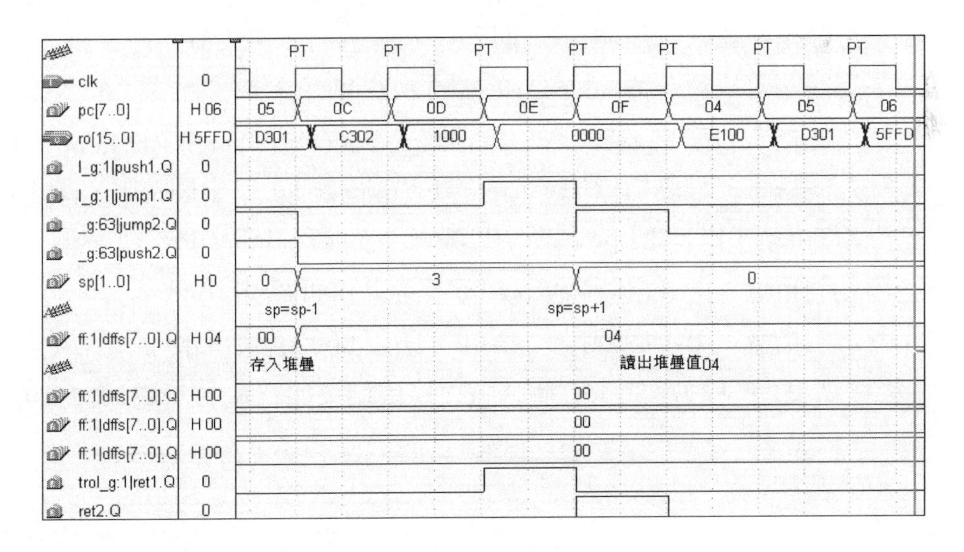

圖 6-18　模擬簡易 CPU

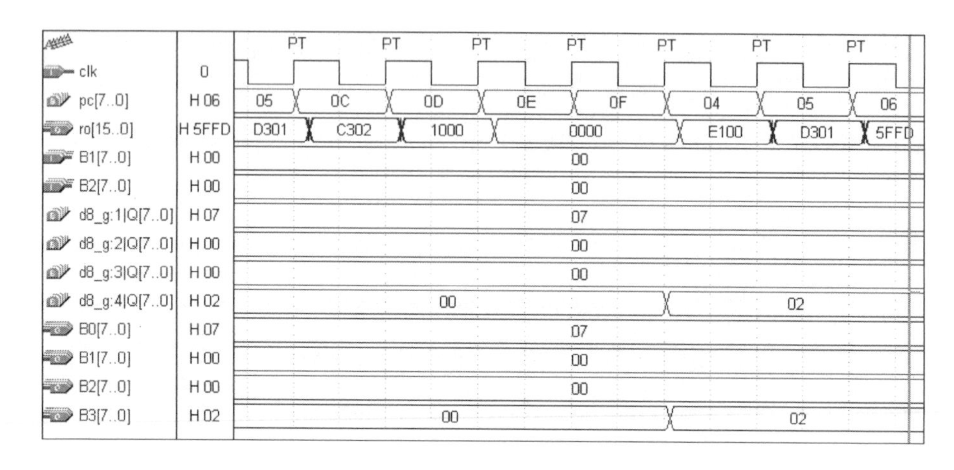

圖 6-19　模擬簡易 CPU

模擬說明：如圖 6-17 至圖 6-19 所示之第七至第十個時脈之輸出入與節點模擬值說明如下。

1. 第七個指令：第七個時脈，pc=0C，讀入指令為 C302(第四個暫存器內容與 02 相加)；第八個時脈，讀取運算元得到 00 與 02；第九個時脈，算數邏輯運算執行加運算結果為 02，wen3=1；第十個時脈，將 07 存入第四個資料暫存器(addr=3)。如圖 6-17 所示。
2. 第八個指令：第八個時脈，pc=0D，讀入 1000(返回)，ret1=1，jump1=1；第九個時脈，堆疊指標加 1，ret2=1，jump2=1；第十個時脈，讀出堆疊值 04(sp=0)即改變 pc 值至返回位址。如圖 6-18 所示。
3. 第九個指令：第九個時脈，pc=0E，讀入 0000(空指令)。
4. 第十個指令：第十個時脈，pc=0F，讀入 0000(空指令)。

模擬結果：第十一至第十五個時脈之模擬結果如圖 6-20 至圖 6-22 所示。

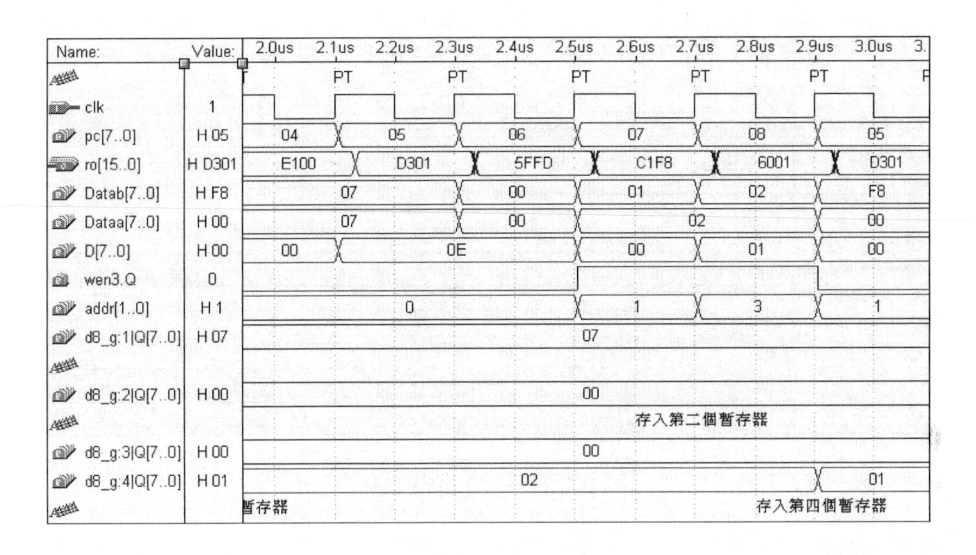

圖 6-20　模擬簡易 CPU

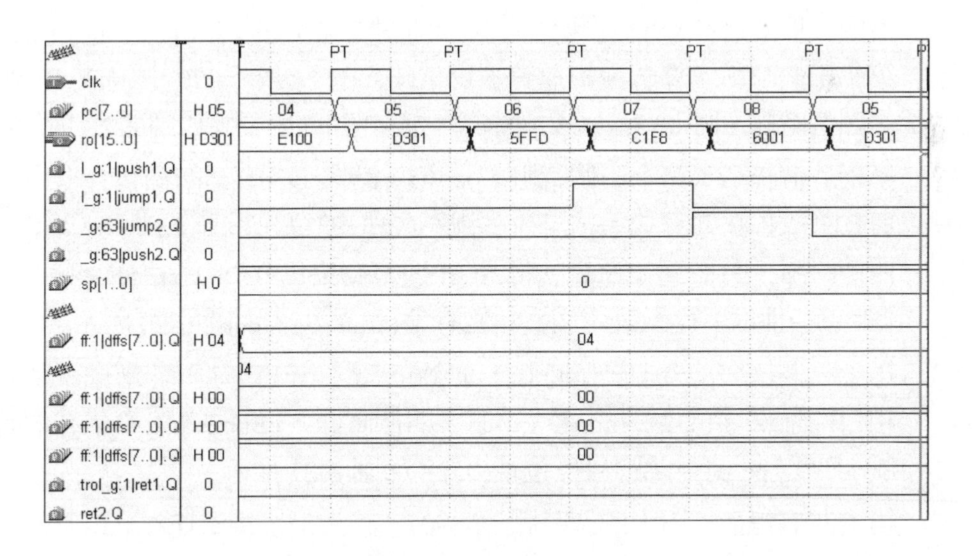

圖 6-21　模擬簡易 CPU

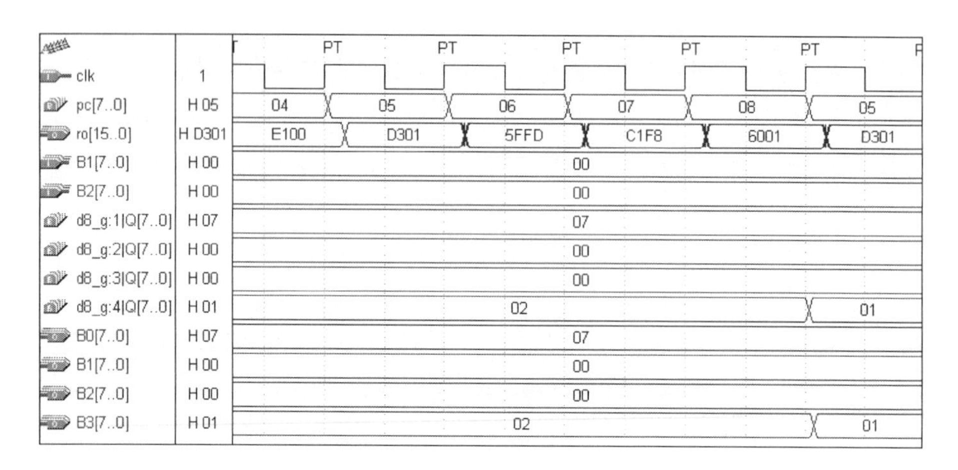

圖 6-22　模擬簡易 CPU

模擬說明：如圖 6-20 至圖 6-22 所示之第十一至第十五個時脈之輸出入與節點模擬值說明如下。

1. 第十一個指令：第十一個時脈，pc=04，讀入指令為 E100(第二個暫存器內容與 00 作 AND 運算)；第十二個時脈，讀取運算元得到 00 與 00；第十三個時脈，算數邏輯運算執行 AND 運算結果為 00，wen3=1；第十四個時脈，將 00 存入第二個資料暫存器(addr=1)。如圖 6-20 所示。
2. 第十二個指令：第十二個時脈，pc=05，讀入 D301(第四個暫存器內容與 01 作 SUB 運算)；第十三個時脈，讀取運算元得到 02 與 01；第十四個時脈，算數邏輯運算執行 SUB 運算結果為 01，wen3=1；第十五個時脈，將 01 存入第四個資料暫存器(addr=3)。如圖 6-20 所示。
3. 第十三個指令：第十三個時脈，pc=06，讀入 5FFD(運算非零則跳躍至相對位址為 FFD)，jump1=1；第十四個時脈，jump2=1；第十五個時脈，改變 pc 值為跳躍目標位址(05)。如圖 6-21 所示。
4. 第十四個指令：第十四個時脈，pc=07，讀入指令為 C1F8(第二個暫存器內容與 F8 作 ADD 運算)；第十五個時脈，讀取運算元得到 F8 與 00；第十六個時脈，算數邏輯運算執行 ADD 運算結果為 F8，wen3=0；第十七個時脈，暫存器禁能，運算結果無法寫入。如圖 6-20 所示。(前一個週期指令發生跳躍，資料被放棄)。

5. 第十五個指令：第十五個時脈，pc=08，讀入 6001(運算發生溢位則跳躍至相對位址為 001)，jump1=0(前兩個週期指令發生跳躍，跳躍被放棄)。第十六個時脈，jump2=0。如圖 6-20 所示。

模擬結果:第十六至第十九個時脈之模擬結果如圖 6-23 至圖 6-25 所示。

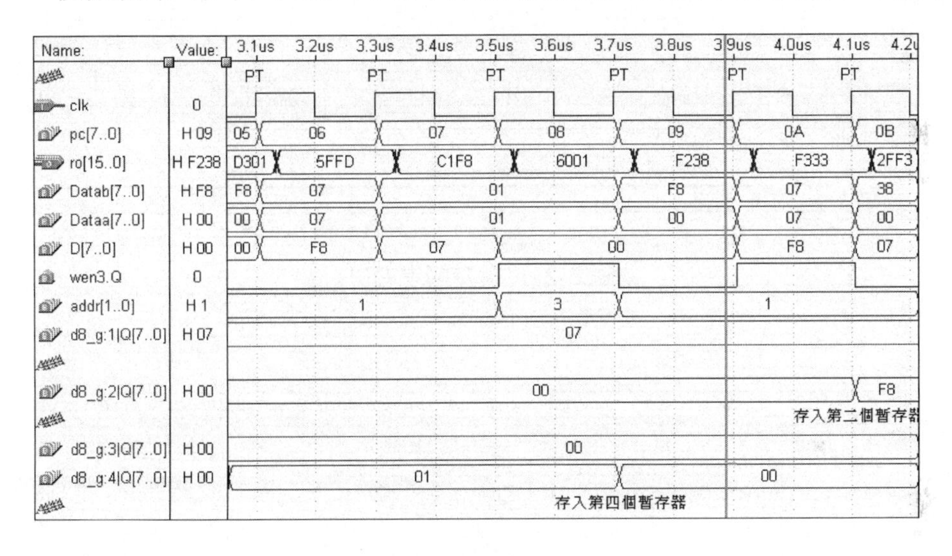

圖 6-23　模擬簡易 CPU

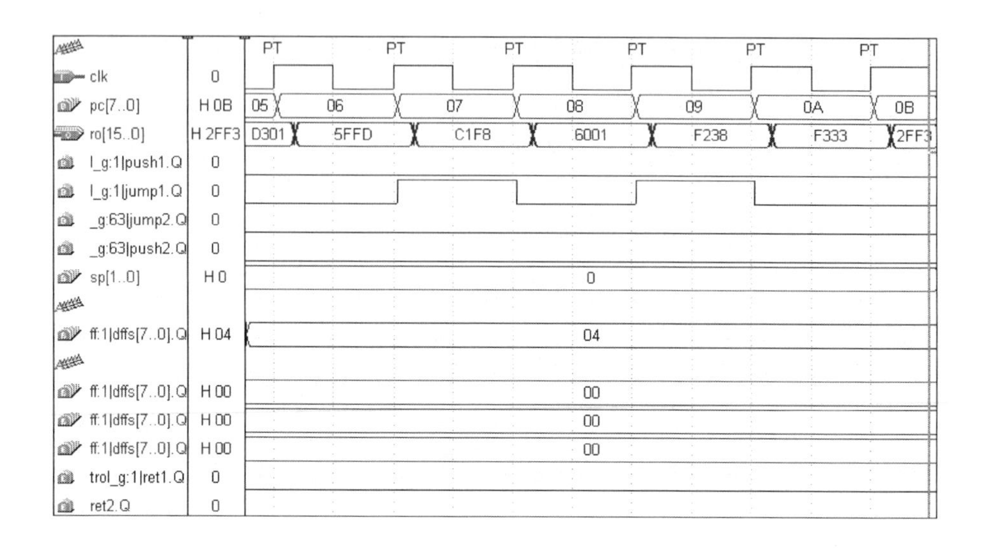

圖 6-24　模擬簡易 CPU

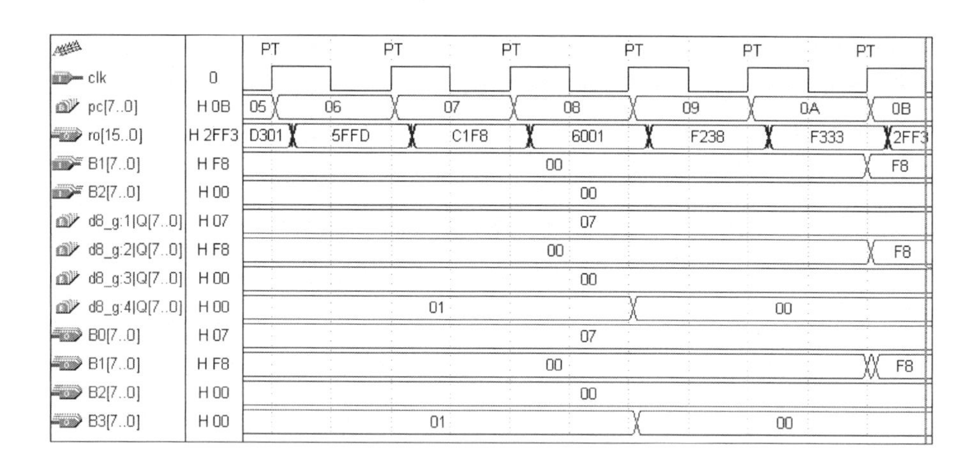

圖 6-25　模擬簡易 CPU

模擬說明：如圖 6-23 至圖 6-25 所示之第十六至第十九個時脈之輸出入與節點模擬值說明如下。

1. 第十六個指令：第十六個時脈，pc=05，讀入 D301(第四個暫存器內容與 01 作 SUB 運算)；第十三個時脈，讀取運算元得到 01 與 01；第十七個時脈，算數邏輯運算執行 SUB 運算結果爲 00，wen3=1；第十八個時脈，將 00 存入第四個資料暫存器(addr=3)。如圖 6-23 所示。
2. 第十七個指令：第十七個時脈，pc=06，讀入 5FFD(運算非零則跳躍至相對位址爲 FFD)，jump1=1；第十八個時脈，jump2=0(因上一指令運算結果爲 0)。如圖 6-24 所示。
3. 第十八個指令：第十八個時脈，pc=07，讀入 C1F8(第二個暫存器內容與 F8 作 ADD 運算)；第十九個時脈，讀取運算元得到 F8 與 00；第二十個時脈，算數邏輯運算執行 ADD 運算結果爲 F8，wen3=1；第二十一個時脈，將 F8 存入第二個資料暫存器(addr=1)。如圖 6-23 所示。
4. 第十九個指令：第十九個時脈，pc=08，讀入 6001(運算發生溢位則跳躍至相對位址爲 001)，jump1=1；第二十個時脈，jump2=0(因上一指令運算結果沒有發生溢位。如圖 6-24 所示。

模擬結果：第二十至第二十四個時脈之模擬結果如圖 6-26 至圖 6-28 所示。

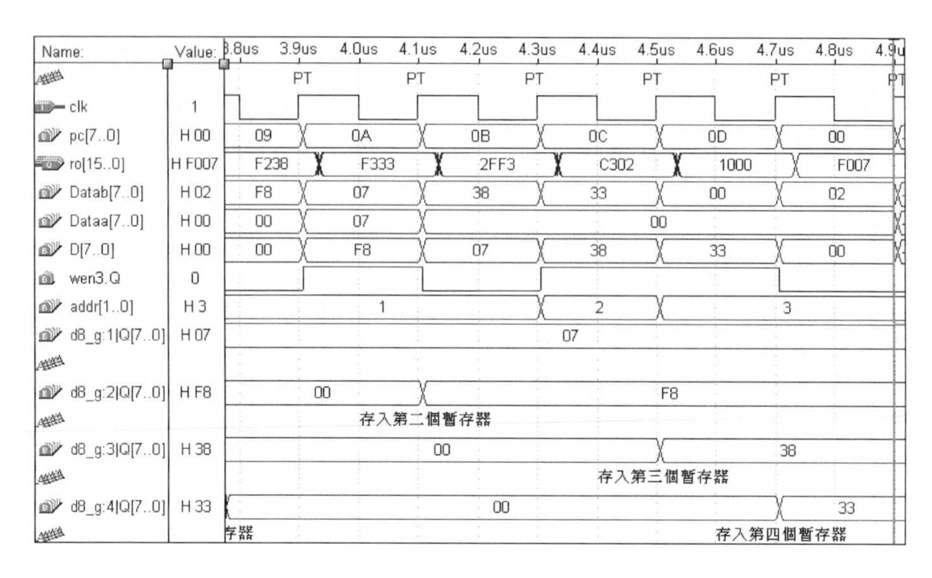

圖 6-26　模擬簡易 CPU

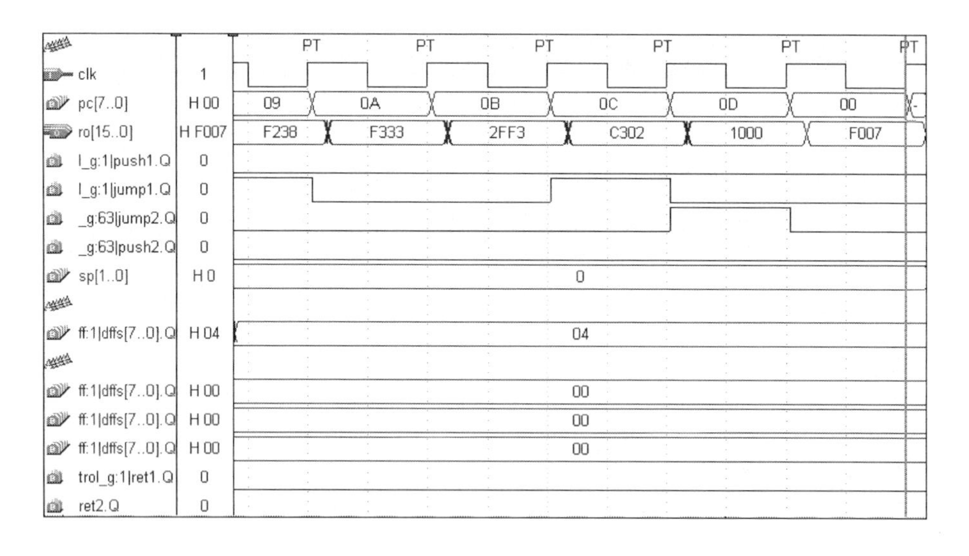

圖 6-27　模擬簡易 CPU

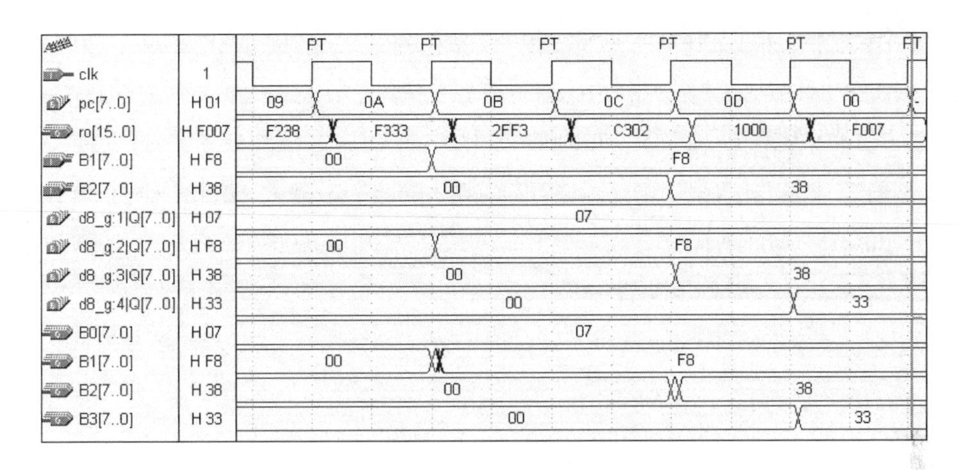

圖 6-28　模擬簡易 CPU

模擬說明：如圖 6-26 至圖 6-28 所示之第二十至第二十四個時脈之輸出入與節點模擬值說明如下。

1. 第二十個指令：第二十個時脈，pc=09，讀入指令爲 F238(第三個暫存器內容與 38 作 OR 運算)；第二十一個時脈，讀取運算元得到 38 與 00；第二十二個時脈，算數邏輯運算執行 OR 運算結果爲 38，wen3=1；第二十三個時脈，將 38 存入第三個資料暫存器(addr=2)。如圖 6-26 所示。
2. 第二十一個指令：第二十一個時脈，pc=0A，讀入指令爲 F333(第四個暫存器內容與 33 作 OR 運算)；第二十二個時脈，讀取運算元得到 33 與 00；第二十三個時脈，算數邏輯運算執行 OR 運算結果爲 33，wen3=1；第二十四個時脈，將 38 存入第四個資料暫存器(addr=3)。如圖 6-26 所示。
3. 第二十二個指令：第二十二個時脈，pc=0B，讀入指令爲 2FF3(跳躍至相對位址爲 FF3 處)，jump1=1；第二十三個時脈，jump2=1；第二十四個時脈，改變 pc 值爲呼叫目標位址(00)。如圖 6-27 所示。
4. 第二十三個指令：第二十三個時脈，pc=0C，讀入指令爲 C302(第四個暫存器內容與 02 相加)；第二十四個時脈，讀取運算元得到 02 與 00；

第二十五個時脈，算數邏輯運算執行加運算結果為 02，wen3=0；第二十六個時脈，暫存器禁能，運算結果無法寫入。(前一個週期指令發生跳躍，資料被放棄)。如圖 6-26 所示。

5. 第二十四個指令：第二十四個時脈，pc=0D，讀入 1000(返回)，ret1=0，jump1=0(前兩個週期指令發生跳躍，返回被放棄)。第二十五個時脈，jump2=0。如圖 6-27 所示。

7 專案設計範例

7-1 簡易 CPU 與 LED 設計

本書第四章已詳細介紹簡易 CPU 電路設計，本章節即利用簡易 CPU 電路來控制七段顯示器之閃滅。並燒錄至 CPLD 元件，在數位電路模擬板上直接驅動七段顯示器驗證。主要設計部分爲指令之設計，詳細內容如下所示。

元件：除頻器一個、簡易 CPU 一個與七段顯示器兩個。

- 腳位：

  時脈控制輸入線：Clk

  簡易 CPU 輸出線：B3[7..0]

  兩個七段顯示器輸出：S1[6..0]與 S2[6..0]。

- 目標：驅動兩個七段顯示器閃滅，閃動數字爲 00，並控制數字 00 出現的時間較數字消失的時間長。

- 簡易 CPU 結構：資料暫存器 R0、R1、R2 與 R3，輸出入埠 B1 與 B2，輸出埠 B0 與 B3。簡易 CPU 結構編輯指令與說明如表 7-1 所示。要強調的是運算指令讀入後要等三個週期才將運算結果寫入資料暫存器。而跳躍、呼叫與返回要等兩個週期才跳躍，故跳躍位址要以目前位址加 2 再加上相對位址值。

表 7-1　簡易 CPU 結構指令集

控制碼 (十六進制)	指　令	說　明
0000 (0)	NOP	不做事
0001 (1)	RET	回主程式
0010 (2)	JUMP	無條件跳躍

表 7-1　(續)

0011 (3)	CALL	無條件呼叫
0100 (4)	JZ	運算結果為零時跳躍
0101 (5)	JNZ	運算結果非零時跳躍
0110 (6)	JC	進位旗號為 1 時跳躍
0111 (7)	JNC	進位旗號為 0 時跳躍
1000 (8)	ADD	兩暫存器資料相加
1001 (9)	SUB	兩暫存器資料相減
1010 (A)	AND	兩暫存器資料作 AND
1011 (B)	OR	兩暫存器資料作 OR
1100 (C)	IADD	一暫存器資料與立即資料相加
1101 (D)	ISUB	一暫存器資料與立即資料相減
1110 (E)	IAND	一暫存器資料與與立即資料作 AND
1111 (F)	IOR	一暫存器資料與與立即資料作 OR

- 指令流程：此電路之目的在控制七段顯示器的閃滅，讓七段顯示器呈現亮與不亮兩種狀態，而亮時則呈現 00 之數字，並且要控制七段顯示器閃滅的頻率，還可分別控制七段顯示器閃滅之延遲時間。運用第六章設計之簡易 CPU，設計唯讀記憶體之內容，讓簡易 CPU 的 B3 輸出經由七段解碼器，控制兩個七段顯示器，設計重點整理如表 7-2 所示。

注意本設計之七段顯示器發亮時之延遲時間比七段顯示器熄滅時的延遲時間長。

表 7-2　簡易 CPU 中資料暫存器運用

動　作	輸出資料暫存器 R3 內容	暫存器 R2 內容控制延遲時間
七段顯示器亮	輸出爲 00，經由七段解碼器讓兩個七段顯示器顯示 00。	以 R2 內容 FF 遞減到 0 之方式，控制七段顯示器亮的延遲時間。
七段顯示器滅	輸出爲 FF，經由七段解碼器讓兩個七段顯示器熄滅。	以 R2 內容 0F 遞減到 0 之方式，控制七段顯示器滅的延遲時間。

根據表 7-2 所列之電路目的，規劃出主程式流程，如圖 7-1 所示。

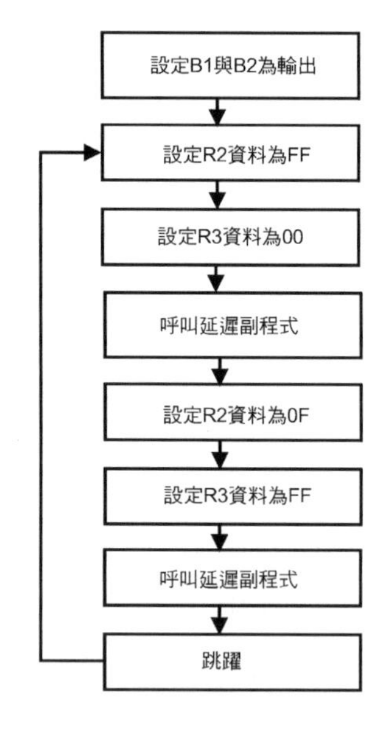

圖 7-1　主程式流程

設定 B1 與 B2 爲輸出之目的，是要運用資料暫存器 R1 與 R2 的內容，而設定 R2 值之目的是要給延遲副程式作遞減計算。資料暫存器 R2 之大小可控制延遲時間；R3 設定爲 00 之目的，是要讓簡易 CPU 的 B3 輸出爲 00。呼叫延遲副程式可保持簡易 CPU 的 B3 輸出爲 00 的狀態，更改 R2 值之目的是要更改延遲副程式作遞減計算之總時間。R3 設定爲 FF 之目的，是要讓簡易 CPU 的 B3 輸出爲 FF；呼叫延遲副程式可保持簡易 CPU 的 B3 輸出爲 FF 的狀態。跳躍回程式開頭可讓程式不斷重複執行。延遲副程式控制流程如圖 7-2 所示。

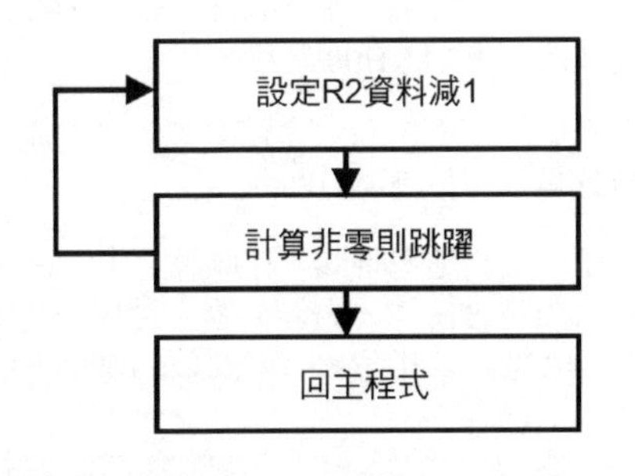

圖 7-2　副程式流程

從圖 7-2 可看到在副程式中，R2 之值會遞減至 0 才返回主程式，也就是 R2 的值可控制停留在副程式之執行時間。在圖 7-1 的主程式流程中，先設定 R2 爲 FF，後來再設定 R2 爲 0F，目的在讓控制停留在副程式之執行時間，以控制輸出 B3 爲 00 或爲 FF 之時間。對於主程式流程說明如表 7-3 所示。

表 7-3 主程式流程

指令流程	說　　明	指令碼
設定 B1 與 B2 為輸出	由於簡易 CPU 之雙向輸出入埠 B1 與 B2，由資料暫存器之 R0 的最小兩個位元分別控制，設定資料暫存器之 R0 的最小兩個位元皆為 1 即可設定 B1 與 B2 為輸出。	位址 0：F007 (R0=R0 OR 07)
設定 R2 資料為 FF	利用 R2 之值，控制延遲時間。在此設定 R2=FF，在延遲副程式內將會使 R2 遞減到零。選用與立即資料 FF 作 OR 運算之指令，來達成設定 R2 為 FF 之目的。	位址 1：F2FF (R2=R2 OR FF)
設定 R3 資料為 00	設定資料暫存器 R3 之值為 H00，即讓簡易 CPU 之輸出端 B3 輸出值為 H00，經七段解碼器讓七端顯示器顯示 00。選用與立即資料 H00 作 AND 運算之指令，來達成設定 R3 為 H00 之目的。	位址 2：E300 (R3=R3 AND 00)
呼叫延遲副程式	為了控制七端顯示器顯示 00 之時間，呼叫延遲副程式。呼叫位址為現在位址+2+004。	位址 3：3004 (call 現在位址 +2+004=9)
設定 R2 資料為 0F	利用 R2 之值，控制延遲時間。在此設定 R2=0F，在延遲副程式內將會使 R2 遞減到零。選用與立即資料 H0F 作 OR 運算之指令，來達成設定 R2 為 H0F 之目的。	位址 4：F20F (R2=R2 OR 0F)
設定 R3 資料為 FF	設定資料暫存器 R3 之值為 FF，即讓簡易 CPU 之輸出端 B3 輸出值為 FF，讓原來七端顯示器顯示之 00 消失。選用與立即資料 FF 作 OR 運算之指令，來達成設定 R3 為 FF 之目的。	位址 5：F3FF (R3=R3 OR FF)
呼叫延遲副程式	為了控制七端顯示器顯示 00 之時間，呼叫延遲副程式。呼叫位址為「現在位址+2+001」。	位址 6：3001 (call 現在位址+2+001)
跳躍	為了讓七段顯示器閃滅能重複，主程式最後要跳躍回重新執行。跳躍位址為「現在位址+2+ FF8」。	位址 7：2FF8 (jump to 現在位址+2 + FF8=1)

主程式流程茲說明如下表 7-4 所示。

表 7-4 副程式流程

指令流程	說　　明	指令碼
將 R2 資料減 1	在主程式設定 R2 內容，進入副程式後將 R2 資料減 1。選用與立即資料 H01 作 SUB 運算之指令，來達成設定 R2 減 1 之目的。	位址 9：D201 (R2 = R2-1)
計算結果非零則跳躍	判斷上一指令之計算值，結果非零則跳躍，跳躍位址至「現在位址+2+ FFD」(FFD 爲-3)。	位址 10：5FFD (not zero jump to 現在位址+2+ FFD=9)
回主程式	程式計數器從堆疊讀出返回之位址，在讀入此指令後要隔兩個週期才進行跳躍。	位址 11：1000 (return)

各指令碼之說明如表 7-5 所示。

表 7-5 ROM 中資料與說明

十六進制	十六進制	十六進制	十六進制	說　　明
ro[15..12]	ro[11..8]	ro[7..4]	ro[3..0]	
F	0	0	7	ro[15]=1，ro[14]=1，選取記憶體資料 ro[7..0]=07 與位址爲 ro[11..8]=0 暫存器內資料作運算，因 ro[13]=1，ro[12]=1 故作或運算，再將運算結果放回 ro[11..8]=0 位址之暫存器中。
F	2	F	F	ro[15]=1，ro[14]=1，選取記憶體資料 ro[7..0]=FF 與位址爲 ro[11..8]=2 暫存器內資料作運算，因 ro[13]=1，ro[12]=1 故作或運算，再將運算結果放回 ro[11..8]=2 位址之暫存器中。
E	3	0	0	ro[15]=1，ro[14]=1，選取記憶體資料 ro[7..0]=00 與位址爲 ro[11..8]=3 暫存器內資料作運算，因 ro[13]=1，ro[12]=0 故作及運算，再將運算結果放回 ro[11..8]=3 位址之暫存器中。

表 7-5　(續)

3	0	0	4	ro[15]=0，ro[14]=0，ro[13]=1，ro[12]=1，指令爲呼叫。因 ro[11..0]=004，即跳躍至「目前位址+2+H004 處」。
F	2	0	F	ro[15]=1，ro[14]=1，選取記憶體資料 ro[7..0]=0F 與位址爲 ro[11..8]=2 暫存器內資料作運算，因 ro[13]=1，ro[12]=1 故作或運算，再將運算結果放回 ro[11..8]=2 位址之暫存器中。
F	3	F	F	ro[15]=1，ro[14]=1，選取記憶體資料 ro[7..0]=FF 與位址爲 ro[11..8]=3 暫存器內資料作運算，因 ro[13]=1，ro[12]=1 故作或運算，再將運算結果放回 ro[11..8]=3 位址之暫存器中。
3	0	0	1	ro[15]=0，ro[14]=0，ro[13]=1，ro[12]=1，指令爲呼叫。因 ro[11..0]=001，即跳躍至「目前位址+2+H001」處。
2	F	F	8	ro[15]=0，ro[14]=0，ro[13]=1，ro[12]=0，指令爲跳躍。因 ro[11..0]=FF8，即跳躍至「目前位址+2+HFF8」處。
0	0	0	0	不做事
D	2	0	1	ro[15]=1，ro[14]=1，選取記憶體資料 ro[7..0]=01 與位址爲 ro[11..8]=2 暫存器內資料作運算，因 ro[13]=0，ro[12]=1 故作減運算，再將運算結果放回 ro[11..8]=2 位址之暫存器中。
5	F	F	D	ro[15]=0，ro[14]=0，ro[13]=1，ro[12]=0，指令爲零旗標爲 0(運算非零)則跳躍。若跳躍條件成立，因 ro[11..0]=FFD，即跳躍至「目前位址+2+HFFD」處。
1	0	0	0	ro[15]=0，ro[14]=0，ro[13]=0，ro[12]=1，指令爲返回。

- 選擇元件：本範例選擇 FLEX 元件作燒錄，燒錄檔副檔名為 sof。UP1 數位電路模擬板上之 FLEX 元件型號為 EPM10K20RC240-4。此元件可支援內建 ROM 之設計。

7-1-1　簡易 CPU 指令設計

分成下列程序進行設計：

1. 編輯 pc.mif 檔：利用 mif 檔編輯簡易 CPU 中 ROM 的內容，本範例要控制七段顯示器的閃滅。如圖 7-3 所示。至於指令說明請參考表 7-1 至表 7-5 所示。

```
pc_g.mif - Text Editor
WIDTH = 16;
DEPTH = 256;

ADDRESS_RADIX = HEX;
DATA_RADIX = HEX;

CONTENT BEGIN
    0   :   F007;   -- set R0 =07  (R0=R0 OR 07)
    1   :   F2FF;   -- set R2 FF   (R2=R2 OR FF)
    2   :   E300;   -- set B3=R3=00 (R3=R3 AND 00)
    3   :   3004;   -- call 9
    4   :   F20F;   -- set R2 0F    (R2=R2 OR 0F)
    5   :   F3FF;   -- set R3=B3=FF (R3=R3 OR FF)
    6   :   3001;   -- call 9
    7   :   2FF8;   -- jump to 1
    8   :   0000;
    9   :   D201;   -- R2 = R2-1
    a   :   5FFD;   -- not zero jump to 9
    b   :   1000;   -- return
    c   :   0000;
    d   :   0000;
 [e..ff] :  0000;
END;
Line 1   Col 1   INS
```

圖 7-3　pc.mif 檔

2. 開啓簡易 CPU 之檔案：開啓〝cpu_g.gdf〞、〝cpu_v.vhd〞或〝cpu_vl.vhd〞檔。
3. 指定元件：設定元件為〝FLEX10K〞族之〝EPF10K20RC240-4〞，點選 Assign → Device 作設定。設定完成再將電路加以組譯。
4. 創造符號檔：將組譯後的檔案作成 cpu_g.sym、cpu_v.sym 或 cpu_vl.sym 檔，如圖 7-4 所示。

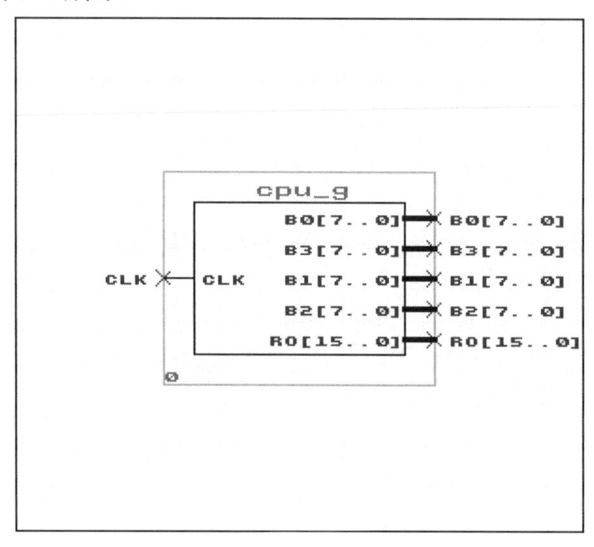

圖 7-4　簡易 CPU 符號檔

7-1-2　七段解碼器

七段解碼器在本書入門篇第九章已有介紹，茲將編輯結果介紹如下：

1. 編輯七段解碼器：利用 VHDL 編輯七段解碼器結果如圖 7-5 所示，利用 Verilog HDL 編輯七段解碼器結果如圖 7-6 所示。注意要配合數位電路模擬板之共陽極之七段顯示器，即要以‘0’驅動 LED 亮，‘1’

則無法驅動 LED 亮燈。注意，當七段解碼器 D 輸入為〝1111〞時，輸出為〝1111111〞，接到七段解碼器會使共陽極之七段顯示器熄滅。

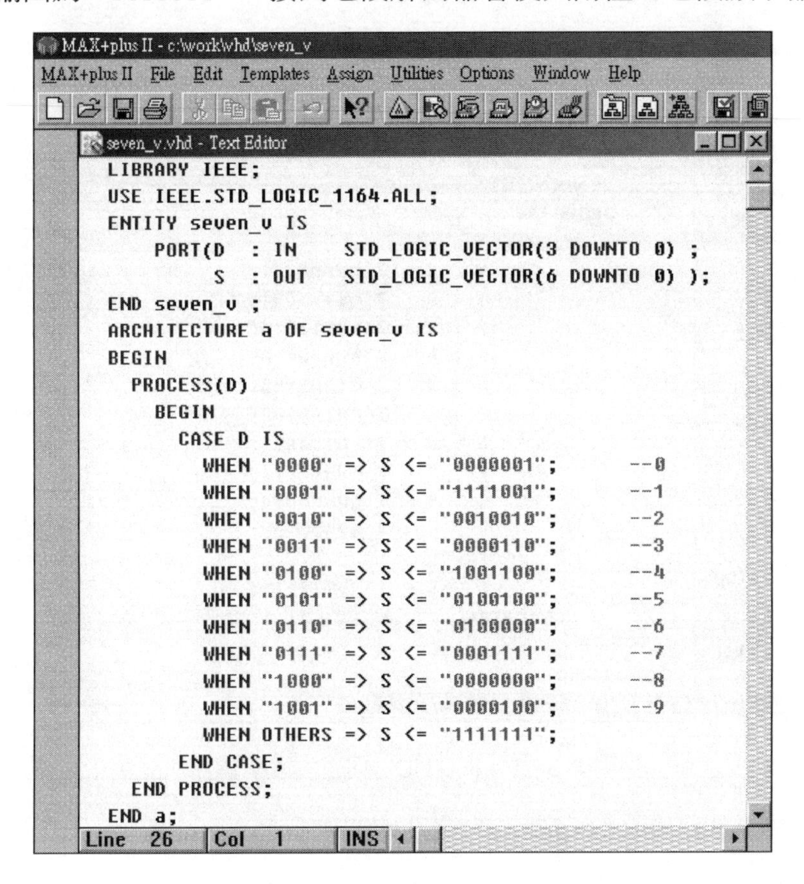

```
LIBRARY IEEE;
USE IEEE.STD_LOGIC_1164.ALL;
ENTITY seven_v IS
    PORT(D  : IN    STD_LOGIC_VECTOR(3 DOWNTO 0) ;
         S  : OUT   STD_LOGIC_VECTOR(6 DOWNTO 0) );
END seven_v ;
ARCHITECTURE a OF seven_v IS
BEGIN
  PROCESS(D)
    BEGIN
      CASE D IS
        WHEN "0000" => S <= "0000001";      --0
        WHEN "0001" => S <= "1111001";      --1
        WHEN "0010" => S <= "0010010";      --2
        WHEN "0011" => S <= "0000110";      --3
        WHEN "0100" => S <= "1001100";      --4
        WHEN "0101" => S <= "0100100";      --5
        WHEN "0110" => S <= "0100000";      --6
        WHEN "0111" => S <= "0001111";      --7
        WHEN "1000" => S <= "0000000";      --8
        WHEN "1001" => S <= "0000100";      --9
        WHEN OTHERS => S <= "1111111";
      END CASE;
  END PROCESS;
END a;
```

圖 7-5　VHDL 編輯七段解碼器

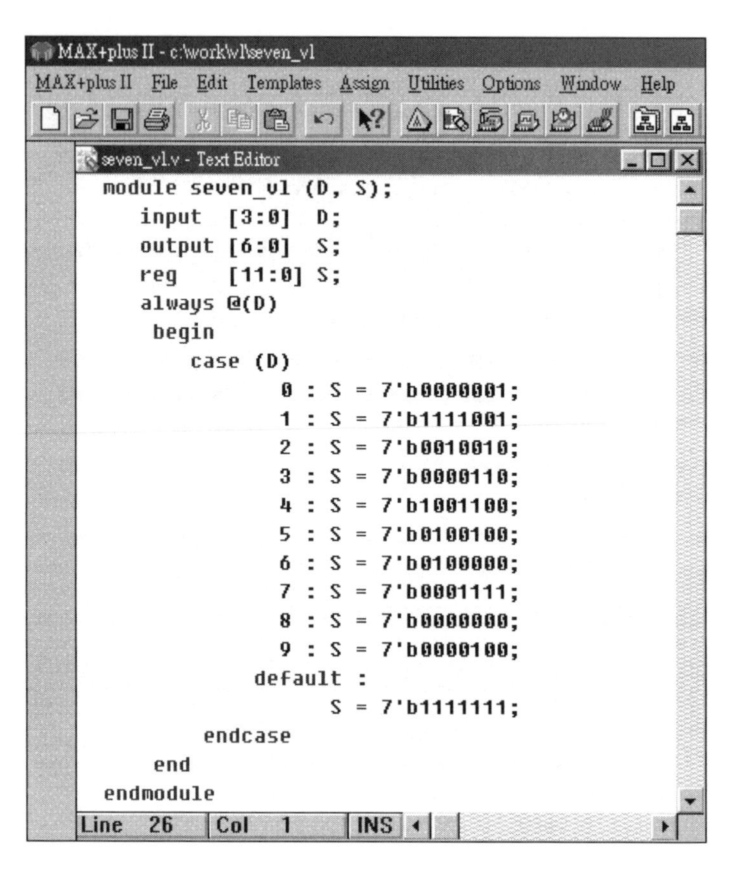

```
module seven_vl (D, S);
   input  [3:0]  D;
   output [6:0]  S;
   reg    [11:0] S;
   always @(D)
    begin
      case (D)
             0 : S = 7'b0000001;
             1 : S = 7'b1111001;
             2 : S = 7'b0010010;
             3 : S = 7'b0000110;
             4 : S = 7'b1001100;
             5 : S = 7'b0100100;
             6 : S = 7'b0100000;
             7 : S = 7'b0001111;
             8 : S = 7'b0000000;
             9 : S = 7'b0000100;
         default :
                 S = 7'b1111111;
       endcase
    end
endmodule
```

圖 7-6　Verilog HDL 編輯七段解碼器

2. 創造電路符號：將組譯後的檔案作成 seven_v.sym 或 seven_vl.sym 檔，如圖 7-7 所示。

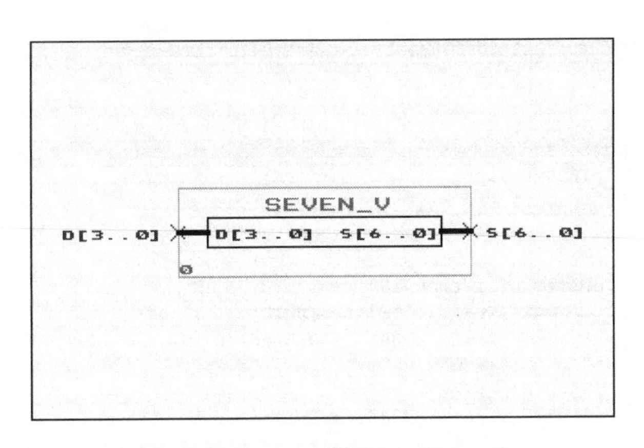

圖 7-7　七段解碼器符號檔

7-1-3　除頻器之設計

由於數位電路模擬板上有一個頻率爲 25.175 MHz 的晶體震盪器，即時脈週期約爲 3.97×10^{-8} 秒，故根據上一小節之設計，七段顯示器出現 00 之時間由暫存器 R2 遞減至 0 之時間控制，但由於爲八位元暫存器，故 R2 內容最大爲 FF，並控制 FF 遞減到 0 來控制七段顯示器 00 保持之時間，而數字消失時間亦由暫存器 R2 控制，設定從 0F 遞減到 0 來控制數字消失之保持時間。但時脈頻率太高，會使數字亮滅頻率太高而使眼睛無法察覺，故設計除頻器來降低簡易 CPU 輸入時脈頻率，除頻器之設計在本書入門篇第九章已有介紹，茲將編輯結果介紹如下：

1. 編輯除頻器：本範例設計一除 216 之除頻器，使得晶體震盪器之輸出經本除頻器降頻之後的輸出頻率約爲 384 Hz，亦即時脈週期約相當於 2.6 ms，利用 VHDL 編輯除頻器結果如圖 7-8 所示，利用 Verilog HDL 編輯除頻器結果如圖 7-9 所示。

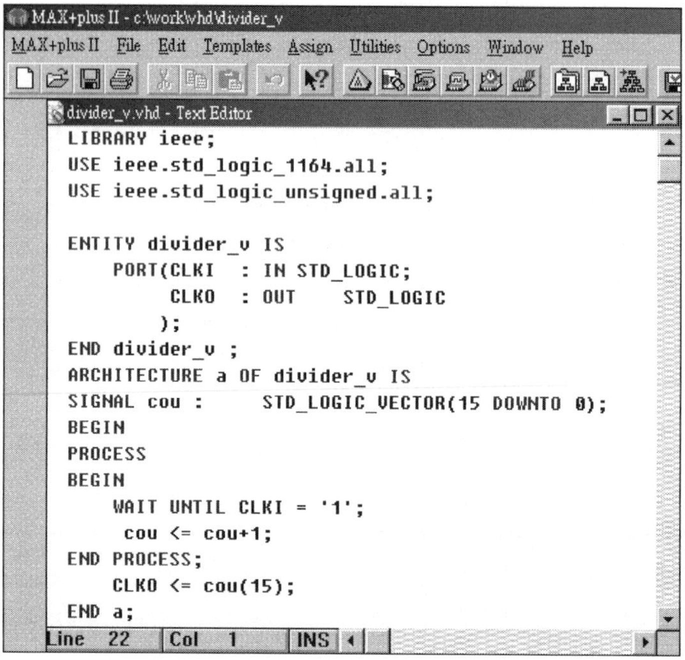

MAX+plus II - c:\work\vhd\divider_v

MAX+plus II File Edit Templates Assign Utilities Options Window Help

divider_v.vhd - Text Editor

```
LIBRARY ieee;
USE ieee.std_logic_1164.all;
USE ieee.std_logic_unsigned.all;

ENTITY divider_v IS
    PORT(CLKI   : IN STD_LOGIC;
         CLKO   : OUT    STD_LOGIC
        );
END divider_v ;
ARCHITECTURE a OF divider_v IS
SIGNAL cou :     STD_LOGIC_VECTOR(15 DOWNTO 0);
BEGIN
PROCESS
BEGIN
    WAIT UNTIL CLKI = '1';
     cou <= cou+1;
END PROCESS;
    CLKO <= cou(15);
END a;
```

Line 22 Col 1 INS

圖 7-8　VHDL 編輯除頻器

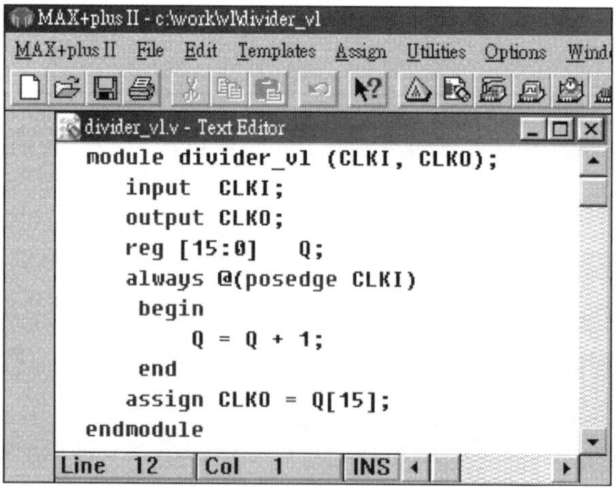

MAX+plus II - c:\work\vl\divider_vl

MAX+plus II File Edit Templates Assign Utilities Options Wind

divider_vl.v - Text Editor

```
module divider_vl (CLKI, CLKO);
   input  CLKI;
   output CLKO;
   reg [15:0]   Q;
   always @(posedge CLKI)
    begin
        Q = Q + 1;
    end
   assign CLKO = Q[15];
endmodule
```

Line 12 Col 1 INS

圖 7-9　Verilog HDL 編輯除頻器

2. 創造電路符號：將組譯後的檔案作成 divider_v.sym 或 divider_vl.sym 檔，如圖 7-10 所示。

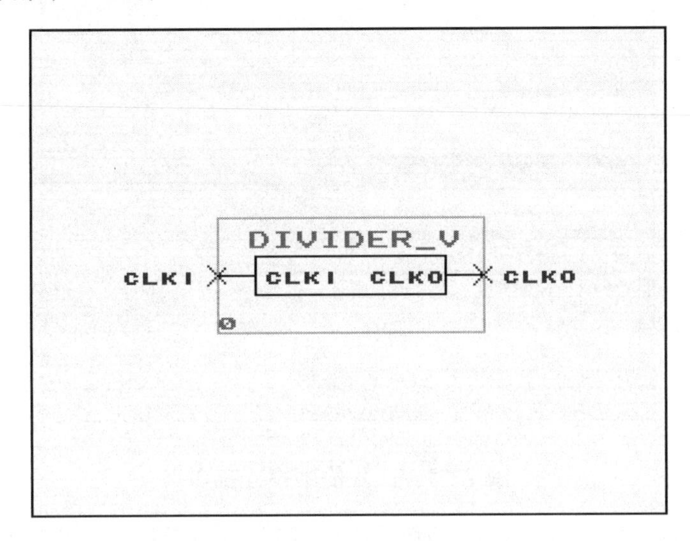

圖 7-10　除頻器電路符號

7-1-4　電路燒錄與結果

燒錄電路將簡易 CPU、七段顯示器與除頻器整合在一起，其編輯程序與燒錄結果介紹如下：

1. 設定使用者程式庫：在工作視窗選取 Options → User Libraries，出現「User Libraries」對話框，於 Directories 選單中選取使用者編輯檔案放置目錄，選定後按 ADD 鈕，加入 Existing Directories 清單中，如圖 7-11 所示。

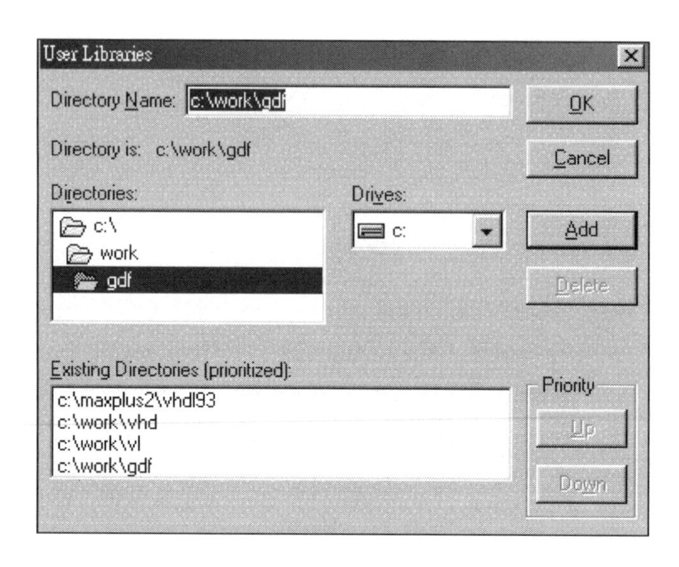

圖 7-11　設定使用者程式庫

在 Existing Directories 清單中選擇一目錄，再利用 Up 或 Down 按鈕，可排出各目錄之優先順序，如圖 7-12 所示。

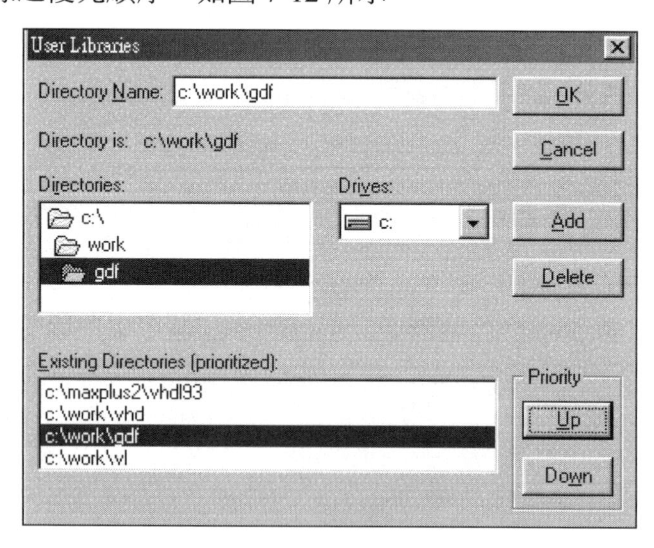

圖 7-12　設定優先順序

2. 編輯燒錄電路：將簡易 CPU、七段顯示器與除頻器整合在一起，其電路圖編輯結果如圖 7-13 所示，檔名為 project1_g.gdf，所用到元件整理如表 7-12 所示。

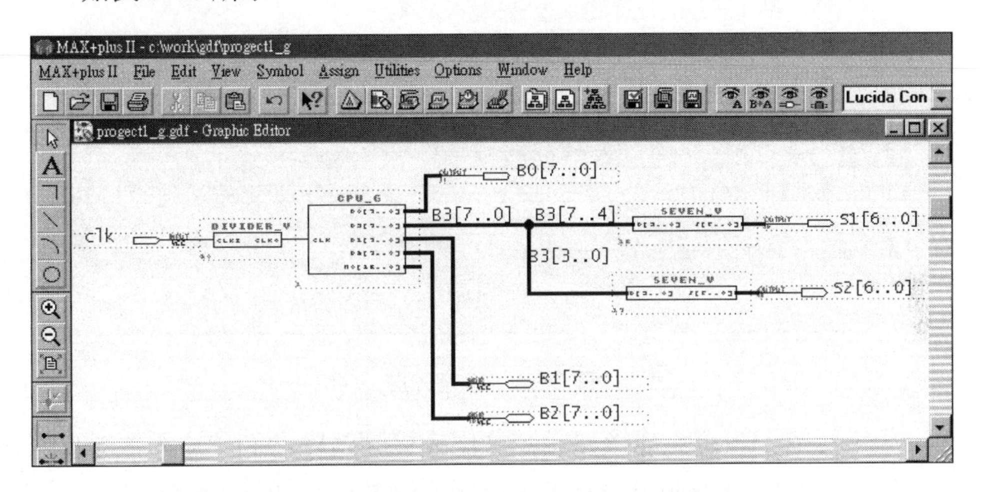

圖 7-13　電路圖編輯七段顯示器閃控燒錄電路

表 7-6　燒錄電路圖組成分子

組　成　元　件	個　數	引　用　模　組
除頻器	一個	divider_v
簡易 CPU	一個	cpu_g
七段解碼器	兩個	seven_v

3. 指定元件：設定元件為〝FLEX10K〞族之〝EPF10K20RC240-4〞，點選 Assign → Device 如圖 7-14 所示。設定完成再將電路加以組譯。

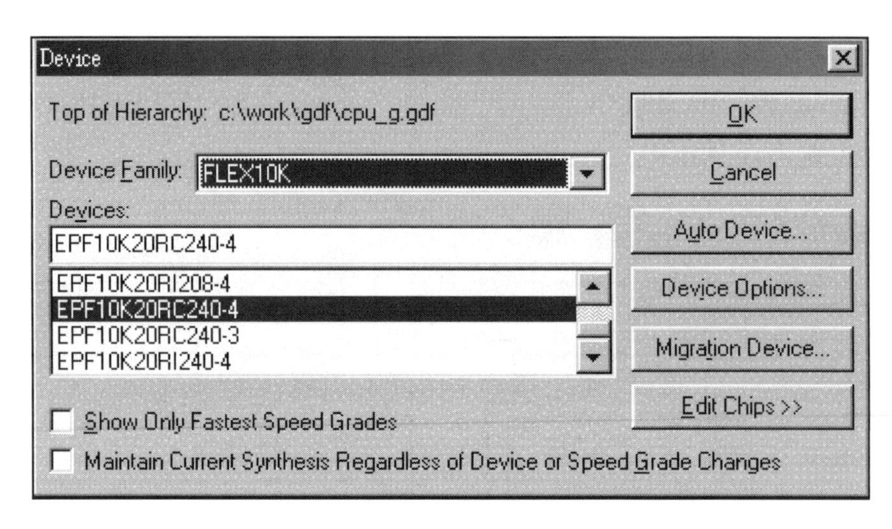

圖 7-14　設定元件

4. 設定接腳：組譯完成後要設定輸出入接腳對應之 FLEX 元件的實際腳位。點選 MAX+plus II → Floorplane Editor，再選擇 Layout → Device View，選擇 Layout → Current Assignments Floorplan 出現如圖 7-15 所示。將右上角之未指定的節點(Unassigned Nodes)利用滑鼠拖曳放到圖下方有註名 I/O 的腳位處，再加以組譯。燒錄電路之接腳指定情況整理如表 7-7 所示。

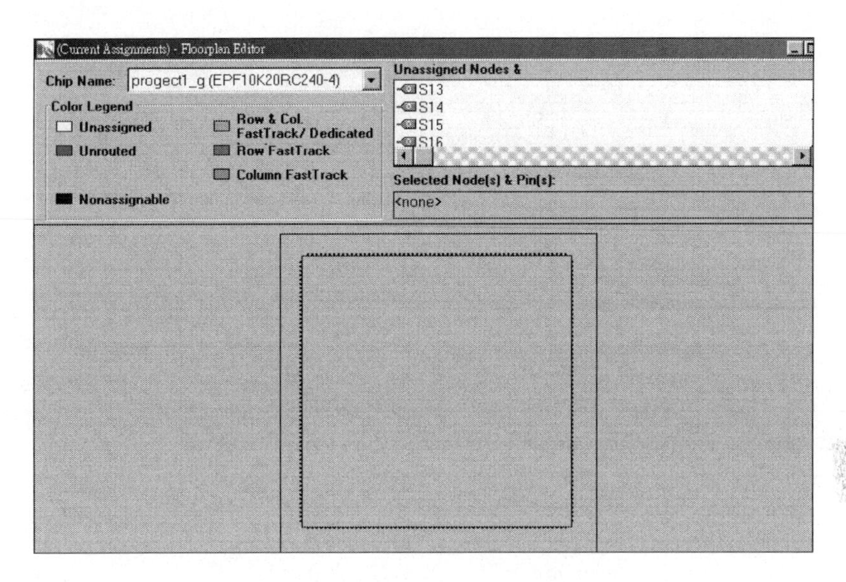

圖 7-15　FLEX10K 元件接腳圖

表 7-7　接腳指定

輸出入腳	對應元件接腳	輸出入腳	對應元件接腳
S16	6	S26	17
S15	7	S25	18
S14	8	S24	19
S13	9	S23	20
S12	11	S22	21
S11	12	S21	23
S10	13	S20	24
Clk	91		

表 7-7 (續)

B00	28	B10	38
B01	29	B11	39
B02	30	B12	40
B03	31	B13	41
B04	33	B14	43
B05	34	B15	44
B06	35	B16	45
B07	36	B17	46
B20	48	B24	53
B21	49	B25	54
B22	50	B26	55
B23	51	B27	56

5. 硬體設置：數位電路模擬板之排線 ByteBlaster 要接至電腦上之並列埠，並接上 5V 之 Adapter，並且要將板子上之 Jumper 進行如圖 7-16 之調整。

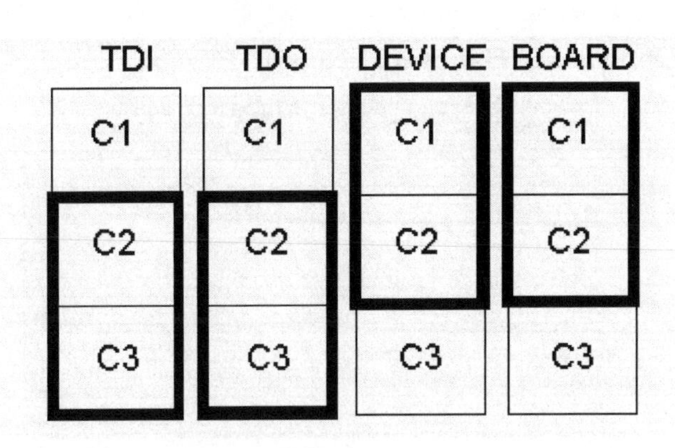

圖 7-16　Jumper 接法

6. 元件燒錄：當接腳指定與組譯後，進行元件燒錄，點選 MAX+plus II → Programmer 出現「Programmer」視窗如圖 7-17 所示。

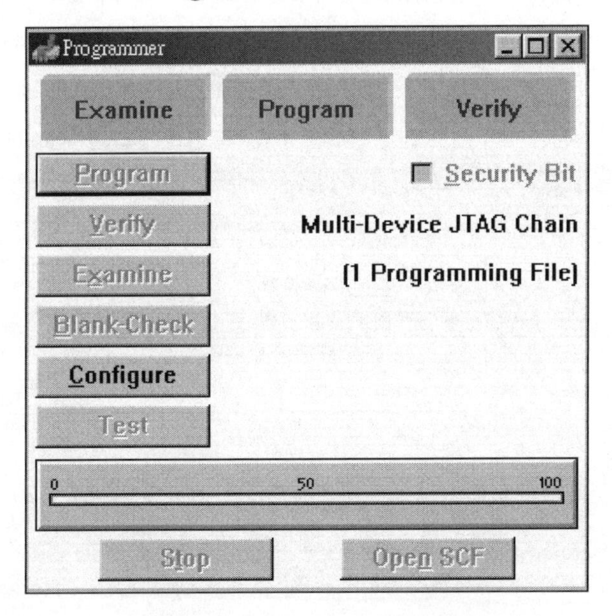

圖 7-17　Programmer 視窗

再點選 Options → Hardware Setup 確定硬體設定是否如圖 7-18 所示。

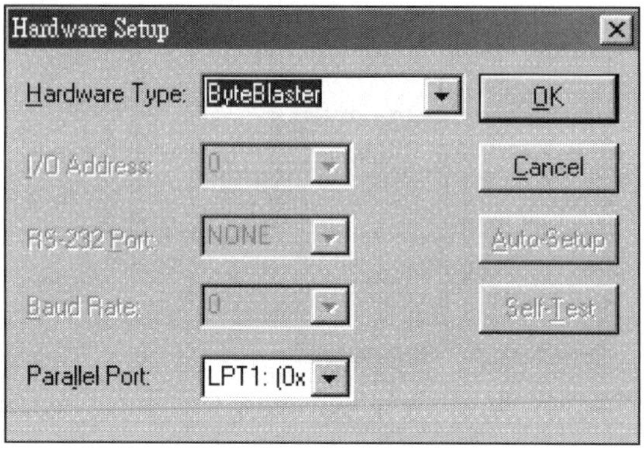

圖 7-18　硬體設定

再選擇 JTAG → Multi-Device JTAG Chain Setup 設定要燒錄的檔案，在「Multi-Device JTAG Chain Setup」視窗中選擇「Device Name」爲 EPF10K20，在「Programming File Name」處選擇出 project1.sof 檔，再按 Add 鈕加入清單中，如圖 7-19 所示。(注意 FLEX 元件之燒錄檔副檔名爲 sof。)

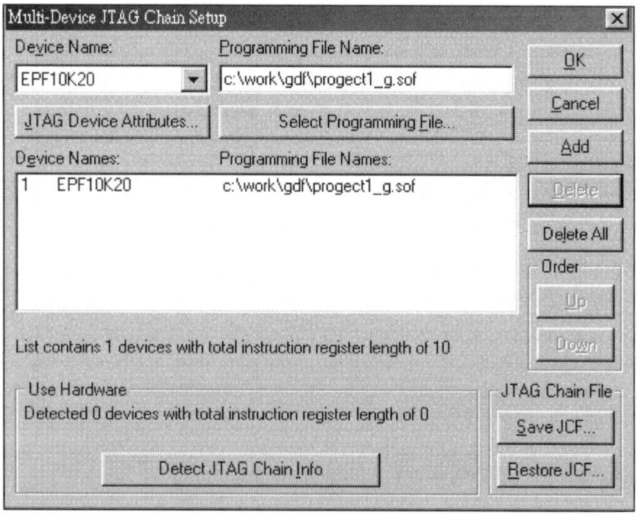

圖 7-19　燒錄檔案設定

再確定 JTAG → Multi-Device JTAG Chain 是否有打勾 ✔ Multi-Device JTAG Chain (JTAGset2.gif)。最後按「Programmer」視窗中的 Configure 鈕，得到如圖 7-20 之圖。

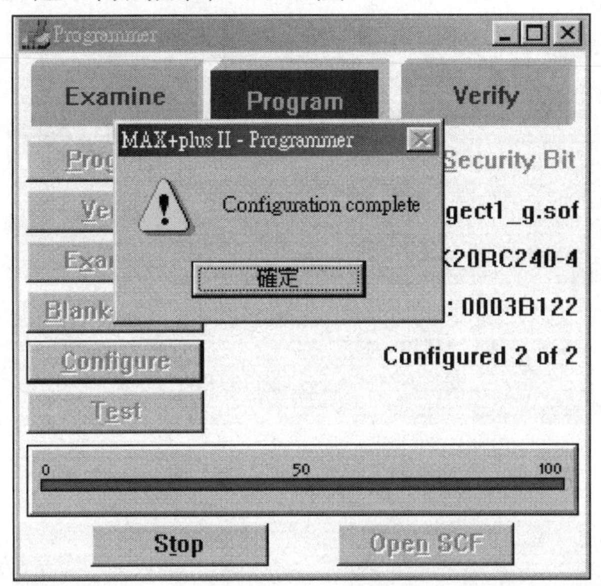

圖 7-20　燒錄完成視窗

7. 結果：元件燒錄完成後在數位電路模擬板上之執行結果為七段顯示器出現數字 00 重複閃滅如圖 7-21 與圖 7-22 所示，並且數字出現之時間比數字消失之時間長。圖 7-21 為數字 00 出現之情況，圖 7-22 則為數字 00 熄滅之情況。

圖 7-21　數字 00 出現之情況

圖 7-22　數字 00 熄滅之情況

7-2　設計搶答電路

本範例使用數位電路模擬板設計一個搶答電路，即設計 A 與 B 爲按鈕輸入端，輸出 LA 與 LB 分別控制兩個 LED，若先按 A 鈕，則 LA 輸出會使 LED 亮，之後再按 B 鈕則無法使 LB 輸出之 LED 燈亮；若 B 先按鈕，則 LB 輸出會使 LED 亮，之後再按 A 鈕則無法使 LA 輸出之 LED 燈亮。並有一個設定按鈕，使兩個輸出 LED 燈熄滅以重新進行搶答，由於數位電路模擬板上之 LED 爲 active low，故 LA 與 LB 輸出 0，LED 燈亮，LA 與 LB 輸出 1 代表 LED 燈不亮。而且電路板上之壓按鈕亦爲 active low，故若輸入 A 與 B 接模擬板上之壓按開關，則不觸按時爲 1 狀態，按下鈕則爲 0 狀態。本範例以電路圖編輯方式與波形編輯方式進行設計，詳述如下。

- 眞值表：搶答電路之眞值表如表 7-8 所示。

表 7-8　搶答電路真值表

前一 LA	前一 LB	SET	A	B	LA	LB	說明
X	X	1	X	X	1(不亮)	1(不亮)	重來
1(不亮)	1(不亮)	0	↓	0	0(亮)	1(不亮)	A 先按
1(不亮)	1(不亮)	0	0	↓	1(不亮)	0(亮)	B 先按
0(亮)	1(不亮)	0	0 (X)	↓ (X)	0(亮)	1(不亮)	A 燈已亮，B 按無效
1(不亮)	0(亮)	0	↓ (X)	0 (X)	1(不亮)	0(亮)	B 燈已亮，A 按無效

7-2-1 電路圖編輯搶答電路

搶答電路電路圖編輯如圖 7-23 所示。輸入 A 與 B 經反向後分別控制兩個 D 型正反器之時脈輸入，輸出 LA 與 LB 分別爲 D 型正反器之輸出。輸入 SET 接一反向器後控制 D 型正反器之設定，使 set 等於 1 時將兩正反器之輸出設定爲 1，使 LED 燈不亮。上邊的 D 型正反器之致能項受輸入端 B 與輸出 LB 控制，如圖 7-21 所示，B 與 LB 作 AND 運算後控制著致能項。同樣的，下邊的 D 型正反器之致能項受輸入 A 與輸出 LA 控制，如圖 7-21 所示，A 與 LA 作 AND 運算後控制著致能項。即當 LA 輸出爲 0 時(燈亮)，會使 B 控制的 D 型正反器禁能，而當 LB 輸出爲 0 時(燈亮)，會使 A 控制的 D 型正反器禁能。由於爲配合模擬板，A 與 B 之起始狀態爲 1，當其中一個先變至 0 則觸發 D 型正反器。

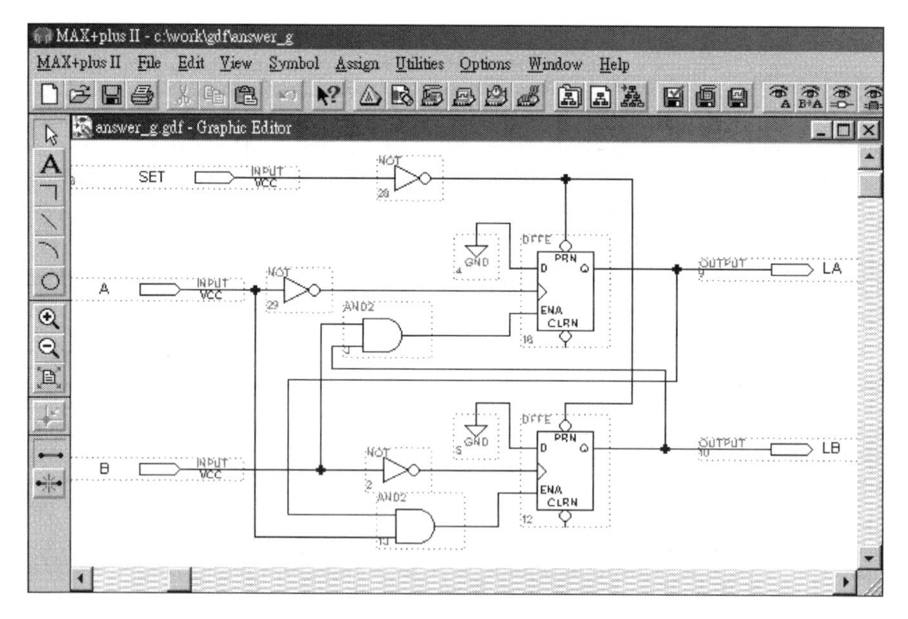

圖 7-23 電路圖編輯搶答電路

由於兩個正反器之時脈控制分別由 A 與 B 輸入控制，故要將有關時脈設定作一修正，選取視窗選單 Assign → Global Project Logic Synthesis..，在「Automatic Global」處之選項將「Clock」之選取取消出現，如圖 7-24 所示。

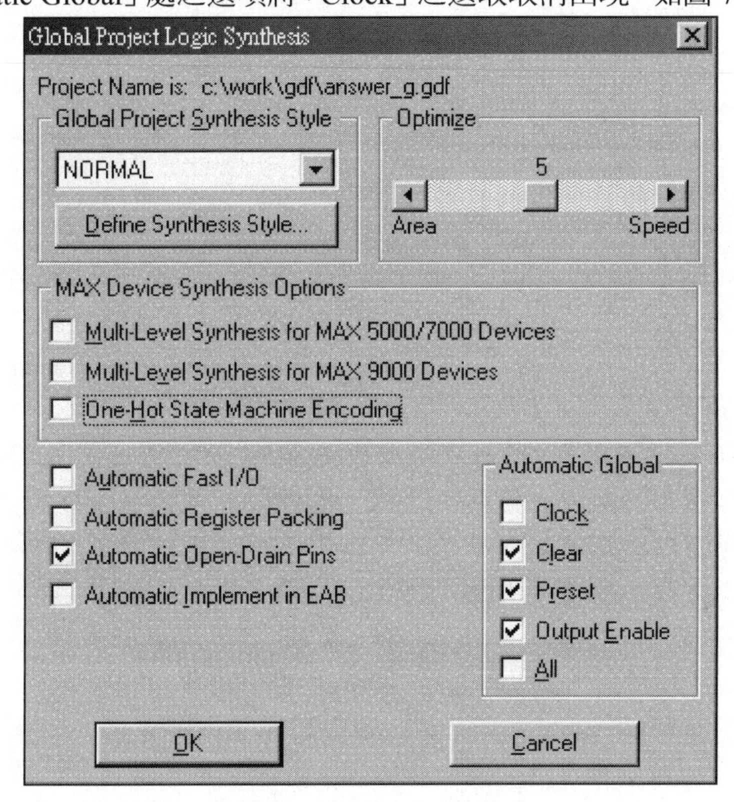

圖 7-24　時脈設定更改

將搶答電路之電路作組譯後模擬之結果如圖 7-25 與圖 7-26 所示。圖 7-25 為模擬重置後，A 先壓按鈕之情況，從圖中可看出，A 從 1 至 0 模擬 A 壓按鈕之情況，結果使 LA 為 0，即模擬 A 先搶答故 A 燈亮。A 燈亮之後(LA 為 0)，B 再壓按鈕(B 從 1 至 0)也不會使 B 燈亮，從圖中看出，在 LA 等於 0 後，B 從 1 至 0，LB 依然為 1(B 燈不亮)。

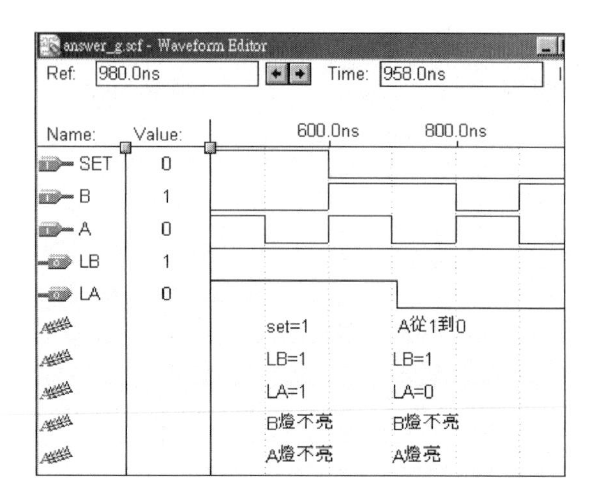

圖 7-25　搶答電路之模擬結果

圖 7-26 爲模擬重置後，B 先壓按鈕之情況，從圖中可看出，B 從 1 至 0 模擬 B 壓按鈕之情況，結果使 LB 爲 0，即模擬 B 先搶答故 B 燈亮。B 燈亮之後(LB 爲 0)，A 再壓按鈕(A 從 1 至 0)也不會使 A 燈亮，從圖中看出，在 LB 等於 0 後，A 從 1 至 0，LA 依然爲 1(A 燈不亮)。

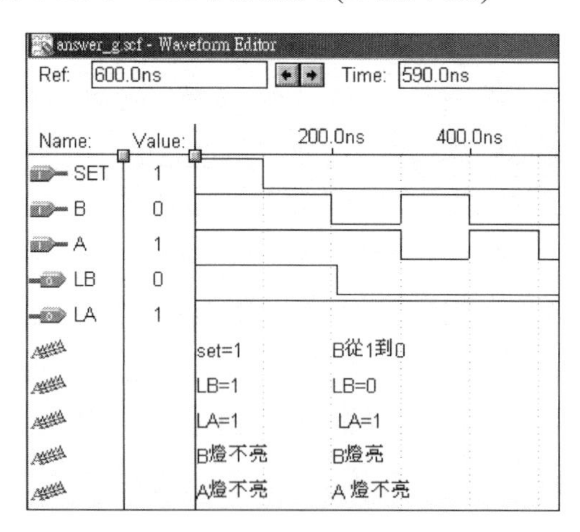

圖 7-26　搶答電路之模擬結果

7-2-2　波形編輯搶答電路

波形編輯搶答電路之流程如下：

1. 開啓新檔：選取視窗選單 File → New，選取 Waveform Editor file，並將旁邊選單選出「.wdf」，再按 OK，如圖 7-27 所示。

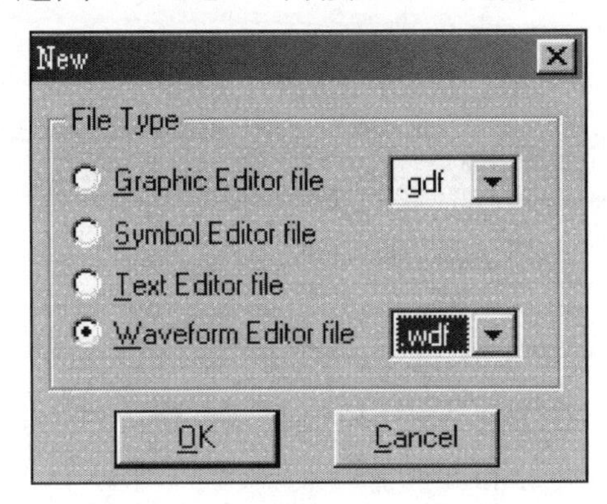

圖 7-27　開啓新的波形編輯檔

2. 插入節點：選取視窗選單 Node → Insert Node 如圖 7-28 所示，出現「Insert Node」對話框如圖 7-29 所示。

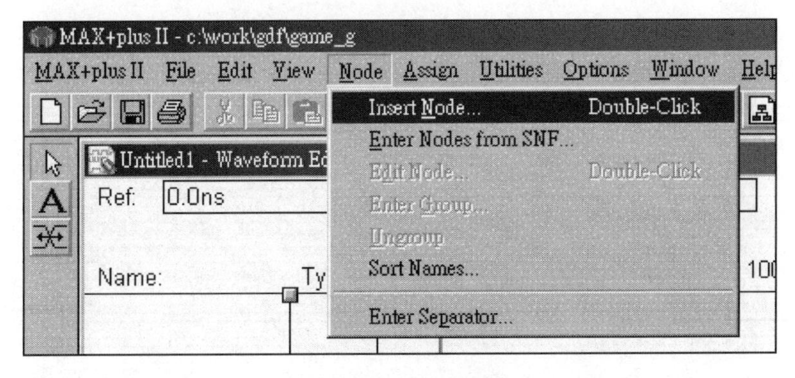

圖 7-28　插入節點

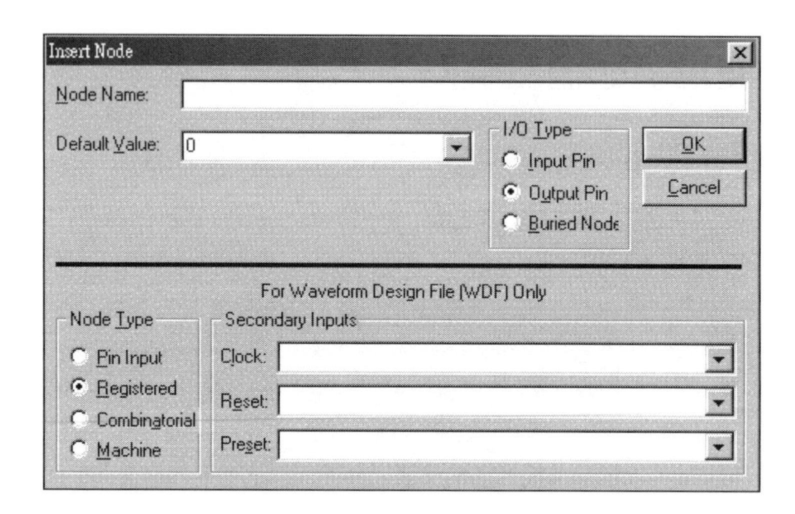

圖 7-29　插入節點對話框

3. 插入輸入 set：選取視窗選單 Node → Insert Node 出現「Insert Node」對話框，在「Node Name」處填入 set，在「I/O Type」處點選 Input Pin，並在下方「Node Type」處點選 Pin Input，如圖 7-30 所示，再按 OK 鈕。

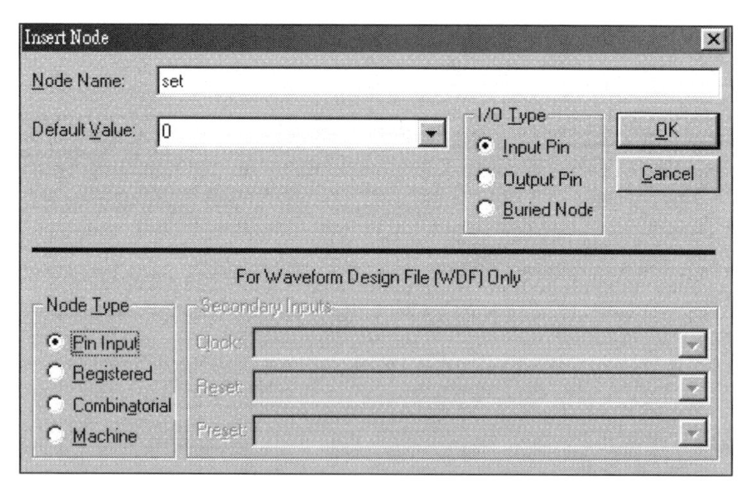

圖 7-30　插入節點 set

4. 插入輸入 A：選取視窗選單 Node → Insert Node 出現「Insert Node」對話框，在「Node Name」處填入 A，在「I/O Type」處點選 Input Pin，並在下方「Node Type」處點選 Pin Input，如圖 7-31 所示，再按 OK 鈕。

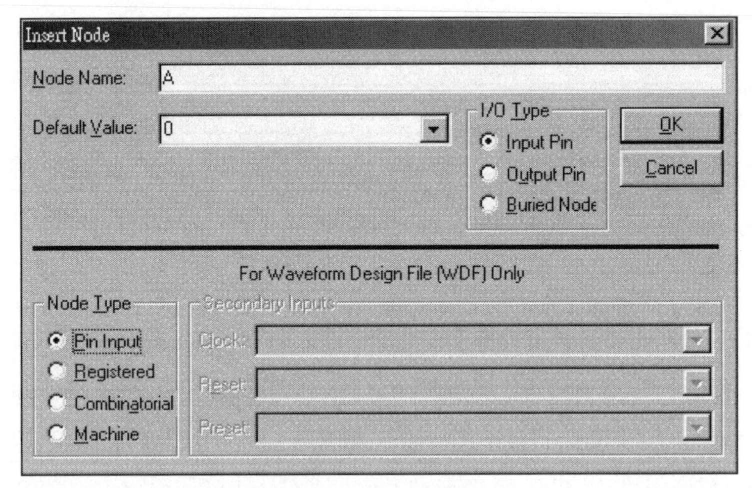

圖 7-31　插入輸入 A

5. 插入輸入 B：選取視窗選單 Node → Insert Node 出現「Insert Node」對話框，在「Node Name」處填入 B，在「I/O Type」處點選 Input Pin，並在下方「Node Type」處點選 Pin Input，如圖 7-32 所示，再按 OK 鈕。

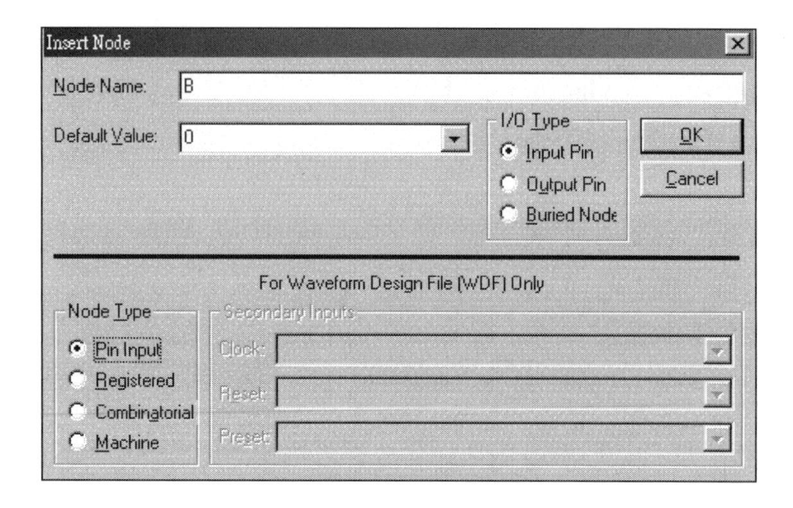

圖 7-32　插入輸入 B

6. 插入節點 NA：選取視窗選單 Node → Insert Node 出現「Insert Node」對話框，在「Node Name」處填入 NA，在「I/O Type」處點選 Buried Node，並在下方「Node Type」處點選 Combinational，如圖 7-33 所示，再按 OK 鈕。

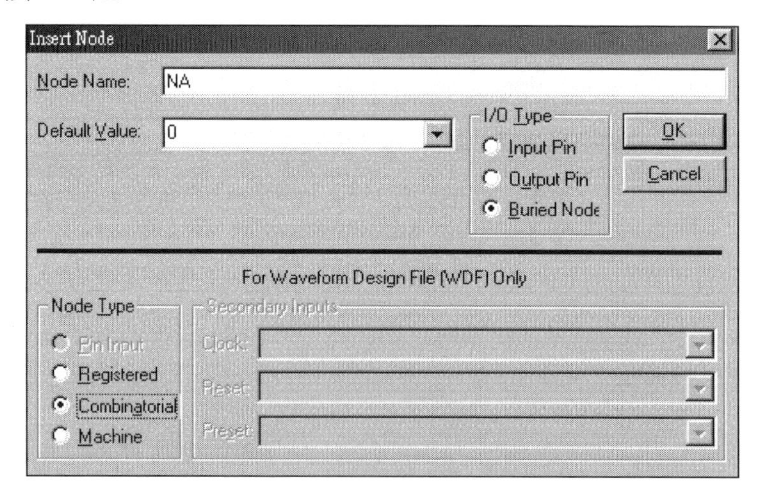

圖 7-33　插入節點 NA

7. 插入節點 NB：選取視窗選單 Node → Insert Node 出現「Insert Node」對話框，在「Node Name」處填入 NB，在「I/O Type」處點選 Buried Node，並在下方「Node Type」處點選 Combinational，如圖 7-34 所示，再按 OK 鈕。

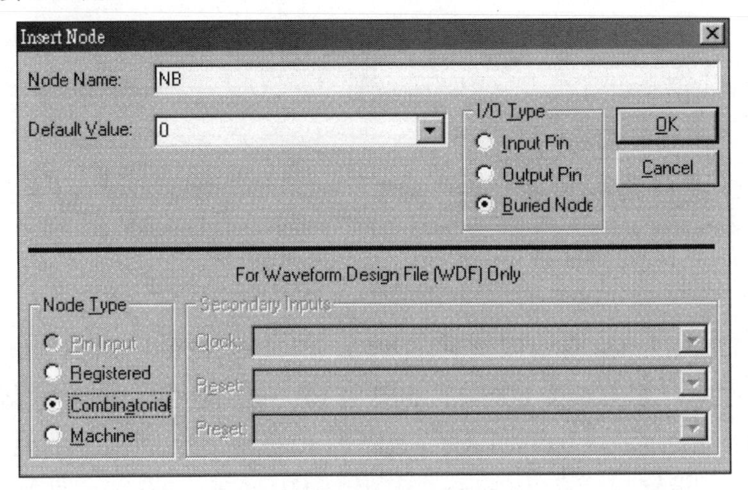

圖 7-34　插入節點 NB

8. 插入輸出 LA：選取視窗選單 Node → Insert Node 出現「Insert Node」對話框，在「Node Name」處填入 LA，在「I/O Type」處點選 Output Pin，並在下方「Node Type」處點選 Registered，則右邊出現「Secondary Inputs」設定處，在「Clock」處選取 NA，在「Preset」處選取 set，如圖 7-35 所示，再按 OK 鈕。

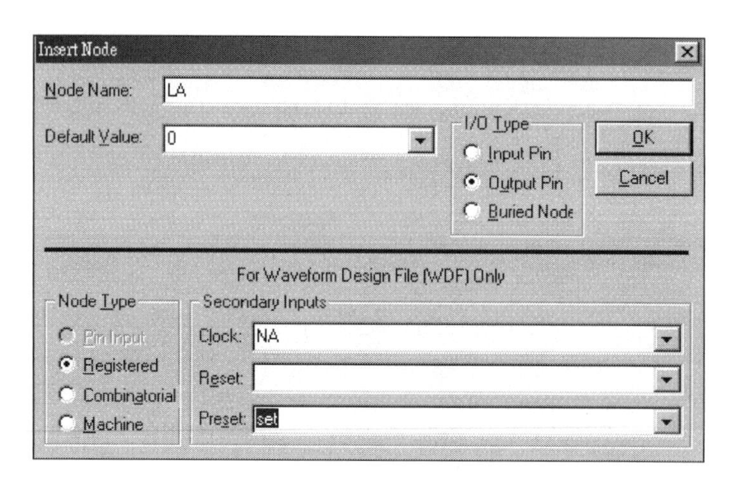

圖 7-35　插入輸出 LA

9. 插入輸出 LB：選取視窗選單 Node → Insert Node 出現「Insert Node」對話框，在「Node Name」處填入 LA，在「I/O Type」處點選 Output Pin，並在下方「Node Type」處點選 Registered，則右邊出現 Secondary Inputs 設定處，在「Clock」處選取 NB，在「Preset」處選取 set，如圖 7-36 所示，再按 OK 鈕。

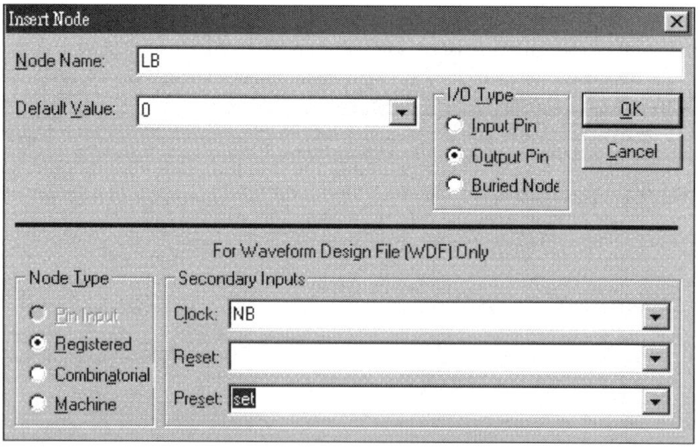

圖 7-36　插入輸出 LB

10. 存檔：選取視窗選單 File → Save，存成〝answer_w.wdf〞。

11. 設定輸入輸出波形：輸入與輸出皆要指定波形，按照搶答電路之眞值表作如圖 7-374 之設定。注意，NA 之値設定爲 A 的反向，NB 之値設定爲 B 的反向。圖 7-37 中，set 等於 1 時，輸出 LA 與 LB 皆等於 1(燈不亮)，若 B 輸入由 1 變 0，NB 由 0 變 1，觸發 LB 暫存器，使 LB 變爲 0(燈亮)，LB 等於 0 後，A 輸入由 1 變 0，NA 由 0 變 1，無法觸發 LA 暫存器(LA 仍等於 1)。set 等於 1 時，輸出 LA 與 LB 皆等於 1(燈不亮)，若 A 輸入由 1 變 0，NA 由 0 變 1，觸發 LA 暫存器，使 LA 變爲 0(燈亮)，LA 等於 0 後，B 輸入由 1 變 0，NB 由 0 變 1，無法觸發 LB 暫存器(LB 仍等於 1)。

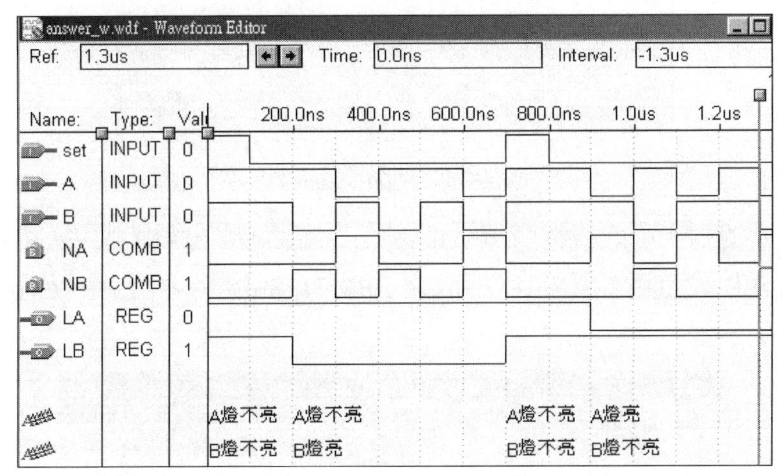

圖 7-37　設定輸入輸出波形

12. 時脈設定修正：選取視窗選單 Assign → Global Project Logic Synthesis..，在「Automatic Global」處之選項將「Clock」之選取取消出現，如圖 7-38 所示。

圖 7-38　時脈設定更改

13. 指定元件：選取視窗選單 Assign → Device，出現「Device」對話框，將元件設定為 MAX7000S 族之 EPM7128SLC84-7 元件，如圖 7-39 所示。

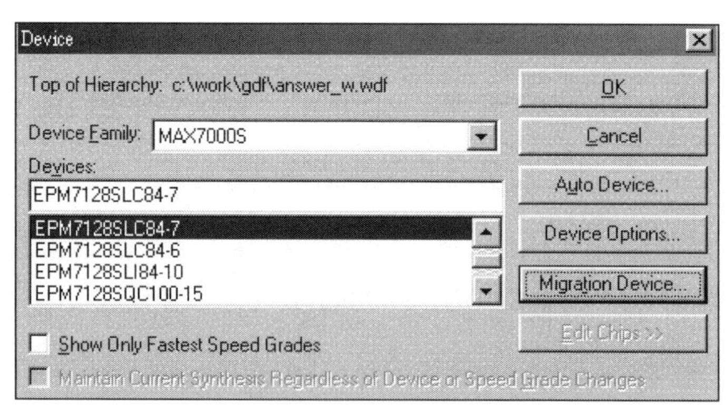

圖 7-39　指定元件

14. 存檔並組譯：選取視窗選單 File → Project → Save & Compiler。

7-2-3　燒錄搶答電路

燒錄搶答電路其編輯程序與燒錄結果介紹如下：

1. 編輯燒錄電路：開啓 answer_g.gdf 檔或 answer_w.wdf 檔。
2. 指定元件：點選 Assign → Device。設定 MAX7000S 族之 EPM7128SLC84-7 元件，設定完成再將電路加以組譯。
3. 設定接腳：組譯完成後要設定輸出入接腳對應之 EPM7128SLC84-7 元件實際腳位。點選 MAX+plus II → Floorplane Editor，再選擇 Layout → Device View，選擇 Layout → Current Assignments Floorplan 出現如圖 7-40 所示。將右上角之未指定的節點(Unassigned Nodes)，利用滑鼠拖曳放到圖下方有標名 I/O 的腳位處，再加以組譯。燒錄電路之接腳指定情況整理如表 7-9 所示。

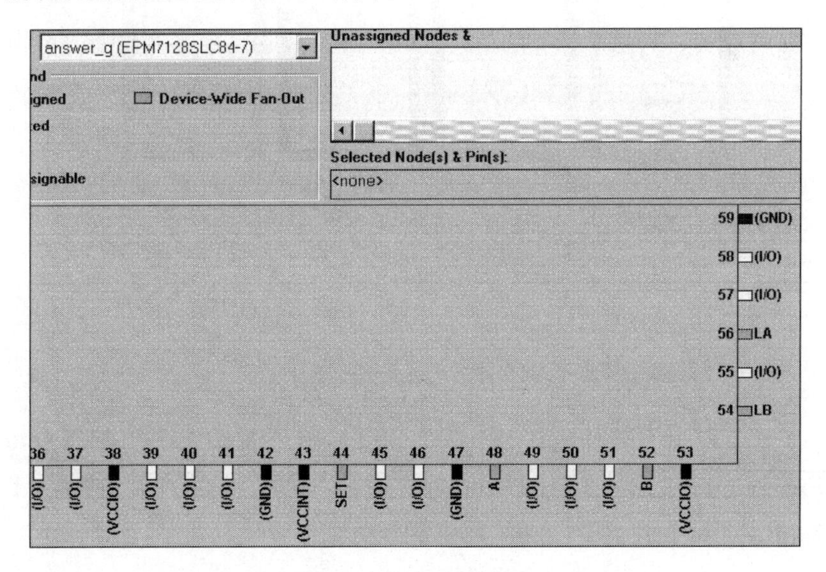

圖 7-40　設定接腳

表 7-9　搶答電路燒錄電路之接腳指定

輸出入腳	對應元件接腳	輸出入腳	對應元件接腳
set	44	LA	56
A	48	LB	54
B	52		

4. 硬體設置：數位電路模擬板之排線 ByteBlaster 要接至電腦上之並列埠，並接上 5V 之 Adapter，並且要將板子上之 Jumper 進行如圖 7-41 之調整。

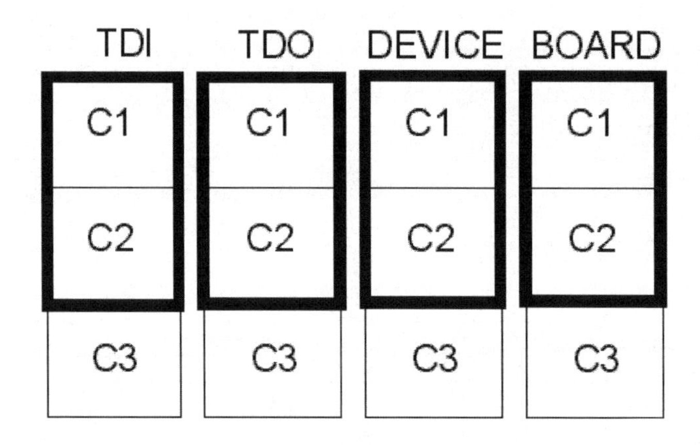

圖 7-41　Jumper 接法

5. 元件燒錄：當接腳指定與組譯後，進行元件燒錄，點選 MAX+plus II → Programmer 出現「Programmer」視窗如圖 7-42 所示，注意 JTAG → Multi-Device JTAG Chain 不要勾選。

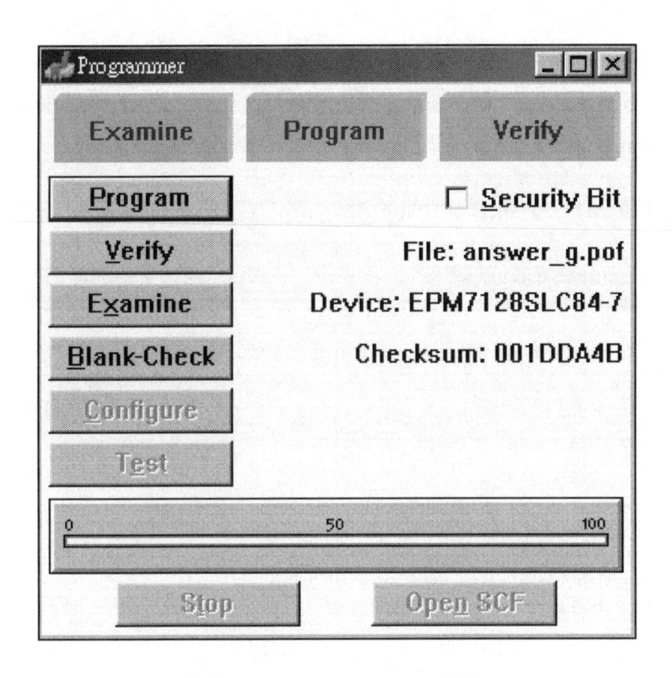

圖 7-42　Programmer 視窗

再點選 Options → Hardware Setup 確定硬體設定是否如圖 7-43 所示。

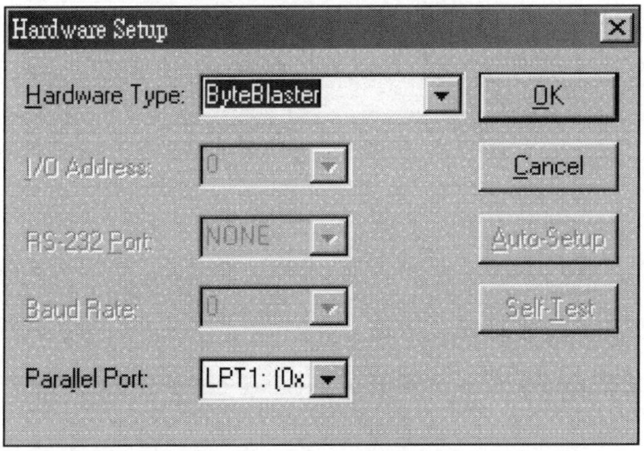

圖 7-43　硬體設定

6. 硬體接線：元件燒錄完成後在數位電路模擬板上利用單芯連接 EPM7128SLC84-7 I/O 腳至數位模擬板上之指撥開關、壓按鈕與 LED，整理如表 7-10。

表 7-10　EPM7128SLC84-7 I/O 腳連接數位模擬板裝置

EPM7128SLC84-7 I/O 腳	連接數位模擬板裝置
44(SET)	指撥開關 MAX_SW2 的 1 號
48(A)	壓按鈕 MAX_PB1
52(B)	壓按鈕 MAX_PB2
54(LB)	LED D1
56(LA)	LED D5

連接 EPM7128SLC84-7 元件的 56(LA)與 54(LB)腳至兩個 LED(D1 與 D5)，再分別連接 EPM7128SLC84-7 元件的 48(A)與 52(B)腳至兩個壓按鈕(MAX_PB1 與 MAX_PB2)，再連接 EPM7128SLC84-7 元件的 44(SET)腳至一個指撥開關(MAX_SW2 的 1 號)如圖 7-44 所示。

圖 7-44　搶答電路硬體接線

EPM7128SLC84-7 元件周圍接腳如圖 7-45 所示。

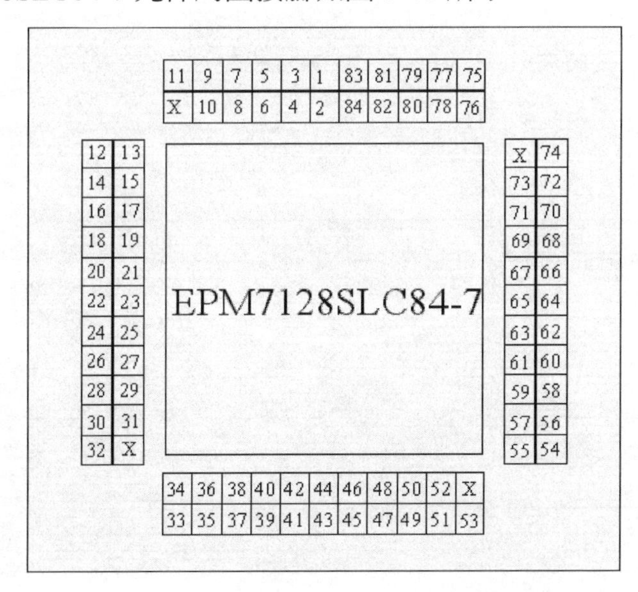

圖 7-45　EPM7128SLC84-7 元件周圍接腳

7. 結果：搶答電路執行結果整理如表 7-11 所示。

表 7-11　搶答電路執行結果

動　　作	效　　果
將 MAX_SW2 的 1 號指撥開關撥往上撥至 1 後，再往下撥爲 0　(如圖 7-46)	兩個 LED 熄滅
觸壓 MAX_PB1 之壓按鈕(A 連接之按鈕)(如圖 7-47)	D1 之 LED 會亮(LA 輸出 0)
D1 之 LED 亮後，再觸壓 MAX_PB2 之壓按鈕	D5 之 LED 不會亮
將 MAX_SW2 的 1 號指撥開關撥往上撥至 1 後，再往下撥爲 0　(如圖 7-48)	兩個 LED 熄滅
觸壓 MAX_PB2 之壓按鈕(B 連接之按鈕)(如圖 7-49)	D5 之 LED 會亮(LB 輸出 0)
D5 之 LED 亮後，再觸壓 MAX_PB1 之壓按鈕	D1 之 LED 不會亮

圖 7-46　搶答電路將 MAX_SW2 的 1 號指撥開關撥往上撥至 1 後兩 LED 熄滅

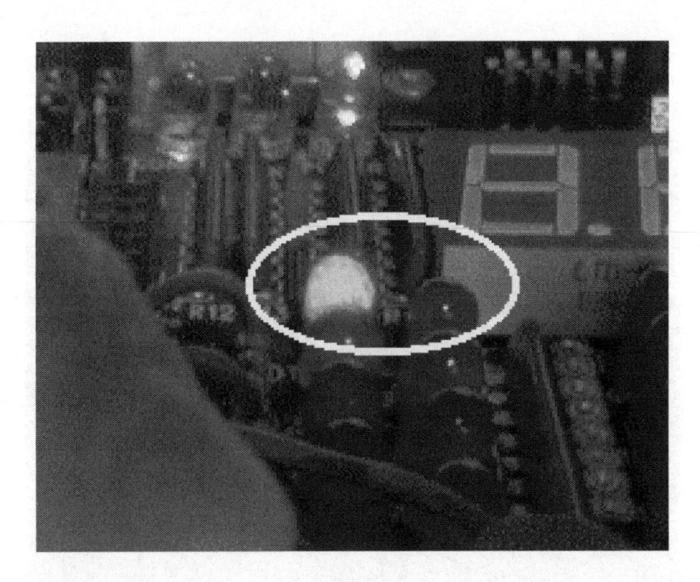

圖 7-47　搶答電路觸壓 MAX_PB1 之壓按鈕(A 連接之按鈕)，D1 之 LED 會亮(LA 輸出 0)

圖 7-48　搶答電路將 MAX_SW2 的 1 號指撥開關撥往上撥至 1 後兩 LED 熄滅

圖 7-49　搶答電路觸壓 MAX_PB2 之壓按鈕(B 連接之按鈕)，D5 之 LED 會亮 (LB 輸出 0)

7-3　設計電子骰子電路

本範例使用數位電路模擬板設計一個電子骰子電路，原理為利用兩個六模計數器接兩個七段顯示器，各會顯示 1 至 6 之數字如表 7-12 所示。再分別利用兩個不同之除頻器控制兩計數器，使之會產生各種不同的組合，再利用致能控制使電子骰子跑動或停止。本範例電路架構為：兩個含致能與重置功能之六模計數器、一個除十六之除頻器、一個除十二之除頻器與兩個七段解碼器，茲分別說明如下。

表 7-12　電子骰子

骰子 1	骰子 2
1、2、3、4、5、6	1、2、3、4、5、6

7-3-1　含致能與重置功能之六模計數器

- 眞值表：含致能與重置功能之六模計數器眞值表如表 7-13 所示。

表 7-13　含致能與重置功能之六模計數器真值表

前一狀態			控制項			輸出		
Q2	Q1	Q0	clk	reset	en	Q2	Q1	Q0
X	X	X	X	1	X	0	0	1
0	0	1	↑	0	1	0	1	0
0	1	0	↑	0	1	0	1	1
0	1	1	↑	0	1	1	0	0
1	0	0	↑	0	1	1	0	1
1	0	1	↑	0	1	1	1	0
1	1	0	↑	0	1	0	0	1
X	X	X	↑	0	0	不變	不變	不變

- VHDL 編輯含致能與重置功能之六模計數器如圖 7-50 至圖 7-52 所示。

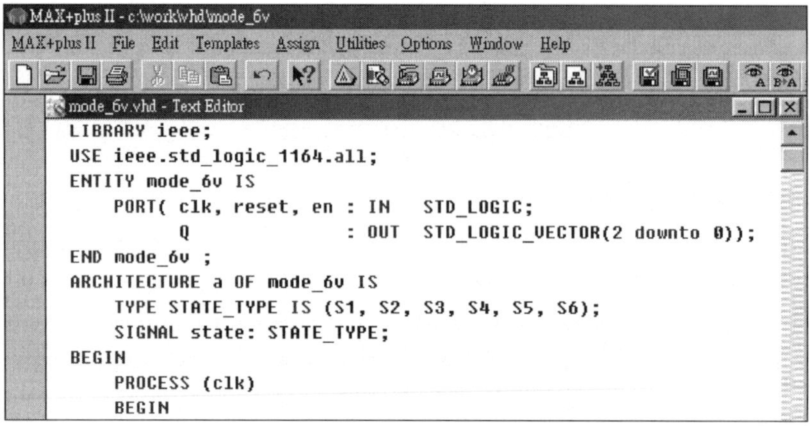

MAX+plus II - c:\work\vhd\mode_6v

MAX+plus II File Edit Templates Assign Utilities Options Window Help

mode_6v.vhd - Text Editor

```
LIBRARY ieee;
USE ieee.std_logic_1164.all;
ENTITY mode_6v IS
    PORT( clk, reset, en : IN   STD_LOGIC;
          Q              : OUT  STD_LOGIC_VECTOR(2 downto 0));
END mode_6v ;
ARCHITECTURE a OF mode_6v IS
    TYPE STATE_TYPE IS (S1, S2, S3, S4, S5, S6);
    SIGNAL state: STATE_TYPE;
BEGIN
    PROCESS (clk)
    BEGIN
```

圖 7-50　VHDL 編輯含致能與重置功能之六模計數器

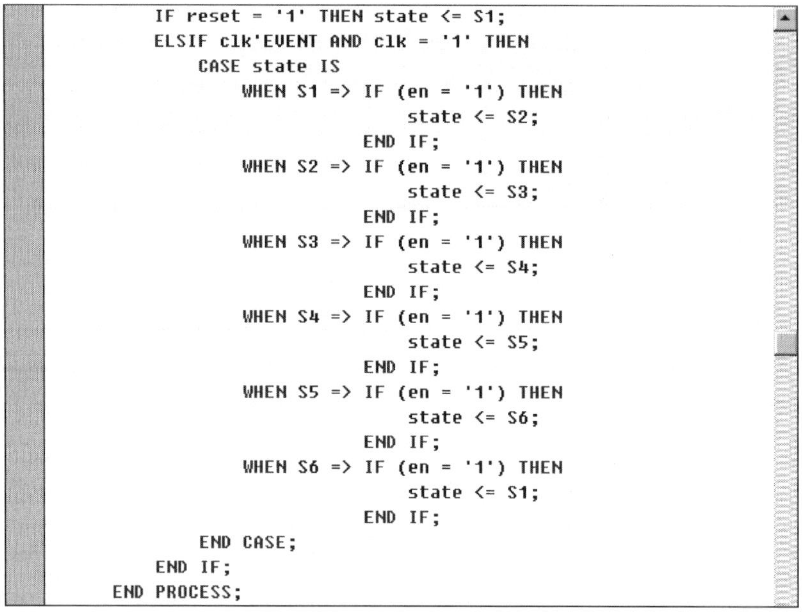

```
        IF reset = '1' THEN state <= S1;
        ELSIF clk'EVENT AND clk = '1' THEN
            CASE state IS
                WHEN S1 => IF (en = '1') THEN
                               state <= S2;
                           END IF;
                WHEN S2 => IF (en = '1') THEN
                               state <= S3;
                           END IF;
                WHEN S3 => IF (en = '1') THEN
                               state <= S4;
                           END IF;
                WHEN S4 => IF (en = '1') THEN
                               state <= S5;
                           END IF;
                WHEN S5 => IF (en = '1') THEN
                               state <= S6;
                           END IF;
                WHEN S6 => IF (en = '1') THEN
                               state <= S1;
                           END IF;
            END CASE;
        END IF;
    END PROCESS;
```

圖 7-51　VHDL 編輯含致能與重置功能之六模計數器

```
    WITH state SELECT
        Q <=    "001"   WHEN    S1,
                "010"   WHEN    S2,
                "011"   WHEN    S3,
                "100"   WHEN    S4,
                "101"   WHEN    S5,
                "110"   WHEN    S6;
END a;
Line  33   Col  35   INS
```

圖 7-52　VHDL 編輯含致能與重置功能之六模計數器

- Verilog HDL 編輯含致能與重置功能之六模計數器如圖 7-53 至圖 7-55 所示。先定義 S0 至 S6 之值，再以狀態機之描述法編輯含致能與重置功能之六模計數器。

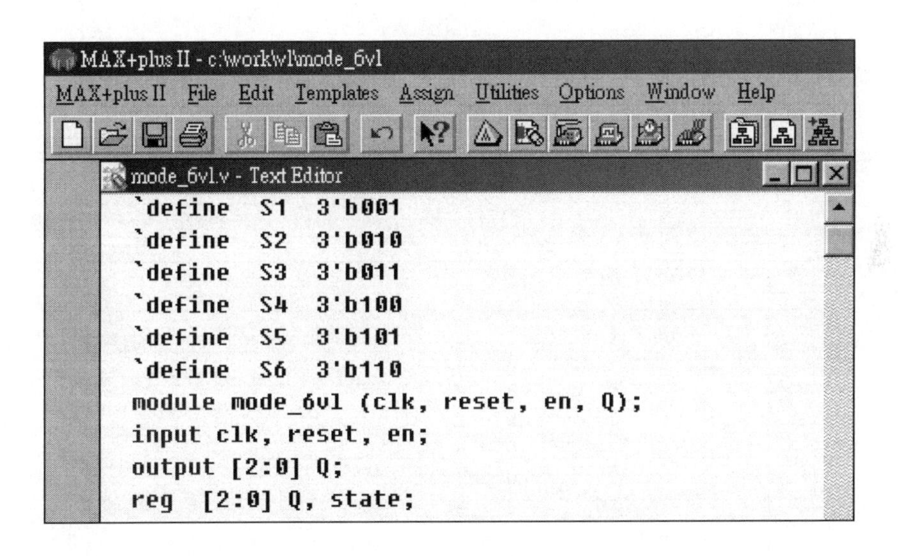


```
`define  S1  3'b001
`define  S2  3'b010
`define  S3  3'b011
`define  S4  3'b100
`define  S5  3'b101
`define  S6  3'b110
module mode_6vl (clk, reset, en, Q);
input clk, reset, en;
output [2:0] Q;
reg  [2:0] Q, state;
```

圖 7-53　Verilog HDL 編輯含致能與重置功能之六模計數器

```
always @(posedge clk or posedge reset)
 begin
  if (reset)
      state = `S1;
  else
      case (state)
          `S1:    if (en)
                  state = `S2;
          `S2:    if (en)
                  state = `S3;
          `S3:    if (en)
                  state = `S4;
          `S4:    if (en)
                  state = `S5;
          `S5:    if (en)
                  state = `S6;
          `S6:    if (en)
                  state = `S1;
          default :
                  state = `S1;
      endcase
 end
```

圖 7-54　Verilog HDL 編輯含致能與重置功能之六模計數器

```
always @(state)
 begin
  case (state)
      `S1 :    Q = 1;
      `S2 :    Q = 2;
      `S3 :    Q = 3;
      `S4 :    Q = 4;
      `S5 :    Q = 5;
      `S6 :    Q = 6;
  endcase
 end
endmodule
Line 30   Col 22   INS
```

圖 7-55　Verilog HDL 編輯含致能與重置功能之六模計數器

● 模擬含致能與重置功能之六模計數器如圖 7-56 所示。當 clk 正緣時 Q 會加 1，若 en=0，則 Q 保持不變。

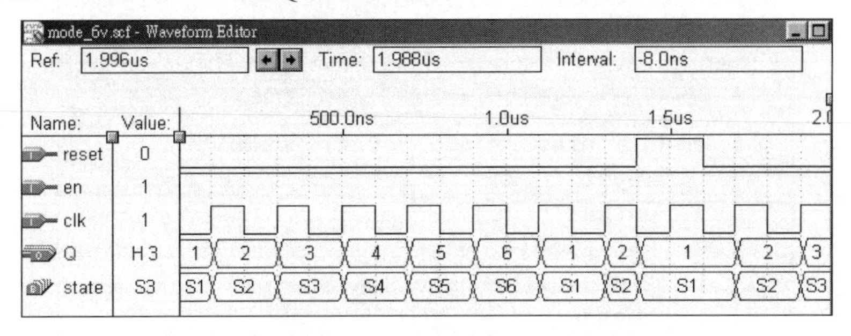

圖 7-56　模擬含致能與重置功能之六模計數器

7-3-2　除十六之除頻器

VHDL 編輯除十六之除頻器一個如圖 7-57 所示。

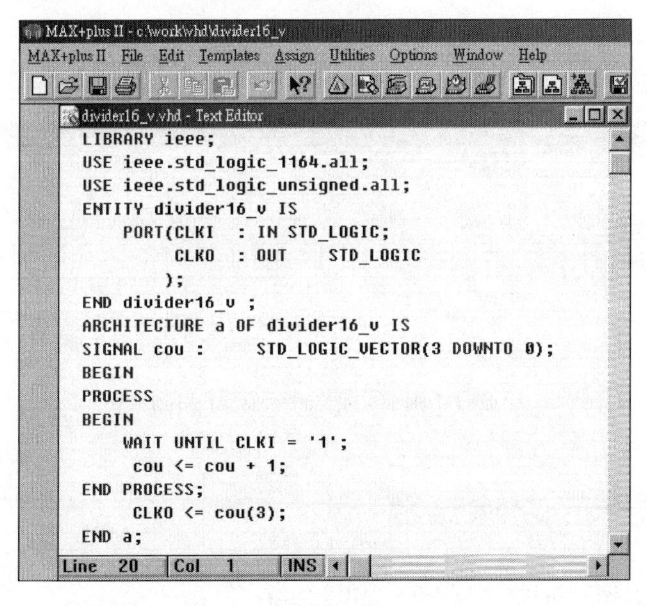


```
LIBRARY ieee;
USE ieee.std_logic_1164.all;
USE ieee.std_logic_unsigned.all;
ENTITY divider16_v IS
    PORT(CLKI   : IN STD_LOGIC;
         CLKO   : OUT    STD_LOGIC
        );
END divider16_v ;
ARCHITECTURE a OF divider16_v IS
SIGNAL cou :      STD_LOGIC_VECTOR(3 DOWNTO 0);
BEGIN
PROCESS
BEGIN
    WAIT UNTIL CLKI = '1';
     cou <= cou + 1;
END PROCESS;
     CLKO <= cou(3);
END a;
```

圖 7-57　VHDL 編輯除十六之除頻器

● Verilog HDL 編輯除十六之除頻器如圖 7-58 所示。

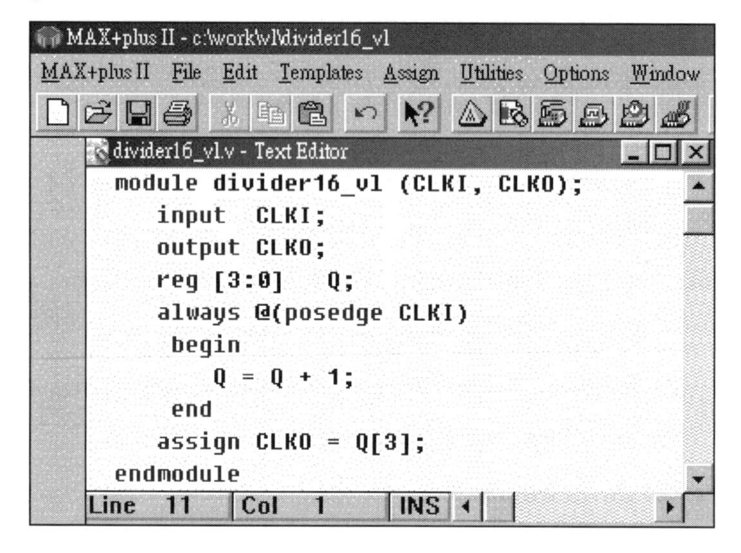

圖 7-58　Verilog HDL 編輯除十六之除頻器

● 模擬除十六之除頻器之結果如圖 7-59 所示。

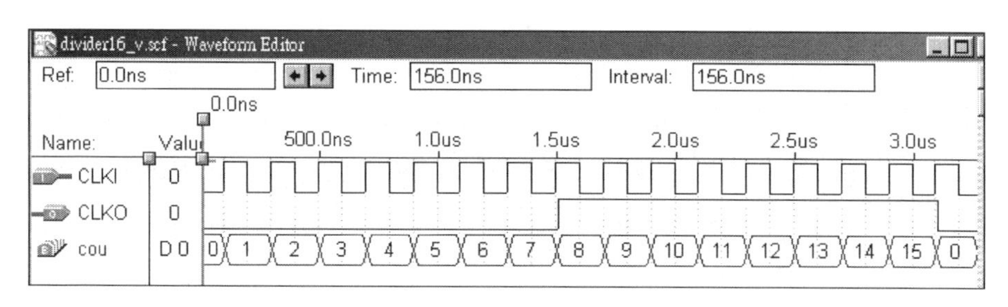

圖 7-59　模擬除十六之除頻器

7-3-3　除十二之除頻器

● VHDL 編輯除十二之除頻器如圖 7-60 所示。

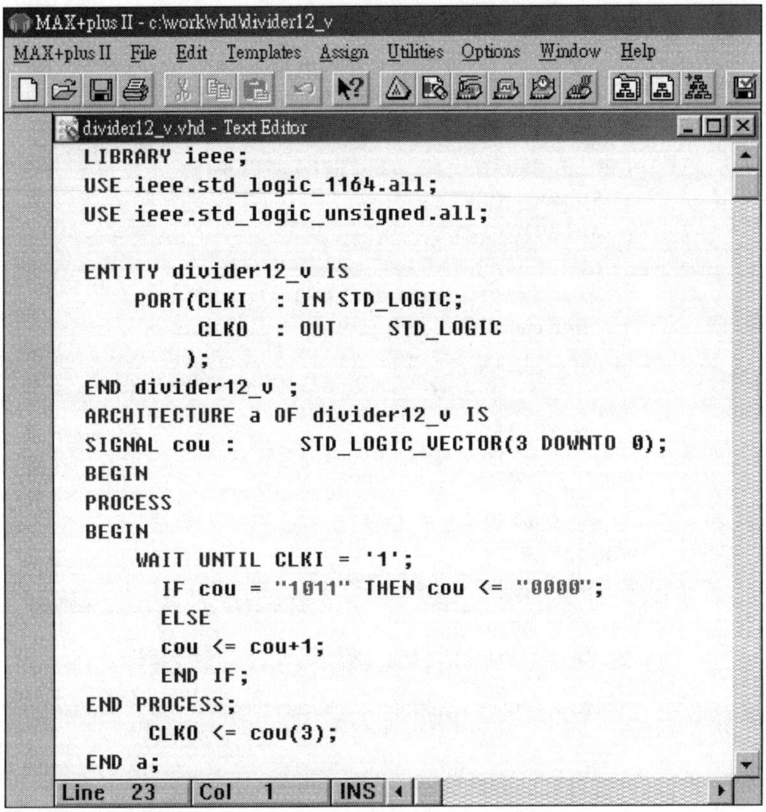

```
MAX+plus II - c:\work\vhd\divider12_v
MAX+plus II  File  Edit  Templates  Assign  Utilities  Options  Window  Help
divider12_v.vhd - Text Editor
LIBRARY ieee;
USE ieee.std_logic_1164.all;
USE ieee.std_logic_unsigned.all;

ENTITY divider12_v IS
    PORT(CLKI   : IN STD_LOGIC;
         CLKO   : OUT    STD_LOGIC
        );
END divider12_v ;
ARCHITECTURE a OF divider12_v IS
SIGNAL cou :      STD_LOGIC_VECTOR(3 DOWNTO 0);
BEGIN
PROCESS
BEGIN
    WAIT UNTIL CLKI = '1';
      IF cou = "1011" THEN cou <= "0000";
      ELSE
      cou <= cou+1;
      END IF;
END PROCESS;
     CLKO <= cou(3);
END a;
Line  23   Col  1    INS
```

圖 7-60　VHDL 編輯除十二之除頻器

- Verilog HDL 編輯除十二之除頻器如圖 7-61 所示。

```
module divider12_vl (CLKI, CLKO);
   input  CLKI;
   output CLKO;
   reg [3:0]   Q;
   always @(posedge CLKI)
    begin
      if (Q == 11)
         Q = 0;
      else
         Q = Q + 1;
    end
   assign CLKO = Q[3];
endmodule
```

圖 7-61　Verilog HDL 編輯除十二之除頻器

● 模擬除十二之除頻器之結果如圖 7-62 所示。

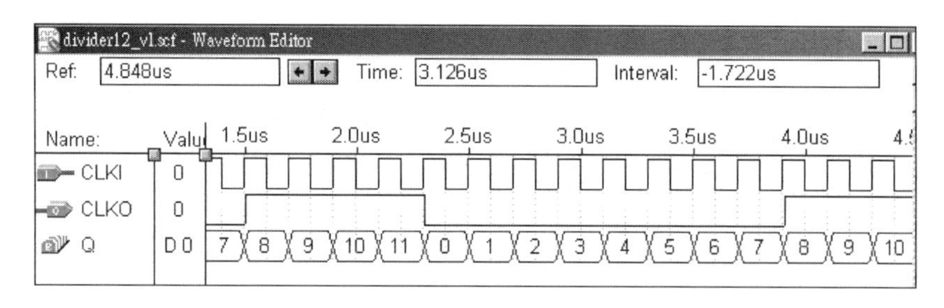

圖 7-62　模擬除十二之除頻器

7-3-4　電子骰子電路與燒錄結果

燒錄電路將致能功能六模計數器、七段顯示器與除頻器整合在一起，其編輯程序與燒錄結果介紹如下：

1. 編輯燒錄電路：將含致能功能六模計數器、七段顯示器與除頻器整合在一起，並用一個 T 型正反器以利用 En 接按鍵觸發控制計數器之制能項。使觸發其電路圖編輯結果如圖 7-63 所示，檔名爲 game_g.gdf。

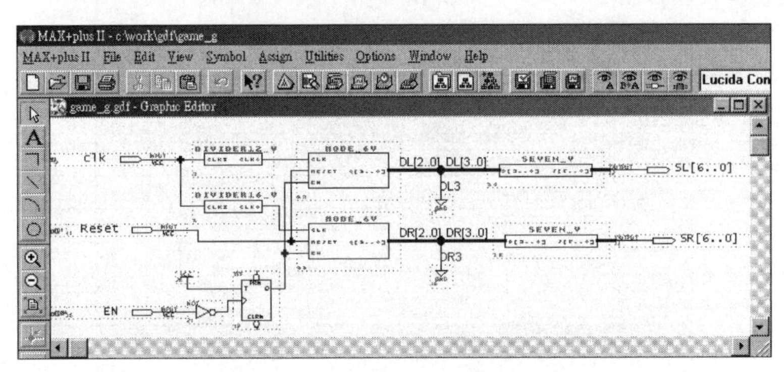

圖 7-63　電子骰子圖形編輯

電子骰子電路所用到元件整理如表 7-14 所示。

表 7-14　電子骰子燒錄電路圖組成分子

組　成　元　件	個　數	引　用　模　組
除十二之除頻器	一個	divider12_v
除十六之除頻器	一個	divider16_v
T 型正反器	一個	tff
含致能功能六模計數器	兩個	mode_6v
七段解碼器	兩個	seven_v

2. 指定元件：點選 Assign → Device。設定 MAX7000S 族之 EPM7128SLC84-7 元件，設定完成再將電路加以組譯。
3. 時脈設定修正：選取視窗選單 Assign → Global Project Logic Synthesis..，在「Automatic Global」處之選項將「Clock」之選取取消出現，如圖 7-64 所示。

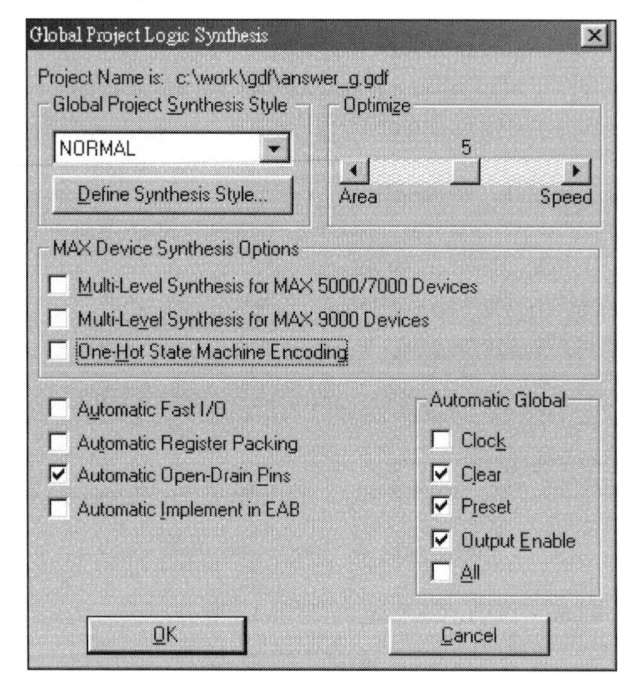

圖 7-64　時脈設定更改

4. 設定接腳：組譯完成後要設定輸出入接腳對應之 EPM7128SLC84-7 元件實際腳位。點選 MAX+plus II → Floorplane Editor，再選擇 Layout → Device View，選擇 Layout → Current Assignments Floorplan。將右上角之未指定的節點(Unassigned Nodes)，利用滑鼠拖曳放到圖下方有標名 I/O 的腳位處，再加以組譯。燒錄電路之接腳指定情況整理如表 7-15 所示。

表 7-15　電子骰子燒錄電路之接腳指定

輸出入腳	對應元件接腳	輸出入腳	對應元件接腳
Reset	1	Clk	83
EN	84		
SR6	69	SL6	58
SR5	70	SL5	60
SR4	73	SL4	61
SR3	74	SL3	63
SR2	76	SL2	64
SR1	75	SL1	65
SR0	77	SL0	67

5. 硬體設置：數位電路模擬板之排線 ByteBlaster 要接至電腦上之並列埠，並接上 5V 之 Adapter。並且要將板子上之 Jumper 作如圖 7-65 之調整。

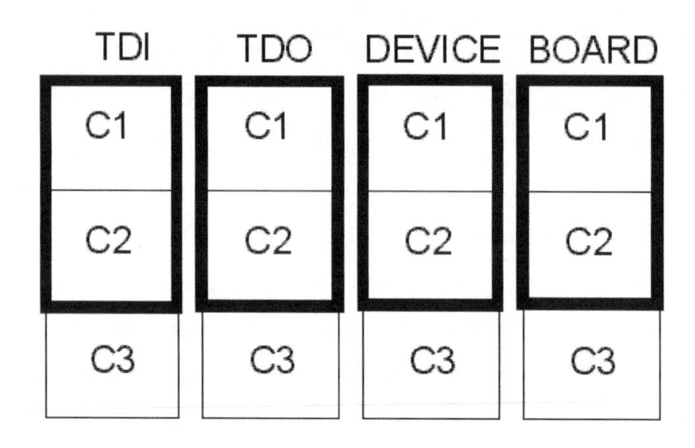

圖 7-65 Jumper 接法

6. 元件燒錄：當接腳指定與組譯後，進行元件燒錄，點選 MAX+plus II → Programmer 出現「Programmer」視窗，注意 JTAG → Multi-Device JTAG Chain 不要勾選。再點選 Options → Hardware Setup 確定硬體設定是否如圖 7-66 所示。

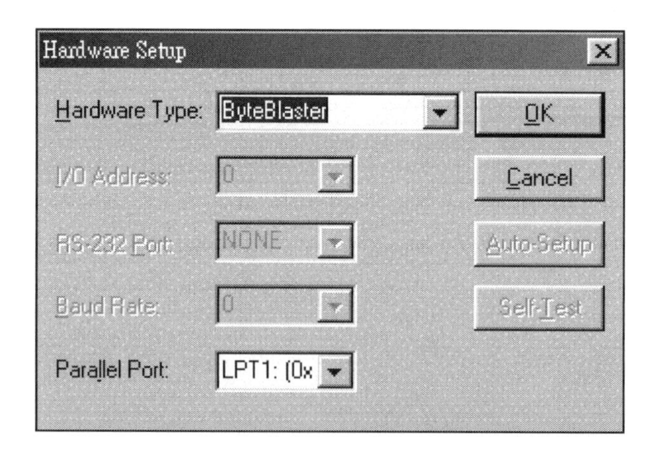

圖 7-66 硬體設定

7. 硬體接線：元件燒錄完成後在數位電路模擬板上利用單芯連接 EPM7128SLC84-7 元件的 I/O 腳至數位電路模擬板裝置，整理如表 7-16。

表 7-16　EPM7128SLC84-7 I/O 腳連接數位模擬板裝置

EPM7128SLC84-7 I/O 腳	連接數位電路模擬板裝置
1(Reset)	MAX_SW2 的 1 號
84(EN)	壓按鈕 MAX_PB1

EPM7128SLC84-7 元件的 1(Reset)腳至一個指撥開關(MAX_SW2 的 1 號)，再分別連接 EPM7128SLC84-7 元件的 84(EN)至一個壓按鈕(MAX_PB1)如圖 7-67 所示。其中 EPM7128SLC84-7 元件的周邊接腳可參考圖 7-45 所示。

圖 7-67　電子骰子硬體接線

8. 結果：電子骰子電路執行結果整理如表 7-17 所示。

表 7-17　電子骰子電路執行結果

動　　　　作	效　　　　果
將 MAX_SW2 的 1 號指撥開關撥往上撥至 1 後，即作重置的動作，再往下撥爲 0	兩個七段顯示器顯示 11
壓下 MAX_PB1 之壓按鈕(EN 連接之按鈕)再放開	兩個七段顯示器顯示變化的數字，由於變化速度快，顯示 88
壓下 MAX_PB1 之壓按鈕(EN 連接之按鈕)再放開	兩個七段顯示器停住顯示電子骰子之數字
壓下 MAX_PB2 之壓按鈕(EN 連接之按鈕)再放開	兩個七段顯示器顯示變化的數字，由於變化速度快，顯示 88
壓下觸壓 MAX_PB1 之壓按鈕(EN 連接之按鈕) 再放開	兩個七段顯示器停住顯示電子骰子之數字

附錄 A-硬體描述語言語法

本書範例中所用到的硬體描述語言語法包括 VHDL 與 Verilog HDL，但 MAX+PLUS II 只支援部分語法，整理如下。

A-1 VHDL 語法

1. Design Entities & Configurations
2. Subprograms & Packages
3. Types
4. Declarations
5. Specifications
6. Names
7. Expressions
8. Sequential Statements
9. Concurrent Statements
10. Scope & Visibility
11. Design Units & Their Analysis
12. Elaboration & Execution
13. Lexical Elements
14. Predefined Language Environment

- VHDL 之設計 Entities：所建立的一個區塊，此設計檔案聚合包括一些邏輯閘、正反器等基本元件或參數式函數。其架構語法整理在本書各章節，MAX+PLUS II 支援 Entities 語法狀況整理在表 A-1 所示。

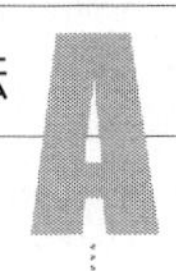

表 A-1　VHDL 之設計 Entities

設　計　單　體	VHDL 1987 支援	VHDL 1993 支援	參見書中章節
Entity Declarations (Entity 宣告)	支援。	支援。	2-1-2-1
Entity Headers (Entity 開頭)	支援。	支援。	2-1-2-1
Generics	當引用 megafunctions 和 macrofunctions 時支援。	當引用 megafunctions 和 macrofunctions 時支援。	3-5-2-1
Ports (輸出入埠)	支援。	支援。	2-1-2-1
Entity Declarative Parts (Entity 宣告部分)	支援。	支援。	2-1-2-1
Entity Statement Parts (Entity 描述部分)	支援。 Entity 描述部分爲 passive。	支援。 Entity 描述部分爲 passive。	2-1-2-1
Architecture Bodies (Architecture 主體)	支援。	支援。	2-1-2-1
Architecture Declarative Parts (Architecture 宣告部分)	支援。	支援。	2-1-2-1
Architecture Statement Parts (Architecture 描述部分)	支援。	支援。	2-1-2-1

- VHDL 之 Configurations：MAX+PLUS II 支援 Configurations 語法狀況整理在表 A-2 所示。

表 A-2　VHDL 之 Configurations

構　　形	VHDL 1987 支援	VHDL 1993 支援	參見書中章節
Configuration Declarations (Configuration 宣告)	不支援。	不支援。	
Block Configurations (區塊構形)	不支援。	不支援。	
Component Configurations(組件構形)	不支援。	不支援。	

- VHDL 之 Subprograms 與 Packages：MAX+PLUS II 支援 Subprograms 與 Packages 語法狀況整理在表 A-3 所示。

表 A-3　VHDL 之 Subprograms 與 Packages

副程式和套件	VHDL 1987 支援	VHDL 1993 支援	參見書中章節
Subprogram Declarations (副程式宣告)	支援。	支援。	2-7-2-1
Formal Parameters (格式化參數)	支援。	支援。	
Constant & Variable Parameters(Constant 與 Variable 參數)	支援。	支援。	
Signal Parameters (Signal 參數)	不支援。	不支援。	
(1993) File Parameters (File 參數)	n/a	不支援。	
Subprogram Bodies (副程式主體)	支援。	支援。	2-7-2-1
Subprogram Overloading (副程式溢載)	支援。	支援。	
Operator Overloading (運算子溢載)	支援。	支援。	2-3-2-1
(1993) Signatures (識別標誌)	n/a	不支援。	

表 A-3　(續)

Resolution Functions (Resolution 函數)	不支援。	不支援。	
Package Declarations (套件宣告)	支援。 全體性的訊號不能被宣告在內。	支援。 全體性的訊號不能被宣告在內。	2-7-2-1
Package Bodies (套件主體)	支援。	支援。	2-7-2-1
Conformance Rules (服從規則)	支援。	支援。	

- VHDL 之 Types：MAX+PLUS II 支援 Types 語法狀況整理在表 A-4 所示。

表 A-4　VHDL 之 Types

型　　態	VHDL 1987 支援	VHDL 1993 支援	參見書中章節
Scalar Types (純量型態)	支援。 如下所說明。	支援。 如下所說明。	
Enumeration Types (列舉式型態)	支援。 字元文字之型態除了'0', '1', 'D', 'H', 'L', 'U', 'W', 'X', 'Z', 'd', 'h', 'l', 'u', 'w', 'x', 'z', and '-'以外會被當成邏輯型態。變數與訊號被表示爲單一位元的邏輯型態或是其他位元陣列的列舉型態。	支援。 字元文字之型態除了'0', '1', 'D', 'H', 'L', 'U', 'W', 'X', 'Z', 'd', 'h', 'l', 'u', 'w', 'x', 'z', and '-'以外會被當成邏輯型態。變數與訊號被表示爲單一位元的邏輯型態或是其他位元陣列的列舉型態。	2-1-2-1
Predefined Enumeration Types (預先定義的列舉式型態)	支援。	支援。	2-1-2-1
Integer Types (Integer 整數型態)	支援。	支援。	2-3-2-1
Predefined Integer Types (預先定義的整數型態)	支援。	支援。	2-3-2-1

表 A-4 (續)

Physical Types (物理量型態)	不支援。 預先定義的物理量型別 TIME 不支援，使用者自訂之物理量型態在 VHDL 合成中沒有意義， 你可以利用 MAX+PLUS II 中 Assign 功能選單中的"Timing Requirements"和"Global Project Timing Requirements"時間指定功能。	不支援。 預先定義的物理量型別 TIME 不支援，使用者自訂之物理量型態在 VHDL 合成中沒有意義， 你可以利用 MAX+PLUS II 中 Assign 功能選單中的"Timing Requirements"和"Global Project Timing Requirements"時間指定功能。	
Predefined Physical Types (預先定義的物理量型態)	不支援。 如上之說明。	不支援。 如上之說明。	
Floating Point Types (浮點型態)	不支援。 對可程式邏輯而言，支援浮點運算的合成邏輯效率太差了。	不支援。 對可程式邏輯而言，支援浮點運算的合成邏輯效率太差了。	
Predefined Floating Point Types (預先定義的浮點型態)	不支援。 如上之說明。	不支援。 如上之說明。	
Composite Types (合成型態)	支援。 如下所說明。	支援。 如下所說明。	
Array Types (陣列型態)	支援。	支援。	2-2-2-1 2-5-2-1
Index Constraints & Discrete Ranges (索引限制和個別的範圍)	支援。	支援。	2-2-2-1
Predefined Array Types (預先定義的陣列型態)	支援。	支援。	2-2-2-1
Record Types (記錄型別)	支援。	支援。	
Access Types (存取資料型態)	不支援。 對可程式邏輯而言，支援動態配置的合成邏輯效率太差了。	不支援。 對可程式邏輯而言，支援動態配置的合成邏輯效率太差了。	

表 A-4　(續)

Incomplete Type Declarations (不完整的型態宣告)	不支援。 如上之說明。	不支援。 如上之說明。	
Allocation & Deallocation of Objects (配置和放回物件)	不支援。 如上之說明。	不支援。 如上之說明。	
File Types (檔案型態)	不支援。 File I/O 不能被合成。	不支援。 File I/O 不能被合成。	
File Operations (檔案運算)	不支援。 如上之說明。	不支援。 如上之說明。	

- VHDL 之 Declarations：MAX+PLUS II 支援 Declarations 語法狀況整理在表 A-5 所示。

表 A-5　VHDL 之 Declarations

宣　告	VHDL 1987 支援	VHDL 1993 支援	參見書中章節
Type Declarations (型態宣告)	支援。	支援。	
Subtype Declarations (副型態宣告)	支援。	支援。	
Objects (物件)	支援。 如下之說明。	支援。 如下之說明。	3-1-2-1
Object Declarations (物件宣告)	支援。	支援。	
Constant Declarations (常數宣告)	支援。 常數宣告必須是整數型態、列舉式型態、STD_LOGIC_VECTOR 或字串。	支援。 常數宣告必須是整數型態、列舉式型態、STD_LOGIC_VECTOR 或字串。	
Signal Declarations (訊號宣告)	支援。 陣列分子必須是一維陣列或是單一位元。沒有被用到的訊號會被忽略。	支援。 陣列分子必須是一維陣列或是單一位元。沒有被用到的訊號會被忽略。	2-1-2-1

表 A-5 (續)

Variable Declarations (變數宣告)	支援。 陣列分子必須是一維陣列或是單一位元。變數之初始值會被忽略。	支援。 陣列分子必須是一維陣列或是單一位元。變數之初始值會被忽略。	
(1993) File Declarations (檔案宣告)	不支援。 File I/O 不能被合成。(Formerly section 4.3.2 in IEEE Std 1076-1987.)	不支援。 File I/O 不能被合成。	
(1993) Interface Declarations (介面宣告)	支援。 (Formerly section 4.3.3 in IEEE Std 1076-1987.)	支援。	
(1987) File Declarations (檔案宣告)	不支援。 File I/O 不能被合成。	不支援。 File I/O 不能被合成。(Reassigned to section 4.3.1.4 in IEEE Std 1076-1993.)	
(1993) Interface Lists (介面列示)	支援。 除了模態爲 LINKAGE 之埠以外。(Formerly section 4.3.3.1 in IEEE Std 1076-1987.)	支援。 除了模態爲 LINKAGE 之埠以外。	
(1993) Association Lists (聯合列示)	支援。 型態轉換函數不能使用聯合列示。(Formerly section 4.3.3.2 in IEEE Std 1076-1987.)	支援。 型態轉換函數不能使用聯合列示。	
(1993) Alias Declarations (別名宣告)	支援。 (Formerly section 4.3.4 in IEEE Std 1076-1987.)	支援。	
(1987) Interface Declarations (介面宣告)	支援。	支援。 (Reassigned to section 4.3.2 in IEEE Std 1076-1993.)	
(1993) Object Aliases (物件別名)	n/a	支援。	

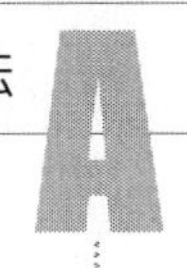

表 A-5　(續)

(1987) Interface Lists (介面列示)	支援。 除了模態爲 LINKAGE 之埠以外。	支援。 除了模態爲 LINKAGE 之埠以外。(Reassigned to section 4.3.2.1 in IEEE Std 1076-1993.)	
(1993) Nonobject Aliases (非物件別名)	n/a	不支援。	
(1987) Association Lists (聯合列示)	支援。 型態轉換函數不能使用聯合列示。	支援。 型態轉換函數不能使用聯合列示。(Reassigned to section 4.3.2.2 in IEEE Std 1076-1993.)	
(1987) Alias Declarations (別名宣告)	支援。	支援。 (Reassigned to section 4.3.3 in IEEE Std 1076-1993.)	
Attribute Declarations (屬性宣告)	支援。	支援。	
Component Declarations (組件宣告)	支援。	支援。	2-7-2-1
(1993) Group Template Declarations (群體樣版宣告)	n/a	不支援。	
(1993) Group Declarations (群體宣告)	n/a	不支援。	

- VHDL 之 Specifications：MAX+PLUS II 支援 Specifications 語法狀況整理在表 A-6 所示。

表 A-6　VHDL 之 Specifications

敘　　　述	VHDL 1987 支援	VHDL 1993 支援	參見書中章節
Attribute Specifications (屬性敘述)	支援。	支援。	
Configuration Specifications (構形敘述)	支援。 如下之說明。	支援。 如下之說明。	
Binding Indications (束縛指示)	支援。	支援。	
Entity Aspects (Entity 外觀)	支援。 Entity 外觀不能是 OPEN，且必須有 architecture 名。	支援。 Entity 外觀不能是 OPEN，且必須有 architecture 名。	
Generic Map & Port Map Aspects (Generic Map 和 Port Map 外觀)	支援 Port Map。 只有插入 megafunctions 和 macrofunctions 時支援 Generic Map。	支援 Port Map。 只有插入 megafunctions 和 macrofunctions 時支援 Generic Map。	
Default Binding Indications (預設束縛指示)	支援。	支援。	
Disconnection Specifications (分開敘述)	忽略。 你可以利用 MAX+PLUS II 中 Assign 功能選單中的 "Timing Requirements"和 "Global Project Timing Requirements"時間指定功能。	忽略。 你可以利用 MAX+PLUS II 中 Assign 功能選單中的 "Timing Requirements" 和 "Global Project Timing Requirements"時間指定功能。	

- VHDL 之 Names：MAX+PLUS II 支援 Names 語法狀況整理在表 A-7 所示。

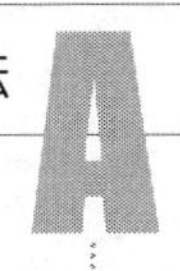

表 A-7　VHDL 之 Names

名　　字	VHDL 1987 支援	VHDL 1993 支援	參見書中章節
Names (名字)	支援。	支援。	
Simple Names (簡單的名字)	支援。	支援。	
Selected Names (經選擇的名字)	支援。	支援。	
Indexed Names (索引名字)	支援。 索引名字的自首必須為其他索引名字或簡單的名字。	支援。 索引名字的自首必須為其他索引名字或簡單的名字。	
Slice Names (片段名字)	支援。 片段名字的字首必須為簡單的名字。片段名字必須為局部靜態的。其目標片段名字之方向與不連續之範圍必須為已知。	支援。 片段名字的字首必須為簡單的名字。片段名字必須為局部靜態的。其目標片段名字之方向與不連續之範圍必須為已知。	
Attribute Names (屬性名稱)	支援。	支援。	

- VHDL 之 Expressions：MAX+PLUS II 支援 Expressions 語法狀況整理在表 A-8 所示。

表 A-8　VHDL 之 Expressions

表　　示	VHDL 1987 支援	VHDL 1993 支援	參見書中章節
Expressions (表示)	支援。	支援。	
Operators (運算子)	支援。 如下所示。	支援。 如下所示。	
Logical Operators (邏輯運算子)	支援。	支援。	2-1-2-1
Relational Operators (關係運算子)	支援。	支援。	2-5-2-1
(1993) Shift Operators (移位運算子)	n/a	不支援。	
(1987)(1993) Adding Operators(加算運算子)	支援。	支援。	2-3-2-1
(1987) Multiplying Operators (乘算運算子)	當右手邊的運算元為二的乘冪時，乘算(*)和除算(/)運算子是有支援的。 Mod 和 rem 運算子是不支援的。	當右手邊的運算元為二的乘冪時，乘算(*)和除算(/)運算子是有支援的。 Mod 和 rem 運算子是不支援的。	2-3-2-1
(1993) Sign Operators (符號運算子)	n/a	不支援。	
(1987) Miscellaneous Operators (各種運算子)	不支援。	不支援。 (Reassigned to section 7.2.7 in IEEE Std 1076-1993.)	
(1993) Multiplying Operators (乘算運算子)	當右手邊的運算元為二的乘冪時，乘算(*)和除算(/)運算子是有支援的。 Mod 和 rem 運算子是不支援的。(Formerly section 7.2.4 in IEEE Std 1076-1987.)	當右手邊的運算元為二的乘冪時，乘算(*)和除算(/)運算子是有支援的。 Mod 和 rem 運算子是不支援的。(Formerly section 7.2.4 in IEEE Std 1076-1987.)	2-3-2-1
(1993) Miscellaneous Operators(各種運算子)	不支援。 (Formerly section 7.2.5 in IEEE Std 1076-1987.)	不支援。	

表 A-8　(續)

Operands(運算元)	支援。 如下所示。	支援。 如下所示。	
Literals(文字)	支援。	支援。	2-2-2-1
Aggregates(集合)	只支援存量成分之一維和二維陣列。	只支援存量成分之一維和二維陣列。	2-2-2-1
Record Aggregates (記錄集合)	不支援。	不支援。	
Array Aggregates (陣列集合)	只支援純量成分之一維與二維陣列。	只支援純量成分之一維與二維陣列	2-2-2-1
Function Calls (函數呼叫)	對 Process 描述支援。	對 Process 描述支援。	2-7-2-1
Qualified Expressions (限定表示)	支援。	支援。	
Type Conversions (型態轉換)	支援。	支援。	3-3-2-1
Allocators(配置)	不支援。 對可程式邏輯而言，支援動態配置的合成邏輯效率太差了。	不支援。 對可程式邏輯而言，支援動態配置的合成邏輯效率太差了。	
Static Expressions (靜態的表示)	支援。	支援。	
(1993) Locally Static Primaries (局部靜態的基本)	n/a	不支援。	
(1993) Globally Static Primaries (全體靜態的基本)	n/a	不支援。	
Universal Expressions (一般的表示)	支援。	支援。	

- VHDL 之 Sequential Statements：MAX+PLUS II 支援 Sequential Statements 語法狀況整理在表 A-9 所示。

表 A-9　VHDL 之 Sequential Statements

序 向 描 述	VHDL 1987 支援	VHDL 1993 支援	參見書中章節
Wait Statements (Wait 描述)	支援。 Wait 描述必須在 process 區塊中之第一個描述句， 並且只能包含一個條件子句。	支援。 Wait 描述必須在 process 區塊中之第一個描述句， 並且只能包含一個條件子句。	3-3-2-1
Assertion Statements (主張描述)	支援。 主張描述是被動的。	支援。 主張描述是被動的。	
(2) Report Statements (報告描述)	n/a	支援。 報告描述是被動的。	
(2) Signal Assignment Statements (訊號指定描述)	支援。 訊號指定描述只能有單組成 waveforms，並且不能有 After 子句或傳輸延遲。	支援。 訊號指定描述只能有單組成 waveforms，並且不能有 After 子句或傳輸延遲。 (Reassigned to section 8.4 in IEEE Std 1076-1993.)	2-1-2-1
(2) Updating a Projected Output Waveform (更新一專案之輸出波形)	支援。	支援。 (Reassigned to section 8.4.1 in IEEE Std 1076-1993.)	
(2) Signal Assignment Statements (訊號指定描述)	支援。 訊號指定描述只能有單組成 waveforms，並且不能有 After 子句或傳輸延遲。(Formerly section 8.3 in IEEE Std 1076-1987.)	支援。 訊號指定描述只能有單組成 waveforms，並且不能有 After 子句或傳輸延遲。	2-1-2-1
(2) Variable Assignment Statements (變數指定描述)	支援。	支援。 (Reassigned to section 8.5 in IEEE Std 1076-1993.)	2-5-2-1

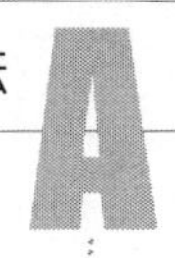

表 A-9　(續)

(1993) Updating a Projected Output Waveform (更新一專案之輸出波形)	支援。 (Formerly section 8.3.1 in IEEE Std 1076-1987.)	支援。	
(1987) Array Variable Assignments (陣列變數指定)	只支援純量成分之一維和二維陣列。	只支援純量成分之一維和二維陣列。 (Reassigned to section 8.5.1 in IEEE Std 1076-1993.)	
(1993) Variable Assignment Statements (變數指定描述)	支援。 (Formerly section 8.4 in IEEE Std 1076-1987.)	支援。	2-5-2-1
(1987) Procedure Call Statements (Procedure 呼叫描述)	支援。	支援。 (Reassigned to section 8.6 in IEEE Std 1076-1993.)	2-4-2-1
Array Variable Assignments (陣列變數指定)	只支援純量成分之一維和二維陣列。 (Formerly section 8.4.1 in IEEE Std 1076-1987.)	只支援純量成分之一維和二維陣列。	
(1993) Procedure Call Statements (Procedure 呼叫描述)	支援。 (Formerly section 8.5 in IEEE Std 1076-1987.)	支援。	2-7-2-1
(1987)(1993) If Statements (If 描述)	支援。	支援。	2-5-2-1
(1987)(1993) Case Statements (Case 描述)	支援。	支援。	2-6-2-1
(1987)(1993) Loop Statements (迴圈描述)	支援。 迴圈描述必須有局部的靜態界限。	支援。 迴圈描述必須有局部的靜態界限。	1-1
(1987)(1993) Next Statements (下一個描述)	支援。 Next 描述只能被包含在最內層無條件的迴圈。	支援。 Next 描述只能被包含在最內層無條件的迴圈。	
(1987)(1993) Exit Statements (跳出描述)	不支援。	不支援。	

表 A-9 (續)

(1987)(1993) Return Statements (傳回描述)	支援。 傳回描述不允許在 Procedure 主體或迴圈或 If 或 Case 描述。	支援。 傳回描述不允許在 Procedure 主體或迴圈或 If 或 Case 描述。	2-7-2-1
(1987)(1993) Null Statements (空的描述)	支援。	支援。	2-6-2-1

- VHDL 之 Concurrent Statements：MAX+PLUS II 支援 Concurrent Statements 語法狀況整理在表 A-10 所示。

表 A-10 VHDL 之 Concurrent Statements

共時性描述	VHDL 1987 支援	VHDL 1993 支援	參見書中章節
Block Statements (區塊描述)	支援。	支援。	3-7-2-1
Process Statements (流程描述)	支援。	支援。	2-5-2-1
(1987) Drivers (驅使者)	支援。	支援。 (Reassigned to section 12.6.1 in IEEE Std 1076-1993.)	
Concurrent Procedure Call Statements (同時性程序呼叫描述)	不支援。	不支援。	
Concurrent Assertion Statements (同時性聲明描述)	支援。 同時性聲明描述爲被動的。	支援。 同時性聲明描述爲被動的。	2-1-2-1
Concurrent Signal Assignment Statements (同時性訊號指定描述)	支援。	支援。	2-1-2-1
Conditional Signal Assignments (條件性訊號指定)	支援。	支援。	2-5-2-1

表 A-10　(續)

Selected Signal Assignments (選擇性訊號指定)	支援。	支援。	2-5-2-1
Component Instantiation Statements (組件插入描述)	支援。	支援。	2-4-2-1
Instantiation of a Component (組件的插入)	支援。	支援。	2-4-2-1
(1993) Instantiation of a Design Entity (設計單體的插入)	n/a	不支援。	
Generate Statements (產生描述)	支援。 "For" Generate 描述必須有局部的靜態界限而 "If" Generate 描述必須有局部靜態的條件。	支援。 "For" Generate 描述必須有局部的靜態界限而 "If" Generate 描述必須有局部靜態的條件。	2-7-2-1

- VHDL 之 Scope 與 Visibility：MAX+PLUS II 支援 Scope 與 Visibility 語法狀況整理在表 A-11 所示。

表 A-11　VHDL 之 Scope & Visibility

範圍與可視性	VHDL 1987 支援	VHDL 1993 支援	參見書中章節
Declarative Regions (宣告的區域)	支援。	支援。	
Scope of Declarations (宣告的範圍)	支援。	支援。	
Visibility(可視性)	支援。	支援。	
Use Clauses(Use 子句)	支援。	支援。	
Context of Overload Resolution (Overload Resolution 的內容)	支援。	支援。	

- VHDL 之 Design Units 與 Their Analysis：MAX+PLUS II 支援 VHDL 之 Design Units 與 Their Analysis 語法狀況整理在表 A-12 所示。

表 A-12　VHDL 之 Design Units 與 Their Analysis

設計單元與其分析	VHDL 1987 支援	VHDL 1993 支援	參見書中章節
Design Units (設計單元)	支援。	支援。	
Design Libraries (設計程式庫)	支援。	支援。	
Context Clauses (內容子句)	支援。	支援。	
Order of Analysis (分析程序)	支援。	支援。	

- VHDL 之 Elaboration 與 Execution：MAX+PLUS II 支援 VHDL 之 Elaboration 與 Execution 語法狀況整理在表 A-13 所示。

表 A-13　VHDL 之 Elaboration 與 Execution

成 果 與 執 行	VHDL 1987 支援	VHDL 1993 支援	參見書中章節
Elaboration of a Design Hierarchy (設計階層的成果)	支援。	支援。	
Elaboration of a Block Header (Block 開頭區的成果)	支援。 如下之說明。	支援。 如下之說明。	
Elaboration of a Generic Clause (Generic 子句的成果)	只有當插入 megafunctions 和 macrofunctions 時支援。	只有當插入 megafunctions 和 macrofunctions 時支援。	
Elaboration of a Generic Map Aspect (Generic Map 外觀的成果)	只有當插入 megafunctions 和 macrofunctions 時支援。	只有當插入 megafunctions 和 macrofunctions 時支援。	
Elaboration of a Port Clause (Port 子句的成果)	支援。	支援。	

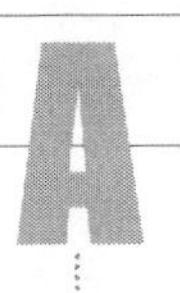

表 A-13　(續)

Elaboration of a Port Map Aspect (Port Map 外觀的成果)	支援。	支援。	
Elaboration of a Declarative Part (宣告部分的成果)	支援。	支援。	
Elaboration of a Declaration (宣告的成果)	支援。	支援。	
Subprogram Declarations & Bodies (副程式的宣告和主體)	支援。	支援。	2-7-3-1
Type Declarations (型態宣告)	支援。	支援。	
Subtype(副型態)	支援。	支援。	
Object Declarations (物件宣告)	支援。	支援。	2-5-2-1
Alias Declarations (別名宣告)	支援。	支援。	
Attribute Declarations (屬性宣告)	支援。	支援。	2-7-2-1
Component Declarations (組件宣告)	支援。	支援。	2-7-2-1
Elaboration of a Specification (項目的成果)	支援。	支援。	
Attribute Specification (屬性說明)	支援。	支援。	
Configuration Specification (構形項目)	支援。	支援。	
Disconnection Specification (分離項目)	忽略	忽略	
Elaboration of a Statement Part(描述部分之成果)	支援。	支援。	
Block Statements (區塊描述)	支援。	支援。	2-6-2-1

表 A-13 (續)

Generate Statements (產生描述)	支援。 "For" Generate 描述必須有局部的靜態界限而 "If" Generate 描述必須有局部靜態的條件。	支援。 "For" Generate 描述必須有局部的靜態界限而 "If" Generate 描述必須有局部靜態的條件。	2-7-2-1
Component Instantiation Statements (組件插入描述)	支援。	支援。	2-4-2-1
Elaboration of Other Concurrent Statements (其他共時性描述的成果)	支援。	支援。	
Dynamic Elaboration (動態成果)	不支援。	不支援。	
Execution of a Model (模型的執行)	不支援。	不支援。	
(1993) Drivers (驅使者)	支援。 (Formerly section 9.2.1 in IEEE Std 1076-1987.)	支援。	
(1987)(1993) Propagation of Signal Values (訊號值的傳播)	不支援。	不支援。	
(1987)(1993) Updating Implicit Signals (更新內含的訊號)	不支援。	不支援。	
(1987)(1993) The Simulation Cycle (模擬週期)	不支援。	不支援。	

- VHDL 之 Lexical Elements：MAX+PLUS II 支援 VHDL 之 Lexical Elements 語法狀況整理在表 A-14 所示。

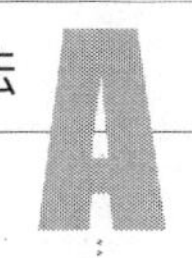

表 A-14　VHDL 之 Lexical Elements

文字成分	VHDL 1987 支援	VHDL 1993 支援	參見書中章節
Character Sets(文字組)	只支援七個位元的 ASCII 字母。	只支援七個位元的 ASCII 字母。	
Lexical Elements, Separators & Delimiters (文字成分,分開和定界)	支援。	支援。	
Identifiers (識別字)	支援。	支援。	1-1
(1993) Basic Identifiers(基本識別字)	n/a	支援。	
(1993) Extended Identifiers(擴充識別字)	n/a	不支援。	
Abstract Literals (抽象文字)	支援。	支援。	
Decimal Literals (十進制文字)	支援。	支援	2-3-2-1
Based Literals (含基底文字)	支援。	支援。	2-3-2-1
Character Literals (字元類文字)	支援。	支援。	2-1-2-1
String Literals (字串類文字)	支援。	支援。	2-2-2-1
Bit String Literals (位元字串文字)	支援。	支援。	2-2-2-1
Comments(註標)	支援。	支援。	1-1
Reserved Words(保留字)	支援。	支援。	1-1
Allowable Replacements of Characters (文字可允許取代)	支援。	支援。	

- VHDL 之 Predefined Language Environment：MAX+PLUS II 支援 VHDL 之 Predefined Language Environment 語法狀況整理在表 A-15 所示。

表 A-15　VHDL 之 Predefined Language Environment

預先定義的語言環境	VHDL 1987 支援	VHDL 1993 支援	參見書中章節
Predefined Attributes (預先定義的屬性)	支援。 除了'ACTIVE、'DELAYED、'LAST_ACTIVE、'LAST_EVENT、'LAST_VALUE、'LEFTOF、'POS、'PRED、'QUIET、'RIGHTOF、'SUCC、'TRANSACTION 和 'VAL.	支援。 除了'ACTIVE、'DELAYED、'LAST_ACTIVE、'LAST_EVENT、'LAST_VALUE、'LEFTOF、'POS、'PRED、'QUIET、'RIGHTOF、'SUCC、'TRANSACTION 和 'VAL.	2-7-2-1 3-1-2-1
Package STANDARD (套件 STANDARD)	支援。	支援。	
Package TEXTIO (套件 TEXTIO)	支援。 File I/O 不能被合成因此呼叫到 TEXTIO 函數會被忽略。	支援。 File I/O 不能被合成因此呼叫到 TEXTIO 函數會被忽略。	

A-2　Verilog HDL 語法

1. Data Types
2. Expressions
3. Assignments
4. Gates & Switches
5. User Defined Primitives
6. Behavioral Modeling
7. User Defined Tasks & Functions

8. Disable Statements
9. Hierarchical Structures
10. Specify Blocks
11. System Tasks & Functions
12. Compiler Directives

- Verilog HDL 之 Data type：MAX+PLUS II 支援 Verilog HDL 之 Data type 狀況整理在表 A-16 所示。

表 A-16　Verilog HDL 之 Data type

資　料　型　態	MAX+plus II 支援或不支援	參見書中章節
Registers(暫存器)	支援。 除了 Integer、Real、Time 與 Realtime Registers	2-5-3-1
Vectors(向量)	支援。	2-2-3-1
Strengths(強度)	不支援。	
Charge Strength(電荷強度)	不支援。	
Drive Strength(驅動強度)	不支援。	
Implicit Declarations(隱含式宣告)	支援。	
Net Initialization(接線初始化)	不支援。	
Nets(接線)	支援。	
wire and tri Nets(wire 與 tri 接線)	支援。	2-1-3-1
Wired Nets (wor, wand, trior, and triand Nets)(wor,wand,trior 與 triand 接線)	不支援。	
trireg Nets (trireg 接線)	不支援。	
tri0 and tri1 Nets(tri0 與 tri1 接線)	不支援。	

表 A-16 (續)

supply0 and supply1 Nets (supply0 與 supply1 接線)	不支援。	
Memories(記憶體)	不支援。	
Integers, Reals, Times, and Realtimes (整數,實數,時間與眞實時間)	部分支援。 整數(Integers)只能用在 For 描述語法(For Statements)， Reals、Times、 and Realtimes 不支援。	
Parameters(參數)	支援。	

- Verilog HDL 之 Expression：MAX+PLUS II 支援 Verilog HDL 之 Expression 狀況整理在表 A-17 所示。

表 A-17 Verilog HDL 之 Expression

表 示	MAX+plus II 支援或不支援	參見書中章節
Operators(運算子)	支援。	
Arithmetic Operators(算數運算子)	支援。 (除了 / 和 % 運算子)	2-3-3-1
Relational Operators(關係運算子)	支援。	2-5-3-1
Equality Operators(相等運算子)	支援。 (除了 === 和 !==運算子)	2-5-3-1
Logical Operators(邏輯運算子)	支援。	2-2-3-1
Bit-Wise Operators(位元運算子)	支援。	2-1-3-1 2-2-3-1 2-7-2-1
Reduction Operators(簡化運算子)	支援。	2-2-3-1
Shift Operators(移位運算子)	支援。 (只有當右邊的運算原爲常數時)	2-3-3-1
Conditional Operators (條件運算子)	支援。	2-5-3-1

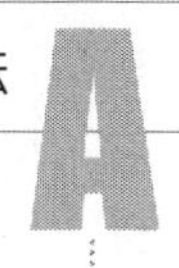

表 A-17　(續)

Concatenations(連結運算子)	支援。 (除了 except for connecting output ports in module instantiations.)	2-3-3-1
Event or Operators (事件或運算子)	支援。	2-5-3-1
Operands(運算元)	如下三項所描述。	
Bit-Select and Part-Select (位元選擇和部分選擇)	支援。 only if Bit-Select or Part-Select Operands index is constant.	
Memory Addressing (記憶體位址)	不支援。	
String Operands(字串運算元)	不支援。	
Minimum, Typical, and Maximum Delay Expressions (最小,典型,最大延遲數值)	不支援。	

- Verilog HDL 之 Assignments：MAX+PLUS II 支援 Verilog HDL 之 Assignments 狀況整理在表 A-18 所示。

表 A-18　Verilog HDL 之 Assignments

指　　　定	MAX+plus II 支援或不支援	參見書中章節
Continuous Assignments (連續指定)	支援。	2-1-3-1 2-2-3-1
Procedural Assignments (程序指定)	支援。	2-5-3-1

- Verilog HDL 之 Behavioral Modeling：MAX+PLUS II 支援 Verilog HDL 之 Behavioral Modeling 狀況整理在表 A-19 所示。

表 A-19　Verilog HDL 之 Behavioral Modeling

行　為　模　型	MAX+plus II 支援或不支援	參見書中章節
Procedural Assignments (程序指定)	如下兩項描述。	
Blocking Procedural Assignments (區塊程序指定)	支援。	2-5-3-1
Nonblocking Procedural Assignments(非區塊程序指定)	支援。	2-5-3-1
Procedural Continuous Assignments(程序連續指定)	不支援。	
Assign and Deassign Procedural Continuous Assignments (assign 和 deassign 程序連續指定)	不支援。	
Force and Release Procedural Continuous Assignments (強制和釋放程序連續指定)	不支援。	
Null Statements(空白描述)	支援。 除了 For 描述以外	
Conditional Statements (If-Else Statements)(條件描述) (if-else 描述)	支援。	2-5-3-1
Case Statements(Case 描述)	支援。	2-6-3-1 3-3-5-1
Looping Statements(迴圈敘述)	支援 For 敘述。 不支援 Forever、 While 與 Repeat 敘述	
Procedural Timing Controls (程序時間控制)	支援。	
Delay Controls(延遲控制)	不支援。	
Event Controls(事件控制)	只支援在 Always 之開頭	2-5-3-1
Named Events(命名事件)	不支援。	
Event or Operators (事件或運算子)	支援。	2-5-3-1

表 A-19　(續)

Level-Sensitive Event Controls (Wait Statements) (位準敏感事件控制) (wait 描述)	不支援。	
Intra-Assignment Timing Controls (內定延遲控制)	不支援。	
Block Statements(區塊描述)	如下兩項說明。	
Sequential Blocks(Begin-End Blocks)(循序區塊) (Begin-End 區塊)	支援。	2-5-3-1
Parallel Blocks(Fork-Join Blocks) (並列區塊)　(Fork Join 區塊)	不支援。	
Behavioral Constructs(行為架構)	如下兩項說明。	
Initial Constructs(initial 架構)	不支援。	
Always Constructs(always 架構)	支援。	2-5-3-1 3-1-3-1

- Verilog HDL 之 Gates and switches：MAX+PLUS II 支援 Verilog HDL 之 Gates and switches 狀況整理在表 A-20 所示。

表 A-20　Verilog HDL 之 Gates and switches

閘　和　開　關	MAX+plus II 支援或不支援	參見書中章節
Gates (and, nand, nor, or, xor 和 xnor 閘)	支援。 (只支援小於等於 12 個輸入)	2-1-3-1
buf and not Gates (buf 和 not 閘)	支援。	2-1-3-1
bufif1, bufif0, notif1, notif0 Gates(bufif1, bufif0, notif1, 和 notif0 閘)	支援。	3-5-3-1
MOS Switches(MOS 開關)	不支援。	

表 A-20 (續)

Bidirectional Pass Switches (雙向開關)	不支援。	
CMOS Switches(CMOS 開關)	不支援。	
pullup and pulldown Sources (pollup 和 pulldown 源)	不支援。	

- Verilog HDL 之 User Defined Primitives (UDPs)：MAX+PLUS II 支援 Verilog HDL 之 User Defined Primitives (UDPs)狀況整理在表 A-21 所示。

表 A-21 Verilog HDL 之 User Defined Primitives (UDPs)

自 訂 基 本 閘	MAX+plus II 支援或不支援	參見書中章節
Combinatorial UDPs (組合邏輯自訂基本閘)	不支援。	
Level-Sensitive Sequential UDPs (位準敏感序向自訂基本閘)	不支援。	
Edge-Sensitive Sequential UDPs (邊緣敏感序向自訂基本閘)	不支援。	

- Verilog HDL 之 User Defined Tasks & Functions：MAX+PLUS II 支援 Verilog HDL 之 User Defined Primitives (UDPs)狀況整理在表 A-22 所示。

表 A-22 Verilog HDL 之 User Defined Tasks & Functions

任 務 與 函 數	MAX+plus II 支援或不支援	參見書中章節
Tasks(任務)	不支援。	

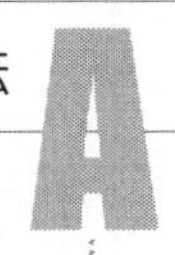

Functions(函數)	支援。 但限定函數內的變數是侷限性的	2-7-3-1

- Verilog HDL 之 Disable Statements：MAX+PLUS II 支援 Verilog HDL 之 Disable Statements 狀況整理在表 A-23 所示。

表 A-23　Verilog HDL 之 Disable Statements

禁　能　描　述	MAX+plus II 支援或不支援	參見書中章節
Disable Statements(禁能描述)	不支援。	

- Verilog HDL 之 Hierarchical Structures：MAX+PLUS II 支援 Verilog HDL 之 Hierarchical Structures 狀況整理在表 A-24 所示。

表 A-24　Verilog HDL 之 Hierarchical Structures

階　層　結　構	MAX+plus II 支援或不支援	參見書中章節
Modules(模組)	支援。	2-1-3-1
Parameter Value Overriding Statements (參數值覆寫描述)	支援。	
Defparam Statements (Defparam 描述)	支援。	2-4-3-1
Module Instance Parameter Value Assignment Statements (模組插入參數值指定描述)	不支援。	
Ports (埠)	支援。	2-1-3-1
Hierarchical Names(階層名)	支援。 最多包含兩層參數式階層	

- Verilog HDL 之 Specify Blocks：MAX+PLUS II 支援 Verilog HDL 之 Specify Blocks 狀況整理在表 A-25 所示。

表 A-25　Verilog HDL 之 Specify Blocks

指　定　區　塊	MAX+plus II 支援或不支援	參見書中章節
Specify Blocks(指定區塊)	不支援。	
Specify Parameters(Specparams)(指定參數 Specparams)	不支援。	
Specify Block Module Path Delays(指定區塊模組路徑延遲)	不支援。	

- Verilog HDL 之 System Tasks & Functions：MAX+PLUS II 支援 Verilog HDL 之 System Tasks & Functions 狀況整理在表 A-26 所示。

表 A-26　Verilog HDL 之 System Tasks & Functions

系 統 任 務 與 函 數	MAX+plus II 支援或不支援	參見書中章節
Display System Tasks (顯示系統任務)	不支援。	
File Input-Output System Tasks (檔案輸入輸出系統任務)	不支援。	
Time scale System Tasks (時間刻度系統任務)	不支援。	
Simulation Control System Tasks (模擬控制系統任務)	不支援。	
Timing Check System Tasks (時間檢查系統任務)	不支援。	
PLA Modeling System Tasks (PLA 模型系統任務)	不支援。	
Stochastic Analysis System Tasks (臆測分析系統任務)	不支援。	
Simulation Time System Functions (模擬時間系統函數)	不支援。	
Conversion Functions for Reals (實數轉換函數)	不支援。	
Probabilistic Distribution Functions(機率分布函數)	不支援。	

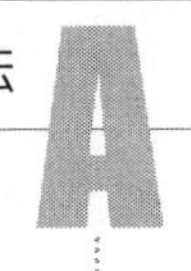

- Verilog HDL 之 Compiler Directives：MAX+PLUS II 支援 Verilog HDL 之 Compiler Directives 狀況整理在表 A-27 所示。

表 A-27　Verilog HDL 之 Compiler Directives

組　譯　指　令	MAX+plus II 支援或不支援	參見書中章節
`celldefine and`endcelldefine	不支援。	
`default_nettype	不支援。	
`define and `undef (定義與未定義)	支援。	5-3-1
`ifdef, `else, and `endif	支援。	
`include (包含其他檔案)	支援。	
`resetall	不支援。	
`timescale	不支援。	
`unconnected_drive and `nounconnected_drive	不支援。	

附錄 B-本書範例

本書範例電路整理在表 B-1 所示。可在本書所附的光碟片中找到。

表 B-1　本書範例

電路名稱	說　　明	章節
add_g	八位元加法器電路圖	第二章
add8_g	八位元加法器電路圖	第二章
add8_v	八位元加法器 VHDL 硬體描述語	第二章
add8_vl	八位元加法器 Verilog HDL 硬體描述語	第二章
addr_g	存入位址控制系統電路圖	第四章
addr_v	存入位址控制系統 VHDL 硬體描述語	第四章
addr_vl	存入位址控制系統 Verilog HDL 硬體描述語	第四章
and8_g	八位元及邏輯運算電路圖	第二章
and8_v	八位元及邏輯運算 VHDL 硬體描述語	第二章
and8_vl	八位元及邏輯運算 Verilog HDL 硬體描述語	第二章
andor_g	八位元及運算與或運算電路圖	第二章
answer_g	搶答電路電路圖	第七章
answer_w	搶答電路波形編輯圖	第七章
alu9_g	八位元算數邏輯運算單元電路圖	第二章
alu9_g	八位元算數邏輯運算單元電路圖	第二章
alu9_g	八位元算數邏輯運算單元電路圖	第二章

表 B-1　(續)

alu9_v	八位元算數邏輯運算單元 VHDL 硬體描述語	第二章
alu9_vl	八位元算數邏輯運算單元 Verilog HDL 硬體描述語	第二章
compareunit_g	比較單元電路圖	第二章
compare_g	八位元之比較器電路	第二章
compareunit_v	比較單元 VHDL 硬體描述語	第二章
compare_v	八位元比較器 VHDL 硬體描述語	第二章
compareparam_v	參數式比較器電路 VHDL 硬體描述語	第二章
compareprocedure_v	八位元比較器電路 VHDL 硬體描述語	第二章
comparefunction_v	八位元比較器電路 VHDL 硬體描述語	第二章
compareunit_vl	比較單元 Verilog HDL 硬體描述語	第二章
compare_vl	八位元比較器 Verilog HDL 硬體描述語	第二章
compareparam_vl	參數式比較器 Verilog HDL 硬體描述語	第二章
control_g	控制系統一 電路圖	第五章
control_v	控制系統一 VHDL 硬體描述語	第五章
control_vl	控制系統一 Verilog HDL 硬體描述語	第五章
controller_g	控制系統二電路圖	第五章
controller_v	控制系統二 VHDL 硬體描述語	第五章
controller_vl	控制系統二 Verilog HDL 硬體描述語	第五章

表 B-1 (續)

cpu_g	簡易 CPU 電路圖	第六章
cpu_v	簡易 CPU 電路 VHDL 硬體描述語	第六章
cpu_vl	簡易 CPU 電路 Verilog HDL 硬體描述語	第六章
direct_g	資料選擇系統電路圖	第四章
direct_v	資料選擇系統 VHDL 硬體描述語	第四章
direct_vl	資料選擇系統 Verilog HDL 硬體描述語	第四章
data_g	資料管線系統電路圖	第四章
data_v	資料管線系統 VHDL 硬體描述語	第四章
data_vl	資料管線系統 Verilog HDL 硬體描述語	第四章
divider_v	除頻器 VHDL 硬體描述語	第七章
divider_vl	除頻器 Verilog HDL 硬體描述語	第七章
divider16_v	除十六之除頻器 VHDL 硬體描述語	第七章
divider16_vl	除十六之除頻器 Verilog HDL 硬體描述語	第七章
divider12_v	除十二之除頻器 VHDL 硬體描述語	第七章
divider12_vl	除十二之除頻器 Verilog HDL 硬體描述語	第七章
game_g	電子骰子電路圖	第七章
io_g	資料暫存器與 I/O 系統電路圖	第四章
io_v	資料暫存器與 I/O 系統 VHDL 硬體描述語	第四章

表 B-1 (續)

io_vl	資料暫存器與 I/O 系統 Verilog HDL 硬體描述語	第四章
logic_g	基本邏輯電路圖	第二章
logic_v	基本邏輯運算 VHDL 硬體描述語	第二章
logic_vl	基本邏輯運算 Verilog HDL 硬體描述語	第二章
lpmdq2_8g	2×8 隨機存取記憶體電路圖	第三章
lpmio2_8g	雙向輸入輸出腳暫存器電路圖	第三章
mode_6v	含致能與重置功能之六模計數器 VHDL 硬體描述語	第七章
mode_6vl	含致能與重置功能之六模計數器 Verilog HDL 硬體描述語	第七章
mu94_g	九位元四對一多工器電路圖	第二章
mu94_1g	九位元四對一多工器電路圖	第二章
mu94_v	九位元四對一多工器 VHDL 硬體描述語	第二章
mu94_vl	九位元四對一多工器 Verilog HDL 硬體描述語	第二章
pcounter_g	程式計數器系統一電路圖	第五章
pcounter_v	程式計數器系統一 VHDL 硬體描述語	第五章
pcounter_vl	程式計數器系統一 Verilog HDL 硬體描述語	第五章
pcstk_g	程式計數器系統二電路圖	第五章
pcstk_v	程式計數器系統二 VHDL 硬體描述語	第五章
pcstk_vl	程式計數器系統二 Verilog HDL 硬體描述語	第五章

表 B-1 (續)

progect1_g	七段顯示器閃控燒錄電路圖	第七章
program_g	簡易 CPU 控制系統電路圖	第五章
program_v	簡易 CPU 控制系統 VHDL 硬體描述語	第五章
program_vl	簡易 CPU 控制系統 Verilog HDL 硬體描述語	第五章
ram2_8g	2×8 隨機存取記憶體電路圖	第三章
ram2_8v	2×8 單埠通用暫存器 VHDL 硬體描述語	第三章
ram2_8vl	2×8 單埠通用暫存器 Verilog HDL 硬體描述語	第三章
ramio2_8g	雙向輸入輸出腳暫存器電路圖	第三章
ramio2_8v	雙向輸入輸出腳暫存器 VHDL 硬體描述語	第三章
ramio2_8vl	雙向輸入輸出腳暫存器 Verilog HDL 硬體描述語	第三章
reg_8g	八位元暫存器電路圖	第三章
reg8_g	八位元暫存器電路圖	第三章
reg_8v	八位元暫存器 VHDL 硬體描述語	第三章
reg8_v	八位元暫存器 VHDL 硬體描述語	第三章
reg_8vl	八位元暫存器 Verilog HDL 硬體描述語	第三章
reg8_vl	八位元暫存器 Verilog HDL 硬體描述語	第三章
rom8_16g	唯讀記憶體電路圖	第三章
rom8_16v	唯讀記憶體 VHDL 硬體描述語	第三章
rom8_16vl	唯讀記憶體 Verilog HDL 硬體描述語	第三章

表 B-1　(續)

seven_v	七段解碼器 VHDL 硬體描述語	第七章
seven_vl	七段解碼器 Verilog HDL 硬體描述語	第七章
sp_g	堆疊指標系統電路圖	第五章
sp_v	堆疊指標系統 VHDL 硬體描述語	第五章
sp_vl	堆疊指標系統 Verilog HDL 硬體描述語	第五章
stk_g	堆疊系統電路圖	第五章
stk_v	堆疊系統 VHDL 硬體描述語	第五章
stk_vl	堆疊系統 Verilog HDL 硬體描述語	第五章
stk12_4g	4×12 暫存器電路圖	第三章
stk12_4v	4×12 暫存器 VHDL 硬體描述語	第三章
stk12_4vl	4×12 暫存器 Verilog HDL 硬體描述語	第三章
sub_g	八位元減法器電路圖	第二章
sub8_g	八位元減法器電路圖	第二章
sub8_v	八位元減法器 VHDL 硬體描述語	第二章
sub8_1v	八位元減法器 VHDL 硬體描述語	第二章
sub8_vl	八位元減法器 Verilog HDL 硬體描述語	第二章
sub8_1vl	八位元減法器 Verilog HDL 硬體描述語	第二章
tcnd_g	條件碼系統電路圖	第五章
tcnd_v	條件碼系統 VHDL 硬體描述語	第五章
tcnd_vl	條件碼系統 Verilog HDL 硬體描述語	第五章

附錄 C　如何安裝

Byteblaster & Programmer at Windows 2000

- Byteblaster：Byteblaster 並列埠燒錄線，爲一個標準並列埠之硬體介面。其驅動程式必須在 NT 系統與 Windows 2000 系統下進行安裝。
- 驅動程式路徑：MAX+plus II 9.6 版以上之軟體將 Windows 2000 版的驅動程式放在 MAX+plus II 軟體安裝路徑下之\Drivers\win2000\(預設爲\maxplus2\drivers\win2000)。
- 安裝程序介紹如下：

1. 到開始 → 設定 → 控制台中選取新增/移除硬體出現新增移除硬體精靈如圖 C-1 所示。選取「下一步」。

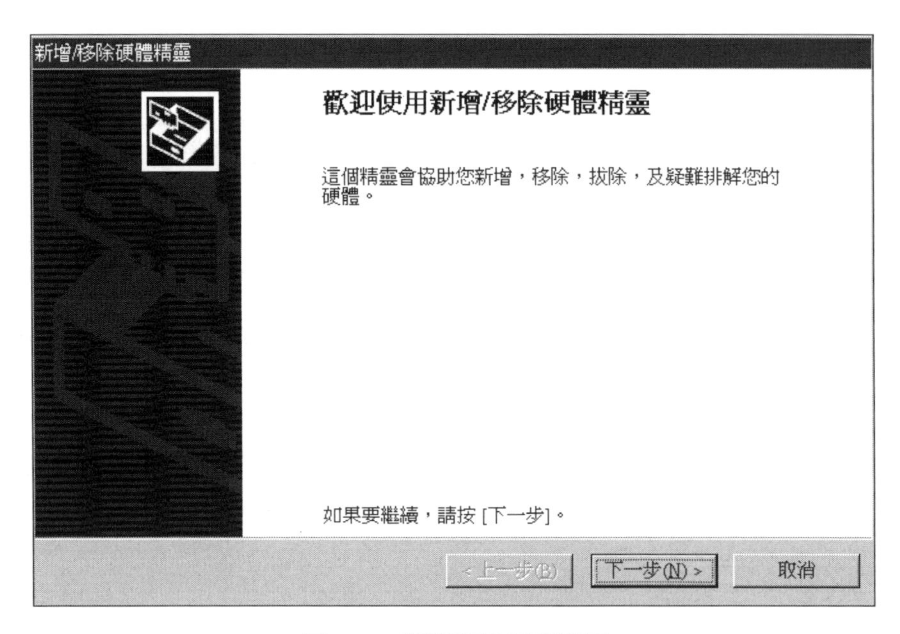

圖 C-1　新增移除硬體精靈

2. 至選擇硬體工作處選擇「新增/疑難排解裝置」如圖 C-2 所示。再選取「下一步」。

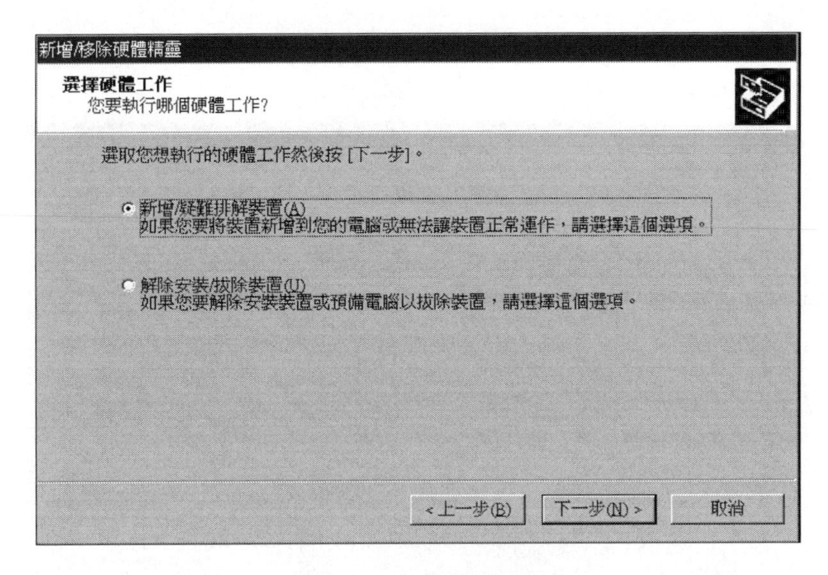

圖 C-2　選擇硬體工作

3. 至選擇硬體裝置處選擇「新增一項裝置」如圖 C-3 所示。再選取「下一步」。

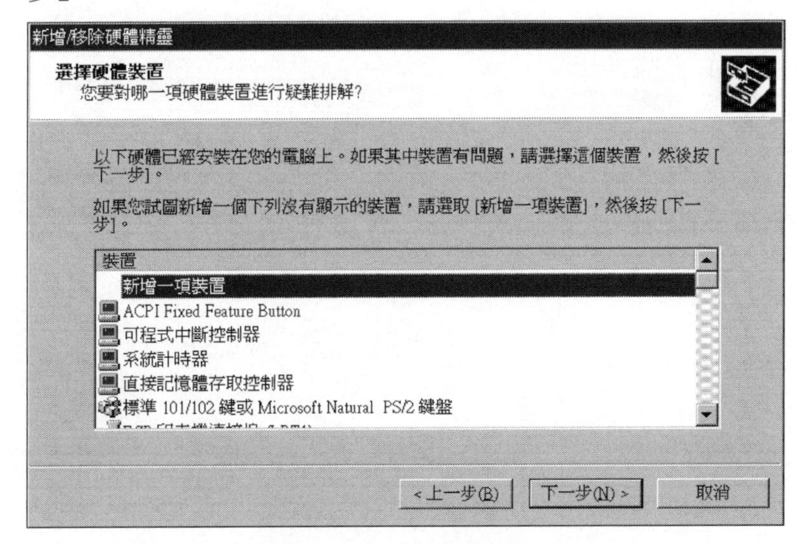

圖 C-3　選擇硬體裝置

4. 至尋找新硬體處選擇「否,我要從清單中選取硬體」如圖 C-4 所示。再選取「下一步」。

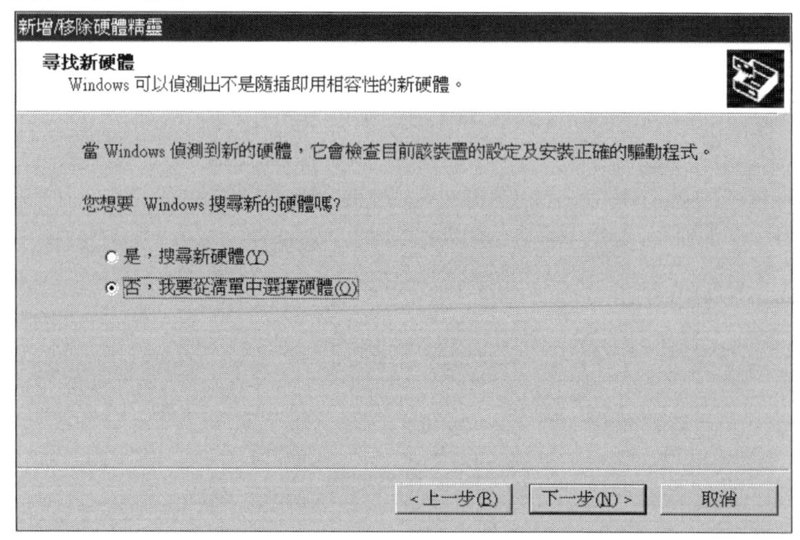

圖 C-4　尋找新硬體

5. 至硬體類型處選擇「音效,視訊及遊戲控制器」如圖 C-5 所示。再選取「下一步」。

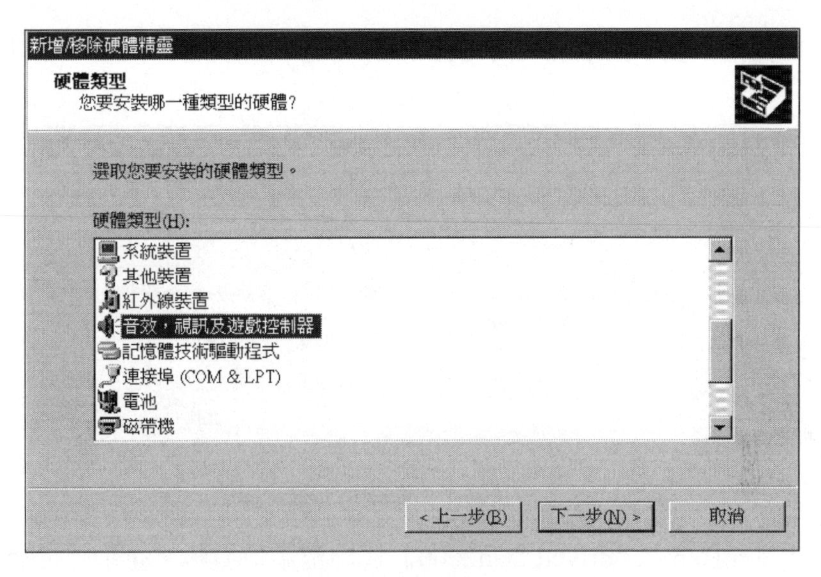

圖 C-5　硬體類型

6. 至選擇裝置驅動程式處選擇「從磁片安裝」如圖 C-6 所示。再選取「下一步」。

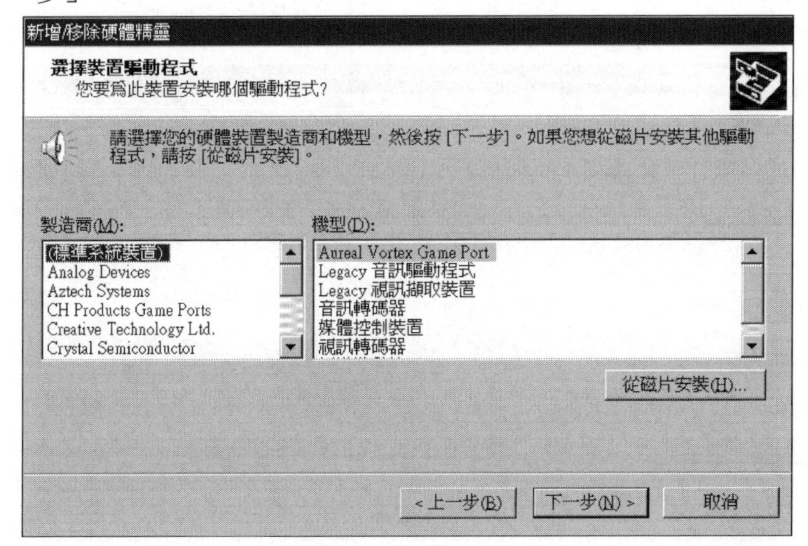

圖 C-6　硬體類型

7. 至從磁片安裝之廠商檔案複製來源處選取「瀏覽」如圖 C-7 所示。

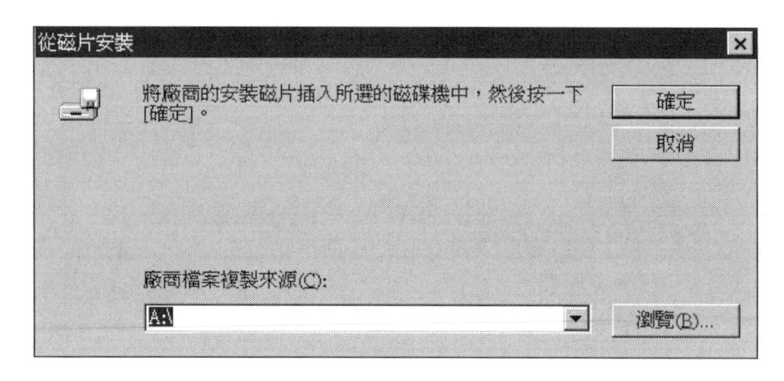

圖 C-7　從磁片安裝

8. 至「\maxplus2\drivers\win2000」找出檔案位置後，選取「開啓」。則在從磁片安裝之廠商檔案複製來源處出現「MAX+plusII 安裝目錄\maxplus2\drivers\win2000」，選取「確定」。
9. 至找不到數位簽章處選取「是」如圖 C-8 所示。

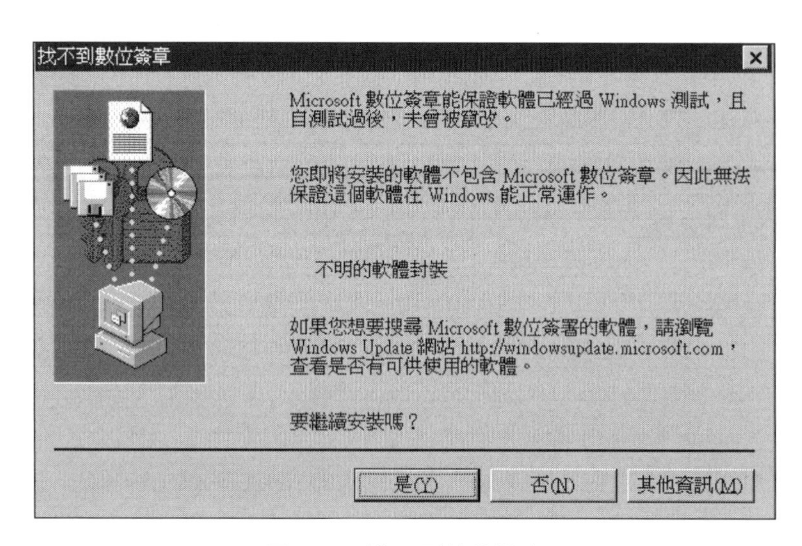

圖 C-8　找不到數位簽章

10. 至選擇裝置驅動程式處選取「Altera Byteblaster」如圖 C-9 所示。再選取「下一步」。

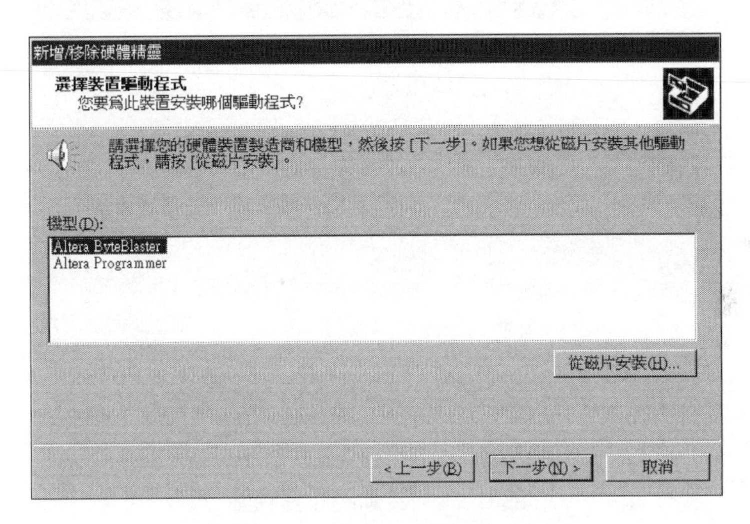

圖 C-9　選擇裝置驅動程式

11. 至找不到數位簽章處選取「是」如圖 C-10 所示。

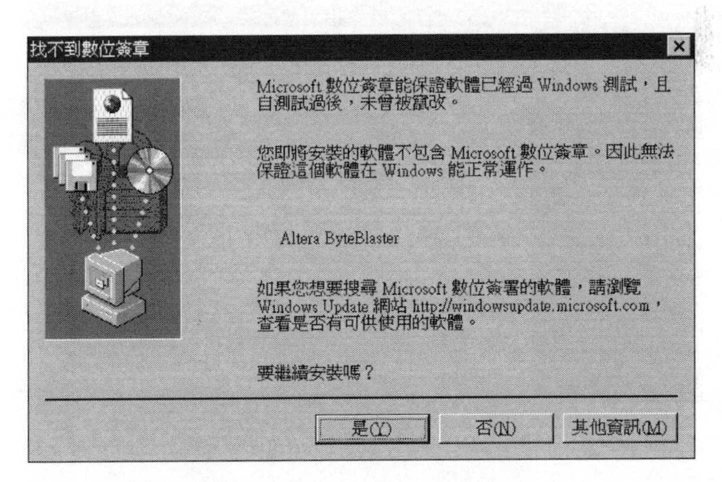

圖 C-10　找不到數位簽章

12. 至啓動硬體裝置處選取「下一步」如圖 C-11 所示。

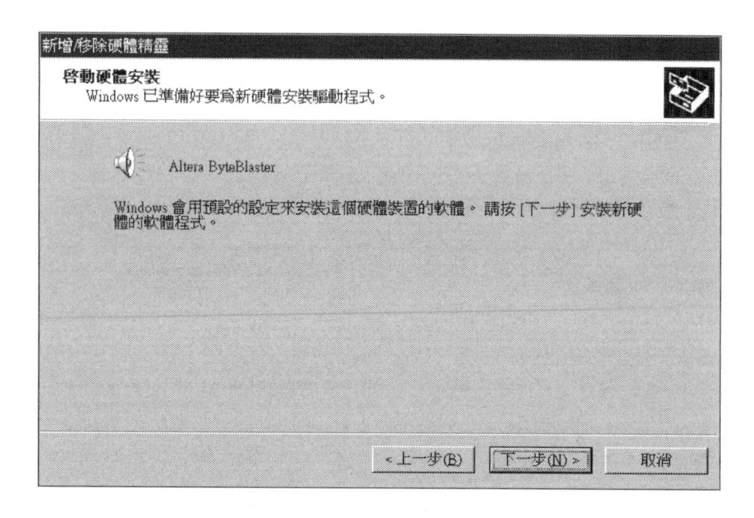

圖 C-11　啓動硬體裝置圖

13. 至完成新增/移除硬體精靈處選取「完成」如圖 C-12 所示。

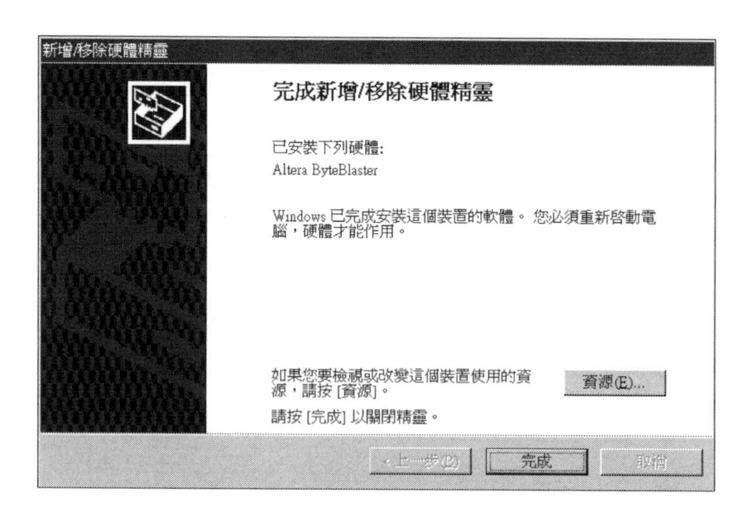

圖 C-12　完成新增/移除硬體精靈

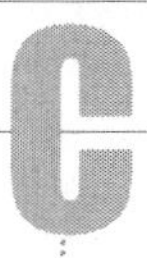

14. 重新啓動電腦。

確定是否安裝成功程序介紹如下：

1. 到桌面上 選取「我的電腦」按滑鼠右鍵選取「內容」，出現系統內容視窗，選取「硬體」下的「裝置管理員」，如圖 C-13 所示。

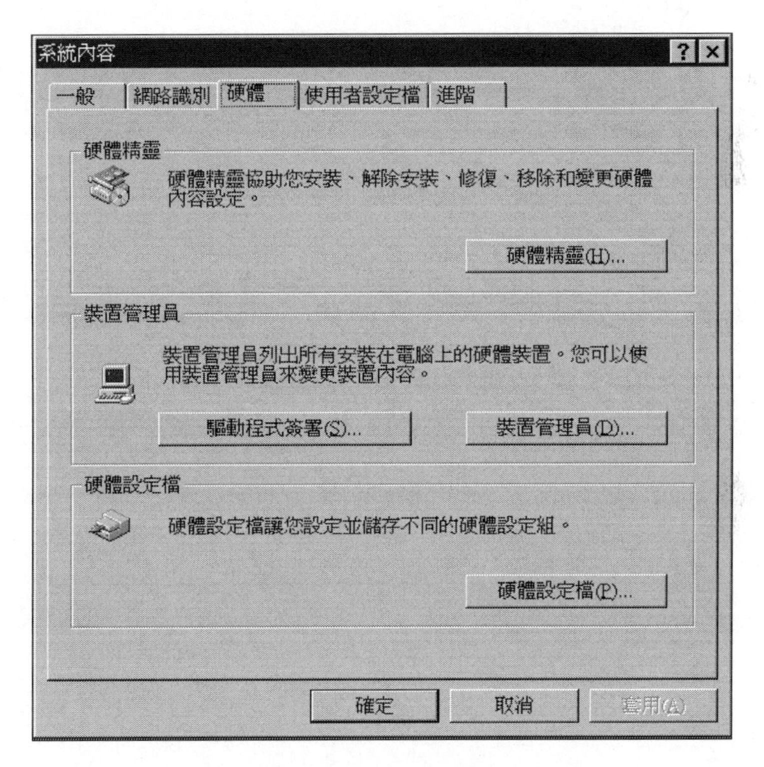

圖 C-13　系統內容

2. 在裝置管理員視窗選取「音效,視訊及遊戲控制器」，Altera Byteblaster 如有出現在上面，則表示安裝成功，如圖 C-14 所示。

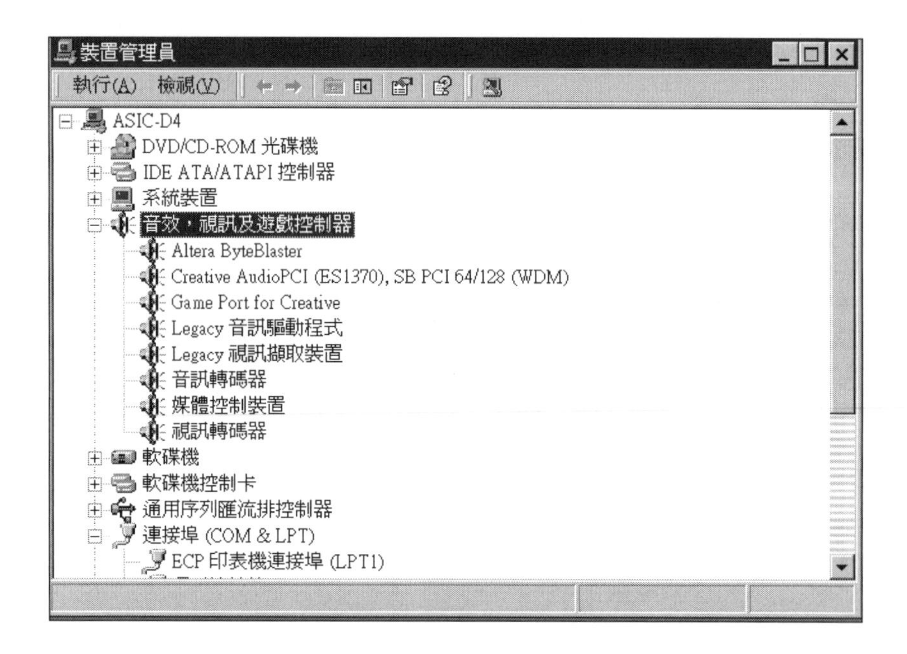
裝置管理員
執行(A) 檢視(V)
ASIC-D4
DVD/CD-ROM 光碟機
IDE ATA/ATAPI 控制器
系統裝置
音效，視訊及遊戲控制器
Altera ByteBlaster
Creative AudioPCI (ES1370), SB PCI 64/128 (WDM)
Game Port for Creative
Legacy 音訊驅動程式
Legacy 視訊擷取裝置
音訊轉碼器
媒體控制裝置
視訊轉碼器
軟碟機
軟碟機控制卡
通用序列匯流排控制器
連接埠 (COM & LPT)
ECP 印表機連接埠 (LPT1)

圖 C-14　裝置管理員

國家圖書館出版品預行編目資料

CPLD 數位電路設計.使用 MAX+plus II 應用篇／
廖裕評, 陸瑞強編著. - - 初版. - - 臺北市 ：
全華,民 90
面 ； 公分

ISBN 957-21-3232-6(平裝)

1. 積體電路

448.62 90006698

CPLD 數位電路設計－使用 MAX+plus II 應用篇 (附範例系統光碟片)

編　　著　廖裕評．陸瑞強
執行編輯　楊素華
封面設計　楊昭琅
發 行 人　詹儀正
出 版 者　全華科技圖書股份有限公司
地　　址　104 台北市龍江路 76 巷 20 號 2 樓
電　　話　(02) 2507-1300 (總機)
傳　　真　(02) 2506-2993
郵政帳號　0100836-1 號
印 刷 者　宏懋打字印刷股份有限公司
登 記 證　局版北市業第〇七〇一號
圖書編號　03981007
初版二刷　93 年 7 月
定　　價　新台幣 540 元
I S B N　957-21-3232-6

技圖書
www.chwa.com.tw
ms1.chwa.com.tw
技網 OpenTech
www.opentech.com.tw

歡迎加入 全華會員

● 會員獨享

會員享購書折扣、紅利積點、生日禮金、不定期優惠活動…等。

● 如何加入會員

填妥讀者回函卡寄回，將由專人協助登入會員資料，待收到 E-MAIL 通知後即可成為會員。

如何購買 全華書籍

1. 網路購書

全華網路書店「http://www.opentech.com.tw」，加入會員購書更便利，並享有紅利積點回饋等各式優惠。

2. 全華門市、全省書局

歡迎至全華門市（新北市土城區忠義路21號）或全省各大書局、連鎖書店選購。

3. 來電訂購

(1) 訂購專線：(02) 2262-5666 轉 321-324
(2) 傳真專線：(02) 6637-3696
(3) 郵局劃撥（帳號：0100836-1　戶名：全華圖書股份有限公司）
※ 購書未滿一千元者，酌收運費 70 元。

OpenTech.com.tw 全華網路書店

全華網路書店 www.opentech.com.tw
E-mail: service@chwa.com.tw

※ 本會員制如有變更則以最新修訂制度為準，造成不便請見諒。

廣告回信
板橋郵局登記證
板橋廣字第540號

行銷企劃部　收

23671 新北市土城區忠義路21號
全華圖書股份有限公司

讀者回函卡

填寫日期：　　/　　/

姓名：＿＿＿＿ 生日：西元＿＿＿年＿＿＿月＿＿＿日 性別：□男 □女

電話：（　）＿＿＿＿ 傳真：（　）＿＿＿＿ 手機：＿＿＿＿

e-mail：（必填）＿＿＿＿

註：數字零，請用 Φ 表示，數字 1 與英文 L 請另註明並書寫端正，謝謝。

通訊處：□□□□□

學歷：□博士 □碩士 □大學 □專科 □高中・職

職業：□工程師 □教師 □學生 □軍・公 □其他

學校／公司：＿＿＿＿ 科系／部門：＿＿＿＿

・需求書類：

□ A. 電子 □ B. 電機 □ C. 計算機工程 □ D. 資訊 □ E. 機械 □ F. 汽車 □ I. 工管 □ J. 土木

□ K. 化工 □ L. 設計 □ M. 商管 □ N. 日文 □ O. 美容 □ P. 休閒 □ Q. 餐飲 □ B. 其他

・本次購買圖書為：＿＿＿＿ 書號：＿＿＿＿

・您對本書的評價：

封面設計：□非常滿意 □滿意 □尚可 □需改善，請說明＿＿＿＿

內容表達：□非常滿意 □滿意 □尚可 □需改善，請說明＿＿＿＿

版面編排：□非常滿意 □滿意 □尚可 □需改善，請說明＿＿＿＿

印刷品質：□非常滿意 □滿意 □尚可 □需改善，請說明＿＿＿＿

書籍定價：□非常滿意 □滿意 □尚可 □需改善，請說明＿＿＿＿

整體評價：請說明＿＿＿＿

・您在何處購買本書？

□書局 □網路書店 □書展 □團購 □其他＿＿＿＿

・您購買本書的原因？（可複選）

□個人需要 □幫公司採購 □親友推薦 □老師指定之課本 □其他＿＿＿＿

・您希望全華以何種方式提供出版訊息及特惠活動？

□電子報 □ DM □廣告（媒體名稱＿＿＿＿）

・您是否上過全華網路書店？（www.opentech.com.tw）

□是 □否 您的建議＿＿＿＿

・您希望全華出版那方面書籍？＿＿＿＿

・您希望全華加強那些服務？＿＿＿＿

～感謝您提供寶貴意見，全華將秉持服務的熱忱，出版更多好書，以饗讀者。

全華網路書店 http://www.opentech.com.tw 客服信箱 service@chwa.com.tw

2011.03 修訂

親愛的讀者：

感謝您對全華圖書的支持與愛護，雖然我們很慎重的處理每一本書，但恐仍有疏漏之處，若您發現本書有任何錯誤，請填寫於勘誤表內寄回，我們將於再版時修正，您的批評與指教是我們進步的原動力，謝謝！

全華圖書　敬上

勘誤表

書號		書名		作者	
頁數	行數	錯誤或不當之詞句		建議修改之詞句	

我有話要說：（其它之批評與建議，如封面、編排、內容、印刷品質等・・・）